Alexander von Humboldt

Politischer Versuch über die Insel Kuba

Alexander von Humboldt

Politischer Versuch über die Insel Kuba

Mit einer Karte und einem Anhang, der Betrachtungen über die Bevölkerung, den territorialen Reichtum und den Handel des Antillen-Archipels und Colombias enthält

1826

Herausgegeben von Vera M. Kutzinski, Ingo Schwarz und Ottmar Ette

Neu ins Deutsche übertragen von Vera M. Kutzinski und Ingo Schwarz

Mit einem Vorwort von Ottmar Ette

J.B. METZLER

Hrsg.
Vera M. Kutzinski
Department of English
Vanderbilt University
Nashville, USA

Ottmar Ette
Berlin-Brandenburgische Akademie
der Wissenschaften
Berlin, Deutschland

Ingo Schwarz
Berlin-Brandenburgische Akademie
der Wissenschaften
Berlin, Deutschland

ISBN 978-3-662-68604-1   ISBN 978-3-662-68605-8 (eBook)
https://doi.org/10.1007/978-3-662-68605-8

Die Deutsche Nationalbibliothek verzeichnet diese Publikation in der Deutschen National-
bibliografie; detaillierte bibliografische Daten sind im Internet über http://dnb.d-nb.de abrufbar.

J.B. Metzler

Einbandabbildung: Alexander von Humboldts Kuba-Karte aus dem Jahr 1820

J.B. Metzler ist ein Imprint der eingetragenen Gesellschaft
Springer-Verlag GmbH, DE und ist ein Teil von Springer Nature
Die Anschrift der Gesellschaft ist: Heidelberger Platz 3, 14197 Berlin, Germany

Wenn Sie dieses Produkt entsorgen, geben Sie das Papier bitte zum Recycling.

Inhalt

Vorwort
Die Insel als Chiffre:
Alexander von Humboldts *Politischer Versuch über die Insel Kuba*

Ottmar Ette

Der *Politische Versuch über die Insel Kuba* ist ein für das Schreiben, aber auch den Denk- und Wissenschaftsstil Alexander von Humboldts charakteristischer, typischer Text. Es handelt sich gewiss nicht um ein Buch, das sich gegenüber seinen Leserinnen und Lesern leicht öffnet, sondern um eine Schrift, die vielmehr versucht, ein komplexes Denken anzuregen und sich gegenüber einfachen Lösungen und Erklärungsmustern abzugrenzen. Es verlangt nach einem aktiven, den *Essai politique* auf verschiedenen Ebenen zugleich mitdenkenden Lesepublikum, das bereit ist, sich auf eine fraktale und zugleich transareale Darstellung Kubas einzulassen und die Eigen-Geschichtlichkeit der Insel zu begreifen.

Als abschließenden Teil des zu Lebzeiten Humboldts *veröffentlichten* Reiseberichts, der *Relation historique*, die zwischen November 1814 und April 1831 in Paris in französischer Sprache erschien, publizierte Humboldt seinen *Essai politique sur l'île de Cuba* parallel zum Bericht von seiner Reise in die amerikanischen Tropen als Separatdruck im Jahre 1826. Humboldts Arbeiten an der Fertigstellung des dritten Bandes seiner *Relation historique* mit dem Verlassen der Insel Kuba und der Ankunft an den Küsten des heutigen Kolumbien zogen sich in der letzten Lieferung bis in den Anfang der dreißiger Jahre hin, wobei es nach der Veröffentlichung dieser reiseliterarisch spannenden Passage nicht mehr zur Ausführung eines von Humboldt ursprünglich geplanten vierten Bandes seines Berichts von der Reise durch die amerikanischen Tropen kam. Zum damaligen Zeitpunkt war längst sein *Essai politique sur le royaume de la Nouvelle-Espagne* erschienen, der zwischen 1808 und 1811 die unterschiedlichsten Aspekte des sich damals auf dem Weg zur Unabhängigkeit befindlichen Mexiko darstellte. Die parallele Titelgebung signalisiert von Beginn an, dass es sich wie bei seinem *Politischen Versuch über Neu-Spanien* um die Monographie eines Territoriums handelt, das alle Voraussetzungen für eine spätere politisch unabhängige Entwicklung mitbringt.

Diese doppelte, im (je nach Zählweise) dreißig Bände umfassenden *Opus Americanum* verankerte Anbindung des *Politischen Versuchs über die Insel Kuba* an die monographische Darstellung eines protonationalen Raumes sowie an einen in drei Bänden vorgelegten, aber trotz bester Absichten nie mehr von Humboldt abgeschlossenen Reisebericht zeigt das Spannungsfeld auf, innerhalb dessen sich dieser Text bewegt. Denn er ist Reisebericht und wissenschaftliche Monographie zugleich, geographisch-kartographische Darstellung und historischer Abriss, konzentrierte Präsentation statistischer Grundlagen zur wirtschaftlichen Entwicklung Kubas und Entwurf der Inselwirtschaft im weltweiten Zusammenhang, Untersuchung der naturräumlichen Grundlagen von Inselklima und Inselvegetation wie Bestandteil einer globalen Sichtweise auf die klimatologisch relevante Verteilung der Wärme auf unserem Planeten, Untersuchung der politischen, sozialen und ökonomischen Voraussetzungen der Sklaverei auf Kuba wie biopolitische Analyse des weltumspannenden Systems der Massensklaverei im zeitgenössischen Verbund kapitalistischer Weltwirtschaft. Und noch vieles mehr, wie im Folgenden erläutert sei.

Alexander von Humboldt und sein französischer Begleiter und Freund Aimé Bonpland besuchten die Insel Kuba – und diese Besonderheit hatte Folgen für die Abfassung des Kuba-Essays – gleich zweimal im Verlauf ihrer Reise durch die Tropengebiete der Neuen Welt. Sie erreichten die größte der Antilleninseln erstmals am 19. Dezember des Jahres 1800 und verblieben auf der Insel ein knappes Vierteljahr, wobei sie dort die Ergebnisse des ersten Teils ihrer Reise durch das heutige Venezuela ordnen und beispielsweise verdoppelte Herbarien anlegen konnten, um die Resultate ihrer Forschungen auch für den Fall sicherzustellen, dass eines der Herbarien – wie es in der Tat geschah – auf dem Weg nach Europa durch einen Schiffbruch wie auch andere Unglücksfälle verloren ginge.

Doch dieser erste Aufenthalt auf der Insel diente nicht allein der Sicherung vorheriger Forschungen oder der vorausschauenden Herstellung internationaler Kontakte. Der preußische Reisende, von Beginn an interessiert an einer möglichst breiten Wirkung in der Öffentlichkeit, sorgte auch von Havanna aus nachhaltig dafür, dass seine *Reise in die Äquinoktial-Gegenden des Neuen Kontinents* bereits während ihres Verlaufs international ein vieldiskutiertes Gesprächsthema wurde.

Schnell verband sich Humboldt auf Kuba dank der ihm eigenen Geschicklichkeit mit den kolonialspanischen wie mit den kreolischen Eliten und begann mit Untersuchungen der Insel auf wissenschaftlichen Exkursionen, die ihn unter anderem ins Tal von Güines führten, aber auch mit langen Aufenthalten in den Archiven und Bibliotheken der Hauptstadt La Habana. Er profitierte von der Existenz im Geiste der (europäischen wie amerikanischen) Aufklärung gegründeter Gesellschaften, deren Aktivitäten seinen Recherchen bereits am Ort sehr zugute kamen. Wie stets vermerkte Humboldt seine Dankbarkeit für die Mitarbeit zahlreicher Gelehrter auch in der vorliegenden Schrift, welche wiederum der Entwicklung wissenschaftlicher Studien auf Kuba wichtige Impulse gab.

Im Mittelpunkt seiner Recherchen stand ohne jeden Zweifel das System der Massensklaverei, die seit dem Ausbruch der Haitianischen Revolution im Jahre 1791 nicht nur in den Amerikas, sondern auch in Europa und Preußen – wie Heinrich von Kleists berühmte Novelle *Die Verlobung in St. Domingo* (1811) belegen mag – in den Fokus der Aufmerksamkeit gerückt war. Er freundete sich bereits während seines ersten Aufenthalts mit einer Reihe kubanischer Plantagenbesitzer und Sklavenhalter an, um mehr über jenes System der Sklavenarbeit zu erfahren, mit dem er bereits unmittelbar vor seiner Wohnung durch den Sklavenmarkt im venezolanischen Cumaná konfrontiert worden war. Mit einer Vielzahl an Forschungen und mit mancherlei Freundschaften mit Vertretern der lokalen Eliten ging sein erster Aufenthalt am 15. März 1801 zu Ende.

Es folgten die weiteren Abschnitte seiner Reise in die Äquinoktial-Gegenden des Neuen Kontinents, die ihn in die heutigen Länder Kolumbien, Ekuador, Peru und Mexiko führten, ehe er sich zum Abschluss seiner Forschungsreise noch einmal nach Kuba begab. Von dort aus plante er seine Weiterreise in die Vereinigten Staaten, um dem Herrschaftsbereich der spanischen Behörden zu entschlüpfen. Schloss sich Humboldts erste Kuba-Erfahrung an den Aufenthalt an der Nordküste Südamerikas, in Caracas und insbesondere an die große Reise auf den Flusssystemen des Orinoco und des Amazonas an, so bildete der zweite Aufenthalt auf der Antilleninsel vom 19. März bis zum 29. April 1804 den Abschluss der gesamten Forschungsreise durch die Tropen der amerikanischen Hemisphäre.

Bei seinem zweiten Kuba-Aufenthalt befand sich Alexander von Humboldt bereits im Vollbesitz seiner wissenschaftlichen Vorgehensweisen und Methoden. Eine Untersuchung der Manuskripte und Aufzeichnungen seiner *Amerikanischen Reisetagebücher*, die für zwölf Millionen Euro zurückgekauft[1] und im November 2013 in den Bestand der Berliner Staatsbibliothek Preußischer Kulturbesitz aufgenommen werden konnten[2], zeigt eindeutig, wie sich im Verlauf der gesamten Reise das entwickelte, was wir heute als *Humboldt'sche Wissenschaft* bezeichnen[3]. Man kann mit guten Gründen behaupten, dass ein Verständnis dieser transdisziplinär angelegten Wissenschaftskonzeption die Voraussetzung dafür bildet, die Komplexität der Anlage von Humboldts *Politischem Versuch über die Insel Kuba* vollumfänglich zu verstehen.

Während dieses zweiten Aufenthalts fertigte Humboldt bereits eine erste, gerade einmal 37 Manuskriptseiten umfassende literarisch-wissenschaftliche Skizze an, die erstmals vom erwähnten, an der Berlin-Brandenburgischen Akademie der Wissenschaften angesiedelten Langzeitvorhaben 2017 digital ediert wurde. Dieser kurze Text hat unser Verständnis des Humboldt'schen Kuba-Essays grundlegend verändert. Unter dem Titel *Isle de Cube. Antilles en général* erschien dieser Text in der Reihe

---

[1] Dieser Rückkauf bildete die Grundlage für das an der Berlin-Brandenburgischen Akademie der Wissenschaften angesiedelte Akademienvorhaben „Alexander von Humboldt auf Reisen – Wissenschaft aus der Bewegung", das im Verlauf von achtzehn Jahren die Humboldt'schen Reisemanuskripte ebenso in digitaler wie in gedruckter Fassung, letztere im Verlag J.B. Metzler, herausgeben wird. Vgl. hierzu Ottmar Ette, „Alexander von Humboldt im Archiv. Die Entstehung eines neuen Humboldt-Bildes aus dem mobilen Blick in vergangene Zukünfte". *HiN – Alexander von Humboldt im Netz. Internationale Zeitschrift für Humboldt-Studien* (Potsdam – Berlin) XXIII, 45 (2022) 13–28. http://doi.org/10 18443/350.

[2] Vgl. hierzu die Kommentare und Erläuterungen in Alexander von Humboldt, *Das Buch der Begegnungen. Menschen – Kulturen – Geschichten aus den Amerikanischen Reisetagebüchern.* Herausgegeben, aus dem Französischen übersetzt und kommentiert von Ottmar Ette. Mit Originalzeichnungen Humboldts sowie historischen Landkarten und Zeittafeln. München: Manesse Verlag, 2018.

[3] Vgl. hierzu Ottmar Ette, *Alexander von Humboldt und die Globalisierung. Das Mobile des Wissens.* Frankfurt am Main – Leipzig: Insel Verlag, 2009.

edition humboldt digital[4], wobei die kommentierte Ausgabe wiederum zum Ausgangspunkt für Übersetzungen und Buchpublikationen wurde, welche die Wichtigkeit dieses zuvor unbekannten und von Ulrike Leitner in der Jagiellonischen Bibliothek zu Krakau aufgefundenen Manuskripts unterstrichen[5].

Ohne auf diesen während des zweiten Kuba-Aufenthalts Alexander von Humboldts entstandenen Text näher eingehen zu können[6], sei doch hervorgehoben, dass die erste Skizze des *Politischen Versuchs über die Insel Kuba* bereits *en miniature* alles enthält, was die spätere, zweibändige Fassung des Separatdrucks insgesamt bietet. Schon an der zweiten Hälfte des Titels von Humboldts Text-Fraktal lässt sich ablesen, dass es dem preußischen Natur- und Kulturforscher nicht allein um die Insel Kuba, sondern wesentlich auch um deren Einbettung in ihren Antillanischen Gesamtkontext und damit – im Zeichen damaliger Globalisierungsschübe – um weltweite Zusammenhänge geht, ohne deren Zusammenspiel sich die Geschichte der Insel schlechterdings nicht verstehen lässt.

Für dieses kurze, im Angesicht der Dinge verfasste Manuskript wie für die umfangreiche Buchfassung gilt: Wer Kuba adäquat verstehen will, darf sich nicht ausschließlich auf Kuba konzentrieren. Mit anderen Worten: Beide Fassungen, die 37 Seiten wie die zwei Bände umfassende Ausgabe, signalisieren unverkennbar, dass die Insel ohne den Kontext des Archipels der Antillen, der *Greater Caribbean* und damit letztlich ohne die weltweiten Bezüge für Humboldt nicht zu denken war.

Alexander von Humboldt hat die reiseliterarischen Spuren seiner diversen Reisemanuskripte keineswegs getilgt. Dies gilt auch für die 1826 veröffentlichte Fassung seines Kuba-Essays. Immer wieder erscheint explizit die vor dem ersten Kuba-Aufenthalt absolvierte Erforschung des heutigen Venezuelas mit der Befahrung von Orinoco und Casiquiare ebenso wie die Vorausschau auf die nachfolgenden Stationen einer Reise, deren Bericht er später freilich nach der Ankunft an der südamerikanischen Nordküste, im heutigen Kolumbien, abbrechen ließ. So nimmt uns der Philosoph und Schriftsteller also mit auf seine Reise zu jener Insel, deren geostrategische Lage an der Straße von Florida er zu erwähnen nicht müde wird. Die monographische Untersuchung der Insel bildet den letzten großen Höhepunkt von Humboldts Fragment gebliebenem Reisebericht.

---

[4] Alexander von Humboldt, *Isle de Cube. Antilles en général.* Hg. von Ulrike Leitner, Piotr Tylus und Michael Zeuske unter Mitarbeit von Tobias Kraft. *edition humboldt digital.* Hg. von Ottmar Ette. Berlin: Berlin-Brandenburgische Akademie der Wissenschaften, aktualisierte Version vom 10.5.2017. http://edition-humboldt.de/v1/H0002922. Hier zitiert unter der Sigle IC.
[5] Vgl. u. a., Alexander von Humboldt, *Diario Cubano. El diario original de Humboldt, escrito en La Habana 1804.* Editado por Michael Zeuske. La Habana: Biblioteca Nacional de Cuba José Martí – Ediciones Bachiller 2021.
[6] Vgl. hierzu ausführlich Ottmar Ette, „Insel-Text und archipelisches Schreiben: Alexander von Humboldts *Isle de Cube, Antilles en général*". *edition humboldt digital.* Hg. von Ottmar Ette. Berlin: Berlin-Brandenburgische Akademie der Wissenschaften. Version 1 vom 10.5.2017. http://edition-humboldt.de/v1/H0016213.

Die literarisch brillant geschilderte Einfahrt in den Hafen von Havanna im Dezember des Jahres 1800 eröffnet uns gewiss einen ersten, nicht nur durch *Die Stadt der Säulen* (*La ciudad de las columnas*, 1970) des kubanischen Schriftstellers Alejo Carpentier berühmt gewordenen Zugang zur Hauptstadt der Insel Kuba. Vom Hafen von La Habana aus, in dem sich Natur und Kultur, ein Wald von Schiffsmasten und ein Wald von Palmen miteinander vermischen, werden erstmals weltumspannende Beziehungen deutlich, die in den Süden wie in den Norden der amerikanischen Hemisphäre, nach Europa und nach Afrika, aber auch nach Asien und Ozeanien weisen. Dass es der ursprüngliche Plan des Gelehrten gewesen war, seine Reise in Richtung Philippinen fortzusetzen, findet in den reiseliterarischen Überlegungen dieses Bandes ebenso Erwähnung wie die Tatsache, warum das deutsch-französische Forscherteam an den ersten Kuba-Aufenthalt eine Durchquerung der südamerikanischen Anden nicht wie üblich in west-östlicher, sondern in nord-südlicher Richtung anschloss. Humboldts und Bonplands gesamter Reiseverlauf war eine stets interagierende Mischung von Planung und (letztlich glücklichen) Zufällen.

✱✱✱

Im Zentrum, ja mehr noch im Herzen von Humboldts *Politischem Versuch über die Insel Kuba* steht ohne jeden Zweifel die Verurteilung der von ihm verabscheuten Sklaverei. Unvergessen sind die Äußerungen des preußischen Kulturforschers, bei der Sklaverei handele es sich um „das schlimmste aller Übel, die die Menschheit je heimgesucht" (S. 178) hätten. Das Thema der Sklaverei ist im *Essai politique sur l'île de Cuba* allgegenwärtig und wird ebenso aus einer historischen und sozialen, wie aus einer politischen, biopolitischen und ökonomischen Perspektive beleuchtet. Die Leserinnen und Leser des Kuba-Essays erfahren nicht nur etwas über die Sklaverei auf Kuba, sondern über die unmenschliche Praxis des Sklavereisystems auf den gesamten Antillen und im weltweiten Verbund. Denn Humboldt macht klar, dass das ausbeuterische Wirtschaftssystem der Massensklaverei nur als Ganzes verstanden werden kann. Die lokalen Ausprägungen einschließlich des sich verändernden Bevölkerungsverhältnisses von Weißen, freien Schwarzen und schwarzen Sklaven sind ein Ergebnis damaliger weltwirtschaftlicher Globalisierungsverhältnisse, welche Humboldt möglichst präzise anhand eines umfangreichen Zahlenmaterials untersucht.

Angesichts dieser Allgegenwart der Sklavenproblematik und der Eindeutigkeit der Humboldt'schen Position erstaunt es schon, dass in den Vereinigten Staaten von Amerika nicht nur zu Lebzeiten Humboldts eine Ausgabe des *Essai politique sur l'île de Cuba* erschien, in welcher der Herausgeber und Übersetzer John Sidney Thrasher, der die Interessen der Sklavenhalter der Südstaaten vertrat, alle gegen die Sklaverei gerichteten Äußerungen Humboldts in sich für die Sklaverei aussprechende

Statements verfälschte[7], sondern dass diese fundamentale Fälschung, gegen die Humboldt vor seinem Tod vehement protestierte und in den Vereinigten Staaten publizistisch intervenierte, noch vor nicht allzu langer Zeit als neue Edition erschien und erst in neuester Zeit von einer getreuen englischsprachigen Ausgabe ersetzt werden konnte[8]. Das Bild Alexander von Humboldts hatte während der anderthalb Jahrhunderte der Dominanz dieser Fälschung freilich sehr gelitten, und die Nachwirkungen der Verleumdung sind bis in die heutige US-amerikanische Forschung spürbar.

Humboldt hatte während seines ersten, wie vor allem während seines zweiten Aufenthalts die Entwicklung der Haitianischen Revolution auf Kubas Nachbarinsel Hispaniola aufmerksam verfolgt. Er nahm sie dabei im Zusammenhang mit anderen Revolutionen wahr, wobei er – anders als die meisten seiner europäischen Zeitgenossen – nicht nur auf die Industrielle Revolution Großbritanniens und die Politische Revolution in Frankreich hinwies, sondern auf die gegen den kolonialen Status gerichtete Revolution in den USA, auf die gegen Sklaverei wie koloniale Abhängigkeit gerichtete Revolution auf Haiti und auf die gegen Kolonialismus und zumeist auch gegen die Sklaverei gerichtete Unabhängigkeitsrevolution im entstehenden Lateinamerika – ein langwieriger Prozess, der bis zur Veröffentlichung seines *Essai politique sur l'île de Cuba* noch nicht endgültig abgeschlossen war – aufmerksam machte. Ich werde auf Humboldts Forderungen nach Abschaffung der Sklaverei sowie auf seine Argumentationen, warum die Sklaverei auch wirtschaftlich obsolet sei, noch in anderen Zusammenhängen sogleich zurückkommen.

Nach der erwähnten ersten reiseliterarischen Ankunft im Hafen von La Habana behandelt Alexander von Humboldt mit Hilfe seiner Messungen die kartographische und geographische Lage der Insel, erörtert ihre Größe und Ausdehnung im Vergleich mit anderen Inseln, dann die geologische Anlage sowie die für die Insel charakteristische Vegetation, wobei er die für den Pflanzenbewuchs notwendigen Klimadaten seiner Leserschaft nachliefert. Von Beginn an diskutiert er Aspekte, die wir heute als einem ökologischen Denken verpflichtet bezeichnen würden, wobei er darauf hinweist, dass in der spanischen Kolonie häufig Wasser abgeleitet werde, Sumpfgebiete trockengelegt würden und es auf diese Weise zu einer beklagenswerten Armut an Pflanzen komme. Wir würden die Maßnahmen der kolonialspanischen Behörden heute als eine Gefahr für die Biodiversität bezeichnen, auf die Humboldt hinweist, um einige Seiten später auf weitere Gefahren aufmerksam zu

---

[7] Vgl. *The Island of Cuba, by Alexander Humboldt*. Translated from the Spanish, with Notes and a Preliminary Essay by J. S. Thrasher. New York: Derby & Jackson 1856; Reprint New York: Negro Universities Press 1969. Thrasher war des Französischen nicht mächtig, weshalb er die spanische Übersetzung als Grundlage nahm. Dass große Teile der US-amerikanischen Forschung ebenfalls auf Übersetzungen und nur selten auf Originale zurückgriffen, ist ein nicht nur philologisches Ärgernis.

[8] Vgl. Alexander von Humboldt, *Political Essay on the Island of Cuba. A Critical Edition*. Edited with an Introduction by Vera M. Kutzinski and Ottmar Ette. Translated by J. Bradford Anderson, Vera M. Kutzinski, and Anja Becker. With Annotations by Tobias Kraft, Anja Becker, and Giorleny D. Altamirano Rayo. Chicago – London: University of Chicago Press, 2011.

machen: „Die Trockenheit des Bodens vergrößert sich, je mehr man ihn der Bäume
beraubt" (S. 72). Auf die katastrophalen Folgen einer rücksichtslosen Abholzung
von Wäldern im Verein mit einer Ableitung des Wassers hatte der preußische Natur-
und Kulturforscher, der schon im Hafen von Havanna Natur und Kultur sich wech-
selseitig durchdringen ließ, bereits im ersten Band seiner *Relation historique* mit Blick
auf den im heutigen Venezuela gelegenen Valencia-See hingewiesen[9].

Alexander von Humboldt führte auf diese Weise eindrucksvoll die teilweise katastrophalen Wechselwirkungen vor Augen, welche zwischen den einzelnen von ihm
untersuchten Wissenschaftsgebieten und Faktoren von Geologie, Klimatologie, Bodenbeschaffenheit, Pflanzenwuchs und den vielfältigen Aktivitäten des Menschen
einschließlich jener umfangreichen Rodungen bestehen, welche die Spanier bereits
zu Beginn der *Conquista*, in der ersten Phase beschleunigter Globalisierung, in den
Amerikas zum Bau ihrer Schiffe durchführten. Denn während man in Europa gezwungen war, eine nachhaltige Forstwirtschaft einzuführen[10], um die noch bestehenden Waldgebiete zu schützen und eine Versorgung der Flotten mit Nachschub
sicherzustellen, wurde in den Kolonien aus militärischen wie aus ökonomischen
Gründen rücksichtslos abgeholzt, um die höhere Qualität tropischer Hölzer für den
Schiffbau kostengünstig zu nutzen. Die Folgen dieses Handelns sind in vielen Küstengebieten bis heute ebenso sichtbar wie auf der Ebene des Wasserhaushalts spürbar.

Denn nicht allein die von der spanischen Kolonialmacht unterhaltenen und für
den Transport kolonialer Waren benötigten Flotten verschlangen Unmengen an
Holz; Holz diente auch als Brennmaterial in den unzähligen Zuckermühlen der
Insel, was Humboldt kritisch anmerkte und in diesem Zusammenhang auf zügige
Abhilfe drängte. Dazu führte er klimatologische Fakten und Messungen an, wobei
er die Insel Kuba sogleich mit Rio de Janeiro, Macau oder der Provinz Kanton
(Guangdong) in China verglich. Im gesamten *Politischen Versuch über die Insel Kuba*
fallen immer wieder diese weltumspannenden transtropischen Beziehungen auf,
welche Humboldt zwischen unterschiedlichsten Tropengebieten herstellt und dabei
unermüdlich Daten über die Wärmeverteilung an der Oberfläche unseres Planeten
sammelt. In diesen Überlegungen schwingen bereits seine bahnbrechenden Theorien zu den Isothermen und damit moderner Klimaforschung unverkennbar mit.

An diese Überlegungen schließt Humboldt Untersuchungen zur Bevölkerungsentwicklung und -struktur an, wobei er die hohe Zahl schwarzer Sklaven auf Kuba
erwähnt und angesichts der Haitianischen Revolution auf Kubas Nachbarinsel vor
einer „blutige[n] Katastrophe" (S. 98) warnt, welche die gesamte Insel erfassen
könne. Angesichts dieser realen Möglichkeit gelte es zu handeln.

In diesem Zusammenhang führt Humboldt auch geostrategische Argumente ins
Feld, könne doch eine „Afrikanische Konföderation" (S. 98) im karibischen Raum

---

[9] Vgl. hierzu die neue Anthologie Alexander von Humboldt, *Auf dem Weg zum ökologischen Denken. Drei
Texte.* Herausgegeben mit einem Nachwort von Ottmar Ette. Ditzingen: Verlag Philipp Reclam jun.,
2023.
[10] Vgl. hierzu Ulrich Grober, *Die Entdeckung der Nachhaltigkeit. Kulturgeschichte eines Begriffs.* München:
Verlag Antje Kunstmann, 2010.

zwischen Kolumbien und den USA die politische Situation der gesamten Area grundlegend verändern. Ein zweites Haiti gelte es zu verhindern. Die Katastrophe in der französischen Kolonie von Saint-Domingue, der ehemals ertragreichsten Kolonie der Welt, sei auf die Unfähigkeit der französischen Kolonialregierung zurückzuführen, den Herausforderungen der sich immer ungleicher verteilenden versklavten Bevölkerung gerecht zu werden. Das Sicherheitsgefühl der weißen Sklavenhalter könne sich als trügerisch erweisen, der Mut und die Handlungsfähigkeit der entrechteten Sklaven seien groß. Für Kuba, das seit dem „Ausfall" von Saint-Domingue oder Haiti als Zuckerproduzent zunehmend in diese ökonomische Rolle hineinwuchs, sah der preußische Geschichtsschreiber auf diesem Gebiet die Möglichkeit eines von manchen bereits beschworenen „Rassenkrieges" voraus. Dem wollte Humboldt durch radikale Reformen vorbeugen.

Dabei seien noch alle Möglichkeiten für ein rechtzeitiges Umsteuern der Politik gegeben. Humboldt erhoffte sich grundlegende Veränderungen zum einen durch das Verbot des Sklavenhandels, den er langsam an ein Ende gekommen sah. Er ahnte nicht, dass der transatlantische Sklavenhandel im Verlauf des 19. Jahrhunderts noch weitaus größer und wichtiger werden würde, wobei er an anderer Stelle in seinem Kuba-Essay darauf hinweist, dass die Sklaverei in den Südstaaten der USA, etwa in Virginia, an Umfang wie an Menschenverachtung alles übersteige, was in den spanischen Kolonien so beklagenswert sei. Gleichwohl lehnte er es ab, eine menschenverachtendere Gangart der Sklaverei von einer weniger menschenverachtenden abzugrenzen. Er positionierte sich eindeutig, indem er formulierte, dass „Menschenliebe" nicht darin bestehe, „weniger Peitschenhiebe" zu verabreichen (S. 178).

Als weiteres Argument gegen die Sklaverei führt Humboldt den gesteigerten Anbau von Zuckerrüben an, der zunehmend ertragreicher sei und den Anbau von Zuckerrohr auf der Basis von Sklavenarbeit zunehmend überflüssig werden lasse. Im Übrigen rechnet er mehrfach vor, dass auf der Insel Kuba weitaus mehr Sklaven vorhanden seien, als man für die Bewirtschaftung der riesigen Zuckerrohrfelder benötige. Längst hatte sich die kreolische wie die spanische Elite daran gewöhnt, eine Vielzahl von Tätigkeiten nur noch von Sklaven ausführen zu lassen. Doch all diese Fakten sind für ihn Indizien dafür, dass der Einsatz afrikanischer Sklaven, dessen transkulturelle Entwicklung er in der Karibik noch nicht absehen konnte, an vor allem wirtschaftlicher Bedeutung verlieren werde. Humboldt sollte sich mit Blick auf den weiteren Fortgang des 19. Jahrhunderts irren.

Der preußische Reisende betont, er habe wegen der Sklaverei stets dasselbe Grauen empfunden, das er schon vor Antritt seiner Reise verspürt hatte. Er kritisiert vehement alle Versuche, die Sklaverei sprachlich zu verschleiern, indem man die Sklaven bewusst als „schwarze Bauern" bezeichne oder ihre Sklavenhalter als „patriarchalischen Schutz" benenne. Humboldt spricht Klartext: Er spricht von „Schändung" und der „Grausamkeit" der menschenverachtenden Sklaverei auf der Insel (S. 177). Wie auch an anderen Stellen verweist Humboldt auch in seinem Kuba-Essay auf das kaum weniger menschenverachtende System der Leibeigenschaft in Europa.

Parallel zu seinen Ausführungen über die Sklaverei und die mangelhafte Absicht des Menschen, in Frieden und Eintracht mit anderen Menschen zusammenzuleben, macht er am Beispiel von Matrosen auf seinem Schiff darauf aufmerksam, dass diese gänzlich grundlos und allein zu ihrem eigenen Vergnügen ein Massaker unter Pelikanen angerichtet hätten (S. 201). Dass er selbst einen Kampf zwischen Krokodilen und hochgewachsenen Hunden organisierte, um gleichsam wissenschaftlich zu analysieren, wie sich die Tiere bekämpften und welches der Tiere obsiegen werde, erscheint nur wenige Seiten später und macht auf die Tatsache aufmerksam, dass auch der Reisende selbst nicht immer frei davon war, unter dem Deckmantel der Wissenschaft – wie etwa bei dem von ihm forcierten Kampf der Pferde gegen die Gymnoten oder elektrischen Zitteraale im ersten Band der *Relation historique* – Experimente mit Tieren ohne Rücksicht auf Verluste durchzuführen.

Wie schon in seiner kurzen, während des zweiten Kuba-Aufenthalts entstandenen Skizze *Isle de Cube* entfaltet Humboldt sein Denken nicht nur auf der Ebene der Klimatologie im Maßstab der Antillen, der amerikanischen Hemisphäre und der weltumspannenden transtropischen Beziehungen. Beispielsweise vergleicht er die Zuckerproduktion in den spanischen Kolonien mit jener in französischen oder englischen Kolonien weltweit und scheut sich auch nicht, den unterschiedlichen Zuckerverbrauch in den jeweiligen Mutterländern miteinander zu vergleichen und daraus Schlüsse zu ziehen. Was auf der Insel Kuba geschieht, hat Konsequenzen weltweit.

Um die besondere Bedeutung Kubas in diesem weltweiten Vergleich aber herausarbeiten zu können, blendet Alexander von Humboldt, der sich wiederholt selbst als „Geschichtsschreiber" apostrophiert, in kurz gefassten Abrissen die Eroberungsgeschichte der Amerikas ein, welcher er in den dreißiger Jahren des 19. Jahrhunderts eine ebenso dreibändige wie unabgeschlossene Geschichte der Expansion Europas in der ersten Phase beschleunigter Globalisierung widmete: sein ebenfalls in französischer Sprache abgefasstes *Examen critique*[11], das auf jahrzehntelangen Forschungen beruhte. Nicht umsonst kann man den Autor dieser historisch detailreichen Darstellung der ersten Phase beschleunigter Globalisierung als ersten Globalisierungstheoretiker im eigentlichen Sinne bezeichnen.

Mit dieser von ihm eingehend untersuchten historischen Expansion der europäischen Seemächte verknüpfte er die Ausweitung des transatlantischen Sklavenhandels und der entstehenden Massensklaverei im Weltmaßstab. Der Hafen von

---

[11] Vgl. hierzu die deutschsprachige Ausgabe von Alexander von Humboldt, *Kritische Untersuchung zur historischen Entwicklung der geographischen Kenntnisse von der Neuen Welt und den Fortschritten der nautischen Astronomie im 15. und 16. Jahrhundert.* Mit dem geographischen und physischen Atlas der Äquinoktial-Gegenden des Neuen Kontinents Alexander von Humboldts sowie dem Unsichtbaren Atlas der von ihm untersuchten Kartenwerke. Mit einem vollständigen Namen- und Sachregister. Nach der Übersetzung aus dem Französischen von Julius Ludwig Ideler ediert und mit einem Nachwort versehen von Ottmar Ette. Frankfurt am Main – Leipzig: Insel Verlag, 2009; sowie Alexander von Humboldt, *Geographischer und physischer Atlas der Äquinoktial-Gegenden des Neuen Kontinents. – Unsichtbarer Atlas aller von Alexander von Humboldt in der Kritischen Untersuchung aufgeführten und analysierten Karten.* Frankfurt am Main – Leipzig: Insel Verlag, 2009. Diese beiden Bände erschienen gemeinsam im Schuber unter dem Titel „Die Entdeckung der Neuen Welt".

Havanna, dessen Sklavenmarkt auch für die Südstaaten der USA von großer Bedeutung war, wird damit bereits zu einem frühen Zeitpunkt der Globalisierungs-
geschichte in die menschenverachtende Praxis weltweiter Sklaverei integriert.

In diesem weitgespannten geschichtlichen Zusammenhang entwirft Alexander
von Humboldt ein umfassendes Tableau einer künftigen Entwicklung der Menschheit, die er mit großem Optimismus portraitiert:

> Vermutlich wird der öffentliche Wohlstand – das gemeinsame Erbe der Zivi-
> lisation – infolge der großen Revolutionen, die menschliche Gesellschaften
> erleiden, anders unter den Menschen beider Welten verteilt werden; aber nach
> und nach wird das Gleichgewicht wieder hergestellt werden, und es ist ein ver-
> hängnisvolles – ich würde fast sagen gottloses – Vorurteil, den wachsenden
> Wohlstand eines völlig anderen Teils unseres Planeten als ein Unheil für das alte
> Europa anzusehen. Anstatt zu ihrer Isolation beizutragen wird ihre Unabhän-
> gigkeit die Kolonien eher dichter an die schon länger zivilisierten Völker an-
> binden. Der Handel neigt dazu, das zusammenzubringen, was der politische
> Neid seit langer Zeit voneinander getrennt hatte. Darüber hinaus liegt es in
> der Natur der Zivilisation, sich weiter entfalten zu können, ohne dadurch ih-
> ren Geburtsort zu zerstören. Ihr allmähliches Fortschreiten von Ost nach West,
> von Asien nach Europa, widerlegt diese Maxime nicht im Geringsten. Ein
> helles Licht behält seine Helligkeit selbst wenn es einen größeren Raum er-
> leuchtet. Die intellektuelle Kultur, eine fruchtbare Quelle des Reichtums eines
> Volkes, überträgt sich von einem Nachbarn auf den anderen; sie breitet sich
> aus, ohne sich fortzubewegen. (S. 246)

Nicht allein mit ihrer charakteristischen Lichtmetaphorik unterstreicht diese Passage, wie sehr sich Alexander von Humboldt als Erbe der Aufklärung verstand.
Dabei begriff er die Aufklärung keineswegs – wie in der Alten Welt noch heute
überwiegend zu hören ist – als eine rein europäische Angelegenheit, sondern in-
tegrierte aufklärerische Positionen des gesamten amerikanischen Kontinents in sein
Denken. Wie sehr er auch wegen der Sklaverei, aber auch wegen der brutalen
Kolonialpolitiken die Länder kritisierte, die sich auf ihre vermeintliche Zivilisation
so viel einbildeten, so sehr glaubte er doch an diese abendländische Zivilisation,
der es eines Tages gelingen werde, insbesondere durch ihren weltumspannenden
Handel die Welt wieder in ein Gleichgewicht zu bringen. Dann würden sich die
unabhängigen Länder diesseits und jenseits des Atlantiks nach dem Ende des Kolonialismus zum wechselseitigen Vorteil weiterentwickeln und eine Welt schaffen,
welche den Menschen in Zukunft ein Leben in Freiheit und Wohlstand garan-
tieren könne.

Bezüglich der sich herausbildenden Nationalstaaten im Süden des amerikanischen Kontinents plädiert Humboldt dafür, sich mit Blick auf die lange noch umstrittenen Grenzverläufe zwischen amerikanischen Staaten nicht nur wie in Kolo-
nialzeiten an geographischen Gegebenheiten wie etwa dem Verlauf von Flüssen,
sondern auch an kulturellen Tatsachen, wie etwa der Besiedlung durch unterschied-

liche Völker, zu orientieren. Diese Idee, deren Umsetzung viele Probleme des 19. und 20. Jahrhunderts vermieden hätte, wurde freilich niemals in die Tat umgesetzt. Humboldt selbst war später mehrfach als Schiedsrichter bei Streitfällen um Grenzverläufe in den Amerikas tätig, wobei sich freilich häufig Widerspruch gegen seine Ansichten erhob und ihm von der einen wie der anderen Seite Parteilichkeit vorgeworfen wurde.

Angesichts einer sich in erheblicher Dynamik befindlichen Herausbildung unabhängiger Staaten kam im Sinne Humboldts der Infrastruktur innerhalb bestimmter Länder, aber auch innerhalb des gesamten Kontinents wie dem globalen Weltverkehr überhaupt aus seinem Blickwinkel eine übergeordnete Bedeutung zu. Wie sehr er Kuba bereits als sich herausbildende Nation begriff, obwohl die Insel noch für lange Jahrzehnte, bis zum Ende des kubanisch-spanisch-US-amerikanischen Krieges am Ausgang des 19. Jahrhunderts, im spanischen Kolonialbesitz verblieb, wird etwa am Beispiel jenes Kanalbauprojekts deutlich, das Humboldt zwischen La Habana und der kubanischen Südküste bei Batabanó anregte. Es könne mit Hilfe dieses Kanals gelingen, die wirtschaftliche Entwicklung nicht nur durch die Verbilligung der internen Transportkosten anzukurbeln, sondern auch die Angriffe von Piratenschiffen auf die Transportwege entlang der Küste sowie den Schleichhandel zu vermeiden.

Doch die Kanalbauprojekte Alexander von Humboldts beschränkten sich nicht auf nationale Dimensionen oder einzelne Länder. Mit besonderer Vorliebe diskutierte er immer wieder anhand verschiedener, günstig auf dem Isthmus gelegener Orte die Möglichkeiten, einen interozeanischen Kanal zwischen der karibischen Atlantikküste und der Pazifikküste zu schaffen, wodurch er dem späteren Panama-Kanal sehr wohl den Weg bereitete. Dabei kamen aus seiner Sicht der Erschließung durch ein vorhandenes oder noch zu schaffendes Wegenetz sowie der geomorphologischen Möglichkeiten, ausreichend Wasser für einen Kanal zur Verfügung zu haben, eine entscheidende Bedeutung zu. Die Finanzierungsmöglichkeiten für einen Kanalbau schätzte er als gut ein, empfahl die Schaffung einer Kanalbau- bzw. Aktiengesellschaft und betonte die überragende Bedeutung, die ein solcher Kanal für den Weltverkehr haben würde. Denn von einer Intensivierung des Weltverkehrs versprach sich der preußische Schriftsteller, Gelehrte und Philosoph eine stärker im Gleichgewicht befindliche Welt, in der sich die Gegensätze zwischen armen und reichen Staaten immer stärker nivellieren. Gewiss darf man sich vor dem Hintergrund heutiger Erfahrungen fragen, ob eine derartige Sichtweise nicht zu (sagen wir) optimistisch ausfiel.

Alexander von Humboldt trieb seine Vorstellungen und Pläne jedoch voller Enthusiasmus voran. Die von Goethe sehr früh erkannten Begehrlichkeiten der Vereinigten Staaten, einen solchen interozeanischen Kanaldurchstich in ihre Hände zu bekommen, sah er nicht. Allerdings formulierte er Vorbehalte mit Blick auf Konflikte, welche durch eine erhebliche Verkürzung der Verkehrswege zwischen Europa, Amerika und Asien in Zukunft entstehen könnten. Humboldt verwies in diesem Zusammenhang auf seinen „zuweilen etwas erschütterte[n] Glaube[n]" (S. 343) an das Fortschreiten der Aufklärung auf der Ebene derartiger internationaler Beziehungen. Dies gilt im Übrigen auch für die Bezüge zwischen verschiedenen amerikanischen Staaten auf hemisphärischer Ebene, Befürchtungen freilich, die für ihn nicht ausschlaggebend waren. Dabei sah er insbesondere im Süden des Kontinents turbulente politische Entwicklungen voraus, ohne jedoch konkrete Beispiele zu benennen. Der weitere Verlauf des 19. Jahrhunderts sollte dem preußischen Geschichtsschreiber Recht geben.

Freilich blieb Alexander von Humboldts Glaube an eine positive Entwicklung internationaler Beziehungen letztlich auf hemisphärischer wie auf weltumspannender Ebene bestehen. Dabei betonte er gerne gegenüber anderslautenden Ansichten, dass alle Völker des amerikanischen Kontinents zur Freiheit bestimmt seien und es ihnen keineswegs an zivilisatorischer Entwicklung fehle, um ein an der Freiheit ausgerichtetes Gemeinwesen zu schaffen. Ohne Kuba und die fortgesetzte spanische Kolonialherrschaft zu erwähnen, ließ Humboldt keinerlei Zweifel daran, dass er sehr wohl mit einer Unabhängigkeit der größten der Antilleninseln rechnete. Seine gesamte Monographie war an dieser Überzeugung ausgerichtet.

Dass die spanischen Kolonialbehörden nicht nur wegen Humboldts dezidierter Forderung nach Abschaffung der Sklaverei, sondern auch wegen derartiger antikolonialer Ansichten die spanische Übersetzung des *Essai politique sur l'île de Cuba* aus dem Jahr 1827 umgehend verboten, konnte daher niemanden überraschen. Ganz wie sich der *Politische Versuch über das Vizekönigreich Neuspanien* als eigentliche Geburtsurkunde eines unabhängigen Mexiko lesen ließ, so wirkte auch der *Politische Versuch über die Insel Kuba* auf viele Leserinnen und Leser auf der Insel wie eine Geburtsurkunde eines unabhängigen Kuba. Der jeglicher Form von Kolonialismus kritisch gegenüberstehende Humboldt dürfte nicht anders gedacht haben. Dass er am Ausgang seines Kuba-Essays einen der führenden Köpfe der Unabhängigkeitsrevolution im sich herausbildenden Lateinamerika, den General Simón Bolívar, den er zunächst in Pariser Salons als frivolen Kreolen kennengelernt hatte, mit dem er aber später wiederholt in Briefkontakt stand, namentlich und positiv erwähnte, passt in diese im engeren Sinne *politischen* Betrachtungen des preußischen Wissenschaftlers und Gelehrten.

Dass Humboldt seine Analysen und Überlegungen zur künftigen Bevölkerungsentwicklung mit einer Vielzahl an Daten und Statistiken zur Verteilung von Religion und Sprache in den Amerikas abschloss, belegt einmal mehr, wie sehr ihm, den man bis heute im Gegensatz zu seinem älteren Bruder oft fälschlich als „reinen Naturforscher" bezeichnet, an der Einbeziehung wichtiger kultureller Phänomene lag. Dabei setzte er die Relationen zwischen weißer und schwarzer Bevölkerung in ein Verhältnis zu Religion und Sprachzugehörigkeit, wobei er diese wechselseitigen Abhängigkeiten mit einer Vielzahl an Zahlen und Fakten untermauerte und Prognosen zur weiteren Verbreitung der Sprachen in den Amerikas abgab.

Auch an diesem Ausgang des *Politischen Versuchs über die Insel Kuba* liefert Humboldt seinen Leserinnen und Lesern eine wahre Flut an mühevoll zusammengestelltem Zahlenmaterial. Humboldt gestand verschiedentlich, dass ihn eine *fureur des chiffres* plage, dass ihn also eine Zahlenwut heimsuche. Er war stets auf der Suche nach größtmöglicher numerischer Präzision. Dabei wäre es aber irreführend, die

Zahlen als den eigentlichen Fetisch der Humboldt'schen Wissenschaft zu verstehen. Gewiss, Humboldt liebte es, seine Ansichten und Überzeugungen mit einer „rigorosen Präzision" anhand eines umfangreichen Zahlenmaterials zu untermauern. Doch nicht umsonst lauten die letzten beiden Sätze seines *Politischen Versuchs über die Insel Kuba* wie folgt:

> Die Sprache der Zahlen, die einzigen Hieroglyphen, die unter den Zeichen des Denkens fortbestehen, benötigt keine Deutung. Diese Bestandsverzeichnisse der Menschheit haben etwas Gravierendes und Prophetisches an sich: Sie scheinen die ganze Zukunft der Neuen Welt in sich zu bergen. (S. 372)

Diese Formulierungen bedeuten keineswegs, dass derartige Zahlenangaben in Humboldts Denken und Schreiben keiner weiteren Deutung mehr bedürften. Vielmehr weist der Autor der *Ansichten der Natur* an dieser Stelle einmal mehr darauf hin, dass sein Buch nach einem aktiven Lesepublikum verlangt, welches in die Lage versetzt werden muss, die Komplexität dieser Zahlenangaben mit der zuvor genannten Vielzahl an Faktoren und Fakten gewissenhaft in Verbindung zu bringen und zu kombinieren. Denn es ist diese Kombinatorik, die im Zentrum des Humboldt'schen Wissenschaftsstils wie der Humboldt'schen Wissenschaft steht.

Die niemals starre Systematik dieser Humboldt'schen Wissenschaft ergibt sich weniger durch eine wohlgeordnete Anordnung einzelner Faktoren, die für die Entstehung eines Gesamtbildes von Interesse sind, als vielmehr durch eine relationale Denk- und Argumentationsstruktur, welche von Beginn an in die einzelnen untersuchten Aspekte und Faktoren eingewoben werden muss. Dies bedeutet, dass bestimmte Erscheinungen wiederholt in den Ablauf des Textes integriert werden müssen, um diesen Aspekt des Verwobenseins und der Relationalität herauszuarbeiten. Dass sich daraus bisweilen Schwierigkeiten für die Lektüre seiner Texte ergeben, ist kein Geheimnis. Doch lohnt eine intensive Lektüre des multirelationalen Schreibens Alexander von Humboldts allemal.

So unternimmt Humboldt in seinem *Politischen Versuch über die Insel Kuba* den schriftstellerisch konzipierten Versuch, nach einer literarischen Einführung der Thematik die naturräumliche Ausstattung der Insel zu beleuchten, ohne darüber ihre Vielverbundenheit auf geologischer und klimatologischer Ebene, aber auch in Hinblick auf die Geschichte der Globalisierung dieses Eilands, so herauszuarbeiten, dass das Zusammenspiel zwischen der naturräumlichen Ausstattung und der Entwicklung der Bevölkerung, zwischen der Einführung der Plantagenwirtschaft und der Integration der Insel in das transatlantische System der Massensklaverei plastisch vor Augen tritt. Mit anderen Worten: Die geologischen und geomorphologischen Faktoren werden mit geostrategischen und geokulturellen Überlegungen so verbunden, dass die ökonomischen Grundlagen und die biopolitische Ausgestaltung in ihren relevanten Wechselbeziehungen in Erscheinung treten und uns ein vieldimensionales Bild Kubas präsentieren, das für unser heutiges Verständnis der Insel nichts von seiner Aktualität verloren hat.

Zugleich wird in Humboldts Argumentation deutlich, dass man die Insel Kuba nicht verstehen kann, wenn man sich allein auf eine Untersuchung der Insel konzentriert. Humboldt verdeutlicht dies nicht nur am Beispiel der Produktion und Konsumption von Zucker. Der Einbau der größten der Antilleninseln in das archipelische Geflecht und die Vielverbundenheit der karibischen Inselwelt wie des karibischen Beckens, aber auch in die Entwicklung der gesamten amerikanischen Hemisphäre bildet die Voraussetzung dafür, die relationalen Logiken, in welche die Insel als isolierte Insel-Welt wie als multirelationale Inselwelt eingebunden ist, adäquat zu verstehen. Erst vor einem solchen Hintergrund wird die ethische Dimension, die den Überlegungen Humboldts nicht allein in der klaren Verurteilung der Sklaverei zum Ausdruck kommt, in ihrer komplexen globalgeschichtlichen Verankerung begreifbar.

Vor dem Hintergrund der geschichtlichen Entfaltung der europäischen Expansion und Kolonisation des amerikanischen Raumes wird zugleich deutlich, wie sich eine Art Eigen-Geschichtlichkeit der Insel Kuba herausbilden konnte, die zum Zeitpunkt der Abfassung des *Essai politique sur l'île de Cuba* bereits absehbar war. Denn während der größte Teil der ehemals spanischen Kolonien durch die Unabhängigkeitsrevolution in selbständige Nationalstaaten überführt wurde, verblieb Kuba unter spanischer Herrschaft, was unmittelbar mit den naturräumlich fundierten, ökonomisch orchestrierten und biopolitisch implementierten Strukturen der Insel zusammenhängt. Humboldt erkannte darin eine gewisse Eigen-Gesetzlichkeit der Inselentwicklung, die das gesamte 19. Jahrhundert hindurch vorherrschen sollte und die im 20. Jahrhundert – denken wir etwa an die Kubanische Revolution von 1959 – wiederum zu Sonderentwicklungen Kubas führte. Heute ist diese Eigen-Geschichtlichkeit Kubas gegenüber der historisch-politischen Entwicklung Lateinamerikas noch immer gegeben.

Zugleich ließ Alexander von Humboldt aber deutlich erkennen, dass es sich bei der Insel Kuba um eine protonationale Einheit handelte, dass also früher oder später sich Kuba aus der kolonialen Abhängigkeit vom iberischen Mutterland befreien und seinen Weg als eigenständige Nation antreten würde. In diesem Sinne ist der *Politische Versuch über die Insel Kuba* auf der gegenüber von Florida gleichsam in Reichweite der USA liegenden Insel, allen Verboten dieser Schrift zum Trotz, als eine Geburtsurkunde der kubanischen Nation verstanden worden und erwies sich als ein im engeren Sinne politischer Text, der ebenso Geschichte und Gegenwart wie prospektiv die künftige Entwicklung dieses archipelischen Gemeinwesens – Humboldt vergaß nicht, die Vielzahl an kleineren Inseln und Inselchen rund um Kuba in seine Betrachtungen miteinzubeziehen – erschließt.

Politisch ist dieser Versuch Humboldts in einem vollumfänglichen Sinne. Denn der *Essai politique sur l'île de Cuba* umfasst auf Französisch ebenso *la politique* wie *le politique*, umfasst im Deutschen also ebenso *die Politik* wie *das Politische*. Die Komplexität dieser Herangehensweise Humboldts, die auf der Vielverbundenheit aller Faktoren wie auf der Transdisziplinarität der Humboldt'schen Vorgehensweise beruht, macht Humboldts *politischen* Versuch über die Insel Kuba zu einem für die Humboldt'sche Wissenschaft charakteristischen und repräsentativen Text. Die politischen Implikationen seiner wissenschaftlichen Arbeit hat Alexander von Humboldt nie geleugnet. Es wurde Zeit, diesen Text nun endlich in einer zuverlässigen deutschen Übersetzung der deutschsprachigen Öffentlichkeit zugänglich zu machen.

Zu dieser Ausgabe

In erster Linie soll die neue deutsche Fassung eine Einladung an Leserinnen und Leser sein, sich mit Humboldts vielschichtigem und mehrsprachigem Textgebilde auseinanderzusetzen und auch Freude an dieser Beschäftigung zu finden, was keinesfalls die wissenschaftlichen Ansprüche ausschließt, die wir für unsere Arbeit geltend machen.

Die zweibändige Separatausgabe von Alexander von Humboldts *Essai politique sur l'île de Cuba* wird im Jahr 2024 vom Verlag Metzler erstmals vollständig in einer deutschen Neuübersetzung als *Politischer Versuch über die Insel Kuba* veröffentlicht. Diese deutsche Übersetzung beruht auf dem ungekürzten Text der Ausgabe von Alexander von Humboldts *Essai politique sur l'île de Cuba* aus dem Jahr 1826, einschließlich aller Fußnoten und Tableaus. Die Band- und Seitenzahlen an den äußeren Buchrändern beziehen sich auf die Oktav-Ausgabe dieser französischen Fassung, deren vollständige Digitalversion sowohl durch Google Books als auch durch MANOIC: Bibliothèque Numérique Caraïbe, Amazonie, Plateau de Guyanes (manioc.org) erhältlich ist. (Siehe das Nachwort für weitere Einzelheiten über die verschiedenen Fassungen des Kuba-Essays.)

Nichts wurde in dieser Ausgabe ausgelassen, nichts hinzugefügt, nichts umgestellt und dadurch anderen Ordnungsprinzipien und heutigen Erwartungen an einen wissenschaftlichen Text unterworfen, wie z. B. ein Inhaltverzeichnis und fortlaufende, einer gewissen Logik entsprechende Kapiteleinteilungen. Die übersetzerische Sinngebung machte es mitunter sowohl erforderlich als auch wünschenswert, über den Humboldt'schen Text hinauszugehen, beispielsweise durch die Ergänzung abweichender geographischer Bezeichnungen oder Personennamen, auf die Leser durch eckige Klammern aufmerksam gemacht werden. Längere Erläuterungen zu Inhalt und Übersetzung, die den Lesefluss unterbrechen würden, erscheinen in den Anmerkungen am Ende des Textes und wurden nicht mit Humboldts vielen eigenen Fußnoten vermischt. Offensichtliche Irrtümer, wie z. B. Druck- und Rechenfehler in den Tableaus, wurden stillschweigend verbessert. Humboldts Irrtümer bei den Seitenangaben gewisser Quellen erscheinen dagegen in eckigen Klammern.

Wir sind der festen Überzeugung, dass Leserinnen und Leser sich besser und vollständiger in Humboldts Gedanken- und Schriftwelten einfinden können, wenn man die nichtlineare Struktur seines Textes beibehält, unter anderem auch dadurch, dass man Humboldts Entscheidung respektiert, kein anderweitig ordnungsstiftendes Inhaltsverzeichnis anzubieten. Dennoch mag die folgende vorausschauende Bestandsaufnahme der wichtigsten Themen, die Humboldt anspricht, Lesern den Einstieg in den Text etwas erleichtern. Zu Humboldts eigenen betitelten Unterteilungen haben wir hier drei Abschnitte in eckigen Klammern hinzugefügt.

Die behutsame Modernisierung von Humboldts Text in dieser neuen deutschsprachigen Fassung stellt keinesfalls eine Vernachlässigung der historischen und kulturgeschichtlichen Dimensionen und der wechselhaften sprachlichen Gestaltung der zweibändigen Ausgabe des *Essai politique sur l'Isle de Cuba* dar. Die mutwillige Mehrsprachigkeit dieser und anderer seiner Schriften zeigt, wie wichtig es Humboldt war, fremde Kulturgüter in seine Texte auch auf sprachlicher Ebene miteinzubeziehen, so dass der *Essai politique sur l'île de Cuba* zahlreiche Wörter und Wendungen aus anderen Sprachen – Latein, Altgriechisch, Portugiesisch, Italienisch, Englisch, und vor allem Spanisch – enthält. Sie sind in unserer Übersetzung beibehalten worden, und fremdsprachliche Begriffe wurden nur dann übersetzt, wenn ihre Bedeutungen sich nicht aus dem Zusammenhang ergeben. Wir haben auch den französischen Begriff „Tableau" beibehalten, um darauf hinzuweisen, dass Humboldt seine eigenen Text-Bildnisse nicht als Tabellen im heutigen Sinn versteht und das Wort Tabelle nur dann benutzt, wenn er auf Statistiken in anderen Texten hinweist.

Obwohl spanische Wörter durch hinzugefügte Akzente der heutigen Schreibweise angeglichen worden sind, haben wir die verschiedenen Schreibweisen, die Humboldt bei einigen Bezeichnungen benutzt (wie z. B. *tasajo* und *tassajo*, Dörrfleisch), nicht vereinheitlicht. Die Standardisierung der oftmals scheinbar kapriziösen Groß- und Kleinschreibung und der Anwendung von Kursivschrift, sowie der Maßeinheiten für Entfernungen, Flächen, Gewichte, usw. würden unserer Meinung nach der vielschichtigen Textur von Humboldts Schriften entgegenwirken. Ein

gutes Beispiel für solche Vielschichtigkeit ist der Name des Río Huasacualco südwestlich von Veracruz im damaligen Neuspanien. Humboldt weist zwar durch
Klammern immer wieder darauf hin, dass dieser Fluss mehrere verschiedene Schreibweisen hat – „Huasacualco", „Guasacualco" und „Goazacualcos" – aber er weigert
sich, sie zu vereinheitlichen, was ihm ein Leichtes gewesen wäre. Dieses Beispiel,
nur eins von vielen, macht es klar, dass eine orthografische Standardisierung die
sprachliche Vielfalt, die sich hier aus dem additiven Zusammentreffen von Spanisch
und Nahuatl ergibt, einem nicht vorhandenen kolonialgeschichtlichen Konsens
unterwerfen würde. Da Humboldt uns diese Übersetzungsproblematik, die der
Suche nach Äquivalenzen, oder Wörtlichkeiten, anhaftet, immer wieder ins Be-
wusstsein ruft, waren wir stets darum bemüht, begriffliche Überlagerungen und
Kreuzungen als einen wesentlichen Teil des interkulturellen Lern- und Verstehens-
prozesses auch im Deutschen sichtbar zu machen. Aus diesem Grund haben wir an
einigen Stellen bei den kolonialsprachlichen Bezeichnungen für Menschen verschiedener Abstammungen französische und spanische Ausdrück wie „noir", „nè-
gre", „métis", „mulato" und „pardo" beibehalten.

Wir lassen demnach in unserer Übersetzung Humboldts Text nicht völlig in
einer deutschen Sprachwelt aufgehen, genau wie er selbst es auch mit der französischen gehalten hat. Wenn überhaupt, übersetzte Humboldt selbst solche Begriff-
lichkeiten nur sporadisch, was man durchaus als Aufruf an sein Lesepublikum verstehen sollte, vertrautere gedankliche Pfade oder Denkräume zu verlassen, um dadurch zu entdecken, wie der sprachliche Kontakt mit anderen Kulturen ihre eigenen
Sichtweisen verändern kann. Diese Aufforderung gilt gleichermaßen für das dama-
lige französischsprachige Lesepublikum wie für heutige deutschsprachige Leserinnen
und Leser.

Politischer Versuch
über
die Insel Kuba

———————

Vorbemerkung des Herausgebers

Das Werk, das wir der Öffentlichkeit anbieten, ist Teil der *Reise in die Äquinoktial-Gegenden des Neuen Kontinents*. Es wurde keineswegs dafür geschaffen, separat zu erscheinen; aber das lebhafte Interesse, das die Forschungen des Herrn von Humboldt über den territorialen Reichtum der Insel Kuba und die Bevölkerung der Inselgruppe der Antillen, verglichen mit der der anderen Regionen Amerikas hervorruft, hat uns veranlasst, das Wissen den Lesern näherzubringen, die die *Relation historique* nicht besitzen.

|I.VI   Die Beilage enthält Ansichten der politischen Ökonomie über die neuen Staaten des amerikanischen Kontinents, insbesondere über Venezuela, eines der reichsten und fruchtbarsten Teile der Republik Colombia. Hinzugefügt wurde die Diskussion von Projekten, die Verbindungen zwischen dem Atlantischen Ozean und der Südsee betreffen, ebenso wie Tabellen der amerikanischen Bevölkerung, die den Unterschied von Rassen, Sprachen und Kulturen berücksichtigen.

Paris, im September 1826

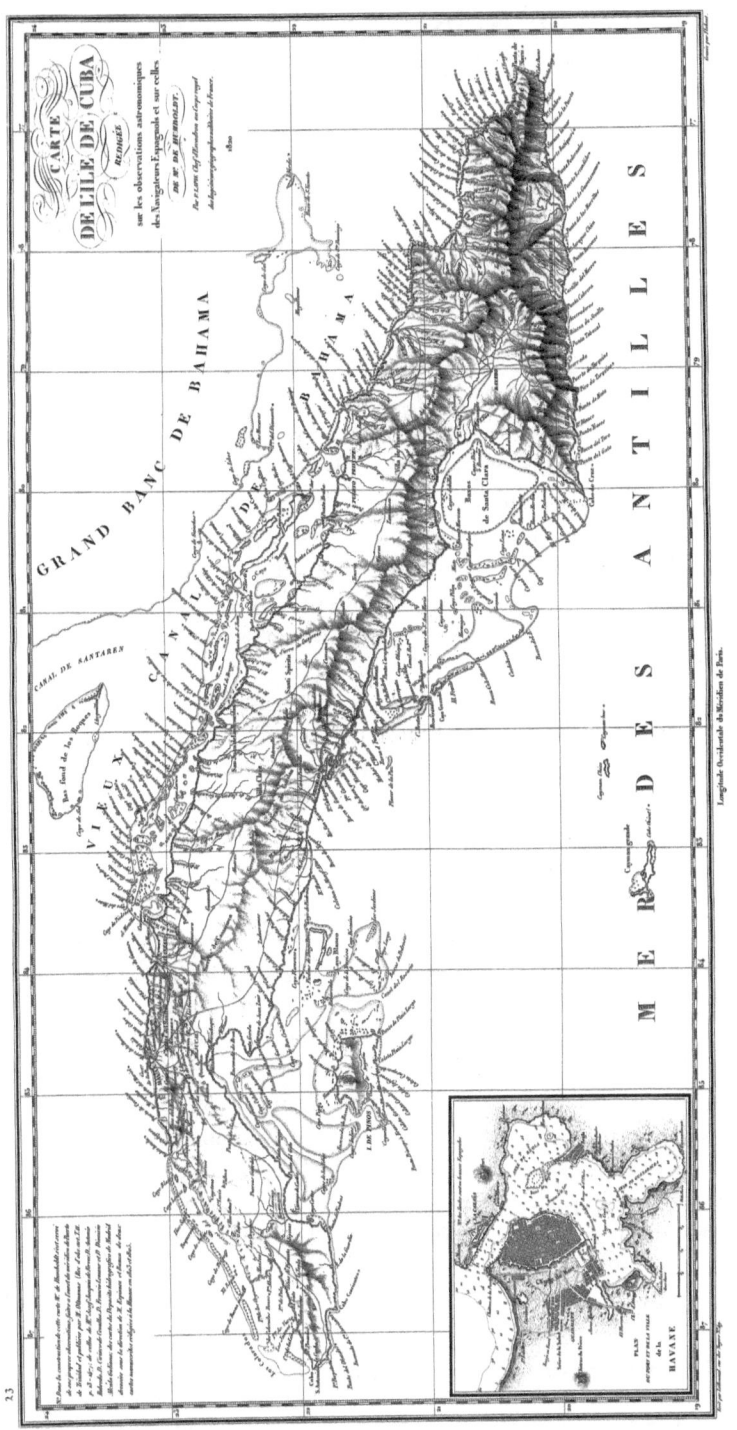

Abb. 1   Alexander von Humboldts Kuba-Karte aus dem Jahr 1820

BEGRÜNDETE ANALYSE DER KARTE
DER INSEL KUBA

Die Karte, die den *Politischen Versuch über die Insel Kuba* begleitet, ist Teil des *Atlas géographique et physique des régions équinoxiales du Nouveau-Continent* [Geographischer und physischer Atlas der äquinoktialen Regionen des Neuen Kontinents], von dem bereits 22 Tafeln erschienen sind. Ich habe beabsichtigt, in diesem Atlas, wie auch in dem *Mexiko-Atlas* [*Atlas géografique et physique sur la Nouvelle-Espagne*], unser Wissen über die Geographie des Innern Amerikas zu berichtigen, folgend den Ergebnissen der astronomischen Beobachtungen, die ich während meiner Reisen nördlich von Lima und auf dem Amazonas ausgeführt und zu einem großen Teil |I.VIII   berechnet[1] hatte. Ein Teil der Karten ist von mir entweder an den Orten selbst oder nach meiner Rückkehr in Europa gezeichnet worden; andere sind durch erfahrene Geographen, die so freundlich waren, an der Veröffentlichung meiner Werke mitzuwirken, entweder nach meinen Skizzen fertiggestellt oder gemäß der Gesamtheit der von mir erörterten Positionen angefertigt worden. In beiden Fällen müssen Fehler im Atlas der Äquinoktial-Gegenden Amerikas mir allein zugeschrieben werden. Ich stelle mir vor, dass man bei der Einschätzung dieser Versuche, die Geographie des spanischen Amerikas schrittweise zu verbessern, den genauen Zeitpunkt berücksichtigen wird, zu dem jede Karte gedruckt wurde. Man wird untersuchen, ob der Autor alle damals existierenden Materialien benutzte, von denen er Kenntnis haben konnte, ob er sie richtig miteinander verknüpfte und ob er sie durch seine eigenen Beobachtungen bereicherte.

In Ländern, die der Schauplatz großer geodätischer Vermessungen gewesen sind, reduzieren sich das Zeichnen und die Redaktion einer Karte auf einen äußerst einfachen graphischen Arbeitsgang: Die Kombinationen finden ein Ende, wenn man |I.IX   durch ein Netz von Dreiecken die Verhältnisse von Distanz und Lage der Orte präzise ermittelt hat. Die Geographie Amerikas ist noch weit von einem Zustand der Vervollkommnung entfernt, der das Herantasten und das mühsame Auswählen zwischen Materialien von sehr unterschiedlichem Wert ausspart. Ein Großteil der Küsten (im Norden von Kuba, in Chocó, in Guatemala und in Mexiko, von Tehuantepec bis zu San Blas) ist bisher nicht sorgsam vermessen worden. Im Innern der Länder können nur einige verstreute astronomische Positionen den Geographen leiten. Wenn diese nahe genug beieinander liegenden Festpunkte sich systematisch

---

[1] *Siehe* die Ergebnisse dieser ersten Berechnungen, von denen mehrere Kopien in Amerika zirkulieren, verglichen mit den endgültigen Ergebnissen von Herrn Oltmanns im *Recueil d'observations astronomiques et de mesures barométriques*, Bd. I, S. xx, das ich in den Jahren 1807 bis 1811 gemeinsam mit diesem sowohl fleißigen als auch bescheidenen Gelehrten veröffentlicht habe.

gruppieren und durch *chronometrische Linien* verbinden, wird die Gewissheit größer sein; doch um zu vermeiden, dass voneinander abhängige Punkte sich im Laufe der Zeit teilweise verschieben, ist es unerlässlich, bei der Analyse jeder Karte die Beschaffenheit der ihr zugrundeliegenden Elemente darzustellen. Auf diese Weise bilden in den Arbeiten, die ich in Südamerika ausgeführt habe, die Steppen Venezuelas (llanos), der Orinoco, der Río Casiquiare und der Río Negro ein einziges *System von Positionen*, das durch Zeitübertragungen mit Cumaná und Caracas verbunden ist, deren Positionen auf absoluten astronomischen Beobachtungen beruhen[2]. Weiter |I.X westlich habe ich den Río Magdalena, die Hochebene von Bogotá, Popayán, Pasto, Quito, den Amazonas und Bajo Perú in einem zweiten *System* verbunden, das sich von 10° 25′ nördlicher Breite bis 12° 2′ südlicher Breite erstreckt. Diese letzte Gruppierung von Positionen, die auf einer Seite Cartagena de Indias erreicht und auf der anderen Callao de Lima, wurde kürzlich mit der ersten Gruppe durch eine von West nach Ost führende *chronometrische Linie* verbunden. Im März 1824 haben die Herren Roulin, Rivero [y Ustariz], und Boussingault die Zeit von Bogotá auf die Mündung des Río Meta übertragen, die sich ungefähr sechs Bogenminuten östlich des Eingeborenendorfes der Cariben befindet; sie haben die Differenz zwischen dem Meridian dieser Flussmündung und dem von Bogotá als 0^h 26′ 7″ bestimmt; während meine auf einem Felsen inmitten der *Boca del Meta* (*Piedra de la Paciencia*) im April 1800 und in Santa Fé de Bogotá im Juli und September 1801 durchgeführten Beobachtungen[3] einen Längenunterschied von 0^h 25′ 58″ ergaben. Eine Reihe von |I.XI Vermessungen im Landesinneren verbindet also Cumaná (oder das Orinoco-Delta) mit den Küsten des Pazifischen Ozeans unweit von Callao in Peru.

Ich erwähne dieses Beispiel, das sich auf eine *chronometrische Linie* von 640 Meilen Länge bezieht und in dem viele dazwischenliegende Punkte auf absoluten Beobachtungen basieren, um zu erweisen, wie die freien Regierungen Amerikas allein durch die Nutzung astronomischer Mittel in kurzer Zeit und mit geringem Kostenaufwand das Grundgerüst der Karten ihrer gewaltigen Territorien erstellen könnten; ich erwähne es vor allem, um an die Notwendigkeit zu erinnern, die bisher durchgeführten Arbeiten einer begründeten Analyse zu unterziehen. Man kann weder das Skizzierte verbessern, indem man die dazwischenliegenden Punkte korrigiert, noch die bisher nicht hinreichend ausgefüllten Räume bekannt machen, ohne die Geographen in die Lage zu versetzen, den erhofften Grad der Bestimmtheit selbst zu erkennen. Die Veröffentlichung dieser begründeten Analyse wird vor allem für den Fortschritt der astronomischen Geographie unerlässlich sein, da große Veränderungen der Position und der Konfiguration in neue Karten eingefügt werden müssen und zukünftige Änderungen schwerwiegende Irrtümer enthüllen werden, wenn man nicht mit Genauigkeit die Verbindung oder Abhängigkeit in Bezug auf eine gewisse Anzahl von Positionen kennt.

|I.XII

---

[2] Sonnenfinsternisse, Jupitermonde, Monddistanzen.
[3] *Recueil d'observations astronomiques*, Bd. I, S. 222[f]; Bd. II, S. 23[5 f].

Beim Ausgestalten der Karte der Insel Kuba habe ich mich astronomischer Beobachtungen der fähigsten spanischen Seefahrer und solcher Beobachtungen bedient, die ich Gelegenheit hatte, westlich des Hafens Trinidad, am Kap San Antonio, in Havanna zwischen dieser Stadt und Batabanó sowie in den *Jardines y Jardinillos* von Punta Matahambre bis hin zur Mündung des Río Guaurabo anzustellen. Meine eigenen Beobachtungen sind insgesamt in allen Einzelheiten im *Recueil d'observations astronomiques*, Bd. II, S. 13–147, 567 veröffentlicht worden. Auf der 1819 erstellten und 1820 publizierten Karte der Insel Kuba findet man gegen Süden den Hafen Batabanó und die Cayos Flamenco, Piedras und Diego Pérez, den Hafen Trinidad und Cabo Cruz an ihren tatsächlichen Positionen eingezeichnet; allerdings sind die Breite der nördlichen Küste der Isla de Pinos[4] [heute Isla de la Juventud] und der

|I.XIII

gesamte Verlauf der Südküste Kubas vom Kap San Antonio bis zum östlichen Rand der Cayos [auch Laberinto] de las Doce Leguas ebenso fehlerhaft wie sie es auf den im Übrigen sehr lobenswerten Karten waren, die das *Depósito hidrográfico* von Madrid bis zu diesem Zeitpunkt veröffentlicht hatte. Die wichtigen Berichtigungen der Südküste Kubas, die 1793 von dem Marineleutnant Don Ventura de Barcaíztegui und 1804 von Fregattenkapitän Don José del Río [Cosa] vorgenommen worden waren, erschienen erst 1821. In der zweiten Auflage meiner Karte der Insel Kuba (von 1826) wurden diese Berichtigungen zwischen Punta de la Llana und Kap San Antonio ebenso wie (mit Ausnahme von Trinidads Position) zwischen La Cabeza del Este de los Jardinillos und Cabo Cruz übernommen. Der mittlere Teil, von Länge 83° 30′ bis 86° 20′, zwischen La Laguna de Cortés, Isla de Pinos und der Ensenada de Cochinos [Schweinebucht] wurde von einer Skizze kopiert, die mein gelehrter Freund Don Felipe Bauzá, der frühere Leiter des Depósito Hidrográfico in Madrid, so freundlich war, für mich während meines Aufenthalts in London im Mai 1825 zu zeichnen. Als er mir diese Skizze übergab, teilte mir der unermüdliche

|I.XIV

Begleiter der Expedition von [Alessandro] Malaspina mit, dass er meine Bestimmungen mit den Peilungen des Herrn del Río vereinigt hatte, und dass er dabei sei, eine große Karte der Insel Kuba in vier Blättern zu vollenden, für die er das gesamte, in seinem Besitz befindliche Material neuen Prüfungen unterzogen hatte. Der Name Bauzá bürgt für die Vorzüglichkeit einer solchen Arbeit.

Die Geschichte der Geographie der Insel Kuba hat dieselben Phasen durchschritten wie die Geographie der anderen Antillen und der Ostküsten des Neuen Kontinents. Anfangs positionierte man alle Punkte zu weit westlich. Christoph Kolumbus[5] schlussfolgerte aus *las reglas de la Astronomía* [den Regeln der Astronomie], wie er sie nannte, dass sich Kap San Antonio 75° westlich des Meridians von

---

[4] Vgl. [John] Purdy, *Columbian Navigator*, S. 175.

[5] Im Monat Juni 1494 beobachtete der Admiral auch eine Mondfinsternis an der südlichen Küste von Saint-Domingue, im September 1494 eine weitere in der Nähe von Adamana (heute Saona Island) etwas westlich von Cabo Engaño. Er fand den Unterschied zum Meridian von Cádiz 5^h 23′, was einen longitudinalen Irrtum von 8° 45″ ergibt (Herrera [y Tordesillas], *Historia de las Indias occidentales*, Dek. I, S. 56 und 58).

Cádiz befand. Auf der berühmten, im Jahr 1576 veröffentlichten Weltkarte[6] des
Piloto Mayor Pedro de Medina vergrößerte sich dieser Irrtum von 3° ½ zu 4°. Das
im Depósito de Mapas in Madrid aufbewahrte *Quarterón* von Bartolomé de la Rosa
verzeichnet im Jahr 1755 für Havanna noch 79° 14′ westlich des Meridians von
Cádiz, ein Irrtum von 3° 9′, obwohl schon [Jacques] Cassini[7] im Jahr 1729 aus den
von Don Marco Antonio de Gamboa in Havanna ausgeführten Beobachtungen der
Mondfinsternis und der Jupiter-Trabanten (1715–1725) die tatsächliche Länge dieser Hauptstadt mit einem Irrtum von weniger als 45″ berechnet hatte. Herr Oltmanns hat sich sehr scharfsinnig mit Gamboas Beobachtungen auseinandergesetzt[8]
und sie nach den Tabellen von Bürg und Triesnecker neu berechnet; er kam dabei
zu dem mittleren Resultat von 5^h 38′ 57″. Die wirkliche Länge der Morro von
Havanna ist 5^h 38′ 49″, ein für diese Art von Beobachtungen erstaunlicher Einklang.
Auch wenn das *Quarterón* von Don Bartolomé de la Rosa bei den absoluten Längen
irrt und Havanna erneut 3° ¼ zu weit westlich setzt, gibt es dennoch, wie Herr
[José] Espinosa [y Tello] bemerkt, die relativen Längen mit einer seltenen Präzision
an. Die Unterschiede zwischen den Meridianen der Morro von Havanna, Punta de
Guanos und Cayo Largo am Eingang des Bahama-Kanals sind dort richtig; aber
diese Genauigkeit der Lagen, die so wichtig für Schiffe ist, die beim Verlassen des
Kanals die Sandbänke Floridas und den Placer de los Roques (Salt Keys) vermeiden
wollen, zeigt sich bereits auf den alten, im Jahr 1692 entworfenen unveröffentlichten Karten von Kapitän Francisco de Seixas y Lobera.[9]

|I.XV
|XVI

|I.XVII

---

[6] *Siehe* die französische Übersetzung von Nicolas de Nicolai, Königlicher Geograph von Heinrich II.,
S. 64. Diese Weltkarte gibt die Breite von London mit 58° an, ein Unterschied von 18° zu den Meridianen von Kap San Antonio und Temixtitlan (Mexiko), ein Irrtum von 4°. Die tatsächliche Länge von
Mexiko-Stadt, wie sie von Velázquez [Cardenas de León] und [León y] Gama (im Jahr 1778) gefunden
und von Don Dionisio Galiano (im Jahr 1791) und von mir selbst (im Jahr 1803) bestätigt wurde, beträgt
6^h 45′ 42″. Hätte Herr [Martín Fernández] de Navarrete, dessen literarische Talente und umfassende
Bildung ich bewundere, die gründliche Analyse meines Neuspanien-Atlasses (*Essai politique sur le royaume
de la Nouvelle-Espagne*, Bd. I, S. xv) gelesen, würde er nicht „einen fremden Reisenden" in der
Correspondance astronomique, géographique, hydrographique et statistique des Herrn von Zach (Bd. XIII [1825],
S. 56) getadelt haben. Er hätte nicht auf die von dem Jesuiten [Juan] Sánchez im Jahr 1584 beobachtete
Mondfinsternisse zurückgreifen müssen, und er wäre davon überzeugt gewesen, dass ich, als ich im
Begriff war, meine eigenen Beobachtungen der Trabanten, der Monddistanzen, des Azimuts und der
Zeitverschiebung zu veröffentlichen, mich zu sagen beeilte, dass mein verstorbener Freund Don Dio-
nisio Galiano für die Länge von Mexiko-Stadt *vor mir* 6^h 45′ 49″ gefunden hatte, obgleich die vom *Depósito
hidrográfico* in Madrid 1799 veröffentlichte Karte des Golfs von Mexiko und eine Notiz, die mir Herr
Espinosa [y Tello] vor meiner Abreise nach Cumaná übermittelt hatte, 6^h 52′ 8″ angaben. Ich war sogar
der erste (*Recueil d'observations astronomiques*, Bd. II, S. 496), der die mexikanischen Beobachtungen der
Expedition von Malaspina veröffentlichte. (Um die Meridiane, nach denen die Längengrade in diesem
Bericht berechnet sind, kürzer auszudrücken, werde ich mich im Folgenden, wie auch bei den thermo-
metrischen Messungen, einfacher Initialen bedienen: Gr, Cz, und P bezeichnen die Meridiane von
Greenwich, Cádiz, und Paris.)

[7] *Mémoires de l'Académie Royale pour* 1729, S. 412.

[8] *Recueil d'observations astronomiques*, Bd. II, S. 20–31.

[9] [Espinosa,] *Memorias de los navegantes españoles*, Bd. I., S. 93; Bd. II, S. 45.

Auf seiner Rückreise von Kalifornien, wo er zusammen mit dem Abbé Chappe [d'Auteroche] den Venusdurchgang beobachtet hatte, machte Don Vicente Doz auf der Insel Kuba Zwischenstation; er gab die Länge Havannas mit 85° 7′ an, ein Irrtum von mehr als einem halben Grad. Eine ganz ähnliche Länge (85° 10′) ist in der berühmten *Mapa del Seno Mexicano de Don José de San Martín Suárez* angenommen worden, die im Jahr 1787 gemäß den Ratschlägen einer Versammlung von Schiffslotsen in Havanna ausgearbeitet wurde. Diese für lange Zeit allzu verbreitete Karte verursachte eine große Zahl von Schiffbrüchen.

|I.XVIII Seit den Jahren 1792 und 1795 hat für die Insel Kuba und alle Küsten im Gebiet der Antillen eine neue Ära der Geographie begonnen. Die Arbeiten von Barcaíztegui, la Rigada, Churruca, Ferrer, del Río, Cevallos und Robredo haben aufeinanderfolgend die Konturen der Küsten korrigiert; und dank der Berechnungen und gelehrten Erörterungen der Herren Ferrer[10] und Oltmanns[11] wurde Havanna zu einem der Häfen Amerikas, dessen astronomische Position am besten bestimmt war. In den Jahren 1790 bis 1794 vermaß Don Ventura de Barcaíztegui die Küstenlinie zwischen Santiago de Cuba und Punta Maternillos an der östlichen Einfahrt zum *Alten Bahama-Kanal.* Die Arbeiten von Don José del Río (1802–1804) umfassen die südliche Küste zwischen dem Cabo San Antonio und dem Cabo Cruz. Die wenigen Informationen, die wir (seit 1792) über den Alten Kanal selbst haben, verdanken wir dem Eifer des *Capitán de Correos* Juan Henrique de la Rigada[12]. Allerdings gibt es in diesem Gebiet zwischen Punta Maternillos und dem Hafen Ma-
|I.XIX tanzas, wie auch weiter westlich zwischen Bahía Honda und dem Cap San Antonio, noch viel mit Hilfe astronomischer Mittel zu leisten. Dort sind longitudinale Positionen völlig unbestimmt, und leider erstrecken sich diese Ungewissheiten über einen Raum von 135 Seemeilen.

Was das Inland der Insel Kuba angeht, so ist es mit Ausnahme des Dreiecks zwischen Bahía Honda, Matanzas und dem Surgidero de Batabanó eine *terra*
|I.XX *incognita.* Innerhalb dieses Dreiecks habe ich die Positionen von Fondadero unweit der kleinen Stadt San Antonio de los Baños, von Río Blanco, Almirante, Antonio de Beita, des Dorfes Managua und von San Antonio de Barreto astronomisch bestimmt. Um das Innere der Insel östlich von Güines zu vermessen, benutzte ich zwei Skizzen der wichtigsten Punkte, die ich in Havanna zwischen 1803 und 1805

---

[10] *Connaissance des temps*, 1817, S. 318–337. *Transactions of the American Philosophical Society*, Bd. VI, S. 107.
[11] *Recueil d'observations astronomiques*, Bd. II, S. 47–54 und 81, wo man Herrn Oltmanns' *État de la Géographie de l'île de Cuba* von 1809 finden kann (S. 81).
[12] *Nueva Carta del Canal de Bahama*, 1805, nach den Beobachtungen von Don Dionísio Galiano (1799 auf dem Schiff San Fulgencio), von Don Mariano Isasbirivil (1798 auf dem Schoner Elisabet), von Don Francisco Montes (1799 auf dem Schiff Ángel) und von Don Tomás Ugarte (1794 auf dem Schiff San Lorenzo). Die Lagen und longitudinalen Unterschiede zwischen Matanzas, Cayo de Sal (am westlichen Rand des Placer de los Roques), Bajo Nicolao, Cayo de Piedras, Cruz del Padre und dem östlichen Megano sind für die Sicherheit der Schifffahrt von größter Wichtigkeit. Ich habe außerdem, vor allem für die erste Ausgabe meiner Karte, die alten Arbeiten des *Depósitos* von Madrid zu Rate gezogen: *Seno Mexicano*, 1799 (korrigiert 1805); *Carta de una parte de las Islas Antillas*, 1799 (korrigiert 1805); *Carta de la Isla de Santo-Domingo y parte oriental del Canal Viejo de Bahama*, 1802.

gezeichnet hatte; aber diese beiden Skizzen widersprechen einander zu häufig. Die allgemeine Form der Insel Kuba ist abhängig von der genauen Position von Cap San Antonio, Havanna, Batabanó, Cabo Cruz und Punta Maisí. Havanna und Batabanó bestimmen die *geringste* Breite der Insel, die 8 1/3 Seemeilen beträgt, wobei alte Karten (selbst noch die vom *Depósito* im Jahr 1799 veröffentlichten) sie mit 16 Seemeilen angeben. Wie groß die Mängel meiner Karte des Inlands Kubas auch sein mögen, sie ist zumindest die erste, die die nach den gesammelten astronomischen Positionen gezeichneten Umrisse bietet, deren Kenntnis wir den Arbeiten spanischer Seefahrer verdanken. Auf ihr sind die Namen aller *ciudades* [Städte] und *villas* [kleinen Städte] verzeichnet, aber ohne Garantie für ihre jeweilige Entfernung voneinander. Diese Angaben sind für diejenigen von Bedeutung, die sich statistischer Forschung über die ungleiche Bevölkerungsverteilung widmen. Auf alten Karten |I.XXI haben die Länge, Zusammensetzung und Ähnlichkeit von Ortsnamen (San Felipe y Santiago del Bejucal, Santiago de las Vegas oder Compostela, San Antonio Abad oder de los Baños) viel Verwirrung gestiftet. Da ich generell die von mir herangezogenen Quellen angebe, werde ich mich im Folgenden auf eine kleine Anzahl partieller Hinweise beschränken.

Havanna. – Das Chronometer gab mir aufgrund der Zeitübertragung von Nueva Barcelona, aber nach einer Fahrt von 26 Tagen durch sehr stürmische See, 5^h 38′ 40″ für die Morro von Havanna an, wobei man für Nueva Barcelona 4^h 28′ 192″,2 annimmt. Acht von mir gemeinsam mit Don Dionisio Galiano beobachtete Finsternisse der Jupitermonde und die weitaus zahlreicheren Beobachtungen von Herrn Robredo[13] haben Herrn Oltmanns für das endgültige Ergebnis von 5^h 38′ 52″,5 oder 84° 43′ 7″,5 gedient. Seit meiner Rückkehr nach Europa, vor allem in den Jahren 1806 bis 1812, haben Don José Joaquín de Ferrer und Don Antonio Robredo in Havanna sehr viel mehr Bedeckungen von Sternen beobachtet, als man bisher |I.XXII an irgendeinem Ort Amerikas getan hatte. In einer Abhandlung, die Herr Ferrer auf seiner Durchreise in Paris (im Juni 1814) Herrn Arago übergab und welche in der *Connaissance des Temps* für das Jahr 1817 veröffentlicht worden ist, legte der spanische Seefahrer, dessen vorzeitiges Ableben alle Freunde der Wissenschaft bedauert haben, die Morro bei 84° 42′ 44″ fest; jedoch entschied er sich in einer neueren, unveröffentlichten Abhandlung, die er Herrn Bauzá anvertraute, für 84° 42′ 19″, vorausgesetzt, Cádiz liegt 8° 37′ 45″ westlich von Paris. Im *Recueil d'observations astronomiques* haben Herr Oltmanns und ich als Unterschied zwischen den Meridianen der Morro von Havanna und der von Veracruz 13° 45′ 52″ angegeben. Herr Bauzá, der die Positionen von Havanna, Veracruz und Puerto Rico erneut erörtert hat[14], fand 13° 45′ 40″,5, was weniger als eine Zeitsekunde von unserem Resultat abweicht. Während der Expedition der *La Bayadère* befand Herr Givry, dass der Unterschied zwischen den Meridianen der Morro von Havanna und Fort Royal in Martinique 21° 21′ 26″ beträgt.

---

13 *Recueil d'observations astronomiques*, Bd. II, S. 89.
14 [Bauzá,] *Sobre la situación geográfica de La Habana, Veracruz y Puerto Rico*, 1826 (Handschrift).

Bahía Honda. – Die Potrero de Madrazo, der südlichste Punkt der Bucht, liegt nach Ferrer[15] bei Breite 22° 56′ 7″ und Länge 0° 49′ 26″ westlich der Morro von Havanna. Indem er sich auf diese Beobachtung stützte legte Herr Bauzá die Mündung der Bucht zwischen Morillo und Punta de Pescadores bei 85° 31′ 11″ fest, wobei er annahm, dass die Morro von Havanna bei 84° 42′ 19″ läge.

Cabo San Antonio. – Mein Chronometer hat bei der Landung 87° 17′ 22″ ergeben, und ich verorte das Kap bei 2° 34′ 15″ westlich der Morro von Havanna. Herr Espinosa hat sich in den *Memorias del Depósito Hidrográfico* von Madrid auf 87° 8′ 41″ festgelegt; die Differenzen der Meridiane, die laut den *Memorias* 2° 24′ 27″ betragen, müssen allerdings darauf zurückgeführt werden, dass er die Morro von Havanna etwas weiter westlich[16] als ich verortet. Herr del Río[17] hat allerdings auch 78° 39′ 0″ Cz oder 87° 16′ 45″ P. gefunden, was nur 37 Bogensekunden von meinem

Ergebnis abweicht. Kapitän Monteath fand 87° 19′ 23″, aber dieses Resultat scheint von der Länge von Port Royal auf Jamaika abzuhängen, die die englischen Seefahrer nicht einheitlich bestimmt haben[18].

Batabanó. – Das spanische Original der Karte des Herrn José del Río[19] weist Br. 22° 42′ 30″ und L. 84° 43′ 15″ aus. Herr Espinosa hat in der Positionstabelle Br. 22° 43′ 10″ aufgezeigt. Herr Oltmanns hat aus den geodätischen Kalkulationen des Herrn [Francisco] Lemaur Br. 22° 43′ 19″, L. 84° 45′ 56″ errechnet. Aus anderen Kombinationen folgerte Herr Bauzá Br. 22° 43′ 34″ und L. 84° 46′ 23″.

Tetas de Managua. – Nach meinen Beobachtungen nördlich und südlich der Tetas im Dorf Managua und in San Antonio de Barreto[20] nahm ich für die *östliche Teta* 22° 57′ 38″ an. Es ist wichtig, die trigonometrischen Berechnungen von Don Pedro de Silva, die mir Herr Robredo mitgeteilt hat und die eine nördlichere Breite

anzugeben scheinen, genau zu prüfen; aber diese Berechnungen hängen von den absoluten Positionen des Kirchturms in Guanabacoa und des Mirador [Aussichtspunkt] des Marqués del Real Socorro ab[21].

Trinidad. – Ich habe den Breitengrad dieser Stadt während meines zweiten Aufenthaltes in Havanna erörtert[22] und bin dabei nicht der Position der neuen, nach den Beobachtungen von Herrn del Río gezeichneten spanischen Karte gefolgt, die 21° 42′ 40″ angibt. Drei unter gleichermaßen ungünstigen Bedingungen beobach-

---

[15] *Connaissance des Temps*, 1817, S. 301–35.

[16] Die *Memorias* verorten die Morro zuerst bei 76° 0′ Cz, dann, als ein präziseres Ergebnis, bei 76° 6′ 29″ Cz (Bd. II, S. 67 und 91).

[17] Ergebnisse der von Herrn Bauzá mitgeteilten, ursprünglichen Beobachtungen, die für Cap San Antonio 87° 17′ 22″ ergaben.

[18] Herr Oltmanns durch den Merkurtransit und Mondhöhen, 79° 5′ 30″; Herr Bauzá, 79° 13′ 30″; De Mayne und Sabine durch Monddistanzen 79° 13′ 30″.

[19] Die französische Ausgabe, veröffentlicht vom Dépôt de la marine royale: Br. 22° 44′, L. 84° 42′.

[20] *Relation historique*, Bd. III [Q], S. 365.

[21] *Recueil d'observations astronomiques*, Bd. II, 567. Laut Ferrer liegt die östliche Teta bei Br. 22° 58′ 18.5″ und L. 0° 2′ 48″ westlich der Morro; laut del Río liegt sie bei Br. 22° 0′; die Karte des französischen Depots gibt sie bei Br. 22° 1″ an.

[22] *Recueil d'observations astronomiques*, Bd. II, S. 72.

tete Sterne haben mir in der einzigen Nacht, in der ich in Trinidad beobachten konnte, 21° 48′ 20″ gegeben. Schon Gamboa und Herr de Puységur hatten 21° 46′ 35″ bzw. 21° 47′ 15″ gefunden. Aus den *Jardinillos* der Isla de los Pinos kommend habe ich durch die Zeitübertragung von Havanna für die longitudinale Differenz zwischen der Morro von Havanna und Pueblo de la Trinidad vom Heck des Schiffs aus 2° 22′ erhalten. Diese Länge stimmt[23] mit der der Spezialkarte des Herrn del Río überein, die 82° 23′ 45″ angibt. Puerto Casilda liegt 3′ 30″ weiter südlich der Stadt, aber auf demselben Meridian. Laut del Ríos handschriftlichen Notizen liegt Boca de Guaurabo (südlicher Punkt) bei Br. 21° 42′ 24″ und L. 73° 49′ 45″ Cz. |I.XXVI

Cabo de Cruz. – Ich bin den Ergebnissen des Herrn Ferrer gefolgt: Br. 19° 47′ 16″ und L. 4° 38′ 29″ östlich der Morro von Havanna; del Río[24]: Br. 19° 49′ 27″, L. 80° 3′ 27″.

Morro von Santiago de Cuba. – Herr Oltmanns, der die Beobachtungen von Don Ciriaco Cevallos zur Lage von Puerto Rico einbringt, findet 78° 21′ 42″. Herr Bauzá übernimmt 78° 16′ 41″ für die Morro von Santiago und 77° 35′ 36″ für den Hafen Guantánamo. Meine Karte verortet diesen letzteren bei 77° 38′.

Punta de Maisí. – Hier ist noch eine Lage, die chronometrisch von der Puerto Ricos abhängt. Von Neuem sind Zweifel an der Länge dieses letzteren Ortes aufgekommen, die man mit äußerster Präzision bestimmt zu haben glaubte. Herr von Zach[25] findet sogar, dass sie fünf bis sechs Bogenminuten ungenau ist. Die Ergebnisse weichen von diesem Wert ab je nachdem, ob man sie durcheinanderbringt oder ob man sie von Beobachtungen sehr ungleicher Werte trennt. Indem Herr Bauzá die Morro von Puerto Rico bei 59° 50′ 44″.5 Cz. annimmt, erhält er 76° 26′ P. für Punta de Maisí. |I.XXVII

Ausgezeichnete Chronometer von Don José [de] Luyandos haben für Punta de Maternillos Br. 21° 39′ 40″, L. 70° 46′ 23″ westlich von Cádiz gegeben sowie für die folgenden drei Punkte: Punta de Mangles 19° 52′ 33″, Cayo de Moa 21° 17′ 10″, |I.XXVIII

---

[23] *Memorias del Depósito* [Espinosas *Memorias sobre las observaciones astronómicas*] (Bd. II, S. 64): Trinidad, Pueblo, Br. 82° 23′ 31″; mein eigenes Chronometer: 82° 21′ 7″.
[24] Ich führe weiterhin die ursprünglichen Beobachtungen dieses Offiziers an, die mir Herr Bauzá übermittelt hat.
[25] *Correspondance astronomique*, Bd. XIII, S. 128. Die Morro von Puerto Rico liegt nach den 1816 durch Don José Sánchez Cerquero (heute Direktor des Observatorio de la Ciudad de San Fernando) ausgeführten Berechnungen der Bedeckung des Aldebaran vom 21. Oktober 1793 bei 68° 27′ 15″; nach Herrn Ferrer (*Connaissance des Temps*, 1817, S. 322) bei 68° 28′ 3″; nach Herrn Bauzá bei 68° 28′ 29″; nach Herrn von Zach bei 68° 31′ 3″. Die Berechnungen der einzigen Bedeckung des Aldebaran gaben Herrn Oltmanns 68° 35′ 15″ (*Recueil d'observations astronomiques*, Bd. II, S. 125); der Durchschnitt der Bedeckung der Monddistanzen und der chronometrischen Bestimmungen beträgt 68° 32′ 30″; aber Herr Oltmanns zieht 68° 33′ 30″ vor. Folglich schwankt Puerto Rico zwischen 68° 28′ und 68° 34′, und seine Lage ist viel ungewisser als die von Havanna, Veracruz, Cumaná und Cartagena. Indem er Puerto Rico bei 59° 50′ 44″,5 Cz. annimmt, findet Herr Bauzá mittels aufwendiger Forschungen für den longitudinalen Unterschied zwischen der Morro von Havanna und der von Puerto Rico 16° 12′ 16″,5, für den Unterschied von Veracruz und Puerto Rico 30° 0′.

Cayo de Guinchos 18° 2′ 9″ östlich der Burg von San Juan Ulúa, die wir bei L. 98° 29′ festlegen. Nach dem Originalverzeichnis der Beobachtungen von Don José del Río füge ich hinzu: die Mündung des Río San Juan[26], Spitze NW, Br. 21° 48′ 18″, L. 74° 3′ 5″ Cz.; Mündung des Jagua, Br. 22° 1′ 7″, L. 74° 18′; Punta Matahambre, äußerstes Ende NW, Br. 22° 21′ 34″, L. 75° 53′ 29″; Cayo Flamenco, Br. 22° 1′ 0″, L. 75° 20′ 8″; Cayo de Don Cristóbal, der südlichste[27] Punta del Sur, Br. 22° 50′ 3″, L. 75° 35′ 30″; Piedras de Diego Pérez, Br. 22° 1′ 39″, L. 75° 18′ 15″; Cayo Piedras[28] (nicht zu verwechseln mit einem anderen Cayo dieses Namens in der Nähe der Boca Grande östlich von Cayo Bretón), Br. 21° 57′ 39″, L. 74° 49′ 48″.

| I.XXIX

Kapitän De Mayne, der unser Wissen über die Geographie der Antillen sehr bereichert hat, verortete das südöstliche Kap der Insel Anguilla bei Br. 23° 29′ 30″ und L. 79° 27′ 0″ Gr. oder 81° 47′ 15″ P.; Herr Bauzá zieht jedoch 81° 45′ 19″ vor.

Ich bin mir noch immer sehr unsicher über die tatsächliche Lage der Stadt Puerto Príncipe [heute Camagüey], wo Gamboa die Meridianhöhen zahlreicher Sterne und (am 15. August 1714) eine Immersion des ersten Jupitermondes beobachtete. Herr Oltmanns fand für die Breite sehr genau scheinende 21° 26′ 34″; aber wenn man die Länge von 80° 39′ 30″ übernimmt, würde die Lage der Stadt Puerto Príncipe fast mit dem Meridian von Sabana la Mar in der Nähe von Punta de Judas übereinstimmen, östlich des Punktes, an den ich nach der unveröffentlichten, mir aus Havanna übermittelten Karte Morón setzte. Diese Weise, die Stadt Puerto Príncipe an die nördliche Küste zu legen, erscheint mir beim gegenwärtigen Stand der Geographie des *Alten Bahama-Kanals* recht riskant. Mit großer Gewissheit gibt es bedeutsame longitudinale Irrtümer westlich von Punta Maternillos; aber ist es

| I.XXX

wahrscheinlich, dass sie einen Grad erreichen? Bis heute wissen wir es nicht. Die Herren Ferrer und Luyando haben bereits einen Fehler von 28 Bogenminuten für Cayo de Guinchos erkannt. Herr Bauzá sagt mir, dass auf der unveröffentlichten Karte, die auf Befehl des Grafen Jaruco angefertigt wurde (eine Karte, die bezüglich der Entfernungen und der Kontur der Küste sehr fehlerhaft ist), die Villa (heute Ciudad) von Santa María del Puerto Príncipe bei S 36° westlich der Silla de Cayo Romano in einer Entfernung von 54 Meilen angegeben ist; aber wie kann man eine derart westliche Lage mit der unveröffentlichten Karte von Don Francisco María Celi vereinbaren, auf der die Villa de Puerto Príncipe kaum 0° 16′ westlich

---

[26] *Relation historique*, Bd. III [Q], S. 478. Auf S. 384 und 385 habe ich eine Liste aller Ankerplätze der Insel Kuba aufgeführt.

[27] Sicherlich nicht dasselbe *Cayo*, dessen Breitengrad ich mit annähernd 22° 10′ bestimmt habe (*Observations astronomiques*, Bd. II, S. 110).

[28] Ich habe Br. 21° 56′ 40″, aber L. 1° 8′ 44″ westlich von Batabanó gefunden. Man darf nicht vergessen, dass die absoluten Längen alle auf der von Batabanó basieren, die ich auf 84° 45′ 56″ festlege, Herr del Río auf 84° 43′ 15″.

der Mündung des Río Máximo angegeben ist und gleichzeitig im Meridian[29] des Cayo Confites liegt? In der zweiten Ausgabe der Kuba-Karte haben ich den von Jefferys' Karte entliehenen Namen Puerto Príncipe weggelassen. Allerdings ist es sicher (und Celis unveröffentlichte Karte zeigt es), dass es einst eine Ansiedlung östlich von Punta Curiana zwischen den Mündungen des Río Caonao und des Río Jiguey gab, die man *Embarcadero del Príncipe* nannte. |I.XXXI

Nach Gamboas genauen latitudinalen Beobachtungen befindet sich die Stadt Sancti Spíritus bei 21° 57′ 37″. Eine einzige Mondfinsternis lässt die Länge zwischen den Meridianen 81° 47′ und 82° 9′ schwanken.

Die Cayman-Inseln. − Ich habe an anderer Stelle[30] die Lage dieser kleinen Inseln besprochen, die seit langer Zeit auf unseren hydrographischen Karten umherwandern. Die schönen Karten des Depósito de Madrid haben zu verschiedenen Zeiten das nordöstliche Kap von Grand Cayman mal bei 82° 58′ (1799 bis 1804), mal (im Jahr 1809) bei 83° 40′, und (im Jahr 1821) erneut bei 82° 59′ festgelegt. Diese letztere Position, auf die die Karte von Barcáiztegui und del Río verweist, ist mit der identisch, die ich glaubte, aus einigen Sonnenhöhen bei schlechtem Wetter in zwölf Meilen Abstand, als die Lotsen sagten, wir befänden uns nach der Kompasspeilung auf dem Meridian der Inselmitte, herleiten zu können. Der Horizont war im Nebel schwer auszumachen, jedoch stimmten die Stundenwinkel genügend überein, um |I.XXXII keinen Zweifel an den zwölf Zeitsekunden bezüglich des Längengrads, auf dem sich das Schiff befand, aufkommen zu lassen. Könnte man eine beträchtliche Störung im Gang des Chronometers von Louis Berthoud annehmen, wenn dieselbe Uhr sechs Tage später die Länge von Cap San Antonio (87° 17′ 22″) mit großer Genauigkeit angegeben hat? Es ist viel wahrscheinlicher, dass ich mich nicht gegenüber der Mitte von Grand Cayman befand, und dass das Spiel magnetischer Anziehungen gravierende Fehler bei der Kompasspeilung verursachte. Hier sind andere Daten: Purdys Karte nach Beobachtungen von Kapitän Livingston (1823) am südwestlichen Kap von Grand Cayman 83° 52′ und am nordöstlichen Kap 83° 24′. Eine Karte der Südküste Kubas, im Jahr 1824 vom französischen Marine-Depot herausgegeben und korrigiert von Kapitän Roussin, der (gemeinsam mit dem gelehrten Hydrographen Herrn Givry), die Geographie Brasiliens so sehr verbessert hat, zeigt 83° 46′ (Br. 19° 24′) für das nordwestliche Kap an; die Karte des Kapitäns de Mayne hat für das nordwestliche Kap 83° 49′ 15″ (Br. 19° 22′ 30″) und für das südwestliche 83° 47″ (Br. 19° 14′). Ich habe diese letztere Position für die zweite Ausgabe meiner Karte |I.XXXIII der Insel Kuba übernommen. Herr Sabine gibt den Ort seiner Beobachtungen der magnetischen Intensität[31] als Br. 19° 25′ (?) und L. 83° 25′ 15″ an.

---

[29] Celis sehr detaillierte Karte, für die er den Kompass benutzte, stellt 17 Meilen westlich von Villa de Príncipe ein *Serranía de piedra imán* [Bergland von magnetischem Gestein] dar. Magnetische Anziehungskräfte können die Ergebnisse der Peilungen sehr verfälscht haben.
[30] Vgl. mein *Recueil d'observations astronomiques,* Einleitung, S. XLIII, Bd. II, S. 114; *Relation historique* [Bd. III, Q], S. 329. *Memorias del Depósito hidrográfico,* Bd. II, S. 66.
[31] *Pendulum Experiments,* 1826, S. 401.

Die Karte von del Río gibt für die nortwestliche Länge von *Little Cayman* (das *Caimán Chico occidental* der spanischen Seefahrer) 82° 25′ an, aber Herr Bauzá nimmt 82° 2′ (Br. 19° 44′) an. Indem ich nach 36 Stunden Seefahrt diesen Punkt chronometrisch[32] mit Trinidad de Cuba verband, habe ich das östliche Kap von *Cayman Brac* (das *Caimán Chico oriental* der spanischen Seefahrer) bei 82° 7′ 37″ bestimmt. Der Zeitunterschied mit Puerto Rico hat bei Herrn Cevallos 81° 59′ 36″ ergeben, und zwar in der Annahme, dass Aguadilla bei 0° 59′ 54″ westlich der Morro von Puerto Rico (laut Herrn Oltmanns bei 68° 33′ 80″) liegt. Derartige Zweifel über Grand Cayman und die zwei kleinen Cayman Inseln, die die Seefahrer manchmal verwechseln, können nicht endgültig ausgeräumt werden, bis ein mit mehreren Chronometern ausgestatteter Beobachter selbst die Längen und jeweiligen Entfernungen[33] jeder der drei kleinen Inseln nacheinander untersucht, indem er sie mit dem Meridian von Cabo San Antonio verbindet.

|I.XXXIV

Nur indem man dasselbe Kap als Grundlage aller Messungen der Südküste der Insel Kuba nimmt, kann man den Grad der wirklichen Abweichungen der Resultate verschiedener Beobachter prüfen. Fregattenkapitän Don José del Río, zum Beispiel, gibt in seinen unveröffentlichten Notizen keinen Längengrad der Morro von Havanna an; aber indem man die *Jardinillos* auf Kap San Antonio reduziert, das er nicht mehr als 37 Bogensekunden weiter östlich als ich angibt, erkennt man, dass dieser Seefahrer die *Cayos* generell bei 4′, manchmal sogar bei 6′ bis 9′ weiter östlich als ich vermutet.

Meridiandifferenzen für Cabo San Antonio und Cayo Flamenco	3° 18′ 52″	del Río.
	3° 13′ 50″	Humboldt.
Piedras de Diego Pérez	3° 20′ 45″	del Río.
	3° 14′ 20″	Humboldt.
Cayo de Piedras	3° 49′ 12″	del Río.
	3° 40′ 10″	Humboldt.

[32] *Recueil d'observations astronomiques*, Bd. II, S. 113.
[33] William Dampier hatte bereits den Abstand zwischen *Cayman Chico occidental* und *Cayman Grande* auf nicht mehr als 15 Seemeilen geschätzt (*Voyages and Descriptions*, Ausgabe von 1696, Bd. II, Teil I, S. 30.)

Weiter östlich werden die Unterschiede plötzlich viel kleiner, denn wir finden den |XXXV
Längenunterschied zwischen Kap San Antonio und dem von

	del Río	Humboldt
Río San Juan	4° 35′ 55″	4° 36′ 33″
Boca de Jagua	4° 21′ 0″	3° 23′ 0″
Trinidad[34] (Stadt)	4° 53′ 0″	4° 56′ 15″.

Ich bezweifele, dass das Kap San Antonio mit Cabo Cruz je durch eine kontinu-
ierliche Triangulation verbunden worden ist; und bei der Verwendung von Chronometern kann die Unsicherheit der über dem Meereshorizont gemessenen Stunden-
winkel, zusammen mit dem aus dem ungleichmäßigen Gang der Uhren resultierenden Fehler, noch komplizierter werden. Die recht große Übereinstimmung
meiner Längenbestimmungen der *Jardinillos* mit denen, die Herr Espinosa veröffentlichte, führte mich zu dem Glauben, dass der Irrtum vielleicht nicht bei mir liegt.
(*Siehe* die Einführung in meinen *Recueil d'observations astronomiques*, Bd. I, S. XLIV).
Der durchschnittliche Unterschied beträgt nur 12 bis 15 Zeitsekunden.

|I.XXXVI

ORTSNAMEN	NÖRDLICHE BREITE		LÄNGE ÖSTLICH VON BATABANÓ	
	ESPINOSA	DEL RÍO	ESPINOSA	HUMBOLDT
Cayo Flamenco	22° 2′ 30″	22° 1′ 0″	0° 46′ 11″	0° 42′ 24″
Cayo de Don Cristóbal	22° 12′ 4″	22° 5′ 30″	0° 25′ 11″	0° 24′ 56″
Piedras de Diego Pérez	22° 0′ 40″	22° 1′ 39″	0° 46′ 41″	0° 42′ 54″
Cayo de Piedras	21° 56′ 40″	21° 57′ 39″	1° 8′ 46″	1° 8′ 44″
Punta Matahambre	22° 18′ 5″	22° 21′ 34″	0° 11″	0° 6′ 56″

---

[34] *Carta del Río Guaurabo, levantada, en 1803, por el capitán de fregata Don José del Río.*

Was die Breitengrade für die *Jardinillos* angeht, die in den Manuskripten von Herrn del Río und der Tabelle von Herrn Espinosa nicht die Gleichen sind, muss ich hier daran erinnern, dass ich keine davon auf dem Festland bestimmt habe, sondern dass sie nur Annäherungen und Schlussfolgerungen aus früher ermittelten Meridianhöhen sind.

Die Karte der Insel Kuba wurde von Herrn Lapie, Major im königlichen Korps der Ingenieurgeographen Frankreichs erstellt, der sich kürzlich durch herausragende Arbeiten über Griechenland und den Archipel erneut die Hochachtung der Geographen erworben hat.

Tableau
der geographischen Positionen der Insel Kuba, ermittelt durch astronomische Beobachtungen.

|I.XXXVII

ORTSNAMEN	NÖRD-LICHE BREITE	LÄNGE WESTLICH VON PARIS	NAMEN DER BEOBACHTER UND KOMMENTARE
HAVANNA, Leuchtfeuer der Morro	23° 9′ 24″,3	84° 43′ 7″,5	Robredo, Ferrer, Galiano, Humboldt (endgültiges Resultat von Herrn Oltmanns 1808). Im Jahr 1817 legte sich Ferrer auf 84° 42′ 44″ fest, später aufgrund von 21 Sternenfinsternissen auf 84° 42′ 19″.
TETA ORIENTAL DE MANAGUA	22 58 3	84 40 0	[Francisco] Lemaur, Ferrer, Humboldt.
MANAGUA, Dorf	22 58 48	84 37 34	Humboldt; Länge ungewiss, Breite gewiss bei ungefähr 10″ oder 12″.
SAN ANTONIO DE BAR-RETO	22 56 34		Humboldt.
RÍO BLANCO	22 51 24	84 31 15	*Ebenso.*
EL ALMIRANTE	22 57 36	84 36 7	*Ebenso.*
SAN ANTONIO DE BEITIA	22 53 25	84 39 13	*Ebenso.*
EL FONDEADERO	22 51 34	84 54 30	(unweit der Stadt San Antonio de los Baños), Humboldt.
LOS GÜINES	22 50 27		Lemaur.
INGENIO DE SEIBABO	22 52 15		*Ebenso.*
SAN ANTONIO DE LOS BAÑOS	22 53 31		*Ebenso.*
MADRUGA, Dorf	22 55 0	84 12 23	Ferrer.

ORTSNAMEN	NÖRD-LICHE BREITE	LÄNGE WESTLICH VON PARIS	NAMEN DER BEOBACHTER UND KOMMENTARE
CAFETAL DE SAN RAFAEL	22 57 16	84 9 28	Ferrer.
MESA DEL MARIEL	22 57 24	85 0 20	Ferrer (die Mitte von Guanajay).
TORREÓN DEL MARIEL		85 3 14	Ferrer.
MATANZAS, Stadt	23 2 28	83 57 59	*Ebenso.*
PAN DE MATANZAS	23 1 55	84 2 49	*Ebenso.*
PUNTA DE GUANOS	23 9 27	84 1 7	Ferrer.
MADRAZO	22 56 7	85 32 33	Ferrer (südlichster Punkt der Bucht von Bahía Honda).
MORILLO DE BAHÍA HONDA	22 59 0	85 31 15	*Ebenso.*
PAN DE GUAIJABÓN	22 47 31	85 44 36	*Ebenso.*
CABO SAN ANTONIO	21 49 54	87 17 22	Humboldt.
BATABANÓ	22 43 19	84 45 56	Lemaur.
CAYO DE DON CRISTÓBAL	22 10 0	84 21 0	Humboldt.
CAYO FLAMENCO	22 0 0	84 3 32	*Ebenso.*
LAS PIEDRAS DE DIEGO PÉREZ	21 58 10	84 3 2	Humboldt. Die Breiten der Jardines und Jardinillos basieren nicht auf Beobachtungen an Land, sondern wurden durch Beobachtungen außerhalb des Meridians der Cayos erschlossen.
CAYO DE PIEDRAS	21 56 40	83 37 12	
BOCA DE JAGUA, westlicher Punkt	22 1 7	85 4 22	
BOCA DEL RÍO SAN JUAN, nördlicher Punkt	21 48 18	82 40 50	del Río, Humboldt.
TRINIDAD, Stadt	21 47 20	82 21 7	Gamboa, Puységur, Humboldt (Breite umstritten).
CABO DE CRUZ	19 47 16	80 3 52	

ORTSNAMEN	NÖRDLICHE BREITE	LÄNGE WESTLICH VON PARIS	NAMEN DER BEOBACHTER UND KOMMENTARE
SANTIAGO DE CUBA (MORRO)	19 57 29	78 16 41	Cevallos, Bauzá.
PUERTO DE GUANTÁNAMO		77 35 36	Bauzá.
CABO BUENO	20 6 10	76 33 32	Ferrer.
CABO MAYSÍ	20 16 40	76 30 25	Ferrer (Bauzá, Länge 76° 26′).
CAYO DE MOA		77 12 0	[José de] Luyando.
PUNTA DE MULAS	21 4 35	77 56 32	Ferrer.
PUNTA MATERNILLOS	21 39 40	79 24 15	Luyando.
CAYO DE GUINCHOS		80 27 0	Luyando; im Alten Bahama Kanal.
CAYO VERDE	22 5 6	79 59 32	Ferrer.
CAYO DE LOBOS	22 24 50	79 55 43	*Ebenso.*
CAYO CONFITES	21 11 44	80 3 45	*Ebenso.*
CAYO SANTA MARÍA	22 39 24	81 16 50	*Ebenso.*
STA MARÍA DE PUERTO PRÍNCIPE, Stadt	21 26 34		Gamboa, Oltmanns.
SANCTI SPÍRITUS, Stadt	21 57 36		Oltmanns.
ISLA ANGUILA, SO, Kap	23 29 30	81 45 19	De Mayne.

Das Tableau der Positionen für die Insel Kuba beschränkt sich auf eine sehr kleinen |I.XXXIX Anzahl von Punkten, deren wichtigste bereits auf den vorausgehenden Seiten diskutiert worden sind. Da fast alle dieser Positionen von der genauen Bestimmung des Meridians der Havanna-Morro abhängen, muss man die 23 Bogensekunden berücksichtigen, um die Herr Ferrer nach einer im Jahr 1814 veröffentlichten Abhandlung, und die 48 Bogensekunden, um die Herr Bauzá (nach einer Abhandlung, die Herr Ferrer kurz vor seinem Tod verfasste) den Meridian weiter östlich als Herr Oltmanns festlegen. Wenn ich in diesem Tableau Oltmanns' alte Resultate angegeben habe, dann nur, um die Übereinstimmung für andere Punkte mit den Tableaus in meinem *Recueil d'observations astronomiques* zu bewahren. Übrigens handelt es sich nur um longitudinale Unterschiede zwischen der Morro und den anderen Punkten

(Kaps, Sandinseln, etc.), und für diese verliert sich bei den *variierenden Ablesungen*
oder *variantes lectiones* ein Zweifel von drei Zeitsekunden. Indem ich Sonnenfinsternisse nicht miteinbezog, von denen die des 21. Februar 1803 und des 16. Juni
1806 eine sehr weit westliche Länge ergeben, und nur solche Bedeckungen berück-
sichtigte (16 an der Zahl von Herr Ferrer bis 1814 veröffentlicht), fand ich für die
| I.XL   Morro von Havanna 84° 42′ 18″,5. Von diesen 16 Bedeckungen weichen zehn nicht
über eine Zeitsekunde vom Durchschnittsergebnis ab.

Man kann annehmen, dass die Positionstableaus einen größeren Nutzen für Seefahrer und Geographen hätten, wenn sie generell die äußersten Grenzen angäben,
zwischen denen jede Länge beim gegenwärtigen Zustand unserer Kenntnisse
schwankt. Es ist nicht einfach, ein Ergebnis aus Beobachtungen von ungleichem
Wert zu erzielen; und bei diesem Vorgehen, das die Anwendung der Wahrschein-
lichkeitsrechnung verlangen würde, tasten die Geographen nur herum. Zum Beispiel kann man aus derselben Anzahl von Sternbedeckungen, die um eine mittlere
Länge von zwei bis acht Zeitsekunden schwanken, sehr unterschiedlichen Ergebnisse
ziehen, je nachdem, ob man das Mittel aller Beobachtungen nimmt oder ob man
einige ausschließt. Das Problem ist noch schwerer zu lösen, wenn man zwischen
den Fehlergrenzen einer kleinen Anzahl von Okkultationen, Sonnenfinsternissen
oder Planetendurchgängen und den Fehlergrenzen einer großen Anzahl von Satel-
liten, Mondkulminationen oder Monddistanzen schwankt. Die äußersten Längen,
| I.XLI   zwischen denen jeder Ort oszilliert, sind als die mittleren *Maxima* und *Minima* der
jährlichen Temperaturen zu betrachten. Diese Grenzen müssen daran erinnern, dass
es nach dem Wissen, das wir im gegenwärtigen Zustand der astromischen Geographie erworben haben, höchst wahrscheinlich ist, dass ein Ort (z. B. der Hafen
Cartagena) weder weiter östlich als 77° 47′ 50″ liegt, noch weiter westlich als 77°
51′ 15″. Da die Beobachtungen, deren Ergebnisse den äußeren Grenzen am nächsten liegen, nicht einen gleichen Grad an Gewissheit bieten, ist die Länge, die man
heute für die wahrscheinlichste halten kann, keinesfalls der Mittelwert der extremen
Längengrade. Das folgende Tableau ist ein Versuch, auf einem kleinen Raum und
für 20 Positionen, die auf Beobachtungen von Himmelserscheinungen beruhen,
alles das zu vereinen, was man dazu benötigt, das endgültige Resultat mit Zuver-
sicht zu beurteilen. Der allgemein gebräuchliche Ausdruck ‚chronometrische Länge‘
ist höchst unklar, wenn man nicht weiß, welche Position als Ausgangspunkt genommen wurde. Ich habe dieses Element stets dem durch ein Chronometer ermittelten Meridianunterschied hinzugefügt.

NAMEN der Positionen	Äußerste Grenzen [der Längen]	Bemerkungen	
CUMANÁ (Castillo de San Antonio)	66° 29′ 15″ und 66° 31′ 10″	Wahrscheinlich 66° 30′ 0″. *Sonnenfinsternis. Satelliten. Monddistanz.* (Sonnenfinsternis 4ʰ 25′ 45″. Satelliten 4ʰ 25′ 375″,5. Monddistanz 4ʰ 25′ 32″,5. Chronometrischer Meridianunterschied von Cumaná und Santa Cruz von Teneriffa 3ʰ 11′ 52″, daher chronometrische Länge 4ʰ 26′ 4″. Humboldt, Oltmanns).	|I.XLII
LA GUAIRA (Hafendamm).	69 23 10 und 69 29 00	Wahrscheinlich 69° 27′ 0″. − *Satelliten. Monddistanz* (Satelliten 69° 30′, Ferrer, Oltmanns. Monddistanz 69° 18′, Ferrer, aber Tabellen von Mason).	
CARTAGENA DE INDIAS (Kathedrale).	77 47 50 und 77 51 15	Wahrscheinlich 77° 50′. − *Merkurdurchgang. Sternbedeckungen. Satelliten.* (Merkurdurchgang 77° 46′, Fidalgo, Robredo, Tiscar. Okkultation 77° 47′ 54″, Fidalgo, Tiscar. Okkultation 77° 48′ 15″, Noguera, Oltmanns. Okkultation 77° 51′ 45″, Ferrer. Sonnenfinsternis 77° 49′ 55″, Tiscar, Robredo. Satelliten 77° 51′ 15″, Noguera, Oltmanns. Chronometrische Längendifferenz zwischen Cartagena und der Morro von Havanna 6° 54′ 15″; daraus Länge 77° 48′ 4″, Humboldt).	
HAVANA (Morro)	84 42 19 und 84 43 10	Wahrscheinlich 84° 42′ 19″. − *Okkultation. Sonnenfinsternis. Satelliten* (21. Okkultation 84° 42′ 19″, Ferrer, Robredo. Sonnenfinsternis 84° 44′ 24″, Robredo, Ferrer; aber nach neueren Tabellen, Oltmanns 84° 43′ 4″. Satelliten 84° 42′ 54″, Humboldt, Galiano, Robredo, Oltmanns. Chronometrische Meridiandifferenz zwischen der Morro und Puerto Rico 16° 12′ 16″,5, Bauzá).	
PUERTO RICO (Morro)	68 27 45 und 68 34 00	Wahrscheinlich 68° 33′ 30″. − *Okkultation. Monddistanz* (Bedeckung des Aldebaran unter wenig günstigen Bedingungen 4ʰ 33′ 22″, Churruca, Lalande; 4ʰ 33′ 36″ Méchain; 4ʰ 33′ 58″,6 Triesnecker; 4ʰ 34′ 7″,6 Wurm; 4ʰ 33′ 38″ Ferrer; 4ʰ 34′ 22″,9 Oltmanns; 4ʰ 33′ 46″ [Sanchez] Cerquero; 4ʰ 34′ 4″ Zach. Monddistanz 68° 24′ 41″ Ferrer, aber nach neueren Tabellen von Oltmanns 68° 27′ 45″. Chronometrische Länge durch Havanna 68° 30′ 3″; durch Veracruz 68° 29′, Bauzá, Oltmanns).	|I.XLIII

NAMEN der Positionen	Äußerste Grenzen [der Längen]	Bemerkungen
FORT-ROYAL (Martinique)	63° 25′ 40″ und 63° 28′ 6″	Wahrscheinlich 63° 26′ 0″. – *Mondkulminationen. Satelliten. Chronometer* (Mondkulminationen 63° 26′ 0″, Pingré, Oltmanns. Chronometrischer Meridianunterschied zwischen Fort-Royal und Cap Français 11° 10′ 36″, daher chronometrische Länge 63° 27′ 34″; für Fort-Royal und Falmouth auf der Insel Antigua 0° 44′ 0″, daher chronometrische Länge 63° 28′ 6″, Borda).
PORT ROYAL (Jamaika).	79 3 45 und 79 13 30	Wahrscheinlich 79° 5′ 30″. – *Merkurdurchgang. Gerade Aufsteigung des Mondes* (Merkurdurchgang 79° 3′ 45″ Macfarlane, Candler, Oltmanns. Gerade Aufsteigung des Mondes 79° 7′ 15″ Macfarlane, Oltmanns. Chronometrische Länge, 79° 13′ 30″ Sabine; 79° 12′ 45″ De Mayne).
FORT WILLOUGHBY (Barbados)	61 55 45 und 61 57 30	Wahrscheinlich 61° 56′ 48″. – *Okkultationen. Satelliten* (5 Okkultationen 4ʰ 7′ 43″,7 Maskelyne, Oltmanns; 12 Satelliten 4ʰ 7′ 50″ Maskelyne, Oltmanns).
INSEL ANHATOMIRIM (Brasilien)	50 58 12 und 51 1 15	Wahrscheinlich 51° 1′ 14″. – *Monddistanz. Chronometer* (Monddistanz 51° 1′ 17″ Duperrey; Chronometrischer Meridianunterschied zwischen der Insel Anhatomirim und Santa Cruz von Teneriffa 32° 27′ 48″, daher chronometrische Länge 51° 0′ 53″ Roussin, Givry; zwischen Anhatomirim und der Insel Ratos 5° 25′ 32″ Givry, [Captain] Fouque, Lartigue; daher chronometrische Länge 51° 0′ 46″).
RIO DE JANEIRO (Insel Ratos [auch Fiscal Island])	45 32 33 und 45 36 55	Wahrscheinlich 45° 35′ 14″. – *Satelliten* (285 Immersionen und Emersionen an der Zahl). *Monddistanz. Chronometer* (70 Satelliten 45° 36′ 55″, [Sánchez] Dorta. Erster Satellit allein 45° 36′ 40″. Chronometrische Länge 45° 35′ 14″ Givry; 45° 32′ 33″, Fouque; 45° 36′ 22″, Freycinet).
MONTEVIDEO	58 30 22 und 58 37 10	Wahrscheinlich 58° 34′ 20″. – *Merkurdurchgang. Okkultation. Satelliten* (Merkurdurchgang 58° 30′ 22″ Malaspina; Okkultation 58° 37′ 11″, Malaspina; Satelliten 58° 30′ 55″ Varela [y Ulloa]).

|I.XLIV

NAMEN der Positionen	Äußerste Grenzen [der Längen]	Bemerkungen
VALPARAISO (Castello del Rosario)	74° 00' 00" und 74° 11' 00"	Wahrscheinlich – *Okkultation. Sonnenfinsternis. Satelliten. Monddistanz* (Okkultation 73° 51' 15" Hall, Foster; aber nach Oltmanns 74° 11' 19". Sonnenfinsternis, 74° 8' 15" Feuillée und Méchain; 74° 7' 21" Feuillée und Triesnecker. Satelliten 74° 0' 25" Malaspina, Méchain; 74° 14' 15" Oltmanns. Monddistanz 73° 59', Lartigue. Chronometrischer Meridianunterschied zwischen Valparaiso und Callao 5ʰ 30' 40" Malaspina; 5ʰ 31' 47" Hall; 5ʰ 30' 43" Lartigue, daher mittlere chronometrische Länge 74° 3' 27". Chronometrischer Meridianunterschied zwischen Valparaiso und Quilca 0° 49' 2").
COQUIMBO	73 38 00 und 73 47 45	Wahrscheinlich – *Okkultation. Satellit* (zwei Okkultationen 73° 47' 45" Malaspina, Tiscar; 2 Satelliten 73° 38' 0", Malaspina. Chronometrischer Meridianunterschied zwischen Coquimbo und Valparaiso 0° 16' 16", Mittel aus Malaspina und Hall; zwischen Coquimbo und Callao, Mittel aus Atrevida, der Descubierta und von Basil Hall 5° 47' 19"; daraus chronometrische Länge 73° 46' 44". Bauzá zieht für Valparaiso 74° 3' 18.5" vor, für Coquimbo 73° 43' 34").
CALLAO (Fortaleza del Real Felipe)	79 33 00 und 79 35 10	Wahrscheinlich 79° 34' 30". – *Merkurdurchgang. Satelliten. Monddistanz* (Merkurdurchgang 79° 34' 30" Humboldt und Oltmanns. Sechs Satelliten 79° 31' 55" beobachtet in Lima, Oltmanns. Ein Satellit 79° 35' 54" Malaspina, Oltmanns. Monddistanz 79° 29' 41", Lartigue; 79° 34' 5" Duperrey).
GUAYAQUIL (Hafendamm)	82 14 00 und 82 18 25	Wahrscheinlich 82° 18' 10". – *Okkultation. Mondfinsternis, Chronometer* (Okkultation 82° 18' 11" Malaspina, Oltmanns. Mondfinsternis verglichen mit sechs korrespondierenden Beobachtungen 82° 18' 25" Malaspina und Oltmanns. Chronometrische Meririandifferenz zwischen Guayaquil und Callao 2° 43' 40", Humboldt, daraus chronometrische Länge 82° 18' 10"; zwischen Guayaquil und Callao 2° 39' 52", Malaspina; 2° 33' 36", Hall).

NAMEN der Positionen	Äußerste Grenzen [der Längen]	Bemerkungen
QUITO (Plaza Grande)	81° 4' 15" und 81° 6' 30"	Wahrscheinlich 81° 4' 38". – *Satelliten. Mondfinsternis. Monddistanz* (Satelliten 5^h 24' 17" Ulloa, Godin, Oltmanns. Mondfinsternis 5^h 24' 19" Ulloa, Oltmanns. Monddistanz 5^h 24' 26" Humboldt. Chronometrische Meridiandifferenz zwischen Quito und Popayán 0^h 8' 20",3; daraus chronometrische Länge 5^h 24' 21" Humboldt).
PANAMA (Kathedrale)	81 38 45 und 81 44 50	Wahrscheinlich – *Okkultation. Satelliten* (zwei Okkultationen 81° 38' 17" Malaspina, Tiscar; zwei Satelliten 81° 47' 15" Malaspina. Chronometrische Meridiandifferenz zwischen Panama und Acapulco 20° 33' 5" Malaspina, daraus chronometrische Länge 81° 36' 28". Mehrere andere chronometrische Kombinationen durch Portobelo und Cartagena de Indias geben Herrn Bauzá die Länge 81° 43' 33").
ACAPULCO (Hafendamm).	102° 9' 30 und 102 13 00	Wahrscheinlich 102° 9' 33". – *Okkultation. Satelliten. Monddistanz* (Okkultation 6^h 48' 50",5 Malaspina, Oltmanns. Satellit 6^h 48' 58" Malaspina, Oltmanns. Monddistanz 6^h 48' 26", Humboldt. Chronometrische Meridiandifferenz zwischen Acapulco und San Blas 0^h 21' 22" Malaspina; 0^h 21' 38", Hall, daher mittlere chronometrische Länge 6^h 48' 58"; zwischen Acapulco und Guayaquil 1^h 19' 27" Humboldt, daraus chronometrische Länge 6^h 48' 39",8).
SAN BLAS (La Contaduria)	107 35 40 und 107 38 50	Wahrscheinlich 107° 35' 48" – *Okkultation. Satelliten. Monddistanz* (Okkultation 107° 38' 42" Hall und Foster; ein Satellit 107° 34' 35" Malaspina und Oltmanns; Monddistanz 107° 36' 45" Malaspina, Oltmanns; Mondfinsternis 107° 37' 24" Hall; Herr Bauzá bleibt für Acapulco bei 102° 12' 41"; für San Blas bei 107° 37' 4").

|I.XLVI

NAMEN der Positionen	Äußerste Grenzen [der Längen]	Bemerkungen
VERACRUZ (Hafendamm)	98° 28′ 00″ und 98° 30′ 15″	Wahrscheinlich 98° 29′ 0″. – *Okkultation. Satelliten. Monddistanz. Chronometer.* (Okkultation 6^h 33′ 57″ Ferrer, Oltmanns. Satelliten 6^h 33′ 52″ Ferrer und Oltmanns. Hypsometrische Operationen 6^h 34′ 1″ Humboldt. Durch eine Sonnenfinsternis beobachtet in Tabasco 6^h 33′ 54″ Ferrer. Chronometrische Meridiandifferenz zwischen Veracruz und der Morro von Puerto Rico 2^h 0′ 0″ Bauzá; zwischen Veracruz und dem Morro von Havanna 13° 45′ 44″ [Francisco] Montes, Ferrer, [Mariano de] Isasbirivil; daraus chronometrische Länge 98° 28′ 3″; zwischen Veracruz und Cap Français 23° 50′ 8″ Borda, Ferrer, Churruca; daraus chronometrische Länge 98° 28′ 18″).

(Wenn man in diesem Tableau die Grenzen untersucht, innerhalb derer die Längengrade schwanken, erhält man einen ziemlich genauen Begriff vom gegenwärtigen Stand unserer Kenntnisse der amerikanischen astronomischen Geographie. Alle Positionen geben etwas weniger als 15 Zeitsekunden für den mittleren Umfang der Schwankungen; in der Hälfte der angegebenen Längen sind die Extreme nur 7″,7 voneinander entfernt.)

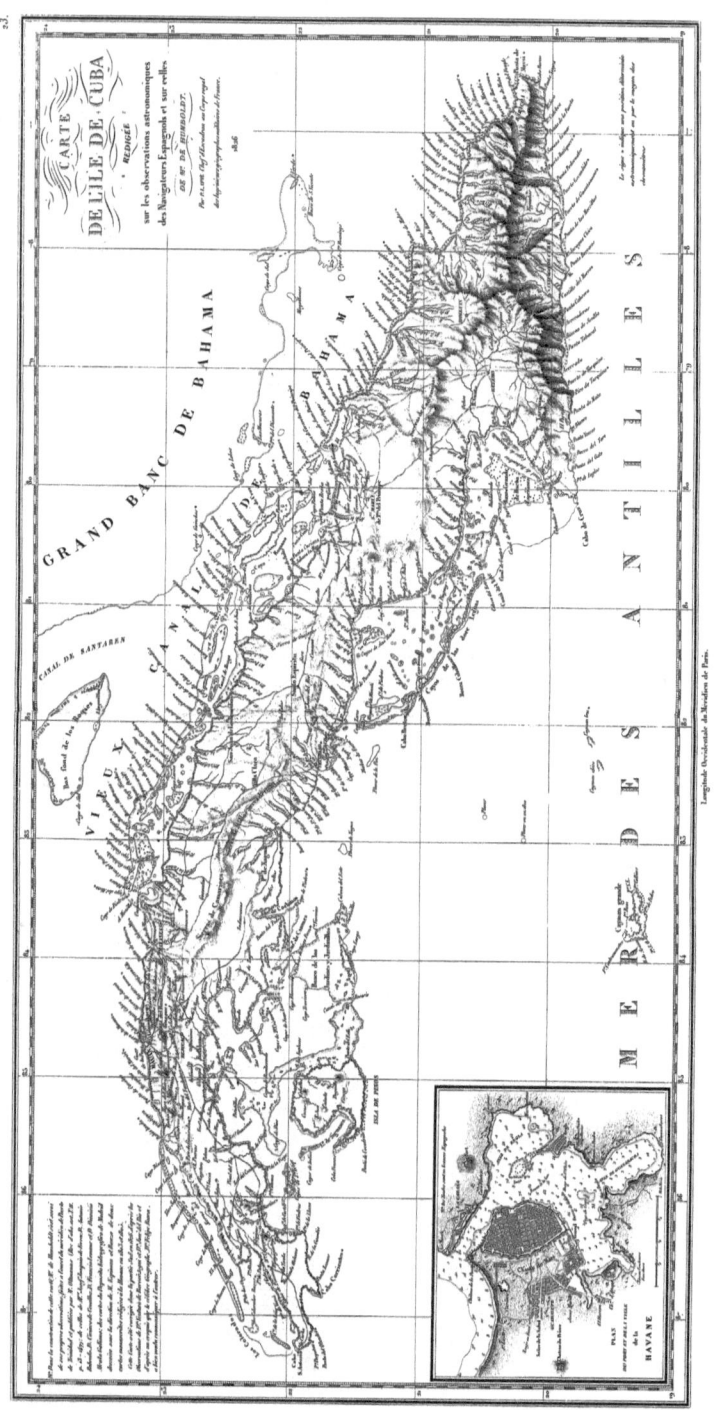

Abb. 2 Alexander von Humboldts überarbeitete Kuba-Karte aus dem Jahr 1826

POLITISCHER VERSUCH ÜBER DIE INSEL KUBA

Die politische Bedeutung der Insel Kuba beruht nicht allein auf der Ausdehnung ihrer Oberfläche, die um die Hälfte größer ist als die Haitis, auf der bewundernswerten Fruchtbarkeit ihres Bodens, auf den Einrichtungen ihrer Kriegsmarine oder auf dem Charakter einer zu drei Fünfteln aus freien Menschen bestehenden Bevölkerung: Sie wird außerdem durch die Vorteile der geographischen Lage Havannas vergrößert. Der nördliche Teil des Karibischen Meers, bekannt unter dem Namen Golf von Mexiko, bildet ein kreisförmiges Becken von mehr als 250 Meilen Durchmesser, ein *Mittelmeer mit zwei Ausgängen*, dessen Küsten von der Spitze Floridas bis | I.2 zum Kap Catoche auf Yucatán gegenwärtig ausschließlich den Vereinigten Staaten von Mexikos und von Nordamerika gehören. Die Insel Kuba, oder vielmehr ihre Küste zwischen Kap San Antonio und der an der Mündung des Alten Kanals gelegenen Stadt Matanzas, schließt im Südosten den Golf von Mexiko. Damit bleiben der unter dem Namen *Gulf-stream* oder Golfstrom[35] bekannten Meeresströmung keine anderen Öffnungen als eine Meerenge zwischen Kap San Antonio und Kap Catoche nach Süden und der Bahama-Kanal zwischen Bahía-Honda und den Untiefen Floridas nach Norden. In der Nähe des nördlichen Ausgangs, dort, wo sich gewissermaßen mehrere große Handelswege der Völker kreuzen, liegt der schöne Hafen von Havanna, der gleichermaßen durch die Natur wie durch zahlreiche künstliche Anlagen befestigt ist. Die Flotten, die von diesem Hafen auslaufen und die zum Teil aus dem Zedern- und Mahagoniholz der Insel Kuba gebaut sind, können am Eingang des mexikanischen Mittelmeers kämpfen und die gegenüberliegenden Küsten bedrohen, gerade so, wie die aus Cádiz in See stechenden Flotten | I.3 den Ozean in der Nähe der Säulen des Herkules beherrschen können. Der Meridian von Havanna verbindet den Golf von Mexiko, den Alten Kanal und den Bahama-Kanal. Die entgegengesetzte Richtung der Strömungen und die zu Beginn des Winters sehr heftigen Bewegungen der Atmosphäre verleihen diesen Seegebieten an der äußersten Grenze der Äquinoktialzone einen besonderen Charakter.

Kuba ist nicht nur die größte Insel der Antillen (ihre Fläche unterscheidet sich nur wenig von der des eigentlichen Englands, ohne Wales); durch die schmale, längliche Form entfalten sich ihre Küsten derart, dass sie gleichzeitig den Inseln Haiti und Jamaika, der südlichsten Provinz der Vereinigten Staaten (Florida) und der östlichsten Provinz der mexikanischen Konföderation (Yucatán) benachbart sind. Dieser Umstand verdient höchst ernsthafte Aufmerksamkeit, denn in Ländern, die durch

---

[35] Band I, S. 122–141. Hinweis: Alle Verweise in den Fußnoten ohne Angabe des Werkes beziehen sich auf die *Relation historique* in der Octavo-Ausgabe. [Verweise von der Quarto Ausgabe sind dabei als Q. gekennzeichnet. Übers.]

Seereisen von zehn bis 12 Tagen Dauer miteinander verbunden sind, nämlich Jamaika, Haiti, Kuba und die südlichen Teile der Vereinigten Staaten (von Louisiana
bis Virginia), leben mehr als 2,8 Million Afrikaner. Seit Santo Domingo, Florida
|I.4 und Neuspanien sich vom Mutterland getrennt haben hängt die Insel Kuba nur
noch durch die Gemeinsamkeit der Religion, der Sprache und der Sitten mit den
jahrhundertelang denselben Gesetzen unterworfenen benachbarten Ländern zusammen.

Florida bildet den letzten Ring dieser langen Kette von Republiken, die sich
von der Region der Palmen bis in die des strengsten Winters erstreckt und deren
nördlicher Rand das Sankt-Lorenz-Becken berührt. Der Bewohner Neuenglands
betrachtet das fortschreitende Wachstum der schwarzen Bevölkerung, das Überge-
wicht der Sklavenstaaten (*slave states*) und die Vorliebe für den Anbau von Kolonial-
erzeugnissen als allgemeine Gefahren; er hat den Wunsch, dass die Meerenge von
Florida, die gegenwärtige Grenze der großen amerikanischen Konföderation, ein-
zig und allein durch die Ziele eines freien, auf Gleichheit der Rechte beruhenden
Handels überquert werden soll. Auch wenn er Ereignisse fürchtet, durch die Havanna unter die Vorherrschaft einer europäischen Macht furchtbarer als Spanien
fallen könnte, so wünscht er sich nicht weniger, dass die früheren politischen Bin-
|I.5 dungen zwischen Louisiana, Pensacola sowie St. Augustine in Florida und der Insel
Kuba für immer zerrissen bleiben mögen.

Aufgrund eines äußerst unfruchtbaren Bodens sowie des Mangels an Bewohnern
und an Landwirtschaft war die Nachbarschaft Floridas für den Handel Havannas
von jeher unbedeutend; anders verhält es sich mit den Küsten Mexikos, die in einem
Halbkreis verlängert, von den stark frequentierten Häfen Tampico, Veracruz und
Alvarado bis zum Kap Catoche durch die Halbinsel Yucatán fast den westlichen Teil
der Insel Kuba berühren. Der Handelsverkehr zwischen Havanna und dem Hafen
Campeche ist überaus rege; da auch der illegale Handel mit einer entfernteren Küste,
der von Caracas oder von Colombia, nur wenige Schiffe beschäftigt, wächst er trotz
der in Mexiko eingeführten neuen Ordnung der Dinge. In so schwierigen Zeiten
ist es weniger gefährlich, das für die Ernährung der Sklaven[36] notwendige Pökelfleisch (*tasajo*) aus Buenos Aires und aus den Ebenen von Mérida zu beschaffen als
aus denen von Cumaná, [Nueva] Barcelona und Caracas.
|I.6   Bekanntlich haben die Insel Kuba und der Archipel der Philippinen jahrhun-
dertelang aus den Kassen Neuspaniens die Mittel geschöpft, die sie für die einheimische Verwaltung, die Wartung der Festungsanlagen, Arsenale und Werften
(*situados de attención marítima*) benötigten. Wie ich in einem anderen Werk ausgeführt
habe[37], war Havanna der Kriegshafen Neuspaniens, und bis zum Jahr 1808 erhielt
er vom mexikanischen Schatzamt jährlich mehr als 1 800 000 Piaster. Selbst in Madrid war man seit langer Zeit daran gewöhnt gewesen, die Insel Kuba und den
Archipel der Philippinen als zu Mexiko gehörig anzusehen; obwohl sie in recht

---

[36] Bd. IV, S. 72; Bd. VI, S. 96–97.
[37] *Essai politique sur le royaume de la Nouvelle-Espagne*, Bd. II, S. 823–824.

ungleichen Entfernungen östlich und westlich von Veracruz und von Acapulco lagen, waren sie dennoch mit dem mexikanischen Mutterland, das damals selbst eine europäische Kolonie war, durch Handel, gegenseitigen Beistand und langzeitige Zuneigungen verbunden. Das Wachstum des eigenen Wohlstandes ließ die finanziellen Hilfeleistungen, die die Insel Kuba gewohnt war, vom mexikanischen Schatzamt zu beziehen, allmählich unnötig werden. Von allen spanischen Besitzungen hat |I.7 diese Insel den größten Wohlstand erreicht; seit den Unruhen auf Saint-Domingue ist der Hafen von Havanna zum Rang der ersten Plätze der Handelswelt aufgestiegen. Ein glückliches Zusammentreffen politischer Umstände, die Mäßigung der königlichen Beamten, das Betragen der Einwohner, die geistreich, klug und für ihre Belange sehr aktiv sind, haben Havanna den kontinuierlichen Genuss der Freiheit des Austauschs mit den ausländischen Nationen erhalten. Die Zolleinnahmen sind so außerordentlich gestiegen, dass die Insel Kuba nicht nur ihren eigenen Bedarf decken kann, sondern auch zur Zeit der Kämpfe zwischen dem Mutterland und den spanischen Festlandskolonien bedeutende Summen für die Überreste der Armee, die in Venezuela gefochten hatte, die Garnison der Festung von San Juan de Ulúa und die sehr kostspieligen und meist unnützen Marinerüstungen aufgebracht hatte.

Ich habe mich zweimal auf der Insel aufgehalten, einmal für drei und das andere Mal für anderthalb Monate: Ich hatte den Vorzug, mich des Vertrauens von Personen zu erfreuen, die durch ihre Talente und ihre Positionen als Verwalter, Grundbesitzer oder Geschäftsleute in der Lage waren, mir Auskünfte über das Wachstum |I.8 des öffentlichen Wohlstandes zu geben. Der besondere Schutz, mit dem ich durch das spanische Ministerium geehrt wurde, rechtfertigte dieses Vertrauen; zudem wage ich mir einzubilden, es durch die Mäßigkeit meiner Grundsätze, mein umsichtiges Benehmen und durch die Art meiner friedlichen Arbeiten verdient zu haben. Seit 30 Jahren hat die spanische Regierung selbst in Havanna die Veröffentlichung der wertvollsten statistischen Dokumente über den Zustand des Handels, der kolonialen Landwirtschaft und der Finanzen nicht behindert. Ich habe diese Dokumente eingesehen, und die Beziehungen, die ich mit Amerika seit meiner Rückkehr nach Europa pflege, haben mich in die Lage versetzt, die an Ort und Stelle gesammelten Materialien zu vervollständigen. Gemeinsam mit Herrn Bonpland habe ich nur die Umgebungen von Havanna, das schöne Tal von Güines und die Küste zwischen Batabanó und dem Hafen Trinidad durchstreift. Nachdem ich in aller Kürze die Ansicht der Orte und die eigenartigen Veränderungen eines Klimas beschrieben habe, das so anders ist als auf den übrigen Antillen, werde ich die Bevölkerung der Insel, ihr *Areal* berechnet nach dem genauesten Verlauf der Küsten, die Handels- |I.9 objekte und den Stand der öffentlichen Einnahmen betrachten.

Die Ansicht Havannas ist bei der Hafeneinfahrt eine der heitersten und malerischsten, deren man sich nördlich des Äquators im Küstengebiet des äquinoktialen Amerikas erfreuen kann. Dieser von Reisenden aller Nationen gepriesene Ort hat weder die Pracht der Vegetation, die die Ufer des Flusses von Guayaquil schmückt, noch die wilde Majestät der Felsenküsten von Rio de Janeiro, zweier Häfen der

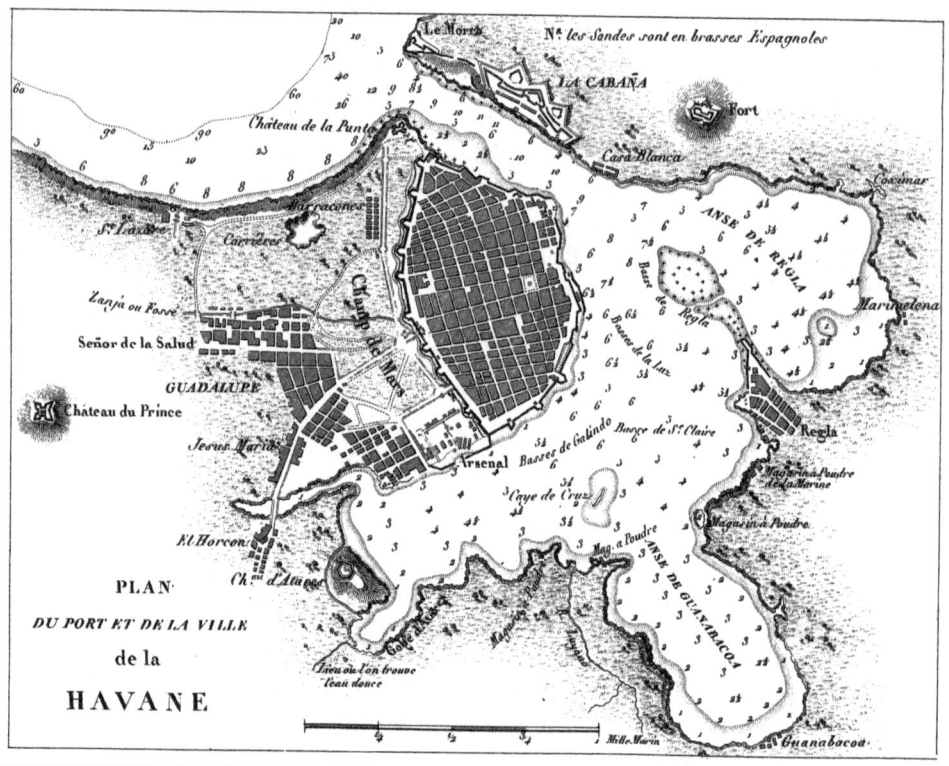

Abb. 3   Plan des Hafens und Stadtgebiets von Havanna; Ausschnitt aus der Kuba-Karte von 1820

südlichen Hemisphäre; hier mischt sich jedoch die Anmut, die in unseren Klimaten die Szenen der kultivierten Natur verschönert, mit der Majestät der Pflanzenformen zu der organischen Kraft, die typisch für die heiße Zone ist. In einer Mischung so lieblicher Eindrücke vergisst der Europäer die Gefahr, die ihm im Innern der bevölkerten Städte der Antillen droht; er sucht, die mannigfaltigen Elemente einer weiten Landschaft zu begreifen, die die Felsen östlich des Hafens krönenden Festungen zu bewundern, dieses von Dörfern und Gutshöfen umgebene innere Becken, diese sich zu einer außerordentlichen Höhe erhebenden Palmen, diese durch einen Wald von Masten und dem Takelwerk der Schiffe halb versteckte Stadt. Beim

|I.10   Einlaufen in den Hafen von Havanna passiert man die Festung El Morro (*Castillo de los Santos Reyes*) und das kleine Fort *San Salvador de la Punta*: Die Öffnung ist nur 170 bis 200 Toisen breit; sie behält diese Breite über drei Fünftel Meilen. Hat man die Enge hinter sich, erreicht man, nachdem man die schöne *Forteleza de San Carlos de la Cabaña* und die *Casa Blanca* im Norden gelassen hat, ein Becken in Form eines Kleeblattes, dessen große Achse sich zweieinhalb Meilen lang von SSW nach NNO erstreckt. Dieses Becken ist mit drei Buchten verbunden: der von Regla, von Guanavacoa und von Atarés, von denen die letztere einige Süßwasserquellen bietet. Die

von Mauern eingeschlossene Stadt Havanna bildet ein im Süden durch das Arsenal, im Norden durch das Fort La Punta begrenztes Vorgebirge. Über den Resten einiger *untergegangener Schiffe* und der Untiefe von La Luz findet man nicht mehr acht bis zehn, sondern nur noch fünf bis sechs Klafter Wasser. Die Kastelle *Santo Domingo de Atarés* und *Carlos del Príncipe* schützen die Stadt nach Westen hin; das eine ist von der inneren Mauer landseitig 660 Toisen entfernt, das andere 1 240. Das dazwischenliegende Gebiet wird durch die Vorstädte (*arrabales* oder *barrios extra muros*) Horcón, Jesús María, Guadalupe und Señor de la Salud eingenommen, die von Jahr zu Jahr das Marsfeld (*Campo de Marte*) noch weiter einengen. Die großen Gebäude |I.11 Havannas (die Kathedrale, die *Casa del Gobierno*, das Haus des Marinekommandanten, das Arsenal, das Postamt oder *Correo*, und die Tabakfaktorei) sind weniger durch ihre Schönheit bemerkenswert als durch die Solidität ihrer Bauweise; die meisten Straßen sind eng und zum größten Teil noch ungepflastert. Da die Steine aus Veracruz kommen und ihr Transport äußerst kostspielig ist, kam man kurze Zeit vor meiner Reise auf die seltsame Idee, sie durch große, zusammengefügte Baumstämme zu ersetzen, so wie man in Deutschland und Russland Dämme durch Sumpfgebiete baut. Dieses Vorhaben wurde bald aufgegeben, und die kürzlich angekommenen Reisenden sahen mit Überraschung die schönsten Stämme der *Cahoba* (Mahagoni) im Schlamm von Havanna versunken. Zur Zeit meines Aufenthalts boten nur wenige amerikanische Städte wegen des Fehlens einer guten Polizeibehörde einen abstoßenderen Anblick. Man versank bis zu den Knien im Schlamm; die Unzahl von Pferdekutschen oder *volantes*, die typischen Gespanne Havannas, die mit Zuckerkisten beladenen Karren und Passanten anrempelnde Trä- |I.12 ger waren für einen Fußgänger sowohl unangenehm als auch erniedrigend. Der Geruch von *tasajo* (oder schlecht getrocknetem Dörrfleisch) verpestete oftmals die Häuser und die verwinkelten Gassen. Man behauptet, dass die Gendarmerie diese Unannehmlichkeiten beseitigt und in letzter Zeit die Sauberkeit in den Gassen spürbar verbessert hat. Die Häuser sind luftiger, und die *Calle de los Mercadores* bietet einen schönen Anblick. Hier, wie in unseren ältesten europäischen Städten, kann ein schlecht angelegtes Straßennetz nur allmählich korrigiert werden.

Es gibt zwei schöne Promenaden, die eine (*La Alameda*) zwischen dem Hospital Paula und dem Theater, dessen Innenraum 1803 durch den italienischen Künstler Herrn Peruani [auch Perovani] mit viel Geschmack dekoriert wurde, die andere zwischen dem Castillo de la Punta und der *Puerta de la Muralla*. Die letztere, auch *paseo extra muros* genannt, ist von köstlicher Frische: Nach Sonnenuntergang wird sie häufig von Kutschen befahren. Sie wurde von dem Marquis de la Torre [Felipe de Fondesviela y Ondeano] begonnen, der unter allen Gouverneuren der Insel den ersten und glücklichsten Anstoß für die Verbesserung der Polizeibehörde und der |I.13 städtischen Verwaltung gab. Don Luis de las Casas [y Aragorri], dessen Name von den Einwohnern Havannas ebenso hoch geachtet wird, und der Graf von Santa Clara haben diese Pflanzungen erweitert. In der Nähe des *Campo de Marte* befindet sich der das Augenmerk der Regierung verdienende Botanische Garten sowie ein anderes Objekt, dessen Anblick zugleich bedrückt und empört: die *barracones*, vor denen die unglücklichen Sklaven zum Verkauf ausgestellt werden. In der *promenade extra muros* hat man nach meiner Rückkehr nach Europa eine Marmorstatue von König Karl III. aufgestellt. Dieser Platz war ursprünglich zu einem Denkmal für Christoph Kolumbus bestimmt, dessen Asche man nach der Abtretung des spanischen Teils von Saint-Domingue auf die Insel Kuba gebracht hatte. Da die Asche des Hernán Cortés [de Monroy y Pizarro] im selben Jahr [1796] in Mexiko von einer Kirche in eine andere überführt wurde, erlebte man, dass die zwei größten, für die Eroberung Amerikas stehenden Männern im selben Zeitalter, am Ende des 18. Jahrhunderts, erneut beigesetzt wurden.

|I.14   Eine der majestätischsten Palmen ihrer Art, die Königspalme (*palma real*), verleiht der Landschaft in der Umgebung Havannas einen eigentümlichen Charakter. Es ist die *Oreodoxa regia* in unserer Beschreibung der amerikanischen Palmen[38]: Ihr schlanker, obwohl in der Mitte etwas bauchiger Stamm erhebt sich bis auf 60 oder 80 Fuß: Ihr glänzender oberer Teil, von zartem Grün und durch die Annäherung und Ausdehnung der Blattstiele frisch gebildet, kontrastiert mit dem weißlichen, rissigen Rest. Sie sieht so aus, als hätte man zwei Säulen übereinandergesetzt. Die *Palma real* der Insel Kuba hat panaschierte Blätter, die sich senkrecht gegen den Himmel erheben und nur an den Spitzen gebogen sind. Die Gestalt dieser Pflanze erinnerte uns an die *Vadgiai*-Palme, die die Felsen in den Wasserfällen des Orinoco bedeckt und ihre langen Pfeilspitzen über einem Nebel von Schaum hin und her schwingt. Hier wie überall dort, wo sich die Bevölkerung konzentriert, verringert sich die Vegetation. Ringsum Havanna, im Amphitheater von Regla, verschwinden diese mich so entzückenden Palmen von Jahr zu Jahr. Die Sumpfgebiete, die ich mit Bambusaceae bedeckt sah, werden kultiviert und entwässert. Die Zivilisation |I.15 schreitet fort, und man geht sicher, dass das an Pflanzen immer ärmere Land kaum noch irgendwelche Spuren seines wilden Überflusses bietet. Von La Punta bis San Lázaro, von La Cabaña bis Regla und von Regla bis Atarés ist alles von Häusern bedeckt: Die die Bucht umgebenden Häuser sind von leichter, eleganter Bauweise. Man fertigt einen Grundriss an und *bestellt* dann die Häuser in den Vereinigten Staaten, wie man ein Möbelstück bestellt. Während in Havanna Gelbfieber herrscht, zieht man sich in diese Landhäuser und auf die Hügel zwischen Regla und Guanabacoa zurück, wo man reinere Luft genießt. In der Kühle der Nacht, wenn die Boote die Bucht überqueren und durch das Phosphoreszieren des Wassers lange Lichtstreifen hinter sich zurücklassen, bieten diese ländlichen Orte den der Unruhe einer bevölkerten Stadt entfliehenden Einwohnern reizvolle, friedliche Zurückgezogenheit. Um die Fortschritte der Kultur gut zu beurteilen, müssen die Reisenden die kleinen *chácaras* besuchen, auf denen Mais und anderen Nahrungspflanzen angebaut werden, wie auch die in den Feldern von La Cruz de Piedra aneinandergereihten Ananaspflanzen und den bischöflichen Garten (*Quinta del Obispo*), der in letzter Zeit ein ganz verzüglicher Ort geworden ist.

|I.16   Die eigentliche, von Mauern umschlossene Stadt Havanna ist nur 900 Toisen lang und 500 Toisen breit, und dennoch findet man auf einem so engen Gebiet

---

[38] [Aimé Bonpland, Karl Sigismund Kunth, Humboldt:] *Nova genera et species plantarum*, Bd. I, S. 305.

mehr als 44 000 Seelen, davon 26 000 Schwarze und Mulatten. Eine fast ebenso
beträchtliche Bevölkerung hat in den zwei großen Vorstädten, *Jesús María* und *Salud*,
Zuflucht gesucht. Der letztere Ort verdient seinen schönen Namen [Gesundheit]
ganz und gar nicht: Die Lufttemperatur ist dort zweifellos niedriger als in der Stadt,
aber die Straßen könnten weiter und besser angelegt sein. Seit 30 Jahren führen die
spanischen Ingenieure Krieg gegen die Bewohner der Vorstädte oder *arrabales*: Sie
beweisen der Regierung, dass die Häuser zu dicht ans Befestigungswerk herange-
rückt sind und der Feind sich dort ungestraft festsetzen könnte. Man hat nicht den
Mut, die Vorstädte abzureißen und eine Bevölkerung von insgesamt 28 000 Einwohnern allein in *Salud*, zu verjagen. Seit der großen Feuersbrunst von 1802 ist
dieses letztere Viertel beträchtlich ausgedehnt worden: Zunächst baute man Bara-
cken, und nach und nach entwickelten sich diese zu Häusern. Die Bewohner der
arrabales haben dem König mehrere Projekte vorgestellt, nach denen man sie in die
Befestigungslinien Havannas einbeziehen und ihren Besitz, der bisher nur auf einer |I.17
stillschweigenden Bewilligung beruht, legalisieren könnte. Man möchte einen breiten Graben von der Brücke El Puente de Chaves in der Nähe von Matadero bis
nach San Lázaro führen und so aus Havanna eine Insel machen. Die Entfernung
beträgt schätzungsweise 1 200 Toisen, und die Bucht endet somit schon zwischen
dem Arsenal und dem Castillo de Atarés in einem von Mangroven und Meertrau-
benbäumen (Coccoloba) gesäumt natürlichen Kanal. Auf diese Weise hätte die Stadt
von der Landseite nach Westen hin eine dreifache Reihe von Befestigungsanlagen:
zuerst nach außen hin die auf Anhöhen errichteten Bauwerke von Atarés und Prin-
cipe, dann der geplante Graben und schließlich die Mauer und der alte überdachte
Weg des Grafen von Santa Clara, der 700 000 Piaster gekostet hat. Die Verteidigung
Havannas nach Westen hin ist von höchster Wichtigkeit. Solange man die eigentliche Stadt und den südlichen Teil der Bucht beherrscht, sind die Festungen *El Morro*
und *La Cabaña*, von denen die eine 800, die andere 2 000 Verteidiger benötigt, un-
einnehmbar, weil man die Lebensmittel aus Havanna dorthin transportieren und
die Garnison bei beträchtlichen Verlusten vervollständigen kann. Sehr gut unter-
richtete französische Ingenieure haben mir versichert, dass der Feind mit der Ein- |I.18
nahme der Stadt beginnen müsste, um die *Cabaña* zu beschießen, die wohl eine
gute Festung ist, deren in Kasematten eingeschlossene Garnison aber dem ungesunden Klima nicht lange widerstehen könnte. Die Engländer nahmen die *Morro*
ein, ohne Gebieter über Havanna zu werden, aber damals existierten weder die
Cabaña noch das *Fort* Nr. 4, die beide die *Morro* überragen. Im Süden und im Westen sind die wichtigsten Verteidigungswerke die *Castillos de Atarés y del Príncipe* und
die Batterie von *Santa Clara*.

|I.19 **Amtliche Zählung (Padrón) der Bewohner von Havanna (der eigentlichen Stadt) im Jahr 1810, unterschieden nach Hautfarbe, Alter und Geschlecht**

HAUT-FARBEN	MÄNNER			FRAUEN			MÄNNER UND FRAUEN ZUSAMMEN
	a. von einem Tag bis zu 15 Jahren	*b.* von 15 bis zu 60 Jahren	*c.* von 60 bis zu 100 Jahren	*d.* von einem Tag bis zu 15 Jahren	*e.* von 15 bis zu 60 Jahren	*f.* von 60 bis zu 100 Jahren	*g.*
Weiße	3146	6057	348	2860	5478	476	18365
Freie Pardos	804	1103	116	725	1515	141	4404
Freie Schwarze	833	1149	133	819	2308	284	5526
Sklaven, Pardos	227	153	194	197	119	183	1073
Sklaven, Schwarze	1781	4699	78	1561	5224	94	13437
INSGESAMT	6791	13161	869	6162	14644	1178	42805

Amtliche Zählung der Bewohner der Vorstadt (Arrabal) La Salud im Jahr 1810

HAUTFARBEN	*a.*	*b.*	*c.*	*d.*	*e.*	*f.*	*g.*
Weiße	3261	1312	874	3687	1812	744	11690
Freie Pardos	460	779	40	190	1000	8	2477
Freie Schwarze	500	2489	17	587	3026	113	6732
Sklaven, Pardos	100	220	8	77	189	11	605
Sklaven, Schwarze	448	3552	15	558	2300	42	6915
INSGESAMT	4769	8352	954	5099	8327	918	28419

Amtliche Zählung der Bewohner der Vorstadt Jesús María im Jahr 1810 |I.20

HAUTFARBEN	a.	b.	c.	d.	e.	f.	g.
Weiße	658	720	274	480	974	257	3363
Freie Pardos	326	399	169	268	551	174	1887
Freie Schwarze	499	628	304	370	838	314	2953
Sklaven, Pardos	83	32	58	74	77	56	380
Sklaven, Schwarze	508	719	241	347	976	231	3022
INSGESAMT	2074	2498	1046	1539	3416	1032	11605

Amtliche Zählung der Bewohner der Vorstadt Horcón im Jahr 1810

HAUT FARBEN	a.	b.	c.	d.	e.	f.	g.
Weiße	132	329	49	218	287	31	1046
Freie Pardos	72	62	17	64	91	18	324
Freie Schwarze	44	30	11	41	60	16	202
Sklaven, Pardos	37	17	10	34	17	10	125
Sklaven, Schwarze	56	544	16	71	96	10	793
INSGESAMT	341	982	103	428	551	85	2490

Amtliche Zählung der Bewohner der Vorstadt Cerro im Jahr 1810 |I.21

HAUTFARBEN	a.	b.	c.	d.	e.	f.	g.
Weiße	259	302	8	258	252	4	1083
Freie Pardos	27	31	1	35	34	2	130
Freie Schwarze	15	33	2	10	40	2	102
Sklaven, Pardos	0	0	0	0	0	0	0
Sklaven, Schwarze	144	343	7	72	118	1	685
INSGESAMT	445	709	18	375	444	9	2000

Amtliche Zählung der Bewohner der Vorstadt San Lázaro, im Jahr 1810

HAUTFARBEN	a.	b.	c.	d.	e.	f.	g.
Weiße	211	414	82	223	396	59	1 385
Freie Pardos	34	44	5	55	66	11	215
Freie Schwarze	22	34	18	26	63	18	181
Sklaven, Pardos	22	27	1	23	19	2	94
Sklaven, Schwarze	71	294	30	77	223	18	713
INSGESAMT	360	813	136	404	767	108	2 588

|I.22 **Amtliche Zählung der Bewohner der Vorstadt Jesús del Monte im Jahr 1810**

HAUTFARBEN	a.	b.	c.	d.	e.	f.	g.
Weiße	868	390	187	565	486	223	2 719
Freie Pardos	22	16	24	32	21	11	126
Freie Schwarze	45	51	112	82	94	62	446
Sklaven, Pardos	0	0	0	0	0	0	0
Sklaven, Schwarze	181	204	60	52	111	90	698
INSGESAMT	1 116	661	383	731	712	386	3 989

|I.23 **Amtliche Zählung der Bewohner von Regla im Jahr 1810**

HAUTFARBEN.	a.	b.	c.	d.	e.	f.	g.
Weiße	353	430	22	331	415	25	1 576
Freie Pardos	20	45	0	41	64	0	170
Freie Schwarze	14	30	2	13	42	3	104
Sklaven, Pardos	0	0	0	0	0	0	0
Sklaven, Schwarze	37	105	5	132	86	3	368
INSGESAMT	424	610	29	517	607	31	2 218

ZUSAMMENFASSUNG DER BEVÖLKERUNG VON HAVANNA im Jahr 1810 (die eigentliche Stadt mit den Vorstädten La Salud oder Guadalupe, Jesús María, Horcón, Cerro, San Lázaro, Jesús del Monte und Regla).

| I.24

I. Nach Hautfarbe, Alter und Geschlecht

HAUT-FARBEN	MÄNNER				FRAUEN				Männer und Frauen zusammen
	von einem Tag bis zu 15 Jahren	von 15 bis zu 60 Jahren	von 60 bis zu 100 Jahren	Männer insge-samt	von einem Tag bis zu 15 Jahren	von 15 bis zu 60 Jahren	von 60 bis zu 100 Jahren	Frauen insge-samt	
Weiße	8888	9954	1844	20686	8622	10100	1819	20541	41227
Freie Pardos	1765	2479	372	4616	1410	3342	365	5117	9733
Freie Schwarze	1972	4444	599	7015	1948	6471	812	9231	16246
Sklaven, Pardos	469	449	271	1189	405	421	262	1088	2277
Sklaven, Schwarze	3226	10460	452	14138	2870	9134	489	12493	26631
INSGE-SAMT	16320	27786	3538	47644	15255	29468	3747	48470	96114

II. Nach den Vorstädten

| I.25

NAMEN DER ARRABALES	WEISSE	FREIE PARDOS	FREIE SCHWARZE	SKLAVEN, PARDOS	SKLAVEN, SCHWARZE	INSGE-SAMT
Havanna	18365	4404	5526	1073	13437	42805
La Salud	11690	2477	6732	605	6915	28419
Jesús María	3363	1887	2953	380	3022	11605
Horcón	1046	324	202	125	793	2490
Cerro	1083	130	102	0	685	2000

NAMEN DER ARRABALES	WEISSE	FREIE PARDOS	FREIE SCHWARZE	SKLAVEN, PARDOS	SKLAVEN, SCHWARZE	INSGE- SAMT
San Lázaro	1 385	215	181	94	713	2 588
Jesús del Monte	2 719	126	446	0	698	3 989
Regla	1 576	170	104	0	368	2 218
Insgesamt	41 227	9 733	16 246	2 277	26 631	96 114
		25 979		28 908		

|I.26

Kurze Wiederholung

Weiße		41 227
Freie Pardos	9 733	⎫
Freie Schwarze	16 246	⎭ 25 979
Sklaven, Pardos	2 277	⎫
Sklaven, Schwarze	26 631	⎭ 28 908
		96 114

In diesen Tableaus wurden unter dem Namen *pardos* (gens de couleur oder Farbige) alle Menschen gefasst, die keine *morenos*, das bedeutet reine Schwarze, sind. Die Landarmee, die Matrosen und Soldaten der königlichen Marine, die Mönche, die Ordensfrauen und die vorübergehend ansässigen Ausländer (*transeúntes*) sind nicht in die Zählung von 1810 einbezogen, deren Ergebnisse kürzlich in mehrere im Übrigen sehr angesehene Werke aufgenommen und dort irrtümlich als dem Jahr 1817 zugehörig veröffentlicht wurden. Die Garnison von Havanna wächst im Allgemeinen bis zu 6 000 Mann, die Zahl der Ausländer bis zu 20 000; somit übersteigt gegenwärtig (im Jahr 1825) die Gesamtbevölkerung Havannas und der sieben Vorstädte unzweifelhaft 130 000. Das folgende Tableau zeigt den Bevölkerungszuwachs von Havanna und seiner Vorstädte seit der 1791 auf Befehl des Generalkapitäns Don Luis de las Casas durchgeführten Volkszählung bis zum Jahr 1810.

JAHR DER ZÄHLUNG	WEISSE	FREIE FARBIGE	SKLAVEN	INSGESAMT	VERHÄLTNIS DER DREI KLASSEN ZUEINANDER
1791	23 737	9 751	10 849	44 337	53 22 25
1810	41 227	25 979	28 908	96 114	43 27 30
Zunahme	17 490	16 228	18 059	51 777	

|I.27

Zunahme	der Weißen	73	
	der freien Farbigen	171	} Prozent
	der Sklaven	165	
	aller Klassen	117	

Hinzugefügt ist hier die Zunahme der Bevölkerung in der Hälfte dieser Zeitspanne, |I.28
von 1800 bis 1810, jedoch nur für den *barrio extramuros de Guadalupe*:

JAHR	WEISSE	FREIE FARBIGE		Freie Farbige insgesamt	SKLAVEN		Sklaven insgesamt	**Summe**
		Pardos	Schwarze		Pardos	Schwarze		
1800	3 323	1 087	1 243	2 330	92	1 766	1 858	7 511
1810	11 690	2 477	6 732	9 209	605	6 915	7 520	28 419
Zunahme	8 367	1 390	5 489	6 879	513	5 149	5 662	20 908

Zunahme	Weiße	251	
	Freigelassene Farbige	295	} Prozent
	Sklaven	310	
	Alle drei Klassen	278	

Wir haben soeben gesehen, dass sich die Bevölkerung in 20 Jahren, von 1791 bis |I.29
1810, mehr als verdoppelt hat: In demselben Zeitraum ist die Einwohnerzahl von
New York, der bevölkerungsreichsten Stadt der Vereinigten Staaten, von 33 200 auf
96 400 angestiegen; sie beträgt heute 140 000, ist folglich etwas höher als die von
Havanna und der von Lyon fast gleich. Mexiko-Stadt scheint mir mit 170 000 Einwohnern im Jahr 1820 den ersten Rang unter den Städten des Neuen Kontinents
zu bewahren. Es ist vielleicht ein Glück für die freien Staaten dieses Weltteils, dass
Amerika nur sechs Städte zählt, die eine Einwohnerzahl von 100 000 Seelen erreichen: Mexiko-Stadt, New York, Philadelphia, Havanna, Rio de Janeiro und Salvador da Bahía. In Rio de Janeiro gibt es unter 135 000 Einwohnern 105 000 schwarze

Menschen; in Havanna machen die Weißen zwei Fünftel der Gesamtbevölkerung
aus. In dieser letzteren Stadt findet man dieselbe überwiegende Zahl an Frauen, die
man in den wichtigsten Städten der Vereinigten Staaten und Mexikos bemerkt[39].

|I.30 Die große Ansammlung von nicht-akklimatisierten Fremden in einer engen und
|I.31 dichtbevölkerten Stadt erhöht ohne Zweifel die Sterblichkeit; jedoch sind die Aus-
wirkungen des Gelbfiebers auf die Gesamtbilanz zwischen Geburten und Todes-
fällen viel geringer, als man gemeinhin glaubt. Wenn die Zahl der importierten
schwarzen Sklaven nicht sehr bedeutend ist und wenn die Handelstätigkeit nicht
gleichzeitig viele nicht-akklimatisierte Seeleute anzieht, sei es aus Europa oder den
Vereinigten Staaten, dann gleichen sich Geburten und Sterbefällen fast aus[40]. Hier
ein Tableau für die Stadt Havanna und die Vorstädte (*barrios extramurales*) über fünf
Jahre:

|I.32

JAHRE	EHEN	GEBURTEN	TODESFÄLLE
1813	386	3 525	2 948
1814	390	3 470	3 622
1820	525	4 495	4 833
1821	549	4 326	4 466
1824	397	3 566	3 697

[39] Die Zählungen der Bevölkerung von Boston, New York, Philadelphia, Baltimore, Charleston und
New Orleans geben für das Verhältnis von Frauen zu Männern 109 zu 100 an. In Mexiko-Stadt zählte
man 92 838 Frauen und 76 008 Männer; dies ergibt ein noch merkwürdigeres Verhältnis, nämlich 122
zu 100. Ich habe diesen Gegenstand schon an anderer Stelle behandelt (*Essai politique sur le royaume de la
Nouvelle-Espagne*, Buch II, Kap. VII, Bd. I, S. 140–141), wo ich gleichzeitig bemerkte, dass, wenn die
Gesamtheit der Dorf- und Stadtbevölkerung unter dem gleichen Gesichtspunkt erfasst wird, man sowohl
in Mexiko als auch in den Vereinigten Staaten die Zahl der dort lebenden Männer höher als die der
Frauen finden wird, wohingegen das Verhältnis in ganz Europa genau umgekehrt ist. Die Zahl der in den
Vereinigten Staaten (im ganzen Land) lebenden Männer verhält sich zur Zahl der dort lebenden Frauen
wie 100 zu 97. Nach Berichtigung der offiziell veröffentlichten Volkszählung von 1820, deren spezielle
Summen jedoch recht ungenau sind, findet man, dass in dem weiträumigen Territorium der Vereinigten
Staaten 3 993 206 weiße Männer und 3 864 017 weiße Frauen, also insgesamt 7 857 223 Menschen lebten.
Im Gegensatz dazu lebten 1821 in Großbritannien 7 137 014 Männer und 7 254 613 Frauen; im Jahr 1801
in Portugal 1 478 900 Männer und 1 512 030 Frauen; im Jahr 1818 im Königreich Neapel 2 432 431
Männer und 2 574 452 Frauen; im Jahr 1805 in Schweden 1 599 487 Männer und 1 721 160 Frauen; im
Jahr 1815 auf Java 2 268 180 Männer und 2 347 090 Frauen. In Schweden scheint das Verhältnis der dort
lebenden Frauen zu den dort lebenden Männern wie 100 zu 94 zu sein; im Königreich Neapel wie
100:95; in Frankreich, Portugal und Java wie 100 zu 97; in England und Preußen wie 100 zu 99. Derart
zeigt sich der Einfluss der verschiedenen Beschäftigungen und der Sitten auf die Sterblichkeit der Menschen!
[40] *Siehe* die *Guía de Forasteros de la Isla de Cuba para 1815*, S. 245; *para 1825*, S. 363; ein statistischer Almanach, der viel besser redigiert ist als der größte Teil der in Europa erscheinenden Jahrbücher. Man hat im
Jahr 1814 in Havanna 5 696 Personen geimpft, im Jahr 1824 fast 8 100.

Dieses Tableau, das aufgrund der unregelmäßigen Einwanderung von Ausländern stark schwankt, zeigt das durchschnittliche Verhältnis von Geburten zur Bevölkerung als eins zu 33,5 und das Verhältnis der Todesfälle zur Bevölkerung als eins zu 33,2 an, wenn man die Gesamtbevölkerung Havannas und der Vorstädte auf 130 000 ansetzt. Nach den letzten sehr genauen Arbeiten zur Bevölkerung Frankreichs sind diese Verhältnisse für das gesamte Land wie 31 2/3 zu eins und 39 2/3 zu eins; für Paris zwischen 1819 und 1823 wie eins zu 28 und eins zu 31,6. Die Umstände, |I.33 die diese numerischen Elemente in den großen Städten verändern, sind so kompliziert und von so wechselhafter Natur, dass man kaum von der Zahl der Einwohner her über die der Geburten und Todesfälle urteilen kann. Im Jahr 1806, als die Bevölkerungszahl Mexikos wenig höher als 150 000 war, zählte man in dieser Stadt 5 166 Todesfälle und 6 155 Geburten, während in Havanna bei 130 000 Einwohnern diese Zahlen im Mittel 3 900 und 3 880 betrugen. In dieser letzteren Stadt gibt es zwei Hospitäler mit einer beachtlichen Zahl an Kranken: das allgemeine Krankenhaus (*de Caridad* oder *de San Felipe y Santiago*) und das Militärhospital (*de San Ambrosio*)[41]. |I.34

JÄHRLICHES KOMMEN UND GEHEN	DAS MILITÄRHOSPITAL SAN AMBROSIO			DAS ALLGEMEINE KRANKENHAUS SAN FELIPE Y SANTIAGO		
	1814.	1821.	1824.	1814.	1821.	1824.
Bettlägerige Kranke des vorigen Jahres	226	307	264	153	251	127
Zugänge im laufenden Jahr	4 352	4 829	4 160	1 484	2 596	2 196
Summe	4 578	5 136	4 424	1 637	2 847	2 323
Verstorbene	164	225	194	283	743	533
Als geheilt Entlassene	4 208	4 623	3 966	1 224	1 948	1 651
Zurückgebliebene bettlägerige Kranke	206	283	264	130	156	139

Im *allgemeinen Krankenhaus* versterben in einem durchschnittlichen Jahr mehr als |I.35 24 Prozent der Patienten, im Militärhospital kaum vier Prozent. Es wäre ungerecht, diesen gewaltigen Unterschied den Heilmethoden der Mönche vom Orden San Juan de Dios zuzuschreiben, die die erstere Einrichtung leiten. Ohne Zweifel kom-

---

41 Über die durchschnittliche Sterblichkeit in den Krankenhäusern in Veracruz und in Paris *siehe* meinen *Essai politique sur le royaume de la Nouvelle-Espagne*, Bd. II, S. 777 und 784.

men mehr vom *vómito* oder Gelbfieber Befallene ins Militärhospital von San Ambrosio, aber der größte Teil der Patienten hat weniger ernste, sogar eher geringfügige Erkrankungen. Das allgemeine Krankenhaus erhält hingegen die Alten, die unheilbar Kranken, die schwarzen Sklaven, die nur noch wenige Monate zu leben haben und deren Pflanzer oder Herren (*los amos*) sich ihrer entledigen wollen, um sie nicht weiter versorgen zu müssen. Im Allgemeinen kann man annehmen, dass sich durch die Verbesserung der Gendarmerie auch der Gesundheitszustand in Havanna verbessert hat: Allerdings können sich diese Veränderungen nur unter den Einheimischen als vorteilhaft auswirken. Die aus dem Norden Europas und Amerikas kommenden Ausländer leiden unter dem allgemeinen Einfluss des Klimas; sie werden weiterhin darunter leiden, selbst wenn die Straßen so sauber wären, wie man nur

|I.36   wünschen könnte. Die Küste hat einen solchen Einfluss, dass man Inselbewohner sieht, die im Innern, fern der Küste leben und vom *vómito* befallen werden, sobald sie Havanna erreichen. Die Märkte der Stadt sind gut versorgt. Man bewertete im Jahr 1819 sorgfältig die Preise der Waren und Nahrungsmittel, die täglich von 2 000 Lasttieren zum Markt von Havanna transportiert wurden und fand, dass der Verbrauch an Fleisch, Mais, Maniok, Hülsenfrüchten, Branntwein, Milch, Eiern, Viehfutter und Rauchtabak jährlich auf 4 480 000 Piaster steigt.

Wir nutzten die Monate Dezember, Januar und Februar für Beobachtungen in den Umgebungen von Havanna und in den schönen Ebenen von Güines. In der Familie des Herrn [Luis de la] Cuesta, der damals mit Herrn Santa María eines der größten Handelshäuser Amerikas schuf, und im Haus des Grafen O'Reilly [y de las Casas] erfuhren wir die ehrbarste Gastfreundschaft. Wir wohnten bei dem Ersteren und brachten unsere Sammlungen und Instrumente im geräumigen Stadthaus des Grafen O'Reilly unter, dessen Terrassen sich für astronomischen Beobachtungen als besonders günstig erwiesen. Zu dieser Zeit war die geographische Länge von

|I.37   Havanna mehr als einen Fünftel Grad[42] ungewiss. Herr Espinosa, der kundige Direktor des *Depósito hidrográfico* von Madrid, setzte 5^{h} 38′ 11″ in einer Tabelle mit Ortsbestimmungen fest, die er mir bei meiner Abreise übergab. Herr de Churruca gab 5^{h} 39′ 1″ für die Länge der Morro an. In Havanna hatte ich das Vergnügen, einen der fähigsten Offiziere der spanischen Marine, den Schiffskapitän Don Dionísio Galiano zu treffen, der die Küsten der Magellanstraße kartiert hatte. Gemeinsam beobachteten wir eine Reihe von Eklipsen der Jupitertrabanten, deren Ergebnisse durchschnittlich 5^{h} 38′ 50″ ergaben. Im Jahr 1805 berechnete Herr Oltmanns aus der Menge meiner zurückgebrachten Beobachtungen für El Morro 5^{h} 38′ 50″,5 = 84° 43′ 7″,5 westlich des Pariser Meridians. Diese Länge wurde durch 15 zwischen den Jahren 1809 bis 1811 beobachtete Sternverdunkelungen bestätigt und von Herrn Ferrer berechnet[43]. Dieser hervorragende Beobachter gibt als endgültiges Ergebnis 5^{h} 38′ 50″,9 an. Hinsichtlich der magnetischen Inklination fand ich mit dem Magnetkompass nach Borda (Dezember 1800) 53° 22′ der alten Sexagesimal-

---

[42] Humboldt, *Recueil d'observations astronomiques*, Bd. II, S. 53, 8[2].
[43] *Connaissance des Temps* für 1817, S. 330.

teilung. 22 Jahre später betrug diese Inklination nach den sehr genauen, während einer denkwürdigen Reise an die Küsten Afrikas, Amerikas und Spitzbergens durchgeführten Beobachtungen des Kapitäns Sabine nur 51° 55′; sie hat also um 1° 27′ |I.38 abgenommen. Weiter östlich, aber auch auf der nördlichen Halbkugel in Paris[44] betrug in 19 Jahren (1798 bis 1817) die Abnahme 1° 11′. Meine Inklinationsnadel machte im magnetischen Meridian in Paris (Oktober 1796) 245 Schwingungen in zehn Zeitminuten; ich habe die Abnahme der Schwingungszahlen bei Messungen während der Annäherung an den magnetischen Äquator beobachtet. In San Carlos de Río Negro (nördliche Br. 1° 53′ 42″) betrug diese Zahl[45] nur 216. Seit dieser Zeit erahnte ich die Abnahme der Intensität der magnetischen Kräfte vom Pol zum Äquator. Meine Überraschung war umso größer, als oft wiederholte Beobachtungen mir für Havanna 246 Schwingungen zeigten, was erwies, dass die Intensität der |I.39 Kräfte auf der westlichen Halbkugel bei einer Breite von 23° 8′ größer war als in Paris bei 48° 50′. Ich habe schon anderswo ausgeführt, dass die *isodynamischen Linien* niemals mit den *Linien gleicher magnetischer Inklination* verwechselt werden dürfen, und Kapitän Sabine[46] hat gerade durch Beobachtungen, die zweifellos genauer als die meinigen sind, die schnelle Zunahme der Kräfte im äquinoktialen Amerika |I.40 bestätigt. Dieser gewandte Naturforscher findet die Intensität der Kräfte in Havanna und in London im Verhältnis von 1,72 zu 1,62 (wobei mit eins die Kraft unter dem magnetischen Äquator nahe der Insel Sankt Thomas im Golf von Guinea benannt wird). Die Position des magnetischen Nordpols (Br. 60°, westliche Länge 82° 20′) ist derart, dass die Polardistanz von Havanna kleiner ist als die von London und Paris. Ich habe die magnetische Deklination in Havanna (am 4. Januar 1801) als 6° 22′ 15″ nach Osten gefunden. Im Jahr 1732 gab Harris sie mit 4° 40′ an. Wie kann man zugestehen, dass sie sich in Jamaika nicht ändert, wenn sie auf der Insel Kuba so viele Veränderungen erfahren hat?

---

[44] Gemeinsam mit dem Ritter Borda fand ich in Paris im Jahr 1798 bei mehrmaligem Wechsel der Pole 69° 51′: 1806 erhielt Herr Gay-Lussac die Inklination 69° 12′; Herr Arago im Jahr 1817 die Inklination 68° 40′: 68° 7′ im Jahr 1824. Alle diese Experimente sind mit Instrumenten gleicher Bauart durchgeführt worden.

[45] *Relation historique*, Bd. VIII, S. 26, 27, 28, 346 und 347. Diese Ergebnisse bedürfen einer Korrektur im Verhältnis zu den Temperaturen.

[46] [Edward] Sabine, *Account of Experiments to Determine the Figure of the Earth by Pendulum*, 1825, S. 483, 494. Die Intensität der magnetischen Kräfte ist unter dem magnetischen Äquator in der Nähe der westlichen Küsten Afrikas schwächer als in der Nähe der westlichen Küsten Südamerikas. Ich habe für die Abnahme der Kräfte vom magnetischen Äquator, der zwischen Micuipampa und Cajamarca verläuft (etwa 7° 1′ südlicher Breite, Länge 80° 40′, Höhe 1500 Toisen) bis nach Paris ein Verhältnis von 1,0000 zu 1,3482 erhalten. Herr Sabine findet die Abnahme von einem Punkt des magnetischen Äquators in der Nähe von St. Thomas (0° 5″ nördlicher Breite, 4° 24′ östlicher Länge, Höhe drei Toisen) bis London in einem Verhältnis von eins zu 1,62. Schon die Herren Biot und Hansteen haben beim Vergleich meiner Schwingungsversuche mit denen von Herrn Rossel bemerkt, dass die magnetischen Kräfte im Meridian von Surabaya auf der Insel Java geringer als in Peru sind ([Hansteen,] *Untersuchungen über den Magnetismus der Erde*, Bd. I, S. 70).

AUSDEHNUNG, TERRITORIALE GLIEDERUNG, KLIMA.

Da die Insel Kuba zu mehr als zwei Dritteln ihrer Länge von Untiefen und Riffen umgeben ist, und da die Schifffahrt nur außerhalb dieser *Gefahren* geschieht, blieb die wahre Gestalt der Insel für lange Zeit unbekannt. Man hat vor allem ihre Breite zwischen Havanna und dem Hafen Batabanó übertrieben, und erst seit das *Depósito hidrográfico de Madrid*, die beste Einrichtung dieser Art, die Europa bietet, die Ar-
|I.41   beiten des Fregattenkapitäns Don José del Río und des Schiffsleutnants Don Ventura de Barcaíztegui veröffentlicht hat, kann man mit einiger Genauigkeit die *Oberfläche* der Insel Kuba berechnen. Die Gestalt der Isla de Pinos und der südlichen Küsten zwischen Puerto de Casilda und Cabo Cruz (hinter den *Cayos de las Doce Leguas*) hat auf unseren Karten ein ganz anderes Aussehen angenommen.

Herr von Lindenau[47] hatte nach den vom *Depósito* bis 1807 veröffentlichten Arbeiten die Oberfläche der Insel Kuba, ohne ihre benachbarten kleinen Inseln, auf 2 255 geographischen Quadratmeilen (je 15 auf ein Grad) und zusammen mit den sie umgebenden kleinen Insel auf 2 318 Quadratmeilen berechnet. Das letztere Resultat entspricht 4 102 Quadratseemeilen (20 auf ein Grad). Herr Ferrer ist mit etwas anderen Materialien zu dem Ergebnis von 3 848 geographischen Quadratmeilen gekommen[48]. Um in diesem Werk die genauesten Ergebnisse vorzustellen, die man beim aktuellen Stand unseres astronomischen Wissens erlangen kann, habe ich Herrn Bauzá, der mich mit seiner Freundschaft ehrt und dessen Name für große und solide Arbeiten berühmt ist, ersucht, die Fläche nach der Karte der Insel Kuba
|I.42   in vier Blättern, die er bald fertigstellen wird, zu berechnen. Dieser gelehrte Geograph war so gut, meiner Bitte zu entsprechen; *er hat (im Juni 1825) die Fläche der Insel Kuba ohne Isla de Pinos auf 3 520 Quadratseemeilen berechnet und mit dieser Insel auf 3 615.* Aus dem Ergebnis dieser zweimal wiederholten Berechnung folgt, dass die Insel Kuba ein Siebtel kleiner ist als bisher angenommen; dass sie 53/100 größer ist als Haiti oder Saint-Domingue; dass ihre Fläche die von Portugal erreicht und bis auf ein Achtel der Englands ohne Wales entspricht; dass, wenn der ganze Antillen-Archipel eine Fläche so groß wie die Hälfte Spaniens einnimmt, die Insel Kuba allein fast der Fläche der anderen Großen und Kleinen Antillen gleichkommt. Ihre größte Länge, vom Kap San Antonio bis zur Punta de Maisí (in einer Richtung WSW – ONO und dann WNW – OSO) beträgt 227 Meilen[49]. Ihre größte Breite (in Richtung N – S) von Punta Maternillos bis zur Mündung des Río Magdalena in der Nähe des Pico Turquino beträgt 37 Meilen. Die durchschnittliche Breite der Insel bei vier Fünfteln ihrer Länge zwischen Havanna und Puerto Príncipe beträgt 15 Meilen. Im am besten kultivierten Teil, zwischen Havanna (Breite in der Stadt-
|I.43   mitte 23° 8′ 35″) und Batabanó (Br. 22° 43′ 24″), beträgt die Landbrücke nur acht

---

[47] Zach, *Monatliche Correspondenz*, Dezember 1807, S. 528.
[48] Handschriftliche Notizen.
[49] Immer in Seemeilen zu 2 854 Toisen oder je 20 auf einen Grad, wenn nicht ausdrücklich das Gegenteil bemerkt wird.

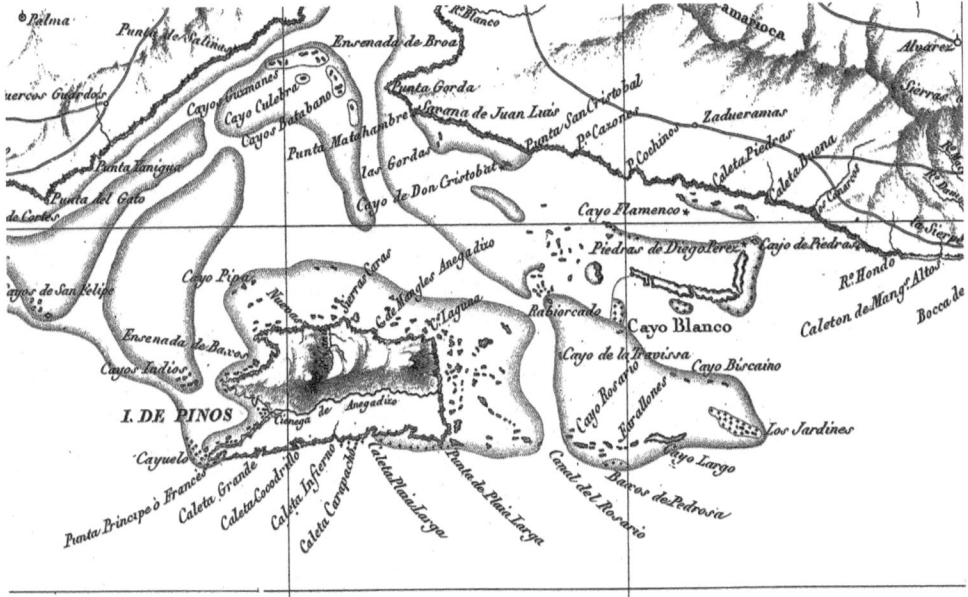

Abb. 4 Isla de Pinos; Ausschnitt aus der ersten Kuba Karte 1820

und ein Drittel Seemeilen. Wir werden bald sehen, dass diese Nähe der nördlichen und südlichen Küsten den Hafen Batabanó hinsichtlich des Handels und der militärischen Verteidigung sehr wichtig macht. Unter allen großen Inseln des Erdballs ist Java nach Form und Fläche (4 170 Quadratmeilen) der Insel Kuba am ähnlichsten. Kuba hat einen Küstenumfang von 520 Meilen, wovon 280 dem südlichen Küstenstrich zwischen Kap San Antonio und Punta de Maisí angehören. Bei seiner Flächenberechnung bestimmt Don Felipe Bauzá die Länge von Kap San Antonio bei 87° 17′ 22″, die der Morro von Havanna bei 84° 42′ 20″, die von Batabanó bei 84° 46′ 23″ und die von Punta de Maisí bei 76° 26′ 28″ (wobei er mit Don José Sánchez Cerquero die Länge von Puerto Rico als 68° 28′ 29″ angibt). Die ersten beiden dieser Längenangaben stimmen bei einer Abweichung von drei oder vier Zeitsekunden mit meinen Beobachtungen überein (*Observations astronomiques*, Bd. I, S. 90–91, und *Relation historique*, Bd. III [Q], S. 360.) Die geodätischen Unternehmungen von Don Francisco Lemaur, einem geschickten Ingenieur, der kürzlich die Festung von San Juan de Ulúa kommandierte, haben mir, bekräftigt durch Beobachtungen in Havanna (Stadthaus des Grafen O'Reilly), für Batabanó 84° 45′ 56″ gegeben. Herr Ferrer nimmt für Kap Maisí 76° 30′ 25″ an, wenn er auch für Puerto Rico auf 68° 28′ 3″ besteht (*Connaissance des Temps*, 1817, S. 323). Ich beharre hier nicht auf dieser Länge für Puerto Rico, die schon so lebhafte Diskussionen erregt hat, und für die drei entsprechende Beobachtungen der Bedeckung des Aldebarans (21. Oktober 1793) Herrn Oltmanns 68° 35′ 43″,5 gaben und die Gesamtheit der Beobachtungen der Bedeckungen, der Distanzen und des Transports der Zeiten

|I.44

68° 33′ 30″ (*Observations astronomique*, Bd. II, S. 125 und 139). Alte und etwas un-
klare Berechnungen gaben für die Insel Kuba entweder 6764 *leguas planas* oder *leguas
legales españolas* (5000 varas oder je 26 1/6 auf ein Grad) an, gleich 906 458 *caballerías*
(432 varas zum Quadrat oder 35 englische acres) nach *Patriota Americana*, 1812,
Bd. II, S. 292, und den *Documentos sobre el tráfico de negros*, 1814, S. 136, oder 52 000
englische Quadratmeilen (zu 640 *acres* oder 1/11,97 Quadratseemeilen). Melish,
A Geographical Description of the United States, S. 444. [Jedidiah] Morse und [Sidney
Edwards] Morse, *New System of Modern Geography*, S. 238. Das folgende Tableau soll
eine bessere Beurteilung des territorialen Machtverhältnisses der Insel Kuba gegenüber dem übrigen Antillen-Archipel ermöglichen:

|I.45

INSELN	FLÄCHE in Quadrat- seemeilen	Gesamt- bevölkerung	BEVÖLKERUNG PRO QUADRATMEILE
Kuba, nach Herrn Bauzá	3615	715 000	197
Haiti, nach Herrn von Lindenau	2450	820 000	334
Jamaika	460	402 000	874
Puerto Rico	322	225 000	691
Große Antillen	6847	2 147 000	313
Kleine Antillen	940	696 000	740
Archipel der Antillen	7787	2 843 000	365

Die Insel Kuba bietet nur sehr tiefliegendes Gelände auf mehr als vier Fünfteln
ihrer Fläche. Ihr Boden ist bedeckt von Sekundär- und Tertiärformationen durchbrochen von einigen Felsbrocken von Granitgneis, Syenit und Euphotid. Bis zum
heutigen Tag hat man ebenso wenig genaue Kenntnisse über die geognostische
Gestalt des Landes wie über das relative Alter und die Natur des Bodens, aus dem
es besteht. Man weiß nur, dass sich die Gruppe der höchsten Berge im äußersten
|I.46   Südosten der Insel zwischen Cabo Cruz, Punta de Maisí und Holguín befindet.
Dieser gebirgige Teil, *La Sierra* oder *Las Montañas de Cobre*, nordwestlich der Stadt
Santiago de Cuba scheint eine absolute Höhe von mehr als 1 200 Toisen[50] zu haben.
Entsprechend dieser Annahme überragen die Gipfel der *Sierra* sowohl die Blue

---

[50] Sind die *Montañas de Cobre*, wie einige Lotsen behaupten, von der Küste Jamaikas aus sichtbar, oder,
was wahrscheinlicher ist, nur vom nördlichen Abhang der Blauen Berge? Im ersten Fall würde ihre Höhe
mehr als 1 600 Toisen betragen, unter Annahmen einer Refraktion von einem Zwölftel. Sicher ist, dass
man die Berge Jamaikas vom Gipfel der *Cuchillas* (auch *Lomas*) von Tarquino aus sehen kann (*Patriota
Americano*, Bd. II, S. 282).

Mountains von Jamaika als auch die Pics la Selle und La Hotte der Insel Saint-Domingue. Die *Sierra de Tarquino*[51] fünfzig Meilen westlich der Stadt Santiago de Cuba gehört zu derselben Gruppe der Kupferberge. Von OSO nach WNW wird die Insel von einer Hügelkette durchzogen, die sich zwischen den Meridianen von Ciudad de Puerto Príncipe und Villa Clara der südlichen Küste nähert, während |I.47 weiter westlich nach Álvarez und Matanzas hin sie sich in den *Sierras de Gavilán*, *Camarioca* und *Marucas* in Richtung der nördlichen Küsten wenden. Auf dem Weg von der Mündung des Río Guaurabo nach Villa de la Trinidad habe ich im NW die *Lomas de San Juan*[52] gesehen, die Nadeln oder Hörner von mehr als 300 Toisen Höhe[53] bilden und deren Steilhänge recht regelmäßig gen Süden gerichtet sind. Diese Kalksteingruppe stellt sich nochmals auf imponierende Weise dar, wenn man nahe der Insel Cayo de Piedras vor Anker liegt. Die Küsten von Jagua und Batabanó liegen sehr tief, und ich glaube, dass es mit Ausnahme des Pan de Guaijabón generell keinen Hügel von mehr als 200 Toisen Höhe westlich des Meridians von Matanzas gibt. Im Innern der Insel erhebt sich der wie in England sanft wellenartige Boden nicht über 45 bis 60 Toisen über dem Meeresspiegel[54]. Die aus der Ferne sichtbarsten und unter den Seefahrern berühmtesten Objekte sind der *Pan de* |I.48 *Matanzas*[55], ein abgeflachter Kegel in der Form eines kleinen Monuments, die *Arcos de Canasí*, die sich zwischen Puerto Escondido und Jaruco wie kleine Kreissegmente darbieten, die *Mesa de Mariel*[56] die *Tetas de Managua*[57], und der *Pan de Guaijabón*[58]. |I.49 Die abfallende Höhe der Kalksteinformationen der Insel Kuba nach Norden und Westen hin weist auf die unterseeischen Verbindungen derselben Felsen mit den ebenso tiefliegenden Gebieten der Bahamas sowie von Florida und Yucatán hin.

[51] Br. 19° 52′ 57″; Länge 79° 11′ 45″ nach Herrn Ferrer.

[52] Br. 21° 58′; Länge 82° 40′.

[53] Diese Bestimmung basiert auf den Höhenwinkeln, die ich auf dem Meer bei annähernd bekannten Entfernungen genommen habe.

[54] Das Dorf Ubajay (auch Wajay), 15 Seemeilen von Havanna entfernt, S 25° W, auf einer absoluten Höhe von 38 Toisen: die Gipfellinie von Bejucal zur Taberna del Rey, 48 Toisen.

[55] Höhe 197 Toisen; Breite 23° 1′ 55″; Länge 84° 3′ 36″, wenn mit Herrn Oltmanns die Länge der Morro von Havanna mit 84° 43′ 8″ angenommen wird. Ich habe auf dem Segelschiff die Höhe der Arcos de Canasí als 115 Toises gefunden.

[56] Mitte der Stadt Guanajay in der Mesa, Breite 22° 57′ 24″; Länge 85° 0′ 20″. Torreón del Mariel, 85° 3′ 14″.

[57] Die astronomische Position der zwei Kalksteinhügel, die man Tetas de Managua nennt und die in O-W gelegen sind, ist von großer Wichtigkeit für die in Havanna einlaufenden Schiffe. Ich habe die Breiten nicht am östlichen Fuß der Teta, aber im Dorf Managua und in San Antonio de Barreto beobachtet und die *Teta oriental* mit diesen zwei Orten verbunden. Ich finde für die *Teta oriental de Managua* die Breite 22° 58′ 48″. Herr Ferrer gibt 22° 58′ 19″ an; Länge 84° 40′ 19″, während Kapitän Don José del Río sich auf 84° 37′ festlegt. Die Längenangabe des Herrn Ferrer ist, wie mir scheint, vorzuziehen; in der französischen Kopie der Karte von del Río hat man die Länge der Teta mit 84° 34′ angegeben! Die trigonometrischen Operationen des Herrn Francisco Lemaur weisen ihnen 84° 39′ 52″ zu. [Don Pedro de] Silva findet für die Differenz der Breite zwischen dem Mirador del Marqués del Real Socorro in Havanna und der Teta oriental de Managua 8 666,85 Toisen.

[58] Br. 22° 47′ 31″; Länge 85° 44′ 37″; Höhe 390 Toisen. Weiter westlich befinden sich an der nördlichen Küste die Sierra de los Órganos und die Sierra del Rosario, im Süden die vom Río Puerco.

Da geistige Kultur und Bildung sich lange auf Havanna und die umliegenden Bezirke beschränkten, darf man nicht über das tiefe Unwissen erstaunt sein, dem man in Bezug auf die Geognosie der *Montañas de Cobre* begegnet. Don Francisco Ramírez, ein Reisender, [ein kubanischer] Schüler des Herrn Proust und in den chemischen und mineralogischen Wissenschaften sehr bewandert, sagte mir, dass der westliche Teil der Insel granithaltig ist, und dass er dort Gneis und Urschiefer erkannt habe. Aus diesen Granitformationen sind möglicherweise die alluvialen Anschwemmungen von *goldhaltigem Sand* gekommen, die man mit Eifer[59] zu Beginn der Eroberung zum größten Unglück der Ureinwohner ausgebeutet hatte:

|I.50

|I.51

[59] In *Cubanacán*, das heißt, im Innern der Insel in der Nähe von Jagua und Trinidad, wo die goldhaltigen Sande durch die Gewässer in den kalkhaltige Boden transportiert wurden. (Handschriften von Don Félix de Arrate, 1750, und von Don Antonio López [Gómez], 1802.) Martyr von Anghiera, der geistreichste Autoren der *Conquista*, sagt (Dekade III, Buch IX, S. 24 D. und S. 63 D., Ausgabe 1533): „Kuba ist reicher an Gold als Hispaniola (Haiti); und in der Stunde, zu der ich schreibe, hat man in Kuba 180 000 Castellanos Gold zusammengetragen". Wenn diese Schätzung, wie ich annehmen sollte, nicht übertrieben war, so würde sie einen Ertrag der Ausbeutung und des Beraubens der Ureinwohnern von 3 600 Mark Gold erweisen. Herrera schätzt den *quinto del Rey* in Kuba auf 6 000 Pesos, was auf einen jährlichen Ertrag von 2 000 Mark Gold zu 22 Karat und daher also reinerem Gold als dem von Cibao in Saint-Domingue hinweisen würde. (Über den Wert der *castellanos de oro* und des *peso ensayado* des 16. Jahrhunderts, *siehe* meinen *Essai politique sur le royaume de la Nouvelle-Espagne*, Bd. II, S. 648). Im Jahr 1804 produzierte alle Bergwerke Mexikos 7 000 Mark Gold, die in Peru 3 400. Es ist schwierig, in diesen Schätzungen über das durch die ersten *Konquistadoren* nach Spanien gesandte Gold zwischen dem aus Wäschen gewonnenen und dem zu unterscheiden, das sich im Laufe von Jahrhunderten in den Händen der Eingeborenen angesammelt befand und das man willentlich raubte. Wenn man auf den zwei Inseln Kuba und Haiti (in Cubanacán und Cibao) den Ertrag aus Wäschen auf 3 000 Mark Gold schätzt, dann bekommt man eine dreimal kleinere Menge als die des jährlich (1790–1805) durch die kleine Provinz Chocó gelieferten Goldes. Diese Vermutung eines früheren Reichtums ist alles andere als unwahrscheinlich; und wenn man von der Dürftigkeit der Goldwäschen überrascht ist, die in unseren Tagen in Kuba und Saint-Domingue versucht werden, an denselben Orten, wo man einst bedeutende Mengen gewann, so muss man sich daran erinnern, dass auch in Brasilien der Ertrag der Goldwäschen von 1760 bis 1820 von 6 600 Kilogramm Gold auf weniger als 595 gesunken ist (*Relation historique*, Bd. X, S. 317 f). Goldklumpen von mehreren Pfund Gewicht, die man in unseren Tagen in Florida und North und South Carolina findet, beweisen den ursprünglichen Reichtum des gesamten Antillenbeckens von der Insel Kuba bis zu den Appalachen. Übrigens ist es ganz natürlich, den Ertrag der Goldwäschen mit größerer Schnelligkeit abnehmen zu sehen als den Ertrag einer unterirdischen Ausbeutung von Goldadern. Zweifellos erneuern sich heutzutage die Metalle in den Gängen (durch Sublimation) ebenso wenig, wie sie sich im Schwemmland durch den Lauf der Flüsse sammeln, wo die Plateaus höher als das Niveau der fließenden benachbarten Gewässer liegen. Allerdings erkennt der Bergmann in Gestein mit metallhaltigen Gängen nicht sofort das gesamte auszubeutende Feld. Er hat die Chance, Arbeiten zu *verlängern*, indem er sie vertieft und andere *Seitengänge* durchdringt. Das Schwemmland ist im Allgemeinen, wo es Gold enthält, von nur geringer Höhe; es ruht zumeist auf völlig unfruchtbarem Gestein. Seine oberflächliche Lage und die Gleichförmigkeit der Zusammensetzung erleichtern das Erkennen seiner Grenzen und beschleunigen überall dort, wo man viele Arbeiter versammeln kann und wo reichlich Wasser für die Wäschen vorhanden ist, die völlige Erschöpfung des goldhaltigen Lagers. Ich glaube, dass diese aus der Geschichte der *Conquista* und der Wissenschaft von der Bergbaukunst geschöpften Überlegungen eines Tages Licht auf das heute erörterte Problem der Metallreichtümer Haitis werfen wird. Auf dieser Insel, wie in Brasilien, wird es nutzbringender sein, die unterirdische Ausbeutung (der Gänge) im Urgestein und Übergangsgebirge zu versuchen, als Goldwäschen, die in Jahrhunderten der Barbarei, des Raubs und des Gemetzels aufgegeben worden waren, wiederzubeleben.

Man findet noch Spuren davon in den Flüssen von Holguín und Escambray und, | I.52
wie allgemein bekannt ist, in den Umgebungen von Villa Clara, Sancti Spíritus,
Puerto Príncipe, Bayamo und Bahía de Nipe. Ist vielleicht der Kupferreichtum,
von dem die *Konquistadoren* des 16. Jahrhunderts[60] sprachen – einer Epoche, in der
die Spanier die Produkte der Natur Amerikas aufmerksamer als in den folgenden
Jahrhunderten betrachteten – den Formationen von Amphibolitschiefer, von Über- | I.53
gangstonschiefer, gemischt mit Diorit und den Euphotiden, von denen ich ähnliche
in den Bergen von Guanabacoa getroffen habe, zuzuschreiben?

Der zentrale und westliche Teil der Insel enthält zwei *Formationen von dichtem
Kalkstein, eine von tonhaltigem Sandstein und eine andere von Gips.* Die erste dieser
Formationen hat (ich würde nicht sagen durch ihre Lagerung oder Schichtung, die
mir unbekannt sind, sondern durch ihr Aussehen und ihre Zusammensetzung) einige Ähnlichkeit mit der Juraformation. Sie ist weiß oder von heller ockergelber
Farbe, von glanzlosem, mal muscheligem, mal glattem Bruch; sie ist in ziemlich
dünne Schichten geteilt, die einige oft hohle Knollen von Feuerstein (Río Canímar,
zwei Meilen westlich von Matanzas) und Versteinerungen von Pecten [Kamm-
muscheln], Carditen, Terebratula und Madrepore[61] zeigen, die weniger in der Masse
verstreut als in speziellen Bänken vereinigt sind. Ich habe keine oolithischen Schichten [Rogenstein] gefunden, aber viele poröse, beinahe blasige Schichten zwischen
dem Potrero oder Viehgut des Grafen [Jaruco y] Mopox, und dem Hafen Batabanó, | I.54
ähnlich den schwammartigen Schichten, die der Jurakalk in Franken in der Nähe
von Donndorf, Pegnitz und Tumbach bietet. Poröse gelbliche Schichten mit Aus-
höhlungen von drei bis vier Zoll Durchmesser wechseln sich mit vollkommen ver-
dichteten[62] und an Versteinerungen ärmeren ab. Die Hügelkette, die die Ebene von
Güines nach Norden hin einfasst und die sich mit den Lomas de Camoa und den
Tetas de Managua verbindet, gehört zu dieser letzteren Variante, die weiß-rötlich
und, wie der Jurakalk von Pappenheim, beinahe *lithographisch* ist. Die dichten und
ausgehöhlten Schichten enthalten Nester von braun-ockergelbem Eisen: Vielleicht
ist die von den Kaffee-Pflanzern (*hacendados*) gesuchte *rote Erde* (*tierra colorada*) nur
auf die Zersetzung einiger oberflächlicher Schichten von mit Kieselsäure und Ton
gemischtem oxydiertem Eisen, oder auf einen rötlich-mergeligen, auf Kalkstein
lagernden Sandstein[63] zurückzuführen. Diese ganze Formation, die ich als *Kalkstein* | I.55
von Güines bezeichnen werde, um sie von einer anderen, viel jüngeren zu unterscheiden, bildet in den *Lomas de San Juan* in der Nähe von Trinidad schroffe Berg-

---

[60] *Hay buen cobre in Cuba* [Es gibt viel Kupfer in Kuba] (im östlichen Teil, den man damals besuchte).
[Gómara, *Historia de las Indias*, XXVII [Bd. I, Fol. LI, S. 113].
[61] Ich sah dort weder die Gryphiten noch die Ammoniten des Jurakalksteins, ebenso wenig wie die
Nummuliten oder Ceriten des groben Sandsteins.
[62] Da dem westlichen Teil der Insel tiefe Schluchten fehlen, erkennt man diese Abwechslung beim
Reisen von Havanna nach Batabanó; die tiefsten Schichten (30° bis 40° nach NO geneigt) treten zutage,
je mehr man vorankommt.
[63] Sandstein und eisenhaltiger Sand; *Iron-sand?*

spitzen, die an die *Kalksteine von Caripe* in der Umgebung von Cumaná erinnern[64]. Sie schließt auch große Kavernen in der Nähe von Matanzas und Jaruco ein. Ich habe nie erfahren, dass man hier jemals fossile Knochen gefunden hat. Die Häufigkeit von Höhlen, in denen sich Regenwasser sammelt und in kleinen Bächen verschwindet, verursachen gelegentliche Bergstürze[65]. Ich glaube, dass der Gips der Insel Kuba nicht zum Tertiär-, sondern zum Sekundärgebirge gehört. Er wird an vielen Orten östlich von Matanzas abgebaut: in San Antonio de los Baños, wo er Schwefel enthält, und auf den Sandinseln gegenüber von San Juan de los Remedios. Nicht verwechseln darf man den mal porös, mal kompakt auftretenden (jurassi-

|I.56   schen?) *Kalkstein von Güines* mit einer anderen Formation, so jung, dass man glauben kann, sie vergrößere sich noch in unseren Tagen. Ich möchte von diesen *Kalkstein-Agglomeraten* sprechen, die ich in den *Cayos* oder Sandinseln gesehen habe, die die Küste zwischen Batabanó und der Bucht von Jagua vor allem südlich des Ciénaga oder Sumpfes von Zapata umsäumen, und im Cayo Buenito, Cayo Flamenco und Cayo de Piedras. Die Sonde zeigt, dass es sich um Felsen handelt, die sich abrupt über einem Grund von 20 bis 30 Faden Tiefe erheben. Die einen befinden sich an der Wasseroberfläche, die anderen überragen den Meeresspiegel um eine viertel bis zu einer halben Toise. Kantige Bruchstücke von Madreporen und Cellularien von zwei bis drei Kubikzoll finden sich darin durch Körner von Quarzsand zementiert. Alle Unebenheiten dieser Felsen sind von einem Schwemmboden überdeckt, in dem wir mit der Lupe nur den Detritus von Muscheln und Korallen unterschieden. Diese Tertiärformation gehört ohne Zweifel zu denen der Küsten von Cumaná, von Cartagena de Indias und der Gran Tierra der Insel Guadalupe, worüber ich meinem *Tableau géognostique de l'Amérique méridionale*[66] gesprochen habe.

|I.57   Dies ist die *Formation der Koralleninseln* des Pazifik, über die die Herren [Adelbert] von Chamisso und [Joseph Paul] Gaimard jüngst reichlich Aufschluss gegeben haben. Wenn man am Fuß des Castillo de la Punta in der Nähe Havannas auf den

|I.58   Bänken der ausgehöhlten Felsen[67] sitzend zur gleichen Zeit grünende Ulven und lebende Polypenstöcke sieht, und man in die Textur dieser Bänke gewaltige Massen

---

[64] *Relation historique*, Bd. X, S. 286 und 287.

[65] Zum Beispiel die Ruine der Tabakmühle des alten königlichen Gutes.

[66] Siehe [*Relation historique*] Bd. X, S. [302 f]. In seiner *Histoire physique des Antilles françaises* (Bd. I, S. 136, 138 und 543) unterscheidet Herr Moreau de Jonnès ebenfalls sehr gut zwischen der *Roche à Ravois* in Martinique und in Haiti, die porös ist, gefüllt mit Terebratuliten, Anomien und anderen Bruchstücken von pelagischen Muscheln, ähnlich dem *Kalkstein von Güines* der Insel Kuba, und dem pelagischen kalkhaltigen Sediment, das man auf Guadalupe *Platine* oder *Maçonne bon Dieu* nennt. In den *Cayos* der Insel Kuba, den *Jardinillos del Rey y de la Reyna*, erschien mir der ganze Korallenfels, der sich über die Wasseroberfläche erhebt, fragmentarisch, das heißt, wie aus zerbrochenen Blöcken zusammengesetzt. Es ist jedoch möglich, dass er in der Tiefe auf Massen noch lebender polypenartiger Lithophyten ruht.

[67] Die Oberfläche dieser von den Fluten geschwärzten und ausgehöhlten Bänke bietet blumenkohlähnliche Verästelungen, wie man sie auf Lavaströmen beobachtet. Wird der vom Wasser bewirkte Farbwechsel durch das Mangan bewirkt, dessen Anwesenheit man durch einige Dendrite erkennt? (Bd. VIII, S. 24 f). Das Meer presst dort die in die Felsspalten und in eine Höhle am Fuß des *Castillo de Morro* eintretende Luft zusammen und lässt sie mit außerordentlichem Getöse entweichen. Dieses Getöse erklärt die Erscheinung der *baxos roncadores* (Schnarchklippen), die den Seeleuten, die die Überfahrt von Jamaika

von Madreporen und anderen korallenartige Lithophyten eingeschlossen findet, dann kann man anfangs zu der Annahme geneigt sein, dass all diese Kalkfelsen, die den größten Teil der Insel Kuba bilden, zurückzuführen seien auf eine von der Natur nicht unterbrochene Operation, eine Wirkung schöpferischer und teilweise zerstörerischer organischer Kräfte, auf eine Wirkung, die noch in unseren Tagen auf dem Grund des Ozeans fortwährt. Aber dieser Anschein der Neuheit der Kalkformationen schwindet, sobald man das Küstengebiet verlässt oder sich an die Reihe von *Korallenfelsen* erinnert, die die Formationen verschiedener Zeitalter, den Muschelkalk, den Jurakalk und den groben Kalkstein[68] umfassen. Die gleichen Korallenfelsen wie die des Castillo de la Punta finden sich in den hohen Bergen des |I.59 Inselinneren wieder, begleitet von Versteinerungen sehr verschiedener zweischaliger Muscheln, die gegenwärtig die Küsten der Antillen bewohnen. Ohne dem *Kalkstein von Güines*, der auch der des Castillo de la Punta ist, mit Sicherheit einen endgültigen Platz im Tableau der Formationen zuweisen zu wollen, bleibt mir kein Zweifel über das relative Alter dieses Felsens im Verhältnis zum Kalkstein-Agglomerat der Cayos südlich von Batabanó und östlich der Isla de Pinos. Der Erdball hat große Revolutionen zwischen den Epochen erfahren, in denen diese zwei Felsarten geformt wurden; die eine schließt die großen Höhlen von Matanzas ein, die andere wächst täglich durch eine Verschmelzung von Korallenfragmenten und Quarzsanden. Die letztere dieser Felsarten scheint im Süden der Insel Kuba mal auf dem (jurassischen) *Kalkstein von Güines*, wie in den Jardinillos, mal (in Richtung Cabo Cruz) unmittelbar auf dem Urgestein zu ruhen[69]. In den Kleinen Antillen haben die Korallen sogar das vulkanische Material umhüllt. Mehrere *Cayos* der Insel Kuba |I.60 enthalten Süßwasser; ich habe sehr gutes in der Mitte des *Cayo de Piedras*[70] gefunden. Bedenkt man die außerordentliche Kleinheit dieser Inselchen, so kann man kaum glauben, dass diese Süßwassertümpel aus nicht verdunstetem Regenwasser bestehen. Würden sie eine unterseeische Verbindung des Kalksteins der Küste mit dem als Basis für die korallenartigen Lithophyten dienenden Kalkstein belegen, und würde das Süßwasser Kubas infolge eines hydrostatischen Drucks durch die Korallenfelsen der Cayos hindurch emporgehoben, wie es in der Bucht von Jagua der Fall ist, wo inmitten des Meeres der Druck Quellen bildet, die von Seekühen häufig besucht werden?

zur Mündung des Río San Juan von Nicaragua oder zur Insel San Andrés unternehmen, wohlbekannt ist.

[68] *Siehe* [Georges] Cuvier und Brongniart, *Description géologique des environs de Paris*, S. 269, über die Anhäufungen von Korallen im groben Kalkstein von Paris (Kalk in Ceriten und Nummuliten), Maraschini, *Sulle formazioni delle rocce del Vicentino saggio geologico*, S. 177.

[69] Ich habe auf diese *Unwichtigkeit der Lagerung* schon in der [*Relation historique*], Bd. X, S. 301 f hingewiesen.

[70] Nach meinen Beobachtungen: Breite 21° 56′ 40″; Länge 83° 37′ 12″ (*Observations astronomiques*, Bd. II, S. 111–112).

Östlich von Havanna sind die Sekundärformationen auf eine sehr bemerkenswerte Weise von in Gruppen vereinten Syenit- und Euphotidfelsen[71] durchbrochen. Der

|I.61 südliche Hintergrund der Bucht ebenso wie der nördliche Teil (die Hügel der Morro und der Cabaña) bestehen aus Jurakalkstein; aber am östlichen Rand der zwei Buchten von Regla und Guanabacoa besteht das ganze Gelände aus *Übergangsgestein*. Geht man von Nord nach Süd, so sieht man dort zuerst bei Marimelena *zutage* liegenden Syenit, der aus vielen teilweise zersetzten Amphibolen, wenig Quarz und einem weiß-rötlichen, selten kristallisierten Feldspat besteht. Dieser schöne Syenit, dessen Schichtungen sich nach Nordwest neigen, wechselt zweimal mit Serpentin. Die Schichten des zwischenliegenden Serpentins sind drei Toisen dick. Weiter südlich, in Richtung Regla und Guanabacoa, verschwindet der Syenit, und der gesamte Boden ist von Serpentin bedeckt, der sich in von Ost nach West ausgerichteten Hügeln von 30 bis 40 Toisen Höhe erhebt. Dieses Gestein ist sehr rissig, äußerlich bläulich-grau und von Mangandendriten umhüllt, inwendig lauch- und spargelgrün und von kleinen Asbestadern durchzogen. Es enthält weder Granat noch Amphibole, aber in der Masse verstreute metallartige Diallage. Der Serpentin hat mal einen splittrigen, mal einen

|I.62 muscheligen Bruch. Es war das erste Mal, dass ich in den Tropen den metallartigen Diallag fand. Mehrere Serpentinblöcke haben magnetische Pole, andere sind von einer so homogenen Konsistenz und einem so fettigen Glanz, dass man von weitem versucht sein könnte, sie für Pechstein (Resinit) zu halten. Es wäre wünschenswert, dass man diese schönen Substanzen in den Künsten nutze, wie man es in mehreren Teilen Deutschlands tut. Wenn man sich Guanabacoa nähert, findet man Serpentin, der von 12 bis 14 Zoll dicken Adern durchzogen und mit faserigem Quarz, Amethyst und prächtigem hügeligem und stalaktitenförmigem Chalcedon gefüllt ist; vielleicht wird man hier auch eines Tages Chrysopras finden. Mitten in diesen Adern erscheinen Kupferpyrite, die dem Vernehmen nach von silberhaltigem grauem Kupfer begleitet sind. Von diesem grauen Kupfer fand ich keine Spur: Es ist möglich, dass der metallartige Diallag den Cerros de Guanabacoa den jahrhundertealten Ruf des

|I.63 Goldreichtums eingebracht hat. Petroleum[72] sickert an einigen Stellen aus Spalten

---

[71] Man hat in Havanna (*Patriota Americano* 1812, Bd. II, S. 29) eine knappe Beschreibung dieser Gruppe, die ich 1804 auf Spanisch verfasst hatte, unter dem Titel *Noticia mineralógica del Cerro de Guanabacoa comunicada al Ex. Sr. Marqués de Someruelos [Salvador de Muro y Salazar], Capitán General de la Isla de Cuba* veröffentlicht.

[72] Existiert in der Bucht von Havanna noch irgendeine andere Petroleumquelle wie die von Guanabacoa oder muss man annehmen, dass die Quelle von *betún líquido* [flüssige Bitumen], der Sebastián de Ocampo im Jahr 1508 zum Kalfatern seiner Schiffe diente, versiegt sei? Es ist allerdings diese Quelle, die die Aufmerksamkeit Ocampos im Hafen von Havanna fesselte, als er ihm den Namen *Puerto de Carenas* gab. Man behauptet, dass reiche Petroleumquellen (*Manantiales de betún y chapopote*) auch im östlichen Teil der Insel zwischen Holguín und Mayarí sowie an der Küste von Santiago de Cuba gefunden wurden. Kürzlich hat man in der Nähe der Halbinsel Punta Hicacos ein Inselchen (*Cayo de la Siguapa*) entdeckt, das nur als festes, erdhaltiges Bitumen *zutage* tritt. Diese Masse erinnert an den Asphalt von Vallorbe im Jurakalkstein. Wiederholt sich die Serpentinformation von Guanabacoa in der Nähe von Bahía Honda im Cerro del Rubí? Die Hügel von Regla und Guanabacoa bieten den Botanikern am Fuß einiger verstreuter Palmen Jatropha pandurifolia, Jatropha integerrima Jacq., Jatropha fragrans, Petiveria alliacea; Pisonia loranthoides, Lantana involucrate, Russelia sarmentosa, Ehretia havanensis, Cordia globosa,

des Serpentins heraus. Die Wasserquellen kommen dort sehr häufig vor und enthalten etwas Schwefelwasserstoff und Eisenoxyd. Die Baños de Barreto sind sehr |I.64
angenehm, aber ihre Temperatur weicht nur wenig von der der Luft ab. Ihrer eigenen
Abgeschiedenheit wegen, aufgrund ihrer Gänge, ihrer Verbindung mit dem Syenit
sowie ihrer Erhebung durch die Muschelformationen hindurch verdient die geognostische Konstitution dieser Serpentin-Felsengruppe besondere Aufmerksamkeit.
Ein Soda-Feldspat (kompakter Feldspat) bildet zusammen mit dem Diallag den Euphotid und den Serpentin; mit Hypersthen den Hypersthenit; mit Amphibol den
Diorit; mit Pyroxen [Augit] den Dolerit und den Basalt; mit Granit den Eklogit[73].
Diese fünf über den gesamten Erdball verstreuten, von oxydiertem und titanhaltigem
Eisen durchsetzten Gesteine haben wahrscheinlich einen ähnlichen Ursprung. In den
Euphotiden kann man unschwer zwei Formationen unterscheiden: Die eine enthält
keine Amphibole, selbst wenn sie auf Amphibolfelsen folgt (Joria in Piemont, Regla
auf der Insel Kuba), sind sehr reich an reinem Serpentin, an metallartigem Diallag
und manchmal an Jaspis; Toskana, Sachsen); die andere, stark durchsetzt von Am- |I.65
phibol, oft zu Diorit übergehend[74], bietet keinen Jaspis in Schichten und enthält
manchmal reiche Kupfergänge (Schlesien, Mussinet in Piemont, Pyrenäen, Parapara
in Venezuela, Kupferberge von Nordamerika). Es ist diese letztere Formation von
Euphodit, die sich durch ihre Mischung mit Diorit selbst dem Hyperstenit anschließt,
in dem sich in Schottland und Norwegen manchmal echte Serpentinschichten entwickeln. Bis heute hat man auf der Insel Kuba keine vulkanischen Gesteine aus einer
jüngeren Epoche, wie zum Beispiel Trachyte, Dolerite oder Basalte, gefunden. Ich
weiß selbst nicht, ob man sie in den übrigen Großen Antillen findet, deren geognostische Beschaffenheit sich grundlegend von der der Reihe von Kalkstein- und
Vulkaninseln unterscheidet, die sich von Trinidad bis zu den Jungferninseln fortsetzt. |I.66
Man spürt Erdbeben, die allgemein in Kuba weniger unheilvoll als in Puerto Rico
oder Haiti sind, am stärksten im östlichen Teil zwischen Kap Maisí, Santiago de Cuba
und der Stadt Puerto Príncipe. Möglicherweise breitet sich die Wirkung einer Erdspalte, von der man glaubt, dass sie die Granitplatte zwischen Port-au-Prince und
Kap Tiburón [in Santo Domingo] durchquert, und über der im Jahr 1770 ganze Berge
zusammengestürzt sind[75], seitlich durch diese Regionen aus.

Convolvulus pinnatifidus, Convolvulus calycinus, Bignonia lepidota, Lagascea mollis Cav., Malpighia
cubensis, Triopteris lucida, Zanthoxylum Pterota, Myrtus tuberculata, Mariscus havanensis, Andropogon
avenaceus Schrad., Olyra latifolia, Chloris cruciata und eine große Zahl von Banisteria, deren goldene
Blüten die Landschaft verschönern. (*Siehe* unsere *Florula Cubæ Insulæ* in *Nova genera et species plantarum*,
Bd. VII, S. 470.)
[73] Reutberg, bei Döhlau [Weidenberg] (Bayreuth); Saualpe (Steiermark).
[74] Über einen Serpentin, der wie ein Halbschatten den Grünsteingängen (Dioriten) in der Nähe des
Loch of Clunie in Perthshire folgt, *siehe* MacCulloch in *Edinburgh Journal of Science*, 1824, Juli, S. 3–16.
Über einen Serpentingang und Veränderungen, die er an den Ufern des Carity in der Nähe des West
Balloch in der Grafschaft Forfarshire [heute Angus] hervorruft, *siehe* Charles Lyell [in] *Transactions of the
Geological Society of London*, Bd. III, S. 43.
[75] [Edme Jean Antoine] Dupuget [d'Orval] in *Journal des mines*, VI, S. 58, und Leopold von Buch, *Physicalische Beschreibung der Canarischen Inseln*, 1825, S. 403.

Man kann die von uns beschriebene höhlenartige Textur der Kalksteinformationen (*soboruco*), die große Neigung ihrer Schichten, die geringe Breite der Insel, die Häufigkeit und die Entwaldung der Ebenen und die Nähe der Berge dort, wo sie eine Kette über der südlichen Küste bilden, als Hauptursachen für den Mangel an Flüssen und für die Trockenheit vor allem im westlichen Teil Kubas angesehen.

|I.67   In dieser Beziehung sind Haiti, Jamaika und mehrere der Kleinen Antillen, die waldbedeckte vulkanische Bergspitzen haben, von der Natur mehr bevorzugt[76]. Die für ihre Fruchtbarkeit berühmtesten Landstriche liegen in den Bezirken Xagua (auch Jagua), Trinidad, Matanzas und Mariel. Das Güines-Tal verdankt seinen Ruf nur künstlichen Bewässerungsgräben (*zanjas de riego*). Trotz der Abwesenheit großer Flüsse und der ungleichmäßigen Fruchtbarkeit des Bodens bietet die Insel Kuba durch ihre wellige Oberfläche, ihr immer wiederauflebendes Grün und die Verteilung der Pflanzenformen bei jedem Schritt eine höchst abwechslungsreiche und angenehme Landschaft. Zwei Bäume mit großen, ledrigen und glänzenden Blättern, die Mammea und die Calophyllum Calaba, fünf Palmenarten (die *Königspalme* oder Oreodoxa regia, die gemeine Kokospalme, die Cocos Crispa, die Corypha miraguama und die Corphyra maritima); und kleine, stets mit Blüten beladene Sträucher schmücken die Hügel und die Savannen. Die Cecropia peltata markiert feuchte Orte. Man könnte versucht sein, zu glauben, dass die ganze Insel ursprünglich ein

|I.68   Wald von Palmen, von Zitronen- und wilden Orangenbäumen war. Diese letzteren mit ihren sehr kleinen Früchten gab es wahrscheinlich schon vor der Ankunft der Europäer[77], die die in Gärten kultivierten *agrumi* oder *Zitrusfrüchte* mit sich brachten; sie werden selten höher als zehn bis 15 Fuß. Die Zitronen- und Orangenbäume kommen zumeist unvermischt vor; und wenn die neuen Siedler das Land durch Feuer urbar machen, unterscheiden sie die Bodenqualität danach, ob er von der einen oder anderen dieser Gruppierung dieser *sozialen Pflanzen* bedeckt ist; sie bevorzugen den Boden des *naranjal* oder Orangenhains gegenüber dem, der den kleinen Zitronenbaum (*limón*) wachsen lässt. In einem Land, wo die Zuckerfabriken generell noch nicht so weit vervollkommnet sind, dass sie keinen anderen Brennstoff

|I.69   als *Bagasse* (getrocknetes Zuckerrohr) verwenden, ist diese fortschreitende Zerstörung der kleinen Gehölze eine wahrhaftige Katastrophe. Die Trockenheit des Bodens vergrößert sich in dem Maße, wie man ihn der Bäume beraubt, die ihn gegen die Sonnenglut schützen und deren Blätter den Wärmestoff gegen den immer wolkenlosen Himmel strahlen und dabei in der abgekühlten Luft einen Niederschlag des Wasserdampfes verursachen.

---

[76] [Moreau de Jonnès,] *Histoire physique des Antilles*, Bd. I, S. 44, 118, 287, 295, 300.

[77] *Siehe* meinen *Essai politique sur le royaume de la Nouvelle-Espagne*, Bd. II, S. 415. Die aufgeklärtesten Bewohner der Insel erinnern sich mit Fug und Recht, dass die aus Asien herübergekommenen kultivierten Orangenbäume die Größe und alle Eigenschaften der Früchte behalten, wenn sie verwildern (Dies ist auch die Meinung von Herrn Gallesio in seinem *Traité du Citrus*, S. 32.) Die Brasilianer bezweifeln nicht, dass die *kleine bittere Orange* mit Namen *laranja da terra*, die man wild, entfernt von Behausungen der Menschen findet, amerikanischen Ursprungs sein soll ([Alexander] Caldcleugh, *Travels in South America*, Bd. I, S. 25).

Nur sehr wenige Flüsse verdienen unsere Aufmerksamkeit: Unter ihnen kann man den Río de Güines nennen, den man 1798 mit dem kleinen Schifffahrtskanal verbinden wollte, der die Insel längs des Meridians von Batabanó durchqueren sollte; den Río Armendaris oder Chorrera, dessen Wasser durch die *Zanja de Antonelli* nach Havanna geleitet werden; den Río Cauto nördlich der Stadt Bayamo; den Río Máximo, der östlich von Puerto Príncipe entspringt; den Río Sagua la Grande in der Nähe von Villa Clara; den Río de las Palmas, der gegenüber von Cayo Galindo in die See mündet; die kleinen Flüsse von Jaruco und Santa Cruz zwischen Guanabo und Matanzas, die mehrere Meilen weit flussaufwärts von ihren Mündungen schiffbar sind und günstige Bedingungen für das Verladen von Zuckerkisten bieten; den Río San Antonio, der sich, wie so viele andere, in Höhlen von Kalkfelsen ergießt; |I.70 den Río Guaurabo westlich des Hafens Trinidad sowie im fruchtbaren Bezirk Filipinas den Río de Galafre, der in die Laguna de Cortés fließt. Die zahlreichsten Quellen entspringen an der südlichen Küste, wo von Xagua [auch Jagua] bis Punta de Sabina der Boden auf eine Weite von 46 Meilen überaus sumpfig ist. Durch die übergroße Wassermenge, die durch Spalten in der Felsschicht sickert, baut sich ein hydrostatischer Druck auf, durch den Süßwasser weit von der Küste entfern inmitten von Salzwasser hervorquillt. Der Amtsbereich Havanna gehört nicht zu den fruchtbarsten Gegenden, und die wenigen Zuckerplantagen nahe der Hauptstadt sind aufgrund ihres Bedarfs den Höfen mit Viehhaltung (*potreros*) und ganz beträchtlichen Feldern für den Anbau von Mais und Futterpflanzen gewichen. Die Landwirte der Insel Kuba unterscheiden zwei Bodenarten, die sich häufig wie die Felder eines Schachbretts mischen: die schwarze, lehmige und von Humus durchsetzte Erde (*negra* oder *prieta*) und die rote, kieselhaltige und mit Eisenoxid durchmischte Erde (*bermeja*). Obwohl man die *tierra negra* aufgrund ihrer besseren Wasseraufnahme allgemein für den Zuckerrohranbau vorzieht und die *tierra bermeja* für Kaffeepflan- |I.71 zungen, findet man viele Zuckerplantagen auch auf roter Erde.

Havannas Klima entspricht dem des äußersten Randes der Heißen Zone: Es ist ein tropisches Klima, in dem eine sehr ungleichmäßige Wärmeverteilung zwischen den verschiedenen Jahreszeiten den Übergang zu den Klimaten der gemäßigten Zone bereits ankündigt. Kalkutta (Br. 22° 34′ N), Kanton (Br. 23° 8′ N), Macao (Br. 22° 12′ N), Havanna (Br. 23° 9′ N) und Rio de Janeiro (Br. 22° 54′ S) sind Orte, deren Lage auf gleicher Höhe wie der Meeresspiegel und nahe den Wendekreisen des Krebses und des Steinbocks, also gleich weit vom Äquator entfernt, von großer Bedeutung für die Meteorologie sind. Diese Forschung kann nur voranschreiten durch die Bestimmung gewisser *numerischer Faktoren*, die die notwendige Grundlage der zu entdeckenden Gesetze bilden. Da das Aussehen der Pflanzenwelt an den Grenzen der heißen Zone und unter dem Äquator identisch ist, ist man generell daran gewöhnt, die Klimate der zwei Zonen zwischen 0° und 10° Br. und zwischen 15° und 23° Br. durcheinanderzubringen. Die Region der Palmen, der Bananen und der baumartigen Gräser erstreckt sich sogar weit über die zwei Wen- |I.72 dekreise hinaus: Es wäre jedoch unklug, von dem, was man am äußeren Rand der Tropenzone beobachtet, darauf zu schließen, was sich in den dem Äquator benach-

barten Ebenen abspielen könnte – wie man es kürzlich bei einer Diskussion der
Höhe des Bodens, bei der sich im Königreich Bornu [Nigeria] Eis bilden konnte,
aus Anlass des Todes von Dr. [Walter] Oudney getan hat. Um solche Irrtümer zu
vermeiden, ist es wichtig, sowohl die jährlichen und alle monatlichen Durchschnittstemperaturen als auch die jahreszeitlichen Temperaturschwankungen auf dem Breitengrad von Havanna sehr genau bekannt zu machen und durch einen genauen
Vergleich mit anderen, gleich weit vom Äquator entfernten Punkten, wie beispielsweise Rio de Janeiro und Macao, zu beweisen, dass die großen, auf der Insel Kuba
beobachteten Temperaturstürze das Ergebnis des plötzlichen Einbruchs und Zu-
stroms kalter Luftmassen aus den gemäßigten Zonen in Richtung der Wendekreise
des Krebses und des Steinbocks sind. Vier Jahre zuverlässiger Beobachtungen zeigen,
dass die Durchschnittstemperatur Havannas von 25,7° C (20,6° R) nur 2° C höher
|I.73   liegt als die der Gebiete Amerikas, die dem Äquator am nächsten liegen[78]. Durch
die Meeresnähe erhöhen sich die jährlichen Durchschnittstemperaturen an den
Küsten; aber im Inneren der Insel, dort, wo die Nordwinde mit derselben Kraft
wehen und wo das Land nur 40 Toisen[79] über dem Meeresspiegel liegt, erreicht die
Durchschnittstemperatur nur 23° C (18,4° R), was die von Kairo und ganz Unter-
ägypten nicht übersteigt. Die Unterschiede zwischen den Durchschnittstemperaturen der heißesten und kältesten Monate betragen 12° C im Innern der Insel, an
der Küste in Havanna 8° C und in Cumaná kaum 3° C. Die wärmsten Monate auf
der Insel Kuba, Juli und August, erreichen durchschnittliche Temperaturen von
28,8° C, vielleicht sogar 29,5° C wie unter dem Äquator. Die kältesten Monate
sind Dezember und Januar: Ihre mittlere Temperatur beträgt 17° C im Innern der
|I.74   Insel; 21° C in Havanna, das heißt, 5° bis 8° C weniger als in denselben Monaten
am Äquator, jedoch noch 3° C weniger als im wärmsten Monat in Paris. Bei im
Schatten mit einem Celsiusthermometer gemessenen Höchsttemperaturen[80] beobachtet man am Rand der Tropenzone das, was die dem Äquator am nächsten
gelegenen Regionen (zwischen 0° und 10° nördlicher oder südlicher Br.) kenn-
zeichnet; das Thermometer, das Paris auf 38,4° C (30,7° R) ansteigt, erreicht in
Cumaná nur 33° C; in Veracruz erreichte es 32° C (25,6° R) nur ein einziges Mal
innerhalb von 13 Jahren; in Havanna beobachtete Herr Ferrer innerhalb von drei
Jahren (1810–1812) Schwankungen nur zwischen 16° und 30° C. In den unveröffentlichten Notizen in meinem Besitz verweist Herr Robredo auf eine Temperatur von 34,4° C (27,5° R) als eine bemerkenswerte Erscheinung für 1801; dagegen
gab es in Paris, nach den bemerkenswerten Forschungen des Herrn Arago, Höchst-

---

[78] Die Durchschnittstemperatur von Cumaná (Br. 10° 27') beträgt 27,7° C. Man beteuert, dass man selbst
auf den Kleinen Antillen bei 13° und 16° Breite für Guadeloupe 27,5° C findet, für Martinique 27,2° C
und für Barbados 26,3° C. Moreau de Jonnès, *Histoire physique des Antilles*, Bd. I, S. 186.
[79] Kaum sechs Toisen mehr als die Höhe von Paris über dem Meeresspiegel (erste Etage der Königlichen
Sternwarte).
[80] Herr Lachenaie beteuert, im Jahr 1800 das Celsius-Thermometer bei 39,3° C im Schatten gesehen
zu haben (in Sainte-Rose auf der Insel Guadeloupe); aber man weiß nicht, ob sein Instrument genau und
von Strahlungseinwirkungen frei war. In Martinique sind die Extreme 20° und 35°.

temperaturen zwischen 36,7° und 38° C (29,4° und 30,7° R) viermal in zehn |I.75
Jahren (1793–1803). Die große Annäherung der zwei Zeitabschnitte, in denen sich
die Sonne durch den Zenit der Gebiete in Richtung des Randes der Tropenzone
bewegt, produziert häufig die sehr intensive Hitze an der kubanischen Küste und
an allen zwischen den Breiten 20° und 23° ½ liegenden Orten, weniger für ganze
Monate als für mehrere Tage. In einem gewöhnlichen Jahr steigt die Temperatur
im August nicht über 28° C oder 30° C; ich habe erlebt, dass man bei 31° C
(24,8 R) die übermäßige Hitze beklagt. Im Winter fällt die Temperatur nur recht
selten auf 10° bis 12° C; wenn allerdings der Nordwind mehrere Wochen weht und
kalte Luft aus Kanada heranführt, dann sieht man gelegentlich, dass sich nachts im
Inneren der Insel, in der Ebene und in der Nähe von Havanna, Eis bildet[81]. Nach
den Beobachtungen der Herren Wells und Wilson kann man annehmen, dass die
Strahlung des Wärmestoffs diese Wirkung hervorruft, während das Thermometer |I.76
noch bei 5° C und sogar bei 9° C über dem Gefrierpunkt steht; aber Herr Robredo
hat mir versichert, das Thermometer selbst bei 0° C gesehen zu haben. Diese Bildung von dickem Eis an einem zur Tropenzone gehörenden Ort fast auf Höhe des
Meeresspiegels verblüfft den Naturforscher um so mehr, als sich in Caracas (Br.
10° 31′) und in einer Höhe von 477 Toisen die Atmosphäre nicht unter 11° abkühlt;
und dass man näher am Äquator bis auf eine Höhe von 1 400 Toisen steigen muss,
um Eisbildung zu beobachten[82]. Darüber hinaus besteht zwischen Havanna und
Saint-Domingue sowie zwischen Batabanó und Jamaika nur ein Breitenunterschied
von 4° bis 5°; und auf Saint-Domingue, Jamaika, Martinique und Guadeloupe
liegen die *tiefsten* Temperaturen im Flachland[83] zwischen 18,5° und 20,5° C.

Es wird interessant sein, das Klima von Havanna mit den Klimaten von Macao |I.77
und Rio de Janeiro zu vergleichen, zwei Orten, von denen der eine gleichermaßen
nahe am Rand der *nördlichen* Tropenzone, aber an der *östlichen* Küste Asiens liegt,
und der andere an einer der *östlichen* Küsten Amerikas nahe dem äußersten Rand
der *südlichen* Tropenzone. Die Durchschnittstemperaturen von Rio de Janeiro sind
von den 3 500 Beobachtungen des Herrn Bento Sánchez Dorta abgeleitet; die von
Macao von 1 200 Beobachtungen, die mir der Abbé [Jean François] Richenet
freundlicherweise mitteilte[84].

[81] Dieser zufällige Kälteeinbruch erstaunte bereits die ersten Reisenden. „In Kuba", schrieb Gómara,
„fühlt man manchmal die Kälte". *Historia de las Indias*, folio XVI [folio LI, "De la isla de Cuba"].
[82] Man sieht Eis noch nicht einmal in Quito (1 490 Toisen), das in einem schmalen Tal gelegen ist, wo
ein häufig dunstiger Himmel die Kraft der Strahlung abschwächt.
[83] Die Messung von 18,5° C ist von Herrn Hapel Lachenaie. Herr Le Dru versichert, dass er die Temperatur in Puerto Rico nie tiefer als 18,7° C fallen sah. Aber er glaubt auch, dass es auf dieser Insel in
den Bergen von Loquillo Schneefall gibt!
[84] Die Teilergebnisse für Macao können sich leicht verändern, wenn ich alle Einträge dieses angesehenen
und arbeitsamen Geistlichen miteinander verglichen habe. *Siehe* Bd. X, [S. 407].

	HAVANNA	MACAO	RIO DE JANEIRO
	Br. 23° 9′ N	Br. 22° 12′ N	Br. 22° 54′ S
Durchschnittstemp, jährlich	25,7°	23,3°	23,5°
im heißesten Monat	28,8°	28,4°	27,2°
im kältesten Monat	21,1°	16,6°	20,0°

|I.78   Trotz der häufigen Nord- und Nordwestwinde ist das Klima von Havanna wärmer als das von Macao und auch Rio de Janeiro. Der erste dieser zwei Orte ist der Kälte ausgesetzt, die man wegen der Häufigkeit der winterlichen Westwinde an allen östlichen Küsten eines großen Kontinents verspürt. Die Nähe sehr breiter, von Gebirgen und Hochebenen bedeckter Landmassen führt in Macao und Kanton zu einer viel ungleichmäßigeren Wärmeverteilung zwischen den verschiedenen Monaten des Jahres als auf einer Insel, die von Westen und Norden her von den warmen Wassern des *Gulf stream* umspült wird. Außerdem sind die Winter in Kanton und Macao viel kälter als in Havanna. Im Jahr 1801 lagen die durchschnittlichen Temperaturen in Kanton für Dezember, Januar, Februar und März zwischen 15° und 17,3° C und in Macao zwischen 16,6° und 20° C, während sie in Havanna generell zwischen 21° und 24,3° C lagen: Dabei ist die Breite Macaos 1° südlicher als die von Havanna, und diese letztere Stadt und Kanton liegen innerhalb einer Bogenminute auf demselben Breitengrad. Obwohl im *ostasiatischen Klimasystem*, wie auch

|I.79   im *ostamerikanischen*, die Isothermen oder Linien gleicher Wärmeverteilung einen *konkaven* Gipfel zum Pol hin haben, ist die Abkühlung auf demselben geographischen Breitengrad doch erheblicher an der Küste Asiens[85]. Über eine Zeitspanne von neun Jahren (1806 bis 1814) beobachtete der Abbé Richenet, der das ausgezeichnete *Maximum-Minimum*-Thermometer von [James] Six benutzte, wie dieses Messinstrument auf 3,3° und 5° C (38° und 41° F) fiel. In Kanton fällt das Thermometer zuweilen fast bis auf null, und aufgrund der Strahlung findet man dann auf den Terrassen der Häuser Eis. Obwohl diese große Kälte niemals länger als einen Tag andauert, lieben es die in Kanton ansässigen englischen Händler, von November bis Januar das Feuer in den Kaminen zu schüren; in Havanna hingegen verspürt man nicht einmal die Notwendigkeit, sich am *brazero* [einem tragbaren Ofen] zu wärmen. In den asiatischen Klimaten von Kanton und Macao gibt es häufig Hagel,

|I.80   wobei außerordentlich große Hagelkörner fallen, während man in Havanna in fünf-

---

85 Der *klimatische* Unterschied zwischen den Ost- und Westküsten des Alten Kontinents ist dergestalt, dass die jährliche Durchschnittstemperatur für Kanton (Br. 23° 8′) 22,9° C beträgt und die für Santa Cruz auf Teneriffa (Br. 28° 28′) 23,8° C, nach den Herren von Buch und Escolar. Das an einer Ostküste gelegene Kanton weist die Merkmale von *Kontinentalklima* auf; Teneriffa ist eine Insel in der Nähe der Westküste Afrikas.

zehn Jahren kaum einmal Hagel gesehen hat. An allen drei Orten hält sich das Thermometer hin und wieder für mehrere Stunden zwischen 0° und 4° C, und dennoch (das finde ich bemerkenswert) hat man dort nie Schnee fallen sehen; und trotz des Absinkens der Temperaturen bieten die Bananenstauden und die Palmen rund um Kanton, Macao und Havanna eine ebenso schöne Pflanzenwelt dar wie in den Ebenen näher am Äquator.

Für das gründliche Studium der Meteorologie ist es günstig, dass man beim gegenwärtigen Zustand der Zivilisation schon so viele numerische Elemente über das Klima von fast direkt unter den beiden Wendekreisen liegenden Orten vereinigen kann. Fünf der größten Städte des Welthandels (Kanton, Macao, Kalkutta, Havanna und Rio de Janeiro) befinden sich in dieser Lage. In der nördlichen Hemisphäre sind Maskat, Syene [auch Assuan], Nuevo Santander, Durango und die nördlichsten der Sandwich-Inseln, in der südlichen Bourbon [auch Réunion], Île-de-France [später Mauritius] und der Hafen Cobija zwischen Copiapo und Arica [in Chile] von Europäern besuchte Orte, die Naturforschern dieselben Vorteile der |I.81 Lage wie Rio de Janeiro und Havanna bieten. Die Klimatologie macht nur langsame Fortschritte, da man wahllos Daten zusammenträgt, die an verschiedenen Punkten der Welt ermittelt werden, wo sich die menschliche Zivilisation zu entwickeln beginnt. Diese Punkte bilden kleine Gruppierungen, die voneinander durch riesige, den Wetterforschern *unbekannte Gebiete* getrennt sind. Um die der globalen Wärmeverteilung unterliegenden Naturgesetze zu erkennen, muss man den Beobachtungen eine Richtung geben, die den Bedürfnissen einer sich entwickelnden Wissenschaft entspricht und wissen, welche numerischen Daten am wichtigsten sind. Nuevo Santander an der Ostküste des Golfs von Mexiko hat vermutlich eine niedrigere Durchschnittstemperatur als die Insel Kuba. Die Lufthülle muss dort an der winterlichen Kälte eines sich gegen Nordwesten ausbreitenden großen Kontinents teilhaben. Wenn wir hingegen das *System der Klimate des östlichen Amerikas* verlassen, wenn wir das Becken oder vielmehr das überflutete Tal des Atlantiks überqueren, um unseren Blick auf die Küsten Afrikas zu konzentrieren, finden wir im System der *Klimate diesseits des Atlantiks* an der westlichen Küste des alten Kontinents, dass sich die Isothermen in Richtung Pol konvex erheben. Der Wendekreis |I.82 des Krebses durchzieht dort die Gegend zwischen Kap Bojador und Kap Blanco in der Nähe von Rio do Ouro [auch Río de Oro und Wādī Al-Dhahab] an den unwirtlichen Rändern der [westlichen] Sahara-Wüste, und die durchschnittliche Temperatur dieser Orte muss viel höher sein als die von Havanna, und zwar aus dem doppelten Grund ihrer Lage an einer *Ostküste* und der Nähe zu einer Wüste, die Hitze ausstrahlt und Sandmoleküle in der Atmosphäre verteilt.

Wir haben gesehen, dass die großen Temperatureinbrüche auf der Insel Kuba von so kurzer Dauer sind, dass normalerweise weder die Bananenstauden noch das Zuckerrohr oder andere tropische Pflanzungen darunter leiden. Es ist bekannt, wie leicht Pflanzen, die sich einer starken Konstitution erfreuen, einem Kälteeinbruch widerstehen, und dass die Orangen- und Bitterorangenbäume an der Küste von Genua Schneefall und Kälte bis zu 6° oder 7° C unter dem Gefrierpunkt über-

|I.83   stehen[86]. Da die Pflanzenwelt der Insel Kuba alle Eigenschaften der Vegetation der
        dem Äquator nächsten Regionen aufweist, ist man überrascht, dort selbst im Flach-
        land einen Pflanzenbestand der gemäßigten Klimate und der Berge des äquatorialen
        Teils von Mexiko zu finden. In anderen Werken habe ich oftmals die Aufmerksam-
        keit der Botaniker auf dieses außergewöhnliche Phänomen der Pflanzengeographie
        gelenkt. In den Kleinen Antillen sind Kiefern (Pinus occidentalis) nicht zu finden,
        nach Herrn Robert Brown nicht einmal in Jamaika (zwischen 17° ¾ und 18° ½ Br.),
        trotz der Erhebung dieser Insel in den Blue Mountains. Man findest Kiefern erst
        wieder weiter nördlich in den Bergen von Saint-Domingue und auf der ganzen
|I.84   Insel Kuba[87], die sich zwischen den Breitenkreisen von 20° und 23° erstrecken.
|I.85   Dort werden sie 60 bis 70 Fuß hoch, und es ist recht bemerkenswert, dass *Cahoba*[88]
        (Mahagoni) und Kiefern in derselben Ebene auf der Isla de Pinos wachsen. Im Süd-
        osten der Insel Kuba findet man an den Hängen der Kupferberge [Sierra Maestra]
        ebenfalls Kiefern dort, wo der Boden trocken und sandig ist.

        Die innere Hochebene Mexikos ist von derselben Koniferengattung bedeckt;
        wenigstens scheinen die Proben, die Herr Bonpland und ich aus Acaguisotla, vom
        Nevado de Toluca und vom Cofre de Perote mitgebracht haben, sich nicht nennens-
        wert vom dem von Swartz beschriebenen Pinus occidentalis der Antillen zu unter-
        scheiden. Diese Kiefern aber, die wir auf der Höhe des Meeresspiegels auf der Insel
        Kuba bei 20° und 22° Länge antreffen und die nur auf der Südseite dieser Insel

***

[86] [Girogio] Gallesio, [*Traité du citrus,*] S. 55.

[87] Herr Barataro, der gelehrte Schüler des Professors [Adrien] Balbi, den ich über das Vorkommen von
Pinus occidentalis auf Saint-Domingue konsultiert habe, hat mir versichert, dass er diesen Baum in der
Ebene nahe Kap Samana (Br. 19° 18′) inmitten anderer Pflanzen der warmen Regionen gesehen hat und
dass man ihn auf Saint-Domingue und Puerto Rico generell nur auf Bergen von mittlerer Höhe und
nicht auf den höchsten von ihnen antrifft. Den Berichten aller Reisenden nach sind die Kiefern von
Kuba und der Isla de Pinos südlich von Batabanó echte Kiefern mit sich überlappenden Samenschuppen
ähnlich der Pinus occidentalis von Swartz und nicht (wie ich längere Zeit vermutet habe) Podocarpus
[Steineiben]. Übrigens verwechselten die ersten Spanier, die die Antillen besuchten, zuweilen die Kiefern
mit den Podocarpus, und eine Stelle bei Herrera ([*Historia de las Indias occidentales,*] Dek. I, S. 52) beweist
zweifellos, dass die *Pinos del Cibao,* über die Christoph Kolumbus nach seiner zweiten Reise sprach, nur
einmal fruchtende Nadelbäume waren, also echte Podocarpus. „Estos Pinos muy altos", sagt der Admiral, „que no llevan pinas (Kiefernzapfen) son por tal orden compuestos por naturaleza que pareciant
aceitunas del Alxarafe de Sevilla" [Diese sehr hohen Kiefern, die keine Zapfen haben, sind so von der
Natur gestaltet, dass sie wie die Olivenbäume in Sevilla aussehen]. In meiner ersten Beschreibung der
Bertholletia habe ich, [Johannes de] Laet ([*Novus orbis,*] Bd. VIII, S. 178 f) folgend, bereits darauf hinge-
wiesen, wie naiv und eigentümlich die Beschreibungen der frühen Reisenden waren, die nicht daran
gewöhnt waren, technische Termini zu verwenden, deren Bedeutung sie nicht kannten. Sind die zur
Herstellung von Schiffsmasten dienenden Kiefern auf den Inseln Guanaja und Roatán (bei 16° ½ Br.)
Podocarpus-Arten, oder gehören sie zur Gattung *Pinus*? (Herrera, [*Historia de las Indias occidentales,*] Dek. I,
S. 131; Laet, *Novus orbis,* S. 341; [Juan Domingo] Juarros [y Montúfar], *Compendio de la historia de la
ciudad de Guatemala,* Bd. II, S. 169; [James] Tuckey, *Maritime Geography,* Bd. IV, S. 294). Wir wissen nicht,
ob der Name Isla de Pinos [heute Isla de la Juventud], die bei 8° 57′ Breite östlich von Portobelo liegt,
auf einem Irrtum der ersten Seefahrer beruhte. Im äquinotialen Amerika habe ich selbst zwischen den
Breiten von 0° und 10° keinen Podocarpus unterhalb von 1 100 Toisen angetroffen.

[88] Swietenia Mahagony L. [Westindisches Mahagoni]

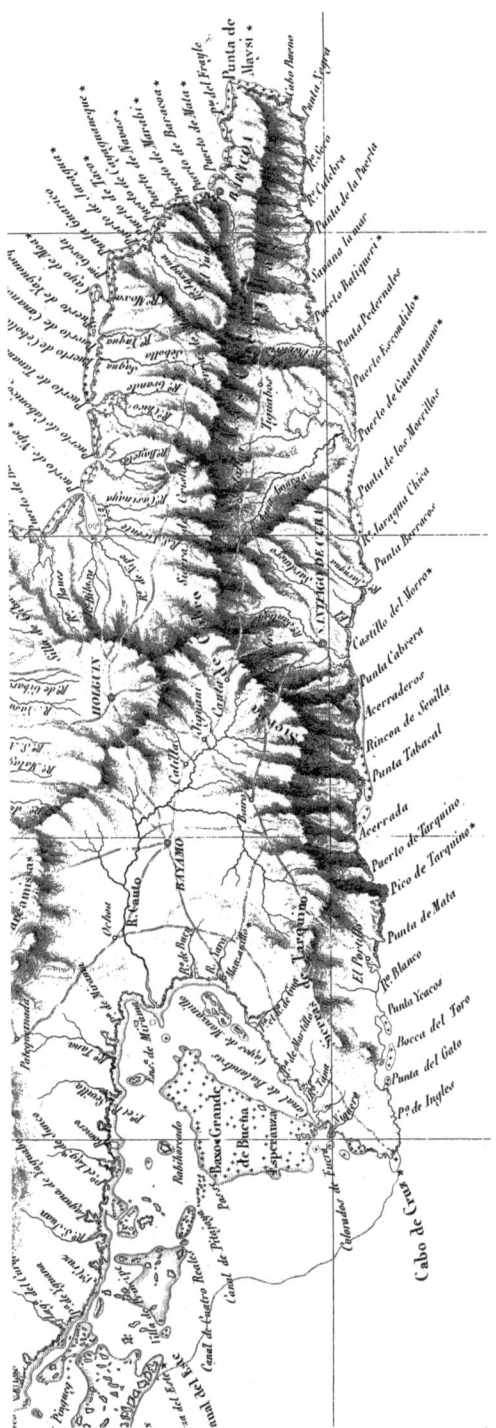

Abb. 5   Die ost-westlich verlaufenden Gebirgszüge der Sierra Maestra mit der Südostküste der Insel zwischen Cabo Cruz und Punta de Maysi; Ausschnitt aus der Kuba-Karte 1826 (nicht revidiert)

wachsen, kommen auf dem mexikanischen Festland zwischen den Breitenkreisen 17 ½ und 19 ½ nicht unter einer Höhe von 500 Toisen vor. Auf dem Weg von Perote nach Xalapa in den östlichen, der Insel Kuba gegenüberliegenden Bergen habe ich selbst beobachtet, dass die Wachstumsgrenze der Kiefern bei 935 Toisen liegt; während sie in den westlichen Bergen zwischen Chilpanzingo und Acapulco nahe Quasiniquilapa zwei Grad weiter südlich, bei 580 Toisen, liegt und an einigen Stellen vielleicht sogar bei 450. Diese Abweichungen sind in der Tropenregion sehr selten und haben wahrscheinlich weniger mit der Temperatur zu tun[89] als mit der Bodenbeschaffenheit. Im System der Pflanzenmigration muss man annehmen, dass die kubanische Pinus occidentalis vor der Öffnung des Kanals zwischen Kap Catoche und Kap San Antonio aus Yucatán auf die Insel gekommen war und nicht aus den übrigens an Koniferen reichen Vereinigten Staaten; denn in Florida hat man die Gattung, deren botanische Geographie wir hier nachzeichnen, nicht angetroffen.

|I.86

|I.87

Ich vermerke hier im Einzelnen auf der Insel Kuba angestellte Temperaturbeobachtungen:

Beobachtungen in Ubajay [auch Wajay]

MONAT	1796 F.	1797 F.	1798 F.	1799 F.	DURCHSCHNITT IN GRAD CELSIUS
Januar	65°	64°	68°	61°	18°
Februar	72	66	69	63	19,5
März	71	64	68 ½	64	19,3
April	74	68	70	68	21,1
Mai	78 ½	77	73	76	24,7
Juni	80	81	83	85	27,8
Juli	82 ½	80	85	87	28,6
August	83	84	82	84	28,4
September	81	815	80	76	26,4
Oktober	78	75 ½	79 ½	73	24,5
November	75	70	71	61	20,6

[89] *Siehe* das Tableau, das das Vorkommen von Koniferen und Amenta [nicht-blühenden Bäumen oder Pflanzen] mit den nötigen Temperaturen korreliert, in *Nova genera et species plantarum*, Bd. II, S. 27. In der Umgegend von Jalapa am östlichen Hang der Hochebene von Mexiko gibt es bei 700 Toisen keine Kiefern mehr, obwohl das Thermometer dort bis unter 12° C sinkt.

MONAT	1796 F.	1797 F.	1798 F.	1799 F.	DURCHSCHNITT IN GRAD CELSIUS
Dezember	63	67 1/2	60	59	16,7
Jährlicher Durchschnitt	75,2°	73,2°	74,2°	71,4°	23,0°

Wie weiter oben erwähnt liegt das Dorf Ubajay fünf Seemeilen von Havanna entfernt auf einem Plateau 38 Toisen über dem Meeresspiegel. Die partielle Durchschnittstemperatur für Dezember 1795 betrug dort 18,8° C; im Januar und Februar 1800 stiegen die Temperaturen von 13,8° auf 18,9° (Thermometer der Bauart von [Edward] Nairne).

| I.88

Beobachtungen in Havanna

MONAT	1800 Grad Celsius	DURCHSCHNITT VON 1810–1812
Januar		21,1°
Februar		22,2
März	21,1	24,3
April	22,7	26,1
Mai	25,5	28,1
Juni	30,0	28,4
Juli	30,3	28,5
August	28,3	28,8
September	26,1	27,8
Oktober	26,6	26,4
November	22,2	24,2
Dezember	23,8	22,1
Mittelwert	25,7	25,7

UBAJAY, im Inneren der Insel Kuba		HAVANNA Küsten	CUMANÁ Br. 10° 27′	
Dez.–Feb.	18,0° C	21,8°	26,9°	
März–Mai	21,7	26,2	28,7	
Juni–August	28,2	28,5	27,8	
Sept.–Nov.	23,8	26,1	26,8	
Mittlere Temperatur	22,9	25,7	27,6	
Kältester Monat	16,7	21,1	26,2	
Wärmster M.	28,6	28,8	29,1	

Rom, Br. 41° 53″ mittlere Temp. 15,8° Wärmster Monat		25,0°
	Kältester	5,7°

Dies sind die tatsächlichen, aus den *Maxima* und *Minima* jedes Tages hergeleiteten Mittelwerte; jedoch sind die von Don Antonio Robredo im Dorf Ubajay und in |I.89 Havanna (1800) erzielten Ergebnisse vielleicht um einige Zehntel zu hoch, weil drei tägliche Messungen (um 7 Uhr morgens, um 12 Uhr mittags und um 10 Uhr nachts) gleichzeitig eingesetzt wurden. Die Durchschnitte des Herrn Ferrer, dem wir die Beobachtungen der drei Jahre 1810, 1811 und 1812 verdanken (Bd. X, S. 449), sind die für das Klima von Havanna am genauesten, da die Instrumente dieses geschickten Seefahrers besser aufgestellt waren als die Instrumente des Herrn Robredo während der zehn Monate des Jahres 1800. Dieser letztere Beobachter bemerkte selbst, dass seine Wohnung in Havanna nicht besonders gut durchlüftet war (*pieza no muy ventilada*), während die Umstände in Wajay nichts zu wünschen übrigließen, „*un lugar abierto a todos vientos, pero cubierto contra el sol y la lluvia*" [ein für alle Winde offener, aber vor Sonne und Regen geschützter Platz]. In der letzten Dezemberhälfte 1800 habe ich das Celsius-Thermometer fast immer zwischen 10° und 15° C gesehen. Im Januar sank es auf der Hacienda del Río Blanco auf 7,5° C herab. In der ländlichen Gegend nahe Havanna 50 Toisen über dem Meeresspiegel |I.90 gefror manchmal das Wasser bis zu einer Dicke von mehreren Linien. Herr Robredo, ein ausgezeichneter Beobachter, teilte mir diese Messung im Jahr 1801 mit; sie wurde im Dezember 1812 wiederholt, nachdem ungestüme Nordwinde fast einen ganzen Monat lang geweht hatten. Weil es in Europa im Flachland ja schneit, wenn die Temperatur noch wenige Grade über dem Gefrierpunkt liegt, muss man doppelt überrascht sein, dass man nirgendwo auf der Insel Schnee hat fallen sehen, nicht einmal auf den Lomas de San Juan oder den hohen Bergen von Trinidad. Auf den Gipfeln dieser Berge und denen der [Sierra] *del Cobre* kennt man nur Raureif (*escarcha*). Man sagte, dass andere Bedingungen als ein schneller Temperaturabfall in den hohen Luftschichten nötig seien, um Schneefall und Hagel zu bewirken. Wir haben schon weiter oben darauf hingewiesen (Bd.VI, S. [17]9 f; Bd. X, S. 334 f), dass Hagel in Cumaná gar nicht und in Havanna so selten vorkommt, dass man ihn nur alle 15 oder 20 Jahre beim Zusammentreffen von Gewittern mit süd-südwest-lichen Sturmböen beobachtet. In Kingston an den Küsten Jamaikas betrachtet man |I.91 einen Abfall des Thermometers auf 20,5° C (69° F) bei Sonnenaufgang als außer-gewöhnlich[90]. Auf dieser Insel muss man in den Blue Mountains bis auf 1 150 Toi-sen hinaufsteigen, um (im August) 8,3° zu sehen; auch in Cumaná, bei 10° Breite, habe ich das Thermometer nie unter 20,8° C gesehen (*siehe* Bd. XI, S. 10 f). In Havanna sind die Temperaturveränderungen sehr plötzlich: Im April 1804 fiel die Temperatur im Schatten innerhalb von drei Stunden von 32,2° auf 23,4° C, also um 9° C, was für die Tropenzone erheblich ist und das Zweifache dessen, was man weiter südlich an der Küste von Colombia erlebt. In Havanna (Br. 22° 8′) beschwert man sich über die Kälte, wenn die Temperatur schnell auf 21° C abfällt; in Cumaná (Br. 10° 28′), wenn sie auf 23° sinkt (*siehe* Bd. XI, S. 10 f). In Havanna lag im April 1804 die Temperatur des Wassers, das einer starken Verdunstung ausgesetzt war und als sehr frisch empfunden wurde, bei 24,4° C (19,5° R), während die täglichen Durchschnittstemperaturen auf 29,3° C stiegen (*siehe* XI, S. 18). Nach den Beob- |I.92 achtungen des Herrn Ferrer über einen Zeitraum von drei Jahren (1810 bis 1812) fiel das Thermometer nie unter 16,4° C (am 20. Februar 1812); noch stieg es über 30° C (4. August desselben Jahres). Ich habe es schon im April (1801) bei 31,2° C gesehen; aber viele aufeinanderfolgende Jahre vergehen, ohne dass die Temperatur der Lufthülle ein einziges Mal auf 34° C (27,2° R) ansteigt, ein Extrem, das sie in der gemäßigten Zone noch um 4° des Celsius-Thermometers übertrifft (*siehe* oben Bd. XI, S. 10 f). Es wäre sehr interessant, zuverlässige Beobachtungen über die Wärme des Erdinnern an den äußersten Grenzen der Tropenzone zusammenzubrin-gen. In den Kalksteinhöhlen nahe San Antonio de Beita und an den Quellen des Río La Chorrera habe ich Temperaturen zwischen 22° und 23° C vorgefunden (*Recueil d'observations astronomiques*, Bd. I, S. [134]). Herr Ferrer hat in einem Brun-nen von 100-Fuß Tiefe 24,4° C gemessen. Diese Beobachtungen, die möglicher-weise nicht gerade unter idealen Bedingungen ausgeführt wurden, würden auf eine Erdtemperatur unterhalb der mittleren Lufttemperatur hinweisen, die an den Küs-ten von Havanna 25,7° C zu betragen scheint und 23° C im Inneren der Insel bei 40 Toisen über dem Meeresspiegel. Dieses Ergebnis entspricht dem wenig, was man |I.93 überall in den gemäßigten und den eisigen Zonen feststellt. Ist es möglich, dass die Strömungen, die in großer Tiefe Wasser von den Polen in die äquatorialen Re-gionen bringen, auf schmalen Inseln die Temperatur des Erdinneren verringern? Wir haben diese heikle Frage bereits im Zusammenhang mit Experimenten in der Guacharo-Höhle nahe Caripe behandelt (*Relation historique*, Bd. III, S. 144, 145,

[90] [Bryan] Edwards, *The History, Civil and Commercial, of the British Colonies in the West Indies*, 1793, Bd. I, S. 183.

194 und 195). Jedoch behauptet man, das Thermometer in den Brunnen von Kingston und Basse-Terre auf Guadeloupe bei 27,7°, 28,6° und 27,2° C gesehen zu haben, also bei einer Temperatur, die der durchschnittlichen Lufttemperatur dieser Orte zumindest gleichkommt.

Die großen Temperaturabfälle, denen die Länder an den äußeren Grenzen der Tropenzone ausgesetzt sind, stehen mit den Schwankungen des Quecksilbers im Barometer in Verbindung, die man in den näher am Äquator liegenden Gebieten nicht beobachtet. In Havanna wie auch in Veracruz wird die Regelmäßigkeit der |I.94 Wechsel unterbrochen, die der Luftdruck zu gewissen Stunden erfährt, wenn die Nordwinde heftig wehen. Auf der Insel Kuba habe ich beobachtet, dass, wenn das Barometer bei Brisen auf 765 Millimeter steht, es bei Südwind generell auf 756 Millimeter oder sogar darunter fällt. Wir haben bereits an anderer Stelle bemerkt, dass die Mittelwerte der Monate, in denen das Barometer am höchsten steht (Dezember und Januar), sieben bis acht Millimeter von den Durchschnitten der Monate abweichen, in denen das Barometer den niedrigsten Stand hat (August und September), das bedeutet, fast ebenso viel wie in Paris und fünf- bis sechsmal mehr als zwischen dem Äquator und jeweils 10° nördlicher und südlicher Breite.

Mittelwerte für	Dezember	$0,76656^m$	bei	22,1°	Celsius
	Januar	0,76809		21,2	
	Juli	0,76453		28,5	
	August	0,76123		28,8	

Im Verlauf der drei Jahre (1810 bis 1812), in denen Herr Ferrer diese Mittelwerte nahm[91], betrugen die extremen Unterschiede an Tagen, an denen das Quecksilber im Barometer am höchsten stieg und am tiefsten fiel, mehr als 30 Millimeter. Um die Bewegung der zufälligen Schwankungen jedes einzelnen Monats erkennbar zu |I.95 machen, füge ich hier das Tableau[92] der Beobachtungen aus dem Jahr 1801 nach handschriftlichen Notizen von Don Antonio Robredo ein, das die Beobachtungen bis zu einem Hundertstel eines englischen Zolls (oder *pouce*) angeben:

---

[91] *Connaissance des Temps*, Bd. IX, S. 300.
[92] In diesem Tableau sind die monatlichen *Durchschnitte* als die tatsächlichen Mittelwerte dargestellt, die aus den *Maxima* und *Minima* jedes Tages ermittelt wurden. Die *Extreme* des Monats zeigen die Barometerhöhen der zwei Tage an, an denen das Barometer am höchsten und am tiefsten stand. Die Höhen der Quecksilbersäule wurden nicht auf Null Temperatur umgerechnet, und das Niveau der Küvette [ein kleines Vorratsgefäß, das Teil eines Flüssigkeitsbarometers ist] wurde nicht angepasst, da das Tableau nur die Unterschiede zwischen den Extremen in jedem Monat und nicht die Durchschnitte der absoluten Höhen aufzeigen soll.

MAXIMA		MINIMA	Mittlere Höhe	Durchschnittl. Temperatur
Januar	30,35 pouces	29,96 po.	30,24 po.	14,5 po. R
Februar	30,38	30,01	30,26	15,6
März	30,41	30,20	30,32	15,5
April	30,39	30,32	30,35	17,2
Mai	30,44	30,38	30,39	19,4
Juni	30,36	30,33	30,34	22,2
Juli	30,38	29,52	30,22	22,4
August	30,26	30,12	30,16	22,8
September	30,8	29,82	30,12	21,0
Oktober	30,16	30,04	30,08	18,6
November	30,18	30,09	30,12	16,5
Dezember	30,26	30,02	30,08	12,1

Auf der Insel Kuba kommen Hurrikane seltener vor als auf Saint-Domingue, |I.96
Jamaika und den Kleinen Antillen östlich und ost-südöstlich von Cabo Cruz: Man
darf nämlich die sehr heftigen Böen der Nordwinde (*los nortes*) nicht mit den *ura-*
canes [auch huracanes, Hurrikane] verwechseln, die meist aus süd-südost und süd-
südwest wehen. Als ich die Insel Kuba besuchte, hatte man dort seit August 1794
keinen wirklichen Hurrikan mehr erlebt; der vom 2. November 1796 war ziemlich
schwach gewesen. Auf Kuba umfasst die Saison für diese plötzlichen und furcht-
erregenden Luftbewegungen, bei denen der oft von Blitzen und Hagel begleitete
Wind aus allen Kompassrichtungen weht, das Ende des Monats August, den September und vor allem den Monat Oktober. Auf Saint-Domingue und den Karibischen Inseln fürchten die Seefahrer die Monate Juli, August, September und die
Zeit bis Mitte Oktober. Im August kommen dort die Hurrikane am häufigsten vor;
je weiter man sich nach Westen bewegt, desto später zeigt sich die Erscheinung. Im
März wehen manchmal auch in Havanna heftige südöstliche Sturmböen. Auf den |I.97
Antillen glaubt man nicht mehr daran, dass sich Hurrikane regelmäßig wiederholen[93]; von 1770 bis 1795 gab es auf den Karibischen Inseln 17 Hurrikane, wohingegen es auf Martinique zwischen 1788 und 1804 keinen einzigen gab. Dieselbe

---

[93] *Siehe* die Erörterung dieses wichtigen Phänomens in [Moreau de Jonnès,] *Histoire physique des Antilles,*
Bd. I, S. 325, 350, 355, 376, 387.

Insel zählte drei im Laufe des Jahres 1642. Es ist es wert, darauf hinzuweisen, dass Hurrikane seltener an den beiden Enden der langen Antillenkette (den südöstlichen und nordwestlichen) vorkommen. Die Inseln Tobago und Trinidad haben den Vorteil, ihre Auswirkungen noch nie erlebt zu haben, und auf Kuba sind heftige Brüche im atmosphärischen Gleichgewicht äußerst selten. Wenn sie stattfinden, richten Hurrikane ihre Verwüstungen eher auf See an als dass sie Ansiedlungen verheeren, dies mehr an der südlichen und südöstlichen Küste als gegen Norden und Nordwesten[94]. Schon im Jahr 1527 wurde ein Teil der Flotte der berühmten Expedition des Pánfilo Narváez im Hafen von *Trinidad de Cuba* durch einen Hurrikan zerstört.

|I.98

Ich stelle hier nach den handschriftlichen Aufzeichnungen des Herrn Schiffskapitäns Don Tomás de Ugarte den Verlauf des Barometers vom 27. und 28. August 1794 dar, als ein Hurrikan den Untergang vieler Schiffe in der Bucht von Havanna verursachte.

25. August	16^h	30,04^{po}	28. August	13 ½ ^{h}	29,57
	20	03		14	56
	Mittag	02		14 ½	54
Durch. Temp.	4	02		15	52
85,8° Fahr)	8	01		15 ½	50
	Mitternacht	01		16	51
26. August	16 ^{h}	30,00		18	52
	20	00	(Durch. Temp. 83°)	18 ½	54
(Durch. Temp. 88°)	Mittag	00		19	59
	4	29,99		19 ½	63
	Mitternacht	98		20	67
27. August	16 ^{h}	29,95		20 ½	70
	18	94		21	72
	20	90		21 ½	74
(Durch. Temp. 81°)	22	89		22	75
	Mittag	86		22 ½	76

---

[94] Man kann diesen Unterschied zwischen den beiden Küsten auch auf Jamaika beobachten.

	2	84		Mittag	78
	4	82		2	79
	6	80		2 ½	82
	7	80		3 ½	83
	8	79		6	84
	10	77		7	87
	10,5	76		8	89
	11	73		9	90
	11 ½	69		10	93
	Mitternacht	63		11	96
28. August	12 ½ h	29,59		Mitternacht	30,01
	13	58			

Der Hurrikan begann am Morgen des 27. August; seine Stärke steigerte sich ent- |I.99
sprechend dem Fallen des Barometers; er legte sich am Abend des 28. Wir haben
weiter oben bereits erwähnt, dass Herr Ferrer am 25. Oktober 1810 sein Barometer (das bei 26° C einen jährlichen Durchschnitt von 763,71 Millimetern angezeigt hatte) bei heftigem Wind aus SSW und 24° C auf 744,72 Millimeter absinken
sah.

Unter den Ursachen für das Absinken der Temperatur während der Wintermo-
nate könnte ich die große Zahl von Untiefen nennen, die die Insel Kuba umgeben
und über denen die Wärme um mehrere Wärmegrade geringer ist, sei es durch
örtlich abgekühlte Wassermoleküle, die nach unten sinken, oder durch Polarströ-
mungen, die in die Tiefen des tropischen Meeres fließen, oder gar durch die Vermischung von tiefen und oberen Wasserschichten an *steilen* Küstenbänken[95]; aber
diese Temperatursenkung wird teilweise durch den Strom von warmem Wasser
(*gulf-stream*) ausgeglichen, der an der Nordwestküste Kubas entlangfließt und oftmals
durch Winde aus dem Norden und Nordosten verlangsamt wird. Die Kette von |I.100
Sandbänken um die Insel herum, die auf unseren Karten wie ein Schatten aussieht,
ist zum Glück an mehreren Stellen unterbrochen, und diese Unterbrechungen gewähren dem Handelsverkehr freien Zugang zur Küste. Allgemein liegen die Teile
der Insel, die den wenigsten Gefahren ausgesetzt sind (durch Korallenriffe, Sandbänke, Schelfe), zwischen Cabo Cruz und Punta Maisí (72 Seemeilen) im Südosten

---

[95] *Siehe* Bd. I, S. 100; Bd. II, S. 72, 73, 74; Bd. V, S. 190–191.

und zwischen Matanzas und Cabañas (28 Seemeilen) im Nordwesten. Im südöstlichen Teil fällt die Küste durch die Nähe von hohen Urgebirgen steil ab: Hier
liegen die Häfen Santiago de Cuba, Guantánamo, Baitiquiri und (nach Punta Maisí)
Baracoa, der Ort, wo sich die Europäer zuerst angesiedelt hatten. Gleichermaßen
frei von Sandbänken und Wellenbrechern ist die Einfahrt in die Alte Bahama-Straße,
von Punta de Mulas nord-nordwestlich von Baracoa bis hin zu der neuen Kolonie,
die man Puerto de las Nuevitas del Príncipe nennt. Seefahrer finden hier ausgezeichnete Ankerstellen: etwas östlich von Punta de Mulas in den drei Buchten von
|I.101   Tánamo, Cabonico und Nipe und westlich in den Häfen von Sama, Naranja, Padre
und Nuevas Grandes. In der Nähe des Hafens von Nuevas Grandes und, was recht
bemerkenswert ist, ungefähr auf demselben Meridian, wo an der südlichen Küste
der Insel die Sandbänke von *Buena Esperanza* und *Las doce leguas* anfangen und sich
bis hin zur Isla de Pinos erstrecken, beginnt die ungebrochene Kette der Inselchen
der Alten Bahama-Straße: Sie erstreckt sich über 94 Meilen von Nuevitas bis Punta
Hicacos. Gegenüber von Cayo Cruz und Cayo Romano ist die Alte Bahama-Straße
am schmalsten, gerade einmal fünf bis sechs Meilen breit. An diesem Punkt ist auch
die Große Bahama-Sandbank am stärksten ausgebildet. Die Gruppe kleiner Inseln,
die der Insel Kuba am nächsten liegen, und die Teile der Sandbank, die nicht von
Wasser bedeckt sind (Long Island, Eleuthera), haben die gleiche, sehr längliche Form
wie Kuba. Wäre der Meeresspiegel 20 oder 30 Fuß niedriger, so erschiene eine
Insel größer als Haiti auf der Meeresoberfläche. Zwischen der Alten Bahama-Straße
und der Küste Kubas findet man in der südlich an den schiffbaren Teil der Straße
grenzenden Kette von Korallenriffen und Sandbänken kleine Becken ohne Riffe,
|I.102   die mit den guten Ankerstellen einiger Häfen verbunden sind, beispielsweise in
Guanajay, Morón und Remedios.

Nachdem man die Alte Bahama-Straße verlässt, oder vielmehr den San-Nicolás-
Kanal zwischen *Cruz del Padre* und der Sandbank der Cayos de Sal, von denen das
am tiefsten gelegene Cayo Süßwasser-Quellen hat[96], segelt man von Punta de Hicacos bis nach Cabañas erneut an Küsten entlang, die keinerlei *Gefahren* bergen. In
diesem Küstenabschnitt findet man Ankerstellen bei Matanzas, Puerto Escondido,
Havanna und Mariel. Weiter entfernt, westlich von Bahía Honda, deren Besitz irgendeine Spanien feindlich gesonnene Seemacht in Versuchung führen könnte,
beginnt wieder eine Kette von Sandbänken, die *Bajos de Santa Isabel* und *Bajos de
|I.103   los Colorados*, die sich ohne Unterbrechung bis zum Kap San Antonio fortsetzt. Von
diesem Kap bis hin zu Punta de Piedras und der Bahía de Cortés fällt fast die gesamte Küste *steil* ab, was Lotungen unmöglich macht. Aber zwischen Punta de
Piedras und Cabo Cruz ist fast der gesamte südliche Teil Kubas von Untiefen umgeben. Die Isla de Pinos ist nur ein Teil der Inseln, die nicht unter Wasser liegen;

---

[96] Cayos del Agua (Br. 23° 58′, Länge 82° 36′) im Placer de los Roques, auch Cayo de Sal genannt. Ich
verorte den Cayo del Agua etwas weiter westlich als Kapitän Steetz es auf den interessanten Karten tut,
die seiner *Instruction nautique sur les Passages à l'île de Cuba*, 1825, S. 55, beiliegen, wo er die Morro von
Havanna bei 84° 39′ und den Pan de Matanzas bei 83° 58′ positioniert, während Herr Ferrer sie bei
84° 42′ 44″ und 84° 3′ 12″ ansiedelt, indem er Mittelwerte benutzt, denen man völlig vertrauen kann.

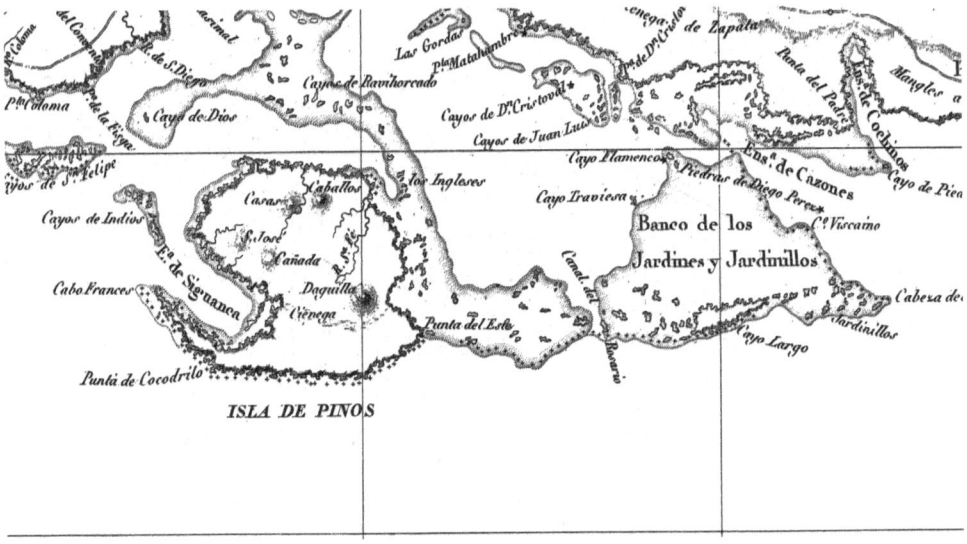

Abb. 6 Isla de Pinos zusammen mit der Banco de los Jardines y Jardinillos; Ausschnitt aus der Kuba-Karte 1826 (revidiert)

den westlichen Teil dieser Kette nennt man *Gärten* (*Jardines y Jardinillos*), den östlichen *Cayo Bretón*, *Cayos de las Doce Leguas* und *Bancos de Buena Esperanza*. Entlang der ganzen Südküste ist nur das Gebiet zwischen der Schweinebucht und der Mündung des Río Guaurabo von Gefahren frei.

Diese Gewässer erschweren die Schifffahrt enorm. Ich hatte die Gelegenheit, auf dem Weg von Batabanó nach Trinidad de Cuba und Cartagena de Indias dort die Breite und Länge einiger Punkte zu bestimmen. Man könnte behaupten, dass der Widerstand, den das höhere Land der Isla de Pinos und die ungewöhnlich langgestreckte Form von Kap Cruz den Strömungen bietet, und die Anschwemmung von Sandpartikeln die Ausbildung von im ruhigen, seichten Wasser florierenden Steinkorallen begünstigen. Nur ein Siebtel dieser 145 Meilen langen südlichen Strecke zwischen Cayo de Piedras und Cayo Blanco etwas östlich von Puerto Casilda ermöglichen einen völlig freien Zugang zur Küste. Dort findet man Ankerstellen, wie beispielsweise El Surgidero del Batabanó, La Bahía de Jagua, Puerto Casilda und Trinidad de Cuba, die von kleineren Schiffen häufig aufgesucht werden. Hinter Trinidad de Cuba zur Mündung des Río Cauto und nach Cabo Cruz hin (hinter den *Cayos de las Doce Leguas*) ist die gesamte lagunenreiche Küste unzugänglich und fast völlig menschenleer.

Hier sind die genausten Informationen, die ich über die Positionen der Häfen auf der Insel Kuba zusammenstellen konnte:

|I.104

Östlich von Cabo Cruz (Br. 19° 47′ 16″, L. 80° 4′ 15″):

Santiago de Cuba	Br. 19° 57′ 29″, L. 78° 18′
Guantánamo Bay	Br. 19° 54′, L. 77° 36′
Puerto Escondido	Br. 19° 54′ 55″, L. 77′ 24″
Baitiquiri	Br. 20° 2′, L. 77° 12′

Nordwestlich von Kap Maisí (Br. 20° 16′ 40″, L. 76° 30′ 25″):

Puerto de Malta	Br. 20° 17′ 10″, L. 76° 43′
Baracoa	Br. 20° 20′ 50″, L. 76° 50′
Maravi	Br. 20° 24′ 11″, L. 77° 17′
Puerto de Navas	Br. 20° 29′ 44″, L. 77° 20′
Cayaguaneque	Br. 20° 30′, L. 76° 56′
Taco	Br. 20° 31′ 17″, L. 77° 0′
Jaragua	Br. 20° 32′ 44″, L. 77° 3′
Puerto de Cayo Moa	Br. 20° 42′ 18″, L. 77° 14′
Yaguaneque	Br. 20° 42′, L. 77° 22′
Cananova	Br. 20° 41′ 30″, L. 77° 24′
Cebollas	Br. 20° 41′ 52″, L. 77° 28′
Tánamo	Br. 20° 42′ 41″, L. 77° 37′
Puertos de Cabonica y Livisa	Br. 20° 42′ 11″, L. 77° 46′
Nipe	Br. 20° 44′ 40″, L. 77° 51′
Banes	Br. 20° 52′ 50″, L. 78° 1′

Nordwestlich von Punta de Mulas (Br. 21° 5′, L. 77° 57′):

Sama	Br. 21° 5′ 50″, L. 78° 11′

In der Alten Bahama-Straße:

Naranjo	Br. 21° 5′ 23″, L. 78° 19′
Vita	Br. 21° 6′, L. 78° 25′
Barrirai	Br. 21° 4′ 9″, L. 78° 27′
Jururu	Br. 21° 3′ 39″, L. 78° 28′
Gibara	Br. 21° 6′ 12″, L. 78° 33′
Puerto del Padre	Br. 21° 15′ 40″, L. 78° 49′
Puerto del Malagueta	Br. 21° 16′, L. 78° 58′
Puerto del Manatí	Br. 21° 23′ 44″, L. 79° 7′
Puerto de Nuevas Grandes	Br. 21° 26′ 50″, L. 79° 13′
Puerto de las Nuevitas del Príncipe	Br. 21° 38′ 40″, L. 79° 2′
Guanajay	Br. 21° 42′, L. 80° 11′
Embarcadero del Príncipe	Br. 21° 44′, L. 80° 23′

Zwischen Río Jiguey und Punta Carina nord-nordöstlich von Hato de Guanamacar: |I.106

Morón	Br. 22° 4′, L. 80° 56′
Puerto de Remedios	Br. 22° 32′, L. 81° 56′
Puerto de Sierra Morena	Br. 23° 3′, L. 82° 54′

Westlich und südwestlich von Punta Icacos (Br. 23° 10′, L. 83° 32′):

Matanzas	Br. 23° 3′, L. 83° 54′
Puerto Escondido	Br. 23° 8′, L. 84° 12′
Mündung des Río Santa Cruz	Br. 23° 7′, L. 84° 18′
Jaruco	Br. 23° 9′, L. 84° 25′
Havanna	Br. 23° 9′, L. 84° 43′
Mariel	Br. 23° 5′ 58″, L. 85° 2′

Puerto de Cabañas	Br. 23° 3′, L. 85° 13′
Bahía Honda (die südlichste Küste der Bucht in der Nähe der Potrero de Madrazo)	Br. 20° 56′ 7″, L. 85° 32′ 10″

Östlich von Cabo San Antonio (Br. 21° 50′, Länge 87° 17′ 22″):	
Surgidero del Batabanó	Br. 22° 43′ 19″, L. 84° 45′ 56″
Bahía de Jagua	Br. 22° 4′, L. 82° 54′

Die beiden Häfen in Trinidad de Cuba, also:	
Puerto Casilda	Br. 21° 45′ 26″, L. 82° 21′ 7″
Mündung des Río Guaurabo	Br. 21° 45′ 46″, L. 82° 23′ 37″

Von Trinidad de Cuba bis Cabo Cruz gibt es viele Lagunen (Vertientes, Santa María, Curajaya, Yaguabo, Junco, etc.) aber keine wirklichen Häfen.

|I.107   Die Positionen der 50 Häfen und Ankerstellen auf der Insel Kuba sind das Ergebnis von Forschungsarbeit, aufgrund derer ich (im Jahr 1826) die Karte der Insel von 1820 korrigierte. Die Breiten sind im Wesentlichen dem *Portulano de la América septentrionale construído en el Depósito hidrográfico de Madrid* (1818) entnommen; die Längen weichen jedoch erheblich von ihm ab. Der *Portulano* verortet die Morro von Havanna bei 84° 37′ 45″,5 Bogenminuten zu weit östlich. (*Siehe* Bauzá, *Derrotero de las Islas Antillas*, 1820, S. 487, und Purdy, *Columbian Navigator*, S. 175.) Ich habe die Positionen vorgezogen, die Herr Ferrer den Kaps Cruz und Maisí und Punta de Mulas zuschrieb, und ich habe mehrere der von Don José del Río und Don Ventura Barcaíztegui berechneten Punkte auf die Positionen dieser beiden Kaps reduziert. Meine Ergebnisse beruhen auf meinen eigenen Beobachtungen, wodurch sie sich von der Position unterscheiden, die der erste dieser beiden fähigen Seefahrer Puerto Casilda zugeschrieben hatte. Herr Bauzá, der die Positionen für Batabanó und Punta Matahambre von meiner Karte übernimmt, zieht trotzdem L. 76° 26′ 28″ für Punta Maisí vor, da er, gemeinsam mit Don José Sánchez Cerquero, Puerto Rico bei 68° 28′ 29″ verortet. Indem er recht unterschiedliche Beobachtungen miteinander verband, berechnete selbst Herr Cerqueros 68° 26′ 30″,
|I.108   wohingegen Herr von Zach 68° 31′ 0″ als ein wahrscheinlicheres Ergebnis ansah (*Correspondance astronomique*, Bd. XIII, S. 125, 128). Indem er alle Elemente in Betracht zog, entschied sich Herr Oltmanns für ein Mittel von 68° 33′ 30″ (*siehe* mein *Recueil d'observations astronomique*, Bd. II, S. 139).

Auf der Insel Kuba, wie einst in allen spanischen Besitzungen in Amerika, muss man zwischen *kirchlichen* und *militärisch-politischen* und *finanziellen* Sektoren unterscheiden. Wir sparen die Unterteilungen der *justiziellen* Hierarchie aus, die unter modernen Geographen zu viel Verwirrung gestiftet hat[97], da die Insel seit dem Jahr 1797 nur eine einzige *Audiencia* in Puerto Príncipe hatte, deren Gerichtsbarkeit von Baracoa bis zum Kap San Antonio reichte. Die Unterteilung in zwei Bistümer geht bis ins Jahr 1788 zurück, als Papst Pius VI. den ersten Bischof von Havanna [Felipe José de Trespalacios] ernannte. Einst war die Insel Kuba, wie auch Louisiana und Florida, dem Erzbischof von Santo Domingo unterstellt gewesen, und seit ihrer Entdeckung hatte es dort nur ein einziges Bistum gegeben, das im Jahr 1518 von Papst Leo X. in Baracoa im westlichsten Teil der Insel [heute Provinz Guantánamo] gegründet worden war.

Vier Jahre später wurde dieses Bistum nach Santiago de Cuba verlegt; aber der |I.109 erste Bischof, Bruder Juan de Ubite, kam dort erst im Jahr 1528 an. Zu Beginn des 19. Jahrhunderts (im Jahr 1804, um genau zu sein) wurde Santiago de Cuba zu einem Erzbistum. Die kirchliche Grenze zwischen den Diözesen Havanna und Cuba [heute Oriente-Provinz] folgt dem Meridian von Cayo Romano, ungefähr 80°,75 westliche Länge von Paris, zwischen der *Villa* von *Santi Espíritus* und der *Ciudad* von *Puerto Príncipe* [Camagüey]. Für militärisch-politische Verwaltungszwecke ist die Insel in zwei *gobiernos* [Regierungsbezirke] unter einem und demselben Generalkapitän unterteilt. Zusätzlich zu der Hauptstadt selbst schließt der *gobierno* von Havanna auch die Bezirke *Cuatro Villas* (Trinidad, heute eine Stadt, Santo Espíritu, Villa Clara und San Juan de los Remedios) und Puerto Príncipe mit ein. Der auch als *gobernador* von Havanna fungierende Generalkapitän ernennt einen *Teniente Gobernador* für Puerto Príncipe, genau wie er auch einen Stellvertreter für Trinidad und Nueva Filipina [heute Pinar del Río] einsetzt. Wie die Gerichtsbarkeit des *corregidors* umfasst die territoriale Zuständigkeit des Generalkapitäns acht *pueblos de Ayuntamiento* [Stadt- oder Gemeinderäte]: die *cuidades* Matanzas, Jaruco, San Felipe |I.110 y Santiago, Santa María del Rosario; die *villas* Guanabacoa, Santiago de las Vegas, Güines und San Antonio de los Baños. Der *gobierno de Cuba* besteht aus Santiago de Cuba, Baracoa, Holguín und Bayamo [Granma]. Die heutigen Grenzen der *gobiernos* decken sich also nicht mit denen der Bistümer. So fiel beispielsweise der Bezirk Puerto Príncipe mit seinen sieben Kirchengemeinden bis zum Jahr 1814 sowohl unter den *gobierno* von Havanna und unter das Erzbistum von Cuba[98]. In den Volkszählungen von 1817 und 1820 findet man Puerto Príncipe zusammen mit Baracoa [heute Guantánamo] und Bayamo unter *Jurisdicción de Cuba* [Oriente]. Übrig bleibt nun eine dritte, finanzielle Aufteilung. In einem Erlass vom 23. März 1812 wurde die Insel in drei *Intendencias* oder *Provincias* neu unterteilt (die von Havanna, Puerto Príncipe und Santiago de Cuba) mit jeweiligen Längen von Ost nach West von ungefähr 90, 70 und 65 Seemeilen. Der Verwalter von Havanna genießt die Privilegien eines *Superintendente general subdelegado de Real Hacienda de la Isla de* |I.111 *Cuba*. In dieser Neuverteilung gehören Santiago de Cuba, Baracoa, Holguín, Bayamo, Gibara, Manzanillo, Jiguaní, Cobre und Tiguaro zu der *Provincia de Cuba*.

---

[97] Bd. IV, S. 70 und 71.
[98] *Documentos sobre el tráfico de los negros*, 1814, S. 127, 130.

Die *Provincia de Puerto Príncipe* [Camagüey] besteht aus der Stadt von Puerto Príncipe, Nuevitas, Jagua, Santo Espíritu, San Juan de los Remedios, Villa de Santa Clara
und Trinidad. Der am weitesten westlich gelegene Bezirk, die *Provincia de la Havana*,
umfasst alle Gebiete westlich von *Cuatro Villas*, Gebiete, über die der Verwalter der
Hauptstadt die finanzielle Kontrolle verloren hat. Wenn eines Tages die Landwirtschaft einheitlichere Fortschritte gemacht hat, mag die Einteilung der Insel in fünf
Provinzen vielleicht geeigneter scheinen und wäre am engsten mit dem Andenken
an die frühe Geschichte der *Eroberung* verbunden: *Vuelta de Abajo* (von Kap San
Antonio bis hin zum schönen Dorf von Guanajay und zu Mariel); *Havanna* (von
Mariel bis Álvarez); *Cuatro Villas* (von Álvarez bis Morón); *Puerto Príncipe* (von
Morón bis Río Cauto) und *Cuba* (von Río Cauto bis Punta Maisí).

Selbst mit ihrer Unvollständigkeit in Bezug auf das Landesinnere der Insel ist
meine Karte von Kuba immer noch die einzige, auf der man die 13 *ciudades* und
sieben *villas* finden kann, um die es bei den soeben aufgezeigten Unterteilungen
geht. Die Grenze, die die beiden Bistümer voneinander trennt (*línea divisoria de los
dos obispados de la Habana y de Santiago de Cuba*), verläuft von der Mündung des
kleinen Santa María Flusses (L. 80° 49″) entlang der Südküste durch die Gemeinde
von San Eugenio de la Palma, dann durch die *haciendas* Santa Ana, Dos Hermanos,
Copey und Ciénaga in Richtung Punta de Judas (L. 80° 46′) entlang der Nordküste
gegenüber von Cayo Romano. Während der Regierungszeit des spanischen Hofs
hatte man sich darauf geeinigt, dass diese kirchliche Grenze mit der der zwei
Deputaciones provinciales von Havanna und Santiago de Cuba übereinstimmen würde
(*Guía de forasteros de la Isla de Cuba*, 1822, S. 79). Die Diözese von Havanna vereint
40, die von Cuba 22 Kirchengemeinden. Diese *parroquias*, gegründet zu einer Zeit,
als Viehweiden (*haciendas de ganado*) einen Großteil der Insel einnahmen, sind viel
zu weitläufig und entsprechen nicht mehr dem Bedarf der heutigen Gesellschaft.
Das Bistum Santiago de Cuba setzt sich zusammen aus den fünf *ciudades* Baracoa,
Cuba, Holguín, Guisa, Puerto Príncipe und Villa de Bayamo. Zum Bistum von San
Cristóbal de la Havana zählen acht *ciudades* (Havanna, Santa María del Rosario, San
Antonio Abad o de los Baños, San Felipe y Santiago del Bejucal, Matanzas, Jaruco,
La Paz und Trinidad) sowie die sechs Villas Guanabacoa, Santiago de las Vegas
o Compostela, Santa Clara, San Juan de los Remedios, Santo Espíritu und San Ju-
lián de los Güines. Die Einwohner von Havanna unterscheiden gewöhnlich zwi-
schen *vuelta arriba* und *vuelta abajo*, das heißt, östlich und westlich des Meridians von
Havanna liegende Gebiete. Der erste Gouverneur der Insel, der den Titel
Generalkapitän führte (1601), war Don Pedro Valdés [Balnueva]. Vor ihm gab es 16
frühere Gouverneure, angefangen mit dem in Cuéllar gebürtigen berühmten Kolonisten und *Conquistador* Diego Velázquez, den Admiral [Diego] Kolumbus selbst im
Jahr 1511 eingesetzt hatte.

|I.112

|I.113

BEVÖLKERUNG

Wir haben bisher die Oberfläche, das Klima und die geologische Beschaffenheit eines Landes untersucht, das der menschlichen Zivilisation ein weites Feld eröffnet. Um die Gewichtigkeit einzuschätzen, die diese reichste der Antillen-Inseln durch den gewaltigen Einfluss der Natur eines Tages auf die politischen Machtverhältnisse in dieser amerikanischen Inselwelt ausüben wird, werden wir nun die heutige Be- |I.114 völkerung der Insel mit der Zahl von Einwohnern vergleichen, die ein weitgehend unerforschtes, zum Großteil unberührtes Gebiet von 3 600 durch tropische Regenfälle fruchtbar gemachte Quadratseemeilen ernähren könnte. Drei aufeinanderfolgende Zählungen ergaben sehr unterschiedliche Resultate:

1775 EINE BEVÖLKERUNG VON	170 862
1791	272 140
1817	630 980

Nach der letzten Auswertung, deren Einzelheiten weiter unten besprochen werden, lebten in Kuba 290 021 Weiße, 115 691 freie Farbige und 225 268 Sklaven. Diese Ergebnisse stimmen hinreichend mit der interessanten Arbeit überein, die die Gemeinde von Havanna im Jahr 1811 dem spanischen Parlament vorlegte und in der man sich für ungefähr 600 000 Einwohner entschied, von ihnen 274 000 Weiße, 114 000 Freigelassene und 212 000 Sklaven. Wenn man die diversen Auslassungen in der Erhebung von 1817 berücksichtigt, sowie die Einfuhren von Sklaven nach Kuba – das Zollamt von Havanna registrierte allein in drei Jahren (1818, 1819 und 1820) mehr als 41 000 Sklaven –; die zunehmenden Zahlen der freien Farbigen und |I.115 der Weißen, die ein Vergleich mit den Zählungen der Jahre 1810 und 1817 im östlichen Teil der Insel aufzeigt, dann kommt man auf die folgenden Zahlen für die Insel Kuba am Ende des Jahres 1825:

Freie		455 000
WEISSE	325 000	
FREIE FARBIGE	130 000	
Sklaven		260 000
INSGESAMT		715 000

Folglich unterscheiden sich die heutigen Einwohnerzahlen der Insel Kuba sehr wenig von denen der Britischen Antillen, und sie betragen fast das Doppelte von denen Jamaikas. Im Verhältnis zwischen verschiedenen Teilen der Bevölkerung, gruppiert nach Herkunft und Freiheitsstand, gibt es erstaunliche Unterschiede in den Ländern, wo die Sklaverei sehr tiefe Wurzeln geschlagen hat. Das Tableau, das diese Kontraste veranschaulicht, mag einen Anlass für die ernsthaftesten Überlegungen bieten.

|I.116

ANTILLEN VERGLICHEN MITEINANDER UND MIT DEN LÄNDERN AUF DEM FESTLAND	GESAMT-BEVÖLKERUNG	WEISSE	FREIE FARBIGE, MULATTEN UND SCHWARZE	SKLAVEN	VERTEILUNG der Gruppen	
KUBA	715 000	325 000	130 000	260 000	WEISSE	0,46
					FARBIGE	0,18
					SKLAVEN	0,36
						1,00
JAMAIKA	402 000	25 000	35 000	342 000	WEISSE	0,06
					FREIE FARBIGE	0,09
					SKLAVEN	0,85
						1,00
ALLE BRITISCHEN ANTILLEN	776 500	71 350	78 350	626 800	WEISSE	0,09
					FREIE FARBIGE	0,10
					SKLAVEN	0,81
						1,00

|I.117

ANTILLEN VERGLICHEN MITEINANDER UND MIT DEN LÄNDERN AUF DEM FESTLAND	GESAMTBEVÖLKERUNG	WEISSE	FREIE FARBIGE, MULATTEN UND SCHWARZE	SKLAVEN	VERTEILUNG der Gruppen	
ALLE ANTILLEN	2 843 000	482 600	1 212 900	1 147 500	WEISSE	0,17
					FREIE FARBIGE	0,43
					SKLAVEN	0,40
						1,00
VEREINIGTE STAAATEN VON NORDAMERIKA	10 525 000	8 575 000	285 000	1 665 000	WEISSE	0,81
					FREIE FARBIGE	0,03
					SKLAVEN	0,16
						1,00
BRASILIEN	4 000 000	920 000	1 020 000	2 060 000	WEISSE	0,23
					FREIE FARBIGE	0,26
					SKLAVEN	0,51
						1,00

|I.118   Aus diesem Tableau[99] wird ersichtlich, dass freie Menschen auf der Insel Kuba
64 Prozent der Gesamtbevölkerung bilden[100]; auf den Britischen Antillen sind es
gerade 19 Prozent. Im gesamten karibischen Archipel machen Farbige (freie und
versklavte Schwarze und Mulatten) 2 360 000 oder 83 Prozent der Gesamtbevölkerung aus. Wenn die Gesetzgebung in den Antillen und der rechtsgültige Status der
farbigen Bevölkerung sich nicht bald bessern, wenn weiterhin diskutiert wird, ohne
zu handeln, wird die politische Mehrheit in die Hände derer fallen, die die Arbeits-
kraft besitzen, sowie den Willen, sich zu befreien, und den Mut, langen Entbeh-
rungen zu widerstehen. Diese blutige Katastrophe wird sich als notwendige Folge

|I.119   von Umständen entfalten, und ohne dass sich die freien Schwarzen in Haiti in ir-
gendeiner Weise einmischen, also ohne dass sie die Abgeschiedenheit, in der sie bis
heute leben, aufgeben müssten. Wer würde es wagen, die Auswirkungen einer
zwischen Colombia, Nordamerika und Guatemala positionierten *Afrikanischen Konföderation der Freien Staaten der Antillen* auf die politische Situation in der Neuen Welt
vorauszusagen? Die Angst vor einem solchen Geschehnis wirkt sich zweifellos stärker auf den Geist aus als auf die Prinzipien der Humanität und Gerechtigkeit; und
dennoch glauben die Weißen auf jeder dieser Inseln, dass ihre Vormachtstellung
unanfechtbar sei. Jegliches organisierte Handeln der schwarzen Menschen erscheint
ihnen unmöglich, jegliche Veränderung, jegliches Zugeständnis an die versklavte
Bevölkerung ein Zeichen von Feigheit. Für sie besteht keinerlei Druck: Die fürch-
terliche Katastrophe von Saint-Domingue war nichts weiter als das Ergebnis der
Unfähigkeit der Kolonialregierung. Derartige Illusionen sind in den Antillen unter
der großen Mehrheit der Kolonisten verbreitet, und sie verhindern auch die Verbesserung der Situation der schwarzen Bevölkerung in den Staaten von Georgia
und Carolina. Mehr als alle anderen Antilleninseln hat die Insel Kuba die Möglichkeit, diesem Schiffbruch zu entkommen. Auf ihr leben 455 000 freie Menschen und
260 000 Sklaven: Es sollte dort möglich sein, sowohl humanitäre als auch umsichtige

|I.120   [politische und wirtschaftliche] Maßnahmen zu ergreifen, um die schrittweise Ab-
schaffung der Sklaverei herbeizuführen. Vergessen wir nicht, dass es im ganzen
Antillengebiet seit der Unabhängigkeit Haitis erheblich mehr freie Schwarze und
Farbige als Sklaven gibt. Auf der Insel Kuba wachsen die Zahlen der Weißen und
vor allem der Freigelassenen, denen es leichtfällt, sich mit den Weißen zu verbünden,
rapide an. Ohne das illegale Fortbestehen des Sklavenhandels nach 1820 würde sich
der Bevölkerungsanteil der Sklaven dort schnell vermindert haben. Wenn man durch
das Fortschreiten der menschlichen Zivilisation und die Entschlossenheit der neuen
Staaten eines freien Amerikas diesen berüchtigten Menschenhandel beendete, wür-

---

[99] Dieses Tableau ist von Ende des Jahres 1823; nur die Bevölkerungszahlen für Kuba sind aus dem Jahr
1825. Wenn man 936 000 anstatt von 820 000 für die Bevölkerung von Haiti annimmt (*siehe* Bd. XI,
S. 158 und 159), dann folgt daraus 2 959 000 für das gesamte Gebiet der Antillen; davon wären 1 329 000
oder 45 Prozent (anstelle von 43 Prozent) freie farbige Menschen.
[100] Im Jahr 1788 machten freie Menschen 13 Prozent der Bevölkerung im französischen Teil von Saint-
Domingue aus (Weiße acht Prozent, freie Farbige fünf Prozent) und Sklaven 87 Prozent.

den die Zahlen der versklavten Bevölkerung sich über einen gewissen Zeitraum aufgrund des bestehenden Ungleichgewichts zwischen den zwei Geschlechtern und den kontinuierlichen Freilassungen beachtlich verringern. Diese Verringerung würde sich nur dann einstellen, wenn die Geburten- und Sterberaten unter den Sklaven den Freilassungen die Waage hält. Weiße und Freigelassene machen bereits fast zwei Drittel der Gesamtbevölkerung der Insel aus, und ihr Zuwachs weist zumindest teilweise auf die Abnahme des Sklavenanteils in der Gesamtbevölkerung hin. In der Sklavenbevölkerung ist das Verhältnis von Frauen zu Männern (wenn man die versklavten Mulatten ausklammert) wie eins zu vier auf Zuckerplantagen, wie eins zu 1,7 auf der ganzen Insel und wie eins zu 1,4 in Städten und auf dem Land, wo schwarze Sklaven entweder als Hausdiener tätig sind oder täglich sowohl für sich selbst als auch für ihre Besitzer arbeiten, selbst (wie in Havanna[101]) wie eins zu 1,2. Die folgenden Erläuterungen werden aufzeigen, dass diesen Berechnungen Zahlen zugrundeliegen, die man als *Obergrenzen* betrachten kann.

|I.121

Man stellt viel zu leichtfertig Prognosen darüber auf, dass die Gesamtbevölkerung der Insel sich verringern würde, wenn der Sklavenhandel nicht nur gesetzlich (wie schon seit 1820), sondern auch tatsächlich abgeschafft werde, dass diese Verringerung es unmöglich mache, weiterhin großflächig Zuckerrohr anzubauen und dass der landwirtschaftliche Sektor auf Kuba sich künftig auf Kaffee- und Tabakplantagen und Viehzucht beschränken müsse. Solche Voraussagen scheinen mir auf unzulänglichen Argumenten zu basieren. Man vergisst, dass Zuckerplantagen, von denen viele nicht genügend Arbeitskräfte haben und auf denen die Sklaven durch häufige *Nachtarbeiten* an den Rand der Erschöpfung getrieben werden, nur ein Fünftel der gesamten Sklavenbevölkerung beschäftigen. Um die *Rate* des Gesamtwachstums der Bevölkerung der Insel Kuba berechnen zu können für eine Zeit, wenn man keine Schwarzafrikaner mehr importiert, muss man viele komplizierte Faktoren berücksichtigen und *gegeneinander abwägen*, wie jeder einzelne Bevölkerungsanteil, Weiße, Freigelassene und Sklavenarbeiter, betroffen wäre. Weitere Unterschiede kommen hinzu, wenn man berücksichtigt, ob die Arbeiten auf Zucker-, Kaffee- oder Tabakplantagen verrichtet werden oder bei der Viehzucht oder als Hausdiener, Handwerker und Tagelöhner in den Städten. Angesichts dieser Variablen sollte man von Schwarzmalerei absehen und abwarten, bis die Regierung verlässliche statistische Daten gesammelt hat. Der Geist, in dem man sogar bei den frühesten Volkszählungen, (beispielsweise der aus dem Jahr 1775, nach Alter, Geschlecht, Herkunft und zivilrechtlichem Freiheitstatus unterschied, ist höchst lobenswert. Es mangelte nur an der Ausführung: Man hatte das Gefühl, dass die Seelen-

|I.122

|I.123

---

101 Es erscheint mir ziemlich wahrscheinlich, dass am Ende des Jahres 1825 die gesamte Bevölkerung von farbigen Menschen (Mulatten sowie freie und unfreie Schwarze) ungefähr 160 000 in den Städten und 230 000 auf dem Land zählte. In einer im Jahr 1811 dem spanischen Parlament vorgelegten Schrift schätzte das *Consulado* 141 000 Farbige in den Städten und 185 000 auf dem Land. *Documentos sobre los negros*, S. 121. Die in den Städten beträchtliche Ansammlung von sowohl freien als auch unfreien farbigen und schwarzen Menschen ist für die Insel Kuba typisch.

ruhe der Einwohner zum Teil davon abhing, über die Tätigkeiten der Schwarzen, also über ihre numerische Verteilung auf den Zuckerplantagen, bei der Viehzucht und in den Städten informiert zu sein. Um die Übel der Sklaverei zu beheben, um öffentliche Gefahren zu vermeiden und das Unglück eines Volks, das leidet und das man mehr fürchtet als man zugibt, zu lindern, muss man die Wunde selbst untersuchen, denn in jedem mit Klugheit geführten sozialen Körper, wie in den organischen Körpern, gibt es heilende Kräfte, die selbst den am tiefsten verwurzelten Unrechten entgegenwirken könnten.

Für das Jahr 1811, als die Stadtverwaltung und die Handelskammer von Havanna die Gesamtbevölkerung der Insel Kuba auf 600 000 schätzte, von denen 326 000 freie und unfreie Farbige, Mulatten oder Schwarze, ergab die Aufteilung dieser Bevölkerung in den Städten und auf dem Land in verschiedene Teile der Insel fol-

|I.124   gende Ergebnisse. Anstelle von absoluten Werten veranschaulicht das Tableau das Verhältnis zwischen einzelnen Gruppen und der vereinheitlichten Gesamtanzahl von farbigen Menschen.

GEBIETSAUFTEILUNG DER INSEL KUBA	FREIE FAR- BIGE	SKLAVEN	Freie und versklavte Farbige
I WESTLICHE REGION (Amtsbezirk von Havanna)			
in den Städten	0,11	0,11 ½	0,22 ½
in ländlichen Gebieten	0,01 ½	0,34	0,35 ½
II Östliche REGION (Quatro Villas, Puerto Príncipe, Cuba)			
in den Städten	0,11	0,09 ½	0,20 ½
in den ländlichen Gebieten	0,11	0,10 ½	0,21 ½
Insgesamt	0,34 ½	0,65 ½	1,00

Aus diesem Tableau, das durch zukünftige Forschung sehr wohl noch verbessert werden kann, folgt, dass im Jahr 1811 ungefähr fünf Sechstel der farbigen Men-

|I.125   schen im Amtsbezirk von Havanna zwischen Kap San Antonio und Álvarez ansässig waren; dass sich in den Städten in diesem Gebiet die Zahlen freier gemischt-rassiger und schwarzer Einwohner die Waage mit denen der Sklaven hielt, wobei jedoch die *farbige Bevölkerung* in den Städten ein Drittel niedriger war als auf dem Land. Im Gegensatz dazu ist im östlichen Teil der Insel, zwischen Álvarez und Santiago de Cuba bis hin zum Kap Maisí, die Zahl der Farbigen in den Städten fast dieselbe wie auf den Gutshöfen. Wie wir noch sehen werden, wurden von 1811 bis zum Ende des Jahres 1825 185 000 Schwarzafrikaner auf legale und ille-

gale Weise nach Kuba gebracht; allein das Zollamt von Havanna registrierte fast 116 000 von 1811 bis 1820. Zweifellos fanden diese Neuankömmlinge häufiger ihren Weg in die Städte als in die ländlichen Gegenden, wodurch sich nach der Meinung derer, die sich am besten mit den Örtlichkeiten auskennen, die Verhältnisse zwischen den östlichen und westlichen Teilen der Insel und zwischen Stadt und Land anders gestalten als im Jahr 1811. Die Anzahl der schwarzen Sklaven wuchs auf den Plantagen im Osten stark an. Aber die schreckliche Tatsache, dass trotz der Einfuhr von 185 000 *negros bozales* die Zahl sowohl der freien als auch der unfreien Mulatten und Schwarzen von 1811 bis 1825 um nicht mehr als 64 000 |I.126 (oder ein Fünftel) anwuchs, zeigt, dass die veränderten *Verteilungsverhältnisse* sich innerhalb von sehr viel schmaleren Grenzen bewegen als man früher zuzugeben bereit war.

Wir haben oben bereits gesehen, dass, wenn man eine Einwohnerzahl von 715 000 annimmt (was ich für die *Untergrenze* halte), man für das Jahr 1825 auf 197 Personen pro Quadratseemeile kommt, also halb so wenig wie die Bevölkerung von Saint-Domingue und viermal weniger als die von Jamaika. Wenn Kuba ebenso gut entwickelt wäre wie Jamaika, oder besser gesagt, wenn seine Bevölkerungs*dichte* die gleiche wäre, hätte Kuba 3 615 × 874 (also 3 159 000) Einwohner[102] mehr als heute in der gesamten Republik Colombia leben oder insgesamt |I.127 im Antillen-Archipel. Jamaika hat jedoch noch 1 914 000 brachliegende *acres* [Morgen].

Die frühesten offiziellen Volkszählungen (*padrones y censos*), die ich während meiner Zeit in Havanna einsehen konnte, sind die, die auf Befehl des *Marquis de la Torre* in den Jahren 1774 und 1775 und von Don Luis de las Casas[103] im Jahr 1791 durchgeführt worden waren. Es ist bekannt, dass man in beiden Zählungen mit |I.128 größter Nachlässigkeit verfuhr und dass ein beträchtlicher Teil der Bevölkerung nicht mitgezählt wurde. Das dem Abbé Raynal bekannte *Padrón* aus dem Jahr 1775 enthält folgende Ergebnisse:

---

[102] Angenommen, dass die Bevölkerung von Haiti 820 000 beträgt, ergäbe das 334 Einwohner pro Quadratseemeile. Bei 936 000 wären es 382. Kubanische Autoren glauben, dass die Insel Kuba 7,5 Millionen Bewohner ernähren kann (*siehe Reclamación de los representantes de Cuba contra la ley de arancéles*, 1821, S. 9). Selbst bei dieser Hypothese käme die relative Einwohnerzahl immer noch der Irlands gleich. Einige britische Geographen schätzen Jamaika auf 4 090 000 acres oder 534 Quadratseemeilen.

[103] Dieser Gouverneur gründete die *Patriotische Gesellschaft*, die *Junta de agricultura y comercio*, eine öffentliche Bücherei, das *Consulado*, das Haus für arme Mädchen (*Casa de beneficiencia de niñas indigentes*), den botanischen Garten, einen Lehrstuhl für Mathematik und kostenlose Grundschulen (*escuelas de primeras letras*). Er versuchte, die barbarischen Formen der Kriminaljustiz zu mildern und schuf den noblen Posten des *Verteidigers der Armen*. Aus derselben Zeit stammt die Verschönerung Havannas, die Öffnung des Güines-Wegs, der Bau von Häfen und Deichen und, von noch größerer Bedeutung, der Schutz für die dem öffentlichen Geist zugekommenen Veröffentlichungen. Don Luis de las Casas y Aragorri, Generalkapitän der Insel Kuba (1790–1796), wurde im Dorf Sopuerta in Biscaya geboren. Er kämpfte mit größter Auszeichnung in Portugal, Pensacola, auf der Krim, in Algerien, Mahon und Gibraltar. Er starb im Juli 1800 im Alter von 55 Jahren in Puerto Santa María. *Siehe* den Überblick über sein Leben von Bruder Juan Gonzáles (del Orden de Predicadores [Orden der Prediger]) und Don Tomás Romay.

Männer:	Weiße	54555
	freie Mulatten	10021
	freie Schwarze	5959
	unfreie Mulatten	3518
	unfreie Schwarze	25256
		99309

Frauen:	Weiße	40864
	freie Mulattinnen	9006
	freie Schwarze	5629
	unfreie Mulattinnen	2206
	unfreie Schwarze	13356
		71061

Von den insgesamt 170370 Einwohnern leben allein 75617 im Amtsbezirk Ha-

|I.129

vanna. Ich hatte bisher noch keine Gelegenheit, diese Zahlen mit offiziellen Angaben zu vergleichen. Die *Padrón* aus dem Jahr 1791 erwähnt (und diese Zahl stimmt
mit den Registraturen überein) 272141 Einwohner, von denen 137800 im Amtsbezirk Havanna leben: 44337 in der Hauptstadt, 27715 in den anderen *ciudades* und
villas des Amtsbezirks und 65748 in den ländlichen Gebieten, den *partidos del campo*.
Man wird durch ganz einfaches Nachdenken auf die Widersprüche in den Ergebnissen[104] dieser Arbeit aufmerksam. Die Gesamtsumme von 137800 Einwohnern
im Amtsbezirk Havanna scheint sich aus 73000 Weißen, 27600 freien Farbigen und
37200 Sklaven zusammenzusetzen, so dass Weiße zu Sklaven in einem Verhältnis
von eins zu 0,5 stünden, anstatt von eins zu 0,83, wie man seit langem in der Stadt
und auf dem Land beobachtet hat. Im Jahr 1804 besprach ich die Volkszählung von
Don Luis de las Casas mit Bekannten, die sich mit den Örtlichkeiten sehr gut aus-
kannten. Indem wir durch teilweise Vergleiche die Bedeutung der Auslassungen
festzustellen versuchten, kamen wir zu dem Schluss, dass die Bevölkerung der Insel

|I.130

im Jahr 1791 nicht weniger als 362700 betragen konnte. In den Jahren von 1791
bis 1804 kamen zu dieser Bevölkerung die *bozales* hinzu, deren Zahlen gemäß der
Registrierung beim Zoll zu dieser Zeit um 60393 anwuchsen, sowie Einwanderer
aus Europa und Saint-Domingue (5000). Schließich war auch ein leichter Anstieg
der Geburtenrate zu verzeichnen in einem Land, wo ein Viertel bis ein Fünftel der
gesamten Einwohnerschaft dazu verurteilt ist, im Zölibat zu leben. Zusammengenommen ergaben diese drei Wachstumsgründe 60000, wobei nur siebenprozentige
Einbußen unter den *negros bozales* angenommen wurde; so kam die ungefähre *Un-*

---

[104] Andrés Cavo, *De vita Josephi Juliani Pareñi Havanensis* (Rom, 1792), S. 10. Einige Bände geben 151150
anstatt 137800 an.

tergrenze[105] von 432 080 für das Jahr 1804 zustande. Die Zählung von 1817 setzt die ⏐I.131
Einwohnerzahl bei 572 363 fest, was man nur als eine *untere Grenze* betrachten sollte; ⏐I.132
sie bekräftigt meinen Befund aus dem Jahr 1804, den man seitdem in vielen statistischen Werken benutzt hat. Allein aus den Zollverzeichnissen kann man ersehen, dass 78 500 Sklaven in den Jahren von 1804 bis 1816 eingeführt wurden.

Die wichtigsten Dokumente, die wir gegenwärtig über die Bevölkerung der Insel haben, wurden anlässlich eines berühmten Antrags veröffentlicht, der gegen den Sklavenhandel und gegen die lebenslange Versklavung der in den Kolonien gebürtigen schwarzen Menschen gerichtet war. Die Herren [Guridi y] Alcocer und Argüelles [y Álvarez González] legten diesen Antrag der Versammlung des spanischen Hofs am 26. März 1811 vor. Diese wertvollen Dokumente wurden als Beweismaterial für einen Vortrag angeführt[106], den Don Francisco de Arango [y Parreño], einer der progressivsten und informiertesten Staatsmänner, für die *Consulado* ⏐I.133
[Handelsgilde] und die Patriotische Gesellschaft von Havanna vor dem Parlament hielt. Man erinnere sich hier, „dass es keine andere allgemeine Volkszählung gibt, außer der, die im Jahr 1791 von der weisen Regierung von Don Luis de las Casas

---

[105] Die Summe von 432 000 für das Jahr 1804 setzt sich zusammen aus 234 000 Weißen, 90 000 freien Farbigen und 108 000 Sklaven. (Die Zählung aus dem Jahr 1817 ergab 290 000 Weiße, 115 000 freie Farbige und 225 000 Sklaven.) Ich habe die Zahl der unfreien schwarzen Bevölkerung mit Hilfe der Annahme geschätzt, dass eine Plantage 80 bis 100 Arrobas Zucker pro Sklave erzeugt und dass im Durchschnitt 82 Sklaven auf einer Zuckerplantage oder *ingenio* arbeiten. Es gab damals mehr als 350 Zuckerplantagen. Nach einer genauen Zählung in den sieben Gemeinden Guanajay, Managua, Batabanó, Güines, Cano, Bejucal und Guanabacoa lebten 15 130 Sklaven auf 183 *ingenios* ([Arango y Parreño], *Expediente*, S. 134. *Representación del Consulado de la Habana del 10 Julio 1799*, Handschrift). Es ist sehr schwierig, das Verhältnis zwischen Zuckerherstellung und der Zahl der auf einer Zuckerplantage arbeitenden Sklaven festzustellen. Auf einigen Plantagen produzieren 300 Sklaven fast nur 30 000 Arroben Zucker; auf anderen produzieren sie 150 fast 27 000 Arroben Zucker pro Jahr. Man kann die Zahl der Weißen anhand von militärischen Registrierungen feststellen. Im Jahr 1804 gab es 2 680 *disciplinados* und 21 831 Milizsoldaten, die man *rurales* nennt, und das trotz der Leichtigkeit, mit der man dem Militärdienst entkommen konnte und den zahlreichen Freistellungen für *Abogados, Escribanos, Médicos, Boticarios, Notarios, Sacristanes y Sirvientes de Iglesia, Ministros de Escuela, Mayorales, Mercadores* [Juristen, Rechtspfleger, Ärzte, Apotheker, Notare und Kirchendiener, Lehrer, Aufseher, Händler] für alle, die als *Adel* galten. Vergl. [Arango,] *Reflexiones de un Habanero sobre la independencia de esta isla*, 1823, S. 17. Die Zahl der Männer im Alter von 15 bis 60, die man im Jahr 1817 als zum Waffentragen fähig einstufte, ist wie folgt: (1) die freie Klasse: 71 047 Weiße, 17 862 freie Mulatten, 17 246 freie Schwarze (insgesamt 106 155 freie Männer); (2) Sklaven: 10 506 Mulatten und 75 393 Schwarze (insgesamt 85 899 Sklaven; die Summe freier Männer und Sklaven im Alter von 15 bis 60 beträgt 192 054). Wenn man Frankreich als Grundlage für das Verhältnis zwischen den vom Militär Eingezogenen und der allgemeinen Bevölkerung nimmt (Peuchet, *Statistique*, S. 243, 247), sieht man, dass die Schätzung von 192 054 eine Einwohnerzahl von weniger als 600 000 voraussetzt. Die jeweiligen Anteile der drei Klassen von Weißen, Freigelassenen und Sklaven betragen 0,37, 0,18 und 0,45, während diese Klassen mit der allgemeinen Bevölkerung wahrscheinlich eher in einem jeweiligen Verhältnis von 0,46, 0,18 und 0,36 stehen.

[106] *Representación del 16 de Agosto 1811, que por encargo del Ayuntamiento, Consulado y Sociedad patriótica de la Habana, hizo el Alférez mayor de aquella ciudad, y se elevó a las Cortes por los espresados cuerpos.* Dieser Text ist Teil der *Documentos sobre el tráfico y esclavitud de negros*, 1814, S. 1–86, die ich bereits erwähnt habe. Einige der allgemeinen Ergebnisse der Arbeiten von Herrn Arango wurden schon im Jahr 1812 im *Patriota de la Habana*, Bd. II, S. 291 veröffentlicht.

angeordnet wurde, und dass seitdem nur teilweise Zählungen in den am meisten bevölkerten Gebieten durchgeführt worden sind". Die im Jahr 1811 veröffentlichen Ergebnisse basieren auf unvollständigen Daten und Schätzungen von Bevölkerungszuwächsen in den Jahren von 1791 bis 1811. Das folgende Tableau hat die Aufteilung der Insel in vier Bezirke übernommen: 1) den *Amtsbezirk Havanna*, also das *westliche Gebiet* zwischen dem Kap San Antonio und Álvarez; 2) den *Amtsbezirk Cuatro Villas*, bestehend aus acht Gemeinden östlich von Álvarez; 3) den *Amtsbezirk Puerto Príncipe* mit seinen sieben Gemeinden; 4) den *Amtsbezirk Santiago de Cuba* mit seinen 15 Gemeinden. Die letzteren drei Bezirke umfassen den östlichen Teil der Insel.

|I.134   **Bevölkerung im Jahr 1811**

GEBIETSAUFTEILUNGEN	WEISSE	FREIE FARBIGE	SKLAVEN	INSGESAMT
I. Östlicher Teil	113 000	72 000	65 000	250 000
Bezirk Kuba	40 000	38 000	32 000	110 000
Bezirk Puerto Príncipe	38 000	14 000	18 000	70 000
Bezirk Quatro Villas	35 000	20 000	15 000	70 000
II. Westlicher Teil	161 000	42 000	147 000	350 000
Havanna und Vororte	43 000	27 000	28 000	98 000
Ländliche Gebiete	118 000	15 000	119 000	252 000
Insel Kuba	274 000	114 000	212 000	600 000

|I.135   Bis es einer vernünftigen Regierung gelingt, den eingefleischten Hass zu besänftigen, indem sie den unterdrückten Gruppen größere Gleichberechtigung gewährt, wird das gegenseitige Verhältnis der Kasten ein höchst brisantes politisches Problem bleiben. Im Jahr 1811 überstieg die Zahl der Weißen auf der Insel Kuba die der Sklaven um 62 000 und erreichte damit die Zahl der freien und unfreien Farbigen mit einem Unterschied von nur einem Fünftel. Zur selben Zeit machten *Weiße*, die neun Prozent der Gesamtbevölkerung der britischen und französischen Antillen einnahmen, 45 Prozent der kubanischen Einwohner aus. Die Zahl der *freien Farbigen* stieg auf 19 Prozent an, also das Doppelte von Jamaika und Martinique. Die Zählungen aus dem Jahr 1817, die von der *Deputación Provincial* [Provinzregierung] abgeändert wurden, ergaben nur 115 700 Freigelassene und 225 300 Sklaven. Dieser Vergleich beweist, dass 1) die Zählung der Freigelassenen in den Jahren von 1811 und 1817 recht ungenau war, und dass 2) die Sterberate für Schwarze so hoch war, dass von 1811 bis 1817 die Zahl der Sklaven um nur 13 300 anwuchs, trotz der

Tatsache, dass das Zollamt für diesen Zeitraum eine Einfuhr von mehr als 67 700 Schwarzafrikanern *auswies*.

Aufgrund der Verfügungen des Parlaments (vom 3. März und 26. Juli 1813) und der Tatsache, dass man Einwohnerzahlen braucht, um *juntas electorales de provincia, de partido* und *de parroquias* [Wahlausschüsse für Provinzen, Parteien, und Gemeinden] zu berufen, hielt die Regierung im Jahr 1817 eine neue Zählung, die an die Stelle der *Schätzungen* aus dem Jahr 1811 trat. Ich habe hier die Information aus einer Handschrift benutzt, die mir die amerikanischen Abgeordneten zu den *Cortes* auf offiziellem Weg zukommen ließen. Bis heute sind diese Ergebnisse nur teilweise veröffentlicht worden, sowohl in *Guías de Forasteros de la Isla de Cuba* (1822, S. 48 und 1825, S. 104) als auch in *Reclamación hecha contra la ley de Arancéles* [von José Pascual de Zayas y Chacón] (1821, S. 7). |I.136

II.137 **Volkszählung von 1817 (ohne 58617 Durchreisende und in diesem Jahr eingeführte Sklaven)**

HAUPTSÄCHLICHE GEBIETSAUFTEILUNGEN (*Provincias y Gobiernos*)	GEBIETE	GEMEINDEN	PERSONENREGISTER der weißen Bevölkerung (zivil, militärisch und religiös)		WEISSE	FREIE FARBIGE	SKLAVEN	INSGESAMT
I. PROVINZ VON HAVANNA	12	94			197658	58506	136213	392377
a) Gobierno politico de la *Havanna*	10	69	zivil.	123566	135177	40419	112122	
			rel.	644				
			milit.	10967				
b) Gobierno de *Matanzas*	1	12	zivil.	9501	10617	1676	9594	
			rel.	10				
			milit.	1106				
c) Gobierno de *Trinidad*, mit den drei Städten S Espíritu, Remedios und Villa Clara	1	13	zivil.	50332	51864	16411	14497	
			rel.	80				
			milit.	1452				

HAUPTSÄCHLICHE GEBIETSAUFTEILUNGEN (*Provincias y Gobiernos*)	GEBIETE	GEMEIN-DEN	PERSONEN-REGISTER der weißen Be-völkerung (zivil, militärisch und religiös)		WEISSE	FREIE FAR-BIGE	SKLAVEN	INSGE-SAMT
II. PROVINZ CUBA	5	34			59722	57185	63079	179986
a) Gobierno político de *Cuba*, mit den drei Tenencias [Bezirken] Bayamo, Holguín und Barbacoa	4	28	zivil.	30587	33733	50230	46500	
			rel.	171				
			milit.	2975				
b) Ten. Gobiern. de *Puerto Príncipe*	1	6	zivil.	24830	25989	6955	16579	
			rel.	129				
			milit.	1030				
BEVÖLKERUNG DER INSEL KUBA nach der Zählung von 1817	17	128			257380	115691	199292	572363

|I.138   Es mag überraschen, dass die dem Hof im Jahr 1811 vorgelegte Schätzung um ins-
gesamt 28 000 höher ist als die *tatsächliche* Volkszählung aus dem Jahr 1817; aber dies
ist kein wirklicher Widerspruch. Die letztere Erhebung war wahrscheinlich vollständiger als die aus dem Jahr 1791. Aufgrund der stetigen Besorgnis, dass Zählungen neue Steuern nach sich ziehen, wurden nicht alle tatsächlichen Einwohner
erfasst. Übrigens meinte die *Deputación Provincial*, zwei Veränderungen vornehmen
zu müssen, bevor sie die Ergebnisse von 1817 nach Madrid übermittelte. Zum
Ersten fügte man 32 641 Weiße (*transeuntes del comercio y los buques entrados* [reisende
Händler und Seeleute]) hinzu, die der Handel nach Kuba führte und die gemäß
den Aufzeichnungen der Hafenmeisterei zu Schiffsbesatzungen gehörten. Zum
Zweiten wurden die 25 976, allein im Jahr 1817 eingeführten *negros bozales* ergänzt.
Nach dem Glauben der Provinzregierung ergaben diese Ergänzungen für das Jahr
1817 insgesamt [rund] 630 980: 290 021 Weiße, 115 691 freie Farbige und 225 261
Sklaven. Ich nehme an, dass die in Havanna in den *Guías* veröffentlichte Zahl von
|I.139   630 980, die auch in vielen der unveröffentlichten Tabellen erschien und die man
mir kürzlich geschickt hat, ein Fehler ist und nicht für Ende des Jahres 1817, sondern
für Anfang des Jahres 1820 gilt. Die *Guías* fügen beispielsweise 25 976 zu den
199 292 Sklaven aus dem *censo* des Jahres 1817 als „*aumento que se considera de 1817
a 1819*" [geschätzte Zunahme von 1817 bis 1819] hinzu. Beim Einsehen der Ein-
|I.140   träge des Zollamts findet man jedoch[107], dass die Zahl der in diesen drei Jahren
eingeführten Schwarzen 62 947 beträgt. Also: 25 851 im Jahr 1817, 19 902 im Jahr
1818 und 17 194 im Jahr 1819. Der kluge Verfasser von *Letters from the Havana*, das
an Herrn Croker, den Ersten Sekretär der Admiralität, gerichtet ist, glaubt, dass im

---

[107] [Joel Roberts Poinsett,] *Notes on Mexico*, S. 217. In diesem Werk ist das Ergebnis der Zählung aus dem
Jahr 1817 mit 671 079 anstatt 630 980 angegeben. Dieser Unterschied kommt durch einen Fehler in den
Zahlen für *freie Farbige* zustande. Die Tabelle von Herrn Poinsett zeigt 28 373 freie schwarze Männer und
26 002 schwarze Frauen; 70 512 freie Mulatten und 29 170 Mulattinnen: insgesamt 154 057 freie farbige
Menschen. Allerdings weisen sowohl der in den *Guías* veröffentlichte *censo* als auch mein eigenes unver-
öffentlichtes Tableau nur 115 699 aus, ein Unterschied von 38 358. Indem man 32 154 anstelle von 70 512
als Zahl der freien Männer nimmt, erhält man ein weniger erschütterndes Verhältnis von Männern zu
Frauen, das außerdem mit dem von mir festgestellten Quotienten für freie Schwarze übereinstimmt.
Darüber hinaus, wenn es auf der Insel Kuba 70 000 freie gemischtrassige und 28 000 freie schwarze
Männer gäbe, wie wäre es dann möglich, wenn man Herrn Poinsett glaubt, dass die Personen, die
Waffen tragen dürfen, sich fast aus der gleichen Zahl von freien gemischtrassigen und schwarzen Menschen (17 862 und 17 246) zusammensetzt? Wie könnten denn, wie die Zählung aus dem Jahr 1810
behauptet (*siehe* oben Bd. XI, S. 201), in Havanna nur 9 700 freie gemischtrassige Menschen beider
Geschlechter und nur 16 600 freie schwarze Männer und Frauen leben? Für das Jahr 1817 gibt das für
seine Ungenauigkeit bekannte *Notes on Mexico* für die ganze Insel a) 32 302 gemischtrassige Sklaven und
166 843 schwarze Sklaven in einem Verhältnis wie von eins zu fünf an, sowie b) 74 821 weibliche Sklaven
aller Hautfarben und 124 324 männliche Sklaven in einem Verhältnis von eins zu 1,7. In Havanna, wo es
viel mehr unfreie Mulatten gibt als auf dem Lande, ist jedoch das Verhältnis von gemischrassigen zu
schwarzen Sklaven nicht größer als eins zu 11; und im Amtsbereich Filipinas (*Memorias de la Sociedad
económica de la Habana*, 1819, Nr. 31, S. 232) findet man für das Jahr 1819 unter 3 634 Sklaven 1 049
Frauen (52 Mulattinnen, 437 schwarze Kreolinnen und 560 weibliche bozales oder kürzlich erst eingeführte schwarzafrikanische Frauen) und 2 585 Männer (91 Mulatten, 548 schwarze Kreolen und 1 946
bozales).

Jahr 1820 die Zahl der freien und unfreien Farbigen 370 000 betrug; aber er erachtet[108] die von der *Junta provisional* vorgenommene insgesamt Ergänzung von 32 641 als zu hoch. Er nimmt an, dass die Gesamtzahl weißer Einwohner für das Jahr 1820 nicht höher als 250 000 lag und erkennt als Resultat des *censo* aus dem Jahr 1817 nur 238 796 Weiße (129 656 Männer und 109 140 Frauen) an. Die tatsächliche Zahl, die mehrere Jahre nacheinander im *Guía* veröffentlicht wurde, beträgt 257 380.

Warum sollte man von diesen teilweisen Widersprüchen in den in Amerika erstellten Einwohnertabellen überrascht sein, wenn man sich an die Schwierigkeiten erinnert, die im Mittelpunkt der europäischen Zivilisation, in England und Frankreich, jedes Mal bei dem enormen Unterfangen einer allgemeinen Volkszählung zu überwinden gewesen waren? Zum Beispiel *weiß* man, dass im Jahr 1820 Paris 714 000 Einwohner hatte; ausgehend von der Zahl der Todesfälle und der geschätzten Geburtenrate *glaubt* man, dass die Zahl am Anfang des 18. Jahrhunderts 530 000 betrug (Chabrol [de Volvic], *Recherches statistique sur la ville de Paris*, 1823, S. XVIII); während der Amtszeit von Minister Necker wusste man jedoch nichts von fast einem Sechstel dieser Einwohner. Man weiß, dass von 1801 bis 1821 die Einwohnerzahl in England und Wales um 3 104 683 anwuchs, obwohl die Geburten- und Sterberegister keinerlei Beweise für einen Anstieg von mehr als 2 173 416 enthalten und es unmöglich ist, 931 267 allein der Einwanderung von Irland nach England zuzuschreiben ([John] Powell, *Statistical Illustrations on the British Empire* 1825, S. XIV *und* XV). Diese Beispiele stellen nicht unter Beweis, dass man allen Berechnungen und Prognosen aus dem Bereich der politischen Ökonomie misstrauen sollte: Sie beweisen hingegen, dass man numerische Elemente nur anwenden sollte, nachdem man sie diskutiert und die Spielräume für Fehler bestimmt hat. Es wäre verlockend, die unterschiedlichen Wahrscheinlichkeitsgrade statistischer Ergebnisse für geographische Positionen, Mondfinsternisse, die Entfernung des Mondes von der Sonne und Sternenfinsternisse im Osmanischen Reich mit denen im spanischen oder portugiesischen Amerika sowie in Frankreich und in England zu vergleichen.

Um eine Volkszählung von vor zwanzig Jahren gegen eine spätere Erhebung abwägen zu können, muss man die Wachstums*rate* kennen. Man kann einen solchen *Quotienten* nicht allein von den nur in den östlichen und am dünnsten besiedelten Teilen der Insel ausgeführten Zählungen aus den Jahren 1791, 1810 und 1817 ableiten. Wenn Vergleiche mit zu kleinen Mengen arbeiten, denen sehr spezielle Umstände zugrundeliegen, wie z. B. Seehäfen oder Gegenden mit einer großen An-

---

108 In *Letters from the Havana* (S. 16–18 und 36) gibt es ähnlich viele numerische Irrtümer. Für das Jahr 1817 sind Sklaven auf 124 324 anstatt 199 292 geschätzt und für 1819 auf 181 968, „ein Übermaß von 143 050 im Vergleich zur weißen Einwohnerzahl". Allerdings hatte zu der Zeit die Zahl der weißen Bevölkerung bereits 290 000 überstiegen. Ich glaube, dass diese Zahl im Jahr 1825 wenigstens 325 000 beträgt, und ein mit den lokalen Gegebenheiten am besten vertrauter *Habanero* hat sogar 340 000 für das Jahr 1823 vorgeschlagen. [Arango y Parreño], *Sobre la independencia de Cuba*, S. 17. Die Tabellen für einige Gegenden der Insel, beispielsweise San Juan de los Remedios und Filipinas im Jahr 1819, sind von Don Joaquin Vigil de Quiñones und Don José de Aguilar mit größter Sorgfalt erstellt worden.

sammlung von Zuckerplantagen, ergeben sie keine, für das ganze Land gültige Zahlen. Ein flüchtiger Blick vermittelt den allgemeinen Eindruck, dass die Zahl von Weißen in den ländlichen Gebieten stärker zunimmt als in den Städten; dass die Zahl der freien Farbigen, die das Ausüben von Handwerken in der Stadt der Arbeit auf dem Lande vorziehen, schneller als die anderen Gruppen wächst; und dass die Zahl der schwarzen Sklaven, unter denen es unglücklicherweise nur ein Drittel Frauen im Verhältnis zu Männern gibt, pro Jahr um mehr als acht Prozent abnimmt.

|I.144

Wir haben oben gesehen, dass die Zahl der weißen Bevölkerung in Havanna und Umgebung innerhalb von zwanzig Jahren um 73 Prozent angestiegen ist, die der freien Farbigen um 171 Prozent. In demselben Zeitraum hat sich im östlichen Teil der Insel die Zahl der Weißen und Freigelassenen fast überall verdoppelt. Bei dieser Gelegenheit erinnern wir daran, dass die Zahl der freien Farbigen durch das Überwechseln von einer Kaste in die andere ansteigt und dass die Zahl der Sklaven dort durch den Sklavenhandel stark anschwellt. Heutzutage vergrößert sich die weiße Bevölkerung nur unwesentlich durch Einwanderung aus Europa[109], den Kanarischen Inseln, den Antillen und dem Festland: Sie vermehrt sich selbst, und Beispiele von *offiziellem Weißmachen* [comprar blancura] durch die *die Hautfarbe ausbleichenden Papiere*, die die *Audiencia* hellhäutigen Familien ausstellt, sind rar.

|I.145

Eine offizielle Erhebung im *Amtsbereich Havanna* ergab im Jahr 1775 eine Einwohnerzahl von 171 626; im Jahr 1806 kam man mit größerer Gewissheit auf 277 364 (*Patriota americano*, Bd. II, S. 300). Dieses Gebiet umfasste sechs *ciudades* (die Hauptstadt und Umgebung, also Trinidad, San Felipe y Santiago, S. María del Rosario, Jaruco und Matanzas), sechs *villas* (Guanabacoa, Santi Epíritus, Villa Clara, San Antonio, San Juan de los Remedios und Santiago) und 31 pueblos. Die Wachstumsrate innerhalb von 31 Jahren wäre demzufolge nicht höher als 61 Prozent gewesen; sie würde sehr viel höher erscheinen, wenn man die Hälfte dieses Zeitraums vergleichen könnte. Tatsächlich findet man in der Padrón von 1817 eine Einwohnerzahl von 392 377 für dasselbe Gebiet, das man damals *Provincia de la Habana* nannte, bestehend aus den *Gobiernos* der Hauptstadt, Matanzas und Trinidad oder *Cuatro Villas*, was eine Wachstumsrate von mehr als 41 Prozent in 11 Jahren aufweist. Wenn man die Einwohnerzahl der Hauptstadt mit der der Provinz Cuba [Oriente] in den Jahren von 1791 und 1810 vergleicht, darf man nicht vergessen, dass die Wachstumszahlen etwas zu hoch waren, weil die Erste dieser Erhebungen mehr Menschen ausließ als

|I.146

die Zweite. Ich glaube, dass man der Wahrheit näherkommt, indem man die jüngsten *censos* (aus den Jahren 1810 und 1817) für die Provinz Cuba vergleicht. Für das Jahr 1810 zählte man dort 35 513 Weiße, 32 884 freie Farbige und 38 834 Sklaven, insgesamt 107 231; für das Jahr 1817, 33 733 Weiße, 50 230 freie Farbige und 46 500 Sklaven, insgesamt 130 463. Das sechsjährige Wachstum beträgt mehr als 23 200 oder 21 Prozent, da die Zahl für Weiße in der zweiten Erhebung wahrscheinlich fehler-

---

[109] Im Jahr 1819 kamen zum Beispiel nur 1 702 Personen auf der Insel an, von ihnen 416 aus Spanien, 384 aus Frankreich und 201 aus Irland und England. Krankheiten rafften ein Sechstel bis ein Siebtel der nicht an das Klima gewöhnten Weißen hin.

haft ist. Die Zahl der Weißen und allgemein die der freien Menschen im Ortsteil
von *Cuatro Villas* ist viel höher, so dass man im Jahr 1819 in den sechs *partidos* San
Juan de los Remedios, San Agustín, San Anastasio del Cupey, San Felipe, Santa Fé
und Sagua la Chica auf einer Fläche von 24 651 *caballerías* eine Gesamtbevölkerung
von 13 722 findet, zusammengesetzt aus 9 572 Weißen, 2 010 freien Farbigen und
2 140 Sklaven. Im Gegensatz dazu lebten in den zehn *partidos* des Bezirks Filipinas
fast 9 400 freie Menschen als Teil einer Gesamtbevölkerung von 13 026 : 5 871 Weiße,
3 521 freie Farbige (einschließlich 203 freie *negros bozales*) und 3 634 Sklaven. Das
Verhältnis von Freigelassenen zu Weißen war daher eins zu 1,7.

Freilassungen kommen in keinem Teil der Erde, wo die Sklaverei herrscht, so |I.147
häufig vor wie auf Kuba. Weit entfernt davon, sie zu verhindern oder zu erschweren, wie es die französischen und britischen Gesetze tun, begünstigen die spanischen
Gesetze die Freiheit. Das Recht eines jeden Sklaven auf *buscar amo* (den Besitzer zu
wechseln) oder sich freizukaufen, wenn er den Kaufpreis erstatten kann; die religiöse
Einstellung, die viele einsichtige Besitzer dazu anregt, einer gewisse Zahl von
Sklaven in ihren Testamenten die Freiheit zu gewähren; die Gepflogenheit, viele
schwarze Menschen als Hausbedienstete zu beschäftigen und die sich durch die
Nähe zu Weißen entwickelnden Zuneigungen; die Mühelosigkeit, mit der Sklaven
für sich selbst arbeiten dürfen und nur einen Teil ihrer Verdienste an ihre Herren
abführen müssen – dies sind die wesentlichen Wege, die es so vielen in den Städten
ansässigen Slaven ermöglichen, aus dem Zustand der Knechtschaft in den eines
freuen Farbigen zu gelangen. Ich würde auch die Lotterie und Glücksspiele zu den
Wegen zählen, durch die ein Sklave die Gelder dafür aufbringen kann, sich selbst
freizukaufen, wenn das ungebührliche Vertrauen in diese risikoreichen Mittel nicht
in vielen Fällen verheerende Folgen nach sich zöge. Die Umstände für freie farbige
Menschen sind in Havanna erfreulicher als in Ländern, die sich seit Jahrhunderten |I.148
einer höchst fortschrittlichen Kultur gebrüstet haben. In Havanna unbekannt sind
die barbarischen Gesetze[110], die andernorts heute immer noch dazu angewendet
werden, Gesetze zu unterstützen, nach denen Freigelassene, die von Weißen nicht
unterstützt werden dürfen, ihre Freiheit wieder verlieren und *für den Nutzen des
Fiskus* verkauft werden dürfen, wenn sie dafür verurteilt werden, entflohene
Schwarze zu beherbergen!

Da die Ureinwohner der Antillen gänzlich verschwunden sind – die karibischen
Zambos, eine Mischung aus indigenen und schwarzen Menschen, wurden im Jahr
1796 von der Insel St. Vincent zur Insel Roatán [in Honduras]) gebracht – sollte
man die heutige Bevölkerung der Antillen (2 850 000) als eine Mischung aus Europäern und Afrikanern betrachten. Echte Schwarze machen fast zwei Drittel dieser
Mixtur aus, Weiße ein Sechstel und gemischtrassige Menschen ein Siebtel. In den
spanischen Festlandskolonien kann man unter den *mestizos* und *zambos* noch Nach-
kommen der ausgestorbenen eingeborenen Einwohner finden, Mischungen von
Eingeborenen mit Weißen und Schwarzen. Solch einen tröstlichen Gedanken gibt

---

[110] Urteil der Hoheitlichen Regierung von Martinique, 4. Juni 1720. Ordonanz vom 1. März 1766, § 7.

|I.149   es im Antillen-Archipel nicht. In der dort am Anfang des 16. Jahrhunderts beste-
henden Gesellschaft vermischten sich, von seltenen Ausnahmen abgesehen, die
neuen Kolonisten nicht mit indigenen Bewohnern, ebenso wie es heutzutage mit
den Briten in Kanada der Fall ist. Die ursprünglichen Bewohner von Kuba sind
ebenso ausgestorben wie die Guanchen auf den Kanarischen Insel, obwohl es vor
40 Jahren noch Familien sowohl in Guanabacoa als auch in Teneriffa gab, die dadurch, dass sie vorgaben, einige Tropfen von entweder indigenem oder Guanchen-
Blut in ihren Adern zu haben, von der Regierung eine kleine Altersrente abzutrot-
zen suchten. Man kann sich heute die Bevölkerung von Kuba oder Haiti zu Zeiten
von Kolumbus nicht mehr vorstellen. Wie kann man behaupten, wie es einige
anderweitig recht bewanderte Geschichtswissenschaftler getan haben, dass die Insel
Kuba zur Zeit der Eroberung im Jahr 1511 eine Million Einwohner[111] hatte und
dass von ihnen im Jahr 1517 nur noch 14 000 übriggeblieben waren! Die Statistiken
in den Schriften des Bischofs von Chiapa [Bartolomé de las Casas] sind voller Widersprüche; und wenn es stimmt, dass der gläubige Dominikaner, Bruder Luis Ber-
|I.150   trán, der von den *encomenderos* ebenso verfolgt wurde[112] wie heute die Methodisten
von den britischen Pflanzern verfolgt werden, nach seiner Rückkehr vorhersagte,
dass „die 200 000 Indianer auf der Insel Kuba der Grausamkeit der Europäer zum
Opfer fallen würden", müsste man wenigstens daraus folgern, dass die eingeborenen
Völker in den Jahren von 1555 bis 1569 weit davon entfernt gewesen war, ausgerot-
tet zu sein[113]. Gómara hingegen behauptet, dass es im Jahr 1553 bereits keine Eingeborenen mehr auf der Insel Kuba gab (derart ist die Verwirrung unter den His-
torikern dieser Zeit)[114]. Um sich vorstellen zu können, wie ungenau die Schätzungen der ersten spanischen Reisenden gewesen sein mussten zu einer Zeit, als
noch nichts über die Bevölkerung auch nur eines einzigen Gebietes auf der spanischen Halbinsel bekannt war, muss man sich nur daran erinnern, dass die Ein-
|I.151   wohnerzahlen, die Kapitän Cook und andere Seefahrer Tahiti und den Sandwich
Inseln[115] zuschrieben, zwischen eins und fünf schwankten, obwohl es der Statistik

---

[111] Albert Hüne, *Historisch-philosophische Darstellung des Negersclavenhandels*, 1820, Bd. I, S. 137.
[112] *Siehe* einige der sonderbaren Bekenntnisse in Juan de Marieta, *Historia de todos los Santos de España*
[*De la Historia Eclesiástica de España*, 1594], Buch VII [oder VIII], S. 174.
[113] Vor der Rückkehr von Bruder Luis Bertrán nach San Lucar im Jahr 1569 wusste man es nicht genau.
Er war im Jahr 1547 zum Priester geweiht worden. [Marieta,] S. 167 und 175 (vgl. auch *Patriota*, Bd. II,
S. 51).
[114] [Gómara,] *Historia de las Indias*, Fol. XXVII.
[115] Über die rapide Abnahme der Bevölkerung der Sandwich-Inseln seit Kapitän Cooks Reise, *siehe*
Gilbert Farquhar Mathison, *Narrative of a Visit to Brazil, Peru, and the Sandwich Islands*, 1825, S. 439. Wir
wissen mit einiger Bestimmtheit aus den Berichten der Missionare, die interne Uneinigkeiten ausnutzten,
um die Lage in Tahiti zu veränderten, dass im Jahr 1818 der ganze Archipel der Gesellschaftsinseln
[französisches Polynesien] nicht mehr als 13 900 Einwohner zählte, von denen 8 000 auf Tahiti lebten.
Sollte man seinen Glauben in die Zahl 100 000 setzen, auf die man zur Zeit von Cook die Einwohnerzahl
allein von Tahiti geschätzt hatte? Der Bischof von Chiapas [Bartomomé de las Casas] war mit seinen
Schätzungen der eingeborenen Bevölkerung der Antillen nicht weniger ungenau als die neuzeitlichen
Verfasser es bei den Einwohnerzahlen der Sandwich-Inseln sind, die sie zuweilen mit 740 000 angeben
([Johann Georg Heinrich] Hassel, *Historisch-statistischer Almanach für 1824*, S. 384) und manchmal mit

zur Zeit sehr wohl möglich war, genaue Vergleiche anzustellen. Aufgrund der außerordentlichen Fruchtbarkeit des Bodens und der Tatsache, dass Kuba von Gewässern mit großem Fischreichtum umgeben ist, kann man sich vorstellen, dass die Insel mehrere Millionen eingeborener Menschen ernähren konnte, die weder Alkohol tranken noch Appetit auf das Fleisch der Tiere hatten und Mais, Maniok und |I.152 viele andere nahrhafte Knollen anbauten. Hätte es allerdings eine solche Bevölkerungsansammlung gegeben, wäre diese nicht die Grundlage gewesen für eine fortgeschrittenere Zivilisation als die, die in den Tagebüchern von Kolumbus beschrieben wird? Wären die Bewohner von Kuba hinter der Entwicklung derer der Lucayischen Inseln zurückgeblieben[116]? Ganz gleich welche Gründe man für ihre Vernichtung anführen will, sei es die Tyrannei der *Conquistadores*, der Unverstand der Gouverneure, die zu beschwerliche Arbeit mit den Goldwäschen, die Pocken oder die Häufigkeit[117] der Selbstmorde – es ist schwierig, sich vorzustellen, wie |I.153 mindestens drei- bis vierhunderttausend (um nicht eine Million zu sagen) indigene Menschen innerhalb von 30 bis 40 Jahren so spurlos verschwinden konnten. Der |I.154 Krieg gegen den Caziken Hatüey war sehr kurz und fand nur im östlichsten Gebiet

400000 (Hassel, *Statistischer Umriss*, 1824, Heft 3, S. 90). Nach Herrn de Freycinet gibt es dort nicht mehr als 264 000 Einwohner.

116 Gómara, *De menor policía*, S. XXI [Las islas Lucayos, Bd. I, Fol. XLI, S. 88]. Dass die eingeborenen Einwohner der Tropen Amerikas sich generell von tierischen Nahrungsmitteln und Milchprodukten fernhielten wurde von Papst Alexander VI. bereits in der berühmten Bulle aus dem Jahr 1493 angesprochen: „Man hat durch sorgfältiges Durchforschen der Ozeane gewisse abgelegene Inseln und Festlande gefunden, die noch nie jemand entdeckt hatte. Man sagt, dass sie von vielen Gruppen von Menschen bewohnt sind, die friedlich zusammenleben, unbekleidet herumlaufen und nicht daran gewöhnt sind, Fleisch zu essen. Und soweit Euer Botschafter ausmachen kann, glauben die Menschen, die in diesen Ländern und Inseln leben, an einen schöpferischen Gott im Himmel" (*Car. Coquel. Bull. amp. Coll.* [*Inter Caetera*], Bd. III, Teil III, S. 234.) In den Antillen, wo man die Macht von *zemís*, kleinen baumwollnen Fetischen, fürchtet (Petrus Martyr, *Opus Epistolarum*, Fol. XLVI), soll dann der Monotheismus (der Glaube an einen den *zemís* übergeordneten *Großen Geist*) weitverbreitet gewesen sein!

117 Diese Besessenheit, mit der sich ganze Familien in Hütten und Höhlen erhängten, von der Garcilaso [de la Vega, El Inca] spricht, war sicherlich das Ergebnis von Verzweiflung. Anstatt jedoch die Grausamkeit des 16. Jahrhunderts zu verurteilen, wollte man die *conquistadores* dadurch entlasten, dass man den *Hang zum Selbstmord* für das Aussterben der indigenen Einwohner verantwortlich machte. *Siehe Patriota*, Bd. II, S. 50. Alle Trugschlüsse in dieser Art [von Reisebericht] lassen sich in einem Werk von Herrn Nuix finden, veröffentlicht unter dem Titel *Reflexiones imparciales sobre la humanidad de los Españoles contra les pretendidos filosofas y políticos, para illustrar las historias de Raynal y Robertson, escrito en Italiano por el Abate Don Juan Nuix, y traducido al castellano por Don Pedro Varela y Ulloa, del Consejo de S. M.,* 1782. Der Verfasser, der die Verbannung der Mooren unter Philipp III. als eine religiöse und lobenswerte Handlung erachtet (S. 186), beendet sein Buch, indem er den amerikanischen Indianern dazu gratuliert (S. 293), „dass sie in die Hände der Spanier gefallen sind, deren Verhalten immer schon am humansten und deren Regierung immer schon am klügsten gewesen war". Viele Seiten dieses Buchs erinnern an „die wohltuende Strenge der Dragonade", und in einer abscheulichen Passage rechtfertigt der Graf de Maistre, ein Mann bekannt für seine Begabung und Tugendhaftigkeit (*Soirées de Saint-Pétersbourg*, Bd. II, S. 121), die Inquisition von Portugal, „weil sie nur wenige Tropfen schuldigen Blutes fließen ließ". Auf welche spitzfindigen Ausflüchte muss man zurückgreifen, wenn man die Religion, die Nationalwürde oder die Standhaftigkeit von Regierungen dadurch zu verteidigen sucht, dass man alle, die Humanität auf gröbste Weise verletzenden Freveltaten des Klerus, der Menschen und der Justiz rechtfertigt! Vergeblich versucht man, die, die auf Erden am festesten verankerte Macht zu zerstören: das Bezeugen der Geschichte.

der Insel statt. Nur wenige Klagen wurden gegen die Verwaltung der ersten beiden spanischen Gouverneure, Diego Velázquez und Pedro de Barba, eingereicht. Die Unterdrückung der eingeborenen Einwohner fing erst mit der Ankunft des grausamen Hernando de Soto gegen 1539 an. Wenn man Gómara folgt und glaubt, dass es 15 Jahre nach dem Regierungsantritt von Diego de Majariegos [Mazariegos?] (1554–64) keine eingeborenen Einwohner mehr gab, dann muss man notwendigerweise auch annehmen, dass ein sehr beträchtlicher Rest dieser Bevölkerung in dem in uralten Traditionen verwurzelten Glauben, dass sie in das Land ihrer Vorfahren zurückkehrten, sich in Pirogen-Kanus nach Florida rettete. Nur die heute in den Antillen beobachtete Sterberate unter den Sklaven kann diese vielfältigen Widersprüche etwas beleuchten. Wenn man annimmt, dass die Insel Kuba eine ähnliche Bevölkerungsdichte hatte wie zur Zeit der Ankunft der Briten im Jahre 1762, dann muss die Insel Christoph Kolumbus und Velázquez als dicht bevölkert erscheinen sein[118]. Die ersten Reisenden ließen sich leicht von den Menschenansammlungen bei der Sichtung der europäischen Schiffe an mehreren Punkten an der Küste täuschen. Im Jahr 1792 hatte die Insel Kuba jedoch nicht mehr als 200 000 Einwohner in denselben *Ciudades* und *Villas*, die es heute noch gibt; und bei einem Volk, das man wie Sklaven behandelte, das der Dummheit und Brutalität der Herrscher, einem Übermaß an Arbeit, dem Verhungern und den verheerenden Aus-

|I.155

|I.156
|I.157

---

[118] Kolumbus berichtet, dass die Insel Haiti mehrmals von einem Volk schwarzer Menschen, *gente negra*, die weiter südlich oder südwestlich lebten, angegriffen wurde. Er hoffte, sie auf seiner dritten Reise besuchen zu können, da die schwarzen Männer *guanín* Metall [Bronze] besaßen, von dem sich der Admiral während seiner zweiten Reise mehrere Stücke beschaffen ließ. Als man die Zusammensetzung dieser Stücke in Spanien prüfte, fand man 0,63 Gold, 0,14 Silber und 0,19 Kupfer (Herrera, *Historia de las Indias occidentales*, Dek. I, Buch 3, Kap. 9, S. 79). Ursprünglich hatte [Vasco Núñez de] Balboa diese kleine Gruppe von Schwarzen auf der Landenge von Darien entdeckt. „Dieser Konquistador", schreibt Gómara (*Historia de las Indias*, Fol. XXXIV), „begab sich in die Gegend von Quareca: Er fand dort kein Gold, sondern einige schwarze Sklaven, die dem Herrscher dieses Gebietes gehörten. Er fragte, von wo er sie bekommen hatte; man antwortete, dass Menschen dieser Hautfarbe irgendwo in der Nähe lebten und dass man ständig mit ihnen Krieg führe. Diese Schwarzen", fügte Gómara hinzu, „haben große Ähnlichkeit mit den Schwarzen aus Guinea, und niemand habe je andere von ihnen in Amerika gesehen" (*en las Indias yo pienso que no se han visto negros despues*). Dieser Abschnitt ist höchst bemerkenswert. Man stellte im 16. Jahrhundert Theorien auf, wie wir es auch heute tun, und Petrus Martyr (*Oceanica*, Dek. III, Buch 1, S. 43) stellte sich vor, dass die Männer, die Balboa gesehen hatte, Quarecas, Schwarze aus Äthiopien, waren, die (*latrocinii causa*) die Meere unsicher gemacht hatten und an der amerikanischen Küste schiffbrüchig geworden waren. Jedoch sind die Schwarzen aus dem Sudan keinesfalls Piraten, und es wäre leichter, sich vorzustellen, dass Eskimos in ihren Fellkanus nach Europa paddeln könnten als dass Afrikaner es nach Darien geschafft hätten. Gelehrte, die über eine Mischung von Polynesiern und Amerikanern spekulierten, zogen es vor, die Quarecas als ein den philippinischen *negritos* ähnelndes papuanisches Volk anzusehen. Obwohl die Winde wochenlang aus dem Westen wehen, sind solche tropischen Völkerwanderungen von West nach Ost, von den am weitesten westlich gelegenen Gebieten Polynesiens bis hin zur Landenge von Darien, extrem schwierig. Vor allem wäre es hilfreich zu wissen, ob die Quarecas tatsächlich, wie Gómara behauptet, den Schwarzen aus dem Sudan ähnelten, oder ob sie einfach eine sehr dunkelhäutige Gruppe von Eingeborenen (mit glattem, glänzendem Haar) waren, die sich zuweilen (vor dem Jahr 1492) derselben Insel Haiti bemächtigten, die heute von Äthiopiern beherrscht wird. Darüber, dass die Kariben von den Lucayischen Inseln zu den Kleinen Antilles reisten, ohne nur eine einzige der Großen Antillen zu berühren, *siehe* Bd. IX, S. 35 und 36.

wirkungen der Pocken ausgesetzt war, mögen 42 Jahre ausgereicht haben, in dem Land nur Spuren seines Elends zu hinterlassen. In vielen der von den Briten beherrschten Kleinen Antillen verringert sich die Zahl der Einwohner jährlich um fünf bis sechs Prozent; in Kuba verringert sie sich um mehr als acht Prozent. Aber die Vernichtung von 200 000 Seelen innerhalb von 42 Jahren setzt einen jährlichen Verlust von 26 Prozent voraus, eine kaum glaubwürdige Zahl. Man kann jedoch davon ausgehen, dass die Sterberate unter den eingeborenen Menschen auf Kuba noch sehr viel höher war als unter den zu sehr hohen Preisen gekauften Schwarzen[119]. |I.158

Wenn man die Geschichte der Insel studiert, stellt man fest, dass sich ihre Kolonisierung von Osten nach Westen bewegte und dass hier, wie auch in den anderen spanischen Kolonien, die am frühesten besiedelten Gebiete die heute am dünnsten bevölkerten sind. Die ersten weißen Siedlungen wurden im Jahr 1511 gegründet, als der *conquistador* und *poblador* [Gründer und Siedler] Velázquez auf Befehl von Don Diego Kolumbus in Puerto de Palmas in der Nähe von Kap Maisí, damals *Alfa y Omega* genannt, an Land ging und den Kaziken Hatüey besiegte, der, nachdem er aus Haiti geflohen war, sich im östlichen Teil der Insel von Kuba niedergelassen hatte und dort einer Vereinigung niedere indigener Adliger vorstand. Im Jahr 1512 begann der Bau der Ortschaft Baracoa; darauf folgten Puerto Príncipe, Trinidad, La Villa de Sancti Spíritus, Santiago[120] de Cuba (1514), San Salvador de Bayamo und San Cristóbal de la Havana. Die letztere Ortschaft wurde anfangs (1515) an der Südküste der Insel in der *Partido* von Güines gegründet; vier Jahre später wurde sie nach Puerto de Carenas verlegt, dessen Lage an der Einfahrt der zwei Bahama-Straßen (*el Viejo y el Nuevo* [die alte und die neue]) vorteilhafter für den Handel erschien als die Küste südwestlich von Batabanó[121]. Seit dem 16. Jahrhundert hat das Fortschreiten der Zivilisation die gegenseitigen Beziehungen der Kasten sehr stark beeinflusst. Ihre Verhältnisse in den Gebieten, wo ausschließlich Viehzucht betrieben wird, unterscheiden sich von denen, wo man das Land langfristig kultiviert hat: in den Seehäfen und den |I.160

|I.159

---

[119] Im Jahr 1817 betrug die Zahl der *registrierten Sklaven* 17 959 auf Dominica, 28 024 auf Grenada, 15 893 auf St. Lucia und 25 941 auf Trinidad. Für 1820 waren die Zahlen auf diesen jeweiligen Inseln nicht höher als 16 554, 25 677, 13 050 und 23 537 Sklaven. Die jeweiligen Verluste *innerhalb von drei Jahren* sind also (nach dem Stand der Registraturen) ein Achtel, ein Zwölftel, ein Fünftel und ein Elftel (aus *Handschriften*, die mir Herr Wilmot [Horton], Unterstaatssekretär der Kolonialabteilung in Großbritannien, großzügigerweise zukommen ließ). Wie wir oben sahen, schwand die Sklavenbevölkerung von Jamaika vor der Abschaffung des Sklavenhandels jährlich um 7 000.

[120] *Patriota*, Bd. II, S. 280. *Manuscrits de Don Felix de Arrate y Acosta]*, zusammengestellt im Jahr 1750 auf der Basis von offiziellen Dokumenten, die man vor dem großen Brand in Havanna im Jahr 1538 gerettet hatte. Es überrascht mich (*Guía*, 1815, S. 73), dass die Franziskanermönche von Santiago de Cuba die Gründung ihres Klosters auf 1505 festlegen, wurde doch die Erkundung der Küste von Sebastián de Ocampo erst im Jahr 1508 fertiggestellt.

[121] *Siehe* Bd. XI, S. 236 f. *Documentos*, S. 116. Der Baum, unter dem die Spanier ihre erste Messe zelebrierten (in Puerto de Carenas), steht immer noch. Nach ihrer Entdeckung wurde die Insel, die den offiziellen Namen *siempre fiel Isla de Cuba* trug, nacheinander *Juana, Fernandina, Isla de Santiago* und *Isla del Ave María* genannt. Ihr Wappen geht auf das Jahr 1516 zurück.

Ortschaften im Binnenland, dort wo die Waren für den kolonialen Handel hergestellt werden und dort, wo man Mais, Gemüse und Futterpflanzen anbaut.

   I. Im *Amtsbereich Havanna* nahm die *relative Bevölkerungszahl* der Weißen in der Hauptstadt und ihren Umgebungen ab, jedoch nicht in den Städten des Landesinneren und in der gesamten, für freie Arbeitskräfte beschäftigende Tabakplantagen bestimmten Gegend von *Vuelta de abajo*. Im Jahr 1791 ergab die Zählung von Don Luis de las Casas im Amtsbereich Havanna 137 800 Seelen, unter denen sich das Verhältnis von *Weißen* zu *freien Farbigen* zu *Sklaven* wie 0,53 zu 0,20 zu 0,27 verhielt; im Jahr 1811 glaubte man nach zahlreichen Sklaveneinfuhren, dass dieses Verhältnis wie 0,46 zu 0,12 zu 0,42 war. In Bezirken mit großen Zuckerrohr- und Kaffeepflanzungen (*partidos de grandes labranzas*) bilden die Weißen kaum ein Drittel der Bevölkerung, und die *Kasten*-Verhältnisse (dieser Ausdruck im

|I.161   Sinne des Verhältnisses jeder Kaste zur Gesamtbevölkerung) schwanken für Weiße zwischen 0,30 und 0,36, für freie Farbige zwischen 0,3 und 0,6 und für Sklaven zwischen 0,58 und 0,67. Dagegen findet man in den Tabakanbaugebieten von *Vuelta abajo* ein Verhältnis von 0,62 zu 0,24 zu 0,14 und in den Weidegebieten (*ganadería*) sogar 0,66 zu 0,20 zu 0,14. Aus diesen Angaben folgt, dass die Freiheit in den Sklavenländern in dem Maße abnimmt, wie Bildung und Zivilisation wachsen.

   II. Im *Amtsbereich Cuatro Villas* sowie in denen von Puerto Príncipe und Cuba kennt man die Bevölkerungsentwicklung genauer als im westlichen Teil. *Cuatro Villas* hat dieselben, aus den unterschiedlichen Tätigkeiten der Einwohner erwachsenden Auswirkungen verspürt. In den Bezirken von Santo Espíritu, wo die Viehzuchthöfe gedeihen, und in San Juan de los Remedios, wo es einen sehr lebhaften Schleichhandel mit den Bahamas gibt, ist die Zahl der Weißen von 1791 bis 1811 angestiegen. Im Gegensatz dazu ist sie in dem überaus fruchtbaren Bezirk von Trinidad, wo die Zuckerplantagen sich außerordentlich entwickelt haben, zurückge

|I.162   gangen. In Villa Clara sind es die freien Farbigen, die gegenüber den anderen Klassen die Oberhand gewinnen.

   III. Im *Amtsbereich Puerto Príncipe* hat sich die Gesamtbevölkerung in 20 Jahren fast verdoppelt. Wie in den schönsten Teilen der Vereinigten Staaten ist sie um 0,89 angewachsen: Jedoch besteht die Umgebung von Puerto Príncipe nur aus weiten Ebenen und Weiden, auf denen halbwilde Herden grasen. Die Besitzer, sagte ein Reisender kürzlich[122], haben dort keine andere Sorge als das Geld, das der Verwalter der *hatos* [Rinderhöfe] ihnen einbringt, in ihrer Geldkiste zu vergraben und es für Glücksspiele und die von einer Generation zur nächsten vererbten Rechtsstreitigkeiten auszugraben.

   IV. Insgesamt betrachtet hat sich im *Amtsbereich Cuba* das Verhältnis der drei Klassen in 20 Jahren wenig geändert. Der Partido de Bayamo ist immer noch durch die große Zahl freier farbiger Menschen gekennzeichnet (0,44), die ebenso wie in Holguín und Baracoa von Jahr zu Jahr zunimmt. In der Umgebung der Provinz

---

[122] [Étienne-Michel] Masse, *L'Isle de Cuba et la Havane*, 1825, S. 302.

Cuba gedeihen die Kaffeeplantagen und zeigen eine sehr beachtliche Zunahme von |I.163
Sklaven[123].

Die vier Bezirke der Provinz Cuba |I.164

BEZIRKE		WEIßE	FREIE FARBIGE	SKLAVEN	INSGESAMT	VERHÄLTNISSE der drei Klassen zur Gesamtbevölkerung		
Cuba	1791	7 926	6 698	5 213	19 837	0,40	0,33	0,27
	1810	9 421	6 170	8 836	24 427	0,38	0,25	0,37
Baracoa	1791	850	1 381	169	2 400	0,35	0,57	0,08
	1810	2 060	1 319	664	4 043	0,51	0,33	0,16
Holguín	1791	4 116	1 001	5 862	10 979	0,37	0,09	0,54
	1810	8 534	4 542	16 850	29 926	0,28	0,13	0,59
Bayamo	1791	6 584	9 132	7 287	23 003	0,29	0,40	0,31
	1810	14 498	20 853	12 633	47 984	0,30	0,44	0,26
Insgesamt	1791	19 476	18 212	18 531	56 219	0,34	0,33	0,33
	1810	34 513	32 884	38 983	106 380	0,32	0,31	0,37

Bis in die letzten Jahre des 18. Jahrhunderts war die Zahl der weiblichen Sklaven
auf den *Zuckerplantagen* äußerst klein, und, was sehr überraschen muss, nur ein auf
„religiöse Bedenken" gegründetes Vorurteil stellte sich der Einfuhr von Frauen ent-
gegen, deren Preis in Havanna im Allgemeinen um ein Drittel niedriger war als der |I.165

---

123 In der durch den Konsulatssekretär Herrn [Antonio] del Valle Hernández veröffentlichten Tabelle
(*Documentos*, S. 149, und *Patriota*, Bd. II, S. 283) werden die Sklaven in Bayamo auf 16 733 geschätzt;
diese Zahl passt weder zu der Gesamtsumme von 47 984, noch zu dem Quotienten von 0,26. Da es
wahrscheinlicher ist, dass der Druckfehler eine anstatt zwei Zahlen betrifft, habe ich die Anzahl der
Sklaven (12 633) übernommen, die man gleichzeitig durch den Quotienten und die Gesamtsumme
findet. Das Tableau der vier Bezirke der Provinz Cuba ist das *unverändete* Ergebnis der Zählung; es gibt
die Bevölkerung der Provinz Cuba mit 106 331 an. Das *Generaltableau der Insel Kuba* (siehe weiter oben
Bd. XI, S. 310) verändert die Ergebnisse des *censo* sowohl durch die Vereinfachung zu runden Summen
als auch durch zahlenmäßige Erhöhungen, wie dies ausdrücklich in den *Documentos* (S. 137) gesagt wird.
Die Widersprüche sind folglich nur scheinbar. Ich weiß nicht, weshalb man in dieser Aufstellung nur die
Anzahl der Sklaven im Amtsbereich Cuba verringert hat. Diese Änderung betrifft jedoch nur ein Zehntel der versklavten Bevölkerung im östlichen Teil der Insel. Da *variantes lecciones* [verschiedene Ergebnisse]
in allen Resultaten der Zählung vorkommen, füge ich hinzu, dass andere *Padrones* im Jahr 1810 für die
vier Bezirke des Amtsbereichs Cuba 98 780 und für den Bezirk (?) Puerto Príncipe 48 033 angeben
(*Documentos*, S. 137 und 150). Eine Zählung von 1800 weist für Cuatro Villas 53 267 aus.

Preis für Männer[124]. Unter dem Vorwand, Sittenlosigkeit zu verhüten, wurden die
Sklaven zum Zölibat gezwungen! Allein die Jesuiten und die Mönche des Ordens
der Brüder von Bethlehem, die von diesem unheilvollen Vorurteil Abstand nahmen,
duldeten schwarze Frauen auf ihren Plantagen. Wenn auch die zweifellos recht un-
zulängliche Zählung aus dem Jahr 1775 bereits 15 562 versklavte Frauen und 29 366
versklavte Männer ergab, darf man nicht vergessen, dass diese Erhebung die ganze
Insel umfasste und dass die Zuckerplantagen selbst heute nur ein Viertel der Sklavenbevölkerung beschäftigen. Seit dem Jahr 1795 hat sich das *Consulado* von Havanna ernsthaft mit dem Vorhaben befasst, die Zunahme der Sklavenbevölkerung
weniger abhängig von den Schwankungen des Handels zu machen. Don Francisco
Arango, dessen Ansichten immer voller Weisheit sind, schlug vor, die Plantagen mit
einer Steuer zu belegen, unter deren Sklaven nicht ein Drittel schwarze Frauen
wären. Er wollte auch eine Gebühr von sechs Piastern für jeden auf die Insel ge-
brachten Sklaven erheben, eine Gebühr, von der die Frauen (*negras bozales*) ausge-

|I.166 nommen wären. Obwohl diese Maßnahmen nicht angenommen wurden, da die
Kolonialversammlungen Zwangsmittel stets ablehnen, wurde seit dieser Zeit der
Wunsch geweckt, mehr Ehen zu schließen und die Kinder der Sklaven besser zu
versorgen; und eine *real cédula* [königliche Mitteilung] (vom 22. April 1804) legte
diese Gegenstände „dem Gewissen und der Menschlichkeit der Kolonisten" ans
Herz. Die Zählung aus dem Jahr 1817 ergab nach Herrn Poinset 60 322 Sklavinnen
und 106 521 Sklaven. Das Verhältnis von versklavten schwarzen Frauen zu Männern
verhielt sich im Jahr 1777 wie eins zu 1,9; 40 Jahre später hatte es sich kaum spürbar verändert[125]: Es lag dann bei eins zu 1,7. Diese geringe Veränderung muss auf
die riesige Zahl von *negros bozales* zurückgeführt werden, die man seit 1791 importiert hatte, wobei die Einfuhr von weiblichen Sklaven nur von 1817 bis 1820

|I.167 beträchtlich war, so dass die in den Städten arbeitenden Sklaven einen kleineren
Teil der Gesamtzahl ausmachte. Im *partido* Batabanó, der 1818 eine Bevölkerung
von 2 078 auf 13 *ingenios* [Zuckerplantagen und -siedereien, auch Zuckerfabriken]
und sieben *cafetales* [Kaffeepflanzungen] aufwies, gab es 2 226 männliche Sklaven
und nur 257 Sklavinnen (Verhältnis = acht zu eins). Im Amtsbereich San Juan de
los Remedios (der im Jahr 1817 eine Bevölkerung von 13 700 auf 17 Zuckerplantagen und 73 *cafetales* zählte) gab es 1 200 Sklaven und 660 Sklavinnen (Verhältnis:
1,9 zu eins. Im Amtsbereich Filipinas (der im Jahr 1819 eine Bevölkerung von 13 026
zählte) gab es 2 494 Sklaven und 997 Sklavinnen (Verhältnis: 2,4 zu eins); und wenn
sich auf der ganzen Insel Kuba die Zahl der männlichen Sklaven zu der der weiblichen wie 1,7 zu eins verhält, dann ist das Verhältnis auf den Zuckerplantagen kaum
vier zu eins.

---

[124] *Documentos*, S. 34.
[125] In den britischen Antillen zählte man im Jahr 1823 unter einer gesamten Sklavenbevölkerung von
627 777: 308 467 Sklaven und 319 310 Sklavinnen, woraus sich eine Überzahl an Sklavinnen von drei
und einem Fünftel Prozent ergibt. Nur Trinidad und Antigua, ebenso Demerary, haben einen Überschuss
an männlichen gegenüber weiblichen Sklaven. *Siehe* [Poinset,] *Statistical Illustrations of the British Empire*,
1825, S. 54.

Die erste Einfuhr von Sklaven erfolgte im Jahr 1521 im östlichen Teil der Insel: Sie überschritt die Zahl von 300 nicht. Die Gier der Spanier nach Sklaven war damals viel geringer als die der Portugiesen; denn im Jahr 1539 wurden in Lissabon[126] 12 000 schwarze Sklaven verkauft, wie man auch heutzutage – zur ewigen Schande des christlichen Europas – den *Sklavenhandel mit Griechen* in Konstantinopel und Smyrna betreibt. In Spanien war der Sklavenhandel im 16. Jahrhundert nicht frei. Der Hof vergab das Privileg: Es wurde im Jahr 1586 für das gesamte spanische Amerika von Gaspar de Peralta gekauft, im Jahr 1595 von Gómez Reynel [auch Reynal] und im Jahr 1615 von Antonio Rodríguez de Elvas [auch António Fernandes de Elvas]. Die Gesamteinfuhr betrug damals nur 3 500 Sklaven pro Jahr, und die sich ganz der Viehzucht widmenden Bewohner Kubas erhielt von ihnen nur wenige. Während des Erbfolgekrieges ließen die Franzosen Sklaven im Tausch gegen Tabak frei. Der *asiento* [Vertrag über den Handel mit Schwarzen] der Engländer belebte den Import von Sklaven nur geringfügig; obwohl im Jahr 1763 die Besetzung von Havanna und die Anwesenheit von Ausländern neue Bedürfnisse erwachsen ließen, erreichte die Zahl der Sklaven im Amtsbereich Havanna noch nicht einmal 25 000 und auf der ganzen Insel keine 32 000. Zwischen 1521 und 1763 betrug die Gesamtzahl importierter afrikanischer Sklaven wahrscheinlich[127] etwa 60 000; ihre Nachfahren finden sich unter den freien Mulatten, deren Mehrheit den östlichen Teil der Insel bewohnt. Von 1763 bis 1790, als der Sklavenhandel freigegeben wurde, erhielt Havanna 24 875: 4 957 durch die *Compañía de Tabacos* von 1763 bis 1766; 14 132 durch den Vertrag des Marquis de Casa Enrile von 1773 bis 1779; 5 786 durch den Vertrag mit Baker und Dawson von 1786 bis 1789. Wenn man die Einfuhr von Sklaven im östlichen Teil der Insel während derselben 27 Jahre (1763 bis 1790) auf 6 000 schätzt, so findet man seit der Entdeckung der Insel Kuba (oder vielmehr von 1521 bis 1790) insgesamt 90 875. Wir werden sehen, dass durch die immer wachsende Intensität des Sklavenhandels in den nach 1790 folgenden 15 Jahren mehr Sklaven importiert wurden als in den zweieinhalb, der Epoche des freien Handels vorausgegangen Jahrhunderten. Diese Machenschaften haben sich besonders vergrößert, seit zwischen England und Spanien vertraglich vereinbart wurde, dass der Sklavenhandel nördlich des Äquators vom 22. November 1817 an verboten und am 30. Mai 1820 vollständig abgeschafft werde. Der König von Spanien akzeptierte von England – die Nachwelt wird es eines Tages nur mit Mühe glauben – eine Summe von 400 000 Pfund Sterling als Ersatz für den Schaden, der aus der Beendigung dieses barbarischen Handels erwachsen könnte. Hier die Zahl der afrikanischen Sklaven, die nach den Zollverzeichnissen allein durch den Hafen von Havanna eingeführt wurden:

|I.168

|I.169

|I.170

---

[126] Bryan Edwards, *The History, Civil and Commercial, of the British Colonies in the West Indies*, 4. Auflage (1807), Bd. III, S. 202. *Siehe* auch Bd. I, S. 422 f.
[127] *Documentos*, S. 39 und 118.

1790	2 534	1806	4 395
1791	8 498	1807	2 565
1792	8 528	1808	1 607
1793	3 777	1809	1 162
1794	4 164	1810	6 672
1795	5 832	1811	6 349
1796	5 711	1812	6 081
1797	4 552	1813	4 770
1798	2 001	1814	4 321
1799	4 919	1815	9 111
1800	4 145	1816	17 737
1801	1 659	1817	25 841
1802	13 832	1818	19 902
1803	9 671	1819	17 194
1804	8 923	1820	4 122
1805	4 999	Summe der 31 Jahre	225 574

|I.171 Der jährliche Durchschnitt für diesen Zeitabschnitt[128] beträgt 7 470 und für die letzten zehn Jahre 11 542. Diese Zahl mag wenigstens um ein Viertel höher liegen, teils aufgrund des Schleichhandels, teils durch Versäumnisse bei den Zollbehörden, die auch Importe durch Trinidad und Santiago de Cuba erlaubten, so dass wir finden

für die ganze Insel	von 1521 bis 1763	60 000
	von 1764 bis 1790	33 409
für Havanna allein	von 1791 bis 1805	91 211
	von 1806 bis 1820	131 829
		316 449

Erhöhung, zum Teil durch den illegalen Handel, zum Teil
durch den östlichen Teil der Insel 1791 bis 1820   56 000

                                                                                     372 449

|I.172 Wir haben weiter oben gesehen, dass Jamaika in denselben 300 Jahren aus Afrika[129] 850 000 schwarze Menschen erhielt, oder, um uns auf eine bestimmtere Schätzung festzulegen, in 108 Jahren (1700 bis 1808) fast 677 000 von ihnen; und dennoch

---

[128] Andere in meinem Besitz befindliche unveröffentlichte Notizen geben für 1817 die Zahl von 23 560 Sklaven an.

[129] *Siehe* Bd. XI, S. 145. Ich füge hier hinzu, dass alle britischen Kolonien in den Antillen, wo heute lediglich 700 000 freie und unfreie Schwarze und Mulatten leben, in 106 Jahren (1680–1786) entsprechend den Zollregistern 2 130 000 Sklaven von den Küsten Afrikas erhielten!

gibt es auf dieser Insel heute nicht einmal mehr 380 000 sowohl freie als auch versklavte schwarze und gemischtrassige Menschen! Die Insel Kuba bietet ein tröstlicheres Resultat; es leben dort 130 000 freie Farbige, während Jamaika bei einer um die Hälfte kleineren Gesamtbevölkerung nur 35 000 zählt. Die Insel Kuba erhielt aus Afrika,

vor dem Jahr 1791	93 500
von 1791 bis 1825 wenigstens	320 000
	413 500

Im Jahr 1825 hat man dort aufgrund der geringen Zahl der durch den Sklavenhandel importiert Sklavinnen nur gefunden:

freie Schwarze und Sklaven	320 000
Mulatten	70 000
Farbige Männer	390 000

Eine ähnliche, auf gering abweichenden Zahlen beruhende Rechnung wurde den spanischen *Cortes* am 20. Juli 1811 vorgelegt. Man bemühte sich, durch diese Rechnung zu beweisen, dass die Insel Kuba bis zum Jahr 1810 weniger als 229 000 afrikanische Sklaven[130] eingeführt hatte und diese Einwohner im Jahr 1811 als eine auf 326 000 angewachsene Bevölkerung von versklavten und freien Schwarzen und Mulatten *darzustellen*, derart, dass sich ein Überschuss von 97 000 gegenüber den Importen aus Afrika ergab[131]. Indem man vergisst, dass die Weißen ihren Anteil an der Existenz der 70 000 Mulatten haben; indem man vergisst, dass die natürliche Zunahme, die sich bei so vielen nach und nach eingeführten Schwarzen ergeben sollte, ruft man aus: „Welche andere Nation oder menschliche Gesellschaft kann eine solch vorteilhafte Rechnung der Auswirkungen dieses unseligen Handels mit schwarzen Menschen (*desgraciado tráfico*) aufweisen!" Ich erkenne die Gefühle, die diese Zeilen diktieren, an. Ich wiederhole, dass, wenn man die Insel Kuba mit Jamaika vergleicht, das Ergebnis zum Vorteil der spanischen Gesetzgebung und der Sitten der Bevölkerung Kubas auszufallen scheint. Diese Vergleiche deuten für die letztere Insel auf

|I.173

|I.174

---

130 Nach einer vom Consulado de la Habana (*Papel periódico*, 1801, S. 12) veröffentlichten Notiz berechnete man den durchschnittlichen Preis der 15 647 *negros bozales*, die von 1797 bis 1800 importiert wurden, auf 375 Piaster pro Kopf. Nach derselben Rate hätten die von 1790 bis 1823 aus Afrika eingeführten 307 000 Schwarzen die Bewohner der Insel insgesamt 115 125 000 Piaster gekostet.

131 Meine Berechnung endet mit dem Jahr 1825 und ergibt 413 500 seit der *Eroberung* importierte Sklaven. Die den Cortes übermittelte Berechnung endet im Jahr 1810 und ergibt 229 000 (*Documentos*, S. 119), ein Unterschied von 184 500. Nun ist aber nach den einzelnen Zollverzeichnissen von Havanna die Zahl der durch diesen Hafen von 1811 bis 1820 einführten *negros bozales* höher als 109 000 gewesen; der Zahl muss hinzugefügt werden 1) nach den vom *Consulado* selbst anerkannten Prinzipien ein Viertel oder 27 000 für die legale Einfuhr im östlichen Teil der Insel, und 2) der Ertrag des Schleichhandels zwischen 1811 und 1825.

eine für den körperlichen Erhalt und die Freilassung der Schwarzen günstigeren Lage der Dinge hin; aber welch traurigen Anblick bieten christliche und zivilisierte Völker, die darüber debattieren, wer unter ihnen in drei Jahrhunderten weniger Afrikaner zu Sklaven gemacht hat! Ich werde nicht die Behandlung der schwarzen Menschen in den südlichen Teilen der Vereinigten Staaten preisen[132], aber es gibt doch Abstufungen beim Leiden des Menschengeschlechts. Der Sklave, der eine Hütte und eine Familie besitzt, ist weniger unglücklich als derjenige, der wie ein Herdentier eingepfercht ist. Siedelt man eine größere Anzahl von Sklaven mit ihren Familien in Hütten an, die sie als ihr Eigentum betrachten, so beschleunigt sich auch ihr Zuwachs. Für die Vereinigten Staaten rechnet man:

|I.175

1790	480 000	Sklaven
1791	676 696	
1800	894 444	
1810	1 191 364	
1820	1 541 568	

|I.176 Der jährliche Zuwachs[133] in den letzten zehn Jahre (ohne die Freilassung von 100 000 Sklaven) betrug 26 pro Tausend, was eine Verdopplung innerhalb von 27 Jahren bedeutet. Nun folge ich aber Herrn Cropper[134] darin, dass, hätte es einen

|I.177 Zuwachs der Sklaven auf Jamaika und Kuba in demselben Verhältnis[135] gegeben, so hätten die beiden Inseln, die eine seit 1795, die andere seit 1800, beinahe ihre gegenwärtige Bevölkerung gehabt, ohne dass man 400 000 schwarze Menschen an

[132] Über den vergleichsweisen Zustand des Elends unter den Sklaven in den Antillen und in den Vereinigten Staaten *siehe* [Zachary Macauley], *Negro Slavery in the United States of America and Jamaica*, 1823, S. 31. Im Jahr 1823 zählte Jamaika 170 466 Sklaven und 171 916 Sklavinnen; im Jahr 1820 gab es in den Vereinigten Staaten 788 028 Sklaven und 750 100 Sklavinnen. Somit ist es nicht das Missverhältnis zwischen den Geschlechtern, das den Mangel an natürlichem Zuwachs in den Antillen verursacht!

[133] Der Zuwachs (von 514 668) an Sklaven von 1790 bis 1810 ist geschuldet 1) dem natürlichen Wachstum der Familien; 2) den 30 000, in den vier Jahren (1804 bis 1808) importierten Sklaven, als die Legislative von South Carolina unglücklicherweise den Import durch Sklavenhandel erlaubte; 3) dem Erwerb von Louisiana, wo es damals 30 000 Schwarze gab. Die aus den zwei letzteren Ursachen resultierenden Anstiege betragen nur ein Achtel des gesamten Zuwachses und finden ihren Ausgleich in der Freilassung von mehr als 100 000 Schwarzen, die im Jahr 1810 aus den Registern verschwanden. Die Zahl der Sklaven steigt etwas weniger schnell an (im genauen Verhältnis von 0,02611 zu 0,02915) als die Gesamtbevölkerung der Vereinigten Staaten; aber ihr Zuwachs ist schneller als der der Weißen, nämlich dort, wie in den Südstaaten, wo die Sklaven einen sehr beachtlichen Teil der Bevölkerung ausmachen (Morse, *New System of Modern Geography*, 1822, S. 608).

[134] [James Cropper,] *Letter addressed to the Liverpool Society*, 1823, S. 18.

[135] Die Zahl von 480 000 für das Jahr 1770 beruht nicht auf einer tatsächlichen Zählung; sie ist nur eine Schätzung. Herr Albert Gallatin glaubt, dass die Vereinigten Staaten, die Ende 1823 eine Bevölkerung von 1 665 000 Sklaven und 250 000 freien Farbigen und folglich insgesamt 1 915 000 Sklaven und Mulatten hatten, nie mehr als 300 000 schwarze Menschen von den Küsten Afrikas eingeführt haben, das heißt, 1 830 000 weniger als was die Britischen Antillen von 1680 bis 1786 erhielten, deren Bevölkerung die der Vereinigten Staaten an Sklaven und Mulatten heute kaum um ein Drittel übertrifft.

den Küsten Afrikas in Eisen gelegt und nach Port-Royal und Havanna verschleppt
haben müsste.

Wie auf allen Antillen-Inseln ist auf der Insel Kuba die Sterblichkeit der Sklaven
sehr unterschiedlich, je nach der Art der Kultivierung, nach dem Maß an Menschlichkeit der Sklavenhalter und der *Verwalter* sowie nach der Zahl von Sklavinnen,
die die Kranken versorgen können. Es gibt Plantagen, auf denen jährlich 15 bis
18 Prozent der Sklaven zu Tode kommen. Ich habe mit angehört, wie man kalt-
herzig erwog, ob es besser für Eigentümer sei, die Sklaven bei der Arbeit nicht bis |I.178
zum Äußersten zu strapazieren und folglich weniger häufig zu ersetzen, oder in
wenigen Jahren den größtmöglichen Nutzen aus ihnen zu ziehen und dafür öfter
negros bozales kaufen zu müssen. Dergestalt sind die Gedankengänge der Habgier,
wenn der Mensch sich des Mitmenschen wie eines Lasttiers bedient! Es wäre ungerecht, in Frage zu stellen, dass sich seit 15 Jahren die Sterblichkeit der Schwarzen
auf der Insel Kuba sehr vermindert hat. Viele Eigentümer haben sich in rühmlichs-
ter Weise mit der Verbesserung der Plantagenwirtschaft befasst. Die mittlere Sterblichkeitsrate der kürzlich importierten Sklaven beträgt noch immer zwischen zehn
und 12 Prozent[136]; sie könnte nach den Erfahrungen mehrerer gut geführter Zuckerplantagen bis auf sechs oder acht Prozent gesenkt werden. Dieser Verlust an
negros bozales ist je nach der Zeit ihrer Einfuhr sehr unterschiedlich. Die günstigsten |I.179
Monate sind von Oktober bis Januar, in denen die Jahreszeit gesundheitsfördernd
ist und es einen beachtlichen Überfluss an Nahrungsmitteln auf den Plantagen gibt.
In den sehr warmen Monaten beträgt die Sterblichkeitsrate schon *während des Ver-
kaufs* zeitweise vier Prozent, wie man es im Jahr 1802 erlebte. Die Erhöhung der
Zahl von Sklavinnen, die so nutzbringend sind für die Fürsorge, die sie ihren Männern und kranken Landsleuten angedeihen lassen; die Befreiung von der Arbeit
während der Schwangerschaft; die Sorge für die Kinder; die Einrichtung der
Schwarzen als Familien in separaten Hütten; der Reichtum an Vorräten; die Zunahme von Ruhetagen und die Einführung einer moderaten Arbeitsanforderung –
dies sind die geeignetsten Mittel, um der Vernichtung der schwarzen Menschen
vorzubeugen. Personen, die die Zustände auf den Plantagen gut kennen, glauben,
dass sich beim gegenwärtigen Stand der Dinge die Zahl der schwarzen Sklaven jährlich um ein Zwanzigstel verringern wird, wenn der betrügerische Handel gänzlich
aufhörte. Dies ist eine Verringerung, die ungefähr der auf den britischen Kleinen
Antillen gleichkommt, wenn man St. Lucia und Grenada ausnimmt. Auf diesen
letzteren Inseln war man durch die parlamentarischen Erörterungen 15 Jahre vor
der endgültigen Abschaffung des Sklavenhandels vorgewarnt: Man hatte Zeit, die |I.180

---

[136] Man behauptet, dass die mittlere Sterblichkeit auf Martinique, wo es 78 000 Sklaven gibt, 6 000 be-
trägt. Die Geburten unter den Sklaven belaufen sich auf noch nicht einmal 1 200 pro Jahr. Über die
Verluste auf den britischen Antillen *siehe* Bd. III [Q], S. 336. Vor der Abschaffung des Sklavenhandels
verlor Jamaika jährlich 7 000 Individuen, oder zweieinhalb Prozent; seit dieser Zeit ist die Abnahme der
Bevölkerung fast gleich Null. [John Hatchard,] *Review of the Registry Laws by the Committee of the African
Institute*, 1820, S. 43.

Einfuhr von Sklavinnen zu erhöhen. Auf der Insel Kuba hat diese Abschaffung jedoch viel plötzlicher und unerwarteter stattgefunden.

In offiziellen, in Havanna veröffentlichten Schriften hat man versucht, die relative Bevölkerung (das Verhältnis der Bevölkerung zur Fläche der Insel) mit der der am dünnsten besiedelten Teile Frankreichs und Spaniens zu vergleichen. Da die wirkliche Fläche der Insel damals noch unbekannt war, konnten diese Versuche nicht genau sein. Wir haben weiter oben gesehen, dass auf der gesamten Insel ungefähr 200 Menschen auf eine Quadratseemeile (je 20 auf einen Grad) kommen. Das ist ein Drittel weniger als in Cuenca, der am dünnsten besiedelten Provinz Spaniens, viermal geringer als das Département Hautes-Alpes, der am dünnsten besiedelte Teil Frankreichs. Die Bewohner der Insel Kuba sind so ungleich verteilt, dass man fünf Sechstel der Insel als beinahe menschenleer betrachten kann[137]. Es gibt verschiedene Pfarrgemeinden (Consolación, Macuriges, Hanábana), in denen man inmitten von Weideflächen nur 15 Einwohner pro Quadratmeile findet. Im Gegensatz dazu findet

|I.181

man in dem von Bahía Honda, Batabanó und Matanzas gebildeten Dreieck (genauer, zwischen Batabanó, dem Pan de Guaijabón und Guamacaro) auf 410 Quadratmeilen oder einem Neuntel des gesamten *Areals* mehr als 300 000 Einwohner, das heißt, drei Siebtel der Bevölkerung der Insel und mehr als sechs Siebtel ihres landwirtschaftlichen und kommerziellen Reichtums. Dieses Dreieck hat allerdings nur 732 Einwohner pro Quadratmeile. Es hat nicht ganz die Ausdehnung von zwei *mittelgroßen* französischen Départements und eine um die Hälfte geringere relative Bevölkerung; man darf aber nicht vergessen, dass selbst in dem kleinen Dreieck zwischen Guaijabón, Guamacaro und Batabanó der südliche Teil ziemlich menschenleer ist. Die an Zuckerplantagen reichsten *Parroquias* [Pfarrgemeinden] sind Matanzas mit Naranjal (auch Cuba Mocha) und Yumurí; Río Blanco del Norte mit Madruga, Jibacoa und Tapaste; Jaruco, Güines und Managua mit Río Blanco del Sur, San Gerónimo und Canoa; Guanabacoa mit Bajurayabo und Sibarimón; Batabanó mit Guara und Buenaventura; San Antonio mit Govea; Guanajay mit Bahía Honda und Guaijabón; Cano mit Bauta und Guatao; Santiago mit Hubajay (auch Wajay) und

|I.182

Trinidad. Die am dünnsten besiedelten und nur der Weidewirtschaft (*cría de Ganado*) dienenden Parroquias sind Santa Cruz de los Pinos, Guanacapé, Cacaragícaras, Piñar del Río, Guane und Baja in *Vuelta de abajo* im Westen und Macuriges, Hanábana, Guamacaro und Álvarez in *Vuelta arriba* im Osten. Die *hatos* oder Rinderhöfe, die unbebautes Land von 1 600 bis 1 800 *caballerías* einnehmen, verschwinden allmählich; und wenn die in Guantánamo und Nuevitas versuchten Niederlassungen nicht den schnellen Erfolg hatten, den man zu erwarten sich berechtigt wähnte, so sind andere, zum Beispiel die im Amtsbereich Guanajay, vollkommen geglückt (Francisco de Arango, *Expediente*, 1798, Handschrift).

Wir haben schon weiter oben daran erinnert, wie sehr die Bevölkerung der Insel Kuba im Laufe der Jahrhunderte zu wachsen imstande ist. Als aus einem von der Natur nur sehr mäßig begünstigten Land des Nordens stammend, will ich daran

---

[137] *Documentos*, S. 136. *Siehe* auch Bd. IX, S. 251 und 257.

erinnern, dass in der zu einem großen Teil mit Sandboden bedeckten Mark Brandenburg unter einer dem Fortschritt der Landwirtschaft förderlichen Verwaltung eine dreimal kleinere Fläche als die der Insel Kuba eine fast doppelt so große Bevölkerung ernährt. Die äußerst ungleiche Verteilung der Bevölkerung, das Fehlen von Bewohnern an einem großen Teil der Küsten und die gewaltige Ausdehnung dieser letzteren machen eine militärische Verteidigung der ganzen Insel unmöglich. Man kann weder die Landung des Feindes noch den illegalen Handel verhindern. Havanna ist ohne Zweifel ein gut verteidigter Ort, dessen Festungswerke mit denen der wichtigsten europäischen Orte konkurrieren; die *Torreones* [Festungstürme] und die Festungsanlagen von Cogimar, Jaruco, Matanzas, Mariel, Bahía Honda, Batabanó, Jagua und Trinidad können kürzer oder länger Widerstand leisten, aber zwei Drittel der Insel sind beinahe ohne Schutz und könnten ihn auch durch den energischsten Einsatz von mit Kanonen bestückten Schaluppen kaum finden. |I.183

Die fast vollständig auf die Klasse der Weißen beschränkte geistige Kultur ist ebenso ungleich verteilt wie die Bevölkerung. Die vornehme Gesellschaft von Havanna gleicht in Wohlstand und Höflichkeit der Sitten der Gesellschaft von Cádiz und der reichsten Handelsstädte Europas; aber wenn man die Hauptstadt oder die von reichen Eigentümern bewohnten benachbarten Plantagen verlässt, so ist man verblüfft von dem Kontrast zwischen diesem Ausschnitt der lokalen Zivilisation und der Einfachheit der Sitten, die auf den vereinzelten Gutshöfen und in den kleinen Städten herrschen. Die Habaneros waren die ersten unter den reichen Bewohnern der spanischen Kolonien, die Spanien, Frankreich und Italien besuchten. In Havanna war man stets bestens über die europäische Politik und die Triebfedern unterrichtet, die man an den Höfen in Bewegung setzen kann, um einen Minister entweder zu stärken oder zu stürzen. Diese Kenntnis der Ereignisse und die Voraussicht zukünftiger Möglichkeiten haben den Bewohnern der Insel Kuba wirksam geholfen, sich zum Teil aus den Fesseln zu befreien, die die Entwicklung des kolonialen Wohlstandes aufhielten. In der Zeit zwischen dem Frieden von Versailles und dem Beginn der Revolution von Saint-Domingue schien Havanna zehnmal näher an Spanien gerückt zu sein als an Mexiko, Caracas und Neugranada. Zur Zeit meines Aufenthaltes in den Kolonien 15 Jahre später hatte sich diese scheinbar ungleiche Entfernung schon beträchtlich verringert; heute, wo die Unabhängigkeit der Festlands-Kolonien, der Import eines ausländischen Gewerbefleißes und die finanziellen Bedürfnisse der neuen Staaten die Bindungen zwischen Europa und Amerika vervielfacht haben, wo sich die Wege durch die Vervollkommnung der Seefahrt verkürzen, wo die Kolumbier, die Mexikaner und die Bewohner Guatemalas[138] miteinander wetteifern, Europa zu besuchen, erscheinen die meisten der früheren spanischen Kolonien ebenfalls unserem Kontinent näher gerückt zu sein, zumindest die am Atlantischen Ozean gelegenen. Dies sind die Veränderungen, die wenige Jahre hervorgebracht haben und die sich immer schneller fortbewegen. Sie sind die |I.184

|I.185

---

[138] *Los Centro-Americanos,* wie sie die am 22. November 1824 beschlossene Verfassung der Bundesrepublik von Zentral-Amerika nennt.

Folge der Aufklärung und einer über lange Zeit eingeengten Geschäftigkeit; sie lassen die Gegensätze der Sitten und der Zivilisation, die ich zu Beginn des Jahrhunderts in Caracas, Bogotá, Quito, Lima, Mexiko-Stadt und Havanna beobachtet hatte, weniger auffällig erscheinen. Die Einflüsse baskischer, katalanischer, galizischer und andalusischer Herkunft[139] werden von Tag zu Tag weniger spürbar; und |I.186 vielleicht wäre es zu dem Zeitpunkt, als ich diese Zeilen schreibe, weniger gerecht, die verschiedenen Schattierungen der nationalen Kultur in den sechs soeben genannten Hautstädten so zu charakterisieren, wie ich es an anderer Stelle zu tun versucht habe[140].

Die Insel Kuba hat nicht dieselben großen, prächtigen Einrichtungen, deren Gründung in Mexiko sehr weit zurückreicht; aber Havanna besitzt Institutionen, die der Patriotismus der Einwohner, belebt durch einen glücklichen Wetteifer unter den verschiedenen Zentren der amerikanischen Zivilisation, vergrößern und vervollkommnen kann, sollten die politischen Umstände und das Vertrauen in die Erhaltung der inneren Ruhe es erlauben. Die teils im Entstehen begriffenen, teils alten Einrichten umfassen die Patriotische Gesellschaft von Havanna (gegründet im Jahr 1793) sowie jene von Santo Espíritu, Puerto Príncipe und Trinidad, die von ihr abhängen; die Universität mit ihren Lehrstühlen für Theologie, Jurisprudenz, |I.187 Medizin[141] und Mathematik, die 1728 im Konvent der *Padres Predicadores*[142] eingerichtet wurde; der im Jahr 1818 gegründete Lehrstuhl für politische Ökonomie; derjenige für landwirtschaftliche Botanik; das Museum und die Schule für beschreibende Anatomie, die dem aufgeklärten Bemühen von Don Alejandro Ramírez zu verdanken sind; die öffentliche Bibliothek; die freie Schule für Zeichnen und Malerei; die Seefahrtschule; die Lancaster-Schulen und der Botanische Garten. Die einen harren schrittweiser Verbesserungen, andere vollständiger Reformen, also Fortschritten, die sie mit dem Geist des Jahrhunderts und den Ansprüchen der Gesellschaft in Einklang bringen.

---

[139] Bd. IV, S. 150, 151 und 152.

[140] Bd. IV, S. 206 und 207.

[141] Allein in Havanna gab es im Jahr 1825 mehr als 500 praktische Ärzte, Chirurgen und Apotheker: 61 médicos [Ärzte], 333 cirujanos latinos und romancistas [Chirurgen] und 100 farmacéuticos [Apotheker]! Auf der Insel zählte man im selben Jahr insgesamt 312 Anwälte (davon 198 in Havanna) und 94 escribanos [Rechtspfleger]. Derart war allein der Zuwachs an Anwälten seit dem Jahr 1814, als es in Havanna nur 84 und auf der gesamten Insel nur 130 von ihnen gegeben hatte.

[142] Der Klerus der Insel Kuba ist weder zahlreich noch sehr begütert, mit Ausnahme des Bischofs von Havanna und des Erzbischofs von Kuba; der Erste bezieht 110 000 Piaster an jährlichen Renten, der Zweite 40 000. Die Kanoniker erhalten 3 000 Piaster. Nach den in meinem Besitz befindlichen offiziellen Zählungen beträgt die Zahl der Geistlichen nicht mehr als 1 100.

LANDWIRTSCHAFT.

Als die Spanier begannen, sich auf den Inseln und dem amerikanischen Festland | I.188
niederzulassen, waren die wichtigsten Objekte der Bodenkultur zunächst die Nahrungspflanzen, wie sie es auch noch im alten Europa sind. Dieser natürlichste und
für die Gesellschaft sicherste Zustand des landwirtschaftlichen Lebens der Völker
hat sich bis in unsere Tage in Mexiko, Peru und in den kalten und gemäßigten
Regionen von Cundinamarca bewahrt, überall dort, wo die Vorherrschaft der
Weißen ausgedehnte Flächen umfasst hat. Nahrungspflanzen wie Bananen, Maniok, Mais, die europäischen Getreidearten, die Kartoffel und die Quinoa sind auf
verschiedenen Höhen über dem Meeresspiegel die Grundlagen der kontinentalen
Landwirtschaft zwischen den Wendekreisen geblieben. Der Indigo, die Baumwolle,
der Kaffeebaum und das Zuckerrohr kommen in diesen Regionen nur als einge-
fügte Gruppen vor. Zweieinhalb Jahrhunderte lang haben Kuba und die anderen
Inseln des Antillen-Archipels dasselbe Erscheinungsbild geboten. Man baute dieselben Pflanzen an, die die halbwilden Einheimischen ernährt hatten; man bevölkerte
die weiten Savannen der Inseln mit zahlreichen Rinderherden. Um das Jahr 1520
pflanzte Piedro de Atienza das erste Zuckerrohr in Saint-Domingue, und man | I.189
baute dort sogar Zylinderpressen, die durch Wasserräder angetrieben wurden[143].
Aber die Insel Kuba beteiligte sich wenig an diesen Bemühungen um eine auf-
keimende Industrie; und, was besonders bemerkenswert ist, im Jahr 1553 sprechen
die Geschichtsschreiber der *Eroberung*[144] von keinem anderen Zuckerexport als dem
von *mexikanischem Zucker* für Spanien und Peru. Weit entfernt davon, in den Handel das einzubringen, was wir heute *Kolonialprodukte* nennen, exportierte Havanna
bis ins 18. Jahrhundert nur Felle und Leder. Auf Viehzucht folgte der Anbau von
Tabak und die Bienenzucht, wozu die ersten Bienenstöcke (*colmenares*) aus Florida
herbeigeschafft wurden. Bald wurden *Wachs* und *Tabak* wichtigere Handelsobjekte
als *Leder*, aber sie wurden ihrerseits durch *Zuckerrohr* und *Kaffee* ersetzt. Der Anbau
jedes dieser Produkte schloss ältere Kulturen nicht aus; und in diesen verschiedenen
Phasen der Landwirtschaft haben die Zuckerplantagen bis zum heutigen Tag den
größten Wert der Jahresproduktion geliefert, trotz der allgemein beobachteten | I.190
Neigung, Kaffeepflanzungen vorherrschen zu lassen. Der legale und illegale Export
von Tabak, Kaffee, Zucker und Wachs steigt nach dem gegenwärtigen Preis dieser
Waren auf 14 oder 15 Millionen Piaster an.

ZUCKER. – Nach den Zollregistern betrugen die Exporte allein durch den Hafen
von Havanna in den folgenden 64 Jahren:

---

[143] Über die *trapiches* [Zuckerrohrmühlen] oder *molinos de agua* [Wassermühlen] des 16. Jahrhunderts *siehe*
Oviedo [y Valdés], *L'Histoire naturelle et generalle des Indes* [Paris 1555], Buch 4, Kap. 8 [S. 65v–68].
[144] López de Gómara, *Conquista de México* (Medina del Campo, 1553), Fol. CXXIX.

von	1760 bis 1763 Jahresdurchschnitt höchstens	13 000	Kisten
von	1770 bis 1778	50 000	
im Jahr	1786	63 274	
	1787	61 245	
	1788	69 221	
	1789	69 125	
	1790	77 896	
	1791	85 014	
	1792	72 854	
	1793	87 970	
	1794	103 629	
	1795	70 437	
	1796	120 374	
	1797	118 066	
	1798	134 872	
	1799	165 602	
	1800	142 097	
	1801	159 841	
	1802	204 404	
	1803	158 073	
	1804	193 955	
	1805	174 544	
	1806	156 510	
	1807	181 272	
	1808	125 875	
	1809	238 842	
	1810	186 672	
von	1811 bis 1814 Jahresdurchschnitt	206 487	
im Jahr	1815	214 111	
	1816	200 487	
	1817	217 076	
	1818	207 378	
	1819	192 743	
	1820	215 593	
	1821	236 669	
	1822	261 795	
	1823	300 211	
	1824 ein weniger ertragsreiches Jahr	245 329	

Dies ist die bis zum heutigen Tag umfangreichste veröffentlichte Aufstellung. Sie beruht auf einer großen Zahl mir übermittelter offizieller handschriftlicher Dokumente, auf der *Aurora* und dem *Papel periódico de la Havana*; auf dem *Patriota Americano*; auf den *Guías de Forasteros de la Isla de Cuba*; auf der *Sucinta Noticia de la situación presente de la Havana*, 1800 (Handschrift); auf der *Reclamación contra la ley de Arancéles*, 1821, sowie auf dem *Redactor general de Guatemala*, 1825, Juli, S. 25. Nach einer weniger verlässlichen Angabe wurden entsprechend den Zollregistern in Havanna zwischen dem 1. Januar und dem 5. November 1825 insgesamt 183 960 Kisten Zucker verladen. Angaben über die Monate November und Dezember fehlen; im Jahr 1823 verlud man in dieser Zeit im selben Hafen 23 600 Kisten Zucker. |I.191 |I.192

Um den gesamten Zuckerexport der Insel Kuba zu kennen, muss man der Ausfuhr Havannas hinzufügen 1) die Ausfuhr der anderen *berechtigten* Häfen, insbesondere Matanzas, Santiago de Cuba, Trinidad, Baracoa und Mariel; 2) das Ergebnis des Schleichhandels. Während meines Aufenthalts auf der Insel schätzte man die Ausfuhr von Trinidad de Cuba nur noch auf 25 000 Kisten. Bei der Prüfung der Zollregister von Matanzas muss man *Doppelzählungen* vermeiden und sorgfältig zwischen dem direkt nach Europa exportierten und dem zuerst nach Havanna verschifften Zucker unterscheiden[145]. Im Jahr 1819 betrug der tatsächliche transatlantische Export aus Matanzas nur ein Dreizehntel desjenigen von Havanna; im Jahr 1823 fand ich ihn bereits bei einem Zehntel, denn in zwei Zollregistern, von denen eins allein die Ausfuhr von Havanna ausweist, das andere die von Havanna und Matanzas zusammen, gibt das Erste 300 211 Kisten Zucker und 895 924 Arrobas Kaffee an, das Zweite 328 418 Kisten Zucker und 979 864 Arrobas Kaffee. Nach diesen Daten kann man den 235 000 Kisten, die den Durchschnitt der letzten acht Jahre allein für den Hafen von Havanna darstellen, wenigstens 70 000 in anderen Häfen verschiffte Kisten hinzufügen, so dass, wenn der Zollbetrug auf ein Viertel geschätzt wird, man für den Gesamtexport der Insel auf gesetzlichem und ungesetzlichem Wege mehr als 380 000 Kisten (fast 70 Millionen Kilogramm) Zucker erhält. Sehr gut über die Örtlichkeiten unterrichtete Personen schätzten schon[146] im Jahr 1794 den Verbrauch von Havanna auf 298 000 Arrobas oder 18 600 Kisten Zucker, den Verbrauch der gesamten Insel auf 730 000 Arrobas oder 45 600 Kisten. Wenn man sich daran erinnert, dass die Bevölkerung der Insel in diesem Zeitabschnitt[147] fast 362 000 betrug, |I.193 |I.194

---

145 [Robert Francis Jameson,] *Letters from the Havana*, S. 91, 95.
146 Don Antonio López Gómez, *Historia natural y política de la Isla de Cuba*, 1794 (Handschrift), Kap. I, S. 22. Ich weiß nicht, auf welche Art von Forschungen sich diese Schätzungen eines Verbrauchs von 25 000 bis 30 000 Kisten auf der gesamten Insel begründen, die mir im Jahr 1804 als ein verläßliches Ergebnis übergeben wurden, bevor ich Kenntnis des Manuskriptes von Herrn López Gómez hatte. Vielleicht hat man von dem leichter zu überprüfenden Verbrauch Havannas auf den der gesamten Insel geschlossen. Die Menge an Zucker, die in dieser Stadt sowohl bei der Herstellung von Schokolade und Konfitüren als auch in den Nahrungsmitteln des Volkes verwendet wird, ist jenseits von allem, was man sich in Europa vorstellen kann, selbst wenn man Südspanien durchreist hat.
147 *Siehe* Bd. XI, S. 306.

von denen höchsten 230 000 freie Menschen waren, und dass die Zahl heute 715 000 beträgt, davon 455 000 freie Menschen, so müssen wir für 1825 einen Gesamtverbrauch von 88 000 Kisten annehmen. Wenn wir bei 60 000 bleiben, erhalten wir für die Gesamtproduktion der Zuckerplantagen wenigstens 440 000 Kisten oder 81 Millionen Kilogramm. Dies ist ein *Grenzwert*, der sich nur um ein Fünfzehntel verringern würde, wenn man die Schätzung des einheimischen Verbrauches im den Jahren 1794 und 1825 um die Hälfte zu hoch angesetzt hätte.

|I.195

|I.196

Um den landwirtschaftlichen Reichtum Kubas besser beurteilen zu können, müssen wir die Erzeugung dieser Insel in Jahren mittelmäßigen Ertrags mit der Erzeugung und dem Export von Zucker im Rest der Antillen, in Louisiana, Brasilien und in den Guayanas vergleichen[148].

DIE INSEL KUBA nach den oben erörterten Schätzungen: Erzeugung wenigstens 440 000 Kisten; Export auf legalem Weg 305 000 Kisten oder 56 Millionen Kilogramm; mit dem Schleichhandel 380 000 Kisten (70 Millionen Kilogramm); folglich fast ein Siebtel weniger als der durchschnittliche Export von Jamaika.

JAMAIKA. Ertrag[149] (das heißt, einheimischer Verbrauch + Export) im Jahr 1812 nach der Schätzung des Herrn Colquhoun, die ein wenig hoch zu sein scheint: 135 592 *hogsheads* zu 14 cwt oder 96 413 648 Kilogramm. Im Jahr 1722, als die Insel noch keine 60 000 Sklaven hatte, betrug der Export 11 008 hds; im Jahr 1744 35 000 hds; im Jahr 1768 (bei 166 914 Sklaven) 55 761 hds oder 780 654 cwt[150]; im Jahr 1823 (bei 342 382 Sklaven) 1 417 758 cwt[151] oder 72 007 928 Kilogramm. Aus diesen

|I.197

Angaben folgt, dass der Export Jamaikas in dem sehr ertragreichen Jahr 1823 nur um ein Achtzehntel höher lag[152] als die legale Ausfuhr Kubas, die sich im selben Jahr auf 370 000 Kisten oder 68 080 000 Kilogramm erhöht hatte. Nimmt man den

---

[148] In den folgenden Berechnungen hat man sich an die Ergebnisse gehalten, die die *Zollregister* ergeben, ohne die Summen zu vergrößern, die den immer unbestimmbaren Annahmen über die Auswirkungen des illegalen Handels entsprechen. Bei den Umrechnungen der Gewichte hat man angenommen ein *quintal* oder vier *arrobas* = 100 spanische Pfund = 45,976 Kilogramm; eine *arroba* = 25 spanische Pfund = 11,494 Kilogramm; eine *caja de azúcar* [Kiste Zucker] aus Havanna = 16 arrobas = 183,904 Kilogramm; ein cwt [Hundredweight oder britischer Zentner] = 112 englische Pfund = 50,796 Kilogramm. Diese letztere Schätzung basiert auf der Arbeit von Herrn [Patrick] Kelly, der 453,544 Gramm = ein Pfund Gewicht annimmt. Herr [Louis Benjmain] Francœur findet bei der Berechnung nach dem Gewicht eines Kubikzolls destillierten Wassers unter den im neuen englischen Gesetz angezeigten Bedingungen nur 453,296 Gramm in einem Pfund Gewicht; daraus ergibt sich ein cwt = 50,769 Kilogramm oder fünf Tausendstel des Umrechnungsergebnisses von Herrn Riffault in der zweiten Ausgabe von Thomsons *Chimie*, Bd. I, S. XVII. Nach Herrn [Patrick] Kelly habe ich die Umrechnung ein cwt = 50,79 Kilogramm verwendet, aber ich muss an die Zweifel erinnern, die an einem ebenfalls wichtigen Element bestehen bleiben. In dem in Havanna gedruckten *Prices-Current* wird das spanische *quintal* mit 46 Kilogramm veranschlagt: Die Umrechnung des *Hundredweight*, deren man sich im Pariser Handel bedient, ist ebenfalls 50,792 Kilogramm.

[149] [Patrick] Colquhoun, *Wealth of the British Empire*, S. 378.

[150] [John] Stewart, *A View of the Past and Present State of the Island of Jamaica*, 1823, S. 378 [24].

[151] [Powell,] *Statistical Illustrations*, S. 57. *Siehe* Anmerkung A am Ende des 10. Buches.

[152] Nach Colquhoun betrug der Zuckerexport für 1812 von Jamaika zu Häfen in Großbritannien und Irland 1 832 208 cwt oder 93 076 166 Kilogramm; im Jahr 1817 gingen allein 1 717 259 cwt nach Großbritannien.

131

Durchschnitt von 1816 bis 1824, so folgt aus den Dokumenten, die ich der Gefällig-
keit des Herrn Charles Ellis verdanke, dass der Export Jamaikas zu den Häfen von
Großbritannien und Irland 1 597 000 cwt (81 127 000 Kilogramm) betrug.

BARBADOS (mit 79 000 Sklaven), GRENADA (mit 25 000 Sklaven) und ST. VINCENT
(mit 24 000 Sklaven) sind die drei Inseln der britischen Antillen, die den meisten
Zucker liefern. Im Jahr 1812 betrug ihr Export nach Großbritannien 174 218,
211 134 und 220 514 cwt. Im Jahr 1823 belief er sich auf 314 630, 247 360 und
232 577 cwt. Demnach exportieren Barbados, Grenada und St. Vincent zusammen
eine Zuckermenge, die noch nicht einmal derjenigen gleichkommt, die Guadeloupe |I.198
und Martinique jährlich nach Frankreich senden. Die drei britischen Inseln ver-
fügen über 28 000 Sklaven und eine Fläche von 43 Quadratseemeilen; die zwei
französischen Inseln haben 178 000 Sklaven und 81 Quadratmeilen. Trinidad, die
größte Insel der Antillen nach Kuba, Haiti, Jamaika und Puerto Rico, hat gemäß
den Herren Lindenau und Bauzá eine Fläche von 133 Quadratmeilen. Hingegen
exportierte Trinidad im Jahr 1823 nur 186 891 cwt (9 494 000 Kilogramm), der Ertrag der Arbeit von 23 500 Sklaven. Der Fortschritt der Pflanzenkultivierung auf
dieser von den Spaniern eroberten Insel war denkbar schnell, hatte doch die Produktion im Jahr 1812 nur 59 000 cwt betragen.

DIE BRITISCHEN ANTILLEN. Der Anbau von Zuckerrohr begann auf Jamaika im
Jahr 1673 als ein Zweig der Kolonialindustrie. Von 1698 bis 1712 betrug der Export
der gesamten britischen Antillen zu Häfen in Großbritannien 400 000 cwt im Jah-
resmittel; von 1727 bis 1733 eine Million cwt; von 1761 bis 1765 1 485 377 cwt;
von 1791 bis 1795 (bei 460 000 Sklaven) 2 021 325 cwt; in dem sehr ertragsreichen
Jahr 1812 waren es 3 112 734 cwt und im Jahr 1823 (bei 627 000 Sklaven) 3 005 366[153]. |I.199

---

153 Das Jahr 1812 nach Colquhoun; das von 1823 nach dem kürzlich [von Powell] veröffentlichten *Statistical Illustrations of the British Empire*. Durch teilweise Angaben habe ich mich überzeugen können, dass die
Ausfuhren von 1812 und von 1825 ungefähr von denselben Inseln stammen, die England seit dem Frieden
von Paris [1763] besitzt. Man hat nur für 1823 die Inseln Tobago und St. Lucia hinzugefügt, die 175 000
cwt Zucker liefern. Die früheren Berechnungen für das Jahr 1812 stammen von Herrn Edwards (*The History, Civil and Commercial, of the British Colonies in the West Indies*, Bd. I, S. 19) und sie beziehen sich, mit
Ausnahme einiger Inseln, deren Ertrag noch unbedeutend war, auf dieselben Teile der Antillen. Man kann
beobachten, dass sich von 1812 bis zum gegenwärtigen Zeitpunkt der Zuckerexport nach England nicht
sehr vergrößert hat, wobei die Zahl der Sklaven keine spürbare Veränderung erfahren zu haben scheint,
allerdings nur, falls man zugestehen kann, dass die Auslassungen in den Registern in den Jahren 1812 und
1815 die gleichen gewesen sind. Man zählte im ersten dieser zwei Jahre (mit St. Lucia, den Bahamas und
den Bermudas) 634 100 Sklaven, im zweiten 630 800. Vor der Veröffentlichung der *Statistical Illustrations*
angestellte Nachforschungen ergaben die Zahl von 626 800 Sklaven an (*siehe* Bd. XI, S. 145 und *passim*).
Ich wollte keinen Gebrauch machen von den für die Jahre von 1807 bis 1822 veröffentlichten Tabellen, in
denen man unter der Bezeichnung Zucker aus dem britischen Westindien den Export der kurzzeitig eroberten Antillen und von Niederländisch-Guayana (Demerary, Berbice und, vor dem Frieden von Paris,
Surinam) erfasste. Auf diese geographischen Verwirrung geht die Vorstellung eines größeren, nicht wirklich
existierenden Produktionswachstums zurück. Beispielsweise betrugen die durchschnittlichen Exporte von
1809 bis 1811 und von 1815 bis 1818 ([Powell,] *Statistical Illustrations*, S. 56) 3 570 803 und 3 540 993 cwt;
aber wenn man von diesem Zucker aus dem britischen Amerika 370 000 cwt für Demerary und Berbice
abzieht, verbleiben für die 15 heute von England beherrschten Antillen nur 3 185 000 cwt. Mit denselben
Korrekturen ergibt allein das Jahr 1822 2 933 700 cwt, und dieses Ergebnis entspricht bis auf ein Zweiund-

|I.200   Der Durchschnitt von 1816 bis 1824 war 3 053 373 cwt. Heute exportiert Jamaika
         in die Häfen Großbritanniens mehr als die Hälfte des Zuckers der gesamten briti-
|I.201   schen Antillen. Seine Sklavenbevölkerung verhält sich zur Gesamtbevölkerung der
         britischen Antillen wie eins zu 1 $^8/_{10}$. Die Ausfuhr der britischen Antillen nach Ir-
         land: 185 000 cwt.

DIE FRANZÖSISCHEN ANTILLEN. Export nach Frankreich: 42 Millionen Kilogramm. Im Jahr 1810 exportierte Guadeloupe 5 104 878 Pfund weißen Zucker und
37 791 300 Pfund Rohzucker; Martinique exportierte 53 057 Tonnen (zu je ein-
tausend Pfund) Zucker und 2 699 588 Gallonen (zu je vier Pariser Pinten) Sirup,
woraus sich für die beiden Inseln insgesamt 95 955 238 Pfund ergeben[154]. Von 1820
bis 1823 verschifften die französischen Antillen 142 427 968 Kilogramm Rohzucker
und 19 041 840 Kilogramm weißen Zucker nach Frankreich, insgesamt 161 469 808
Kilogramm, was einen Jahresdurchschnitt von 40 367 452 Kilogramm ergibt[155].

DER ANTILLEN-ARCHIPEL. Wenn man den Export der Niederländischen, Dänischen und Schwedischen Kleinen Antillen, die nur 61 000 Sklaven besitzen, mit
18 Millionen Kilogramm veranschlagt, findet man für die Ausfuhr des gesamten
|I.202   Archipels beinahe 287 Millionen Kilogramm an rohem und weißem Zucker, auf-
geteilt in

165 Millionen oder	58/100 aus den	Britischen Antillen (626 800 Sklaven)
62	22/100	Spanischen Antillen (281 400 Sklaven)
42	14/100	Französischen Antillen (178 000 Sklaven)
18	6/100	Niederländischen, Dänischen und Schwedischen Antillen (61 300 Sklaven)

Der Zuckerexport aus Saint-Domingue ist gegenwärtig fast gleich Null. Im Jahr
1788 betrug er noch 80 360 000 Kilogramm; 1799 glaubte man, er betrüge 20 Millionen. Hätte sich die Ausfuhr der Epoche des größten Wohlstands der Insel erhalten, so hätte sie den gesamte Zuckerexport der Antillen um 28 Prozent erhöht,
jedoch den des gesamten Amerikas um kaum 18 Prozent. Mit ihren 2 526 000
Sklaven liefern Brasilien, Guayana und Kuba zusammen heute fast 230 Millionen
Kilogramm, also (ohne den Schleichhandel) dreimal so viel Zucker wie Saint-Domingue während seiner größten Wohlhabenheit. Das gewaltige Wachstum, das die
Pflanzenkulturen seit 1789 in Brasilien, Demerara und Kuba erfahren haben, hat

---

viertzigstel demjenigen, das ich für das Jahr 1823 (3 005 366 cwt) angegeben habe. Herr Edwards nimmt in
der letzten Ausgabe seines ausgezeichneten Werkes über die Westindischen Inseln 4 210 276 cwt als den
durchschnittlichen Export der britischen Antillen für den Zeitraum von 1809 bis 1811 an. In dieser um
ein Drittel zu hohen Schätzung hat man zweifellos den Zucker der Antillen mit dem aus Guayana, Brasilien
und allen anderen Weltteilen kommenden verwechselt; denn von 1809 bis 1811 kam der *Gesamtimport*
Großbritanniens im Jahresdurchschnitt nur auf 4 242 468 cwt.
[154] *Amtliche Notizen.*
[155] [Denis-Louis] Rodet, *Du Commerce extérieur et de la question d'un entrepôt à Paris*, 1825, S. 150.

die geringere Produktion Haitis ausgeglichen und die Verwahrlosung der Zucker-plantagen in dieser Republik nicht spürbar werden lassen.

BRITISCH-, NIEDERLÄNDISCH- UND FRANZÖSISCH-GUAYANA. Gesamtexport we-nigstens 40 Millionen Kilogramm. Britisch-Guayana von 1816 bis 1824 im Durch-schnitt 557 000 cwt oder 28 Millionen Kilogramm. Im Jahr 1823 betrug der Export aus Demerara und Essequibo (mit 77 370 Sklaven) zu Häfen in Großbritannien 607 870 cwt; aus Berbice (mit 23 400 Sklaven) 56 000 cwt: insgesamt 33 717 757 Kilogramm. Man kann für Niederländisch-Guayana[156] oder Surinam neun bis zehn Millionen Kilogramm annehmen. Die Exporte aus Surinam im Jahr 1823 beliefen sich auf 15 882 000 Pfund, im Jahr 1824 auf 18 555 000 und im Jahr 1825 auf 20 266 000. Diese Erkenntnisse sind von Herrn Thuret, dem Generalkonsul des Königs der Niederlande in Paris, zusammengetragen worden.

BRASILIEN. Der Export dieses weiten Landes, das 1 960 000 Sklaven zählt und wo das Zuckerrohr in der *Capitanía general* Río Grande bis zum Breitenkreis[157] von Porto Alegre (Br. 30° 2′) kultiviert wird, ist viel beachtlicher als man gewöhnlich glaubt[158]. Nach sehr genauen Auskünften betrug er im Jahr 1816 200 000 Kisten (zu je 650 Kilogramm) oder 130 Millionen Kilogramm, von denen ein Drittel nach Deutschland und Belgien über Hamburg, Bremen, Trieste, Livorno und Genua und der Rest nach Portugal, Frankreich und England befördert wurde. England erhielt 1823 nur 71 438 cwt oder 3 628 335 Kilogramm. An den Küsten Brasiliens sind diese Zucker generell sehr teuer. Die Produktion brasilianischen Zuckers hat sich seit 1816 aufgrund innerer Unruhen verringert. In Jahren großer Trockenheit be-trug der Export kaum 140 000. Die mit diesem Zweig des amerikanischen Handels besonders vertrauten Personen meinen, dass, sobald die Ruhe vollständig wieder-hergestellt sein wird, sich der Export von Zucker im Jahresdurchschnitt auf 192 000

[margin: |I.203]
[margin: |I.204]
[margin: |I.205]

---

[156] Ein niederländischer Autor, Herr [Johannes] van den Bosch, hat in seinem sehr lehrreichen *Neder-landsche Bezittingen in Azia, Amerika en Afrika* (1818, Bd. II, S. 188, 202, 204, 214) den Export der drei Kolonien Demerara, Essequibo und Berbice (mit 85 442 Sklaven) noch im Jahr 1814 auf nur 32 408 293 Pfund Zucker geschätzt. Surinam hatte nach demselben Verfasser kaum 60 000 Sklaven und exportierte im Jahr 1801 fast 20 477 000 Pfund Zucker. Dieser Export hat sich seither etwas geändert; er beträgt generell 17 000 Tonnen (zu je 550 Kilogramm). Cayenne beginnt nun, eine Million Kilogramm zu liefern. Die Schätzung der schwarzen Bevölkerung der drei Guayanas (*siehe* Bd. XI, S. 167) ist möglicherweise um ein Siebtel zu hoch.
[157] Über die Wachstumsgrenzen der in der südlichen Hemisphäre angebauten Pflanzen *siehe* Auguste de Saint-Hilaire, *Aperçu d'un voyage au Brésil*, S. 57. Nördlich des Wendekreises des Krebses finden wir die Zuckerproduktion Louisianas im Jahr 1815 [1814] bei 15 Millionen Pfund oder 7 350 000 Kilogramm (*siehe* [Timothy] Pitkin, [*A Statistical View of the United States of America* (1816),] S. 249 [283]).
[158] In dem unter dem Titel *Commerce du dix-neuvième siècle* [von Moreau de Jonnès] veröffentlichtem Buch (Bd. II, S. 238) wird der Zuckerexport von Brasilien nach Europa auf nur 50 000 Kisten geschätzt; aber nach den Zollverzeichnissen Hamburgs erhielt im Jahr 1824 allein dieser Hafen 44 800 Kisten bra-silianischen Zucker; im Jahr 1825 mehr als 31 900 Kisten (zu je 680 Kilogramm). England und Belgien importierten in demselben Zeitraum mehr als 10 000 Kisten. Herr Auguste de Saint-Hilaire glaubt, dass in diesen letzteren Jahren die Ausfuhr von Bahia nur 60 000 Kisten betrug. In offiziellen, von Herrn Adrien Balbi zusammengestellten Dokumenten findet man im Jahr 1796 für den Export brasilianischen Zuckers nach Portugal 34 692 000 Kilogramm; im Jahr 1806 sind es 36 018 000 und im Jahr 1812 45 Mil-lionen Kilogramm.

Kisten oder 125 Millionen Kilogramm belaufen wird, davon 150 000 Kisten weißer
Zucker und 42 000 Rohzucker. Man glaubt, dass Rio de Janeiro 40 000 Kisten
|I.206 liefern wird, Bahía 100 000 und Pernambuco 52 000, ohne dabei außergewöhnlich
ertragsreiche Jahre zu zählen.

Das ÄQUINOKTIALE AMERIKA und Louisiana liefern heute (dies ist das Ergebnis
der gründlichen Erörterung aller speziellen Daten) 460 Millionen Kilogramm Zucker im Handel mit Europa und den Vereinigten Staaten, davon

287 Millionen oder	62/100 aus den Antillen	(1 147 500 Sklaven)
125	27/100 aus Brasilien	(2 060 000 Sklaven)
40	9/100 aus den Guayanas	(206 000 Sklaven)

Wir werden bald sehen, dass allein Großbritannien mit einer Bevölkerung von
14 400 000 mehr als ein Drittel der 460 Millionen Kilogramm verzehrt, die der Neue
Kontinent durch Länder liefert, wo der Handel 3 314 000 unglückliche Sklaven zu-
sammengetrieben hat! Der Anbau von Zuckerrohr ist heute derart auf die verschiedenen Teile des Erdballs verteilt, dass die physischen oder politischen Ursachen, die
die Gewerbetätigkeit auf einer der Großen Antillen entweder unterbrechen oder
zerstören, nicht mehr dieselbe Auswirkung auf den Zuckerpreis und allgemein auf
|I.207 den Handel Europas und der Vereinigten Staaten haben kann wie zu der Zeit, als
die großen Pflanzenkulturen noch auf kleinem Raum komprimiert waren. Spanische
Verfasser haben häufig die Insel Kuba aufgrund der Fülle ihrer Erzeugnisse mit den
Bergwerken von Guanajuato in Mexiko verglichen. Tatsächlich lieferte Guanajuato
zu Beginn des 19. Jahrhunderts ein Viertel des mexikanischen Silbers und ein Sechstel des gesamten amerikanischen Silbers. Heute exportiert die Insel Kuba auf legalem
Weg ein Fünftel des gesamten, vom Antillen-Archipel kommenden Zuckers und ein
Achtel allen Zuckers, der vom äquinoktialen Amerika nach Europa und in die Ver-
einigten Staaten gelangt.

Man unterscheidet auf der Insel Kuba drei Sorten Zucker nach dem Grad der
Reinheit (*grados de purga*), die dieser Stoff durch das Raffinieren erhält. In jedem Laib
oder umgekippten Kegel ergibt der obere Teil *weißen* Zucker, der mittlere hellbraunen
Zucker oder *quebrado* und der untere Teil oder die Spitze des Kegels *cucurucho*. Alle
kubanischen Zuckersorten sind also raffinierte Zucker; von ihnen ist nur eine sehr
kleine Menge Rohzucker oder Moscovado (durch sprachliche Abwandlung *azúcar*
|I.208 *mascabado*). Da die *Formen* unterschiedlich groß sind, sind auch die Laibe (*panes*) ver-
schieden schwer. Im Allgemeinen wiegen sie nach dem Raffinieren eine *Arroba*. Die
Raffineure (*maestros de azúcar*) hoffen, dass jeder Laib fünf Neuntel weißen Zucker,
drei Neuntel *quebrado* und ein Neuntel *cucurucho* ergibt. Beim Einzelverkauf erzielt
der weiße Zucker einen höheren Preis, als wenn er im *surtido* verkauft wird, bei dem
man in einem Verkaufsposten drei Fünftel weißen Zucker und zwei Fünftel *quebrado*
vereinigt. Im letzteren Fall beträgt der Preisunterschied allgemein vier Reales (*reales
de plata*), im ersteren erhöht er sich auf sechs oder sieben Reales. Die Revolution von
Saint-Domingue, zusammen mit den durch das *Kontinentalsystem* diktierten Verbote,

dem außerordentlichen Zuckerverbrauch in England und in den Vereinigten Staaten, den Fortschritten des Anbaus auf Kuba, in Brasilien, Demerara, auf Bourbon [später Réunion] und Java haben große Preisschwankungen verursacht. In einem Zeitraum von zwölf Jahren betrugen sie im Jahr 1807 zwischen drei und sieben Reales[159], im Jahr 1818 zwischen 24 und 28 Reales, was Schwankungen im Verhältnis von eins zu fünf belegt. Während desselben Zeitraums veränderte sich der Zuckerpreis in England nur zwischen 33 und 73 Shillings pro Quintal[160], das heißt, in einem Verhältnis wie eins zu $2\frac{1}{5}$. Wenn man anstelle der Durchschnittspreise des ganzen Jahres die Preise des Havanna-Zuckers in Liverpool im Verlauf einiger Monate berücksichtigt, so findet man auch Schwankungen zwischen 30 Shillings (im Jahr 1811) und 134 Shillings (im Jahr 1814), woraus ein Verhältnis von eins zu $4\frac{2}{5}$ resultiert. Die hohen Preise (zwischen 16 und 20 Reales pro Arroba) hielten sich in Havanna fast ununterbrochen fünf Jahre lang (von 1810 bis 1815), wohingegen die Preise seit 1822 um ein Drittel auf zehn und 14 fielen, kürzlich (1826) sogar auf neun und 13 Reales. Ich gehe in solche Einzelheiten, um eine genauere Vorstellung des Nettoertrags einer Zuckerplantage und der Opfer zu vermitteln, die ein zu einem bescheideneren Profit geneigter Eigentümer erbringen kann, um das Los seiner Sklaven zu verbessern. Der Zuckeranbau ist noch beim gegenwärtigen Preis von 24 Piastern pro Kiste gewinnbringend (wenn man den Durchschnitt von *blanco* und *quebrado* nimmt); heute verkauft ein Eigentümer, dessen mittelgroße Zuckerplantage 800 Kisten liefert, seine Ernte für nur 19 200 Piaster, während sie ihm vor einem Dutzend Jahren (bei 36 Piastern pro Kiste) noch 28 800 Piaster eintrug[161].

Während meines Aufenthalts in den Ebenen von Güines im Jahr 1804 habe ich mich darum bemüht, einige genaue Auskünfte über die *zahlenmäßigen Bestandteile* der Zuckerproduktion zusammenzutragen: Eine große *ingenio*, die 32 000 bis 40 000 *Arrobas* (367 000 bis 460 000 Kilogramm) Zucker produziert, hat im Allgemeinen eine Fläche von 50 Caballerías[162] oder 650 Hektar, von der die Hälfte (weniger als ein

|I.209

|I.210

|I.211

---

[159] Bei den Zuckerpreisen Havannas bezeichnen die zwei Ziffern immer den Zuckerpreis von *quebrado* und *blanco* pro *arroba*. Der harte Piaster zu acht Reales kostet nach dem offiziellen Umrechnungskurs fünf Francs und 43 Centimes: im Handel kostet er 13 Centimes weniger.

[160] *Siehe* die Preistabellen zwischen 1807 und 1820 in [Powell,] *Statistical Illustrations of the British Empire*, S. 56, und von 1782 bis 1822 in [Thomas] Tooke, *Thoughts and Details on the High and Low Prices*, 1824, Anhang zu Teil II, S. 46–53.

[161] Die Maßeinheit für landwirtschaftliche Flächen, *caballería* genannt, hat 18 *cordeles* (jeder *cordel* zu 24 *varas*) oder 432 *Quadratvaras*; folglich, da eine *vara* 0,835 Meter hat, ist nach [Juan José] Rodríguez eine *caballería* gleich 186 624 *Quadratvaras* oder 130 118 Quadratmeter oder 32 $^2/_{10}$ englische *acres*.

[162] Es gibt auf der ganzen Insel Kuba nur sehr wenige *Plantagen*, die 40 000 Arrobas liefern können. Dies sind die *ingenios* Río Blanco oder die Besitzungen vom Marquis del Arco, von Don Rafael O'Farril [y Herrera] und von Doña Felicia Jáurregui [María Felicia de Jáuregui y Aróstegui]. Man betrachtet Zuckerplantagen, die jährlich 2 000 Kisten oder 32 000 Arrobas (ungefähr 368 000 Kilogramm) liefern, schon als sehr groß. In den französischen Kolonien benutzt man im Allgemeinen nur ein Viertel oder ein Drittel des verwendeten Bodens für die *Pflanzung von Nahrungsmitteln* (Bananen, ignames [Yamwurzeln], batates [Süßkartoffeln]); in den spanischen Kolonien verliert man eine größere Fläche durch Weideland. Das ist eine natürliche Folge der alten Gewohnheit, *haciendas de ganado* [Viehzuchtgüter] zu bevorzugen.

Zehntel einer Quadratseemeile) für die eigentliche Zuckerpflanzung (*cañaveral*) bestimmt ist, die andere Hälfte für Nahrungspflanzen und für die Nutzung als Weideland (*potrero*). Natürlich variieren die Preise für das Land entsprechend der Bodenqualität und der Nähe zu den Häfen von Havanna, Matanzas und Mariel. In einem Umkreis von 25 Meilen um Havanna herum kann die Caballería mit zwei- oder dreitausend Piaster bewertet werden. Für einen Ertrag von 32000 Arrobas (oder 2000 Kisten Zucker) braucht die *ingenio* wenigstens 300 Sklaven. Ein erwachsener, eingewöhnter Sklave kostet 450 bis 500 Piaster, ein erwachsener, nicht eingewöhnter *bozal* dagegen 370 bis 400 Piaster. Es ist wahrscheinlich, dass ein Sklave an Nahrung, Kleidung und Medizin jährlich 45 bis 50 Piaster kostet, folglich mit den Kapitalzinsen und in Abrechnung der Feiertage mehr als 22 Sols pro Tag. Man gibt den Sklaven *tasajo* (an der Sonne getrocknetes Dörrfleisch) aus Buenos Aires und Caracas zu essen, eingesalzenen Kabeljau (*bacalao*), wenn tasajo zu teuer ist, Gemüse (*viandas*) wie Kürbis, Yamwurzeln, Süßkartoffeln und Mais. Im Jahr 1804 kostete eine Arroba tasajo in Güines noch zehn bis 12 Reales; heute (1825) kostet sie 14 bis 16. In einer *ingenio*, wie wir sie uns hier vorstellen (mit einem Ertrag von 32000 bis 40000 Arrobas) benötigt man (1) drei zylindrische Werke, die von Ochsen oder zwei Wasserrädern in Bewegung gesetzt werden (*trapiches*); (2) 18 Heizkessel (*piezas*), die nach der alten spanischen Methode durch ein sehr langsames Feuer einen enormen Holzverbrauch verursachen; französische Reverberieröfen oder Flammöfen (seit dem Jahr 1801 durch Herrn Bailly aus Saint-Domingue unter dem Patronat von Don Nicolás Calvo [y O'Farril] eingeführt); drei *clarificadores* [Filteranlagen]; drei *pailas* [Pfannen] und zwei *traines de tachos* [Eimerzüge] (jeder Zug hat drei *piezas*), zusammen 12 *fondos* [Teile]. Man sagt gewöhnlich, dass drei *arrobas* weißer Zucker ein Fass *miel* oder Melasse ergeben und dass allein die Einkünfte aus Melasse die Unterhaltungskosten der Plantage decken: Dies trifft allenfalls dort zu, wo man übermäßig viel Branntweine herstellt. 32000 *Arrobas* Zucker ergeben 15000 Fass *miel* (zu je zwei *arrobas*), woraus man 500 *pipas de aguardiente de caña* [Zuckerrohrbranntwein] zu je 25 Piastern brennt. Wollte man nach diesen Daten versuchen, ein Verzeichnis der Kosten und der Erträge zu erstellen, so fände man für 1825:

|I.212

|I.213

Wert von 32000 *arrobas Zucker* (blanco und quebrado)
zu 24 Piastern pro Kiste oder 16 arrobas   48000   Piaster

Wert vo 500 *pipas de aguardiente*   12500
                                                            _____
                                                            60500   Piaster

Die Kosten der *ingenio* werden pro Jahr auf 30000
Piaster geschätzt

Nun besteht das eingesetzte Kapital aus 50 caballerías
Land, zu je 2500 Piastern   125000   Piaster

300 Sklaven zu je 450 Piastern   135000

Gebäude, Mühlen   80000

Kübel, Zylinder, Vieh und allgemeines Inventar   130000
                                                            _____
                                                            470000   Piaster

Aus dieser Rechnung folgt, dass ein Geldgeber, der heute eine *ingenio* einrichten wollte, die jährlich 2 000 *cajas* zu liefern in der Lage ist, nach der alten spanischen Methode und mit dem gegenwärtigen Zuckerpreis sechseinhalb Prozent Zinsen erzielen würde. Dieser Zinssatz ist nicht nennenswert für eine Anlage, die nicht rein | I.214 landwirtschaftlich ausgerichtet ist und deren Kosten dieselben bleiben, auch wenn die Erträge manchmal um mehr als ein Drittel sinken. Nur sehr selten kann eine dieser großen *ingenios* 32 000 Kisten Zucker im Laufe von mehreren aufeinanderfolgenden Jahren erzeugen. Es darf also nicht überraschen, wenn man den Anbau von Reis dem von Zuckerrohr vorzog, als der Zuckerpreis auf der Insel Kuba sehr niedrig war (vier oder fünf Piaster pro Quintal). Der Gewinn der seit langem ansässigen Eigentümer (*hacendados*) besteht 1) in dem Umstand, dass die Einrichtungskosten 20 oder 30 Jahre zuvor viel geringer waren, als eine *caballería* gutes Land nur 1 200 oder 1 600 Piaster anstatt 2 500 bis 3 000 Piaster kostete und ein erwachsener Sklave 300 Piaster anstatt 450 bis 500 Piaster; 2) im Ausgleich sehr niedriger und sehr hoher Zuckerpreise. Diese Preise sind über einen Zeitraum von zehn Jahren so unterschiedlich, dass die Kapitalzinsen zwischen fünf und 15 Prozent schwanken. Beispielsweise hätte im Jahr 1804 das eingesetzte Kapital nur 400 000 Piaster betragen, und entsprechend dem Wert von Zucker und Branntwein hätte sich der | I.215 Bruttoertrag auf 94 000 Piaster erhöht. Nun betrug der Preis einer Kiste Zucker von 1797 bis 1800 aber im Durchschnitt[163] zeitweise 40 Piaster statt der 24 Piaster, die ich in der Berechnung für das Jahr 1825 annehmen musste. Wenn sich eine Zuckerplantage, eine große Spinnerei oder ein Bergwerk in den Händen desjenigen befindet, der das Unternehmen gegründet hat, so darf die Bewertung der Zinsquote, die der Eigentümer aus dem eingesetzten Kapital erzielt, nicht diejenigen leiten, die beim Kauf aus zweiter Hand die Vorteile abwägen, die die verschiedenen Industriezweige bieten.

Nach meinen Berechnungen auf der Insel Kuba scheint es mir, dass ein Hektar im Durchschnitt 12 Kubikmeter *Magma* ergibt, aus dem man nach den bis heute angewandten Verfahren höchstens zehn bis 12 Prozent Rohzucker gewinnt. In Bengalen benötigt man nach Herrn [William Thomas] Beckford sechs; nach Herrn Roxburgh 5 6/10 Pfund Saft, denn 28 Deziliter des *Magma* liefern 450 Gramm Rohzucker. Daraus folgt, dass, wenn man das Magma wie eine salzhaltige Flüssigkeit betrachtet, diese Flüssigkeit je nach der Bodenfruchtbarkeit 12 bis 16 Prozent kristallisierbaren Zucker enthält. Der Zuckerahorn (Acer saccharinum) gibt auf guten | I.216 Böden in den Vereinigten Staaten 450 Gramm Zucker pro 18 Kilogramm Saft oder zweieinhalb Prozent. Dies ist auch die Menge Zucker, die die Runkelrübe liefert, wenn man diese Menge mit dem Gesamtgewicht der knolligen Wurzel vergleicht. Man zieht aus 20 000 Kilogramm von auf gutem Boden angebauten Runkelrüben 500 Kilogramm Rohzucker. Da das Zuckerrohr die Hälfte seines Gewichts beim Auspressen des Safts verliert, ergibt es, wenn nicht die Säfte, sondern die knolligen Wurzeln der Beta vulgaris [Gemeine Rübe] mit dem Stroh des Saccharum offici-

---

163 *Papel periódico de la Havana*, 1801, Nr. 12.

narum verglichen werden, bei gleichem Gewicht der pflanzlichen Masse sechsmal mehr Rohzucker als die Runkelrübe. Je nach der Beschaffenheit des Bodens, der Regenmenge, der Verteilung der Wärme auf die verschiedenen Jahreszeiten und der Veranlagung der Pflanze zur mehr oder weniger frühen Blütezeit verändert sich der Saft des Zuckerrohrs in seinen Bestandteilen. Das betrifft nicht nur, wie die Praktiker oder *maestros de azucar* sagen, den mehr oder weniger verwässerten zuckerigen Teil; der Unterschied besteht vielmehr in den Verhältnissen zwischen kristallisierbarem Zucker, nicht kristallisierbarem Zucker (flüssigem Zucker, wie Herr |I.217 Proust sagt), Albumin [Eiweiß], Gummi, grüner Stärke und Apfelsäure. Die Menge an kristallisiertem Zucker kann dieselbe sein; und dennoch geht die nach den einheitlich angewandten Verfahren aus dem *Magma* gewonnene Menge an braunem Rohzucker beträchtlich auseinander, und zwar aufgrund des wechselnden Verhältnisses der anderen Bestandteile, die den kristallisierbaren Zucker begleiten. Wenn er sich mit einigen dieser Bestandteile verbindet, bildet dieser Zucker einen Sirup, der nicht die Eigenschaft besitzt, zu kristallisieren und der in den Melassen verbleibt. Eine zu große Erhöhung der Temperatur scheint den Verlust zu beschleunigen und zu steigern. Diese Betrachtungen verdeutlichen, weshalb sich die *maestros de azúcar* zeitweise, während einer bestimmten Jahreszeit, als *verzaubert* betrachten, weil sie mit derselben Mühewaltung nicht *dieselbe Zuckermenge erzeugen können*; die Betrachtungen erklären, weshalb aus demselben *Magma* bei veränderten Vorgehensweisen, beispielsweise hinsichtlich der Wärmegrade oder der Schnelligkeit des Siedens, mehr oder weniger Rohzucker gewonnen wird. Man kann nicht oft genug wiederholen, dass große Einsparungen bei der Herstellung von Zucker nicht allein durch die Konstruktion und Anordnung der Siedekessel und Öfen erwartet werden |I.218 können; man braucht eine Verbesserung der chemischen Verfahren; eine intime Kenntnis der Wirkungsarten des Kalks, der alkalischen Substanzen und der Tierkohle; man braucht außerdem die genaue Ermittlung der *Temperaturmaxima*, denen der *vezú* nach und nach in den verschiedenen Siedekesseln ausgesetzt werden muss. Die von den Herren Gay-Lussac und Thénard durchgeführten erfinderischen Analysen von Zucker, Stärke, Gummi und holzigen Substanzen; die in Europa zum Traubenzucker und Runkelrübenzucker unternommenen Arbeiten sowie die Untersuchungen der Herren Dutrône, Proust, Clarke, Higgins, Daniell, Howard, Braconnot und Derosne haben diese Verbesserungen erleichtert und vorbereitet; aber auf den Antillen selbst bleibt noch alles beim alten. Es ist gewiss, dass man das mexikanische Amalgamierungsverfahren im Großen nicht wird verbessern können, bevor man während eines langen Aufenthalts in Guanajuato oder Real del Monte die Natur der Mineralien untersucht, die mit Quecksilber, Natriumchlorid, *magistral* und Kalk in Kontakt gebracht werden. Um die technischen Verfahren in den Zuckersiedereien zu verbessern, wird man damit beginnen müssen, in mehreren *ingenios* der Insel Kuba von einem mit dem heutigen Stand der Pflanzenchemie vertrauten Chemiker kleine Mengen von *Magma* analysieren zu lassen, die von ver- |I.219 schiedenen Böden und zu verschiedenen Jahreszeiten gewonnen wurden, sei es aus Gewöhnlichem oder *Kreolen*-Zuckerrohr, sei es aus dem aus Zuckerrohr aus Tahiti

[Canna Tahiti], sei es schließlich aus dem roten Rohr aus *Guinea*. Ohne diese vorausgehende Arbeit einer Person, die kürzlich aus einem der berühmtesten Laboratorien Europas hervorgegangen ist und über eine gründliche Kenntnis der Zuckerherstellung aus Runkelrüben verfügt, wird man zwar einige Teilverbesserungen erreichen können, aber die gesamte Herstellung von Rohzucker wird, wie sie es heute ist, das Ergebnis eines mehr oder minder glücklichen Herumtastens bleiben.

Auf Flächen, die bewässert werden können oder auf denen Pflanzen mit knolligen Wurzeln dem Anbau des Zuckerrohrs vorausgingen, kann eine *caballería* fruchtbaren Bodens anstelle von 1 500 *arrobas* bis zu drei- oder viertausend *arrobas* einbringen, was 2 660 bis 3 540 Kilogramm Zucker (*blanco* und *quebrado*) pro Hektar ausmacht. Wenn wir bei 1 500 *arrobas* bleiben und nach den Preisen von Havanna die Kiste Zucker auf 24 Piaster veranschlagen, so finden wir, dass derselbe Hektar Zucker im Wert von 870 Francs erzeugte und Weizen im Wert von 288 Francs, bei der Annahme eines achtfachen Ernteertrags und eines Preises von 18 Francs für einhundert Kilogramm Weizen. Ich habe anderswo bemerkt, dass man bei diesem |I.220 Vergleich der zwei landwirtschaftlichen Zweige nicht vergessen darf, dass der Rohrzuckeranbau sehr großen Kapitaleinsatz erfordert, gegenwärtig zum Beispiel 400 000 Piaster für eine Jahresproduktion von 32 000 *arrobas* oder 368 000 Kilogramm, wenn diese Produktion in einem einzelnen Unternehmen stattfindet. In Bengalen ergibt ein *acre* (4 044 Quadratmeter) bewässerten Landes nach den Herren Beckford[164] und Roxburgh 2 300 Kilogramm Rohzucker, was 5 700 Kilogramm pro Hektar ausmacht. Wenn dieser Ertrag Ländereien von großer Ausdehnung gemeinsam ist, darf man sich über den niedrigen Zuckerpreis in Ostindien nicht wundern. Der Ertrag eines Hektars ist dort zweimal größer als der des besten Bodens in den Antillen, und die täglichen Kosten des freien Inders sind fast dreimal geringer als die des Sklavens auf der Insel Kuba.

Man rechnete, dass im Jahr 1825 auf Jamaika eine Plantage von 500 *acres* (oder 15 ½ *caballerías*), von denen 200 *acres* mit Zuckerrohr bepflanzt waren, durch die Arbeit von 200 Sklaven, 100 Ochsen und 50 Maultieren 2 800 cwt oder 142 000 |I.221 Kilogramm Zucker produzierte, was einschließlich der Sklaven einen Wert von 43 000 Pfund Sterling darstellte. Nach dieser Schätzung von Herrn Stewart ergab ein Hektar 1 760 Kilogramm Rohzucker, denn dies ist die Zuckerqualität, die man auf Jamaika dem Handel liefert. Wir haben weiter oben gesehen, dass, wenn man auf einer großen havannesischen Zuckerplantage 25 caballerías oder 325 Hektar für einen Ertrag von 32 000 bis 40 000 Kisten rechnet, man 1 130 oder 1 400 Kilogramm raffinierten Zucker (*blanco* und *quebrado*) pro Hektar erhält. Dieses Ergebnis entspricht dem von Jamaika recht gut, wenn man den Gewichtsverlust bedenkt, den der Zucker durch das Raffinieren beim Umwandeln des Rohzuckers in *azúcar blanco y quebrado* oder raffinierten Zucker erfährt. Auf Saint-Domingue veranschlagt man ein carreau (3 403 Quadrattoisen = 1 $^{29}/_{100}$ Hektar) auf 40, manchmal selbst

---

[164] [William Beckford,] *Indian Recreations* (Kalkutta, 1810, S. 73), [William] Roxburgh [in] *Oriental Repertory*, Bd. II, S. 425.

60 Zentner; bleibt man bei 5 000 Pfund, erhält man noch 1 900 Kilogramm Rohzucker pro Hektar. Nimmt man an, wie man es tun sollte wenn vom Ertrag der gesamten Insel Kuba gesprochen wird, dass auf Ländereien von durchschnittlicher Fruchtbarkeit die caballería (zu 13 Hektar) 1 500 Arrobas raffinierten Zucker ergibt

|I.222

(*blanco* und *quebrado* gemischt) oder 1 330 Kilogramm pro Hektar, dann folgt daraus, dass 60 872 Hektar oder 19 ¾ Quadratseemeilen, schätzungsweise ein Neuntel der Fläche eines durchschnittlich großen französischen Départements, ausreichen, um die 430 000 Kisten raffinierten Zucker zu erzeugen, die die Insel Kuba für ihren eigenen Bedarf und für den legalen und illegalen Export liefert. Erstaunlicherweise können weniger als zwanzig Quadratseemeilen einen jährlichen Ertrag liefern, dessen Wert (wenn man eine Kiste in Havanna mit einer Rate von 24 Piaster berechnet) mehr als 52 Millionen Francs beträgt. Um all den Rohzucker zu liefern, den 30 Millionen Franzosen für ihren Verbrauch benötigen und der gegenwärtig 56 bis

|I.223

60 Millionen Kilogramm beträgt, bräuchte man in den Tropen lediglich[165] eine Fläche von neun mit Zuckerrohr bepflanzten Quadratseemeilen, in gemäßigtem Klima 37 ½ mit Runkelrüben bepflanzte Quadratseemeilen! Ein Hektar *guten* Bodens in Frankreich, in dem Runkelrüben gesät oder gepflanzt sind, ergibt zwischen 10 000 und 30 000 Kilogramm Runkelrüben. Bei durchschnittlicher Fruchtbarkeit sind es 20 000 Kilogramm, die zweieinhalb Prozent oder 500 Kilogramm Rohzucker liefern. Nun ergeben 100 Kilogramm Rohzucker 50 Kilogramm raffinierten Zucker, 30 Kilogramm braunen Zucker und 20 Kilogramm Moscovado. Ein Hektar Runkelrüben ergibt daher 250 Kilogramm raffinierten Zucker.

Kurze Zeit vor meiner Ankunft in Havanna hatte man aus Deutschland einige Proben dieses Rübenzuckers kommen lassen, von dem gesagt wurde, er „bedrohe die Existenz der *Zuckerinseln* in Amerika". Die Pflanzer haben mit einem gewissen Schrecken erkannt, dass es eine dem Rohrzucker ganz ähnliche Substanz war, aber

|I.224

man erhoffte sich, dass der hohe Preis der Handarbeit in Europa und die Schwierigkeit, den kristallisierbaren Zucker von einer so großen Menge von Pflanzenpulpe zu trennen, das Verfahren sehr viel weniger ertragreich machen würden. Seit dieser Zeit ist es der Chemie gelungen, diese Schwierigkeiten zu überwinden; allein in Frankreich gab es 1812 mehr als 200 Rübenzuckerfabriken, die mit sehr unterschiedlichem Erfolg arbeiteten und eine Million Kilogramm Rohzucker erzeugten, das heißt, 58 Prozent des gegenwärtigen Zuckerverbrauchs in Frankreich. Von diesen 200 Fabriken gibt es heute eine viel kleinere Zahl, die mit Verstand geleitet

---

[165] Herr [Jean-Pierre] Barruel berechnet 67 567 Waldjaucherte [altes Waldmaß; arpent des eaux et forêts] (11 Quadratseemeilen) für 15 Millionen Kilogramm Rohzucker aus Runkelrüben (*Moniteur* vom 22. März 1811). Für die Pflanzenkultur der Tropen habe ich 1 900 Kilogramm Rohzucker pro Hektar angenommen. Sehr genaue Auskünfte über die Herstellung von Zucker aus Runkelrüben verdanke ich der Freundschaft und den aufmerksamen Mitteilungen des Herrn Baron [Jules Paul Benjamin] Delessert, meines Kollegen in der Akademie der Wissenschaften, der durch seine botanischen Veröffentlichungen, seine umfangreichen Herbarien und eine gleichermaßen an Werken zur Wissenschaft und zur politischen Ökonomie reichen Bibliothek seit vielen Jahren die Ausarbeitung verschiedener Teile meiner *Voyage aux régions équinoxiales* gefördert hat.

mehr als eine halbe Million Kilogramm erzeugen[166]. Die Bewohner der Antillen, die über europäische Angelegenheiten wohlunterrichtet sind, fürchten weder Runkelrübenzucker, Chiffon, Weinbeeren, Maronen und Pilze noch Kaffee aus Neapel oder Indigo aus Südfrankreich. Glücklicherweise hängt die Hoffnung, das Schicksal der Sklaven auf den Antillen gemildert zu sehen, nicht vom Erfolg dieser in kleinen Mengen hergestellten europäischen Erzeugnisse ab. | I.225

Ich habe des Öfteren daran erinnert, dass bis 1762 die Insel Kuba dem Handel nicht mehr Erzeugnisse zuführte als heute die drei am wenigsten betriebsamen und in Bezug auf die Landwirtschaft am meisten vernachlässigten Provinzen: Veragua, der Isthmus von Panama und der von Darién. Ein anscheinend sehr unglückliches politisches Ereignis (die Besetzung Havannas durch die Engländer) erweckte die Geister. Die Stadt wurde am 6. Juli 1764 geräumt, und dieser denkwürdige Zeitpunkt markiert die ersten Bemühungen um eine aufkeimende Industrie. Der Bau neuer Befestigungswerke nach einem monumentalen Plan[167] brachte schlagartig | I.226 viel Geld in Umlauf; später lieferte der freigegebene Sklavenhandel[168] die Arbeitskräfte für die Zuckerplantagen. Die Handelsfreiheit mit allen spanischen Häfen und zeitweise sogar mit denen neutraler Länder; die weise Verwaltung des Don Luis de Las Casas; die Gründung des *Consulado* und der *Sociedad Patriótica*; die Zerstörung der französischen Kolonie von Saint-Domingue[169] und der notwendigerweise darauffolgende Anstieg des Zuckerpreises; die zu einem großen Teil den Flüchtlingen vom Cap-Français zu dankende Vervollkommnung der Maschinen und Öfen; die innigeren Verbindungen, die zwischen den Eigentümern von Zuckerplantagen und den Händlern von Havanna geknüpft wurden und deren große Kapitalvermögen man in landwirtschaftliche Betriebe investierte (Zucker- und Kaffeeplantagen) – dies sind aufeinanderfolgend die Ursachen des wachsenden Wohlstands der Insel | I.227 Kuba, trotz des Widerstreits der Behörden, den Gang der Geschäfte aufzuhalten[170].

---

[166] Obwohl der gegenwärtige Preis von unraffiniertem Zucker in den Häfen einen Franc 50 Centimes pro Kilogramm beträgt, bietet die Herstellung von Zucker aus Runkelrüben einen Vorteil an gewissen Orten, beispielsweise in der Gegend von Arras. Man würde Rüben in vielen anderen Teilen Frankreichs ansiedeln, wenn sich der Preis für Zucker aus den Antillen auf zwei Francs oder zwei Francs 25 Centimes pro Kilogramm erhöhte und die Regierung keine Steuer auf Zucker aus Runkelrüben erhöbe, um den Verlust auszugleichen, den die Zollbehörden aufgrund des niedrigeren Konsums von Zucker aus den Kolonien erleiden würden. Die Herstellung von Runkelrübenzucker ist vor allem dort vorteilhaft, wo sie sich mit einem allgemeinen System der Landwirtschaft, der Verbesserung des Bodes und der Viehzucht verbindet. Sie hängt nicht, wie der Anbau von Rohrzucker in den Tropen, von den örtlichen Bedingungen ab.
[167] Man beteuert, dass allein der Bau der Festung *Cabaña* 14 Millionen Piaster gekostet hat.
[168] *Real cédula de 28 de Febrero de 1789.*
[169] Mit drei Wiederholungen, nämlich im August 1791, im Juni 1793 und im Oktober 1803. Vor allem hat die unglückliche und mörderische Expedition der Generäle Leclerc und Rochambeau die Zerstörung der Zuckerplantagen von Saint-Domingue vollendet.
[170] Die Kompliziertheit der *autoridades y jurisdicciones* besteht darin, dass man, nach der Denkschrift [von Antonio del Valle Hernández,] *Acerca de la situación presente de la isla de Cuba* (S. 40), 25 Arten von zivilen und kirchlichen *Juzgados* [Gerichten] zählt. Diese Aufsplitterung der höchsten Gewalt erklärt, was weiter oben (S. 162 f. [Bd. XI, S. 363 f]) über die ständig wachsende Zahl von Rechtsanwälten bemerkt wurde.

Die größten Veränderungen auf den Rohrzuckerplantagen und in den Zuckersiedereien fanden in den Jahren von 1796 bis 1800 statt. Man begann zunächst damit, die von Maultieren angetriebenen Werke (*trapiches de mulas*) durch von Ochsen
angetriebene (*trapiches de bueyes*) zu ersetzen; dann wurden in Güines Wasserräder
(*trapiches de agua*) eingeführt, von denen bereits die ersten *conquistadores* in Saint-
Domingue Gebrauch gemacht hatten; schließlich erprobte man (in Ceibabo), durch
den Grafen Jaruco y Mopox finanziert, die Auswirkung von Dampfmaschinen
(*bombas de vapor*). Von diesen Maschinen gibt es heute 25 in den verschiedenen Zuckersiedereien der Insel Kuba. Der Anbau von Zuckerrohr aus Tahiti wurde zur
selben Zeit weiter verbreitet. Man führte Kessel für die erste Reinigung (*clarificado-*
|I.228   *ras*) und besser eingerichtete Reverberieröfen ein. Auf einer Großzahl von Plan-
tagen – man muss es zu Ehren der vermögenden Eigentümer erwähnen – ließ sich
eine großmütige Sorge für die Gesundheit der kranken Sklaven, die Einfuhr von
Sklavinnen und die Erziehung der Kinder erkennen.

Im Jahr 1775 betrug die Zahl der Zuckersiedereien (*ingenios*) auf der ganzen
Insel 473; im Jahr 1817 waren es mehr als 780. Unter den ersteren produzierte keine
einzige ein Viertel der Zuckermenge, die heute die *ingenios* der zweiten Rang-
ordnung erzeugen; folglich ist es nicht allein die Anzahl der Zuckersiedereien, die
eine genaue Vorstellung von den Fortschritten dieses Zweigs der landwirtschaftlichen Industrie vermitteln kann. In der Provinz Havanna zählte man

Im Jahr	1763	70	Zuckersiedereien
	1796	305	
	1806	480	
	1817	625	

Übersicht des landwirtschaftlichen Reichtums der Provinz Havanna im Jahr 1817

| I.229

PARTIDOS	ZUCKER-SIEDEREIEN (Ingenios de azúcar)	KAFFEE-PLANTAGEN (cafetales)	POTREROS[171]	HACIENDAS de Cria [Viehzucht-güter]	TABAK-PLANTAGEN (Vegas)	KIRCHEN	HÄUSER
Havanna	1		12			31	16613
Villa de Santiago	43	17	190		30	52	3327
Bejucal	49	14	62			6	872
Villa de San Antonio	4	124	51	51	76	10	1684
Guanajay	122	295	96			30	1139
Guanabacoa	9	1	1			36	3654
Filipinas		16	48	196	883	13	1822
Jaruco	133	81	148		5	8	1793
Güines	78	35	124	1	10	17	2055
Matanzas	95	83	200	12		10	1954
Santa Clara	14	78	220	267	100	7	3441
Trinidad	77	35	45	403	150	24	3914
Insgesamt	625	779	1197	930	1254	224	42268

171 Um die charakteristischen Merkmale der Landwirtschaft in den spanischen Kolonien nicht zu verfälschen, verzichte ich darauf, die durch langen Gebrauch anerkannten spanischen Wörter durch französische zu ersetzen. Die Hatos oder Haciendas de cria und die Potreros sind gleichermaßen Viehzuchtgüter; aber die ersteren, deren Ausdehnung im Durchmesser oft zwei bis drei Meilen beträgt und die nicht umfriedet sind, halten fast wilde Rinder; sie benötigen zur Betreuung nur drei oder vier berittene Männer (peones), die das Land durchstreifen, um die Kühe und die Stuten zu finden, die Junge geworfen haben, und um die Jungtiere zu kennzeichnen. Die Potreros sind umfriedete Weiden, von denen oft ein kleiner Teil mit Mais, Bananen oder Maniok bepflanzt ist. Die in den Hatos geborenen Tiere werden dort gemästet, und nebenher beschäftig man sich dabei auch mit Rinderzucht (de pequeñas crias).

|I.230   Dieses Tableau unterscheidet die Gebiete (Trinidad und Santa Clara), in denen man
die einstige Vorliebe für ländliches Leben und die der Viehzucht verschriebenen
Hatos weiterhin pflegt und sie einem Leben sowohl in den Tabakanbaugebieten
(Filipinas, Trinidad) als auch in den Gegenden mit den meisten Zuckerplantagen
(Jaruco, Guanajay, Matanzas und San Antonio Abad) vorzieht. Das partielle Wachstum ist bemerkenswert. Im Jahr 1796 gab es in Jaruco und Río Blanco de Norte
|I.231   sowie in Güines und Matanzas jeweils nur 73, 25 und 27 Zuckersiederein. Ver-
gleichsweise gab es im Jahr 1817 dort 133, 78 und 95.

Eines der deutlichsten Anzeichen des Wachstums von landwirtschaftlichem
Wohlstand ist der Anstieg der Abgaben an die Kirche, von denen wir hier nur Zahlen für die letzten 15 Jahre aufzeigen. Der Zehnte (*rentas decimales arrendadas]*) musste
alle vier Jahre an das Bistum von Havanna[172] wie folgt entrichtet werden:

Von	1789 bis 1792	792 386	Piaster
	1793 bis 1796	1 044 005	
	1797 bis 1800	1 595 340	
	1801 bis 1804	1 864 464	

Wie man sehen kann, stiegen die Steuern im letzteren Zeitraum auf einen jährlichen
Durchschnitt von 2 330 000 Francs an, obwohl Zucker dabei nur die Hälfte des
|I.232   Zehnten, also ein Zwanzigstel, ausmachte. Um die Verhältnisse zwischen der Aus-
fuhr (ich spreche nicht von der Herstellung) von Rum und Melasse (*miel de purga*)
und dem Export von raffinierten Zuckerprodukten über eine Zeitspanne von mehreren Jahren darzustellen, benutzte ich hier die vom Zollamt Havanna für die Jahre
von 1815 bis 1824 angegebenen Zahlen:

JAHRE	PIPAS VON RUM	BOCOYES [FASS] MELASSE	KISTEN VON raffiniertem Zucker
1815	3 000	17 874	214 111
1816	1 860	26 793	200 487
1817		30 759	217 076
1818	3 219	34 990	207 378
1819	2 830	30 845	92 743

[172] *Offizielle Dokumente*, in denen man die Unterschiede zwischen den Produktionsmengen von 40 *Parroquias* und den *Casas excusadas* für jeden einzelnen Zeitraum heraushebt; *casas excusadas* beschreiben
Häuser oder Unterkünfte, deren Zehnte für den Bau von Kirchen und Krankenhäusern bestimmt sind.

JAHRE	PIPAS VON RUM	BOCOYES [FASS] MELASSE	KISTEN VON raffiniertem Zucker
1822	4 633	34 604	261 795
1823	5 780	30 145	300 211
1824	3 691	27 046	245 329

Nach dem Durchschnitt der letzten fünf Jahre entspricht der Export von 1 000 Kisten raffiniertem Zucker (183 904 kg) der Ausfuhr von 17 *pipas* Zuckerrohrrum und 130 *bocoyes* Melasse[173]. |I.233

Durch die mit großen *ingenios* verbundenen äußerst hohen Kosten und die häufigen heimischen, von Überfluss und Zerrüttung verursachten Unruhen sind die Pflanzer oftmals völlig von den Händlern abhängig[174]. Die gebräuchlichsten Darlehen sind die, die dem *hacendado* finanzielle Mittel vorstrecken; zur Erntezeit ver- |I.234
kauft der Planzer dann laut Abmachung das Quintal Kaffee zwei Piaster und eine Arroba Zucker zwei *reales de plata* unter dem gängigen Marktwert. Auf diese Weise wird eine Ernte von tausend Kisten Zucker im Voraus (*refacción*) mit einem Verlust von 4 000 Piastern verkauft. Die unsägliche Menge von Geschäften und die Seltenheit von Bargeld sind so ausgeprägt in Havanna, dass die Regierung selbst oftmals dazu gezwungen ist[175], Geld zu einem zehnprozentigen Zinssatz aufzunehmen, und dass Privatpersonen dafür von 12 bis zu 16 Prozent zahlen. Die ungeheuerlichen, durch den Sklavenhandel gewonnenen Profite, auf der Insel Kuba zuweilen bis zu 100 und 125 Prozent bei einer einzigen Fahrt, haben zu den höheren Zinssätzen erheblich beigetragen. Viele Spekulanten verleihen Geld zu 18 und 20 Prozent Zinsen und stärken dadurch diesen schändlichen und abscheulichen Handel.

Mit Sorgfalt auf unberührtem Land gepflanztes Zuckerrohr kann 20 bis 23 Jahre lang geerntet werden; danach muss man es alle drei Jahre wieder neu pflanzen. Auf der Matamoros Hacienda gab es ein Zuckerrohrfeld (*cañaveral*), das man 45 Jahre |I.235

---

173 Eine *pipa de aguardiente* = 180 *frascos* oder 67,5 Gallonen; ein *bocoy* = sechs *barriles*. Die Pipa von *aguardiente de caña*, die heute in Havanna 25 Piaster kostet, war von 1815 bis 1819 mehr als 35 Piaster wert. Der *bocoy de miel de purga* hatte einen Wert von sieben *Reales de Plata*. Man ist sich im Allgemeinen einig, dass drei Zucker-Laibe oder Zuckerhüte einen *barril de miel de purga* [Melasse], ungefähr zwei Arrobas ergeben. Während des *Raffinierens* fügt man der ersten Schicht von angefeuchtetem, von Tieren in einer Scheune (*piza*) festgestampftem Lehm (*barro*) eine weitere Schicht Lehm (*barrillo*) hinzu. Nach der Entfernung dieser Erdschichten lässt man den auf diese Weise raffinierten Zucker noch weitere acht Tage in einer Art Kegel (*horma*) ruhen, um den kleinen Rest Melasse gänzlich abtropfen zu lassen (*para escurrir y limpiar*).

174 Ihre Verträge mit kapitalistischen Händlern haben bei den *hacendados* zu Verlusten von 30 bis 40 Prozent geführt, vor allem im Jahr 1798, als so viele neue Zuckersiedereien gebaut wurden. Die Gesetze verbieten alle Darlehn zu einem Zinssatz höher als fünf Prozent, aber man kann diese Regulierung durch fingierte Verträge umgehen ([Diego José de] Sedano, *Sobre la decadencia del ramo de azúcar*, 1812, S. 17).

175 Ich erinnere an die *Emprestito de la Intendencia de la Havana* vom 5. November 1804.

lang ununterbrochen jedes Jahr aberntete. Heute liegen die für Zuckerrohr ertragsreichsten Ländereien in der Umgebung von Mariel und Guanajay. Tahiti-Zucker-
rohr, *Caña de Otahití* genannt und durch seine frische grüne Farbe von fernab erkennbar, hat den Vorteil, auf demselben Boden ein Viertel mehr Saft und dickere,
faserigere Bagassen abzuwerfen, die besseres Brennmaterial ergeben. Mit dem Stolz
ihrer Halbbildung bestehen die Raffineure (*maestros de azúcar*) darauf, dass man
leichter mit den Magmen aus *Cana de Otahití* (*guarapo*) arbeiten kann und dass dieser Zuckerrohrsaft auch weniger Kalk oder Pottasche zur Kristallisation braucht[176].
Obwohl dieses *Südsee-Zuckerrohr* nach fünf- oder sechsjährigem Anbau wohl die
dünnsten Halme hat, stehen die Knoten weiter auseinander als bei *Caña criolla* oder
Caña de la tierra. Die anfängliche Sorge, dass Südsee-Zuckerrohr sich nach und nach
|I.236   zu gemeinem[177] Zuckerrohr zurückbilden würde, erwies sich glücklicherweise als
grundlos. Auf der Insel Kuba pflanzt man Zuckerrohr in der Regenzeit von Juli bis
Oktober und erntet es von Februar bis Mai.

    Aufgrund der zu schnellen Rodung der Flächen wurde die Insel entwaldet, so
dass es den Zuckersiedereien nun an Brennstoff zu mangeln beginnt; für das Feuer
in den alten Öfen (*tachos*) brauchte man immer ein wenig *Bagasse* (aus dem trockenen, entsafteten Zuckerrohr). Aber seit der Einführung von Reverberieöfen
durch Flüchtlinge aus Saint-Domingue hat man versucht, gar kein Holz mehr zu
verbrennen und ausschließlich *Bagassen* zu benutzen. Mit den alten Öfen und Kessel brauchte man eine *tarea* Holz (160 Kubikfuß) um fünf Arrobas Zucker herzustellen: also brauchte man für 100 kg Rohzucker 278 Kubikfuß Zitronen- oder
|I.237   Bitterorangenbaumholz. In den Reverberieöfen aus Saint-Domingue kann man mit
einem Karren Bagasse (ungefähr 495 Kubikfuß) 640 Pfund Rohzucker herstellen,
was heißt, dass sich aus 158 Kubikfuß Bagasse 100 kg Zucker ergeben. Während
meines Aufenthaltes in Güines, besonders auf dem Anwesen des Grafens von Mopox in Río Blanco, habe ich verschiedene neue Bauweisen ausprobiert, die weniger
Brennmaterial erforderten, beispielsweise dadurch, dass man den Ofen mit weniger
wärmeleitenden Stoffen auskleidet, so dass die sich um das Feuer kümmernden
Sklaven weniger unter der Hitze leiden mussten. Ein langer Aufenthalt in europäischen Salinen und praktische, auf Salzbergwerke bezogene Arbeiten, mit denen
ich mich in meiner frühen Jugend befasste, flößten mir Ideen für solche Bauweisen
ein, die ich mit einigem Erfolg umsetzen konnte. Hölzerne Deckel auf den *clarifi-
cadoras* genannten Filtriergefäßen beschleunigten die Verdunstung, was mich zu dem
Glauben veranlasste, dass man eine Apparatur aus Deckeln und tragbaren Rahmen
mit Gegengewichten auch auf anderen Kesseln anbringen könnte. Dieses Thema
verdient es, weiter erforscht zu werden. Aber man muss die Menge des *Magmas*

---

[176] In dem Augenblick, wo man Kalk hinzufügt, färbt sich der *Schaum* schwarz. Talg und andere Fette
drücken dann den Schaum (*cachasa*) nach unten auf den Boden und verringern ihn dabei.
[177] Bezüglich dieser verschiedenen Sorten und der Geschichte ihrer Einführung *siehe* Bd. V, S. 102, 103,
104, 218 und 219. Die Kisten, in denen der Zucker auf dem *Mississippi* in Ladungen von 3 000 Kisten
auf Frachtkähnen verschifft wird, sind aus Kiefern- und Zypressenholz gefertigt. Im Jahr 1804 kostete
eine Kiste zwischen 14 und 18 Reales.

(*guarapo*), des gewonnenen und verlorenen kristallisierten Zuckers, des Brennstoffs, der Zeit und der Kosten sorgfältig kalkulieren.

Die Diskussionen über die Möglichkeit, Zucker aus den Kolonien durch Rü |I.238
benzucker aus Europa zu ersetzen, enthalten viele ungenaue Behauptungen über den Preis von Zuckerrohr. Hier nun einige Fakten, die als Grundlage für präzisere Vergleiche dienen mögen. In Europa setzt sich der Preis für Zucker aus den Kolonien zusammen aus 1) dem ursprünglichen Kaufpreis, 2) den Kosten für Fracht und Versicherung und 3) Zöllen und Tarifen. Der eigentliche Einkaufspreis in den Antillen beträgt heute nicht mehr als ein Drittel des Kaufpreises in Europa. Wenn eine zur Hälfte aus weißem und braunem Zucker (*blanco y quebrado*) bestehende Mischung 12 reales de plata[178] pro Arroba in Havanna kostet, dann hat eine *caxa* von 184 |I.239
Kilogramm einen Wert von 126 Francs 48 Centimes. Demzufolge kosten 100 Kilogramm raffinierter Zucker 68,69 Francs, angenommen, dass ein Piaster 5,27 Francs entspricht. In den französischen Kolonien beträgt der ursprüngliche Kaufpreis 50 Francs für 100 Kilogramm Rohzucker oder 50 Centimes pro Kilogramm. Fracht und Versicherung betragen weitere 50 Centimes. Zoll kostet 49 Francs 50 Centimes pro 100 Kilogramm oder 49 ½ Centimes pro Kilogramm. Daraus ergibt sich eine Zahl von einem Franc 50 Centimes als Gesamtpreis für Rohzucker bei der Anlandung in europäischen Häfen (beispielsweise in Le Havre). Der Sirup von Zuckerrüben aus gemäßigten Klimaten ergibt nur ein Drittel oder ein Viertel des |I.240
kristallisierten[179] Zuckers, den man aus tropischem *Magma* herstellen kann. Hingegen haben Zuckerrübenfabriken einen Vorteil in Bezug auf Fracht, Versicherung und Zollabgaben, was zehn Soles oder zwei Drittel des Gesamtkaufpreises für ein

---

[178] Zweifelsohne sind die heutigen Gewinne der Pflanzer (*hacendados*) in Havanna nicht viel kleiner als man allgemein in Europa annimmt. Die sehr alte Aufrechnung der Kosten der Zuckerherstellung von Don José Ignacio Echegoyen scheint mir dennoch etwas übertrieben. Dieser Mann mit seiner umfangreichen technischen Expertise gab an, dass die Herstellung von 10 000 Arrobas Zucker vom Besitzer 12 767 Piaster und eine Kapital-Anlage von 60 000 Piastern erforderte. Die Kosten würden also 55 Francs pro 100 kg betragen. Und wenn man einen Wert von 65 Francs (ungefähr 24 Piaster pro *caxa*) annimmt, würde eine Investition von 60 000 Piastern unter ungünstigen Umständen einen Gewinn von nicht mehr als drei und vier Fünftel Prozent abwerfen. Diese Rechnung, die man mir in Havanna mitteilte, geht bis ins Jahr 1798 zurück, eine Zeit als die Herstellungskosten und die Preise für Boden und schwarze Sklaven sehr viel niedriger waren als heute. Aber man darf nicht vergessen, 1) dass die Herstellung von Melasse und Rum im Wert von 25 Piaster pro *pipa* den Sachwert von raffiniertem Zucker um ein Viertel erhöhen kann, und dass sich diese Erhöhung nicht in den Büchern niederschlägt; 2) dass Herr Echegoyen seinen Bericht zusammenstellte, um zu zeigen, wie sehr Abgaben an die Kirche die Zuckerproduktion belasteten, und dass er glaubte, mit dem Übertreiben der Kosten der *hacendados* davonkommen zu können (*siehe* Bd. XI, S. 389; *Patriota*, Bd. II, S. 65, sowie die bereits erwähnte Darstellung von Don Diego José de Sedano, *Sobre la decadencia del ramo de azúcar*, 1812, S. 5).

[179] Auch der Graf [Jean] Chaptal rechnet mit nur 210 kg unraffiniertem Zucker pro 10 000 kg Zuckerrübenknollen oder 2,1 Prozent des Gesamtgewichts (*Chimie appliquée à l'agriculture*, Bd. II, S. 452). Da sorgfältig geraspelte Zuckerrübenknollen 70 Prozent Saft ergeben, kann man annehmen, dass man in einem normalen Jahr 3,5 Prozent Rohzucker aus dem Sirup gewinnt. In einigen Örtlichkeiten, wie beispielsweise in Touraine, erhält dieser Saft bis zu fünf Prozent kristallisierbaren Zucker, während das Magma in Java 25 bis 30 Prozent solchen Zuckers enthält! Der Ertrag pro Hektar von durchschnittlich fruchtbarem Boden unterscheidet sich jedoch in Java nicht sehr von den Erträgen, die wir bereits für die Insel

Pfund Rohzucker aus den Kolonien ausmacht. Wenn man Zucker aus den Kolonien gänzlich durch einheimischen Zucker ersetzte, würde die französische Zollbehörde
|I.241   beim heutigen Stand mehr als 29 Millionen Francs pro Jahr einbüßen.

In Europa glaubt man generell, dass die meisten Sklaven in dem als *Zucker-Kolonien* bekannten Teil der Antillen auf den Zuckerrohrplantagen und in den Zuckersiedereien arbeiten. Solche irrtümlichen Annahmen beeinflussen, wie man sich die Folgen der Beendigung des *Sklavenhandels* vorstellt. Zuckerrohranbau ist zweifelsohne einer der wichtigsten Gründe für sein Weiterbestehen; eine einfache Rechnung zeigt jedoch, dass die Gesamtzahl der Sklaven in den Antillen fast dreimal so hoch ist wie die der in der Zuckerherstellung arbeitenden Sklaven. Vor sieben Jahren habe ich bereits aufgezeigt[180], dass weniger als 30 000 Sklaven für diesen Wirtschaftszweig ausgereicht hätten, wenn die 200 000 Kisten Zucker, die die Insel Kuba im Jahr 1812 exportierte, in großen Zuckerfabriken hergestellt worden wären. Um auf falsch geschätzten Zahlen beruhende Vorurteile auszuräumen, muss man sich im Namen der Menschlichkeit daran erinnern, dass die Übel der Sklaverei Auswirkungen für weitaus mehr Personen haben als für die Landwirtschaft allein erforderlich wären. Das wäre auch der Fall, wenn man zugeben würde, was ich nicht
|I.242   im Entferntesten zu tun bereit bin, dass Zucker, Kaffee, Indigo oder Baumwolle nur mit Sklavenarbeit angebaut werden können. Auf der Insel Kuba herrscht der allgemeine Glaube, dass man 150 Schwarze benötigt, um 1 000 Kisten (184 000 Kilogramm) raffinierten Zucker herzustellen oder, in runden Zahlen ausgedrückt: Ein erwachsener Sklave produziert etwas über 1 200 Kilogramm pro Tag[181]. Um
|I.243   440 000 Kisten herzustellen benötigt man also mehr als 66 000 Sklaven. Wenn man zu dieser Zahl 36 000 Sklaven für den Kaffee- und Tabakanbau hinzufügt, sieht man, dass von den 260 000 heute auf der Insel Kuba lebenden Sklaven ungefähr 100 000 für die drei großen Wirtschaftszweige des Kolonialhandels ausreichen würden. Im

Kuba besprochen haben (S. 396 und 397). Herr Crawfurd schätzt, dass auf Java 1 285 Pfund raffinierter Zucker aus einem englischen *acre* [Morgen] gewonnen werden, also 1 445 kg pro Hektar (*History of the Indian Archipelago*, Bd. I, S. 476).

[180] *Relation historique*, Bd. V, S. 28[9] und 2[90].

[181] Auf großen, stattlichen Anwesen in Saint-Domingue veranschlagte man vier Fünftel eines Feldsklaven pro Carreau. Nach dem Marquis von Gallifet brauchte man auf über die ganze Insel verstreuten Anwesen drei Sklaven pro Carreau: wenn ein Carreau (ein 29/100 Hektar) 2 500 kg Rohzucker ergibt, dann käme man auf 833 Kilogramm pro Sklave. Herr Moreau de Jonnès hat sogar aufgezeigt, dass die Rechnungen für alle kultivierten Ländereien in den französischen Kolonien nicht mehr als 33 1/3 Quintals oder 1 640 Kilogramm pro Carreau ergeben (*Commerce au XIXe siècle*, Bd. II, S. 308, 311). Für Jamaika schätzt Herr Whitmore, dass ein schwarzer Sklave einen Hogshead Zucker (oder 711 Kilogramm) herstellen kann. Es scheint den Ersteller der dem Parlament vorgelegten *Representación del Consulado de La Habana* beeindruckt zu haben, dass man in Kuba so viel mehr Zucker mit weniger Sklaven produzieren kann als in Jamaika (*Documentos*, S. 36). In der *Sucinta Noticia de la situación de la Isla de Cuba, en Agosto 1800*, zusammengestellt von einem der reichen Grundbesitzer aus Havanna [Antonio del Valle Hernández], finde ich folgende Behauptung: „Unsere Böden sind so fruchtbar, dass man unter sehr günstigen Umständen 160 bis 180 Arrobas pro Sklave rechnet, 100 Arroben von weißem und hellem Zucker auf der ganzen Insel. Auf Saint-Domingue ist die Rechnung 60 und auf Jamaika 70 Arrobas Rohzucker." In Kilogramm wären es 1 194 kg raffinierter Zucker für Kuba und 804 kg Rohzucker für Jamaika.

Übrigen wird Tabak fast ausschließlich von Weißen und von freien Menschen kultiviert. Wir haben aufgezeigt (in Bd. XI, S. 300), und hier liegt meiner Aussage die höchst angesehene Autorität des *Consulado de la Havana* zugrunde, dass ein Drittel (32 Prozent) der Sklavenbevölkerung in den Städten lebt, fern von jeglichen landwirtschaftlichen Tätigkeiten. Wenn man jedoch 1) die Zahl nicht-arbeitender Kinder auf den *haciendas* berücksichtigt und 2) die Tatsache, dass kleine Plantagen oder *verstreut liegende Ländereien* viel mehr Sklaven erfordern, um dieselbe Menge Zucker |I.244
herzustellen als große oder *zusammenliegende Anwesen*, dann wird ersichtlich, dass von den 187 000 in ländlichen Gebieten lebenden Sklaven zumindest ein Viertel oder 46 000 weder Zucker noch Kaffee oder Tabak herstellen. Der Sklavenhandel ist nicht nur barbarisch; er geht außerdem wider die Vernunft, weil er kein bestimmtes Ziel verfolgt. Es ist wie ein Strom, den man von weit herleitet, aber der in den Kolonien die Hälfte des Wassers nicht in die Gebiete trägt, wo man es hatte hinleiten wollen. Diejenigen, die ständig wiederholen, dass nur schwarze Sklaven Zuckerrohr pflanzen und ernten können, scheinen nicht zu wissen, dass es im Antillen-Archipel 1 148 000 Sklaven gibt, von denen nur fünf- oder sechshunderttausend sämtliche landwirtschaftlichen Kolonialprodukte der Antillen herstellen[182]. Untersuchen Sie nur die heutige Wirtschaftslage in Brasilien; berechnen Sie, wie |I.245
viele Hände man braucht, um Europa mit dem Zucker, Kaffee und Tabak zu versorgen, die aus brasilianischen Häfen ausgeführt werden; besuchen Sie die Goldminen Brasiliens, die heutzutage meist stillliegen, und dann fragen Sie sich, ob die *Wirtschaft Brasiliens* es wirklich nötig hat, 1 960 000 Schwarze und Mulatten zu versklaven. Mehr als drei Viertel dieser brasilianischen Sklaven[183] sind weder in den Goldwäschen noch mit der Herstellung von kolonialen Nahrungsmitteln beschäftigt, also jener Nahrungsmittel die, wie man ernsthaft behauptet, den Sklavenhandel zu einem *notwendigen Übel* und *unabwendbaren politischen Verbrechen* machen. |I.246

[182] Um zu beweisen, dass diese Rechnung gar nicht übertrieben ist, erinnern wir an die Ausfuhr von 287 Millionen Kilogramm Zucker und 38 Millionen Kilogramm Kaffee aus dem Antillen-Archipel. Wenn man auf großen Anwesen bei einem nur durchschnittlichem Ertrag des Bodens einen schwarzen Sklaven braucht, um 800 Kilogramm Zucker und 500 Kilogramm Kaffee (die Ernte von 2 000 Kaffeesträuchern) zu produzieren, dann würde man 435 000 Feldarbeiter für den Zucker- und Kaffeeexport benötigen: Wenn man dieser Zahl Kinder und Jugendliche hinzufügt und die Tatsache in Betracht zieht, dass die Produktivität auf kleineren Anwesen ein Drittel bis ein Viertel geringer ist, dann kommt man auf eine Zahl von höchstens 652 000 Sklaven, verglichen mit insgesamt 1 148 000 für die Antillen, eine Zahl, die Menschen aller Altersstufen und beider Geschlechter einschließt (*siehe* Bd. XI, S. 160 und 161). Im Jahr 1811 schätzte das Consulado für Kuba 69 000 Sklaven in den Städten und 143 000 in der Landwirtschaft.
[183] Auch Herr Caldcleugh, ein recht aufgeklärter Reisender (*Travels in South America*, Bd. I, S. 79), schätzt die Sklavenbevölkerung von Brasilien auf 1,8 Millionen, obwohl er annimmt, dass die Gesamtbevölkerung bei nicht mehr als drei Millionen liegt (*siehe* Bd. IX, S. 177 und 178).

KAFFEE. – Wie auch die Verbesserungen der Bauweise der Öfen in den Zuckersiedereien brachten Einwanderer aus Saint-Domingue besonders in der Zeit von
1796 bis 1798 den Kaffee-Anbau mit sich. Ein Hektar ergibt 860 Kilogramm, die
Ernte von 3 500 Kaffeesträuchern. In der Provinz Havanna gab es im Jahr

1800	60 *cafetales*
1817	779

Da Kaffee ein Strauchgewächs ist, das nur alle vier Jahr eine gute Ernte einbringt,
betrug die Kaffeeausfuhr vom Hafen von Havanna im Jahr 1804 nicht mehr als
50 000 Arrobas. Sie stieg in den folgenden Jahren an:

1809 auf	320 000	*Arrobas*
1815	918 263	
1816	370 229	
1817	709 351	
1818	779 618	
1819	642 716	
1820	686 046	
1822	501 429	
1823	895 924	
1824	661 674	

|I.247 Diese Zahlen zeigen starke Unterschiede im Zollbetrug und in der Üppigkeit der
Ernten; die Verlässlichkeit der Ergebnisse aus den Jahren 1815, 1816 und 1823, bei
denen man weniger Genauigkeit annehmen könnte, wurden vor kurzem von den
Zollämtern überprüft. Im Jahr 1815, als der Preis für Kaffee 15 Piaster pro Quintal
betrug, überstieg der Warenwert der Exporte aus Havanna 3 443 000 Piaster. Im
Jahr 1823 erreichten die im Hafen von Matanzas verschifften Exporte 84 440 Arrobas. Es ist daher wahrscheinlich, dass in durchschnittlich ertragsreichen Jahren
sowohl die rechtmäßige als auch die rechtswidrige Gesamtausfuhr der Insel höher
als 14 Millionen Kilogramm lag.

I. Registrierte Exporte, Jahresdurchschnitte 1818–1824:

a) in Havanna	694 000	Arrobas
b) in Matanzas, Trinidad, Santiago de Cuba, etc	220 000	
II. Zollbetrug[184]	304 000	
Insgesamt	1 218 000	

Aus dieser Berechnung folgt, dass die Kaffee-Exporte der Insel Kuba höher sind als |I.248 die von Java, die Herr Crawfurd[185] auf 190 000 *piculs* oder 11,8 Millionen Kilogramm geschätzt hat, und auch höher als die von Jamaika, die nach den Zollverzeichnissen im Jahr 1823 nicht über[186] 169 734 cwt oder 8 622 478 Kilogramm hinausgingen. Im selben Jahr importierte Großbritannien[187] insgesamt 194 820 cwt |I.249 oder 9 896 856 Kilogramm aus allen britischen Antillen, was beweist, dass Jamaika allein sechs Siebtel davon herstellte. Im Jahr 1810 führte Guadeloupe 1 017 190 Kilogramm ins französische Mutterland aus und Martinique 671 336 Kilogramm. Auf Haiti, wo vor der Französischen Revolution die Kaffeeproduktion 37 240 000 Kilogramm betrug, exportierte Port-au-Prince im Jahr 1824 höchstens 91 544 000 Kilogramm. *Heute scheint der gesamte legale Kaffee-Export des Antillen-Archipels mehr als 38 Millionen Kilogramm erreicht zu haben.* Das ist fast fünfmal so viel wie der Konsum in Frankreich, der in den Jahren von 1820 bis 1823 bei einem Jahresdurchschnitt von 8 198 000 Kilogramm lag[188]. Der Verbrauch in Großbritannien liegt |I.250

184 Nach an den Orten gesammelten Daten kommt Zollbetrug viel häufiger bei Kaffeeexporten als bei der Zuckerausfuhr vor. Ich schätze den Ersten auf ein Drittel und den Zweiten auf ein Viertel der registrierten Mengen. Kaffeesäcke, die ein Gewicht von fünf Arrobas haben sollten, wiegen oftmals sieben bis neun. Man ist daher in den letzten Jahren dazu übergegangen, von den Besitzern *declaraciones juradas* [eidesstattliche Erklärungen] zu verlangen.

185 Nur aufgrund einer fehlerhaften Umrechnung von Tonnen in Pfund (angenommen, dass 54 260 tons = 486 158 960 lbs) glaubte dieser angesehene Verfasser, dass Exporte aus Java (25 840 000 lbs oder 11 628 000 kg) zwei Siebtel der Kaffee-Exporte der britischen Antillen ausmachten und ein Neunzehntel des Verbrauchs Europas ([John Crawfurd,] *History of the Indian Archipelago*, Bd. III, S. 374). Die 54 260 Tonnen (20 cwt oder 1 016 kg), die Herr Crawfurd als die europäische Kosumierung von Kaffee ansieht, entsprechen nicht 218 Millionen Kilogramm, sondern 55 128 000 Kilogramm, eine Schätzung, die noch geringer ausfällt als meine eigene für das Jahr 1818 (*Relation historique*, Bd. V, S. 87, 88 und 296). Man glaubt, dass ganz Arabien den Märkten in Persien, Indien und Europa höchstens sieben bis acht Millionen Kilogramm Kaffee zuführt ([Pierre François] Page, *Traité d'économie politique et de commerce des colonies*, Bd. I, S. 30).

186 Für das Jahr 1812 veranschlagt Herr Colquhoun die von Jamaika zu Häfen in den drei Vereinigten Königreichen [Großbritannien] verschifften Exporte mit 28 385 395 Pfund oder 12 773 427 Kilogramm und Einfuhren aus allen Britischen Antillen (mit Ausnahme der nur vorübergehend eroberten Inseln) mit 31 871 612 Pfund oder 14 342 225 Kilogramm (*Wealth of the British Empire*, S. 378; *Relation historique*, Bd. V, S. 81 und *passim*).

187 [Powell,] *Statistical Illustrations*, S. 54. Im Jahr 1823 betrug die Ausfuhr von Britisch-Guayana 72 644 cwt oder 3 690 315 kg.

188 Rodet, *Du Commerce exterieur*, S. 153. Von diesen acht Millionen Kilogramm Kaffee schien allein Paris mehr als 2,5 Millionen zu verbrauchen. [Louis François Benoiston de] Chateauneuf, *Recherches sur les consommations de Paris*, 1821, S. 107.

immer noch[189] bei höchstens 3,5 Millionen Kilogramm. Der Handel mit und die
Herstellung von Kaffee hat sich auf beiden Erdhalbkugeln derart ausgeweitet, dass
Großbritannien zu verschiedenen Handelsphasen folgende Mengen Kaffee expor-
tierte:

1788	30 862	cwt (zu 50,8 kg)
1793	96 167	
1803	268 392	
1812	641 131	
1814	1 193 361	
1818	456 615	
1821	373 251	
1822	321 140	
1823	296 942	

|I.251 Im Jahr 1814 betrugen die Ausfuhren 60,5 Millionen Kilogramm, was man dem
Verbrauch ganz Europas zu dieser Zeit zuschreiben kann. Großbritannien (stets im
eigentlichen, nur England und Schottland umfassenden Sinn) verbraucht heute *fast
zweieinhalbmal weniger Kaffee und die dreifache Menge Zucker* als Frankreich.

Ähnlich wie Zuckerpreise in Havanna pro *Arroba* berechnet werden (25 spanische Pfunde oder 11,49 Kilogramm) werden Kaffeepreise stets pro Quintal (oder
45,97 Kilogramm) angegeben. Der Preis für Kaffee kann zwischen vier und 30 Piaster schwanken. Im Jahr 1808 fiel er sogar unter 24 *reales*. In dem Zeitraum von 1815
bis 1819 lag der Preis zwischen 13 und 17 Piastern pro Quintal; heute beträgt er
12 Piaster. Es ist wahrscheinlich, dass die Kaffeeherstellung auf der Insel Kuba insgesamt nur ungefähr 28 000 Sklaven beschäftigt, die in einem durchschnittlichen
Jahr beim heutigem Marktwert 305 000 spanische Quintals (14 Millionen Kilogramm) oder 3 660 000 Piaster einbringen. Vergleichsweise produzieren 66 000
schwarze Sklaven 440 000 Kisten (81 Millionen Kilogramm) Zucker, die bei einem
|I.252 Preis von 24 Piaster insgesamt 10 560 000 Piaster wert sind. Mit dieser Rechnung
kommt man heute auf einen Wert von 130 Piaster Kaffee und 160 Piaster Zucker
pro Sklave. Es ist beinahe unnötig, hier anzumerken, dass die oftmals in entgegengesetzte Richtungen schwankenden Preise dieser beiden Produkte diese Zahlen
verändern. Diese die Landwirtschaft in den Tropen beleuchtenden Aufrechnungen
ziehen gleichzeitig den heimischen Verbrauch und den legalen und illegalen Export
in Betracht.

---

[189] Vor 1807, als die Zollgebühr für Kaffee gesenkt wurde, betrug der Konsum in Großbritannien noch
nicht einmal 8 000 cwt (weniger als eine halbe Million Kilogramm). Im Jahr 1809 steigerte er sich auf
45 071 cwt, im Jahr 1810 auf 49 147 cwt, im Jahr 1823 auf 71 000 cwt und im Jahr 1824 auf 66 000 cwt
(oder 3 552 800 kg). *Report of the Commission of the Liverpool East-India Association*, 1822, S. 38, und Ni-
chols, *London Price Current*, 1825, S. 63.

TABAK. – Kubanischer Tabak ist überall dort in Europa berühmt, wo die von den ursprünglichen Bewohnern Haitis übernommene Angewohnheit zu rauchen gegen Ende des 16. Jahrhunderts und Anfangs des 17. eingeführt worden war. Allgemein hoffte man, dass ein von den Fesseln des verhassten Monopols befreiter Tabakanbau sich zu einem überaus wichtigen Handelsobjekt für Havanna entwickeln würde. Aber die guten Absichten, mit denen die Regierung das Monopol der *Factoría de tabacos* vor sechs Jahren abgeschafft hatte, haben diesem Wirtschaftszweig nicht die erhofften Verbesserungen beschert. Es fehlt Tabakpflanzern an Kapital; es wird immer teurer, Land zu pachten, und die Bevorzugung des Kaffeepflanzens erschwert den Tabakanbau. |I.253

Die frühesten Daten über die Mengen von Tabak, die von der Insel Kuba an Läden und Lager im Mutterland gesandt wurden, stammen aus dem Jahr 1748. Gemäß Raynal, dessen Schriften viel genauer sind als man generell glaubt, waren es im Zeitraum von 1748 bis 1753 in einem durchschnittlichen Jahr 75 000 Arrobas. In den Jahren von 1789 bis 1794 stieg die jährliche Tabakernte der Insel auf 250 000 Arrobas an. Aber von dann bis zum Jahr 1803 reduzierten die steigenden Grundbesitzpreise, die fast ausschließliche Unterstützung für Kaffee- und Zuckerpflanzung, die kleinlichen, mit der Ausübung des königlichen Monopols (*estanco*) verbundenen Schikanen und die dem Außenhandel in den Weg gelegten Hindernisse die Tabakproduktion nach und nach auf weniger als die Hälfte. Man glaubt allerdings, dass die gesamte Tabakherstellung der Insel von 1822 bis 1825 erneut drei- bis vierhunderttausent Arrobas erreicht hätte.

In ganz Kuba übersteigt der einheimische Verbrauch von Tabak 200 000 Arrobas. Bis zum Jahr 1761 hatte die *Real Compañía de Comercio de la Habana* [Königliche Handelsgesellschaft] durch regelmäßig erneuerte Verträge mit der *Real Hacienda* |I.254 [Staatskasse] die königlichen Manufakturen auf der Iberischen Halbinsel mit kubanischem Tabak beliefert. Ein von der Regierung geleitete Faktorei (*Factoría de tabacos*) ersetzte diese Handelsgesellschaft und schöpfte das Monopol für ihre eigenen Zwecke aus. Tabakpflanzern wurden nun nur drei Preisklassen angeboten, *suprema*, *mediana, e ínfima* [erstklassige, mittlere und untere Qualität]: Im Jahr 1804 betrugen die jeweiligen Preise sechs, drei und zweieinhalb Piaster pro *Arroba*. Wenn man die verschiedenen Preise mit den produzierten Mengen zusammenbringt, findet man, dass die Faktorei einen Durchschnittspreis von 16 Piastern pro Quintal für Blatttabak bezahlte. Aufgrund der Herstellungskosten brachte ein Pfund *cigarros* der Kolonialregierung in Havanna sechs *reales* (oder drei Viertel Piaster) ein; ein Pfund *polvos delgados con color* [fein gemahlener Schnupftabak] dreieinhalb *reales*; ein Pfund *polvos suaves* [gewöhnlicher weicher Schnupftabak], auch bekannt als *cucaracheros* aus Sevilla, eineinhalb *reales*.

In guten Jahren, wenn die Ernte (dank der Vorauszahlungen, die die Faktorei den weniger gut situierten Pflanzern gewährte) auf 350 000 *Arrobas* Tabakblätter anstieg, waren 128 000 *Arrobas* für die spanische Halbinsel bestimmt, 80 000 für Havanna, 9 200 für Peru, 6 000 für Panama, 3 000 für Buenos Aires, 2 240 für Mexiko |I.255

und 1 000 für Caracas und Campeche[190]. Um auf die Summe von 315 Millionen zu kommen, wenn man bedenkt, dass zehn Prozent des Gewichts der Ernte durch *merma y averia* [Schwund und Schaden] in der Herstellung und im Transport verlorengehen, sollte man annehmen, dass 80 000 *Arrobas* im Inneren der Insel (*en los campos*), das weder vom Monopol noch von der Regierung kontrolliert wird, verbraucht wurden. Der Unterhalt von 120 Sklaven und die Produktionskosten betrugen nicht mehr als 12 000 Piaster pro Jahr, aber die Angestellten der *Factoría* kosteten 541 000 Piaster[191]. In guten Jahren überstieg der Wert der 128 000 Arrobas, die als Zigarren und Schnupftabak (*rama y polvos*) nach Spanien verschifft wurden, oftmals fünf Millionen

|I.256   Piaster, wenn man Spaniens üblichen Preis als Grundlage nimmt. Es ist überraschend zu sehen, dass die Ausfuhrverzeichnisse von Havanna für das Jahr 1816 (vom *Consulado* veröffentlichte Dokumente) nicht mehr als 3 400 *Arrobas* an Ausfuhren registrieren; für das Jahr 1823 nur 13 900 Arrobas *tabaco en rama* [Blatttabak] und 71 000 Pfund *tabaco torcido* [handgerollte Blätter] zu einem gemeinsamen geschätzten Wert von 281 000 Piaster; für das Jahr 1825 nur 70 302 Pfund Zigarren und 167 100 Pfund Blatt- und Rippentabak. Man muss jedoch in Betracht ziehen, dass es keine betriebsamere Branche des Schmuggelns gibt als den Schleichhandel von Zigarren. Obwohl der Tabak aus *Vuelta abajo* am renommiertesten ist, kommen beträchtliche Exporte auch aus den östlichen Gebieten der Insel. Gegenüber der Zahl eines Gesamtexports von 200 000 Kisten Zigarren (ein Wert von zwei Millionen Piastern), die viele Reisende für die letzten paar Jahre annehmen, bin ich etwas skeptisch. Wenn die Ernten zu dieser Zeit so ertragreich waren, warum hätte Kuba dann den Tabak für die unteren Sozialklassen eingeführt?

Nach Zucker, Kaffee und Tabak, drei Erzeugnisse von großer Bedeutsamkeit, werde ich weder von der *Baumwolle* noch vom *Indigo* oder vom *Weizen* der Insel

|I.257   Kuba sprechen. Diese drei Zweige der Kolonialwirtschaft sind verhältnismäßig unbedeutend, und die Nähe der Vereinigten Staaten und Guatemalas macht erfolgreichen Wettbewerb aussichtslos. Das der *Zentralamerikanischen* Föderation angehörige Land von El Salvador trägt 12 000 *tercios* oder 1 800 000 Pfund zum Indigo-Handel bei, Ausfuhren im Wert von zwei Millionen Piastern. Zum großen Erstaunen derer, die Mexiko bereist haben, floriert dort der Weizenanbau in der Nähe von Cuatro Villas [in Jalisco] auf etwas über dem Meeresspiegel liegenden Anhöhen, aber er ist noch nicht weit verbreitet. Das Mehl ist vorzüglich, aber landwirtschaftliche Kolonialprodukte sind für Arbeiter verlockender, und die Weizenfelder in den Vereinigten Staaten, die Krim der Neuen Welt, bringen Ernten ein, die so üppig sind, dass der Handel mit heimischem Getreide auf dieser Insel unweit der Mississippi- und Delaware-Deltas durch das System von Prohibitivzöllen wirksam geschützt werden müsste. Ähnliche Hindernisse stehen dem Anbau von Flachs, Hanf

---

[190] *De la Situación actual de la Real Factoría de Tabacos de la Habana en Abril 1804* (offizielle Handschrift). In Sevilla sammelten sich zuweilen zehn bis 12 Millionen Pfund Tabak an, und das Einkommen von der *Renta del Tabaco* auf der Halbinsel erreichte in guten Jahren sechs Millionen Piaster.
[191] Aus den Aufzeichnungen der *Königlichen Staatskasse* aus dem Jahr 1822 ist ersichtlich, dass sich nach der Schließung der *Factoría de tabacos* in Havanna die Kosten für Unterkunft und Unterhalt der ehemaligen Angestellten auf 18 600 und 24 800 Piaster pro Jahr beliefen.

und Wein im Weg. Die Einwohner Kubas wissen vielleicht selbst nicht, dass Wein- | |I.258
bereitung auf ihrer Insel schon in den ersten Jahren der *Eroberung* mit Trauben an-
fing[192]. Diese in Amerika gedeihenden Weinsorten haben zu dem weitverbreiteten
Irrglauben geführt, dass die wirkliche Vitis vinifera [Weinrebe] auf beiden Kontinenten heimisch ist. Die *parras monteses* [wilde Weinreben], aus denen man den
„etwas saueren Wein auf der Insel Kuba" herstellte, stammen wahrscheinlich von
der Vitis tiliaefolia ab, die Herr Willdenow als Teil unseres Herbariums beschrieben | |I.259
hat. Nirgendwo auf der nördlichen Erdhalbkugel südlich von 27° 48′ (der Breite
von Ferro Island in den Kanarischen Inseln) und 29° 2′ (die Länge von Buschehr
in Persien) hat man bis heute Reben angebaut,[193] um Wein herzustellen.

WACHS. – Es wird nicht von einheimischen Bienen (den Melipones des Herrn
Latreille) hergestellt, sondern von Bienen, die über Florida aus Europa eingeführt
wurden. Dieser Handel hat erst seit 1772 an Bedeutung gewonnen. Da die Ausfuhren der ganzen Insel von 1774 bis 1779 durchschnittlich nicht mehr als 2 700
Arrobas[194] pro Jahr betrugen, wurden sie im Jahr 1803 (unter Berücksichtigung von
Zollbetrug) auf 42 700 Arrobas geschätzt, von denen 25 000 für Veracruz bestimmt
waren. Die Kirchen Mexikos verbrauchen eine enorme Menge an Wachs aus Kuba.
Die Preise schwanken zwischen 16 und 20 Piastern pro Arroba. Nach den Zollverzeichnissen betrugen die einzigen Exporte aus Havanna

1815	23 398	arrobas	|I.260
1816	22 365	
1817	20 076	
1818	24 156	
1819	19 373	
1820	16 939	
1822	14 450	
1823	15 692	
1824	16 058	
1825	16 505	

---

[192] „Wein wurde aus vielen wilden Reben hergestellt, aber er ist etwas sauer" (Herrera, [*Historia de las Indias occidentales*,] Dek. I, S. 233). Gabriel de Cabrera entdeckte in Kuba einen Mythos, der der semitischen Geschichte von Noah, der als erster die Wirkung von fermentierten Trauben erfuhr, sehr ähnelt. Cabrera fügte hinzu, dass das Konzept zweier menschlicher Rassen (die eine *nackt*, die andere bekleidet) mit diesem amerikanischen Mythos zusammenhängt. Sollte der in den Mythen der Hebräer verankerte Cabrera die Worte der Eingeborenen missverstanden haben, oder (was wahrscheinlicher ist) hat er diesen Mythen Gleichnisse hinzugefügt – beispielsweise *die Frau mit der Schlange*, der Kampf zweier Brüder, die Große Flut, das Floß von Coxcox, der erkundende Vogel und viele andere Mythen – um uns auf un-widerlegbare Weise zu lehren, dass es dieselben uralten Mythen auf beiden Seiten des Atlantiks gab? *Siehe mein Vues des Cordillères et Monumens des peuples indigènes de l'Amérique*, Tafel XIII und XXVI; Bd. I, S. 114, 235, 237, 376; Bd. II, S. 14, 128, 17[6], 177, 19[8], 392 (Octavo).
[193] Leopold von Buch, *Physikalische Beschreibung der Canarischen Inseln*, 1825, S. 124.
[194] Raynal, [*Histoire philosophique*,] Bd. III, S. 257.

Trinidad und der kleine Hafen von Baracoa trieben auch einen regen Handel mit Wachs aus den unbestellten Gebieten im Osten der Insel. In der Nähe von Zuckersiedereien sterben viele Bienen daran, dass sie sich an der von ihnen geliebten Melasse *berauschen*. Im Allgemeinen sinkt die Wachsherstellung dort, wo sich die Landwirtschaft weiter ausbreitet. Bei dem heutigen Preis von Wachs erreichen Ausfuhren auf sowohl legalen als auch illegalen Wegen einen Wert von einer halben Million Piaster.

|I.261

HANDEL. – Wir haben an anderer Stelle bereits darauf hingewiesen, dass die Bedeutsamkeit des Handels auf der Insel Kuba sich nicht allein auf den hohen Wert seiner Waren und auf die Nachfrage seiner Einwohner nach Gütern aus Europa stützt, sondern dass dieser Reichtum zu einem großen Teil auch auf der günstigen Lage des Hafens von Havanna beruht: an der Einfahrt zum Golf von Mexiko, dort wo sich die wichtigen Schifffahrtswege der handeltreibenden Völker zweier Welten kreuzen. Selbst zu einer Zeit, als Landwirtschaft und Industrie noch in ihren Kindesschuhen steckten und gerade zwei Millionen Piaster an Zucker und Tabak zum Handel beitrugen, schrieb der Abbé Raynal[195], dass *„für Spanien allein die Insel Kuba ein Königreich wert ist"*. Diese erinnerungswürdigen Worte haben sich als prophetisch herausgestellt: Seit dem Verlust von Mexiko, Peru und vieler anderer Länder, die sich als unabhängig von Spanien erklärt haben, werden Staatsmänner, die sich dazu berufen fühlen, die politischen Interessen der spanischen Halbinsel zu vertreten, über diese Worte ernsthaft nachgedacht haben müssen.

Die Insel Kuba, der der Hof in Madrid schon seit langer Zeit klugerweise beträchtliche Handelsfreiheit eingeräumt hatte, exportiert auf legalen und illegalen Wegen einen Teil ihrer einheimischen Produkte (Zucker, Kaffee, Tabak, Wachs, und Tierhäute) im Wert von mehr als 14 Millionen Piaster [196]. Das ist fast ein Drittel dessen, was Mexiko an Edelmetallen zur ertragreichsten Zeit[197] seiner Bergwerke lieferte. Man darf sagen, dass Havanna und Veracruz[198] für den Rest Amerikas das sind, was New York für die Vereinigten Staaten ist. Der Laderaum der 1 000 bis 1 200 Handelsschiffe, die den Hafen von Havanna jedes Jahr anlaufen, hat sich auf 150 000 bis 170 000 Tonnen vergrößert (das ohne Kabotage oder Küstenschiff-

|I.262

|I.263

---

[195] *Histoire philosophique*, Bd. III, S. 257.

[196] Mit dem niedrigsten Preis der letzten Jahre kann man folgende Rechnung aufstellen: 380 000 Kisten Zucker (zu 24 Piaster) = 9 120 000 Piaster; 305 000 Quintals Kaffee (zu 12 Piaster) = 3 660 000 Piaster (Bd. XI, S. 369, 370, 384, 385; Bd. XII, S. 7 f). Wenn man die Warenpreise der Jahre von 1810 bis 1815 zugrundelegt, steigen die Ausfuhren der Insel Kuba auf 18 bis 19 Millionen Piaster an. Zum Glück stieg mit den sinkenden Preisen die Zuckerproduktion: Im Jahr 1826 betragen diese Preise kaum 22 Piaster pro Kiste, während sie im Jahr 1801 bei 40 Piaster lagen.

[197] Im Jahr 1805 wurden in Mexiko Gold- und Silbermünzen im Wert von 27,165 888 Piaster geprägt. Wenn man jedoch den Durchschnitt von zehn Jahren politischen Friedens (von 1800 bis 1810) nimmt, kommt man auf kaum 24,5 Millionen Piaster.

[198] Im Jahr 1803 betrugen die Importe von Veracruz 15 Millionen Piaster und Exporte (außer Edelmetallen) fünf Millionen. In Havanna werden Weiterverkäufe nach dem Bau der *Lagerhalle* ansteigen.

fahrt)[199]. Überdies sieht man sogar in Friedenszeiten oftmals 120 bis 150 in Havanna zu Anker liegende Kriegsschiffe. In den Jahren 1815 bis 1819 erreichten die von dem einzigen Zollamt dieses Hafens erfassten Waren (Zucker, Rum, Melasse, Kaffee, Wachs und Tierhäute) im Jahresdurchschnitt einen Wert von 11 245 000 Piastern. Im Jahr 1823 hatten die mit weniger als zwei Dritteln ihres Marktwertes eingetragenen Exportgüter einen Wert von 12,5 Millionen Piastern (ohne 1 179 000 Piaster an Bargeld mitzuzählen). Es ist sehr wahrscheinlich, dass die legalen und illegalen Einfuhren der ganzen Insel, wenn man sie nach dem Marktwert der Kolonialprodukte, der Handelsgüter und der Sklaven berechnet, heute einen Wert von 15 bis 16 Millionen Piaster haben; von diesen Importen werden kaum drei bis vier Million erneut exportiert. Havanna kauft weitaus mehr als es verbraucht: Es tauscht seine Kolonialprodukte gegen Waren aus Europa, um einen Teil derer nach Veracruz, Trujillo, Guaira und Cartagena weiterzuverkaufen. |I.264

Vor fünfzehn Jahren habe ich in einem anderen Werk[200] die Komponenten der Aufstellungen besprochen, die man „unter der irreführenden Bezeichnung *Handelsbilanz*" veröffentlicht. Dabei betonte ich, wie unzuverlässig diese angeblich öffentlichen Bilanzen des gegenseitigen Warenaustausches von Ländern sind, da man aufgrund von fälschlichen volkswirtschaftlichen Prinzipien glaubt, dass Gewinne nur nach den Bargeld-Saldos beurteilt werden sollten. Im Folgenden werden die auf |I.265 Anordnung der Regierung zusammengestellten *Balanzas y Estados de Comercio* für zwei Jahre (1816 und 1823) beleuchtet. Ich habe keine einzige Zahl verändert, weil diese Zahlen *untere Grenzwerte* ausdrücken (was überaus nützlich ist bei der Bewertung von schwierig einzuschätzenden Mengen). Die in diesen Handelsbilanzen angegebenen Preise sind weder die des Herstellers am Entstehungsort noch die, die sich durch die Währungskurse am Ankunftsort ergeben. Die Zahlen sind fiktive Wertbestimmungen, *offizielle Schätzwerte*, wie man sie im Zollsystem Großbritanniens nennt[201]. Sie liegen (man kann es nicht oft genug wiederholen) mindestens ein Drittel unter dem Marktpreis. Um aus der Handelsbilanz von Havanna die Situation der ganzen Insel abzuleiten, wie man es in den spanischen Zollregistern macht, muss man die *registrierten* Ex- und Importe aller ausländischen Häfen kennen und dieser Gesamtsumme die sich von Ort zu Ort verändernden Erträge des Schleichhandels, die Art der Handelswaren und ihre von Jahr zu Jahr schwankenden |I.266 Preise hinzufügen. Solche Berechnungen können nur von lokalen Ämtern ausgeführt werden; und was diese Ämter der Öffentlichkeit während ihrer kunstfertig verfochtenen Fehden mit dem spanischen Hof zugänglich machen, zeigt, dass sie

---

[199] Im Jahr 1816 betrug in New York die Tonnage des Handels 299 617, in Boston 143 420. Der Laderaum der Schiffe ist jedoch kein genaues Maß des Handelsreichtums. Länder, die Reis, Getreide, Bauholz und Baumwolle ausführen, brauchen mehr Frachtraum als die Tropenzonen, deren Produkte (Koschenille, Indigo, Zucker und Kaffee) trotz ihres sehr beachtlichen Wertes wenig Platz einnehmen.

[200] *Essai politique sur le royaume de la Nouvelle Espagne*, Bd. II, S. 746; und *Relation historique*, Bd. IX, S. 307 und 308.

[201] In diesem System unterscheidet man zwischen dem tatsächlichen Preis, dem *offiziellen Wert* und dem *deklarierten* oder *bona-fide Wert*.

selbst nicht glauben, für solch eine umfangreiche, eine Vielzahl von Gegenständen gleichzeitig umfassende Arbeit ausreichend vorbereitet zu sein.

Jedes Jahr erstellen die *Junta del Gobierno* und das *Real Consulado* einen Bericht unter dem Namen *Balanza de Comercio*[202], der die im Hafen von Havanna registrierten Ex- und Importe zusammenbringt. Man unterscheidet in diesen Handelsbilanzen zwischen Importfracht auf nationalen (spanischen) und auf ausländischen Schiffen; zwischen Ausfuhren bestimmt für die Iberische Halbinsel, für Häfen im spanischen Amerika und für außerhalb des Gebietes der Spanischen Krone gelegene Häfen. Hinzugefügt werden Warengewicht und -wert (*valor por aforos*) sowie kommunale und königliche Gebühren. Wie jedoch bereits betont liegen die *offiziellen* Angaben der Warenpreise weit unter den gängigen Marktpreisen der jeweiligen Örtlichkeiten[203].

|I.267

Das Jahr 1816

A.	IMPORTE			13 219 986 P.
auf	339	spanischen Schiffen	5 980 443 P.	
		Naturalien und Handelswaren		
		1 032 135 P.		
		afrikanische Sklaven		
		2 659 950 P.		
		Gold und Silber		
		2 288 358 P.		
auf	672	ausländischen Schiffen	7 239 543	
	1 008	Schiffe	13 219 986	

---

[202] Diese *Balanzas de Comercio* für Havanna, von denen einige jeden Teilwert bis ins kleinste Detail angeben, umfassen generell 25 bis 30 Folio-Seiten und Auflistungen von über 1 800 Gütern. Obwohl ich viele von ihnen besitze, veröffentliche ich in diesem *Essai polique sur l'Isle de Cuba* nur die Zahlen, die allgemeine Schlüsse zulassen. Ich bin demselben Pfad in meinem *Essai politique sur le royaume de la Nouvelle Espagne* gefolgt.
[203] Zum Beispiel schätzt man die importierten Sklaven, auf 150 Piaster pro Kopf, Getreide auf 10 Piaster pro Fass. Nach dem Gesamtwert der angeblichen *Handelsbilanz* habe ich die Kuba nur *passierenden* Mengen von Gold und Silber angegeben. Um eine annähernde Vorstellung des einheimischen Verbrauchs der Insel und der Nachfrage nach in Europe hergestellten Waren zu vermitteln, habe ich dieselben Güter als Exporte und Importe aufgelistet.

B. EXPORTE 8 363 135 P.

   Auf 497   spanischen Schiffen   5 167 966 P.

            nach Spanien

                    2 419 224 P.

            für spanische Häfen in Amerika

                    2 104 890

            Zu den afrikanischen Küsten

                      643 852
                      ——————
                     5 167 966

   auf 492   ausländischen Schiffen   3 195 169
       ———   ————————
       989   8 363 135

Von Importen im Wert von 2 439 991 Piastern machten registrierte Gold- und |I.268
Silberexporte nur 480 840 Piaster aus.

Bei den *eingeführten* Artikeln unterscheidet man die Werte folgendermaßen:
71 807 Fass Getreide im Wert von 718 921 Piaster; Wein und Likör aus Europa im
Wert von 463 067 Piastern; Pökelfleisch, Lebensmittel und Gewürze 1 096 791 Piaster; diverse Kleidung 127 681 Piaster; Seidenstoffe 282 382 Piaster; Leinentuch
3 226 859 Piaster; Breitgewebe und andere Wollstoffe 103 224 Piaster; Möbel, Kristallglas und Metallwaren 267 312 Piaster; Papier 61 486 Piaster; Schmiedeeisen |I.269
330 368 Piaster; Leder und Felle 135 103 Piaster; und Bretter und anderes Holz (für
Zimmereiarbeiten) im Wert von 285 217 Piaster.

Unter den *ausgeführten* Waren findet man: 10 965 Fass Getreide im Wert von
145 254 Piaster; Wein und Likör 111 466 Piaster; Pökelfleisch, Lebensmittel und
Gewürze 227 274 Piaster; diverse Kleidung 4 825 Piaster; Seidenstoffe 47 872; Leinentuch 1 529 610 Piaster; Möbel, Kristallglas und Metallwaren 29 000 Piaster; Papier 20 497; Schmiedeeisen 99 581 Piaster; Zucker 3 207 792 Arrobas oder 3 962 709
Piaster; Kaffee 370 229 Arrobas oder 847 729 Piaster; Wachs 22 365 Arrobas oder
169,683 Piaster; und gegerbtes Leder 19 978 Piaster.

Das Jahr 1823

A. IMPORTE 13 698 735 P.

   Auf spanischen Schiffen   3 562 227 P.

   Auf ausländischen Schiffen   10 136 508

B. EXPORTE 12 329 169 P.

   Auf spanischen Schiffen   3 550 312 P.

   Auf ausländischen Schiffen   8 778 857

Zahl der Schiffe vor Anker in Havanna: 1 125 mit 167 578 Tonnen Fracht; Zahl der
von Havanna auslaufenden Schiffe: 1 000 mit 151 161 Tonnen Fracht. |I.270

Exportierte und registrierte einheimische Produkte sind in dieser Handelsbilanz wie folgt aufgeführt:

95 884	Kisten weißer Zucker
204 327	Kisten brauner Zucker
672 007	Arrobas Kaffee, erste Wahl
223 917	Arrobas Kaffee, zweite Wahl
15 692	Arrobas Wachs
30 145	Bocoyes Melasse
13 879	Arrobas Blatttabak (*en rama*)
71 108	Pfund handgerollte Tabakblätter (*torcido*)
26 610	Lederstücke von der Insel Kuba
368	Karaffen Bienenhonig

Gold- und Silberimporte in bar: 1 179 034 Piaster; Exporte 1 404 584 Piaster.

Unter den *eingeführten* Waren und Lebensmitteln findet man: geschneiderte Kleidung 213 236 Piaster; Leinentuch und -faden 2 071 083 Piaster; Seidenstoffe 459 869 Piaster; Baumwollstoffe, Musselin etc. 1 021 827 Piaster; breitgewebte Wollstoffe 63 962 Piaster; Pökelfleisch, Reis, andere Lebensmittel und Gewürze 3 269 901 Piaster (inklusive 431 464 Arrobas tasajo im Wert von 701 129 Piastern; 309,601 Arrobas Reis im Wert von 348 301 Piastern und 89 947 Fass Fett in Wert von 259 941 Piastern); 74 119 Fass Getreide im Wert von 889 428 Piastern; Wein und Likör 1 119 437 Piaster; Schmiedeeisen 288 697 Piaster; Metallwaren, Möbel, Kristallglas und Porzelan 464,328 Piaster; 35 186 Ries Papier oder 158 337 Piaster; kastilische Seife 53 441 Arrobas oder 213 764 Piaster; Talg (sebo labrado) 42 512 Arrobas oder 170 050 Piaster; Bretter und anderes Holz (für Zimmereiarbeiten) 353 765 Piaster.

Bei den *Exporten* wollen wir neben den obengenannten Erzeugnissen noch folgende Artikel hervorheben: Leinentuch und -faden 29 526 Piaster; Baumwollstoffe 69 049 Piaster; Seidenstoffe 11 316 Piaster; Wollstoffe 9 633 Piaster; Möbel, Kristallglas und Metallwaren 8 046 Piaster; Schmiedeeisen 63 149 Piaster; 23 453 Piaster an Brettern und bearbeitetem Holz (für Zimmereiarbeiten); 5 572 Ries Papier im Wert von 22 288 Piastern; Wein und Liköre 49 286 Piaster; 86 882 Piaster an Pökelfleisch, Lebensmitteln und Gewürzen; 15 322 Ries Papier im Wert von 27 772 Piastern.

Hier nun die genauesten Daten, die ich über die Ankunft und Abfahrt der Schiffe im Hafen von Havanna sammeln konnte. Von 1799 bis 1803 betrug die Zahl der dort einlaufenden Schiffe im Durchschnitt 905 (inklusive Kriegsschiffe) pro Jahr.

|I.271

1799	883
1800	784
1801	1 015
1802	845
1803	1 020

| I.272

Das Gewicht der Zuckerexporte wurde auf 40 000 Tonnen geschätzt. Von 1815 bis 1819 liefen im Durchschnitt 1 192 Schiffe pro Jahr ein: 226 spanischer Herkunft und 966 ausländischer. Im Jahr 1820 landeten 1 305 Schiffe an, von denen 288 spanischer Herkunft waren; 1 230 Schiffe liefen aus, unter ihnen 919 ausländischer Herkunft. In den folgenden Jahren zählte man nur die Handelsschiffe:

Ankünfte	*Abfahrten*	
1 268	1 168	Von den 1 268 waren nur 258 spanischer Herkunft Außerdem liefen 95 Kriegsschiffe ein, 53 davon spanischer Herkunft
1 182	1 118	Von den 1 182 waren 843 ausländischer Herkunft Außerdem landeten 141 Kriegsschiffe an, 72 davon spanischer Herkunft
1 168	1 144	Von diesen 1 168 (zu 167 578 Tonnen) waren 274 Schiffe spanischer Herkunft; 708 kamen aus den Vereinigten Staaten Dazu kamen 149 Kriegsschiffe, 61 spanische, 54 aus den Vereinigten Staaten und 34 britischer oder französischer Herkunft
1 086	1 088	Von diesen 1 086 waren 890 ausländischer Herkunft Außerdem landeten in Havanna 129 Kriegsschiffe an, 59 von ihnen spanischer Herkunft

|I.273

Exporte[204] der Insel Kuba über den Hafen von Havanna, 1815–1819

Jahr	KISTEN RAFFINIERTEN ZUCKERS (zu 184 kg)	PIPAS Zucker-rohr-Rum	BOCOYES MELASSE	ARROBAS KAFFEE (zu 11,5 kg)	ARROBAS WACHS (zu 11,5 kg)	HÄUTE UND LEDER	WERT nach den Durchschnittspreisen in Piaster
1815	214111	3000	17874	918263	23398	60000	11955705
1816	200487	1860	26793	370229	22365	80000	10171872
1817	217076		30759	709351	20076	60000	10691219
1818	207378	3219	34994	779618	24156	60000	21628248
1819	192743	2830	30845	642716	19373	60000	10776997
5-JAHRE SUMME	1031795	10909	141265	3420177	109368	320000	65224041
JAHRES-DURCHSCHNITT	206359	2182	28253	684035	22233	64000	11244808

[204] In diesem Tableau von Gütern, die innerhalb von fünf Jahren *registriert* wurden, hat man den Preis für eine Kiste Zucker der Reihe nach mit 16 und 12 *reales*, 22 und 18 *reales*, 20 und 16 *reales* und 20 und 16 *reales* veranschlagt; eine *pipa Rum* mit 35 Piastern; ein *bocoy Melasse* mit 7 *reales*; ein quintal *Kaffee* mit 15, 15, 12, 16 und 16 Piaster; eine Arrobe *Wachs* mit 16 Piastern.

Wenn man den in diesen Tableaus aufgeführten hohen Wert der nach Havanna ein- |I.274
geführten Waren mit dem niedrigen Wert der weiterverkauften Güter vergleicht,
ist man davon überrascht, wie beträchtlich der einheimische Verbrauch bereits in
einem Land ist, in dem nur 325 000 weiße und 130 000 freie farbige Einwohner
leben[205]. Eine Einschätzung des tatsächlichen Marktwerts der verschiedenen Güter
ergibt folgende Resultate: 2,5 bis drei Millionen Piaster für Leinentuch und -faden
(*bretañas, platillas, lienzos e hilo*), eine Million Piaster für Baumwollstoffe (*zarazas
musulinas*), 400 000 Piaster für Seidenstoffe (*rasos y géneros de seda*) und 220 000 Pias-
ter für Breitgewebe und Wollstoffe. Die Nachfrage auf der Insel für europäische |I.275
Textilien, wie man sie aus den nur im Hafen von Havanna für den Export *angegebenen* Waren ableiten kann, hat demnach in den letzten Jahren vier bis 4,5 Millionen
Piaster überschritten[206]. Diesen rechtmäßigen Importen in Havanna muss man hinzufügen: mehr als eine halbe Million Piaster für Metallwaren und Mobiliar, 380 000
Piaster für Eisen und Stahl, 400 000 Piaster für Bretter und Bauholz (bearbeitet) und
300 000 Piaster für kastilische Seife. Die Einfuhr von Lebensmitteln und Getränken
allein in Havanna schien mir die Aufmerksamkeit derer zu verdienen, die die wahren Zustände in den als *Zucker-* oder *Sklavenkolonien* bezeichneten Ländern kennenlernen wollen. Es verhält sich derart mit der Zusammensetzung der Gesellschaften,
die man auf dem ertragsreichsten Boden aufgebaut hat, den die Natur dem Men-
schen für seine Ernährung anzubieten hat, und mit der Ausrichtung der landwirt- |I.276
schaftlichen Arbeit und der Industrie in den Antillen, dass ohne freien und regen
Handel mit dem Rest der Welt die in dem glücklichsten Klima der Äquinoktial-
Zone ansässige Bevölkerung ohne die nötigen Lebensmittel wäre. Ich spreche hier
weder von der Einfuhr von Wein durch den Hafen von Havanna, dessen Menge
(immer nach den Zollangaben gerechnet) im Jahr 1803 auf 40 000 *Fass* anstieg und
auf 15 000 *pipas* und 17 000 *Fass* im Jahr 1823 (ein Wert von 1 200 000 Piaster), noch
vom Import der 6 000 *Fass* Spirituosen aus Spanien und Holland oder der 113 000
Fass (1 864 000 Piaster) Getreide. Dieser Wein, dieser Likör und dieses Getreide im
Wert von 3,3 Millionen Piastern sind für den Verbrauch der oberen Klassen des
Landes bestimmt. In einer Region, wo man lange Zeit Mais, Maniok und Bananen
jeglichen anderen stärkehaltigen Nahrungsmitteln vorgezogen hatte, ist Getreide
aus den Vereinigten Staaten zu einer echten Notwendigkeit geworden. Man könnte
sich über die Entwicklung europäischer Opulenz inmitten des Reichtums und der
fortschreitenden Zivilisation in Havanna nicht beschweren, wäre es nicht der Fall,
dass neben Getreide, Wein und Branntweinen aus Europa im Jahr 1816 auch Pökel-

---

[205] Es ist fraglos ein Rechenfehler, dass eine kürzlich veröffentlichte Arbeit ([Robert Francis Jameson und
Bertrand Huber,] *Aperçu statistique sur l 'île de Cuba*, 1826, S. 231) der Insel Kuba 257 000 freie Menschen
und 395 000 Sklaven zuschreibt. Man hat hier die 130 000 freien farbigen Menschen mit den 260 000
Sklaven zusammengewürfelt und der weißen Bevölkerung 68 000 abgezogen.

[206] Am Anfang dieses Jahrhunderts vor der Mexikanischen Revolution hatte die Einfuhr von Textilien
(*géneros y ropas*) in Veracruz einen Wert von 9 200 000 Piastern. Man darf nicht vergessen, dass Mexiko
einheimische Manufakturen hat, deren Erzeugnisse den Bedarf der unteren Klassen abdeckt. Für einen
Vergleich des Verbrauchs Mexikos mit Venezuelas *siehe* oben, Bd. IX, S. 313 und *passim*.

|I.277

fleisch, Reis und Hülsenfrüchte im Wert von 1,5 Millionen Piastern und im Jahr 1823 im Wert von 3,5 Millionen Piastern eingeführt wurden. Im Jahr 1823 betrugen Reiseinfuhren 323 000 *Arrobas* (weiterhin nach Havanna und den Angaben in den Zollregistern, ohne den Schleichhandel zu berücksichtigen); die Einfuhr von Pökelfleisch und Dörrfleisch (*tasajo*), ein unerlässlicher Bestandteil der Ernährung der Sklaven, stieg auf 465 000 *Arrobas* an[207].

Das Fehlen von Existenzgrundlagen ist typisch für den Teil der Tropen-Gebiete, wo die leichtsinnigen Taten der Europäer die natürliche Ordnung umgeworfen haben: Dieser Zustand wird sich entsprechend verbessern, wenn die Einwohner sich ihrer wirklichen Interessen bewusst werden und, von den niedrigen Preisen der Kolonialprodukte abgeschreckt, ihren Anbau umstellen, so dass alle Zweige der Landwirtschaft gleichermaßen florieren können. Die Maximen einer engstirnigen und kleinlichen Politik, die in den Kolonialverwaltungen sehr kleiner Inseln über-

|I.278

wiegen – sie sind wahre Werkstätten der Abhängigkeit von Europa, in denen Männer leben, die das Land verlassen, sobald es sie genügend bereichert hat – sind unangemessen für eine Insel der Größe Englands, mit dichtbesiedelten Städten und seit Jahrhunderten alteingesessenen Bewohnern, die sich auf amerikanischem Boden nicht im Geringsten als Fremde fühlen, sondern ihn als ihre wahre Heimat schätzen. Allein aufgrund ihres Verbrauchs kann die Bevölkerung der Insel Kuba, die in fünfzig Jahren wahrscheinlich eine Million überschreiten wird, der einheimischen Wirtschaft ein unermesslich weites Feld bieten. Wenn dem Handel mit schwarzen Menschen ein komplettes Ende gesetzt wird, werden die Sklaven allmählich in die Klasse der freien Menschen überwechseln und die Gesellschaft wird, nachdem sie sich ohne den Aufruhr eines gewaltsamen Bürgerkriegs umstrukturiert hat, auf die Pfade zurückkehren, die die Natur für alle sich vergrößernde und aufgeklärte Gesellschaften vorbestimmt hat. Zuckerrohr- und Kaffeeanbau wird weiterbestehen, aber er wird nicht weiterhin die Hauptgrundlage für das Leben des ganzen Volkes bilden, wie es der Fall ist mit Koschenille in Mexiko, Indigo in Guatemala und Kakao in Venezuela. Eine Bevölkerung von Sklaven ohne Zukunftsaussichten und Antriebswillen

|I.279

wird nach und nach durch freie und intelligente Landwirte ersetzt werden. Durch den Reichtum, den der Handel Havannas in den vergangenen 25 Jahren den Pflanzern beschert hat, hat sich das Land bereits verändert: Die Macht des Geldes, deren Einfluss sich immer weiter ausbreitet, ist notwendigerweise mit einem anderen, ebenso für den Fortschritt und den Wohlstand des Volkes unerlässlichem Faktor verbunden: der Weiterentwicklung der menschlichen Intelligenz. Das Schicksal der Metropole der Antillen hängt von der Zusammenkunft dieser beiden Faktoren ab.

Wir haben in den den Handel von Havanna aufzeigenden Tableaus gesehen, dass die Ausfuhren der Produkte der Insel in den Jahren 1815 bis 1819 um durchschnittlich 12 245 000 Piaster gestiegen sind und in den letzten Jahren um 13 Millionen

---

[207] In der *balanza de comercio* von Havanna (1823) erreichen selbst *offizielle Bewertungen* 755 700 Piaster für *tasajo*, 363 600 Piaster für Reis, 223 000 Piaster für Schweinefleisch, 373 000 Piaster für Schmalz, Butter und Käse und 100 000 Piaster für den Klippfisch, den man den schwarzen Sklaven neben *tasajo* vorsetzt.

Piaster [208]. Wenn man die im Jahr 1823 in Havanna und Matanzas registrierten Exporte von einheimischen Gütern mit den ausländischen, für den Weiterverkauf bestimmten Waren zusammennimmt (15 139 200 Piaster[209]) kann man ohne Übertreibung behaupten, dass die ganze Insel in demselben Jahr bei regem Handel über 20 bis 22 Millionen Piaster auf legalen und illegalen Wegen ausgeführt haben muss[210]. Solche Schätzungen von *Barsummen* unterliegen natürlich den Preisschwankungen verschiedener Waren und Ernten. Bevor Jamaika im Jahr 1820 am freien Handel teilnehmen durfte, betrugen die Exporte dieser Insel 5,4 Millionen Pfund Sterling. Es wird allgemein angenommen, dass Spanien pro Jahr vierzig bis fünfzig Tausend Kisten Zucker aus Havanna bekommt (für 1823 weisen die Handelsbilanzen 100 766 *caxas* aus, für 1825 nur 47 547). Mehr als die Hälfte des Handels von Kuba (gerechnet in Tonnage) geht in die Vereinigten Staaten[211], über ein Drittel, wenn man den Wert zugrunde legt. Wir haben die Gesamtexporte der Insel Kuba (einschließlich Schmuggelware) auf höher als 22 bis 24 Millionen Piaster geschätzt. Im Jahr 1822 betrug der Wert der 106 000 Tonnen aus den Vereinigten Staaten verschifften Waren und Gütern[212] 4 270 600 Dollar. Nach Herrn Stewart stiegen die jamaikanischen Einfuhren von in England hergestellten Gütern im Jahr 1820 auf zwei Millionen Pfund Sterling.

|I.280

|I.281

|I.282

[208] Meinen Schätzungen liegen die *Marktpreise* im Hafen von Havanna zugrunde, nicht die des Zollamts.

[209] In der unter dem Titel *Commerce du dix-neuvième siècle* erschienen hochangesehenen Arbeit [von Alexandre Moreau de Jonnès], Bd. I, S. 259, werden diese Ausfuhren aus Havanna im Jahr 1823 mit weniger als zwei Millionen Piaster veranschlagt; die Schätzung beruht jedoch auf einem Rechenfehler. Registrierter Zucker betrug 300 211 *caxas* oder 120 084 400 spanische Pfund und nicht sechs Millionen. Kaffeeexporte lagen bei 22 398 100 spanischen Pfund und nicht bei drei Millionen (Bd. XI, S. 366, 367 und Bd. XII, S. 7 f).

[210] Im Jahr 1788 betrugen die Exporte des französischen Teils von Saint-Domingue 67 Millionen Francs für Zucker, 75 Millionen Francs für Kaffee und 15 Millionen Francs für Baumwolle, insgesamt 51 400 000 Piaster.

[211] Nach offiziellen Dokumenten betrug im Jahr 1820 der Gesamtimport der Vereinigten Staaten 62 586 724 Dollar, von denen 29 Millionen aus Großbritannien und Indien kamen, 6 584 000 aus Kuba, 2 246 000 aus Haiti und 5 909 000 aus Frankreich.

[212] *Aperçu statistique de l'île de Cuba*, 1826 (Tableau B). Herr [Bertrand] Huber hat zu der Übersetzung von *Letters from the Havana* viele bedeutende Informationen über den Handel und das Zollsystem in Kuba beigetragen. Importe in Höhe von 4 270 600 Dollar dürfen als recht beachtlich gelten, da im Jahr 1824 die Importe von Mexiko, Colombia, Buenos Aires, Chile und Peru aus Großbritannien nur 2 377 110 Pfund Sterling betrugen ([Ignacio Benito Núñez,] *An Account of the United Provinces of Río de la Plata*, 1825, S. 172).

Im Hafen von Havanna registrierte Getreideimporte[213] betrugen:

1797	62 727	*Fass* (zu 7,25 *arr.* oder 84 kg)
1798	58 474	
1799	59 953	
1800	54 441	
1801	64 703	
1802	82 045	
1803	69 254	

Im Jahr 1823 wurden allein im Hafen von Havanna 38 987 Fass registrierter Importe von spanischen Schiffen und 74 119 Fass von ausländischen Frachtern angelandet, also 113 506 Fass zu einem durchschnittlichen Preis von 16,5 Piastern (einschließlich Zollabgaben), insgesamt 1 864 500 Piaster. Die ersten kubanischen Direktimporte von Getreide aus den Vereinigten Staaten sind der klugen Regierung von |I.283| Gouverneur Don Luis de las Casas[214] zu verdanken. Bis zu dem Zeitpunkt konnte Getreide nicht eingeführt werden, ohne *erst durch europäische Häfen transitiert zu werden*! Herr Robinson[215] schätzt alle legalen und illegalen Getreideimporte in verschiedenen Gebieten der Insel auf 120 000 Fass. Er fügt etwas hinzu, was mir als weniger gewiss erscheint: „dass es der Insel Kuba aufgrund der schlechten Verteilung der Arbeit der Schwarzen so sehr an Existenzgrundlagen fehlt, dass man dort keine fünfmonatige Handelssperre überstehen könnte". Im Jahr 1822 exportierten die Vereinigten Staaten 144 980 Fass (über 12 Millionen Kilogramm) nach Kuba, deren Wert in Havanna (mit Zollabgaben) 2 391 000 Piaster ausmachte. Trotz der sieben-Piaster Zollgebühr pro Fass des aus den Vereinigten Staaten nach Kuba exportierten Getreides kann Getreide aus Spanien (aus Santander) damit nicht konkurrieren. Mit |I.284| Mexiko hatte dieser Wettbewerb unter verheißungsvollen Umständen begonnen: Während meines Aufenthalts in Veracruz wurde von dort bereits mexikanisches Getreide im Wert von 300 000 Piastern exportiert. Nach Herrn Pitkin stieg diese Menge im Jahr 1809 auf 27 000 *barils* oder 2 268 000 Kilogramm an. Die politischen Unruhen in Mexiko bereiteten dem Getreidehandel zwischen zwei Ländern, die beide sind in der Heißen Zone, aber unterschiedlich hoch über dem Meeresspiegel gelegen sind, was einen bedeutenden Einfluss auf Klima und Landwirtschaft hat, ein vorläufiges Ende.

---

[213] Im Jahr 1820 exportierten die Vereinigten Staaten für ungefähr 9 075 000 Dollar Weizen- und Maismehl. Getreideexporte unterliegen außergewöhnlichen Schwankungen. Im Jahr 1803 lagen sie bei 1 311 853 Fass, im Jahr 1817 bei 1 479 198 und im Jahr 1823 bei 756 702.
[214] *Siehe* Bd. XI, S. 303.
[215] [William Davis] Robinson, *Memoirs of the Mexican Revolution*, Bd. II, S. 330.

In Havanna registrierte Importe von Spirituosen betrugen:

1797	12 547 *Fass* Wein	2 300	*Fass* Branntweine
1798	12 118	2 412	
1799	32 073	2 780	
1800	20 899	5 592	
1801	25 921	3 210	
1802	45 676	3 615	
1803	39 130	3 553	

Um die Darstellung des Außenhandels zu vervollständigen, sollte man dem Verfasser eines mehrfach von mir zitierten Werkes, das die wahren Umstände auf Kuba darlegt, das Wort gönnen: „In Havanna beginnt man, jegliche Auswirkungen des angehäuften Reichtums zu spüren. Die Preise für lebensnotwendige Güter haben sich innerhalb von wenigen Jahren verdoppelt. Ungelernte Arbeit ist so teuer, dass ein erst kürzlich aus Afrika angekommener *bozal* vier bis fünf reales (zwei Francs und 13 Sous bis drei Francs und fünf Sous) pro Tag allein mit der Arbeit seiner Hände verdient (ohne ein Gewerbe erlernt zu haben). Schwarze Sklaven, die sich als Mechaniker verdingen, verdienen sogar bei schlichten Arbeiten fünf bis sechs Francs. Patrizierfamilien bleiben Land und Boden verbunden: Wer sich bereichert hat geht nicht mit seinen Reichtümern nach Europa zurück. Einige Familien sind so einflussreich, dass jemand wie der kürzlich verstorbene Don Mateo de Pedroso seinen Erben Ländereien im Wert von mehr als zwei Millionen Piaster hinterlassen hat. Viele der Handelsfirmen in Havanna kaufen zehn- bis zwölftausend Kisten Zucker im Jahr an, für die sie zwischen 350 000 bis 420 000 Piaster bezahlen. Die Unternehmen hier machen jährliche Profite von zwanzig Millionen Piaster" ([Antonio del Valle Hernández,] *De la situación presente de Cuba*, Handschrift). So verhielt sich der allgemeine Vermögensstand am Ende des Jahres 1800. Seitdem sind 25 Jahre wachsenden Reichtums verstrichen. Die Bevölkerung der Insel hat sich fast verdoppelt. Vor 1800 hatten registrierte Zuckerexporte noch in keinem Jahr 170 000 Kisten (31 280 000 Kilogramm) erreicht. In den letzten Jahren[216] haben sie regel-

|I.285

|I.286

---

[216] Seit der Entscheidung des Hofes in Madrid, mehrere Häfen im westlichen Teil der Insel für den spanischen und den Auslandshandel zu öffnen, dürfen die in Havanna beim Zoll registrierten Zuckerausfuhren nicht mehr als genauer Maßstab des landwirtschaftlichen Reichtums gelten. Der für die Pflanzer des Guanajay Bezirks höchst wertvolle Hafen von Mariel hatte seine *habilitación* ([Ermächtigung oder Konzession] ein technischer Ausdruck aus dem spanischen Wirtschaftsrechtswesen) schon durch den *königlichen Erlass* vom 20. Oktober 1817 erhalten, aber Exporte aus Mariel haben sich erst innerhalb der letzten fünf oder sechs Jahre in bedeutsamer Weise auf die Ausfuhren von Havanna ausgewirkt. Die Regierung hat anderen Häfen gleichermaßen Konzessionen erteilt, beispielsweise Baracoa (13. Dezember 1816), San Fernando de Nuevitas an der Bucht von Bagá und Guiros (5. April 1819), der Bahía de Guantánamo (13. August 1819) und San Juan de los Remedios, den man als den Hafen des Villa Clara Bezirks ansehen kann (23. September 1819). *Jagua Bay*, wo Don Luis de Clouet eine Landwirtschafts- und

|I.287   mäßig 200 000 überstiegen und haben sogar 250 000 bis 300 000 Kisten erreicht (46 bis 55 Millionen Kilogramm). Kaffeeplantagen, ein neuer Wirtschaftszweig, stellt Exportwaren im Wert von dreieinhalb Millionen Piaster her; dieser von viel aufgeklärteren Einstellungen gesteuerte Sektor ist besser geführt; das den sowohl die einheimische Wirtschaft und den Auslandshandel behindernde Besteuerungssystem wurde nach 1791 zerrüttet und ist seitdem verändert und verbessert worden. Jedes Mal wenn das seine eigenen Interessen verkennende spanische Mutterland einen Schritt zurück machen wollte, wurden mutige Stimmen laut, um den freien Handel in Amerika zu verteidigen, nicht allein unter den *Habaneros*, sondern ebenso häufig in der spanischen Kolonialverwaltung. Jüngst haben der aufgeklärte Eifer und die patriotischen Ansichten des Bezirksverwalters Don Claudio Martínez Pinillos [auch Graf von Villanueva] neue Möglichkeiten für Investitionen eröffnet. Havanna

|I.288   wurde unter höchst günstigen Bedingungen zum Freihafen erklärt[217].

    Trotz der geringen Entfernung der Nord- von der Südküste ist der Inlandstransport auf der Insel sowohl schwierig als auch kostspielig, was die Waren in den Häfen verteuert. Man sollte an dieser Stelle speziell auf ein Kanal-Projekt hinweisen, das einen doppelten Vorteil hätte: Es würde eine schiffbare Verbindung zwischen Havanna und Batabanó herstellen und die Transportkosten für einheimische Güter verringern. Die Idee des Güines-Kanals [218] wurde vor mehr als einem halben Jahrhundert mit der bloßen Absicht geboren, den am Zeughaus von Havanna arbeiteten Zimmerleuten Bauholz zu günstigeren Preisen zu liefern. Im Jahr 1796 übernahm der Graf von Jaruco y Mopox, ein freundlicher und unternehmungslustiger Mann, dessen Verbindungen mit dem Friedenskönig [Manuel de Godoy] ihm großen Einfluss verschaffen, die Verantwortung dafür, dieses Unterfangen wiederzube-

|I.289   leben. Die Nivellierung wurde im Jahr 1798 von zwei sehr fähigen Ingenieuren, Don Francisco Lemaur und Don Felix Lemaur durchgeführt. Diese Offiziere stellten fest, dass der gesamte Kanal 19 Meilen (5 000 Varas oder 4 150 Meter) lang sein würde, dass er in *Taverna del Rey* anfangen würde und in nördlicher Richtung 19, in südlicher 21 Schleusen haben müsste. Havanna und Batabanó sind auf einer Geraden nicht mehr als acht und ein Drittel Seemeilen voneinander entfernt[219]. Selbst als Binnenschifffahrtskanal wäre der Güines-Kanal von großem Nutzen für den

<hr />

Handelsniederlassung gründete, indem er frühere Kolonisten aus Louisiana und andere freie Weiße anwarb, hat noch keine *Genehmigung* erhalten (*Memorias de la Sociedad económica de la Habana*, Nr. 34, S. 287, 293, 297, 300 und 303).

[217] *Acuerdos sobre arreglo de derechos y establecimiento de Almacenes de Depósito* (siehe "Suplemento al Diario del Gobierno constitucional de la Habana del 15 de octubre 1822"). Hätte der Hafen von *Havanna nicht diese günstige Handelskonzession* erhalten, wäre Jamaika zum Mittelpunkt allen Handels mit dem benachbarten Festland geworden.

[218] Die Nivellierung ergab (in Burgos-Fuß): 106,2 in Cerro nahe der Brücke von Zanja; 329,3 in Taverna del Rey; 295,3 in Pueblo del Rincón; 237,3 in der Laguna de Saldívar zu Zeiten, wenn sie voll Wasser ist; 166,1 in Quibicán und 21,3 im Dorf von Batabanó.

[219] See Bd. XI, S. 219.

Transport von landwirtschaftlichen Erzeugnissen auf Dampfschiffen[220], weil er in der Nähe der meistbebauten Ländereien liegt. Nirgendwo sind die Straßen in der Regenzeit in schlimmerer Verfassung als auf diesem Teil der Insel, wo der Boden nur aus bröckeligem Kalkstein besteht, der für den Bau einer Eisenbahn ungeeignet ist. Heutzutage betragen die Transportkosten für Zucker von Güines nach Havanna, eine Entfernung von 12 Meilen, einen Piaster pro Quintal. Neben den Vorteilen, die Verbindungen innerhalb der Insel mit sich bringen, würde dieser Kanal auch für den Surgidero de Batabanó wichtig sein, wo kleine, mit Dörrfleisch (*tasajo*) aus Venezuela beladene Schiffe anlanden könnten, ohne das Kap San Antonio umsegeln zu müssen. Bei schlechtem Wetter und zu Kriegszeiten, wenn Piraten zwischen dem Kap Catoche, den Tortugas und Mariel umhersegeln, ist man froh, die Reise vom Festland zur Insel Kuba dadurch abkürzen zu können, dass man nicht in Havanna an Land geht, sondern in einem der Häfen an der Südküste. Im Jahr 1796 hatte man die Baukosten für den Güines-Kanal auf eine Million oder 1,2 Millionen Piaster veranschlagt. Man glaubt, dass heute die Kosten 1,5 Millionen übersteigen würden. Güter, die jährlich durch diesen Kanal geschleust werden könnten, wurden auf 75 000 Kisten Zucker, 25 000 *Arrobas* Kaffee, 8 000 *bocoyes* Melasse und Rum geschätzt. In der ersten Planung aus dem Jahr 1796 wollte man den Kanal mit dem kleinen Güines-Fluss verbinden, was von der Ingenio de la Holanda bis nach Quivican, drei Meilen südlich von Bejucal und Santa Rosa, führen würde[221]. Heute hat man diesen Gedanken verworfen, weil der Güines-Fluss nach Osten hin durch die Bewässerung der Grassteppen der Hatos von Guanamón wenig Wasser führt. Anstatt einen Kanal östlich vom Barrio del Cerro und südlich von Fort Atarés in der Bucht von Havanna zu bauen, wollte man in erster Linie das Flussbett des Chorrera oder Rio Armendaris von Calabazar bis Husillo benutzen und dann den Zanja-Real-Aquädukt, nicht nur, um mit Booten die *arrabales* [Randbezirke] mit der Stadt Havanna zu verbinden, sondern auch um den Brunnen, die drei Monate im Jahr austrocknen, Wasser zuzuführen. Ich habe das Privileg genossen, mehrfach mit den Brüdern Lemaur die Ebene zu besuchen, die diese Schiffsroute durchqueren sollte. Der Nutzen dieses Projekts ist unbestreitbar, wenn man der Wasserscheide zu Trockenzeiten ausreichend Wasser zuführen kann.

Wie überall, wo Handel und der ihn begleitende Wohlstand rasant zunehmen, beschwert man sich in Havanna über den schädlichen Einfluss dieses Wachstums auf die *althergebrachten Sitten*. Es ist hier nicht der Ort, die Umstände, die auf der noch mit Weideland bedeckten Insel Kuba herrschten, bevor die Engländer Havanna besetzten, mit denen in der heutigen Weltstadt der Antillen zu vergleichen. Ebenso unnütz ist es, die Offenheit und Schlichtheit der Gebräuche in einer noch im Entstehen begriffenen Gesellschaft gegen die sich in einer fortgeschrittenen Zivilisation

| I.290

| I.291

| I.292

---

220 An der Küste verbinden Dampfschiffe bereits Havanna mit Matanzas; sie fahren weniger häufig von Havanna nach Mariel. Die Regierung gewährte Don Juan de O'Farril ein Monopol für *barcos de vapor* (24. März 1819).

221 Offizielle Papiere der *Comisión para el fomento de la Isla de Cuba*, 1799, und handschriftliche Notizen von Herrn [Peter] Bauduy.

ausbildenden Gepflogenheiten abzuwägen. Durch die Vergötterung des Reichtums
bringt das Handelswesen wahrscheinlich die Völker dazu, das abzuwerten, was sich
nicht mit Geld erwerben lässt. Zum Glück verhält es sich mit den Angelegenheiten
der Menschen jedoch derart, dass die dem Menschen innewohnenden erstrebens-
wertesten, edelsten und freiesten Eigenschaften allein aus der Erleuchtung der Seele
und der Verfeinerung des Geists erwachsen. Würde der Wohlstandskult sich in allen
Gesellschaftsschichten verbreiten, würde er zwangsläufig zu genau dem Übel führen,
das von denjenigen angeprangert wird, die die Vormacht des industriellen Systems
|I.293   (wie sie es nennen) mit Verdruss ansehen. Aber das Wachstum des Handels birgt in
sich selbst das Gegenmittel für diese als bedrohlich empfundenen Gefahren, indem
es die Verbindungen zwischen Völkern vervielfacht, dem Geist einen immensen
Wirkungsbereich eröffnet, Gelder in die Landwirtschaft einfließen lässt und durch
das Verfeinern des Wohlstands neue Bedürfnisse schafft. Bei dieser höchst kom-
plizierten Verstrickung von Ursache und Wirkung braucht es Zeit, bis sich ein
Gleichgewicht zwischen den unterschiedlichen Gesellschaftsschichten herausbildet.
Sicherlich kann man das Fortschreiten der Aufklärung und die Entwicklung der
öffentlichen Vernunft in einem einzigen Zivilisationsstadium nicht anhand von
Tonnage, Exportwerten oder der Verbesserung industrieller Fähigkeiten messen. Man
darf weder Völker noch Individuen nur nach einem Stadium ihres Lebens beurteilen. Sie erreichen ihre Bestimmungen nur, indem sie alle ihren nationalen Eigenschaften und materiellen Umständen entsprechenden Zivilisationsstadien durch-
laufen.

   FINANZWESEN. – In den letzten Jahren hat das Anwachsen des landwirtschaftlichen Wohlstands auf der Insel Kuba und des sich auf den Wert der Importe
|I.294   auswirkenden Reichtums das Staatseinkommen auf viereinhalb oder vielleicht sogar
fünf Million Piaster erhöht. Seit dem Freihandelsdekret haben die Zolleinnahmen
in Havanna, die vor 1794 weniger als 600 000 Piaster und durchschnittlich 1 900 000
Piaster von 1797 bis 1800 eingebracht hatten, zur Staatskasse mehr als 3 100 000
Piaster in Nettoeinnahmen (*importe líquido*) beigesteuert[222]. Da die Kolonialregierung alles, was die Finanzen der Insel Kuba angeht, überaus transparent macht, kann
man aus den *Budgets* der *Cajas matrices de la Administración general de Rentas* der Stadt
und dem Amtsbezirk von Havanna ersehen, dass das Staatseinkommen in den Jahren 1820 bis 1825 zwischen 3 200 000 und 3 400 000 Piastern schwankte. Wenn man
diesem Betrag einerseits 800 000 zufügt, die aus verschiedenen Einnahmequellen
|I.295   direkt in die *Tesorería general* einfließen[223] (*directa entrada*), und andererseits die Zoll-
einnahmen aus Trinidad, Matanzas, Baracoa und Santiago de Cuba, die schon vor
1819 auf mehr als 600 000 Piaster angewachsen waren, dann kann man sehen, dass
eine Schätzung von fünf Millionen Piastern oder 25 Millionen Francs für die ganze

---

[222] Die Zolleinnahmen in Port-au-Prince, Haiti, brachten im Jahr 1825 den Betrag von 1 655 764 Piastern ein; in Buenos Aires betrugen sie in den Jahren 1819 bis 1821 durchschnittlich 1 655 000 Piaster.
Siehe Centinela de la Plata (September 1822), Nr. 8. *Argos de Buenos Aires*, Nr. 85.
[223] Glücksspiele, *Renta décimal*, usw.

Insel[224] nicht übertrieben ist. Recht einfache Vergleiche beweisen, wie beträchtlich dieser Betrag im Verhältnis zu der heutigen Situation der Kolonie ist. Die Insel Kuba hat immer noch ungefähr ein Zweiundvierzigstel der Bevölkerung Frankreichs, und die Hälfte ihrer Einwohner leben in schrecklicher Armut und verbrauchen sehr wenig. Kubas Einkommen kommt fast dem der Republik Colombia[225] gleich und übersteigt die Zolleinnahmen der gesamten Vereinigten Staaten[226] vor 1795, zu einer Zeit als die Konföderation bereits 4,5 Millionen Einwohner hatte, wohingegen die Bevölkerung der Insel Kuba bei nicht mehr als 715 000 lag. In dieser schönen Kolonie sind Zollabgaben die hauptsächliche Einkommensquelle für die Staatskasse: Sie allein sind für mehr als drei Fünftel dieses Einkommens verantwortlich und reichen mehr oder minder aus, um die Kosten für die einheimische Verwaltung und die militärische Verteidigung zu decken. Dass die Ausgaben der Staatskasse in Havanna in den letzten Jahren auf über vier Millionen Piaster angestiegen sind, kann man allein den unablässigen Kriegen zuschreiben, die das spanische Mutterland gegen die sich als befreit erklärten Kolonien führen wollte. Zwei Millionen Piaster waren für den Wehrsold der vom amerikanischen Festland über Havanna nach Spanien zurückkehrenden Land- und Seetruppen vorgesehen. So lange wie Spanien seine eigenen Interessen verkennt und die Unabhängigkeit der neuen Republiken nicht anerkennt, muss die Insel Kuba aufgrund ihrer Bedrohung durch Colombia und die mexikanische Konföderation militärische Einrichtungen für ihre Verteidigung unterhalten, was ruinöse Auswirkungen auf den kolonialen Finanzhaushalt hat. Die in Havanna stationierte spanische Marine kostet generell über 650 000 Piaster. Die Landtruppe beansprucht mehr als eineinhalb Millionen Piaster pro Jahr. Ein derartiger Zustand kann sich nicht unendlich fortsetzen, wenn Spanien nicht die der Kolonie auferlegte Bürde erleichtert.

|I.296

|I.297

---

[224] Selbst Abgeordnete der Insel Kuba verkündeten dem spanischen Parlament (im Mai 1821), dass der Gesamtbetrag der Einnahmen „allein aus der Provinz Havanna" auf fünf Millionen Piastras fortes angestiegen waren (*Reclamación [hecha por los representantes de la isla de Cuba] contra la ley de aranceles [sobre las restricciones que ésta impone al comercio de dicha isla]*, S. 7, Nr. 6). In den Jahren 1818 und 1819 hatten die Gesamteinnahmen der Staatskasse bereits 4 367 000 und 4 105 000 Piaster betragen, und Ausgaben lagen bei 3 687 000 und 3 848 000 Piaster.

[225] *Siehe* Bd. IX, S. 403 und 404. „En 1530, esta isla rentó 6000 pesos de oro [im Jahr 1530 hatte diese Insel ein Einkommen von 6 000 Gold-Pesos]." Herrera, *Historia de las Indias occidentales*, Bd. IX, S. 367.

[226] Im Jahr 1815 betrugen die Zolleinnahmen in den Vereinigten Staaten, die in den Jahren 1801 bis 1808 bis zu 16 Millionen Dollar eingebracht hatten, nur 7 282 000 Dollar. Morse, *New System of Modern Geography*, S. 638.

In den Jahren 1789 bis 1797 stiegen aufgrund der folgenden, in die Staatskasse einfließenden königlichen Tarife (*rentas reales*) die Zolleinnahmen in Havanna im Durchschnitt nie über 700 000 Piaster pro Jahr an:

1789	479 302	Piaster
1790	642 720	
1791	520 202	
1792	849 904	
1793	635 098	
1794	642 320	
1795	643 583	
1796	784 689	

In den Jahren 1797 bis 1800 betrugen die in Havanna eingenommenen königlichen und kommunalen Gebühren 7 634 126 Piaster, durchschnittlich 1 908 000 Piaster |I.298 pro Jahr:

1797	1 257 017	Piaster
1798	1 822 348	
1799	2 305 080	
1800	2 249 680	
1801	2 170 970	
1802	2 400 932	
1803	1 637 465	

Die Zolleinnahmen in Havanna ergaben:

1808	1 178 974	Piaster
1809	1 913 605	
1810	1 292 619	
1811	1 469 137	
1814	1 855 117	

Der Rückgang der Zolleinnahmen im Jahr 1808 wurde dem den amerikanischen Schiffen auferlegten *Handelsembargo* zugeschrieben[227]; im Jahr 1809 erlaubte der spanische Hof jedoch die freie Anlandung von neutralen ausländischen Schiffen[228].

---

[227] *Patriota Americano*, Bd. II, S. 305.
[228] *Reclamación [hecha por los representantes de la isla de Cuba] contra los leyes de aranceles*, S. 8.

Von 1815 bis 1819 betrugen die königlichen Tarife im Hafen von Havanna 1 575 460 Piaster und die kommunalen Gebühren 6 709 347, insgesamt 18 284 807 Piaster oder durchschnittlich 3 657 000 Piaster pro Jahr, von denen die kommunalen Gebühren 56 Prozent ausmachten. |I.299

JAHRE	ZAHL DER SCHIFFE, ANKÜNFTE UND ABFAHRTEN	Derechos reales	Derechos municipales
1815	2 402	1 851 607 P.	804 693 P.
1816	2 252	2 233 203	971 056
1817	2 438	2 291 243	1 429 052
1818	2 322	2 381 658	1 723 008
1819	2 365	2 817 749	1 781 530

Die öffentlichen Einnahmen der *Administración general de Rentas* [Steuerbehörde] im Amtsbezirk Havanna stiegen wie folgt an:

1820 auf	3 631 273	Piaster
1821 auf	3 277 639	
1822 auf	3 378 228	

Im Jahr 1823 erreichten die königlichen und kommunalen Importzölle 2 734 563 Piaster. Im Jahr 1824 wies die *Administración general de Rentas* des Amtsbezirks Havanna die folgenden öffentlichen Einnahmen aus: |I.300

I.	Importzölle		1 818 896 Piaster
	Almojarifazgo	1 817 950	
	Alcabala	802	
	Armada	144	
II.	Exportzölle		326 816
III.	Küstenhandelsschifffahrt und verschiedene andere Branchen (Salz, 27 781 P.; Lagergebühren, 154 924 P.; *media anata, armadilla*, etc.); insgesamt		188 415
IV.	*Rentas de tierra* (Steuern auf Sklaven, 73 109 P.; auf den Verkauf von Land oder *fincas*, 215 092 P.; untere Verwaltung 154 840 P; Läden oder *pulperías*, 19 714 P., etc.); insgesamt		473 686

V.   Hilfszweige der *Tesorería del Ejercito* (*Almirantazgo, Registros*
     estrangeros, etc.)   136 923

VI. *Consulado, Cuartillo adicional del muelle, Vestuario de milicias*, etc.   80 564

     Gesamteinkünfte für 1824   3 025 300 Piaster

|I.301   Im Jahr 1825 betrugen derartige Einkünfte der Stadt und des Amtsbezirks Havanna
3 350 300 Piaster.

Diese Teildaten zeigen, dass die öffentlichen Einnahmen von 1789 bis 1824 auf
das Siebenfache angestiegen waren: Dieses Wachstum wird noch deutlicher, wenn
man sich die Einkünfte der zehn Behörden, der *Tesorerías subalternas interiores*, von
Matanzas, Villa Clara, Remedios, Trinidad, Sancti Spíritus, Puerto Príncipe, Holguín, Bayamo, Santiago de Cuba und Baracoa ansieht. Herr [Mecolaeta] Barrutia[229]
hat eine interessante Tabelle dieser Provinzämter veröffentlicht, die die 83 Jahre von
1735 bis 1818 umfasst. Die Gesamteinnahmen für zehn Kisten wuchsen über die
Jahre von 900 auf 600 000 Piaster an.

1735	898	Piaster
1736	860	
1737	902	
1738	1 794	
1739	4 747	
Jährlicher Durchschnitt	1 840	

1775	123 246	Piaster
1776	114 366	
1777	128 303	
1778	158 624	
1779	146 007	
Jährlicher Durchschnitt	133 315	

1814	317 699	Piaster
1815	398 676	
1816	511 510	
1817	524 442	
1818	618 036	
Jährlicher Durchschnitt	474 072	

---

[229] *Memorias de la Real Sociedad económica de la Habana*, Nr. 31, S. 220.

Die Summe für 83 Jahre betrug 13 098 000 Piaster, von denen Santiago de Cuba |I.302
4 390 000, Puerto Príncipe 2 224 000 und Matanzas 1 450 788 beisteuerten.

Nach den Aufstellungen in den *Cajas matrices* betrug das öffentliche Einkommen
im Jahr 1822 allein für die Provinz Havanna 4 311 862 Piaster: 3 127 918 kamen von
Zollgebühren, 601 898 von *ramos de directa entrada,* wie z. B. Lotterie, Kirchensteuer,
etc., und 581 978 waren Vorauszahlungen der Gelder des *Consulado* und des *Depósito*. Für dasselbe Jahr betrugen die Ausgaben der Insel Kuba 2 732 738 Piaster, zu-
züglich 1 362 022 Piaster zur Unterstützung der Kriege Spaniens gegen die als un- |I.303
abhängig erklärten Kolonien auf dem Festland. In die erste Kategorie von Kosten
fallen 1 355 798 Piaster für den Unterhalt der für die Verteidigung von Havanna und
Umgebung verantwortlichen Landtruppen und 648 908 Piaster für die im Hafen
von Havanna stationierte Königliche Marine. Die zweite Kategorie der von der
örtlichen Verwaltung separaten Ausgaben enthält 1 115 672 Piaster für die Besoldung
von 4 234 Soldaten, die nach ihrem Abzug aus Mexiko, Colombia und anderen
einstigen spanischen Besitzungen auf dem Festland auf dem Rückweg nach Spanien
durch Havanna passieren; und 164 000 Piaster in Auslagen für die Verteidigung der
Burg von San Juan de Ulúa. Der Kolonialverwalter der Insel Kuba, Don Claudio
Martínez de Pinillos, bemerkte in einer der Notizen, die dem *Estado de las Cajas
matrices de 1822* beiliegen: „Wenn man den außerordentlichen Auslagen von
1 362 022 Piaster zur Finanzierung der allgemeinen Interessen der spanischen Monarchie einerseits den größten Teil der 648 908 Piaster für den Unterhalt der nicht
nur zur Verteidigung von Havanna dienenden Königlichen Marine hinzufügt und |I.304
andererseits die Kosten für Schiffkuriere und Kriegsschiffe, dann wird ersichtlich,
dass 2 010 930 Piaster (fast die Hälfte der öffentlichen Einnahmen) von Unkosten
aufgesogen werden, die nicht direkt mit der einheimischen Verwaltung der Insel
verbunden sind". Wie weit könnte die Landwirtschaft und der Wohlstand dieses
Landes sich entwickeln, wenn in einem Zustand einheimischer Friedlichkeit mehr
als eineinhalb Millionen Piaster pro Jahr für öffentliche Vorhaben benutzt würden
und vor allem, um die Freiheit der schwerarbeitenden Sklaven zu erkaufen, wie es
bereits dank einer klugen und humanen Gesetzgebung in der Republik Colombia
geschieht!

In den Dokumenten, die ich in den Archiven des Vizekönigreichs [von Neu-
spanien] in Mexiko-Stadt gefunden habe, habe ich bemerkt, dass zu Beginn des
19. Jahrhunderts die Staatskasse Neuspaniens die folgenden jährlichen Beträge nach
Havanna schickte: |I.305

MARINE	a) für das Geschwader, die Werft und alle Notwendigkeiten der Königlichen Marine, nach einer cédula vom 16. Januar 1790	700 000 P.
	b) für die Niederlassung an der Mosquito-Küste	40 000
ARMEE	a) für die Dienste der Landtruppen in Havanna, nach den cédulas vom 18. Mai 1784, 4. Februar 1788 und 1. November 1790	290 000
	b) für den Dienst der Landtruppen in Santiago de Cuba	146 000
BEFESTIGUNGEN	nach der königlichen cédula vom 4. Februar 1788	150 000
TABAK	Das heißt, der Ankauf von Blättern und die Herstellung von Tabak bestimmt für Sevilla, nach den cédulas vom 2. August 1744 und 22. Dezember 1767.	500 000

INSGESAMT   1 826 000 P.

Man kann zu diesem Betrag von *neun Millionen Franc*, für den allein Havanna verantwortlich ist, die 557 000 Piaster hinzufügen, mit denen Mexiko die Finanzverwaltung von Louisiana unterstützte, sowie 151 000 Piaster, die an Florida gingen, und 377 000 Piaster für Puerto Rico.

———————

An dieser Stelle beende ich den *Politischen Versuch über die Insel Kuba*, in dem ich den heutigen Zustand dieser wichtigen spanischen Besitzung dargelegt habe. Als Geschichtsforscher Amerikas wollte ich mit Hilfe von Vergleichen und statistischen |I.306 Tableaus die Gegebenheiten klarlegen und Vorstellungen verdeutlichen. Eine solche nahezu minuziöse Untersuchung erscheint notwendig zu einer Zeit, wenn der Enthusiasmus, der einerseits wohlwollende Gutgläubigkeit und andererseits hasserfüllte, die Sicherheit der neuen Republiken bedrohenden Leidenschaften beflügelt, zu höchst unklaren und irrtümlichen Beobachtungen geführt hat. Ich habe mich in dieser Arbeit von Anfang an von allen Argumenten über zukünftige Entwicklungen, über die Wahrscheinlichkeit von außenpolitischen Veränderungen in den Antillen, ferngehalten. Ich habe nur Dinge untersucht, die für die Gesellschaftsordnung relevant sind: die ungleiche Verteilung von Rechten und von Lebensqualität, die drohenden Gefahren, denen die Besonnenheit der Gesetzgeber und die Mäßigung der freien Menschen entgegenwirken können, ganz gleich in welcher Regierungsform. Dem Reisenden, der aus großer Nähe mitangesehen hat, was die menschliche Natur quält und entwürdigt, steht es zu, die Klagen des Unglücks denjenigen zu übermitteln, die es lindern können. Ich habe die Umstände der schwarzen Menschen in Ländern beobachtet, wo die Gesetze, die Religion und die nationalen Gepflogenheiten ihre Schicksale mildern mögen. Aber selbst nach meiner Rückkehr aus Amerika flößte mir die Sklaverei dasselbe Grauen ein wie vor meiner Reise. Vergeblich haben geistreiche Autoren Begriffe wie *schwarze Bauern der Antillen*, *schwarzes Vasallentum* und *patriarchalischer Schutz* erfunden, um die institutionalisierte Barbarei mit ausgeklügelten sprachlichen Unwahrheiten zu verschleiern: Es ist eine Schändung der edlen Künste des Geistes und der Vorstellungskraft, durch wirklichkeitsfremde Vergleiche und irreführende Sophistereien die die Menschheit plagenden Ausschreitungen zu entschuldigen und auf diese Weise gewaltsame Zusammenstöße in die Wege zu leiten. Glaubt man wirklich, ein Anrecht auf weniger Mitleid zu erwerben, wenn man Vergleiche[230] zwischen den Umständen der schwarzen Menschen und denen der mittelalterlichen Leibeigenen anstellt oder mit dem Joch der Unterdrückung, das gewissen Klassen von Menschen in Nord- und Osteuropa immer noch aufgezwungen wird? Heute sind solche Vergleiche, solche sprachlichen Kunstgriffe und die menschenverachtende Ungeduld, mit der man jegliche Hoffnung auf die allmähliche, schrittweise Abschaffung der Sklaverei mit Achselzucken als schimärisch abtut, nutzlose Waffen. Die großen Revolutionen auf dem amerikanischen Festland und im Antillen-Archipel seit Beginn des 19. Jahrhunderts hatten Auswirkungen auf das Gedankengut und die öffentliche Vernunft selbst in Ländern, wo die Sklaverei herrscht und wo jetzt Veränderungen vorangetrieben werden. Viele kluge Menschen, die ein lebhaftes Interesse an der politischen Stabilität der *Zucker- und Sklaveninseln* haben, glauben, dass man durch eine freie Übereinkunft der Landbesitzer zusammen mit Maßnahmen ausgehend von denjenigen, die die Örtlichkeiten kennen, die von Trägheit und Sturheit verschlimmerte Misere überwinden könne. Ich werde mich bemühen, am Ende dieses Kapitels einige Hinweise auf die Möglichkeiten solcher Maßnahmen zu geben und werde anhand von Zitaten aus öffentlichen Dokumenten beweisen, dass die mit dem spanischen Mutterland am

[margin: |I.307]
[margin: |I.308]
[margin: |I.309]

---

230 Derartige Vergleiche beruhigen nur die geheimen Befürworter des Sklavenhandels, die versuchen, dem Unglück der schwarzen Völker empfindungslos gegenüberzustehen und sich sozusagen gegen alle Gefühle zu wappnen, die sie überraschen könnten. Man verwechselt häufig die fortwährenden, auf gesetzgeberische und institutionelle Grausamkeiten zurückzuführenden Umstände einer Kaste mit den Auswüchsen der Macht, die zeitweise über einzelne Personen ausgeübt wird. Herr [Henry] Bolingbroke, der sieben Jahre lang in Demerary gelebt und auch die Antillen besucht hat, scheut sich aus diesem Grund nicht, zu wiederholen, „dass die Peitsche auf einem englischen Kriegsschiff häufiger benutzt wird als auf den Plantagen in den englischen Kolonien". Er fügt hinzu, „dass man normalerweise negroes auspeitscht; man hat sich jedoch andere, weitaus sinnvollere Strafen ausgedacht: Man zwingt zum Beispiel Sklaven dazu, siedendheiße, sehr scharfe Suppe zu essen oder mit einem kleinen Löffel eine Glaubersalzlösung einzunehmen". Der Sklavenhandel ist für ihn ein *universal benefit*, und er ist davon überzeugt, dass wenn man die Sklaven, nachdem sie in Demerary 20 Jahre lang „alle Annehmlichkeiten des Sklavenlebens genossen hatten, zur afrikanischen Küste zurückbringen würde, sie wirksame Anwerber wären, die ganze Nationen unter die Kontrolle Englands brächten" (*Voyage to Demerary*, 1807, S. 107, 108, 116, 136). Hier haben wir in klares Beispiel des höchst hartnäckigen und überaus weltfremden *Kolonialglaubens*. Aber wie viele andere Stellen in seinem Buch bezeugen, ist Herr Bolingbroke ein moderater Mann voll von guten Absichten den Sklaven gegenüber.

engsten verbundenen Behörden in Havanna sich schon lange bevor außenpolitische Erwägungen ihre Ansichten hätten beeinflussen können gelegentlich dazu bereit gezeigt haben, die Lebensumstände der schwarzen Menschen zu verbessern.

Die Sklaverei ist ohne Zweifel das schlimmste aller Übel, die die Menschheit je heimgesucht haben; für jede Person gibt es verschiedene Stufen des Leidens und der Entbehrung, ob man nun den einzelnen Sklaven betrachtet, der, seiner Familie |I.310 in seinem Geburtsland entrissen, in den Laderaum eines Sklavenschiffs[231] hineingezwängt wird, oder ob man ihn als Teil einer in den Antillen eingepferchten Herde schwarzer Menschen sieht. Was für ein Unterschied zwischen einem Sklaven, der im Haus eines wohlhabenden Mannes in Havanna oder Kingston dient, einem Sklaven, der für sich selbst arbeitet und nur einen täglichen Betrag an seinen Herren abführt, und einem Sklaven, der in einer Zuckerfabrik arbeitet! Die Drohungen, mit denen man einen widerspenstigen Sklaven zu zügeln sucht, bezeugen das Maß menschlicher Verdorbenheit. Man droht dem *calesero*, dem Kutscher, mit dem *cafe-*
|I.311 *tal*, der Kaffeeplantage, und dem Sklaven, der auf einer *cafetal* arbeitet, mit der *Zuckerfabrik*. Man kann die Umstände eines auf einer Zuckerplantage arbeitenden schwarzen Mannes, der, gefühlvoll wie es die meisten Afrikaner sind, eine Frau und eine eigene Hütte hat und nach seiner Arbeit von seiner armen Familie umsorgt wird, nicht mit dem Leben eines einzelstehenden, in der Menge untergehenden Sklaven vergleichen. Dieser Unterschied entgeht allen, die die Antillen nie besucht haben. Durch stufenweise Verbesserungen selbst innerhalb der Kaste der Versklavten kann man sich vorstellen, wie der Reichtum der Herren und die Möglichkeit, durch Arbeit Geld zu verdienen, mehr als 80 000 Slaven dazu bewegen könnte[232], in die Städte Kubas zu ziehen, und wie die von klugen Gesetzgebern befürworteten Freilassungen sich als derart wirksam erwiesen haben, dass es nun (um uns auf die heutige Situation zu beschränken) mehr als 130 000 freie farbige Menschen gibt. Die Kolonialverwaltung wird Wege finden, um die Umstände der schwarzen Menschen zu verbessern, indem sie die Lage jeder einzelnen Klasse berücksichtigt, indem sie Intelligenz, die Liebe zur Arbeit und häusliche Tugenden auf einer abnehmenden Skala von Entbehrungen belohnt. Menschenliebe bedeutet nicht „etwas mehr
|I.312 Stockfisch und weniger Peitschenhiebe". Um wirkliche Verbesserungen für die versklavte Klasse zu erzielen, muss man den ganzen Menschen, seine sowohl moralischen als auch physischen Dimensionen, berücksichtigen.

---

[231] „Wenn man die Sklaven auspeitscht", sagte ein Zeuge vor einem *parlamentarischen Untersuchungausschuss* im Jahr 1789 aus, „damit sie auf der Brücke des Sklavenschiffs tanzen, oder wenn man sie dazu zwingt, im Chor *messe, messe, mackerida* (dass man fröhlich unter den Weißen leben möge) zu singen, dann beweist dies nur unsere Fürsorge für ihr Wohlbehagen". Solch zuvorkommende Fürsorglichkeit erinnert mich an eine in meinem Besitz befindliche Beschreibung eines Autodafés, in dem man sich damit brüstete, den zum Tode Verurteilten Erfrischungen zu bringen und eine „von den Anhängern der Inquisition in der Mitte des Scheiterhaufens gebauten Stufe für den Komfort der *relaxados* zur Verfügung zu stellen". [„Relaxado en persona" wurde von der Spanischen Inquisition als Euphemismus für die Sünder benutzt, die dazu verurteilt wurden, auf dem Scheiterhaufen verbrannt zu werden. Übers.]
[232] See Bd. XI, S. 300.

Die Initiative mag von den europäischen Regierungen ausgehen, die Menschen-
würde schätzen und sich bewusst sind, dass alles Unrecht eine Wurzel der Zerstörung enthält. Allerdings werden ihre Anstöße – es ist betrüblich, es zu sagen – nicht
fruchten, wenn die Gemeinschaft der Landbesitzer, die kolonialen Versammlungen
oder die *Gesetzgeber* diese Ansichten nicht teilen und keine gut koordinierten Pläne
entwickeln, deren Endziel die Abschaffung der Sklaverei in den Antillen ist. Bis
dahin kann man die Peitschenhiebe zählen, die Zahl der Hiebe verringern, die auf
einmal ausgeteilt werden dürfen, die Anwesenheit von Zeugen verlangen und Skla-
ven-Schützer ernennen. All diese mit den besten Vorsätzen erlassenen Vorschriften
können leicht umgangen werden. Die Abgelegenheit der Plantagen macht ihre
Durchsetzung unmöglich. Solche Vorschriften setzten ein etabliertes Kontrollsystem
voraus, was mit den „wohlerworbenen Rechten" (wie man sie in den Kolonien
nennt) unvereinbar ist. Insgesamt gesehen können die Umstände der Sklaverei nicht
auf friedliche Weise verbessert werden ohne das gleichzeitige und koordinierte
Handeln der freien Einwohner (der weißen und der farbigen Menschen) der An- |I.313
tillen, der kolonialen Versammlungen und der Gesetzgeber sowie durch den Einfluss derer, die, da sie ein beträchtliches moralischen Ansehen unter ihren Landsleuten genießen und die Örtlichkeiten kennen, wissen, wie man die Wege der Besserung auf die Sitten, Gepflogenheiten und Umstände der verschiedenen Inseln
abstimmt. Beim Vorbereiten dieser einen Großteil des Antillen-Archipels abdecken-
den Arbeit ist es von Nutzen, auf die Umstände zurückzublicken, unter denen viele
Menschen im mittelalterlichen Europa befreit wurden und die Begebenheiten abzuwägen. Wenn man eine Situation verbessern will, ohne Konflikte auszulösen,
muss man neue Einrichtungen aus denen erwachsen lassen, die sich durch jahr-
hundertlange Rohheit und Brutalität entwickelt haben. Eines Tages wird man kaum
noch glauben können, dass es vor 1826 nirgendwo in den Großen Antillen ein
Gesetz gab, dass weder den Verkauf von Kleinkindern und ihre Trennung von den
Eltern verbot noch den menschenverachtenden Brauch, Sklaven mit einem glühen-
den Eisen zu brandmarken, nur um das menschliche Vieh dadurch leichter erkennbar zu machen. Hier präsentiere ich die Gebiete, auf denen die koloniale Gesetzgebungen dringend Maßnahmen ergreifen muss, um solchen unmenschlichen Ge-
bräuchen Einhalt zu gebieten: Es muss auf jeder Zuckerplantage das Verhältnis |I.314
zwischen den weiblichen und männlichen in der Landwirtschaft arbeiteten Sklaven
ausgeglichen werden; jeder Sklave muss nach 15 Jahren Leibeigenschaft befreit
werden und auch jede Sklavin, die vier oder fünf Kinder großgezogen hat; beiden
muss die Freiheit zugesprochen werden unter der Bedingung, dass sie eine bestimmte Anzahl von Tagen für den Gewinn der Plantage arbeiten; Sklaven müssen
einen Teil der Nettoeinnahmen erhalten, damit sie ein Interesse am Wachsen des

|I.315

landwirtschaftlichen Wohlstands haben[233]; und ein gewisser Betrag von öffentlichen Geldern muss im Budget für das Freikaufen von Sklaven und für die Verbesserung ihrer Lebensumstände bestimmt werden.

Spaniens *Eroberung* von Amerika und der Sklavenhandel hat auf den Antillen, in Brasilien und im Süden der Vereinigten Staaten viele sehr unterschiedliche Bevölkerungen zusammengeführt. Diese bemerkenswerte und abenteuerliche Zusammenkunft von Eingeborenen, Weißen, Schwarzen, Métis, Mulatten und *Zambos* war von all den Gefahren begleitet, die Eifer und zügellose Leidenschaften zu risikoreichen Zeiten erwecken können, wenn eine bis auf ihre Fundamente erschütterte Gesellschaft am Rande des Neubeginns steht. Der abscheuliche, seit Jahrhunderten angewandte Grundsatz des *Kolonialsystems*, dass Sicherheit auf der Verfeindung der Kasten beruht, explodiert jetzt in Gewalt. Glücklicherweise ist die Zahl der schwarzen Menschen in den neuen Festlandsstaaten so unbedeutend, dass, mit Ausnahme der Grausamkeiten in Venezuela, wo die Royalisten die Sklaven bewaffnet hatten, der Kampf zwischen den Unabhängigen und den Kolonialtruppen keine blutigen Racheakte vonseiten der versklavten Bevölkerung ausgelöst hat. Die freie dunkel-

|I.316

häutige Bevölkerung (Schwarze, Mulatten und *Mestizos*) hat sich mit ganzem Herzen für die Sache des Nationalismus eingesetzt. Die kupferfarbenen Völker mit ihrem zaghaften Argwohn und ihrer geheimnisvollen Distanziertheit haben sich von diesen Bewegungen ferngehalten, obwohl sie von ihnen profitieren werden. Lange vor der Revolution waren die Eingeborenen arme, freie Bauern gewesen; aufgrund ihrer Sprache und ihrer Bräuche waren sie isoliert und lebten von den Weißen getrennt. Obwohl die Gier der *corregidores* und die niederträchtigen Methoden der *Missionare* der Freiheit der Eingeborenen unter Missachtung der spanischen Gesetze oftmals entgegenwirkten, gab es dennoch große Unterschiede zwischen dieser Art von Unterdrückung, der der versklavten Schwarzen und der Leibeigenschaft der Bauern in den slavischen Gebieten Europas. Die geringe Zahl schwarzer Menschen und die Freiheit der Eingeborenen, deren es in Amerika noch achteinhalb Millionen gibt, die sich nicht mit Fremden vermischt haben, charakterisieren die früheren spanischen Besitzungen auf dem Festland, was ihre moralische und politische Situation völlig anders gestaltet als die auf den Antillen, wo sich aufgrund des Ungleichgewichts zwischen freien und versklavten Menschen die *Grundsätze des Kolonialsystems* mit größerer Eindringlichkeit entwickeln konnten. Auf dem Antillen-

---

[233] Bereits im Jahr 1785 hatte General Lafayette [Gilbert du Motier], dessen Namen mit allem, was verspricht, einen Beitrag zur Freiheit der Menschen und zur institutionellen Verbesserung ihrer Leben zu leisten, geplant, Land in Cayenne zu kaufen, um es mit den auf ihm arbeitenden Schwarzen zu teilen, und dessen Besitzer auf alle Gewinne für sich selbst und ihre Nachfahren verzichteten. Er hatte an seinem edlen Unterfangen das Interesse der Priester der Mission des Heiligen Geistes, die Ländereien in Französisch-Guayana besaßen, geweckt. Ein Brief an den Marschall von Castries [auch Charles Eugène Gabriel de la Croix] vom 6. Juni 1785 zeigt, dass der unglückselige König Ludwig XVI. ähnliche, von der Regierung zu finanzierende Projekte angeordnet hatte, um seine wohltätigen Absichten selbst gegenüber schwarzen und freien farbigen Menschen kundzutun. Herr [Jean-François Henry] de Richeprey, dem Herr Lafayette die Aufsicht über die Verteilung der Ländereien unter den schwarzen Menschen gegeben hatte, wurde vom Klima in Cayenne hingerafft.

Archipel wie auch in Brasilien, zwei Teile Amerikas mit fast 3,2 Millionen Sklaven, |I.317
ist die Angst vor Handlungen vonseiten der schwarzen Menschen und die Furcht
vor den die Weißen umgebenen Gefahren bis heute die stärkste Gewähr geblieben
für die Sicherheit der Kolonialmächte und das Überleben des portugiesischen Herr-
scherhauses. Kann diese Art von Sicherheit lange andauern? Rechtfertigt sie das
Nichthandeln von Regierungen, die es vernachlässigen, die Übel zu beseitigen,
solange man dazu noch Zeit hat? Ich bezweifele es. Wenn die Angst durch außer-
ordentliche Umstände gemildert wird und wenn Länder, in denen die Anhäufung
von Sklaven eine verhängnisvolle Mischung von verschiedenartigen Faktoren ins
Leben gerufen hat, in externe Konflikte verwickelt werden, vielleicht sogar gegen
ihren Willen, werden Unstimmigkeiten zwischen Bürgern sich gewaltsam zuspitzen,
und europäische Familien, die für eine nicht von ihnen erfundene Sozialordnung
keine Verantwortung tragen, werden unmittelbaren Gefahren ausgesetzt.

Man kann die weise Gesetzgebung der neuen Republiken im spanischen Amerika, die sich von Anfang an ernsthaft um die komplette Abschaffung der Sklaverei
bemüht haben, nicht genügend loben. Dieser sehr weitläufige Teil der Erde hat einen |I.318
vergleichsweise großen Vorteil gegenüber dem Süden der Vereinigten Staaten, wo
die Weißen während des Kriegs gegen England ihre Freiheit zu ihren Gunsten errichteten und wo die bereits 1,6 Millionen starke Sklavenbevölkerung weitaus schneller anwächst als die weiße Einwohnerzahl[234]. Wenn die Zivilisation sich weiterent-
wickelte anstatt sich nur auszubreiten; wenn infolge der großen und beklagenswerten Umbrüche in Europa das Amerika zwischen Cape Hatteras und dem
Missouri-Fluss zum Hauptsitz des erleuchteten Christentums würde, was für ein
Schauspiel würde dann dieser Mittelpunkt der Zivilisation bieten, wenn man im
Refugium der Freiheit an einer *Auktion der Negroes nach dem Tod ihrer Herren* teilnehmen und das Wehklagen der von ihren Kindern entrissenen Eltern miterleben
könnte! Wir hoffen, dass die großmütigen Prinzipien, die der *Gesetzgebungen* im
Norden der Vereinigten Staaten seit einiger Zeit zugrundegelegen haben[235], sich |I.319
Schritt für Schritt gen Süden und gen Western bewegen, wo sich infolge eines un-
klugen und unheilvollen Gesetzes die Sklaverei und ihre Ungerechtigkeiten bis jenseits der Alleghenies und der Ufer des Mississippi ausgebreitet haben[236]. Wir hoffen,
dass das Gewicht öffentlicher Meinungen, das Fortschreiten der Aufklärung, die
Besänftigung der Sitten, die Gesetzgebung der neuen Republiken auf dem amerika-

---

234 *Siehe* Bd. XI, S. 351.

235 Schon im Jahr 1769, 46 Jahre nach der Deklaration des Wiener Kongresses und 38 Jahre bevor der
[internationale] Sklavenhandel in Washington und London verboten wurde, hatte das Repräsentanten-
haus in Massachusetts sich gegen „the unnatural and unwarrantable custom of enslaving mankind"
ausgesprochen (*siehe* [Robert] Walsh, *Appeal to the United States*, 1819, S. 312). Der spanische Autor
[Diego de] Avendaño ist vielleicht der Erste, der sich nicht nur gegen den Sklavenhandel, den sogar die
Afghanen verabscheuten ([Mountstuart] Elphinstone, *An Account of the Kingdom of Cabul*, S. 245), sondern
auch gegen die Sklaverei als solche und gegen „alle unrechten Quellen des kolonialen Reichtums" entschieden ausgesprochen hat. [Avendaño,] *Thesaurus indicus*, Bd. I, Buch 9, Kap. 2.

236 Rufus King, *Speeches on the Missouri Bill* (New York, 1819). *North-American Review*, Nr. 26, S. 137–68.

|I.320 nischen Festland und die bedeutungsvolle und erfreuliche Anerkennung Haitis von-
seiten der französischen Regierung einen förderlichen Einfluss auf die Verbesserung
der Lebensumstände der schwarzen Menschen auf den restlichen Inseln der Antillen,
in den Carolinas, Guayanas und in Brasilien ausüben werden, sei es durch Weitblick
und Furcht, sei es durch edelmütigere und selbstlosere Gesinnungen.

Um die Fesseln der Sklaverei schrittweise zu lockern, müssen die Gesetze gegen
den Sklavenhandel in striktester Weise durchgesetzt werden: Ehrenrührige Strafen
müssen denen, die diese Gesetze verletzen, auferlegt werden; gemeinsame Tribunale
müssen gebildet werden und Kontrollen mit unparteiischer Gegenseitigkeit durchgeführt werden. Mit Betrübnis erfährt man, dass aufgrund der sträflichen, menschenverachtenden Unbekümmertheit gewisser europäischer Regierungen der Sklavenhandel, der in seiner Heimlichkeit noch grausamer geworden ist, immer noch fast
dieselbe Anzahl von schwarzen Menschen aus Afrika stiehlt, wie er es vor dem Jahr
1807 tat. Man sollte daraus jedoch nicht folgern, wie es die heimlichen Verfechter
der Sklaverei tun, dass die segensreichen Maßnahmen, die zunächst in Dänemark,
den Vereinigten Staaten, Großbritannien und dann allmählich auch im restlichen
Europa beschlossen wurden, eine praktische Unmöglichkeit darstellen. Was zwischen
dem Jahr 1807 und der Zeit geschah, in der Frankreich wieder in den Besitz einiger
seiner früheren Kolonien gelangte, und was heute in den Ländern geschieht, die den
|I.321 Sklavenhandel und die mit ihm verbundenen verwerflichen Methoden ernsthaft
unterbinden wollen, beweist, dass diese Folgerung eine Fehleinschätzung ist. Ist es
sinnvoll, die Einfuhr von Sklaven im Jahr 1825 mit denen im Jahr 1806 zahlenmäßig
zu vergleichen? Wenn man die in allen Gewerbezweigen herrschende Geschäftigkeit
berücksichtigt, welchen Anstieg hätte man nicht in der Einfuhr von schwarzen Sklaven in den englischen Antillen und im Süden der Vereinigten Staaten verzeichnen
können, hätte der uneingeschränkte Sklavenhandel weiterhin neue Sklaven geliefert
und dadurch jegliche Sorge für die Erhaltung und Vermehrung der schon bestehenden Sklavenbevölkerung unnütz gemacht? Glaubt man wirklich, dass sich der englische Sklavenhandel wie im Jahr 1806 mit dem Erwerb von 53 000 Sklaven zufrie-
dengegeben hätte? Dass sich die Vereinigten Staaten auf den Kauf von 15 000 Sklaven beschränkt hätten? Man weiß mit ziemlicher Sicherheit, dass man allein in den
britischen Antillen in den 106 Jahren vor 1786 mehr als 2 130 000 von den Küsten
Afrikas gestohlene Sklaven eingeführt hatte. Zur Zeit der Französischen Revolution
lieferte der Sklavenhandel (nach Herrn Norris) 74 000 Sklaven pro Jahr, von denen
die britischen Kolonien 38 000 und die französischen 20 000 kauften. Es wäre einfach, zu beweisen, dass das gesamte Antillen-Archipel, wo heute kaum 2,4 Millionen
|I.322 freie und unfreie Schwarze und Mulatten leben, zwischen 1670 und 1825 fünf Mil-
lionen Afrikaner (*negros bozales*) importiert hatte. Diese schrecklichen Berechnungen
des Verschleißes von Menschen ziehen noch nicht einmal in Betracht, wie viele
unglückliche Sklaven entweder während der Überfahrt zu Tode kamen oder wie
beschädigte Waren einfach über Bord geworfen wurden[237]. Wie viele weitere Tau-

---

[237] *Siehe* Bd. XI, S. 351. *Siehe* auch die ausdrucksvollen Worte des Herzogs [Achille Léonce Victor
Charles] von Broglie (28. März 1822), S. 40, 43, 96.

send müsste man noch der Zahl der Einbußen hinzufügen, wenn die zwei Völker, die die größten Leidenschaften und die Eignungen für die Entwicklung von Handel und Industrie unter Beweis gestellt haben (die Engländer und die Einwohner der Vereinigten Staaten) nach 1807 weiterhin in so uneingeschränkter Weise am Sklavenhandel teilgenommen hätten wie andere Länder Europas? Eine traurige Erfahrung hat erwiesen, wie verhängnisvoll die Abkommen vom 15. Juli 1814 und 22. Januar 1815, in denen Spanien und Portugal weiterhin „das Nutzungsrecht des Handels mit schwarzen Menschen" für eine gewisse Anzahl von Jahren für sich in Anspruch nahmen[238], für die Menschheit gewesen waren. |I.323

Die örtlichen Ämter, oder besser gesagt, die reichen Landbesitzer, aus denen der *Ayuntamiento* [Stadtrat] von Havanna, das *Consulado* und die *Patriotische Gesellschaft* bestehen, haben sich mehrfach für die Verbesserung der Umstände der Sklaven ausgesprochen[239]. Wenn die Regierung des Mutterlands diese vorteilhaften Umstände und den Einfluss begabter Männer auf ihre Mitmenschen genutzt hätte, anstatt sich selbst vor dem Anschein von Neuerungen zu fürchten, hätte sich der Zustand der Gesellschaft schrittweise verändert und die Bewohner der Insel Kuba hätten heute bereits einige der vor 30 Jahren diskutierten Verbesserungen erfahren. Der Aufruhr in Saint-Domingue im Jahr 1790 und auf Jamaika im Jahr 1794 hatten die kubanischen *hacendados* so stark alarmiert, dass bei einem *Junta económica* [Wirtschaftsausschuss] heftige Debatten über den Frieden im Land zu bewahrende Maßnahmen stattfanden. Man regelte die Verfolgung der entflohenen Sklaven[240], die bis zu diesem Zeitpunkt zu sträflichen Übergriffen geführt hatte; man schlug vor, die Anzahl der schwarzen Frauen auf den Zuckerplantagen zu erhöhen, die Erziehung von |I.324

|I.325

---

238 „Dicen nuestros Indios del Río Caura cuando se confiesan que ya entienden que es pecado comer carne humano; pero piden que se les permita desacostumbrarse poco a poco: quieren comer la carne humana una vez al mes, despues cada tres meses, hasta que sin sentirlo pierdan la costumbre" [In der Beichte gaben unsere Indianer am Río Caura zu, dass sie wissen, dass menschliches Fleisch zu essen ein Sünde ist; sie baten jedoch um Erlaubnis, sich davon in kleinen Schritten zu entwöhnen: Sie möchten menschliches Fleisch einmal im Monat essen, dann einmal alle drei Monate bis sie diese Angewohnheit verloren haben, ohne es zu merken]. *Cartas de los Reverentes Padres Observantes*, Nr. 7 (Handschrift).
239 [Manuel de Abad y Queipo,] *Representación al Rey de 10 de Julio de 1799* (Handschrift).
240 [José Zamora y Coronado,] *Reglamento sobre los negros cimarrones de 20 Dek. de 1796*. Vor dem Jahr 1788 gab es viele entflohene Sklaven (*cimarrones*) in den Bergen von Jaruco, wo sie zuzeiten *apalancados* waren, das heißt, wo viele dieser Unglücklichen zur Verteidigung der Gruppe kleine Schanzen aus Baumstämmen gebaut hatten. Die Entflohenen, in Afrika gebürtige *bozales*, können leicht eingefangen werden, da die meisten von ihnen Tag und Nacht gen Osten wandern, in der vergeblichen Hoffnung ihr Mutterland zu finden. Wenn man sie findet, sind sie derart von Hunger und Müdigkeit erschöpft, dass sie nur dann gerettet werden können, wenn man ihnen über mehrere Tage hinweg kleine Mengen von Brühe einflößt. Kreole, im Land gebürtige, Geflüchtete verstecken sich tagsüber im Wald und stehlen nachts Nahrungsmittel. Bis zum Jahr 1790 hatte nur der *Alcalde mayor provincial* [Bürgermeister] das Recht, entflohene Sklaven wiedereinzufangen; dieses Recht war in der Familie des Grafen Barreto [y Pedroso] vererbbar. Heute kann sich jeder eines entflohenen Sklavens bemächtigen, und der Sklavenbesitzer bezahlt vier Piaster pro Kopf und die Kosten für Beköstigung. Wenn der Name des Herren unbekannt ist, behält das *Consulado* den Flüchtling zur Verrichtung gemeinnütziger Arbeiten. Diese Menschenjagden, die sowohl auf Kuba als auch auf Haiti und Jamaika den kubanischen Hunden zu verrufener Berühmtheit verhalfen, wurden vor den oben erwähnten Erlässen auf grausamste Weise gehandhabt.

Kindern besser zu unterstützen, die Einfuhr von afrikanischen Sklaven zu vermindern, weiße Siedler von den Kanarischen Inseln und Eingeborene aus Mexiko anzuwerben; Schulen in den ländlichen Gebieten zu gründen, um die Sitten der unteren Klassen zu verbessern und dadurch die Auswirkungen der Sklaverei auf indirekte Weise zu mäßigen. Diese Vorschläge erzielten nicht die gewünschte Wirkung. Das spanische Parlament widersetzte sich allen Einwanderungsplänen, und die meisten Landbesitzer, die alten Hirngespinsten von Sicherheit verfallen waren, weigerten sich, den Sklavenhandel zu einer Zeit einzuschränken, als hohe Preise für Ernten die Hoffnung auf außergewöhnlich hohe Profite schürten. Es wäre jedoch ungerecht, nicht auf die Hoffnungen und Grundsätze hinzuweisen, die einige der Bewohner der Insel Kuba während dieses Wettstreits zwischen privaten Interessen und politischer Umsicht zur Sprache brachten, entweder für sich selbst oder im Namen reicher, einflussreicher Unternehmen. „Die Menschlichkeit unserer

| I.326

Gesetze", so die edelmütigen Worte des Herrn Arango y Parreño[241] in einem Bericht aus dem Jahr 1796, „gestehen dem Sklaven vier Rechte oder Linderungen (*cuatro consuelos*) zu, die seine Leiden beachtlich mildern und die ihm Gesetzgeber in anderen Ländern stets verweigert haben. Diese Rechte sind: die Wahl eines weniger strengen Herren[242]; die Fähigkeit, zu heiraten wen er möchte; die Möglich

| I.327

keit, sich durch Arbeit freizukaufen[243] oder seine Freiheit als Belohnung für gute Dienste zu erlangen; das Recht auf eigene Besitztümer und darauf, mit solchen Gütern seine Frau und Kinder freizukaufen[244]. Wie vielen Übergriffen ist ein Sklave

[241] *Informe sobre negros fugitivos* (*de 9 de Junio* 1796) von Don Francisco de Arango y Parreño, Oidor honorario y síndico del Consulado.
[242] Es ist das Recht auf *buscar amo*, sich einen neuen Besitzer zu suchen. Sobald ein Sklave einen neuen Herren gefunden hat, der in kaufen will, darf er den alten, über den er Beschwerden zu haben glaubt, verlassen: So verordnet es in Wort und Sinn ein barmherziges Gesetz, dass jedoch, wie alle die Sklaven schützenden Gesetze, häufig umgangen wird. In der Hoffnung, sich das Privileg des *buscar amo* zunutzen zu machen, sprechen schwarze Menschen oftmals Reisende an und stellen ihnen eine Frage, die niemals im zivilisierten Europa laut ausgesprochen werden könnte, obwohl man auch dort zuweilen seine Wahlstimme oder seine Meinung verkauft: "quiere Vm. [Vuestra Merced] comprarme" [Möchten Sie mich nicht kaufen]?
[243] Nach dem Gesetz muss ein Sklave in den spanischen Kolonien zum billigsten Preis geschätzt werden: Zur Zeit meiner Reise waren es 200 bis 380 Piaster je nach Örtlichkeit. Wie wir oben (Bd. XI, S. 351 und 389) gesehen haben betrug auf der Insel Kuba im Jahr 1825 der Preis für einen erwachsenen Sklaven 450 Piaster. Im Jahr 1788 bot der französische Handel Sklaven für 280 bis 300 Piaster an (Page, *Traité d'économie politique des colonies*, Bd. VI, S. 42 und 43). Bei den Griechen kostete ein Sklave 300 bis 600 Drachmen (54 bis 108 Piaster); vergleichsweise kostete ein Arbeiter ein Zehntel eines Piaster pro Tag. Während spanische Gesetze und Institutionen jegliche Art von Freilassung begünstigen, zahlt der Besitzer in den Antillen, die nicht im spanischen Besitz sind, dem Fiskus für jeden freigelassenen Sklaven 500 bis 700 Piaster!
[244] Welch ein Unterschied zwischen der Menschlichkeit des ältesten spanischen Gesetzes über Sklaverei und den Spuren der Menschenverachtung, die man auf jeder Seite des *Code noir* und in gewissen Provinzgesetzen in den britischen Antillen findet! Die Gesetze auf Barbados aus dem Jahr 1688 und die auf Bermuda aus dem Jahr 1730 verordnen, dass ein Herr, der seinen Sklaven tötet, während er ihn geißelt, nicht angeklagt werden darf, wohingegen ein Herr, der seinen Sklaven absichtlich ermordet, zehn Pfund Sterling an die Staatskasse entrichten muss. Ein Gesetz in St. Christophe [später St. Kitts] vom 11. März

trotz der Umsichtigkeit und der Milde der spanischen Gesetze dennoch ausgesetzt |I.328
in der Abgeschiedenheit eines Hofes oder einer Plantage, auf der ein gnadenloser,
mit Entermesser (*machete*) und Peitsche bewaffneter *capataz* [Aufseher] seine uneingeschränkte Machtposition ungeahndet ausnutzt! Die Gesetze schränken weder die
Bestrafung des Sklaven noch seine Arbeitszeit ein; sie schreiben auch nicht die
Qualität und Menge seiner Nahrung vor[245]. Es ist wahr, dass die Gesetze dem Sklaven den Rückgriff auf einen Magistrat gewähren, der den Herren dazu anhalten
kann, sich gerechter zu verhalten; aber dieser Rückgriff ist eher illusorisch, da ein
anderes Gesetz verordnet, dass jeder Sklave, der sich ohne Erlaubnis weiter als ein- |I.329
einhalb Meilen von seiner Plantage entfernt, festgenommen und zu seinem Herrn
zurückgebracht werden muss. Wie kann ein gegeißelter, durch Hunger und übermäßige Arbeit erschöpfter Sklave vor einem Magistrat erscheinen? Und wenn er es
könnte, wie sollte er sich schon gegen einen mächtigen Herrn behaupten, der seine
eigenen Angestellten als Zeugen aufruft?"

Abschließend möchte ich eine andere sehr bemerkenswerte Stelle zitieren, einen
Auszug aus der *Representación [...] del Ayuntamiento, Consulado y Sociedad Patriótica* vom
20. Juli 1811: „In allem, was sich auf Veränderungen hinsichtlich des Zustandes der
sklavischen Klasse bezieht, geht es viel weniger um unsere Sorgen hinsichtlich der Ab-
nahme der landwirtschaftlichen Reichtümer als um die Sicherheit der Weißen, die |I.330
so leicht durch unkluge Maßnahmen aufs Spiel gesetzt werden kann. Außerdem vergessen die, die den Rat und die Verwaltung von Havanna eines hartnäckigen Wider-
stands beschuldigen, dass seit dem Jahr 1799 dieselben Behörden fruchtlos vorgeschlagen haben, sich mit der Lage der schwarzen Menschen auf der Insel Kuba zu beschäftigen (*del arreglo de este delicado asunto* [der Änderung dieser heiklen Angelegenheit]).
Mehr noch: Wir sind weit davon entfernt, Prinzipien beizupflichten, die die europäischen Nationen, die sich ihrer *Zivilisation* rühmen, als unanfechtbar erachtet haben;
beispielsweise denjenigen, dass es ohne Sklaven keine Kolonien geben könne. Wir
erklären im Gegenteil, dass Kolonien ohne Sklaven und selbst ohne schwarze Menschen existieren könnten, und dass der einzige Unterschied in höherem oder gerin-

1784 beginnt mit den folgenden Worten: „Whereas some persons have *of late* been guilty of cutting off
and depriving slaves of their ears, we decree that whosoever will have plucked out an eye, torn out a slave's
tongue, or cut off his nose, will pay 500 pounds sterling and shall be condemned to six months in prison"
[In Anbetracht der Tatsache, dass gewisse Personen *vor kurzem* Sklaven die Ohren abgeschnitten haben,
ordnen wir hiermit an, dass jedem, der einem Slaven ein Auge aussticht, ihm die Zunge herausschneidet
oder die Nase abschneidet, eine Geldstrafe von 500 Pfund Sterling auferlegt wird und sechs Monate
Gefängnis.] Ich muss hier nicht hinzufügen, dass diese britischen Gesetze, die seit 30 oder 40 Jahren in
Kraft gewesen waren, inzwischen abgeschafft und durch menschlichere Gesetze ersetzt worden sind. Ich
wünschte, dass man dasselbe von den Gesetzen in den französischen Antillen sagen könnte, wo sechs
jungen Sklaven, die unter Verdacht standen, fliehen zu wollen, nach ihrer Festnahme im Jahr 1815 *die
Sehnen in ihren Kniebeugen durchtrennt wurden!* (Siehe auch Bd. XI, S. 324 f.)
[245] Durch eine *cédula* vom 31. Mai 1789 hatte man versucht, Nahrung und Kleidung zu regulieren; aber
diese *cédula* trat nie in Kraft.

gerem Profit, in schnellerem oder langsamerem Wachstum der Erträge läge[246]. Aber wenn dies unsere feste Überzeugung ist, so sollen wir Eure Majestät auch daran erinnern, dass eine soziale Struktur, in der die Sklaverei erst einmal als Element eingeführt ist, nicht mit unbedachter Eile verändert werden kann. Wir sind weit davon entfernt zu bestreiten, dass es ein den moralischen Grundsätzen wiedersprechendes

|I.331 Übel ist, Sklaven von einem Kontinent auf einen anderen zu verschleppen; dass es ein politischer Fehler war, nicht die Beschwerden anzuhören, die der Gouverneur von Hispaniola, Ovando [y Cáceres], gegen die Einfuhr und Ansammlung so vieler Sklaven neben einer so geringen Zahl freier Menschen anbrachte; aber wenn diese Übel und diese Missbräuche schon so eingefleischt sind, dann müssen wir vermeiden, unsere Lage und die unserer Sklaven durch die Anwendung gewaltsamer Mittel zu verschlimmern. Was wir von Euch, Sire, erbitten, entspricht dem Wunsch, den einer der glühendsten Beschützer der Rechte der Menschheit, der erbittertste Feind der Sklaverei geäußert hat; wie er wünschen wir, dass die bürgerlichen Gesetze uns gleichzeitig von den Missbräuchen und den Gefahren retten".

Von der Lösung dieses Problems hängt allein in den Antillen, die Republik Haiti ausgenommen, die Sicherheit von 875 000 freien Menschen (Weißen und Farbigen[247]) und die Milderung des Geschicks von 1 150 000 Sklaven ab. Wir haben darauf

|I.332 hingewiesen, dass diese nicht durch friedliche Mittel erlangt werden kann ohne die Teilnahme örtlicher Instanzen, seien es *Kolonialversammlungen* oder Vereinigungen von Eigentümern unter Namen, die in den alten Mutterländern weniger gefürchtet sind. Der direkte Einfluss von Behörden ist unabdingbar, und es ist ein verhängnisvoller Irrtum, zu glauben, „dass man die Zeit arbeiten lassen kann". Ja, die Zeit wird gleichzeitig auf die Sklaven einwirken, auf die Beziehungen zwischen den Inseln und den Bewohnern des Festlands, auf Ereignisse, die man nicht wird beherrschen können, wenn man sie in apathischer Untätigkeit abgewartet hat. Überall, wo die Sklaverei seit langer Zeit etabliert ist, beeinflusst allein der Zuwachs der Zivilisation die Behandlung der Sklaven viel weniger, als man anzunehmen gewünscht hätte. Die Zivilisation einer Nation erstreckt sich selten über eine große Zahl von Individuen; sie erreicht diejenigen nicht, die in den Arbeitsstätten mit den schwarzen Menschen in unmittelbarem Kontakt stehen. Die Eigentümer, und ich habe sehr menschliche von ihnen gekannt, schrecken vor den Schwierigkeiten zurück, die sich auf großen Plantagen zeigen; sie wagen es nicht, die bestehende Ordnung zu stören,

---

[246] „Hasta abandono hemos hecho de especies muy favorables que pasan por inconclusas en esas *naciones cultas*. Tal es la de que sin negros esclavos no pudiera haber colonias. Nosotros contra este dictamen decimos que sin esclavitud, y aún sin negros, pudo haber lo que por colonias se entiende, y que la diferencia habría estado en los mayores ganancias o en los mayores progresos". [Wir haben sogar sehr nützliche Ideen aufgegeben, die in diesen *Kulturnationen* als unumstritten gelten. Etwa, dass es ohne schwarze Sklaven keine Kolonien geben könnte. Gegen diesen Ausspruch sagen wir, dass es ohne Sklaven und selbst ohne schwarze Menschen erkennbare Kolonien geben könnte und dass der Unterschied in höheren Profiten oder größeren Fortschritten liegen würde.] (*Documentos [...] sobre el tráfico y esclavitud de negros*, 1814, S. 78–80).

[247] Nämlich: 452 000 Weiße, davon 342 000 auf den beiden einzigen spanischen Antillen-Inseln (Kuba und Puerto Rico), und 423 000 freie Farbige, Mulatten und schwarze Menschen.

Neuerungen einzuführen, die, wenn sie nicht gleichzeitig durch die Gesetzgebung oder, was ein stärkeres Mittel wäre, durch den allgemeinen Willen bestärkt würden, |I.333 ihren Zweck verfehlen und vielleicht das Schicksal derjenigen verschlimmern, denen man Erleichterung verschaffen wollte. Diese zaghaften Überlegungen hemmen das Gute bei Menschen, deren Absichten die besten sind und die über barbarische Institutionen stöhnen, deren trauriges Erbe auf sie gekommen ist. Da sie mit den örtlichen Umständen vertraut sind, wissen sie, dass das Erreichen einer grundlegenden Veränderung der Lage der Sklaven, ihre schrittweise Führung zum Genuss der Freiheit einen starken Willen bei den örtlichen Behörden und die Mitwirkung von reichen und aufgeklärten Bürgern erfordert: einen allgemeinen Plan, der alle Möglichkeiten des Chaos und die Mittel seiner Niederwerfung miteinberechnet. Ohne diese Gemeinschaft von Aktionen und Anstrengungen wird die Sklaverei mit ihren Leiden und ihren Exzessen fortbestehen, so wie im alten Rom,[248] neben der Anmut |I.334 der Sitten, dem so gerühmten Fortschritt der Aufklärung, dem ganzen Prestige einer Zivilisation, die die Anwesenheit der Sklaverei verdammt, die diese Zivilisation aber zu verschlingen droht, wenn die Zeit der Rache anbricht. Die Zivilisation oder eine langsame Verrohung der Völker können die Geister auf zukünftige Geschehnisse nur vorbereiten; aber, um große Veränderungen im Zustand der Gesellschaft zu bewirken, müssen gewisse Geschehnisse zusammentreffen, deren Zeitpunkt nicht im Voraus berechnet werden kann. Die menschlichen Schicksale sind derart verwickelt, dass sich genau die Grausamkeiten, die die Eroberung der beiden Amerikas mit Blut besudelten, vor unseren Augen wiederholt haben zu Zeiten, die wir durch einen außerordentlichen Fortschritt der Aufklärung und durch eine allgemeine Milderung der Sitten zu charakterisieren glauben. Das Leben eines einzelnen Menschen hat genügt, um den *Terror* in Frankreich, den Kriegszug von Saint-Domingue[249], die |I.335 politischen Reaktionen von Neapel und Spanien mitanzusehen; ich könnte die Massaker von Chio, Ipsara und Missolonghi hinzufügen, die Taten osteuropäischer Barbaren, die die zivilisierten Völker des Westens und Nordens nicht verhindern zu müssen glaubten. In den Sklavenländern, wo durch lange Gewohnheit die Neigung besteht, die der Gerechtigkeit am meisten widersprechenden Institutionen zu recht-

---

[248] Das mit der Zivilisation Roms und Griechenlands begründete Argument zugunsten der Sklaverei ist sehr in Mode auf den Antillen, wo man gelegentlich Gefallen daran findet, die Sklavenhaltung mit allem Prunk philologischer Gelehrsamkeit zu schmücken. So hat man im Jahr 1795 in Reden vor der *gesetzgebenden Versammlung* Jamaikas anhand des Beispiels der in den Kriegen von Pyrrhus und Hannibal eingesetzten Elefanten dargelegt, dass es nicht tadelnswert sein könne, von der Insel Kuba 100 Hunde und 40 Jäger für die Nachstellung entflohener, freilebender Schwarzer einzuführen. Bryan Edwards, [*The History, Civil and Commercial, of the British Colonies in the West Indies,*] Bd. I, S. 570.
[249] *North American Review,* 1821, Nr. 30, S. 116. Die Kriege gegen die um ihre Freiheit kämpfenden Sklaven sind nicht nur wegen der Grausamkeiten verhängnisvoll, die sie an beiden Küsten hervorrufen; sie tragen auch dazu bei, alle Gefühle für Recht und Unrecht zu verwirren, wenn die Befreiung vollendet ist. „Manche Kolonisten verurteilen die gesamte männliche Bevölkerung über einem Alter von sechs Jahren zum Tode. Sie behaupten, dass sich das Beispiel, das diejenigen, die keine Waffen getragen haben, vor Augen hatten, als ansteckend erweisen kann. Dieser Mangel an Mäßigung ist die Folge des langen Unglücks der Kolonisten". [J. R.] Charault, *Réflexions sur Saint-Domingue,* 1814, S. 16.

fertigen, darf man so lange nicht auf den Einfluss der Aufklärung, auf die geistige
Kultur und auf die Verbesserung der Sitten zählen, bis durch alle diese Werte die
von den Regierungen ausgehenden Impulse beschleunigt und die Ausführung von
einmal beschlossenen Maßnahmen erleichtert werden. Ohne diese führende Tätig-
keit der Regierungen und der *Legislativen* ist eine friedliche Veränderung nicht zu

|I.336   erwarten. Die Gefahr wird besonders bedrohlich, wenn sich eine allgemeine Unruhe
der Geister bemächtigt hat, wenn die inmitten politischer Unstimmigkeiten, von
denen die Nachbarvölker in Unruhe versetzt werden, die Fehler und die Pflichten
der Regierungen aufgedeckt sein werden: Dann kann die Ruhe nur durch eine
Autorität wiederhergestellt werden, die in dem ehrbaren Gefühl ihrer Macht und
ihres Rechts durch die Öffnung des Wegs zu Verbesserungen die Ereignisse zu meis-
tern weiß.

Ende April, nachdem Herr Bonpland und ich die von uns für den äußersten Norden der tropischen Zone beabsichtigten Beobachtungen beendet hatten, waren wir
im Begriff, mit dem Geschwader des Admirals Ariztizábal [y Espinoza] nach Veracruz aufzubrechen; aber die falschen Nachrichten, die über die Expedition des
Kapitäns Baudin in den veröffentlichten Blättern verbreitet wurden, ließen uns
darauf verzichten, Mexiko zu durchqueren, um zu den Inseln der Philippinen zu
gelangen. Mehrere Zeitungen, und speziell die der Vereinigten Staaten, meldeten,
dass zwei französische Korvetten, die *Géographe* und die *Naturaliste*, nach Kap Hoorn

|I.337   unter Segel gegangen seien; dass sie entlang der Küsten von Chile und Peru segel-
ten und sich von dort nach Neu Holland begeben sollten. Diese Nachricht löste
bei ihrem Empfang eine lebhafte Erregung in mir aus. Alle Projekte, die ich während
meines Aufenthalts in Paris entworfen hatte, als ich das Ministerium des *Directoire*
bedrängte, die Abreise des Kapitäns Baudin zu beschleunigen, bewegten meine Fan-
tasie von Neuem. Zum Zeitpunkt meiner Abreise aus Spanien hatte ich verspro-
chen, mich der Expedition überall dort anzuschließen, wo ich sie treffen könnte.
Wenn man sich eine Sache, deren Ausgang verderblich sein kann, sehr wünscht, so
redet man sich unschwer ein, dass allein ein Pflichtgefühl die getroffene Entscheidung veranlasst hat. Herr Bonpland, immer unternehmungslustig und auf unser
Glück vertrauend, bestimmte sofort, unsere Herbarien in drei Teile zu trennen. Um
das, was wir mit so großer Mühe an den Ufern des Orinoco, des Atabapo und des
Río Negro gesammelt hatten, nicht den Zufällen einer langen Seereise zu über-
lassen, sandten wir eine Sammlung über England nach Deutschland, eine andere
über Cádiz nach Frankreich. Die dritte Sammlung blieb in Havanna in Verwahrung.
Wir konnten uns zu diesen, von der Vorsicht erforderten Einteilungen nur beglück-

|I.338   wünschen. Jede Sendung enthielt ungefähr dieselben Arten, und wir trafen alle
Vorsichtsmaßnahmen, damit die möglicherweise von englischen oder französischen
Schiffen erbeuteten Kisten Sir Joseph Banks oder den Professoren des Naturhistori-
schen Museums in Paris übergeben würden. Glücklicherweise wurden Manuskripte,

die ich anfänglich der Sendung nach Cádiz hinzufügen wollte, unserem Freund und
Reisegefährten Bruder Juan Gonzáles vom Orden des heiligen Franciscus nicht an-
vertraut[250]. Dieser schätzenswerte junge Mann, den ich mehrfach zu nennen Gelegenheit hatte, begleitete uns bis Havanna, um nach Spanien zurückzukehren. Er
verließ die Insel Kuba kurze Zeit nach uns; aber das Schiff, auf dem er die Reise
unternahm, ging in einem Sturm vor der afrikanischen Küste mit Mann und Maus
unter. Wir verloren durch diesen Schiffbruch einen Teil der Doubletten unserer
Herbarien und, was einen noch größeren Verlust für die Wissenschaften bedeutet,
alle Insekten, die Herr Bonpland unter den schwierigsten Umständen während
unserer Reise an den Orinoco und den Río Negro gesammelt hatte. Ein ganz au-
ßergewöhnliches Verhängnis hatte zur Folge, dass wir in den spanischen Kolonien |I.339
zwei Jahre lang ohne einen einzigen Brief aus Europa blieben: Diejenigen Briefe,
die uns in den folgenden drei Jahren erreichten, gaben uns keinen Aufschluss über
unsere Sendungen. Man wird verstehen, wie groß meine Unruhe über das Schicksal eines *Tagebuchs* gewesen sein musste, das die astronomischen Beobachtungen und
alle barometrischen Höhenmessungen enthielt, von denen ich nicht die Geduld
gehabt hatte, eine vollständige Kopie anzufertigen. Erst nachdem ich Neugranada,
Peru und Mexiko durchquert hatte, in dem Augenblick, als wir den Neuen Kontinent verließen, fiel mein Blick in der Öffentlichen Bücherei in Philadelphia ganz
zufällig auf das Sachregister einer wissenschaftlichen *Zeitschrift*. Ich fand dort diese
Worte: „Ankunft von Manuskripten des Herrn von Humboldt bei seinem Bruder
in Paris über Spanien". Nur mit Mühe konnte ich den Ausdruck meiner Freude
verbergen; niemals, so schien mir, hatte man ein besseres Sachregister angefertigt.

Während Herr Bonpland Tag und Nacht daran arbeitete, unsere Sammlungen
aufzuteilen und zu ordnen, hatte ich den Verdruss, tausend Hindernisse bei einer
so unvorhergesehenen Abreise zu finden. Im Hafen von Havanna gab es kein ein-
ziges Schiff, das es übernehmen wollte, uns nach Portobelo oder Cartagena zu be- |I.340
fördern; die von mir befragten Personen vergnügten sich damit, die Unannehmlichkeiten der Reise über den Isthmus und die Langsamkeit einer Seereise von Nord
nach Süd, von Panama nach Guayaquil und von Guayaquil nach Lima oder nach
Valparaíso zu übertreiben. Sie tadelten mich und, vielleicht aus gutem Grund, hielten mich an, die riesigen und reichen Besitzungen des spanischen Amerikas, die
sich seit einem halben Jahrhundert keinem ausländischen Reisenden geöffnet hatten,
nicht weiterhin zu erforschen. Die Chancen einer Reise um die Erde, während der
man im Allgemeinen nur einige Inseln oder die kargen Küsten eines Kontinents
berührt, schienen ihnen nicht vorteilhaft gegenüber dem Vorzug, den das Studium
der geologischen Verhältnisse im Innern Neuspaniens bietet: Regionen, die allein
fünf Achtel der Menge an Silber liefern, die man jährlich in allen Bergwerken der
bekannten Welt fördert. Ich hielt diesen Überlegungen das Interesse entgegen, in
größerem Maßstab die Krümmung der Kurven gleicher Inklination, die Abnahme
der Intensität der magnetischen Kräfte vom Pol zum Äquator sowie die Temperatur

---

[250] Bd. IV, S. 58 und 59; Bd. IX, S. [96], 97, 114.

|I.341 des Ozeans entsprechend den Breiten, entsprechend der Richtung der Strömungen und der Nähe von Untiefen zu bestimmen. Je mehr ich mich in meinen Absichten behindert sah, desto mehr trieb ich ihre Ausführung voran. Da ich nicht in der Lage war, die Überfahrt auf irgendeinem neutralen Schiff zu finden, mietete ich einen in Batabanó auf Reede liegenden katalanischen Schoner, der mir für die Fahrt nach Portobelo oder nach Cartagena de Indias zur Verfügung stehen sollte, je nachdem, wie die See und die Brisen von Santa Marta, die noch in dieser Jahreszeit unterhalb des 12. Breitengrades heftig wehten, es erlaubten. Der blühende Handel Havannas und die wachsenden Beziehungen dieser Stadt sogar zu den Häfen der Südsee erleichterten es mir, die finanziellen Mittel für mehrere Jahre zu beschaffen. Der durch seine Fähigkeiten und die Gewichtigkeit seines Charakters ausgezeichnete General Don Gonzalo O'Farril [y Herrera] residierte damals noch als Gesandter des spanischen Hofes in meinem Heimatland. Ich konnte meine Einkünfte in Preußen gegen einen Teil der seinigen auf der Insel Kuba tauschen; und die Familie des ehrenwerten Don Ignacio O'Farril y Herrera, Bruder des Generals, wirkte freundlicherweise während meiner unerwarteten Abreise aus Havanna an allem mit, was meinen

|I.342 neuen Vorhaben förderlich sein konnte. Wir erfuhren am 6. März, dass der von mir angeheuerte Schoner bereit war, uns aufzunehmen. Der Weg von Batabanó führte uns noch einmal durch die Ebene von Güines zur Río Blanco Plantage, deren Besitzer (der Graf Jaruco y Mopox) den Aufenthalt mit allen Mitteln, die die Lust am Vergnügen und ein großes Vermögen bieten können, verschönerte. Die im Allgemeinen mit den Fortschritten der Zivilisation abnehmende Gastfreundschaft wird auf der Insel Kuba noch mit ebenso viel Eifer geübt wie in den entlegensten Teilen des spanischen Amerikas. Einfache reisende Naturforscher möchten hier den Bewohnern Havannas dasselbe Zeugnis der Anerkennung ausstellen, das sie von jenen berühmten Ausländern erhielten[251], die immer dort wo ich ihren Spuren folgen konnte, in der Neuen Welt die Erinnerung an ihre ehrbare Einfachheit, an ihre Begeisterung für die Bildung und an ihre Liebe zum Gemeinwohl hinterlassen haben.

|I.343 Vom Río Blanco nach Batabanó führt der Weg durch ein unkultiviertes, zur Hälfte mit Waldungen bedecktes Land. In den Durchforstungen wachsen Indigo und Baumwolle wild. Da sich die Kapseln des *Gossypium* während der Jahreszeit öffnen, in der die Nordstürme am häufigsten auftreten, wird der die Samen umhüllende Flaum von einer Küste zur anderen getragen; und die Baumwollernte, die übrigens von bester Qualität ist, leidet sehr unter dem Zusammenfall von Stürmen mit dem Reifen der Früchte. Viele unserer Freunde, darunter Herr de Mendoza [de Ríos], der Kapitän des Hafens Valparaíso und Bruder des berühmten Astronomen [José Mendoza y Ríos], der lange Zeit in London gelebt hatte, begleitete uns bis zum *Potrero de Mopox* [auch Mompox]. Während wir weiter südlich Pflanzen

---

[251] Die jungen Prinzen des Hauses Orléans (der Herzog von Orléans, der Herzog von Montpensier und der Graf von Beaujolais), die nach ihrer Befahrung des Ohio River und des Mississippi aus den Vereinigten Staaten nach Havanna reisten und sich ein Jahr lang auf der Insel Kuba aufhielten.

sammelten, fanden wird eine neue Palme[252] mit fächerartigen Blättern (*Corypha maritima*) und einem freien Faden in den Zwischenräumen der Blättchen. Diese *Corypha* bedeckt einen Teil der südlichen Küste und ersetzt die majestätische *Palma Real*[253] und die Cocos crispa der nördlichen Küste. Von Zeit zu Zeit trat in der Ebene der poröse Kalkstein (der Jura-Formation) zutage. |I.344

Batabanó war[254] damals ein armes Dorf, dessen Kirche erst einige Jahre zuvor vollendet worden war. Eine halbe Meile von dort entfernt beginnt der *Ciénaga*, ein sumpfiges Gebiet, das sich von der Laguna de Cortés bis zur Mündung des Río Jagua über 60 Meilen von West nach Ost erstreckt. In Batabanó glaubt man, dass das Meer in diesen Regionen stetig landeinwärts vordringt und dass der Einbruch des Ozeans zur Zeit des großen Felssturzes am Ende des 18. Jahrhunderts besonders spürbar war[255], als die Tabak-Mühlen verschwanden und der Río Chorrera seinen Lauf änderte. Nichts ist trauriger als der Anblick dieser Sumpfgebiete um Batabanó herum. Kein Strauch unterbricht die Einförmigkeit der Landschaft: Einige einzelne verkrüppelte Palmenstämme erheben sich wie zerbrochene Masten inmitten großer Büschel |I.345 von Joncaceen [Juncaceae oder Binsengewächse] und Irideen [Schwertliliengewächse]. Da wir nur eine Nacht in Batabanó blieben, bedauerte ich lebhaft, keine exakten Informationen über die zwei den *Ciénaga* heimsuchenden Krokodilarten bekommen zu können. Die Einheimischen haben für die einen den Namen *cayman*, für die anderen *cocodrilo*, wie man gewöhnlich auf Spanisch sagt. Man versicherte uns, dass das letztere flinker und hochbeiniger sei; dass es ein spitzeres Maul als ein *cayman* habe und dass es sich niemals unter diese mische. Es ist sehr mutig, und man behauptet, dass es selbst auf Schiffe klettert, wenn es eine Stütze für den Schwanz finden kann. Auf die außerordentliche Dreistigkeit dieses Tieres wurde schon in der ersten Expedition des Gouverneurs Diego Velázquez verwiesen[256]. Das *Krokodil* entfernt sich bis zu einer Meile vom Río Cauto und der sumpfigen Küste des Jagua, um im Binnenland Schweine zu fressen. Man sieht 15 Fuß lange Krokodile, und die bösartigsten unter ihnen verfolgen (wie man sagt) einen berittenen Mann, wie es in Europa die |I.346 Wölfe tun, wohingegen die in Batabanó ausschließlich *cayman* genannten Tiere so scheu sind, dass man sich nicht fürchtet, an Stellen zu baden, wo sie in Gruppen leben. Dieses Verhalten und der auf der Insel Kuba den gefährlichsten fleischfressenden Echsen gegebene Name *cocodrilo* erschien mir auf eine Art hinzuweisen, die sich von den großen Tieren des Orinoco, des Río Magdalena und von Saint-Domingue unterscheidet. Überall sonst auf dem spanisch-amerikanischen Festland glauben die

---

[252] *Siehe* unsere *Nova genera et species plantarum*, Bd. I, S. 239.
[253] Oreodoxa regia.
[254] Über die tatsächliche astronomische Position von Batabanó *siehe* Bdf. XI, S. 2[19]. Vormals hatte man auf den gründlichsten Seekarten von [Jacques Nicolas] Bellin, San Martín Suárez etc. Batabanó 10′ weiter südlich bei einer Breite von 22° 33′ verortet. [Aaron] Arrowsmith gibt sie sogar mit 22° 24′ anstelle von 22° 43′ 24″ an. Die ersten guten an der Südküste der Insel Kuba angestellten Beobachtungen verdanken wir dem Fregattenkapitän Don Ventura Barcaíztegui und Don Francisco Lemaur.
[255] *Siehe* Bd XI, S. 229 und 230.
[256] Herrera, *Historia de las Indias occidentales*, Dek. I, Buch 9, Kap. 4, S. 232.

Kolonisten, getäuscht durch übertriebene Berichte über die Wildheit der ägyptischen Krokodile, dass es nur am Nil *echte Krokodile* gäbe, während die Zoologen erkannten, dass es in Amerika sowohl *Kaimane* oder *Alligatoren* mit stumpfem Maul und Füßen ohne Zacken als auch *Krokodile* mit spitzem Maul und gezackten Füßen gibt; auf dem alten Kontinent gibt es zugleich *Krokodile und Gaviale.* Das *Crocodylus acutus* [Spitzkrokodil] von Saint-Domingue, das ich bisher namentlich nicht vom Krokodil der großen Flüsse Orinoco und Magdalena zu unterscheiden wusste, hat sogar, um mich

|I.347   des Ausdrucks von Herrn Cuvier[257] zu bedienen, eine so erstaunliche Ähnlichkeit mit dem Nil-Krokodil [Crocodylus niloticus, Josephus Nicolaus Laurenti, 1768] dass eine sorgfältige Untersuchung jedes Teils nötig war, um zu erweisen, dass das Buffon'sche Gesetz über die Verteilung der Arten zwischen den tropischen Regionen der zwei Kontinente nicht fehlerhaft sei.

Da ich bei meiner zweiten Reise nach Havanna im Jahr 1804 nicht in den *Ciénaga* von Batabanó zurückkehren konnte, ließ ich mir die zwei Arten, die die Einwohner *caymanes* und *cocodriles* nennen, mit großem Kostenaufwand kommen. Von den letzteren erreichten mich zwei Exemplare lebend, von denen das Ältere vier Fuß und drei Zoll lang war. Es hatte große Mühe gekostet, sie zu fangen. Man trans-

|I.348   portierte sie geknebelt und gebunden auf dem Rücken eines Maultiers. Sie waren kräftig und ziemlich wild. Um ihre Gewohnheiten und Bewegungen zu beobachten[258], setzten wir sie in einen großen Raum, wo wir, nachdem wir auf ein sehr hohes Möbelstück geklettert waren, zusehen konnten, wie sie starke Hunde angriffen. Nachdem wir am Orinoco, am Río Apure und am Río Magdalena sechs Monate lang umgeben von Krokodilen gelebt hatten, genossen wir es, vor unserer Rückreise nach Europe diese eigenartigen Tiere, die mit erstaunlicher Geschwindigkeit aus der Ruhe in die ungestümste Bewegung übergehen, nochmals zu beobachten. Die Tiere, die man uns aus Batabanó als *Krokodile* gesandt hatte, besaßen, auch wie die Krokodile vom Orinoco und Río Magdalena, spitze Mäuler (*Crocodilus acutus*, Cuvier); ihre Farbe war ein wenig dunkler, schwärzlich-grün auf dem Rücken und weiß am Bauch. Ihre Flanken waren gelb gefleckt. Ich zählte 38 Zähne

|I.349   im Oberkiefer und 30 im Unterkiefer, wie bei den echten Krokodilen. Die größten Zähne im Oberkiefer waren der zehnte und der neunte, im Unterkiefer der erste und der vierte. Die von Herrn Bonpland und mir vor Ort und Stelle angefertigte Beschreibung besagt ausdrücklich, dass der vierte untere Zahn den Oberkiefer *frei*

---

[257] [Georges] Cuvier, *Recherches sur les ossemens fossils*, Bd. V, Pl. II, S. 27. Diese auffällige Analogie konnte Herrn [Étienne] Geoffrey de Saint-Hilaire erst 1803 bekannt werden, als General Rochambeau ein Krokodil aus Saint-Domingue an das Naturgeschichtliche Museum in Paris sandte (*Annales du Muséum*, Bd. II, S. 37, 53). Zeichnungen und detaillierte Beschreibungen der Art, die an den großen Flüssen des südlichen Amerikas lebt, wurden von Herrn Bonpland und mir in den Jahren 1800 und 1801 während unserer Fahrt auf dem Río Apure, dem Orinoco und dem Río Magdalena angefertigt. Wir machten den bei Reisenden verbreiteten Fehler, sie nicht sofort zusammen mit einigen jungen Tieren nach Europa zu senden.

[258] Herr [Michel Étienne] Descourtilz, der die Gewohnheiten der Krokodile besser als alle Autoren kennt, die über dieses Reptil geschrieben haben, hat, wie Dampier und ich, gesehen, dass das *Crocodylus acutus* oftmals das Maul seinem Schwanz nähert. *Voyage d'un naturaliste*, Bd. III, S. 87.

umfasse. Die hinteren Extremitäten waren fächerförmig. Diese *Krokodile* von Bata-banó erschienen uns auf eigentümliche Weise mit dem *Crocodilus acutus* identisch zu sein; es ist wahr, dass alles, was man uns über ihr Verhalten erzählt hatte, nicht besonders mit dem übereinstimmte, was wir selbst am Orinoco beobachtet hatten; aber die fleischfressenden Echsen derselben Art sind in einem und demselben Fluss mal sanftmütiger und scheuer, mal wilder und wagemutiger, je nach der Art der Örtlichkeit[259]. Das in Batabanó *cayman* genannte Tier starb auf dem Weg, und man war so sorglos, es uns nicht zu bringen, so dass wir die beiden Arten nicht miteinander vergleichen konnten. Sollte es im Süden der Insel Kuba echte *Kaimane* mit stumpfem Maul geben, bei denen der untere vierte Zahn in den Oberkiefer eintritt, *Alligatoren,* die denen aus Florida ähneln? Was die Ansiedler über den viel längeren Kopf ihres |I.350
cocodrilo del Batabanó sagen verleiht diesem Fakt beinahe Sicherheit[260]; und in diesem Fall würden durch einen glücklichen Instinkt die Menschen auf dieser Insel mit |I.351
derselben Richtigkeit zwischen dem *Krokodil* und dem *Kaiman* unterschieden haben, wie dies heute die gelehrten Zoologen tun, indem sie Unterarten aufstellen, die dieselben Namen führen. Ich bezweifle nicht, dass das Krokodil mit spitzem Maul und der Alligator oder Kaiman mit einem Hechtmaul[261] gleichzeitig, aber in getrennten Gruppen, die moorigen Küsten zwischen Jagua, dem *Surgidero* von Batabanó und der Isla de Pinos [heute Isla de la Juventud] bewohnen. Auf dieser Insel wurde Dampier, der als Naturbeobachter ebenso lobenswert ist wie als furchtloser Seefahrer, durch den großen Unterschied zwischen den amerikanischen *Kaimanen* und den *Krokodilen* überrascht. Was er über diesen Gegenstand in seinen *Voyages to the Bay of Campeachy* berichtet hätte vor mehr als einem Jahrhundert die Neugier der Gelehrten erregen können, wenn die Zoologen nicht so häufig mit Herablassung alles abgelehnt hätten, was Seefahrer oder andere Reisende ohne wissenschaftliche |I.352
Kenntnisse an den Tieren beobachtet haben. Nachdem er mehrere, nicht gleicher-

---

[259] Bd. VIII, S. 357 und 358; Bd. IX, S. 99 f.

[260] Ich glaubte, einen kleinen Unterschied in der Stellung der großen Platten (Knochenpanzer) des Nackens gefunden zu haben. Das große Tier von Batabanó zeigte nahe dem Kopf zuerst vier Höcker in einer Reihe und dann drei Reihen zu je zwei Höckern. Bei den jüngeren Tieren zählte ich zunächst eine erste Reihe von vier Hörnern, dann eine einzelne Reihe von zweien, die von einer großen Lücke gefolgt wurde; dahinter begannen die Rückenplatten. Diese letzte Anordnung ist die gewöhnlichste beim Krokodil vom Orinoco. Das vom Río Magdalena zeigt drei Reihen von Hörnern auf dem Nacken, vier davon in die ersten zwei Reihen und zwei in den nächsten. Bei den Individuen der Art *Crocodilus acutus,* die das Naturgeschichtliche Museum in Paris aus Saint-Domingue erhielt, gibt es zunächst zwei Reihen von je vier und dann eine Reihe von je zwei Hörnern. Ich werde die Beständigkeit dieses Merkmals im zweiten Band meines *Recueil de Zoologie* behandeln. Die vier Taschen, die den Moschus enthalten (*bolsas de almizcle*) befinden sich bei dem Krokodil aus Batabanó genau dort, wo ich sie bei dem vom Río Magdalena gezeichnet habe, nämlich unter dem Unterkiefer und nahe dem Anus; aber ich war überaus erstaunt, diesen Geruch in Havanna drei Tage nach dem Tod des Tieres bei einer Temperatur von 30° C nicht mehr wahrzunehmen, während in Mompox an den Ufern des Río Magdalena lebende Krokodile unsere Unterkunft verpesteten. Ich habe seitdem gesehen, dass Dampier ebenfalls bemerkte, dass während „beim kubanischen *Krokodil* der Geruch fehlt, die *Kaimane* einen sehr strengen Moschusgeruch verbreiteten".

[261] *Crocodylus acutus* aus Saint-Domingue. *Alligator lucius* aus Florida und vom Mississippi.

maßen genaue Merkmale für die Unterscheidung der *Krokodile* von den *Kaimanen* angegeben hat, betont Dampier die geographische Verteilung dieser gewaltigen Echsen. „In der Bucht von Campeche", sagt er, „habe ich nur Kaimane oder Alligatoren gesehen; auf der Insel *Grand Cayman* gibt es *Krokodile* aber keine *Alligatoren*; auf der Isla de Pinos und in den unzähligen *creeks* und Buchten an der kubanischen Küste gibt es sowohl *Krokodile* als auch *Kaimane*"[262]. Diesen wertvollen Beobachtungen Dampiers möchte ich noch hinzufügen, dass man das echte Krokodil (*C. acutus*) auf den dem Festland am nächsten liegenden leeseitigen Inseln antrifft, beispielsweise auf Trinidad, Isla Margarita und vielleicht auch, trotz des Fehlens von Süßwasser, auf Curaçao[263]. Weiter südlich beobachtet man es (und ohne dass mir

|I.353   zusammen mit ihm irgendeine der an den Küsten von Guayana so zahlreich vorkommenden Alligator-Arten begegnet wären[264]) im Río Neverí, im Río Magdalena, im Río Apure und im Orinoco bis zum Zusammenfluss mit dem Río Casiquiare und Río Negro (Br. 2° 2'), also über 400 Meilen von Batabanó entfernt. Es wäre interessant festzustellen, wo sich an der Ostküste Mexikos und Guatemalas zwischen dem Mississippi und dem Río Chagres (auf dem Isthmus von Panama) die Grenze der verschiedenen fleischfressenden Echsenarten befindet.

Am 9. März waren wir vor Sonnenaufgang unter Segel gegangen, etwas beängstigt der extremen Kompaktheit unseres Schoners wegen, dessen Einrichtung uns kaum erlaubte, auf dem Oberdeck zu schlafen. Die Schiffskammer (*cámara de pozo*) erhielt Luft und Licht nur von oben. Es war in Wirklichkeit ein Laderaum für Nahrungsmittel, in dem wir unsere Instrumente mit Mühe unterbrachten. Das hundertteilige Thermometer stand dort konstant bei 32° oder 33°; glücklicherweise dauerten diese Unannehmlichkeiten nur 20 Tage. Die Kanufahrt auf dem Orinoco und die Reise auf einem amerikanischen Schiff, das mit mehreren Tausend *arrobas* sonnengetrockneten Fleisches beladen war, hatte uns weniger wählerisch werden lassen.

|I.354   Der Golf von Batabanó, von niedrigen und sumpfigen Küsten begrenzt, erschien wie eine weite Wüste. Die fischfressenden Vögel, die im Allgemeinen auf ihrem Posten sind, bevor die kleinen Landvögel und die trägen *zamuros*[265] erwachen, erschienen nur in geringer Zahl. Das Meerwasser war grünlich-braun, so wie in einigen Schweizer Seen; währenddessen hatte die Luft aufgrund ihrer äußersten Reinheit in dem Augenblick, als die Sonne über dem Horizont erschien, jenen etwas kalten blassblauen Farbton, der unsere Landschaftsmaler zur selben Stunde in Süditalien beeindruckt und bei dem weit entfernte Gegenstände mit einer bemerkenswerten Kraft hervortreten. Unser Schoner war das einzige Schiff im Golf, denn die Reede von Batabanó wird fast nur von Schmugglern oder *los tratantes*, wie man hier höflicher sagt, besucht. Als wir weiter oben über den geplanten Kanal von Güines sprachen[266], haben wir daran erinnert, wie wichtig Batabanó für die Verbindungen

---

[262] Dampier, *Voyages and Descriptions* (1699), Bd. II, Teil I, S. 30 und 75.
[263] [Albertus] Seba, [*Locupletissimi rerum naturalium thesauri accurata descriptio,*] S. CIV, Abb. 1–9.
[264] Alligator sclerops und Alligator palpebrosus.
[265] Der Percnopterus (Aasgeier) des äquinoktialen Amerika, *Vultur aura*.
[266] *Siehe* Bd. XII, S. 49 und *passim* [oben S. 288 und *passim*].

der Insel Kuba mit den Küsten Venezuelas werden könnte. In seinem gegenwärtigen
Zustand, ohne dass irgendeine *Ausschachtung* versucht worden wäre, findet man dort |I.355
kaum neun Fuß Wasser[267]. Der Hafen befindet sich am Ende einer Bucht, die im
Osten von Punta Gorda, im Westen von Punta de Salinas begrenzt wird: Aber diese
Bucht bildet selbst nur das Ende (den konkaven Gipfel) eines großen Golfes, der
von Süden nach Norden fast 14 Meilen tief ist und in einer Ausdehnung von
50 Meilen zwischen der Laguna de Cortés und Cayo Piedras durch zahllose Untiefen und Sandbänken eingeschlossen wird. Eine einzige große Insel, deren Fläche
mehr als viermal so groß ist wie die von Martinique, erhebt sich inmitten dieses
Labyrinths mit ihren von majestätischen Koniferen gekrönten kargen Bergen. Es ist
die *Isla de Pinos*, die Kolumbus *El Evangelista* nannte; andere Seefahrer des 16. Jahr-
hunderts gaben ihr später den Namen *Isla de Santa María*. Sie ist berühmt für ihr |I.356
ausgezeichnetes Mahagoniholz (Swietenia Mahagoni), mit dem man handelt. Wir
nahmen Kurs OSO, wobei wir die *Durchfahrt von Don Cristóbal* nutzten, um die
kleine Felseninsel *Cayo de Piedras* zu erreichen und diesen Archipel zu verlassen,
den spanische Seefahrer seit der *Eroberung Jardines* und *Jardinillos* [Gärten und kleine
Haine] genannt haben. Die wirklichen, näher am Cabo Cruz gelegenen *Jardines de
la Reina*[268] sind von dem von mir zu beschreibenden Archipel durch eine offene, |I.357
35 Meilen breite See getrennt. Kolumbus selbst gab ihnen diesen Namen im Mai
1494, als er auf seiner zweiten Reise 58 Tage lang gegen die Strömungen und die
Winde zwischen Isla de Pinos und dem östlichen Kap Kubas ankämpfte. Er beschreibt die kleinen Inseln dieses Archipels als *verdes, llenos de arboledas y graciosos*
[*grün, voller Waldstücke und anmutig*][269].

Tatsächlich ist ein Teil dieser vermeintlichen Gärten sehr angenehm; der Seefahrer sieht in jedem Augenblick, wie sich die Szenerie ändert, und das Grün einiger kleiner Inseln erscheint umso schöner, da es von anderen Sandinseln absticht,
die nur weißen, trockenen Sand bieten. Die Oberfläche dieser durch die Sonnen-

---

[267] Die größten Boote, die in den *Surgidero* von Batabanó einlaufen, gehen 15 *palmas* (zu neun spanischen
Zoll) tief. Die guten Durchfahrten sind gegen Westen der *Canal del Puerto Frances* zwischen dem westlichen Kap der Isla de Pinos und der Laguna de Cortés, und östlich der Isla de Pinos die vier Durchfahrten von Rosario de las *Gordas*, der *Sabana de Juan Luis* und *Don Cristóbal* zwischen den Sandinseln
(cayos) und der kubanischen Küste.
[268] Selbst in Havanna gibt es viel geographisches Durcheinander über die alten Bezeichnungen der *Jardines del Rey* und *Jardines de la Reyna*. In der Beschreibung der Insel Kuba im *Mercurio Americano* (Bd. II,
S. 388) und in der *Historia natural de la Isla de Cuba* (Kap. 1, Paragraph 1), verfasst in Havanna von Don
Antonio López Gómez, werden die zwei Gruppen an die Südküste der Insel gesetzt. Herr López selbst
sagt, dass sich die *Jardines del Rey* von der Laguna de Cortés bis zur Bahía de Jagua erstrecken; aber es gibt
keinen historischen Zweifel, dass der Gouverneur Diego Velázquez diesen Namen dem westlichen Teil
der Sandinseln (cayos) des *Alten Bahama-Kanals* zwischen dem Cayo Frances und dem Monillo an der
Nordküste Kubas gegeben hatte (Herrera, *Historia de las Indias occidentales*, Dek. I, S. 8, 81, 55 und 232;
Dek. II, S. 181). Die zwischen Cabo Cruz und dem Hafen Trinidad gelegenen *Jardines de la Reyna* sind
keineswegs mit den *Jardines* und *Jardinillos* in der Nähe der Isla de Pinos verbunden. Zwischen diesen
beiden Gruppen von Sandinseln (cayos) befinden sich die Sandbänke (placeres) von La Paz und Jagua.
[269] [Awnsham] Churchill, *A Collection of Voyages and Travels*, S. 560. Muñoz [y Ferrandis], *Historia del
nuevo mundo*, S. 214, 216.

strahlen erwärmten Sande erscheint wogend wie die Oberfläche einer Flüssigkeit. Durch die Berührung mit Luftschichten von ungleicher Temperatur erzeugt die Oberfläche von 10 Uhr vormittags bis 4 Uhr nachmittags die unterschiedlichsten Erscheinungen der Suspension und der Lichtbrechung[270]. An diesen unbewohnten Orten ist es noch immer das Tagesgestirn, das die Landschaft belebt, das den von seinen Strahlen getroffenen Gegenständen Beweglichkeit gibt auf den staubigen Ebenen, auf den Baumstämmen, auf den Felsen, die sich in Form von Kaps ins Meer vorschieben. Sobald die Sonne aufgeht erscheinen diese leblosen Massen wie in der Luft hängend, und am benachbarten Strand bietet der Sand das täuschende Schauspiel einer von den Winden sanft bewegten Wasserfläche. Ein Wolkenzug genügt, um die Baumstämme und die hängenden Felsen wieder auf den Boden zu setzen, um die Oberfläche der wogenden Ebenen regungslos werden zu lassen und jene Wunder zu zerstören, die die arabischen, persischen und indischen Dichter „als die süßen Täuschungen der Einsamkeit der Wüste" besungen haben.

Wir umschifften Kap Matahambre äußerst langsam. Da das Chronometer von Louis Berthoud in Havanna eine sehr hohe Ganggenauigkeit beibehalten hatte, nutzte ich die Gelegenheit, an diesem und am folgenden Tag die Lage von *Cayo de Don Cristóbal, Cayo de Flamenco, Cayo de Diego Pérez* und *Cayo de Piedras* zu bestimmen[271]. Ich beschäftigte mich auch mit der Prüfung des Einflusses der Veränderung des Meeresbodens auf die Temperatur an der Oberfläche[272]. Durch den Schutz so vieler kleinen Inseln ist diese Oberfläche so ruhig wie ein Süßwassersee; die verschiedenen Tiefenschichten sind nicht miteinander vermischt; die geringsten vom

|I.358 (margin)
|I.359 (margin)

---

[270] *Siehe* die Messungen der außergewöhnlichen Refraktion, die ich in Cumaná ausführte, Bd. IV, S. 290–306.

[271] *Siehe* mein *Recueil d'observations astronomiques*, Bd. II, S. 109 f. Herr Bauzá hat meine Beobachtungen mit denen des Herrn del Río in den mir von ihm freundlicherweise mitgeteilten Skizzen der *Jardines y Jardinillos* verknüpft, die den südlichen Teil meiner Karte der Insel Kuba berichtigen. (*Siehe* die zweite Auflage dieser Karte von 1826).

[272] Ich fand in Graden des Réaumur-Thermometers:

See	Luft	Tiefe	Orte
19,7°	22,3°	10 Fuß	8 Meilen nördl. v. Punta Gorda
18,8	23,0	7 ½	Zwischen den Sandinseln
			Las Gordas und Don Cristóbal
19,7	22,2	10	Um Cayo Flamenco
20,7	22,0	80	Abgrund zwischen Cayo
			Flamenco und Cayo de Piedras
19,6	24,2	9	Östl. Rand des Abgrunds
			ganz in der Nähe vom Cayo de
			Piedras
18,2	24,3	8	Etwas weiter östlich
23,5	23,0		Kein Meeresgrund südlich von Jagua

Senkblei angezeigten Veränderungen wirken auf das Thermometer ein. Ich war erstaunt zu sehen, dass östlich des kleinen Cayo de Don Cristóbal die Untiefen durch die milchige Farbe des Wassers nicht erkennbar sind, wie etwa auf der Sandbank von Vibora südlich von Jamaika und auf so vielen anderen Sandbänken (bancos), die ich mit Hilfe des Thermometers erkannt habe. Der Grund der Bucht von Batabanó ist ein aus zersetzten Korallen gebildeter Sand; er ernährt Seetang-Gattungen, die fast nie an die Oberfläche gelangen. Wie ich bereits bemerkt habe ist das Wasser grünlich, und das Fehlen des milchigen Farbtons ist ohne Zweifel auf die in dieser Gegend herrschende völlige Ruhe zurückzuführen. Überall dort, wo sich die Bewegung in einer gewissen Tiefe fortsetzt, wird das Wasser durch einen sehr feinen Sand oder in ihm schwebende Kalkteilchen trübe und milchig. Es gibt jedoch Untiefen, die sich weder durch die Farbe noch durch die niedrige Wassertemperatur unterscheiden, und ich denke, dass diese Phänomene von der Beschaffenheit eines harten, felsigen Grundes ohne Sand und Korallen, von der Form und Abschüssigkeit der Felsklippen, von der Geschwindigkeit der Strömungen abhängen sowie von der fehlenden Ausbreitung der Bewegung in die unteren Wasserschichten. Die Kälte, auf die das Thermometer öfter an der Oberfläche der Untiefen hinweist, ist zugleich auf die Wassermoleküle zurückzuführen, die durch die nächtliche Strahlung und Abkühlung von der Oberfläche in die Tiefe gesenkt werden, wo sie in ihrem Hinabfallen von den Untiefen festgehalten werden, sowie auf die Mischung mit sehr tiefen Wasserschichten, die zu den *Klippen* (*accores*) der Bank wie auf einer geneigten Ebene ansteigen, um sich mit den Schichten der Oberfläche zu vermischen.

|I.360

|I.361

Trotz der geringen Größe unseres Bootes und der gepriesenen Klugheit unseres Lotsens berührten wir oft den Grund. Da dieser weich war, bestand nicht die Gefahr zu stranden; jedoch zog man es vor, bei Sonnenuntergang in der Nähe der Durchfahrt von *Don Cristóbal* vor Anker zu gehen. Der erste Teil der Nacht war von einer bewundernswerten Ausgeglichenheit. Wir sahen landeinwärts unzählige Sternschnuppen, die alle dieselbe Richtung nahmen, nämlich entgegen der des Ostwindes, der in den tieferen Schichten der Atmosphäre herrschte. Nichts ähnelt heute der Einsamkeit dieser Orte, die zu Zeiten des Kolumbus von vielen Fischern bewohnt und regemäßig besucht wurden. Die Ureinwohner Kubas benutzten damals einen kleinen Fisch als Köder für große Seeschildkröten; sie befestigten eine sehr lange Leine am Schwanz des *revés* (dies ist der Name, den die Spanier dieser Art der Gattung Echeneis gaben[273]). Der *Schiffshalter* setzt sich mittels einer mit

|I.362

---

[273] Der *sucet* oder *guaicán* der kubanischen Ureinwohner. Die Spanier nannten ihn sehr bezeichnend *revés*, was einen *auf dem Rücken, umgekehrt liegenden Fisch* bezeichnet. Auf den ersten Blick verwechselt man tatsächlich die Lage von Rücken und Bauch. Anghiera sagt: *Nostrates Reversum appellant, quia versus venatur* [Unsere Leute nennen ihn den Umgekehrten, weil er gewendet jagt.] Ich habe einen *Remora* der Südsee während der Überfahrt von Lima nach Acapulco untersucht. Da er lange Zeit ohne Wasser lebt, stellte ich Experimente über das Gewicht an, das er tragen konnte, bevor die Saugnäpfe die Planke, an der sich das Tier festgesetzt hatte, losließen; aber ich habe diesen Teil meines Tagebuches verloren. Es ist ohne Zweifel die Furcht vor der Gefahr, die den *Remora* veranlasst, nicht loszulassen, wenn er fühlt, dass er von einer Leine oder der menschlichen Hand gezogen wird. Der *sucet*, von dem Kolumbus und

Saugrüsseln bedeckten flachen Platte, die er auf seinem Kopf trägt, am Panzer der in den schmalen, gewundenen Kanälen der *Jardinillos* so häufig vorkommenden Meeresschildkröten fest. „Der *revés*", sagt Christoph Kolumbus, „ließe sich eher in Stücke reißen als unfreiwillig den Körper, an dem er hängt, loszulassen". Mit der gleichen Leine zogen die Indios den *Schiffshalter* und die Schildkröte aus dem Was- |I.363 ser. Als Gómara und der gelehrte Sekretär von Kaiser Karl V., Petrus Martyr von Anghiera, diese aus dem Munde von Reisegefährten des Kolumbus erfahrene Tat- sache in Europa bekannt machten, hielt die Öffentlichkeit sie sicherlich für ein *Reisemärchen*. In der Erzählung von Anghiera findet sich allerdings ein Anschein von Wunderbarem; sie beginnt mit den folgenden Worten: „Non aliter ac nos canibus gallicis per æquora campi lepores insectamur, illi (incolæ Cubae insulæ) venatorio pisce pisces alios capiebant" [Nicht anders als wir, die mit gallischen Hunden (Wind- hunden) über die Ebenen des Feldes hin die Hasen verfolgen, fangen jene (die Ein- wohner der Insel Kuba) mit einem Jagdfisch die anderen Fische[274]]. Heute wissen wir aus den vereinten Erfahrungsberichten von Kapitän Rogers, Dampier und [Philibert] Commerson[275], dass genau dieser in den *Jardinillos* beobachtete Kunst- griff der Jagd auf Schildkröten von den Bewohnern der Ostküste Afrikas in der Nähe von Cape Natal, Mozambique und Madagascar angewendet wird. Menschen mit großen durchlöcherten Kalebassen auf dem Kopf fingen Enten in Ägypten, auf |I.364 Saint-Domingue und in den Seen des Tals von Mexiko, indem sie sich unter Was- ser verbargen und die Vögel bei den Füßen griffen. Seit der Hochantike benutzten die Chinesen Kormorane, zur Familie der Pelikane gehörige Vögel, die sie an den Küsten zum Fischen schickten und denen sie Ringe um den Hals legten, damit sie ihre Beute nicht verschlingen und auf eigene Rechnung jagen konnten. Auf der niedrigsten Stufe der Zivilisation entfaltet sich der ganze Scharfsinn des Menschen in der List der Jagd und des Fischfangs. Völker, die wahrscheinlich nie miteinander in Verbindung standen, zeigen die auffälligsten Ähnlichkeiten in den eigenen Fä- higkeiten, ihre Herrschaft über die Tiere zu entfalten.

|II.5   Ende des ersten Bandes

Martyr von Anghiera sprachen, war vermutlich der Echeneis naucrates [der Gestreifte Schiffshalter] und nicht der Echeneis remora [der Gemeine Schiffshalter] (*siehe* mein *Recueil d'observations de zoologie*, Bd. II, S. 192[f]).
274 Fernando Kolumbus, in [Awnsham] Churchill, *A Collection [of voyages and travels]*, Bd. II, Kap. LVI, S. 560; Petrus Martyr, [*Oceanica*,] 1532, Dek. I, S. 9; Gómara, *Historia de las Indias*, 1553, Fol. XIV; Herrera, *Historia de las Indias occidentales*, Dek. I, S. 55.
275 Dampier, *Voyages*, Bd. II, Pl. III, S. 110. Lacépède, *Histoire naturelle des poisons*, Bd. III, S. 164.

Wir konnten erst nach drei Tagen dieses Labyrinth der *Jardines* und *Jardinillos* verlassen. Jede Nacht lagen wir vor Anker; tagsüber besuchten wir die kleinen Inseln
oder Cayos, deren Zugang am leichtesten war. Je weiter wir weiter nach Osten
vorankamen, desto unruhiger wurde das Meer, und die Untiefen begannen, sich
durch milchiges Wasser zu verraten. Am Rand einer Art Abgrund zwischen Cayo
Flamenco und Cayo de Piedras fanden wir, dass die Oberflächentemperatur des
Meeres ganz plötzlich von 23,5° auf 25,8° C anstieg. Der geognostische Aufbau der
kleinen Felseninseln, die sich um die *Isla de Pinos* herum erheben, musste meine | II.6
Aufmerksamkeit umso mehr auf sich lenken, da ich immer einige Mühe hatte, an
jene Gebäude lithophytischer Korallen Polynesiens zu glauben, die sich, wie man
sagt, selbst aus den Tiefen des Meeres bis zur Wasseroberfläche erheben. Es erschien
mir wahrscheinlicher, dass diese gewaltigen Massen gewisse ursprüngliche oder
vulkanische Felsen zur Grundlage hätten, denen sie in geringen Tiefen anhaften.
Die teils kompakte und lithophytische, teils blasige Formation des *Kalksteins* von
Güines[276] hatte uns bis Batabanó begleitet: Sie ist dem Jura-Kalkstein recht ähnlich,
und, nach der einfachen äußeren Erscheinung zu urteilen, haben die kleinen *Cay-*
man-Inseln den gleiche Felsenaufbau. Wenn die Berge der *Isla de Pinos*, die (wie die
ersten Geschichtsschreiber der Eroberung sagen) gleichzeitig *pineta* und *palmeta*
[Pinie und Palme][277] darbieten, auf 20 Seemeilen Entfernung sichtbar sind[278], muss | II.7
ihre Höhe mehr als 500 Toises betragen: Man hat mir versichert, dass auch sie aus
einem Kalkstein bestehen, der dem von Güines ganz ähnlich ist. Entsprechend
diesen Tatsachen glaubte ich, das gleiche Gestein (Jurakalkstein) in den *Jardinillos* zu
finden: Aber ich habe beim Durchstreifen der Cayos, die sich im Allgemeinen fünf
bis sechs Zoll über den Wasserspiegel erheben, nur *Bruchgestein* gesehen, in dem
kantige Madreporen-Stücke durch einen Quarzsand verkittet sind. Manchmal haben
die Bruchstücke ein Volumen von einem bis zwei Kubikfuß, und die Quarzkörner
verschwinden in verschiedenen Schichten dergestalt, dass man versucht ist zu glauben, die lithophytischen Polypen seien dort an der Stelle geblieben. Die Gesamt-
masse dieser Gesteine der Cayos schien mir ein wirkliches *Kalkstein-Agglomerat* zu
sein, ganz ähnlich dem Kalkstein des Tertiärs der Halbinsel Araya[279] in der Nähe
von Cumaná, aber aus einer viel jüngeren Formation. Die Unebenheiten dieses
Korallengesteins sind von einem *Detritus* aus Muscheln und Madreporen bedeckt.
Alles, was sich über die Wasseroberfläche erhebt, besteht aus Stücken, die gebrochen
und durch in Körner von Quarzsand eingebetteten kohlensauren Kalk verkittet sind.
Sollte man in einer großen Tiefe unterhalb dieses Korallen-Bruchgesteins Bauwerke | II.8
von noch lebenden Polypen finden? Und sind diese Polypen auf der Juraformation
festgesetzt? Ich weiß es nicht. Die Seelotsen glauben, dass sich das Meer in diesen
Gegenden verkleinert, vielleicht weil sie sehen, dass sich die Cayos vergrößern und

---

[276] Bd. XI, S. 235 und 236.
[277] Petrus Martyr, *Oceanica*, Dek. III, Buch 10, S. 68.
[278] Dampier, *Discourse of Winds, Breezes and Currents*, 1699, Kap. VII, S. 85.
[279] Cerro Barrigón.

erhöhen, sei es durch die vom Wellenschlag verursachten Ablagerungen, sei es durch
allmähliche Agglutinationen. Es wäre übrigens nicht unmöglich, dass die Erweite-
rung des Bahama-Kanals, durch den das Wasser des Golfstroms (*Gulf-stream*) heraus-
strömt, im Laufe von Jahrhunderten ein schwaches Absinken des Wasserspiegels
südlich von Kuba hervorgerufen hat, vornehmlich im Golfstrom, dem Zentrum
dieses großen Kreises des pelagischen Stroms, der an den Vereinigten Staaten entlang verläuft und tropische Pflanzen an den Küsten Norwegens anschwemmt[280].

|II.9   Die Gestalt der Küsten, die Richtung, Stärke und Dauer bestimmter Strömungen
und Winde, sowie die Veränderungen der Barometerhöhen aufgrund des wechselnden Vorherrschens dieser Winde sind Ursachen, deren Zusammenwirken über
einen langen Zeitraum und innerhalb der recht beschränkten Grenzen von Weite
und Höhe das Gleichgewicht der Meere verändert[281]. Dort, wo die Küsten so flach
|II.10 sind, dass sich der Erdboden eine Meile landeinwärts nur um einige Zoll erhöht,
beflügelt dieses Anschwellen und Absinken des Wassers die Einbildungskraft der
Bewohner.

Cayo Bonito, das wir zuerst besuchten, verdient diesen Namen[282] dank des Reichtums ihrer Vegetation. Alles deutet darauf hin, dass es schon seit langem aus der Meeresoberfläche herausragt: Auch ist das Innere des *Cayo* kaum niedriger als die Ränder.
Über einem Bett aus Sand und zerriebenen Muscheln von fünf bis sechs Zoll Dicke,
das den Felsen aus Madreporenfragmenten bedeckt, erhebt sich ein ganzer Mangro-
venwald (Rhizophora). Nach ihrer Wuchsform und ihrem Blattwerk hielte man sie
aus der Ferne für Lorbeerbäume. Die Avicennia nitida, der Batis, kleine Euphorbia
und einige Gräser streben danach, durch die Verschlingungen ihrer Wurzeln den sich

---

[280] "The Gulf-stream between the Bahamas and [East] Florida is not much wider [and perhaps not much
deeper] than the Behring's Strait; and yet the water rushing through this passage is of sufficient force and
quantity to put the whole northern Atlantic in motion, *and to make its influence felt in the distant Strait of
Gibraltar and on the more distant coast of Africa*" [Der Golfstrom zwischen den Bahamas und (Ost-)Florida
ist nicht viel breiter (und vielleicht nicht viel tiefer) als die Behringstraße; und dennoch hat das Wasser,
das durch diese Passage strömt, genügend große Kraft und Menge, um den gesamten Nordatlantik in
Bewegung zu setzen, *und seinen Einfluss in der entfernten Straße von Gibraltar und an der noch weiter entfernten
Küste Afrikas spürbar zu machen*] (*Quarterly Review*, February 1818, S. 216–17[Humboldts Hervorhebung]).
Über denselben Einfluss, der sich bis zu den Kanarischen Inseln fortsetzt, *siehe Relation historique*, Bd. IX,
S. 177 und 178.
[281] Ich behaupte nicht, mit denselben Ursachen die großen Erscheinungen zu erklären, die die Küsten
Schwedens bieten, wo das Meer an einigen Stellen den Anschein einer sehr ungleichmäßigen Senkung
von drei bis fünf Fuß in 100 Jahren erweckt ([Nils Abraham] Bruncrona und [Carl Peter] Hällström, in
Poggendorff's *Annalen der Physik* [Serie 2, Bd. 2,] 1824, Teil 11, Stück VII, S. 308–28; [Karl Ernst Adolf
von] Hoff, *Geschichte der Erdoberfläche*, Bd. I, S. 405–6). Der große Geologe Herr Leopold von Buch hat
neues Interesse an diesen Beobachtungen erweckt, indem er untersuchte, ob sich nicht vielmehr einige
Teile des Skandinavischen Festlands unmerklich heben (*Reise durch Norwegen*, Bd. II, S. 291). Eine ähnliche Annahme ist den Bewohnern von Niederländisch-Guayana präsentiert worden (Bolingbroke, *Voyage
to Demerary*, S. 148).
[282] *Bonito*, hübsch.

bewegenden Sand zu verfestigen. Was aber die Flora[283] dieser Koralleninseln ganz besonders auszeichnet ist Jacquins prächtige Tournefortia gnaphalodes mit silberfar- |II.11 benen Blättern, die wir hier zum ersten Mal fanden. Es ist eine *gesellig* lebende Pflanze, ein echter Strauch von viereinhalb bis fünf Fuß Höhe, dessen Blüten einen sehr angenehmen Duft verbreiten. Sie ist ebenfalls die Zierde auf Cayo Flamenco, Cayo Piedras und vielleicht den meisten Niederungen der *Jardinillos*. Während wir mit Botanisieren beschäftigt waren, suchten unsere Matrosen Langusten. Verärgert, keine zu finden, nahmen sie aus Enttäuschung Rache, indem sie auf die Mangrovenbäume kletterten und ein schreckliches Blutbad unter den paarweise in ihren Nestern sitzenden jungen *Alcatraz* anrichteten. In Spanisch-Amerika bezeichnet man mit diesem Namen Buffons braunen Pelikan, der die Gestalt des Schwans hat. Mit dem dummen Zutrauen und der Nachlässigkeit, die für die großen pelagischen Vögeln typisch sind, stellt der Alcatraz sein Nest nur durch das Zusammenfügen einiger Baumzweige her. |II.12 Wir zählten vier oder fünf dieser Nester auf einem einzigen Mangrovenstamm. Die Jungvögel verteidigten sich tapfer mit ihren gewaltigen sechs bis sieben Zoll langen Schnäbeln: Die Alten schwebten über unseren Köpfen und stießen heisere, klagende Schreie aus; Blut rann von der Höhe der Bäume, denn die Matrosen waren mit großen Stöcken und Entermessern (*Macheten*) bewaffnet. Vergeblich haben wir ihnen diesen Mangel an Erbarmen und diese sinnlosen Quälereien vorgeworfen. Zu langem Gehorsam in der Einsamkeit des Meeres verurteilt, vergnügen sich die Matrosen daran, grausame Gewalt gegen Tiere zu üben, wenn sich die Gelegenheit bietet. Den Boden bedeckten verwundete, mit dem Tod ringende Vögel. Als wir ankamen, herrschte eine tiefe Ruhe in diesem kleinen Winkel der Erde. Und schon schien alles zu sagen: Hier ist der Mensch vorbeigekommen.

Den Himmel bedeckte ein rötlicher Dunst, der sich gegen Südwest verzog; wir hofften, jedoch vergeblich, die Höhen der *Isla de Pinos* zu entdecken. Diese Orte besitzen eine Anmut, die im größten Teil der Neuen Welt fehlt; sie wecken Erinnerungen an die größten Namen der spanischen Monarchie, an die von Christoph |II.13 Kolumbus und Hernán Cortés. An der Südküste der Insel Kuba, zwischen der Bahia de Jagua und der *Isla de Pinos*, sah der Admiral während seiner zweiten Reise mit Erstaunen „jenen geheimnisvollen König, der nur durch Zeichen mit seinen Untertanen sprach, und jene Gruppe von Männern, die lange weiße Tuniken trugen und den Mönchen von *la Merced* ähnelten, während die übrigen Menschen nackt waren". Bei seiner vierten Reise begegneten Kolumbus in den *Jardinillos* große Pirogen mexikanischer Eingeborener, die mit reichen Produkten und Waren Yucatáns beladen waren. Von seiner blühenden Phantasie verführt, glaubte er, aus den Mün-

---

[283] Wir haben gesammelt: Cenchrus myosuroides, Euphorbia buxifolia, Batis maritima, Iresine obtusifolia, Tournefortia gnaphalodes, Diomedea glabrata, Cakile cubensis, Dolichos miniatus, Parthenium hysterophorus, etc. Diese letztere Pflanze, die wir im Tal von Caracas und auf den gemäßigten Hochebenen Mexikos in Höhen zwischen 470 und 900 Toisen antrafen, bedeckt alle Felder der Insel Kuba. Die Bewohner nutzen sie für aromatische Bäder und um die unter dem tropischen Klima so verbreiteten Flöhe zu vertreiben. In Cumaná gebraucht man die Blätter mehrerer Cassia-Arten ihres Geruchs wegen gegen bösartige Insekten.

|II.14
|II.15

|II.16

dern dieser Seefahrer zu hören, dass sie aus einem Land gekommen waren, wo die Männer zu Pferde saßen[284] und goldene Kronen auf dem Kopf trugen. Schon erschienen ihm „Cathay (China), das Reich des Großkhans und die Mündung des Ganges" so nahe, dass er hoffte, sich bald der zwei arabischen Dolmetscher bedienen zu können, die er in Cádiz auf dem Weg nach Amerika an Bord genommen hatte. Andere Erinnerungen an die *Isla de Pinos* und die sie umgebenden *Jardines* hängen mit der Eroberung Mexikos zusammen. Als Hernando Cortés seine große Expedition vorbereitete, strandete er bei der Fahrt vom Hafen von Trinidad zum Kap San Antonio mit seinem *Flaggschiff* (*Nave Capitana*) auf einer der Untiefen der *Jardinillos*. Man hielt ihn fünf Tage lang für verloren, bis der kühne Pedro de Alvarado (im November 1518) vom Hafen von Carenas[285] (Havanna) drei Schiffe aussandte, um ihn zu suchen. Später, im Februar 1519, führte Cortés seine gesamte Flotte in der Nähe von Kap San Antonio westlich von Batabanó gegenüber der Isla de Pinos zusammen, wahrscheinlich an der Stelle, die noch immer den Namen *Ensenada de Cortés* führt. Von dort aus segelte er in dem Glauben, den ihm von Gouverneur [Diego] Velázquez gestellten Fallen zu entgehen, fast heimlich an die Küsten Me-

---

[284] Vgl. *Lettera rarissima di Cristoforo Colombo di 7 Julio* 1503, S. 11, mit Herrera, *Historia de las Indias occidentales*, Dek. 1, S. 125, 131. Nichts berührt und erschüttert mehr als der Ausdruck von Traurigkeit in dem Brief, den Admiral Kolumbus in Jamaika schrieb und an König Ferdinand und Königin Isabella richtete. Ich empfehle besonders denjenigen, die den Charakter dieses außergewöhnlichen Mannes studieren wollen, den Bericht über die nächtliche Erscheinung, in der eine himmlische Stimme mitten im Sturm den alten Mann mit diesen Worten beruhigt: „Iddio maravigliosamente fece sonare tuo nome nella terra. Le Indie, che sono parte del mondo così ricca, te le ha date per tue; tu le hai ripartite dove ti è piaciuto, e ti dette potenzia per farlo. Delli ligamenti del mare Oceano; che erano serrati con catene così forte, ti donò le chiave, etc." [Gott hat deinen Namen wunderbar in aller Welt widerhallen lassen. Indien, das Teil einer so reichen Welt ist, Er hat es dir gegeben; du teiltest es, wie du wolltest, und Er gab dir die Macht, es zu tun. Zu den Bändern des Ozeans, die mit so starken Ketten verschlossen gewesen sind, gebe Ich dir den Schlüssel, etc.]. Dieser Auszug, voller Erhabenheit und Poesie, ist uns nur in einer alten italienischen Übersetzung überliefert, denn das in der Biblioteca nautica des Don Antonio León [de Pinelo] zitierte spanische Original ist bisher nicht gefunden worden. Ich könnte andere recht einfältige Ausdrücke aus dem Mund des Entdeckers der Neuer Welt hinzufügen: „Eure Hoheit können mir glauben," sagt Kolumbus, „dass die Erdkugel bei weitem nicht so groß ist, wie man gemeinhin annimmt. Sieben Jahre lang war ich an Eurem königlichen Hof, und sieben Jahre lang hat man mir gesagt, dass meine Unternehmung ein Wahnsinn sei. Heute, da ich den Weg geöffnet habe, erbitten die Schneider und selbst die Schuster das Privileg, neue Länder zu entdecken. Verfolgt und vergessen wie ich bin kann ich mich nicht an Hispaniola oder Paria erinnern, ohne dass meine Augen von Tränen überfließen. Ich bin zwanzig Jahre lang im Dienste Eurer Hoheit gewesen; es gibt nicht ein einziges meiner Haare, das nicht weiß geworden wäre; mein Körper ist altersschwach; ich kann nicht mehr weinen, *pianga adesso il cielo e pianga per me la terra; pianga per me chi hà carità, verità, giustizia*" [nun weint der Himmel, und die Erde weint um mich; wer Barmherzigkeit, Wahrheit und Gerechtigkeit hat, der weint um mich]. *Lettera rarissima*, S. 13, 19, 34, 37 (*siehe* Bd. VIII, S. 307 f).

[285] Zu dieser Zeit gab es noch zwei Ansiedlungen, eine beim Puerto de Carenas in der alten indianischen Provinz von Havanna (Herrera, [*Historia de las Indias occidentales*,] Dek. I, S. 276, 277); die andere, größere in der Stadt San Cristóbal de Cuba. Erst 1519 wurden die zwei Siedlungen vereinigt, und damals erhielt Puerto de Carenas den Namen San Cristóbal de la Habana. *Siehe* weiter oben Bd. III [Q], S. 400: „Cortés", sagt Herrera, „pasó a la Villa de San Cristóbal que a la sazón estaba *en la costa de el sur*, que después se pasó a la Habana" [Cortés ging zur Stadt San Cristóbal, die sich damals *an der Südküste* befand und aus der später Havanna wurde.] ([*Historia de las Indias occidentales*,] Dek. II, S. 80 und 95).

xikos. Wundersame Wechselfälle der menschlichen Belange! Das Reich des Moctezuma [II.] wurde von einer Handvoll Männer erschüttert, die sich vom westlichen Ende der Insel Kuba den Küsten von Yucatán näherten; und in unseren Tagen, drei Jahrhunderte später, drohte dasselbe Yucatán als Teil der neuen Konföderation der freien Staaten von Mexiko fast, die westlichen Küsten Kubas zu erobern.

Am Morgen des 11. März besuchten wir Cayo Flamenco. Ich fand dort eine Breite von 21° 59′ 39″. Der mittlere Teil dieser kleinen Insel liegt niedrig und übersteigt den Meeresspiegel um nur 14 Zoll. Er enthält Wasser mit sehr geringem Salzgehalt. Auf anderen *Cayos* findet man vollkommen salzfreies Wasser. Die kubanischen Seefahrer, ebenso wie die Bewohner der Lagunen von Venedig und einige moderne Naturforscher, führen diese Reinheit des Wassers auf die Wirkung des Sands auf das einsickernde Meerwasser zurück. Aber was für eine Art Wirkung sollte das sein, deren Vermutung durch keine chemische Analogie nachgewiesen ist? Übrigens bestehen die Cayos aus Felsgestein und nicht aus Sand, und die geringe Größe der Cayos macht es gleichermaßen schwierig anzunehmen, dass sich Regenwasser dort in einer großen Pfütze dauerhaft sammelt. Vielleicht kommt das Süßwasser der Cayos von den Nachbarküsten, ja selbst aufgrund eines hydrostatischen Drucks von den Bergen Kubas. Dies würde eine Verlängerung der Jurakalkschichten unter dem Meer und die Lagerung des Korallengesteins über dem Kalkstein beweisen.[286] Es ist ein zu sehr verbreitetes Vorurteil, jede Süßwasser- oder Salzwasserquelle als eine kleine örtliche Erscheinung anzusehen: Ähnlich den die Erdoberfläche durchziehenden Strömen zirkulieren die Wasserströme im Erdinnern über gewaltige Entfernungen hinweg zwischen Gesteinschichten einer bestimmten Dichte oder Beschaffenheit. Der gelehrte Ingenieur Don Francisco Lemaur, der seither eine so tatkräftige Stärke bei der Verteidigung des Forts von San Juan de Ulúa an den Tag gelegt hat, berichtete mir, dass man in der Bahia de Jagua einen halben Grad östlich der *Jardinillos* und zweieinhalb Meilen vor der Küste Süßwasserquellen inmitten des Meeres sprudeln sieht. Die Kraft, mit der dieses Wasser emporschießt, ist so groß, dass es eine den kleinen Booten oft gefährliche Schockwelle erzeugt. Die Schiffe, die nicht in Jagua einlaufen wollen, nehmen manchmal Wasser an jener brackigen Quelle auf; dieses Wasser wird umso süßer und kälter, je tiefer man es eben über dem Meeresgrund schöpft. Von ihrem Instinkt geleitete Manatis (*manatís*) haben diese Süßwasserregion entdeckt: Die nach dem Fleisch der

|II.17

|II.18

|II.19

---

[286] *Siehe* Bd. XI, S. 236 f. Die Alten kannten den Austritt von Süßwasser im Meer nahe Baiae, Syracus und Arados (in Phönizien). Strabo, *Géographie de Strabon*, Buch XVI, S. 754. Die Ratak umgebenden Koralleninseln, insbesondere die kleine, sehr tief liegende Insel Otdia, haben ebenfalls Süßwasser ([Adelbert von] Chamisso in [Otto von] Kotzebue, *Entdeckungsreise*, Bd. III, S. 108). Man kann Forschungsreisenden nicht genug empfehlen, die Umstände, die diese Erscheinungen auf dem Meeresspiegel darbieten, sorgfältig zu prüfen.

pflanzenfressenden Cetaceen[287] begierigen Fischer finden die Tiere im Überfluss und töten sie auf offener See.

|II.20

Eine halbe Seemeile östlich von Cayo Flamenco fuhren wir dicht an zwei bis zur Wasseroberfläche ragenden Felsen vorbei, an denen sich die Wellen mit Getöse brachen. Dies sind[288] die *Piedras de Diego Pérez* (Breite 21° 58′ 10″). Die Temperatur an der Meeresoberfläche sinkt an dieser Stelle auf 22,6° C, wobei die Wassertiefe nur sechseinhalb Fuß beträgt. Am Abend näherten wir uns *Cayo de Piedras*; es besteht aus zwei Felsklippen, die durch Riffe verbunden sind und von NNW nach SSO weisen. Da diese Klippen ziemlich isoliert sind (sie bilden die östliche Spitze der *Jardinillos*), werden dort viele Schiffe leckgeschlagen. Auf *Cayo de Piedras* gibt es fast keine Sträucher, weil Schiffbrüchige sie in ihrer Not zum Errichten von Signalfeuern roden. Die Ränder der kleinen Insel sind zur Küste des Meeres hin sehr steil; gegen die Mitte hin gibt es ein kleines Süßwasserbecken. Wir fanden einen in den Felsen eingelassenen Madreporenblock von mehr als drei Kubikfuß Größe. Uns blieb kein Zweifel, dass diese aus der Ferne dem Jurakalk ziemlich ähnliche Kalkformation kein Bruchfelsen war. Es ist wünschenswert, dass eines Tages die gesamte Kette der

|II.21

die Insel Kuba umgebenden Cayos durch reisende Geognosten geprüft wird, um zu bestimmen, was Tiere benötigen, deren Aktivität sich in der Meerestiefe fortsetzt, und was zu wirklichen Tertiärformationen gehört, deren Alter auf den groben Kalkstein zurückgeht, der reichlich in Überresten von lithophytischen Korallen vorhanden ist. Was sich aus dem Wasser erhebt, ist im Allgemeinen nur eine Art Trümmergestein oder ein Aggregat von durch kohlensauren Kalk zerriebenen Muscheln und Sand verkitteten Madreporenteilchen. Es ist wichtig, bei jedem Cayo zu prüfen, worauf dieses Trümmergestein ruht, ob es Bauwerke von noch lebenden Weichtieren überzieht oder aber die Sekundär- oder Tertiärfelsen bedeckt, bei denen man nach Aussehen und Erhaltung der sie umschließenden Korallenreste versucht sein könnte, sie für Produkte unserer Tage zu halten. Der Gips der Cayos gegenüber von San Juan de los Remedios an der Nordküste der Insel Kuba verdient ernste Aufmerksamkeit. Sein Alter reicht zweifellos in prähistorische Zeiten zurück, und kein Geognost wird sie für Gebilde von Weichtieren unserer Meere halten.

---

[287] Ernähren sie sich vom im Meer wachsenden Fucus, wie wir an den Ufern des Río Apure und des Orinoco gesehen haben, wo sie sich von mehreren Arten des Panicum und des Oplismenus (*camalote*) (Bd. VI, S. 234 f) ernährten? Übrigens ist es anscheinend ein recht allgemeines Phänomen, dass man an Flussmündungen der Küsten von Tabasco und Honduras Manatis im Meer schwimmen sieht, so wie es zuweilen die Krokodile tun. Dampier unterscheidet sogar zwischen den *fresh-water Manatee* und der *Sea kind* (*Voyages and Descriptions*, Bd. II, Abb. II, S. 109). Unter den *Cayos de las doce leguas* östlich von Jagua gibt es kleine Inseln mit dem Namen *Meganos del Manatí*. Ich habe bereits anderswo bemerkt, dass die Beobachtungen, die wir über die Gewohnheiten der Krokodile und der Manati angestellt haben, von großem Interesse für den Geognosten sind, der oft in Verlegenheit gerät, wenn er an ein und derselben Stelle Gebeine von Landtieren mit pelagischem Material vereint sieht.
[288] Die Cayos de Flamenco, Diego Pérez, Don Cristóbal und Piedras sind in der von Herrn Espinosa veröffentlichten Tabelle der Positionen um 2′ weiter nördlich versetzt (*Memorias de los navegantes españoles*, Bd. II, S. 65).

Von *Cayo de Piedras* aus begannen wir in Richtung ONO die hohen Berge zu sehen, die sich jenseits der Bahia de Jagua erheben. Wir blieben nochmals eine Nacht vor Anker liegen; und am folgenden Tag (dem 12. März) durchquerten wir die Passage zwischen dem Nordkap des *Cayo de Piedras* und der Küste Kubas und segelten in ein von Klippen freies Meer. Seine dunkle, indigoblaue Färbung und die Erhöhung seiner Temperatur deuteten auf seine größere Tiefe hin. Das Thermometer, das uns mehrfach bei einer Sondentiefe von sechseinhalb und acht Fuß 22,6° C an der Oberfläche des Ozeans angezeigt hatte, hielt sich jetzt bei 26,2° C. Während dieser Versuche betrug die Lufttemperatur tagsüber 25° bis 27° C, so wie zwischen den *Jardinillos*. Begünstigt durch die wechselnden Land- und Seewinde bemühten wir uns, ostwärts in Richtung auf den Hafen Trinidad zu segeln, um Schwierigkeiten durch die damals auf hoher See vorherrschenden Nordostwinde zu vermeiden und die Überfahrt nach Cartagena de Indias zu machen, deren Meridian zwischen Santiago de Cuba und die Bahía de Guantánamo fällt. Nachdem wir die sumpfige Küste der *Camareos* passiert hatten, wo der durch seine Menschlichkeit und seinen Edelmut berühmte Bartolomé de las Casas im Jahr 1514 von seinem Freund, dem Gouverneur Velasquez[289] ein großes *repartimiento de Indios* erhalten hatte, erreichten wir (bei einer Breite von 21° 50′) den Meridian der Einfahrt in die *Bahía de Jagua*. Das Chronometer gab mir an diesem Punkt die Länge von 82° 54′ 22″, die fast identisch ist mit der, die seither (im Jahr 1821) auf der Karte des *Depósito hidrográfico de Madrid* veröffentlicht wurde.

Der Hafen von Xagua [auch Jagua] ist einer der schönsten, aber auch am wenigsten besuchten Häfen der Insel. *No debe tener otro tal en el mondo* [Es gibt wohl keinen weiteren wie ihn auf der Welt], schrieb schon der *Cronista major* Antonio de Herrera[290]: Die Landesaufnahmen und die Verteidigungsprojekte, die durch Herrn Lemaur im Auftrag des Grafen Jaruco vorgenommen wurden, haben erwiesen, dass der Ankerplatz von Jagua den Ruhm verdiente, den er zu Beginn der *Conquista* erlangt hatte. Man findet dort nur noch eine kleine Häusergruppe und ein kleines Fort (*castillito*), das die englische Marine daran hindert, ihre Schiffe in der Bucht kielholen zu lassen, wie dies in aller Stille während der Kriege mit Spanien geübt worden war. Östlich von Xagua nähern sich die Berge (*Cerros de San Juan*) der Küste und erscheinen immer majestätischer, nicht durch ihre Höhe, die 300 Toisen nicht zu übersteigen scheint[291], sondern durch ihre Steilhänge und ihre allgemeine Gestalt. Die Küste ist, wie man mir sagt, derartig *steil*, dass eine Fregatte sich ihr überall bis zur Mündung des Río Guaurabo nähern kann. Als die Temperatur nachts auf 23° C fiel und der Wind von Land her wehte, nahmen wir jenen köstlichen Duft von

---

289 Im selben Jahr während eines kurzen Aufenthalts auf Jamaika verzichtete er darauf aus moralischen Gewissensbissen.

290 [*Historia de las Indias occidentals*,] Dek. I, Buch IX, S. 233.

291 Die geschätzte Entfernung beträgt drei Seemeilen. Höhenwinkel ohne Korrektur aufgrund der Erdkrümmung und der Refraktion: 1° 47′ 10″. Höhe: 274 Toisen.

|II.25 Blüten und Honig wahr, der die Landungsstellen der Insel Kuba auszeichnet[292]. Wir segelten an der Küste im Abstand von zwei oder drei Meilen entlang. Am 13. März befanden wir uns kurz von Sonnenuntergang gegenüber der Mündung des Río San Juan, einem Ort, den die Seeleute wegen der zahllosen, in der Luft schwärmenden *Mosquitos* und *Zancudos* [Stechmücken] fürchten. Er gleicht der Öffnung einer Schlucht, in die Schiffe mit großer Wasserverdrängung einlaufen könnten, wenn nicht eine Untiefe (*placer*) den Eintritt in die Passage versperren würde. Einige Stundenwinkel gaben mir für die Länge dieses Hafens, der von Schmugglern aus Jamaika und selbst von Freibeutern aus Providence angelaufen wird, 82° 40′ 50″. Die den Hafen beherrschenden Berge erheben sich kaum auf 230 Toisen[293]. Ich verbrachte einen großen Teil der Nacht an Deck. Was für menschenleere Küsten! Nicht ein Licht, das die Hütte eines Fischers anzeigt. Von Batabanó bis Trinidad, über eine Entfernung von 50 Meilen, gibt es kein einziges Dorf; man findet dort kaum zwei

|II.26 oder drei *corrales* [Koppeln] mit Schweinen oder Kühen. Allerdings war dieses Land entlang des Küstensteifens selbst zu Zeiten des Kolumbus bewohnt. Wenn man in der Erde nach einem Brunnen gräbt, oder wenn Sturzfluten die Erdoberfläche durchpflügen, entdeckt man oftmals Steinbeile und einige Gerätschaften aus Kupfer[294], Arbeiten der alten Bewohner Amerikas.

Bei Sonnenaufgang veranlasste ich unseren Kapitän, das Senkblei auszuwerfen; bei 60 Klaftern gab es noch keinen Meeresgrund: Auch war die Meeresoberfläche wärmer als irgendwo sonst; die Temperatur betrug 26,8° C; sie überstieg diejenige, die wir in der Nähe der *Klippen* von Diego Pérez gefunden hatten, um 4,2°. Eine

|II.27 halbe Meile von der Küste entfernt betrug die Wassertemperatur nicht über 25,5° C; wir hatten keine Gelegenheit, Sondierungen durchzuführen, aber die Tiefe hatte auf jeden Fall abgenommen. Am 14. März liefen wir in Río Guaurabo, einem der zwei Häfen von *Trinidad de Cuba*, ein, um *la práctica* aus Batabanó an Land zu setzen, der uns durch die Untiefen der *Jardinillos* gelotst hatte, wobei wir mehrmals auf Grund

---

[292] *Siehe* oben Bd. III [Q], S. 330 [Bd. XI, S. 141]. Ich habe bereits bemerkt (Bd. I, S. 259), dass das kubanische Wachs, ein wichtiges Handelsgut, von europäischen Bienen (genus Apis, Latr[eille]) stammt. Christoph Kolumbus sagt ausdrücklich, dass zu seiner Zeit die Ureinwohner Kubas kein Wachs sammelten. Der große Laib aus jener Substanz, den er auf der Insel während seiner ersten Reise vorfand und den er König Ferdinand während der berühmten Audienz von Barcelona präsentierte, wurde später als durch mexikanische Boote aus Yucatán eingeführt erkannt (Herrera, [*Historia de las Indias occidentales*,] Dek. I, S. 25, 131, 270). Es ist interessant festzustellen, dass das erste mexikanische Erzeugnis, das den Spaniern schon im November 1492 in die Hände gefallen war, aus dem *Wachs der Melipona-Bienen* bestand. *Siehe* mein *Recueil d'observations de Zoologie*, Bd. I, S. 251, und meinen *Essai politique sur le royaume de la Nouvelle-Espagne*, Bd. II, S. 455.

[293] Entfernung: dreieinhalb Meilen. Höhenwinkel bis zum Kulminationspunkt des Berglandes (Serrania): 31° 56′.

[294] Ohne Zweifel aus kubanischem Kupfer. Der Reichtum an diesem Metall in nativem Zustand muss die Eingeborenen Kubas und Haitis dazu bewogen haben, es zu schmelzen. Kolumbus sagt, dass man auf Haiti Stücke aus nativem Kupfer von einem Gewicht von sechs *arrobas* gefunden habe, und dass die Boote aus Yucatán, denen er an der Südküste Kubas begegnete, neben anderen mexikanischen Waren „Tiegel für das Schmelzen von Kupfer" transportierten. (Herrera, *Historia de las Indias occidentales*, Dek. I, S. 86 und 131.)

liefen. Wir hofften auch, in diesem Hafen ein Paketschiff (*correo marítimo*) zu finden, mit dem wir gemeinsam nach Cartagena segeln sollten. Ich ging gegen Abend an Land und stellte am Ufer die Borda-Inklinationsbussole und den künstlichen Horizont auf, um den Transit einiger Sterne durch den Meridian zu beobachten. Aber kaum hatten wir uns mit den Vorbereitungen beschäftigt luden uns katalanische Kleinhändler (*pulperos*), die an Bord eines kürzlich eingelaufenen ausländischen Schiffs zu Abend gegessen hatten, voller Heiterkeit ein, sie in die Stadt zu begleiten. Diese rechtschaffenen Leute ließen uns zu zweit auf ein Pferd steigen, und wegen der übermäßigen Hitze zögerten wir nicht, ein so herzliches Angebot anzunehmen. Die Entfernung von der Mündung des Río Guaurabo bis Trinidad beträgt fast vier Meilen in nordwestlicher Richtung. Der Weg führt durch eine Niederung, die an- |II.28 scheinend durch die lange Anwesenheit von Wasser eingeebnet worden war. Sie ist von einer schönen Vegetation bedeckt, der die *Miraguama*, eine Palme mit silberfarbenen Blättern, die wir hier zum ersten Mal sahen, einen besonderen Charakter verleiht[295]. Dieses fruchtbare Land, obwohl es *tierra colorada* ist, wartet nur darauf, durch die Hand des Menschen erschlossen zu werden und ausgezeichnete Ernten zu liefern. Gegen Westen öffnet sich ein sehr malerischer Blick auf die *Lomas de San Juan*, eine Kette von 1 800 bis 2 000 Fuß hohen, nach Süden hin sehr steilen Sandsteinbergen. Ihre nackten, trocknen Gipfel formen bald abgerundete Bergrücken, bald echte Hörner[296], die leicht geneigt sind. Trotz des großen Temperaturabfalls, |II.29 den man während der Jahreszeit der *Nortes* [Nordwinde] erlebt, sieht man auf diesen Bergen und jenen von Santiago niemals Schnee, sondern lediglich Rauhfrost und Rauhreif (*escarcha*). Ich habe schon an anderer Stelle über diesen schwer zu erklärenden Mangel an Schneefällen gesprochen[297]. Wenn man aus dem Wald tritt, erblickt man einen Vorhang von Hügeln, deren südlicher Abhang mit Häusern bedeckt ist; dies ist die Stadt Trinidad, 1514 von dem Gouverneur Diego Velázquez wegen der „reichen Goldminen" gegründet, die scheinbar in dem kleinen Tal des Río Arimao entdeckt worden waren[298]. Alle Straßen in Trinidad haben ein sehr steiles Gefälle; man beklagt sich hier, wie in den meisten Teilen des spanischen Amerikas, dass die

---

[295] Corypha Miraguama. *Siehe die Nova Genera*, Bd. I, S. 2[39]. Es handelt sich wahrscheinlich um dieselbe Art, deren Gestalt die Herren John Fraser und [Edmund] William Fraser (Vater und Sohn) in der Gegend von Matanzas so beeindruckte. Wenige Wochen vor meiner Abfahrt nach Cartagena erlitten diese aus den Vereinigten Staaten kommenden Botaniker, die eine große Zahl von kostbaren Pflanzen in die Gärten Europas eingeführt haben, bei der Ankunft in Havanna Schiffbruch und retteten sich nur mit Mühe über die Cayos am Eingang des Canal Viejo.

[296] Überall, wo der Felsen zutage tritt, habe ich einen kompakten, grauweißlichen, teils porösen, teils gleichmäßig gebrochenen Kalkstein wie in der Juraformation gesehen. Bd. XI, S. 229 f.

[297] Bd. XI, S. [256].

[298] Dieser Fluss strömt gegen Osten in die Bahía de Jagua hinein.

Conquistadoren schlechte Plätze für die Gründung neuer Städte ausgewählt hatten[299].

|II.30   An der nördlichen Stadtgrenze befindet sich die Kirche *Nuestra Señora de la Popa*, eine berühmte Pilgerstätte. Dieser Punkt erschien mir auf einer Höhe von 700 Fuß über dem Meeresspiegel zu liegen. Man genießt hier, wie von den meisten Straßen, einen prächtigen Blick über den Ozean, über die zwei Häfen (*Puerta Casilda* und *Boca Guaurabo*), über einen Palmenwald und die Gruppe hoher Berge von San Juan. Da ich versäumt hatte, das Barometer und meine übrigen Instrumente in die Stadt bringen zu lassen, versuchte ich am folgenden Tag zur Höhenbestimmung des *Popa*, die Sonnenhöhe abwechselnd über dem Meereshorizont und in einem künstlichen

|II.31   Horizont zu messen. Ich hatte diese Methode[300] schon am Schloss von Muviedo, in den Ruinen von Sagunto [Sagunt im östlichen Spanien] und am Cabo Blanco in der Nähe von Guaíra versucht: Aber der Meereshorizont war in Dunst gehüllt und an einigen Stellen durch jene schwärzlichen Streifen unterbrochen, die entweder auf kleine Luftströmungen[301] oder auf ein Spiel von ungewöhnlichen Lichtbrechungen hindeuten. In *Villa* (heute *Ciudad*) de Trinidad wurden wir bei dem Verwalter der *Real Hacienda*, Herrn [José Antonio] Muñoz, mit der liebenswürdigsten Gastfreundschaft empfangen. Während eines großen Teils der Nacht stellte ich Beobachtungen an und fand die Breite in der Nähe der Kathedrale unter ebenfalls ungünstigen Bedingungen durch die Ähre der Jungfrau [Spica Virginis], α Centauri und β Crucis 21° 48′ 20″. Meine Chronometerlänge betrug 82° 21′ 7″. Aus Mexiko zurückkehrend lernte ich bei meiner zweiten Reise nach Havanna, dass diese Länge beinahe iden-

|II.32   tisch war mit der, die der Fregattenkapitän Don José del Río, der lange an diesem Ort gelebt hatte, ermittelte, dass aber dieser Offizier für die Stadt eine Breite von 21° 42′ 40″ ermittelte. Ich habe diese Diskrepanz an anderer Stelle besprochen[302]: Hier genügt es zu bemerken, dass Herr de Puységur 21° 47′ 15″ fand, und dass vier Sterne des Großen Bären, die Gamboa 1714 beobachtet hatte, Herrn Oltmanns (als

---

[299] Sollte die durch Velázquez [de Cuéllar] gegründete Stadt in der Ebene und näher den Häfen von Casilda und Guaurabo gelegen sein? Einige Bewohner glauben, dass die Furcht vor französischen, portugiesischen und englischen Freibeutern zur Entscheidung für das Landesinnere am Abhang der Berge geführt hatte, einem Ort, von dem aus man wie von einem Ausguck das Nahen des Feindes entdecken konnte: Aber diese Furcht konnte, wie mir scheint, nicht vor der Regierungzeit des Hernando de Soto verspürt worden sein. Havanna wurden zum ersten Mal im Jahre 1539 von französischen Korsaren geplündert.

[300] Bd. IV, S. 121 f. Es ist eine Methode, die Depression des Horizonts mit Hilfe eines Reflexionsinstruments zu finden.

[301] Bd. IV, S. 295 und 296. Nach Meinung eines großen Naturforschers, Herrn [William Hyde] Wollaston, den ich das Vergnügen hatte, über diese merkwürdige Erscheinung um Rat zu fragen, sind diese schwarzen Steifen vielleicht ein weniger weit entfernter Teil der Meeresoberfläche, den der Wind zu kräuseln beginnt. In diesem Fall wäre wegen des Farbkontrasts der weiter entfernte wirkliche Horizont für unser Auge unsichtbar.

[302] *Recueil d'observations astronomiques*, Bd. II, S. 72. Ich habe in meiner Karte der Insel Kuba die Position übernommen, die mir die Beobachtungen vom 14. März 1801 gegeben haben; für die Karte des *Depósito de Madrid*, veröffentlicht in Paris im Jahr 1824, bevorzugte man die Ergebnisse des Herrn del Río (Espinosa, *Memorias*, Bd. II, S. 65).

er die Deklination anhand des Katalogs von [Giuseppe] Piazzi bestimmte) 21° 46′ 35″
gegeben haben.

Der *Teniente Gobernador* von Trinidad, dessen Gerichtsbarkeit sich über Villa
Clara, Príncipe und Sancti Spíritus erstreckt, war der Neffe des berühmten Astronomen Don Antonio Ulloa. Er gab uns ein großes Fest, bei dem sich einige französischen Auswanderer aus Saint-Domingue zusammenfanden, die ihre Klugheit und
ihren Gewerbefleiß in diese Gegenden gebracht haben. Der Zuckerexport von Tri- |II.33
nidad (wenn man sich nur an die Eintragungen des Zollamts hält) überschritt noch
nicht 4000 Kisten. Man beklagte sich „über die Hindernisse, die die Zentralregie-
rung in ihrer ungerechten Vorliebe für Havanna der Entwicklung der Landwirtschaft
und des Handels im mittleren und östlichen Teil der Insel in den Weg legte"; man
beklagte sich „über eine große Konzentration von Reichtum, Bevölkerung und
Macht in der Hauptstadt, während der Rest des Landes beinahe menschenleer war.
Mehrere in gleichen Abständen über die Fläche der Insel verteilte kleine Zentren
würden dem gegenwärtigen System vorzuziehen sein, das die Opulenz, die Ver-
dorbenheit der Sitten und das Gelbfieber an einen einzigen Punkt zusammengeru-
fen hat". Diese übertriebenen Anschuldigungen, diese Beschwerden der Provinz-
städte gegenüber der Hauptstadt sind überall die gleichen. Man kann nicht bezweifeln, dass in der politischen Organisation ebenso wie in der physischen Organisation
das Allgemeinwohl von einem teilweise gleichförmig ausgebreiteten Leben abhängt,
aber man muss zwischen dem Vorrang, der aus dem natürlichen Gang der Dinge
erwächst, und der Wirkung von Regierungsmaßnahmen unterscheiden.

In Trinidad diskutiert man häufig über die Vorteile der zwei Häfen; vielleicht |II.34
wäre es besser, wenn sich die Stadtverwaltung, die nur geringe Geldmittel zur Verfügung hat, mit der Verbesserung eines einzigen Hafens befassen würde. Die Entfernungen der Stadt von Puerto de Casilda und Puerto Guaurabo sind beinahe
dieselben; die Transportkosten sind jedoch höher, wenn man die Waren im ersteren
dieser Häfen verlädt. Die durch eine neu errichtete Batterie verteidigte Boca del
Río Guaurabo bietet einen sicheren Ankerplatz, ist jedoch weniger geschützt als die
von Puerto Casilda. Boote, die einen geringen Tiefgang haben oder die man für die
Fahrt durch die Sandbänke erleichtert, können flussaufwärts fahren und sich der Stadt
auf weniger als eine Meile nähern. Die Paketschiffe (*correos*), die in Trinidad de Cuba
auf ihrem Weg vom Festland kurz festmachen, bevorzugen im Allgemeinen den Río
Guaurabo, wo sie vollkommen sicher ankern können, ohne eines Lotsen zu bedürfen. Puerto de Casilda ist ein mehr geschlossener, weiter landeinwärts gelegener Ort;
man kann dort aber wegen der Riffe (*arrecifes*) der Mulas und Mulatas nicht ohne
Lotsen einlaufen. Der große, aus Holz gebaute und für den Handel sehr nützliche
Hafendamm ist beim Entladen von Geschützen beschädigt worden; er ist vollständig
zerstört, und man ist unschlüssig, ob es nicht besser sei, ihn aus Stein gemauert nach |II.35
dem Entwurf von Don Luis de Bassecourt zu rekonstruieren, oder die Sandbank des
Guaurabo mittels eines Baggers zu öffnen. Der große Nachteil von Puerto de Casilda
ist der Mangel an Süßwasser; die Boote sind gezwungen, das Wasser an einem entfernten Ort zu suchen, indem sie die westliche Spitze umfahren und zu Kriegszeiten

Gefahr laufen, von Korsaren aufgegriffen zu werden. Man versicherte uns, dass die Bevölkerung von Trinidad, einschließlich der die Stadt umgebenden Bauernhöfe in einem Umkreis von 2000 Toisen, 19000 Personen beträgt. Der Anbau von Zucker und Kaffee hat sich erstaunlich vergrößert. Europäische Getreide werden nur weiter nördlich, gegen Villa Clara, angebaut.

Wir verbrachten einen sehr angenehmen Abend im Haus von Don Antonio Padrón, eines der reichsten Einwohner, wo sich die gesamte vornehme Gesellschaft von Trinidad zu einem Gesprächskreis (*tertulia*) zusammenfand. Uns erstaunten erneut die Heiterkeit und die Lebendigkeit des Geistes, durch die sich die kubanischen Frauen in der Provinz und in der Hauptstadt auszeichnen; dies sind glückliche Gaben der Natur, denen die Raffinesse der europäischen Zivilisation mehr Reiz verleihen kann, |II.36 die aber schon in ihrer ursprünglichen Einfachheit gefallen. Wir verließen Trinidad in der Nacht des 15. März, und unsere Abreise aus der Stadt glich kaum dem Einzug, den wir mit den katalanischen Händlern zu Pferd gehalten hatten. Die Stadtverwaltung ließ uns in einer schönen, mit altem, karmesinrotem Damast ausstaffierten Kutsche bis zur Mündung des Río Guaurabo geleiten; und, um die Verlegenheit, die wir empfanden, noch zu steigern, pries ein Geistlicher, der trotz der Hitze in Samt gekleidete Ortsdichter, unsere Reise zum Orinoco in einem Sonett.

Auf dem zum Hafen führenden Weg wurden wir durch ein Schauspiel sonderbar überrascht, das uns nach einem zweijährigen Aufenthalt im wärmsten Teil der Tropen hätte vertraut sein sollen. Nirgendwo sonst habe ich eine so unübersehbare Zahl von phosphoreszierenden Insekten[303] gesehen. Die den Boden bedeckenden Gräser, die Zweige und die Blätter der Bäume, alles glänzte in diesem rötlichen und beweglichen Licht, dessen Intensität nach dem Willen der Tiere wechselt, die es hervorbringen. |II.37 Man hätte meinen können, die Sterne am Himmelsgewölbe hätten sich auf die Savanne niedergesenkt! In den Hütten der ärmsten Landbewohner benutzt man ungefähr fünfzehn *cocuyos* (Leuchtkäfer) in einer durchlöcherten Kalebasse beim nächtlichen Suchen von Gegenständen. Es genügt, das Gefäß kräftig zu schütteln, um das Tier anzuregen, den Glanz der Leuchtplatten zu erhöhen, die sich an jeder Seite seines Thorax befinden. Die Menschen sagen mit einer sehr unbedarften Ehrlichkeit, dass die mit *cocuyos* gefüllten Kalebassen fortwährend brennende Laternen sind. Sie verlöschen tatsächlich nicht, außer bei Krankheit oder Tod der Insekten, die man leicht mit ein wenig Rohrzucker füttern kann. Eine junge Frau in Trinidad de Cuba erzählte uns, dass sie während einer langen, beschwerlichen Überfahrt zum Festland jedes Mal das Leuchten der *cocuyos* nutzte, wenn sie nachts ihrem Kind die Brust gab. Aus Furcht vor den Korsaren erlaubte der Kapitän kein anderes Licht an Bord seines Schiffes.

Da die in Richtung Nordost wehende Brise ständig auffrischte, wollte man die Gruppe der Cayman-Inseln vermeiden, aber die Strömung trieb uns auf diese kleinen |II.38 nen Inseln zu. Indem wir Kurs S¼ SO steuerten, verloren wir die Küstenstriche mit ihren eingestreuten Palmen, die die Stadt Trinidad verdeckenden Hügel und die hohen Berge der Insel Kuba aus den Augen. Im Anblick eines Landes, das man ver-

---

[303] *Cocuyo* (Elater noctilucus).

lässt und das sich allmählich unter den Horizont des Meeres senkt, liegt etwas Feierliches. Diese Empfindung vergrößerte die Bedeutung und den Ernst einer Epoche, in der Saint-Domingue, der Mittelpunkt großer politischer Unruhen, drohte, die übrigen Inseln in einen jener blutigen Kämpfe zu verwickeln, die dem Menschen die Wildheit seines Geschlechts offenbaren. Diese Drohungen und Befürchtungen haben sich glücklicherweise nicht erfüllten; der Sturm hat sich selbst an den Orten gelegt, die seine Geburt gesehen haben, und eine freie schwarze Bevölkerung, weit davon entfernt, den Frieden der benachbarten Antillen zu stören, hat einige Fortschritte in Richtung auf die Milderung der Sitten und die Einrichtung guter bürgerlicher Institutionen gemacht. Puerto Rico, Kuba und Jamaika mit zusammen 370 000 weißen und 885 000 farbigen Menschen umschließen Haiti, wo zusammen 900 000 Schwarze und Mulatten leben, die sich durch ihren Willen und den Erfolg ihrer Waffen befreit haben. Diese schwarzen Menschen, die sich mehr dem Anbau von Nahrungspflanzen als von Kolonialprodukten widmen, vergrößern ihre Zahl mit einer Schnelligkeit, die nur von dem Bevölkerungszuwachs der Vereinigten Staaten übertroffen wird. Sollte die Ruhe, die man auf den spanischen und britischen Inseln während der 26 Jahre seit der ersten Revolution Haitis genossen hat, den weißen Menschen eine verhängnisvolle Sicherheit einflößen, die sich durch Geringschätzung jeglicher Verbesserung der Lage der geknechteten Klasse widersetzt? Um dieses Mittelmeer der Antillen herum, nach Westen und nach Süden hin, in Mexiko, Guatemala und Colombia, arbeiten neue Gesetzgebungen mit Eifer daran, die Sklaverei auszulöschen. Man kann erwarten, dass die Vereinigung dieser zwingenden Umstände die wohltätigen Absichten einiger europäischer Regierungen fördert, die schrittweise das Schicksal der Sklaven mildern wollen. Die Furcht vor der Gefahr wird Zugeständnisse ertrotzen, die die ewigen Prinzipien der Gerechtigkeit und der Menschlichkeit verlangen.

|II.39

Über den Zuckerkonsum in Europa

|II.40

Eins der interessantesten Probleme der politischen Ökonomie ist die Ermittlung des Verbrauchs von Nahrungsmitteln, die beim gegenwärtigen Zustand der europäischen Zivilisation das hauptsächliche Ziel der Produktion in den Kolonien sind. Man kann durch *Grenzzahlen* auf zwei unterschiedlichen Wegen annähernd genaue Ergebnisse erzielen: 1) indem man die Ausfuhr von Ländern, die die bedeutendste Menge dieser Nahrungsmittel liefern, erörtert, und dies sind für Zucker die Antillen, Brasilien, die Guayanas, Île-de-France [später Mauritius], Bourbon [später Réunion] und Ostindien; 2) indem man den europäischen Import von Nahrungsmitteln aus den Kolonien untersucht und ihren jährlichen Verbrauch mit der Bevölkerung, dem Reichtum und den nationalen Gewohnheiten in jedem Land vergleicht. Wenn es nur eine einzige Quelle für ein Produkt gibt, wie beispielsweise beim Tee, sind derartige Untersuchungen leicht und ziemlich sicher; aber die Schwierigkeiten wachsen in den tropischen Regionen, die alle eine mehr oder weniger beachtliche Menge Zucker, Kaffee oder Indigo erzeugen. In diesem Fall

|II.41

muss man, um eine *untere Grenzzahl* für den Verbrauch zu erstellen, damit beginnen, die Aufmerksamkeit an den großen Mengen festzumachen. Wenn man weiß, dass die britischen, spanischen und französischen Antillen nach den Zollverzeichnissen jährlich 269 Millionen Kilogramm Zucker exportieren, dann ist es nicht so wichtig zu wissen, ob die niederländischen und dänischen Antillen 18 oder 22 Millionen erzeugen. Wenn Brasilien, Demerara, Berbice und Essequibo 155 Millionen Kilogramm Zucker exportieren, dann hat ein Zweifel an der Produktion von Surinam und von Cayenne, die zusammen weniger als 12 Millionen Kilogramm liefern, wenig Einfluss auf die Schätzung des allgemeinen Verbrauchs in Europa. Dasselbe trifft auf Englands Zuckerimport aus Indien zu, über den man so viele übertriebene Vorstellungen verbreitet hat. Wenn man diesen Import vollständig vernachlässigte, irrte man sich in Bezug auf den gegenwärtigen europäischen Verbrauch nur um ein Dreiundvierzigstel, und eine einzige Insel der Kleinen Antillen, beispielsweise Grenada, Barbados oder St. Vincent, sendet mehr Zucker nach Europa als alle britischen Besitzungen in Indien. Ich habe schon an anderer Stelle (*Relation historique*, Bd. V, S. 296) das Problem behandelt, dessen Lösung in dieser Notiz diskutiert wird; infolge zahlenmäßig geringerer und weniger exakter Materialien glaubte ich damals, dass

|II.42 der Zuckerkonsum Europas im Jahr 1818 nur 450 Millionen Pfund betrug. Diese Zahl schien selbst für jene Zeit vielleicht um ein Fünftel oder ein Viertel zu gering; aber man darf nicht vergessen, dass von 1818 bis 1825 der Preis für amerikanischen Zucker um 38 Prozent gefallen ist, und dass Verbrauch und Preise in einem umgekehrten Verhältnis zueinander stehen. (*Table of Prices* in [Thomas] Tooke, *Appendix to Part* IV, *idem*, 1824, S. 53; und [Powell,] *Statistical Illustrations of the British Empire*, 1825, S. 56). Beispielsweise ist in Frankreich der Verbrauch von 1788 bis 1825 um mehr als 40 Prozent gestiegen: im Jahr 1788 betrug er 21 Millionen Kilogramm, 1818 waren es 34 Millionen und 1825 mehr als 50 Millionen. Gerade aufgrund der Schnelligkeit des Wachstums von Kolonialhandel und europäischem Reichtum ist es wichtig, den Stand der Dinge in einem gegebenen Zeitraum numerisch zu bestimmen. Arbeiten dieser Art liefern Vergleichspunkte, deren Wichtigkeit von denen lebhaft empfunden werden wird, die, Herrn Tooke folgend, in einem weiteren Jahrhundert die fortschrittliche Entwicklung des industriellen Systems in den beiden Erdhälften mitverfolgen wollen.

I. PRODUKTION. Wir werden hier den Zustand der Landwirtschaft nur insofern prüfen, als sie ihre Produkte in den Handel mit Europa und den Vereinigten Staaten einbringt. Von diesem Standpunkt aus betrachtet sind der Antillen-Archipel, Bra-

|II.43 silien, Britisch- und Niederländisch-Guayana, Louisiana, Île-de-France [später Mauritius], Bourbon [später Réunion] und Ostindien heute die einzigen Länder, die unsere Aufmerksamkeit verdienen. Mexiko hat von 1802 bis 1804 von Veracruz aus jährlich fünf bis fünfeinhalb Millionen Kilogramm Zucker exportiert; und zwar:

1802	439 132	Arrobas zu	1 476 435	Piaster
1803	490 292		1 514 882	
1804	381 509		1 097 505	
1810	121 050		272 362	
1811	101 016		251 040	
1812	12 230		30 575	

Aber die Senkung der Preise (von drei Piaster pro *Arroba* im Jahr 1823 auf ein und drei Fünftel Piaster im Jahr 1825), die hohen Transportkosten von Cuernavaca, Puente de Istla [auch Ixtla] und Valladolid de Mechoacán zum Hafen von Veracruz sowie die politischen Unruhen haben dem Export von mexikanischem Zucker ein völliges Ende gesetzt. Exporte aus Venezuela, Cayenne, Guayaquil und Peru zählen nur zum Küstenhandel, zum Austausch von Produkten zwischen mehreren Teilen des spanischen Amerikas.

Wir haben weiter oben dargelegt (Bd. XI, S. 378), dass der gesamte Antillen-Archipel von 1823 bis 1825 nach den Zollverzeichnissen (und in dieser Diskussion lassen wir zunächst den Ertrag des Schleichhandels außer Acht) jährlich wenigstens 287 Millionen Kilogramm Zucker exportiert, davon drei Viertel Rohzucker und ein Viertel raffinierter Zucker. Allein die Insel Kuba steuert für den rechtmäßigen Handel 56 Millionen Kilogramm *azúcar blanco y quebrado* [weißen Zucker und Rohzucker] bei. Wenn man die 287 Millionen Kilogramm Zucker, die der gesamte Archipel liefert, zwischen den Großen und den Kleinen Antillen aufteilt, dann findet man, dass der Anteil ungefähr der Menge zu einer Zeit gleicht, als auf der Insel Haiti der Anbau von Zuckerrohr kaum den einheimischen Verbrauch überstieg. Kuba und Jamaika, mit einer gemeinsame Fläche von 4 400 Quadratseemeilen und 623 500 Sklaven, exportieren zusammen 136 Millionen Kilogramm (mit Schmuggelware 150 Millionen); die Kleinen Antillen mit 940 Quadratmeilen und 524 000 Sklaven exportieren 144 Millionen Kilogramm.

Vergleicht man die Länder, die heute dem Handel mit Europa und den Vereinigten Staaten die beachtlichsten Mengen Zucker beisteuern, so findet man sie auf der Stufenleiter der Landwirtschaftsindustrie in der folgenden Reihenfolge: | II.45

BRASILIEN	125	Millionen kg
(Saint-Domingue lieferte 1788 mehr als 80 Millionen kg)		
JAMAIKA (Fläche 460 Quadratseemeilen)	80	
KUBA (Fläche 3615 Quadratmeilen), inkl. des Schleichhandels	70	
Nach den Zollregistern 56 Mil. kg		
BRITISCH-GUAYANA	31	
GUADELOUPE (Fläche 55 Quadratmeilen)	22	
MARTINIQUE (Fläche 30 Quadratmeilen)	20	
ÎLE-DE-FRANCE (Fläche 108 Quadratmeilen)	14	

LOUISIANA (zweifelhafter Befund)   13

BARBADOS oder SAINT-VINCENT, jede Insel   12,5

   Fläche der ersten 13 Quadratmeilen, der zweiten 11 Quadratmeilen

GRENADA und ANTIGUA, jede Insel   11

   Fläche der ersten 15 Quadratmeilen, der zweiten 7 ½ Quadratmeilen

SURINAM   10

OSTINDIEN   10

TRINIDAD (Fläche 139 Quadratmeilen)   9

ÎLE-DE-BOURBON [später Réunion] (Fläche 190 Quadratmeilen)   8

SAINT-CHRISTOPHE und TOBAGO, jede Insel   6

   Fläche von 5 bis 12 Quadratmeilen

DOMINIQUE, NEVIS und MONTSERRAT, jede Insel
   weniger als   2

|II.46–47

JAHRE	IMPORTE von den BRITISCHEN ANTILLEN zu den Häfen Großbritanniens	EXPORTE VON GROSSBRITANNIEN		
		nach IRLAND	in VERSCHIEDENE LÄNDER	SUMME DER Re-Exporte
1761	1517727 CWT	130811 CWT	444228 CWT	575039 CWT
1762	1428086	100483	366327	466810
1763	1765838	159230	398407	557637
1764	1488079	125841	371453	497294
1765	1227159	152616	191756	344372
Jährliche Durchschnittsmenge	1485377	133796	354434	488230
1771	1492096	207153	82563	289716
1772	1829721	189555	48678	238233
1773	1804080	200886	37323	238209
1774	2029725	224733	55481	280214
1775	2021059	272638	190568	463206
Jährliche Durchschnittsmenge	1835336	218993	82922	301915

JAHRE	IMPORTE von den BRITISCHEN ANTILLEN zu den Häfen Großbritanniens	EXPORTE VON GROSSBRITANNIEN		
		nach IRLAND	in VERSCHIEDENE LÄNDER	SUMME DER Re-Exporte
1781	1080848	162951	114631	277582
1782	1374269	96640	49816	146456
1783	1584275	173417	177839	351256
1784	1782386	142139	222076	364,215
1785	2075909	210939	223204	434,143
Jährliche Durchschnittsmenge	1579537	157217	157513	314730
1791	1808950	141291	267397	408688
1792	1980973	115309	508821	624,130
1793	2115308	145223	360005	505228
1794	2330026	153798	792364	946162
1795	1871368	147609	551788	699397
Jährliche Durchschnittsmenge	2021325	140646	496075	636721

JAHRE	IMPORTE von den BRI-TISCHEN ANTILLEN zu den Häfen Großbritanniens	EXPORTE VON GROSSBRITANNIEN		
		nach IRLAND	in VERSCHIEDENE LÄNDER	SUMME DER Re-Exporte
1801	3 729 264	113 915	862 892	976 807
1802	4 119 860	179 978	1 747 271	1 927 249
1803	2 925 400	144 646	1 377 867	1 522 513
1804	2 968 590	153 711	762 485	916 196
1805	2 922 255	153 303	808 073	961 376
1806	3 673 037	127 328	791 429	918 757
Jährliche Durchschnittsmenge	3 389 734	145 480	1 058 336	1 203 816
1809	3 974 185	272 943	1 223 748	1 496 691
1810	4 759 423	102 039	1 217 310	1 319 349
1811	3 897 221	335 468	355 602	690 870
Jährliche Durchschnittsmenge	4 210 276	236 816	932 220	1 169 036

|II.48   Ich erinnere daran, dass der britische Zentner oder *cwt* (Hundredweight) 50 Kilogramm entspricht. Das oben abgedruckte Tableau wurde im *Office of the Inspector-general of the Custom-house* in London unter der Leitung des Herrn William Irving ausgearbeitet. Von 1812 bis 1815 betrug der Export der Britischen Antillen sowie von Demerary, Berbice und Essequibo

1812	3 551 449	cwt
1813	3 500 000	
1814	3 408 793	
1815	3 493 116	

Allein Britisch-Guayana trug in diesem Zeitraum jährlich nur noch 340 000 cwt zum Handel bei ([Powell,] *Statistical Illustrations*, S. 56). Die folgende, den *Parliamentary Returns* entnommene Tabelle erfasst den Zuckerexport aus den Antillen und von Guayana nach verschiedenen Häfen Großbritanniens von 1816 bis 1824.

|II.49

BRITISCHE ANTILLEN	SKLAVEN im Jahr 1823	1816 (cwt)	1817 (cwt)	1818 (cwt)	1819 (cwt)	1820 (cwt)	1821 (cwt)	1822 (cwt)	1823 (cwt)	1824 (cwt)	Durchschnittlicher Export von 1816 bis 1824 (cwt)
Jamaika	342 382	1 389 411	1 717 259	1 653 303	1 614 346	1 769 124	1 679 720	1 413 717	1 417 746	1 451 332	1 567 328
Antigua	30 985	197 300	179 370	228 308	209 395	162 573	207 548	102 938	135 466	222 207	182 789
Barbados	73 345	288 623	239 732	249 076	282 456	179 951	211 371	156 682	314 630	245 828	240 928
Dominica	16 554	47 035	31 678	33 820	42 896	45 932	38 119	41 650	39 013	42 329	40 275
Grenada	25 580	266 055	196 959	220 958	204 565	184 551	216 367	199 178	247 369	227 613	218 180
Montserrat	6 593	28 981	31 214	36 919	37 168	32 815	33 282	27 071	24 466	30 648	31 396
Nevis	9 261	71 655	45 852	82 368	63 154	36 395	66 023	31 696	44 283	40 734	53 573
St. Christopher [St. Kitts]	19 817	124 757	125 977	130 218	141 501	89 501	128 436	89 682	76 181	132 585	115 426
St. Lucia	13 794	69 830	56 401	42 006	78 719	50 220	77 971	92 060	62 148	73 100	66 939
St. Vincent	24 252	263 433	242 413	254 446	262 033	216 679	233 448	261 159	232 575	246 821	245 890
Tobago	14 314	139 157	132 387	112 930	132 544	109 194	108 243	100 725	113 015	123 868	119 118

II.49

BRITISCHE SKLAVEN	im Jahr 1823 (cwt)	1816 (cwt)	1817 (cwt)	1818 (cwt)	1819 (cwt)	1820 (cwt)	1821 (cwt)	1822 (cwt)	1823 (cwt)	1824 (cwt)	Durchschnittlicher Export von 1816 bis 1824 (cwt)
ANTILLEN											
Tortola	6460	51092	42934	43573	36421	15225	23459	22170	21583	20559	30780
Trinidad	23537	132893	128433	138153	166591	156041	162257	178491	186891	180093	158872
Summe für die Brit. Antillen	606874	3070222	3170609	3226078	3271789	3048201	3186244	2717219	2915366	3037717	3071494
GUAYANA											
Demerary	77370	323443	377796	420186	480933	536561	492146	530948	607858	613990	487095
Berbice	23356	15308	14158	17764	29967	37696	53257	55357	55995	64,608	38235
Summe für Brit. Guayana	100726	338751	391954	437950	510900	574257	545403	586305	663853	678,598	525330

Der Export zu den Häfen Irlands ist in diesem Tableau nicht enthalten: Nach den |II.50
mir freundlicherweise von Herrn Charles Ellis (heute Lord Seaford) mitgeteilten
Auskünften betrug er

1821 aus Jamaika 21 785 cwt; aus den anderen Britischen Antillen 123 037 cwt;
aus Britisch-Guayana 24 843 cwt

1822 aus Jamaika 15 715 cwt; aus den anderen Britischen Antillen 93 406 cwt;
aus Britisch-Guayana 22 327 cwt

1823 aus Jamaika 28 490 cwt; aus den anderen Britischen Antillen 149 994 cwt;
aus Britisch-Guayana 21 605 cwt

1824 aus Jamaica 30 472 cwt; aus den anderen Britischen Antillen 155 197 cwt;
aus Britisch-Guayana 31 508 cwt

Aus diesen Auskünften ersieht man beispielsweise, dass sich von 1816 bis 1820 die
Produktion in Demerary und Berbice nahezu verdoppelte; dass die von Jamaika in
den letzten Jahren um fast ein Achtel gesunken ist; dass aber die Zunahme der Produktion auf mehreren der Kleinen Antillen, insbesondere Trinidad, Antigua und
Saint-Lucia, diese Verminderung für den Handel Großbritanniens weniger spürbar
werden ließ.

Brasilien, dass in den Jahren der großen Dürre nur 90 Millionen Kilogramm
exportierte, hat im Jahr 1816 nach den Recherchen des Herrn Baron Delessert die
Ausfuhr auf 130 Millionen gesteigert.

Louisiana (mit mehr als 75 000 Sklaven) exportiert heute wahrscheinlich an- |II.51
nähernd 13 Millionen Kilogramm Zucker. Im Jahr 1810 veranschlagte Herr Pitkin die Produktion auf fünf Millionen Kilogramm; aber im Jahr 1815 behauptet
man, dass die Gesamternte auf 40 000 Boucauts (zu je 1 000 Pfund) angestiegen
ist.

Die Ausfuhren aus den Britischen und Niederländischen Guayanas können zusammen auf 40 Millionen Kilogramm geschätzt werden. Allein die Kolonie Surinam
bringt Folgendes ein:

1820	18 086 000 Pfund
1821	18 549 000
1822	17 964 000
1825	20 266 000

Der Zuckerrohranbau auf Île-de-France und Bourbon [später Mauritius und Ré-
union] macht beachtliche Fortschritte. Wenn man dabei bedenkt, dass die letztere
dieser Inseln erst seit dem Jahr 1814 an Bedeutung gewonnen hat, liegen ihre Ausfuhren bereits in den Jahren

1820 bei	4 541 000	kg
1821	4 926 000	
1822	6 995 000	
1823	5 608 800	

|II.52 Ich verdanke diese offiziellen Auskünfte dem Grafen Bassayns Richemont, dem früheren Bezirksverwalter der Kolonie. Am 24. Februar 1823 schädigte ein Windsturm die Jahresernte. Nach den Berichten des zuständigen Beauftragten glaubt man, dass die Erträge sich im Jahr 1825 auf acht Millionen Kilogramm erhöhen könnten. Man darf jedoch nicht vergessen, dass die Verwaltung den Reichtum der Insel zu übertreiben pflegt, um dadurch Steuer- und Tariferhöhungen zu rechtfertigen, wohingegen der Beirat dazu tendiert, die Erträge der Kolonie herunterzuspielen, um dadurch zu beweisen, dass die Abgaben zu hoch sind. In seiner interessanten Studie, *Commerce extérieur de la France et la question d'un Entrepôt à Paris* (1825, S. 150), setzt Herr Rodet die Zuckerexporte der Insel Bourbon an das Mutterland für die vier Jahre von 1820 bis 1823 nur bei 13 503 000 Kilogramm an. Sir Robert Farquhar, ein ehemaliger [britischer] Gouverneur von Île-de-France, war Zeuge des Anstiegs der Ausfuhren dieser Kolonie von acht Millionen Pfund im Jahr 1820 auf 15 Millionen im Jahr 1821 und auf 25 Millionen im Jahr 1822. Heute glaubt man, dass die Exporte bereits 30 Millionen Pfund übersteigen. Da die Statistiken der britischen Zollämter den Zucker aus Île-de-France mit dem aus Ostindien vereinen und da vor 1822 die Zuckerexporte aus Ostindien zu allen britischen Häfen nicht mehr als 14 Millionen Kilogramm betrugen (die gleiche |II.53 Menge wie im Jahr 1820), ist es wahrscheinlich, dass die Ausfuhren aus den drei indischen Präsidentschaften [oder Handelssiedlungen] nicht über neun bis zehn Millionen Kilogramm hinausgingen. Der Zucker aus allen drei Präsidentschaften übersteigt im Übrigen nicht die Menge, die allein Île-de-France [später Mauritius] nach Großbritannien verschifft. Beispielsweise wurde nach Berichten über den Außenhandel in Kalkutta und Bombay von 1814 bis 1821 in diesen sieben Jahren Zucker im Wert von 24 411 000 Rupien aus diesen Häfen im Britischen Indien verfrachtet: 10,5 Millionen nach England, zwei Millionen ins restliche Europa und fünfeinhalb Millionen in die Vereinigten Staaten. Im Jahr 1821 hatten sich die Ausfuhren der drei Präsidentschaften zu Häfen in Großbritannien, die man für das Jahr 1815 auf 1 139 400 Rupien geschätzt hatte, auf 2 097 800 Rupien erhöht ([George Gerard de Hochepied Larpent,] *On Protection to West-India Sugar,* 1823, S. 154).

    II. KONSUM. Man kann mit ziemlicher Genauigkeit die Zuckerproduktion (oder, besser gesagt, die registrierten Mengen von Zucker) bestimmen, die aus Amerika von den Inseln Bourbon, Île-de-France [später Réunion und Mauritius] und aus Ostindien nach Europa und in die Vereinigten Staaten exportiert werden; es ist jedoch erheblich schwieriger, herauszufinden, wie sich diese Mengen auf verschiedene Länder verteilen. Wie wir weiter unten sehen werden, gibt es mehr oder minder verlässliche Zahlen für den Zuckerkonsum nur für Großbritannien, Frankreich und die Vereinigten Staaten, drei Länder die zusammen 230 Millionen Kilogramm verbrauchen. Die in den Ländern Deutschlands, in den Niederlanden und in Italien erstellten Statistiken enthalten unbefriedigende Informationen, da die Wiederausfuhren zum Teil mit dem einheimischen Verbrauch durcheinandergebracht werden und die Kompliziertheit der Grenzen den Schleichhandel begünstigt. Wenn man die Bevölkerung, den Wohlstand und die Gewohnheiten der Engländer und der Franzosen mit denen des übrigen Europas auf der Grundlage derselben rechnerischen Elemente vergleicht, kann man sich schwer vorstellen, wo genau diese enormen Mengen von Zucker (495 Millionen Kilogramm oder 9 744 000 cwt) verbraucht werden, die pro Jahr aus Häfen in den Antillen, in den Guayanas, auf den Inseln Amerikas und dem indischen Subkontinent exportiert werden.

|II.54

Heute beträgt der einheimische Zuckerverbrauch in *Großbritannien* 142 Millionen Kilogramm; von 1810 und 1811 erreichte er sogar 182 321 000 und 163 932 000 Kilogramm. Seit Ende des 17. Jahrhunderts ist der Verbrauch wie folgt angestiegen:

	Jahresdurchschnitt				
von	1690 bis 1699	200 000	cwt oder	10 160 000	kg
	1701 bis 1705	260 000		13 208 000	
	1771 bis 1775	1 520 000		77 216 000	
	1786 bis 1790	1 640 000		83 312 000	
	1818 bis 1822	2 577 000		130 912 000	

Der Zuckerkonsum ist demnach innerhalb von 124 Jahren fast auf das Dreizehnfache angestiegen (*Report of a Committee of the Liverpool East India Association*, 1822, S. 41; [Powell,] *Statistical Illustrations*, S. 57), während sich die Bevölkerung mehr als verdoppelt hat (*siehe* Bd. XI, 62 und 63). Im Jahr 1700 hatte England 5 475 000 Einwohner, Irland 2 099 000 zwölf Jahre später und Schottland wahrscheinlich 1,5 Millionen im Jahr 1700. Insgesamt hatte das Vereinigte Königreich im Jahr 1700 eine Bevölkerung von ungefähr neun Millionen und über 21 200 000 Seelen im Jahr 1822. Wenn man den Zuckerverbrauch auf allen britischen Inseln (Großbritannien und Irland) zusammenrechnet, erhält man die folgenden Zahlen im Jahresdurchschnitt:

|II.55

von	1761 bis 1765	1 130 943	cwt oder	57 452 000	kg
	1771 bis 1775	1 752 414		89 023 000	
	1781 bis 1785	1 422 024		72 239 000	
	1791 bis 1795	1 525 250		77 483 000	
	1801 bis 1806	2 331 398		118 435 000	
	1809 bis 1811	3 288 122		167 036 000	

Das folgende Tableau veranschaulicht das Verhältnis der Gesamteinfuhren der Häfen Großbritanniens (ohne Irland) zu den kleinen Mengen von Zucker, die bis heute noch aus Indien kommen[304].

Menge des von Großbritannien importierten, von dort aus re-exportiertem und dort verzehrtem Zuckers

| II.56

---

[304] Die Unterrschiede zwischen den in den Häfen von Großbritannien erhobenen Tarifen für Zucker aus den Antillen und dem aus Indien ist der Hauptgrund dafür, dass der Handel mit den indischen Zuckerernten nicht weiter an Bedeutung gewonnen hat. Diese Unausgewogenheit geht auf einen Parlamentserlass aus dem Jahr 1787 zurück; aufgrund Edikten aus den Jahren 1813 und 1821 ist die Schere noch weiter auseinandergeklafft. Der Unterschied beträgt zehn Shilling pro cwt oder 5,79 Kilogramm. „Wenn die Tarife für Zucker aus Indien und aus Amerika dieselben wären", schreibt Herr Cropper, „und wenn man auf dem indischen Subkontinent den Zuckerrohranbau förderte, dann würde Indien in zehn oder vielleicht sogar weniger Jahren mehr Zucker herstellen, als ganz Europa verbrauchen könnte" (*Letter to William Wilberforce*, S. 48).

| JAHRE | Gesamt-IMPORTE | Zucker-IMPORTE aus Indien | WEITERVERKÄUFE | | | Weiterverkaufter Zucker aus Indien | Einheimischer VERBRAUCH |
| | | | ROHZUCKER | RAFF. ZUCKER | INSGESAMT | | |
	cwt	cwt	cwt	cwt	cwt	cwt	cwt
1810	4808663	49240	616896	413209	1319350	7095	3489314
1811	3917627	20320	519177	100997	1690870	4032	3226758
1812	3762182	72886	674314	284617	1158162	6964	2604020
1813	4000000	50000	8505[00]	450000	1615500	10000	2384500
1814	4035323	49849	1058040	555335	2002109	41311	2033215
1815	3984782	125629	870992	609247	1906712	68422	2078070
1816	3760548	127203	670508	584182	1663620	102056	2096930
1817	3795550	125894	486693	697087	1671740	95494	2123809
1818	3965948	162395	486614	711185	169562[7]	110325	2270322
1819	4077009	205527	409308	525220	1302179	88214	2774830
1820	4063540	277228	504303	679565	1659156	186603	2404385
1821	4200857	269162	482812	645357	1589915	147283	2610942
1822	3643127	226476	411159	374784	1048297	102467	2594830
DURCHSCHNITT	4001165	135000	618000	510000	1486402	74000	2514763

|II.57   Der Schätzung des Werts des gesamten Weiterverkaufs von Rohzucker liegt in diesem Tableau die Formel zugrunde, dass 34 cwt Rohzucker 20 cwt raffinierten Zucker ergeben. Im Jahr 1813 wurden die Zollverzeichnisse in London von einem Feuer zerstört; die Zahlen für dieses Jahr stammen aus [Powells] *Statistical Illustrations* aus dem Jahr 1825 (S. 56, 57). Vgl. dazu [Thomas Tookes] *Thoughts and Details on the High and Low Prices*, 1824, Anhang IV, S. 72.

Im Jahr 1823 betrugen die Importe Großbritanniens 4 012 144 cwt oder 203 817 000 Kilogramm, und der einheimische Verbrauch lag bei 2 807 756 cwt oder 142 634 000 Kilogramm. Als Herr Huskisson in einer ausgezeichneten Rede im Parlament (vom März 1824) diesen Verbrauch auf 3 000 130 cwt oder 152 406 000 Kilogramm schätzte, meinte er wahrscheinlich den Gesamtverbrauch im Vereinigten Königreich. Man darf im Übrigen nicht die Bemerkung aus den Augen verlieren, dass die in offiziellen Aufstellungen als *home consumption* [einheimischer Konsum] markierte Menge nur den Unterschied zwischen importierten und exportierten Mengen von Zucker aussagt, ohne dabei den von Jahr zu Jahr eingelagerten Zucker zu berücksichtigen. Der durchschnittliche Wert der Einfuhren, die mit den Tagespreisen und dem Handelsvolumen schwanken, war (von 1813 bis 1815) auf jeweils zehn und 12 Millionen Pfund Sterling angestiegen. In den letzten Jahren
|II.58   (1820 bis 1823) betrug dieser Wert nur sechs Millionen Pfund Sterling. Daraus ergibt sich, dass Großbritanniens Verbrauch von Zucker aus Indien auszugsweise wie folgt angestiegen war:

1808 bis	23 526	cwt
1809	9 313	
1810	42 145	
1820	90 625	
1821	121 859	
1822	124 009	

Der Verbrauch ist also in 12 Jahren fast auf das Sechsfache angestiegen (*siehe* auch [Larpent,] *On Protection to West-India Sugar*, 1823, S. 9, 148). Heute würde die Zuckerherstellung allein aus den Britischen Antillen völlig ausreichen, um die Nachfrage der Bevölkerung Großbritanniens zu decken: Allerdings macht diese Bevölkerung nur sieben Prozent der Gesamtbevölkerung Europas aus, wohingegen sich der Zuckerkonsum in Großbritannien auf fast 30 Prozent aller europäischen Zuckereinfuhren beläuft.

Im Jahr 1788 verbrauchte *Frankreich* nur ein Fünftel (und höchsten ein Viertel) des aus seinen Kolonien importierten Zuckers. Herr Peuchet (*Statistique élémentaire de la France*, S. 406) schätzte den Verbrauch des Königreichs für diesen Zeitraum auf 21 266 000 Kilogramm raffinierten Zucker. Nach Herrn Chaptal lag er im Jahr 1801 immer noch nicht höher als 25 220 000 Kilogramm; aber gemäß den Zollämtern
|II.59   erhielt Frankreich von 1816 bis 1821 folgende Mengen Zucker in Kilogramm:

JAHR	ZUCKER aus den FRANZÖSISCHEN KOLONIEN	ZUCKER aus DEM AUSLAND	INSGESAMT
1816	17 530 000	7 049 000	24 579 000
1817	31 102 000	5 443 000	36 545 000
1818	29 809 000	6 277 000	36 086 000
1819	34 360 000	5 400 000	39 760 000
1820	40 752 000	8 467 000	49 219 000
1821	41 702 000	2 649 000	44 351 000

Diese Zahlen ergeben einen Jahresdurchschnitt von 32 542 000 Kilogramm Zucker aus den französischen Kolonien und 5 881 000 Kilogramm Zucker aus dem Ausland: insgesamt 38 423 000 Kilogramm. Wenn wir uns auf die letzten vier Jahre beschränken (1820 bis 1823), finden wir die durchschnittlichen Zuckereinfuhren in Frankreich bei 48 019 636 Kilogramm, von denen 40 367 452 aus den französischen Antillen und aus Cayenne stammen, 3 375 888 aus Bourbon [Réunion] und 4 276 296 aus Indien, Brasilien und Havanna. Von diesen 48 019 636 Kilogramm wurden pro Jahr durchschnittlich 1 123 158 Kilogramm raffinierter Zucker und 3 707 507 Kilogramm Melassen in andere Länder weiterexportiert. Frankreichs eigener Verbrauch | II.60
von 1820 bis 1822 betrug demnach fast 44 Millionen Kilogramm pro Jahr (Rodet, *Du commerce extérieur*, S. 154). Nach den Notizen, die mir der Graf Saint-Cricq, der Präsident der Handelskammer, freundlicherweise übermittelte, betrug in den letzten vier Jahren die Mengen des nach Frankreich verfrachteten Zuckers

1822	55 481 004 ·	kg
1823	41 542 856	
1824	60 031 122	
1825	56 081 506	

Im Jahr 1825 wurden 3 264 734 Kilogramm raffinierter Zucker erneut exportiert, zusammen mit 4 856 775 Kilogramm Melassen. Wenn man den in den Melassen enthaltenen Zucker berücksichtigt, kommt man für Frankreich auf einen Verbrauch von über 51 Millionen Kilogramm Rohzucker. Von 1788 bis 1825 stieg der Zuckerverbrauch in Frankreich und England in einem Verhältnis von zehn zu 24,4 und zehn zu 17,3 an. Jedoch erfuhr der Zuckerkonsum Frankreichs von 1819 bis 1825 ein noch schnelleres Wachstum von 39,8 auf 51 Millionen Kilogramm.

Nach Auskünften, die ich der Freundschaft des Herrn Gallatin verdanke, importierten die Vereinigten Staaten in den drei Jahren 1800, 1801 und 1802 im Durchschnitt 116 644 000 Pfund Zucker, einschließlich hellen braunen Zuckers, und verkauften davon 71 676 000 Pfund weiter, was einen Gesamtverbrauch von | II.61

44 668 000 Pfund ergibt (*Essai politique sur la royaume de la Nouvelle-Espagne*, S. 846–47). Herr Pitkin (*Statistical View*, 1816, S. 249) schätzt den Zuckerverbrauch für 1815 auf 70 Millionen Britische Pfund (oder 31 500 000 Kilogramm). Durch seinen Rückgriff auf Zollverzeichnisse erstellt Herr Seybert (*Annales statistiques*, 1820, S. 129) allerdings einen zehnjährigen (1803–1812) Durchschnittswert von nicht mehr als 120 613 130 Pfund an Zuckerimporten und 66 243 660 an weiterverkauftem Zucker, was für das frühe 19. Jahrhundert einen durchschnittlichen Verbrauch von 54 369 470 Pfund ergibt. Melassen, von denen im selben Zeitraum durchschnittlich 7 355 000 Pints pro Jahr verbraucht wurden, sind in diese Rechnung nicht miteingeschlossen. Von 1821 bis 1825 betrugen die Zuckerexporte in die Vereinigten Staaten durchschnittlich 75 Millionen Pfund pro Jahr, von denen 4,3 Millionen Pfund aus Ostindien, Île-de-France und Bourbon [später Mauritius und Réunion] stammten. In diesem Zeitraum erreichten die Weiterverkäufe in andere Länder 18 Millionen Pfund pro Jahr. Demzufolge verbrauchten die Vereinigten Staaten 57 Millionen Pfund Zucker aus den Antillen und aus Ostindien, 15 Millionen Pfund aus Louisiana und acht Millionen Pfund Ahornzucker, insgesamt also 36 Millionen Kilogramm.

| II.62   Wenn man die Bevölkerungen der Insel Kuba, Großbritanniens, der Vereinigten Staaten und Frankreichs mit dem in jedem dieser Länder jährlich verbrauchten Rohzucker in Relation setzt, findet man, dass der Zuckerkonsum in einem bemerkenswert abnehmenden Verhältnis zum Wohlstand und vor allem zu den Lebensgewohnheiten in diesen Ländern steht.

LAND	Jährlicher VER-BRAUCH VON ROHZUCKER in kg	FREIE BEVÖL-KERUNG	Jährlicher Pro-Kopf ZUCKER-VERBRAUCH
Insel Kuba	11 Millionen	450 000	24,4 kg
Großbritannien	142 Millionen	14 500 000	9,8 kg
Vereinigte Staaten von Amerika	36 Millionen	9 400 000	3,8 kg
Frankreich	52 Millionen	30 600 000	1,8 kg

Ich habe bereits (Bd. XI, S. 368 und 369) auf die ungeheure Menge von Zucker hingewiesen, die in den amerikanischen Tropenregionen von den dort ansässigen Menschen spanischer Herkunft verbraucht wird. Dabei hatte ich mich ausschließlich auf die freie Bevölkerung konzentriert. Die Sklaven verzehren jedoch auch Rohzucker bei ihrer Arbeit in den Zuckerfabriken. Da die Zahlen für Irland nicht | II.63   genügend genau sind, habe ich in diesem Tableau nur den Verbrauch Großbritanniens angegeben, der heutzutage auf etwa 2,8 Millionen cwt geschätzt wird. Die oben aufgeführten Direkteinfuhren Irlands (Bd. XII, S. 170) deuten an, dass dieses Land mir seiner sehr armen Einwohnerschaft von 6,8 Millionen Seelen höchstens 12 Millionen Kilogramm im Jahr verbraucht, folglich 1,8 Kilogramm pro Kopf. Im Jahr 1825 würde der Verbrauch in den Vereinigten Staaten für alle freien und unfreien Einwohner (wahrscheinlich 11 138 000) immer noch bei 3,2 Kilogramm pro Person liegen, ein Drittel mehr als in Frankreich. Die Schätzung von Herrn Pitkin (31,5 Millionen Kilogramm für 1825) war vermutlich zu hoch: Sie würde zu der Zeit bei einer freien Bevölkerung von 6 983 000 auf 4,6 Kilogramm pro Kopf kommen.

Die Zahlen für den jeweiligen Konsum in Kuba, Großbritannien, Frankreich und den Vereinigten Staaten verhalten sich heutzutage ungefähr folgendermaßen: 13,6 zu 5,4 zu 2,1 zu eins. Wenn man annimmt, dass der Verbrauch des Vereinigten Königsreichs (Großbritannien und Irland) 152,5 Millionen Kilogramm beträgt, was etwas ungewiss ist, dann kommt man bei einer Bevölkerung von 21,5 Millionen mit sehr ungleichmäßig verteiltem Wohlstand auf 7,2 Kilogramm pro Kopf. |II.64

Bevor wir den weitaus sicheren Gegebenheiten in den Vereinigten Staaten, Großbritannien und Frankreich einige Mutmaßungen über den Verbrauch in anderen Teilen unseres Kontinents hinzuzufügen, fassen wir nachstehend die Gesamtmenge des jährlich in den Handel eingebrachten Zuckers zusammen:

Antillen-Archipel	287 Millionen kg
Britische Antillen	165

An anderer Stelle (Bd. [XI], S. 3[72] und 3[73]) haben wir die durchschnittlichen Ausfuhren, die zwischen 1816 und 1824 von Jamaika in die Häfen Großbritanniens und Irlands gelangten (Exporte dürfen hier nicht mit Herstellungsmengen verwechselt werden) auf 81 127 000 (oder Kilogramm) geschätzt. Für den Rest der britischen Antillen betrugen die Exporte 1 634 000 cwt (oder 83 007 000 Kilogramm), insgesamt 3 231 000 cwt oder mehr als 164 Millionen Kilogramm. Wenn man sein Augenmerk auf die letzten fünf Jahre (1820 bis 1824) richtete, käme man bei denselben offiziellen Zahlen für Jamaika in einem normalen Jahr auf 1 573 000 cwt (oder 79 908 000 Kilogramm), und für die restlichen britischen Antilleninseln auf 1 564 000 cwt (oder 79 451 000 Kilogramm), insgesamt 159 359 000 Kilogramm. Abhängig davon, ob man die Durchschnitte seit 1816 oder seit 1820 berechnet, ist |II.65 der Unterschied nicht höher als 4,5 Millionen Kilogramm oder 88 500 cwt, eine Menge, die wesentlich geringer ist als die Schwankungen der Zuckerexporte Jamaikas in zwei aufeinanderfolgenden Jahren. Nach der Menge des Zuckers, den sie in den Handel einbringen, haben die britischen Antilleninseln folgende Rangordnung: Jamaika, St. Vincent und Barbados (fast gleich im Herstellungsvolumen), Grenada, Antigua, Trinidad, Tobago, St. Croix, St. Lucia, Dominica, Nevis, Montserrat und Tortola.

SPANISCHE ANTILLEN	62 Millionen kg

Diese Zahl reflektiert nur registrierte Mengen: Wenn man den Schleichhandel hin-
zurechnet, kommt allein der Export Kubas auf mehr als 70 Millionen Kilogramm.

FRANZÖSISCHE ANTILLEN   42 Millionen kg

Die Zahl der versklavten Einwohner der französischen und der spanischen Antilleninseln steht in genau demselben Verhältnis zu ihren Zuckerausfuhren, was beweist,
wie außerordentlich ertragsreich der Boden der Insel Kuba ist, da ungefähr ein
Drittel der Sklaven dieser Insel in den großen Städten leben (Bd. XI, S. 300 und
|II.66   Bd. XII, S. 4, 5 und 6).

NIEDERLÄNDISCHE, DÄNISCHE UND   18 Millionen kg
SCHWEDISCHE ANTILLEN

                                               287 Millionen kg
BRASILIEN   125 Millionen kg

Im Jahr 1816 waren die Ausfuhren um 5,2 Millionen Kilogramm höher: Aber ich
habe oben bereits darauf hingewiesen, dass die Exporte in Jahren großer Dürre auf
91 Millionen Kilogramm abfallen.

BRITISCH-, NIEDERLÄNDISCH- UND   40 Millionen kg
FRANZÖSISCH-GUAYANA

Wenn man sich auf die letzten fünf Jahre (1820 bis 1825) beschränkt, exportierten
Demerary, Essequibo und Berbice (Britisch-Guayana) 30 937 000 Kilogramm. Man
beobachtet, dass die Ernten in Berbice stets dann ansteigen, wenn sie auf den Britischen Antillen abnehmen. Zwischen 1816 und 1824 erzeugte Britisch-Guayana
durchschnittlich 525 000 cwt (oder 26,5 Millionen Kilogramm), was auf ein jähr-
liches Exportwachstum von 4,5 Millionen Kilogramm oder ein Achtel hinweist;
gleichzeitig, wie aus einem Vergleich der Durchschnitte von 1816 bis 1824 und von
1814 bis 1824 ersichtlich wird, verringerten sich die Exporte aus den Britischen
|II.67   Antillen um 4,5 Millionen Kilogramm oder ein Fünfunddreißigstel.

LOUISIANA   13 Millionen kg
OSTINDIEN, ÎLE-DE-FRANCE UND BOURBON   30 Millionen kg

Île-de-France [später Mauritius], 12 Millionen Kilogramm; Ostindien, über zehn
Millionen Kilogramm; Bourbon [später Réunion], acht Millionen Kilogramm. Die
Exporte in die Vereinigten Staaten sind hier, wie auch in dem Tableau, zusammen
mit denen nach Europa ausgeführt. Um den Zuckerexport aus den britischen Antillen zu ersetzen, müsste Ostindien das Sechszehnfache an Zucker ausführen.

                 Insgesamt   495 Millionen kg

Ich habe die Quellen, aus denen ich die Zahlen und Werte für mein umfangreiches Tableau abgeleitet habe, peinlich genau angegeben; ohne derartige Nachweise ist diese Art von Forschungsarbeit von wenig Nutzen. Der Leser muss in die Lage versetzt werden, die Angaben in allen ihren Einzelheiten prüfen zu können. Heute bestehen Ungewissheiten nur über kleine Mengen (beispielsweise über den Export von Puerto Rico, Curaçao und St. Thomas) oder über die ungleichmäßige Zuckerproduktion Brasiliens. Selbst Einschätzungen dieser Schwankungen oder der verbleibenden Ungewissheiten auf 35 Millionen Kilogramm würden die Gesamtexporte nur um ein Viertel verändern. Wenn man 38 Millionen Kilogramm für den Verbrauch der Vereinigten Staaten und Kanada abzieht, bleiben immer noch 457 Millionen Kilogramm Zucker (sieben Achtel Rohzucker, ein Achtel raffinierter Zucker) für den jährlichen Export nach Europa. Das ist ein *unterer Grenzwert,* da alle Variablen in dieser Rechnung nur aus Zollverzeichnissen stammen und nicht den zusätzlichen Schleichhandel berücksichtigen. Wenn man die Gesamtmenge des in Europa verbrauchten Rohzuckers durch die Einwohnerzahl (208,5 Millionen) teilt, kommt man auf 2,2 Kilogramm pro Kopf, Dieses Ergebnis ist allerdings eine fruchtlose arithmetische Abstraktion, die ebenso wenig Nutzen hat wie Versuche, die Bevölkerung der kultivierten Regionen der Vereinigten Staaten oder Russlands durch die Gesamtflächen von 174 000 bzw. 616 000 Quadratseemeilen zu teilen. Die 55 Prozent (oder 106 Millionen) der Einwohner Europas, die sich auf das britische Weltreich, die Niederlande, Frankreich, das eigentliche Deutschland, die Schweiz und Italien verteilen, verbrauchen enorme Menge von Zucker, wohingegen 33 Prozent (oder 73 Millionen) über Russland, Polen, Böhmen, Mähren und Ungarn verstreut sind, alles Länder, in denen die Armut eines Großteils der Bevölkerung den Zuckerkonsum ungewöhnlich niedrig hält. Dieses sind die äußeren Punkte auf der Skala, die den Überfluss und die sich in einer Gesellschaft entwickelnden unnatürlichen Bedürfnisse ins Verhältnis rückt. Um den Wohlstand der Einwohner Deutschlands darzustellen, weise ich hier darauf hin, dass allein im Jahr 1821 der Hamburger Hafen fast 45 Millionen Kilogramm in Zuckerimporten anlandete, während im Jahr 1824 der Import 44 800 Kisten oder 29 120 000 Kilogramm Zucker aus Brasilien, 23 800 Kisten (oder 4 379 000 Kilogramm) aus Havanna und 10 600 Fass (oder Kuba 8 480 000 Kilogramm) aus London betrug, insgesamt 41 979 000 Kilogramm. Im Jahr 1825 wurden importiert 31 920 Kisten (oder 20 748 000 Kilogramm) aus Brasilien; 42 255 Kisten (oder 7 774 900 Kilogramm) aus Havanna und 20 506 Fass (oder 16 404 800 Kilogramm) aus England: insgesamt 44 927 000 Kilogramm. Im Jahr 1825 lagen also die Hamburger Importe nur ein Sechstel unter denen ganz Frankreichs. Im selben Jahr verzeichnete der Bremer Hafen beinahe fünf Millionen Kilogramm an Zuckerimporten und Antwerpen 10 758 000 Kilogramm. Im Süden Deutschlands, wo der Zuckerverbrauch auch recht beachtlich ist, erschweren Transportprobleme und der Schleichhandel statistische Studien erheblich. Wie kann man zum Beispiel Herrn Memminger glauben, dass die 1 446 000 Einwohner des sehr wohlhabenden Königreichs von Württemberg nur 980 000 Kilogramm Zucker pro Jahr verbrauchen?

| II.68

| II.69

Wenn man von den 457 Millionen Kilogramm von Europa eingeführtem Roh-
zucker die 204 500 000 Kilogramm des in Frankreich und in den drei Teilen des
Vereinigten Königreichs verbrauchtem Rohzucker abzieht, und wenn man einen
Pro-Kopf-Verbrauch von zwei Kilogramm (eine sehr hohe Schätzung) für die
76 Millionen Einwohner der Niederlande, dem eigentlichen Deutschland, der
Schweiz, Italiens, der Iberischen Halbinsel, Dänemarks und Schwedens voraussetzt,
|II.70   verbleiben fast 100,5 Millionen Kilogramm für Kleinasien, die Barbareskenküste
[Marokko, Algerien, Tunesien und Tripolis], Sibiriens westliche Regierungsbezirke
und die von den Slaven, Ungarn und Türken bewohnten Gebiete Europas. Allerdings sind die Einwohnerzahlen für Marokko, Algerien, Tunesien und Tripolis recht
beachtlich; sie betragen insgesamt 24 Millionen. Kleinasien zählt mehr als vier Millionen: Wenn man nur die Bevölkerung in dem mit großen Handelsstädten über-
säten Küstenland berücksichtigt, wäre es nicht übertrieben, anzunehmen, dass die
Küstengebiete Afrikas, Kleinasiens und Syriens zehn Millionen Kilogramm Rohzucker importieren. Aus diesen Gegebenheiten muss man folgern, dass die 80 Millionen Einwohner im slavischen, magyarischen und türkischen Europa (Russland,
Polen, Böhmen, Mähren, Ungarn und die Türkei) auch noch 1,13 Kilogramm pro
Kopf verbrauchen. Dieses Ergebnis ist verblüffend, wenn man den heutigen Zustand
der Zivilisation dieser Länder mit dem von Frankreich vergleicht. Man würde dort
einen viel niedrigeren Konsum erwarten: Die Schätzungen der Zuckerexporte aus
Amerika und Indien nach Europa und in die Vereinigten Staaten sind jedoch nicht
zu hoch gegriffen und liegen wahrscheinlich weit unter den tatsächlichen Zahlen.
Wenn der Zollbetrug den Verbrauch Frankreichs und Großbritanniens (zwei Länder, die in den vorhergehenden Überlegungen als Bezugspunkte gedient haben)
weiter erhöht als man annimmt, und wenn man zulassen will, dass die Franzosen
|II.71   und Engländer mehr als jeweils ein und vier Fünftel und neun und vier Fünftel
Kilogramm pro Kopf verbrauchen, darf man nicht vergessen, dass dieselbe Fehler-
quelle auch bei Schätzungen der Exporte aus Amerika und Indien zutrifft. Im Jahr
1810, als Großbritannien fast 177 ½ Millionen Kilogramm verbrauchte, war der
Quotient 12,2 Kilogramm pro Kopf. Man wünschte sich, dass jemand, der auf Genauigkeit in der Zahlenforschung achtet und auf verlässliche Quellen Zugriff hat,
die wichtigen Themen des europäischen Konsums von Zucker, Kaffee, Tee und
Kakao über einen gewissen Zeitraum in einem separaten Werk behandelte. Eine
solche Arbeit würde mehrere Jahre erfordern, da viele Dokumente nicht gedruckt
sind und nur durch einen regen Briefwechsel mit den größten Handelsunternehmen
in Europa erlangt werden könnten. Ich konnte mich dieser Forschung in allen ihren
Ausmaßen nicht gänzlich widmen. Eine Zeit rückt bereits näher, in der die Kolonialprodukte zum großen Teil nicht mehr in den Kolonien, sondern in unabhängigen Ländern hergestellt werden, nicht auf Inseln, sondern auf den großen Kontinenten Amerikas und Asiens. Der Geschichte des Welthandels fehlen die Informationen, um Länder in ihrer Gesamtheit zahlenmäßig zu erfassen, und diese Lücke
kann nur dann gefüllt werden, wenn zu einer Zeit, in der große Revolutionen die

industrialisierte Welt bedrohen, jemand die Beherztheit hat, das verstreute Material zusammenzusammeln und einer ernsthaften Analyse zu unterziehen. |II.72

Ich werde meine Forschungen mit einem Vergleich des Anbaus von Zuckerrohr, Zuckerrüben und Weizen in den Tropen und in der mittleren Region Europas beenden. Auf der Insel Kuba ergibt ein Hektar 1 330 Kilogramm raffinierten Zucker, der vor Ort einen Wert von 870 Francs hat, vorausgesetzt, dass eine Kiste Zucker (oder 184 Kilogramm) 24 Piaster kostet (Bd. XI, S. 396, 397, 398, 414, 415 und 416). Land zwischen Havanna und Matanzas wird dann als äußerst teuer erachtet, wenn eine *caballería* zwischen 2 500 und 3 000 Piaster kostet: Das sind jedoch nicht mehr als ungefähr 1 000 Francs pro Hektar, da eine *caballería* 13 Hektar hat. Es ist bekannt, dass Kaufpreise für Grundbesitz in der Umgebung von Paris ebenso hoch liegen, zwischen 2 500 und 3 000 Francs. Boden von durchschnittlicher Fruchtbarkeit ergibt pro Hektar 500 Kilogramm rohen Rübenzucker, ein Wert von 450 Francs: Aber man behauptet, dass ein Hektar sehr fruchtbaren Bodens in Beauce und Brie mehr als 1 200 Kilogramm ergibt. Bei einer achtfachen Ernte bringt ein Hektar in Frankreich 1 600 Kilogramm Weizen im Wert von 288 Francs ein, wenn man 100 Kilogramm Weizen bei 16 bis 20 Francs festlegt. Lavoisier schätzte ein Kilogramm Weizenkörner auf vier Sous, was 20 Francs für 100 Kilogramm ergibt. Demgemäß erzeugt ein Hektar in den Antillen ungefähr ein Fünftel der Menge von Rohrzucker, die Weizen in der gemäßigten Klimazone ergibt. Das stärkehaltige Saatgut von Getreide, das ein Hektar erzeugt, wiegt nur 270 Kilogramm mehr als |II.73 der kristallisierte Zucker, den man in den Tropen aus einem Hektar Rohrzucker gewinnt. In ganz Frankreich verzehrt ein Erwachsener zwischen 1,5 und 1,75 Pfund Brot pro Tag, das heißt, 200 Kilogramm Weizen pro Jahr. Lavoisier rechnete, dass eine Bevölkerung von 24 676 000 (Peuchet, *Statistique de la France*, S. 286) 11 667 Millionen Pfund Weizen, Roggen und Gerste verbraucht, was ungefähr 230 Kilogramm pro Jahr pro Person ergibt. Der Brotkonsum in Paris beträgt nur 168 Kilogramm pro Jahr (Chabrol de Volvic, *Recherches Statistiques,* 1823, S. 73). Frankreich verbraucht pro Kopf 125 Mal mehr Weizen als Zucker, England kaum 23 Mal mehr. Man schätzt die Ausgaben für Brot in Paris auf mehr als 38 Millionen Francs; während sich die die jährlichen Ausgaben für Zucker, von dem ein Großteil in die Départements weiterverkauft wird, auf 27 Millionen Francs belaufen *(Budget et Comptes de la ville de Paris pour 1825,* S. xvi).

Oben habe ich bereits die Verfahren aufgezeigt, die man vor vier bis fünf Jahren anwandte, um den Wert und Verbrauch der Erzeugnisse des Zuckerrübenanbaus für Paris und Umgebung einzuschätzen. Da diese Ernte weiterhin starke Neugierde in den Antillen erweckt, biete ich hier die neuesten Daten an, die Herr de Beaujeu in einem faszinierenden Bericht an die Akademie der Wissenschaften im August 1826 dargelegt hat. Dieser großartige Landwirt hat mir freundlicherweise einen Auszug |II.74 aus seinem Bericht zugeschickt; und da seine Ergebnisse so viel besser sind als die durch ältere Methoden erlangten Resultate, werde ich sie hier zitieren:

„Bei einer weit gefassten Betrachtung des Zuckerrübenanbaus, vor allem des Anbaus der *gelben Sorte* in den für sie besonders gut geeigneten Gebieten Frankreichs wie Beauce, Brie, Teilen der Normandie und die Ebenen im Norden des Königreichs", schreibt Herr de Beaujeu, „schätze ich aus meiner eigenen Erfahrung den normalen Ertrag eines Hektars auf 30 000 Kilogramm[305]. In weniger fruchtbaren Ländern sind 20 000 Kilogramm eine eher hohe Schätzung. Dieselbe *gelbe Zuckerrübensorte* sollte höchstens fünf und wenigstens vier Prozent Rohzucker ergeben, *einschließlich der Nebenprodukte, die beim wiederholten Kochen von Melasse anfallen.* Wenn man 30 000 Kilogramm Knollen pro Hektar in den *ertragsreichen Gebieten* Frankreichs voraussetzt, kann man 1 200 bis 1 500 Kilogramm Rohzucker aus den gut gesäuberten Knollen der zu einer günstigen Zeit angebauten Zuckerrüben herauspressen; das Raffinieren ergibt 750 Kilogramm Zuckerhüte [weißer Zucker], 450 Kilogramm braunen Zucker und 300 Kilogramm Melasse für die Herstellung

|II.75 von Branntwein, das heißt, 50 Prozent weißer Zucker, 30 Prozent brauner Zucker und 20 Prozent Melasse. Aufgrund der heutigen Verbesserungen in der einheimischen Zuckerherstellung kann man mit durchschnittlich 1 000 bis 1 200 Kilogramm Rohzucker pro Hektar rechnen".

„Auf fruchtbarem Boden gepflanzte Zuckerrüben ergeben 30 000 Kilogramm pro Hektar und sollten abgeraspelt 75 Prozent[306] ausgepressten Saft ergeben, der wiederum fünf und ein Drittel bis sechs und zwei Drittel Prozent Rübenrohzucker ergibt, einschließlich des Safts der nochmals gekochten Melasse, was seit der Verbesserung der Herstellung des Sirups einen guten Profit abwirft. Soweit mir bekannt ist gibt es in Frankreich heute (1826) 50 Zuckerrübenverarbeitungsfabriken, die mehr als 500 000 Kilogramm Rohzucker unterschiedlicher Qualität herstellen können; aber die größten dieser Fabriken sind weit davon entfernt, 50 Prozent weißen Zucker zu produzieren. Man hat immer angenommen, dass es im Jahr 1812 200 Fabriken gab, die eine Million Kilogramm Rohzucker herstellen könnten; aber vielen dieser Fabriken gelang es nur, Sirupe oder Moscovade der niedrigsten Qualität zu produzieren, die sehr schwierig zu verarbeiten sind. Es ist einfach, auf fruchtbaren Böden alle drei Jahre eine gute Ernte zu erzielen: Mir selbst gelang es lange

|II.76 Zeit alle zwei Jahre dort, wo der Boden für diesen Anbau am geeignetsten war. Wenn in Frankreich der heutige Verbrauch 56 Millionen Kilogramm Rohzucker beträgt, bräuchte man nicht mehr als 168 000 Hektar fruchtbaren Bodens, von dem jedes Jahr ein Drittel oder 56 000 Hektar für den Anbau von Zuckerrüben genutzt würde, um den Zuckerbedarf des ganzen Königreichs abzudecken".

---

[305] Vergl. oben Bd. XI, S. 396, 397 und 398.
[306] Bd. XI, S. 416, Anmerkung.

Meteorologische Beobachtungen des Don Ramón de la Sagra [y Pérez] Professor der Naturgeschichte im botanischen Garten von Havanna aus dem Jahr 1825

|II.77

MONAT	BAROMETER			CELSIUS-THERMOMETER			HYGROMETER			WINDRICHTUNGEN
	MAX	MIN	MITTEL	MAX	MIN	MITTEL	MAX	MIN	MITTEL	
	Zoll Li	Zoll Li	Zoll Li							
Januar	28 5,5	27 11,8	28 1,8	26,5°	15,0°	21,42°	97,0°	69,0°	73,29°	O und ONO, 8 SSO und SW 19 NNO und NW 12
Februar	28 05	27 11,5	28 4,5	26,5	15,0	22,85	95,0	70,0	80,45	SW, S und SO 38 NO, N und NW 21 O und ONO 15
März	28 1,9	27 9,3	27 11,92	29,5	19,0	23,72	98,0	73,2	88,47	S und SO 65 N und NO 12 O und ONO 10
April	28 2,5	27 10,0	28 1,32	30,2	19,0	24,15	98,0	66,0	84,94	S und SO 34 N und NW 15 O und OSO 23
Mai	28 1,5	28 0,1	28 1,09	30,2	21,9	25,06	97,0	75,2	83,54	S und SO 17 NO 12 O und OSO 18
Juni	28 2,1	27 10,3	28 0,45	31,0	23,0	28,12	96,0	77,3	87,41	S und SO 33 NO und NNO 16 O, OSO und ONO 21
Juli	28 2,8	28 0,2	28 1,79	31,7	20,0	28,22	96,0	71,8	85,19	SW, SSO 37 NO 11 O, OSO 22

MONAT	BAROMETER			CELSIUS-THERMOMETER			HYGROMETER			WINDRICHTUNGEN
	MAX	MIN	MITTEL	MAX	MIN	MITTEL	MAX	MIN	MITTEL	
	Zoll Li	Zoll Li	Zoll Li							
August	28 1,7	28 0,0	28 1,42	31,6	21,0		96,2	78,0	86,98	S und SO 40 NO 18 O und OSO 23
September	28 0,7	27 10,5	27 11,31	31,4	23,9	28,52	96,0	82,1	88,65	S und SO 48 NO und NW 22 O und ONO 5
Oktober	28 1,8	27 7,5	28 0,24	30,4	24,1	27,35	99,0	81,0	90,42	S und SO 22 NO und NW 45 O und ONO 16
November	28 2,9	27 11,8	28 1,24	27,8	19,0	23,4	99,0	75,0	87,26	S, SO 32 NO 19 NNO, OSO 22
Dezember	28 4,9	28 0,3	28 2,45	28,0	15,4	21,62	99,0	71,0	84,24	S, SOI und SW 26 N, NO und NW 44 O und NNO 14
Jahres-durchschnitt	28 5,5	27 7,5	28 1,05	31,7°	15,0°	24,9°	990°	66,0°	85,45°	SW, S, SSO und SO 407 NO, N und NW 259 ONO, O und OSO 197

Januar, sieben Tage Regen. *Februar*, neun Tage Regen. In diesem Monat und den | II.78
zwei vorausgehenden erreichte das Barometer seinen höchsten Stand. *März*, sieben
Tage Platzregen, Hagel. *April* und *Mai*, wenig Regen. *Juni*, acht Tage Regen. *Juli*,
Anfang der südlichen Sturmsaison, Gewitter, acht Tage Regen. *August*, viele Flauten bei Winden aus S und SO, sieben Tage Regen. *September*, Flauten vor den
südlichen Windböen (*chubascos*), Hitzewelle, 13 Tage Regen. *Oktober*, starker Platzregen bei einem Himmel, der den Hurrikan ankündigte, der in Trinidad de Cuba
am 1. Oktober wütete. Am selben Tag beobachtete man ein steiles Absinken des
Barometers. *November*, wenig Regen, dicke Wolken im Süden und Südwesten.
Dezember, Winde aus N und NW herrschten vor, einige Böen, bedeckter, diesiger
Himmel. 75 Regentage verteilt auf das ganze Jahr. Wenn man die Temperatur-
messungen aus diesem Jahr allein in Havanna mit dem Durchschnitt der drei Jahre
der Beobachtungen von Herrn Ferrer vergleicht (Bd. XI, S. 264), findet man Folgendes:

Durchschnittliche Jahrestemperatur für 1825:	24,9°;	1810 bis 1812:	25,7°
Durchschnittstemperatur des heißesten Monats:	28,5°		28,8°
Durchschnittstemperatur des kältesten Monats:	21,4°		21,1°

Die Messgeräte sind vergleichbar mit denen in der Königlichen Sternwarte in Paris.
Das *Barometer* ist in Zoll [pouces] und Linien (eine alte französische Einteilung) | II.79
unterteilt. Das *Thermometer* ist hundertteilig. Für das *Hygrometer* nach dem Entwurf
Saussures werden Haare benutzt. Die Zahlen neben den Windrichtungen zeigen
nicht die Dauer an, sondern wie viel Mal der Wind aus einer gestimmten Richtung
wehte. Die Mittelwerte wurden auf der Grundlage aller dreimal am Tag durchgeführten Beobachtungen errechnet. Die stündlichen Schwankungen des Barometers
lagen zwischen 0,7 und 1,7 Linien.

Über die Temperatur in verschiedenen Teilen der Heißen Zone
auf der Höhe des Meeresspiegels

Die Kenntnis genauer Informationen über die Klimate in Havanna und Rio de
Janeiro, die beide unter den Wendekreisen des Krebses und des Steinbocks liegen,
vervollständigen die Vorstellungen, die wir von den durchschnittlichen Temperaturen in verschiedenen Teilen der äquinoktialen Zone entwickelt haben. Diese Zone
zeigt uns vermutlich das *Maximum* des Jahresdurchschnitts der Höchsttemperaturen
am Äquator selbst; aber vom Äquator bis zu 10° Breite verringert sich die Hitze
fast unmerklich. Von der 15. bis zur 23. Parallele vermindert sie sich weitaus schneller. Was den sich vom Äquator in Richtung Tropen Reisenden verblüfft ist weniger
das Absinken der Jahresdurchschnittstemperatur als die ungleiche Wärmeverteilung
innerhalb eines Jahres. Man sollte nicht daran zweifeln, dass die numerischen Grund- | II.80
lagen der tropischen Klimatologie immer noch nicht mit einheitlicher Präzision

festgelegt worden sind; man muss stetig an ihrer Weiterentwicklung arbeiten. Aber beim heutigen Stand der Wissenschaft kann man diesen Grundlagen gewisse Spielräume für Fehler einräumen, die zukünftige Beobachtungen vermutlich nicht ändern werden. Wir haben oben darauf hingewiesen (Bd. XI, S. 253), dass die durchschnittlichen Temperaturen von Havanna, Macau und Rio de Janeiro (drei Orte, die in beiden Hemisphären am Rand der Äquatorialzone auf der Höhe des Meeresspiegels liegen) jeweils 25,7°, 23,3° und 23,5° C betragen und dass sich diese Unterschiede aus der ungleichen Verteilung benachbarter Landmassen und Meere ergeben. Was ist eigentlich die Durchschnittstemperatur am Äquator? Diese Frage wurde kürzlich in einem Bericht gestellt, den Herr Atkinson im zweiten Band von *Memoirs of the [Royal] Astronomical Society of London* (S. 137–83) veröffentlichte, der viele sehr wohlüberlegte Erörterungen verschiedener wichtiger Punkte der Meteorologie enthält. Indem er die genauesten Berechnungsmethoden anwandte, hat sich der kenntnisreiche Autor darum bemüht, von meinen eigenen Beobachtungen abzuleiten, dass die Durchschnittstemperatur am Äquator mindestens 29,2° C (84,5° F) anstatt von 27,5° C (81,5° F) beträgt, wie auch ich in meinem *Essai sur*

|II.81 *les lignes isothermes* [1817] angenommen hatte. Kirwan hatte 28,8° C vorgeschlagen; Herr Brewster ist bei seinen eigenen klimatologischen Formulierungen auf 28.2° gekommen (*Edinburgh Journal of Science,* 1829, Nr. 7, S. 180).

Wenn es in dieser Diskussion darum gegangen wäre, die Durchschnittstemperatur für einen die ganze Erde umringenden und durch die Breiten 3° N und 3° S begrenzten Äquatorgürtel zu ermitteln, müsste man vor allem die Meerestemperatur am Äquator untersuchen, da nur ein Sechstel des Erdumfangs in diesem Gürtel dem Festland angehört. Allerdings schwankt die durchschnittliche Meerestemperatur innerhalb dieser soeben definierten Grenzen generell zwischen 26,8° und 28° C. Ich sage generell, weil innerhalb genau dieser Grenzen zuweilen *Maxima* in Gebieten vorkommen, die kaum einen Grad breit sind und in denen die Temperatur auf unterschiedlichen Längengraden von 28,7° auf 29,3° C ansteigt. Ich habe diese letztere Temperatur, die für den Pazifischen Ozean extrem hoch ist, östlich der Galapagos Inseln gemessen. Baron [Arnold Christian Leopold?] von Dirckinck de Holmfeldt, ein sehr sachkundiger dänischer Marineoffizier, der auf meine Bitte hin viele thermometrische Beobachtungen durchgeführt hat, hat vor kurzem eine Wassertemperatur von 30.6° fast auf der Parallele von Punta Guascama (Br. 2° 5′ N; Länge 81° 54′ W) gemessen. Solche *Maxima* kommen am Äquator selbst nicht vor; man findet sie bald nördlicher, bald südlicher des Äquators, häufig zwischen zwei-

|II.82 einhalb und sechs Grad Breite. Der große Ring, der die Stellen passiert, wo die Gewässer des Meeres am wärmsten sind, schneidet den Äquator in einem Winkel, der sich mit der Sonnendeklination zu verändern scheint. Im Atlantischen Ozean ist man mehrfach von der nördlichen gemäßigten Klimazone in die südliche gereist, ohne *innerhalb des Gürtels des wärmsten Wassers* die Temperatur über 28° C ansteigen zu sehen. Nach Perrins betrugen die *Maxima* dort 28,2° C; Churruca gab 28,7° C an, Quevedo 28,6° C, Rodman 28,8° C und John Davy 28,1° C. Die Luft über diesen äquatorialen Gewässern ist 1° bis 1 ½° C kälter als das Meereswasser. Diese

Gegebenheiten deuten darauf hin, dass der pelagische Äquator-Gürtel nicht eine durchschnittliche Temperatur von 29,2° C (84,5° F) hat, sondern bei fünf Sechsteln des Erdumfangs wahrscheinlich 28,5° C nicht übersteigt. Herr Atkinson selbst stimmt zu ([„On Astronomical and other Refractions…", 1825, *Memoirs of the Royal Astronomical Society of London*, Bd. II,] S. 171), dass die Mischung von ozeanischen und kontinentalen Gebieten dahin tendiert, die Durchschnittstemperatur am Äquator zu verringern. Aber indem er sich auf die Ebenen des südamerikanischen Festlands beschränkte, entschied sich dieser Gelehrte, nachdem er verschiedene Theorien aufgestellt hatte, für 29,2° oder 31° C für die Äquator-Zone (von 1° N bis 1° S). Er begründet dieses Ergebnis damit, dass die Durchschnittstemperatur schon auf 10° 27′ Länge in Cumaná 27,6° C beträgt und dass nach dem Gesetz des Wärmeanstiegs vom Pol zum Äquator (ein Anstieg, der von dem Quadrat des Cosinus der Breite abhängt) die Durchschnittstemperatur am Äquator bei mindestens 29,2° C liegen müsse. Herr Atkinson findet die Bestätigung dieses Ergebnisses, indem er viele der Temperaturen, die ich auf den Hängen der Kordilleren bis zu Höhen von 500 Toisen gemessen hatte, auf den Meeresspiegel umrechnet. Im Laufe seiner Berichtigungen, von denen er glaubt, dass sie von der Breite und dem auf einer senkrechten Ebene allmählichen Absinken der Temperatur abhängen müssen, verbirgt er jedoch nicht, inwieweit die Lage von einzelnen Stellen auf riesigen Plateaus oder in schmalen Tälern einige seiner Korrekturen in Frage stellt (*Memoirs of the Astronomical Society,* Bd. II, S. 149, 158, 171, 172, 182, 183). | II.83

Wenn man die Frage der Wärmeverteilung auf der Erdoberfläche in ihrer Gesamtheit untersucht und dabei von nebensächlichen örtlichen Faktoren absieht, wie z. B. den Auswirkungen der Zusammensetzung, Farbe und geologischen Beschaffenheit des Bodens, dem Vorherrschen von bestimmten Winden, der Nähe zum Meer, der Häufigkeit von Wolken und Nebel, der nächtlichen Abstrahlung bei einem mehr oder minder wolkenlosen Himmel, etc., so findet man, dass die Durchschnittstemperatur eines Orts von der unterschiedlichen Einwirkung der im Zenit stehenden Sonne abhängt. Der Stand der Sonne wirkt gleichzeitig auf die Dauer von halben Tagebögen; auf die Länge und Lichtdurchlässigkeit des Teils der Lufthülle, den die Strahlen durchqueren, bevor sie den Horizont erreichen; auf die | II.84
Menge der absorbierten oder reflektierten Strahlen (eine Menge, die schnell ansteigt, wenn sich der von der Oberflächen-Ebene errechnete Einfallswinkel vergrößert); und schließlich auf die Menge von Sonnenstrahlen an einem bestimmten Horizont. Mayers Gesetz mit allen, im Laufe der letzten 30 Jahre an ihm vorgenommenen Abänderungen ist ein empirisches Gesetz, dass Erscheinungen durch Annäherung zu erfassen sucht und es oftmals auf zufriedenstellende Weise tut. Man sollte es aber nicht dazu benutzen, um unmittelbare Beobachtungen für ungültig zu erklären. Wenn die Erdoberfläche vom Äquator bis zum Breitengrad von Cumaná eine Wüste wie die Sahara wäre, oder eine gleichmäßig von Gräsern überwachsene Steppe wie die Ebenen von Calabozo und Apure, dann würde diese Wüste vermutlich die Durchschnittstemperatur von 10,5° Br. bis hin zum Äquator erhöhen. Höchstwahrscheinlich würde diese Erhöhung noch nicht einmal drei Viertel eines

Grades auf dem Hundertteiligen Thermometer ausmachen. Herr Arago, dessen
bedeutsame und erfinderische Forschungen sich über alle Zweige der Meteorologie
erstrecken, hat durch direkte Experimente festgestellt, dass die reflektierte Licht-
menge vom senkrechten Lichteinfall bis zu 20° der höchsten Entfernung ungefähr
dieselbe ist. Er hat zudem festgestellt, dass sich in Paris im August der photometri-
sche Effekt des Sonnenlichts zwischen 12 Uhr mittags und 3 Uhr nachmittags kaum
|II.85   verändert, obwohl die Entfernung, die die Sonnenstrahlen in der Atmosphäre zu-
rücklegen müssen, nicht dieselbe ist.

Ich habe die Durchschnittstemperatur am Äquator in runden Zahlen bei 27,5° C
angesetzt, indem ich den Durchschnitt von Cumaná (27,7° C) für den eigentlichen
äquatorialen Bereich (zwischen 3° N und 3° S) benutzt habe. Diese von trockenem
Sand umgebene Stadt liegt unter einem stets wolkenlosen Himmel, bei dem sich
der leichte Dunst fast nie zu Regen verflüssigt; ihr Klima ist viel heißer als das aller
benachbarten, auch auf der Höhe des Meeresspiegels liegenden Orte. Dass es küh-
ler wird, wenn man sich in Südamerika auf dem Orinoco und dem Río Negro in
Richtung Äquator bewegt, kommt nicht von der Höhe, die nach dem Fort San
Carlos unerheblich ist, sondern von der Umgebung des Urwalds, der Häufigkeit
der Regenfälle und der fehlenden Lichtdurchlässigkeit der Lufthülle. Es ist bedau-
ernswert, dass selbst die emsigsten Reisenden schlecht in der Lage sind, die Entwicklung der Meteorologie durch Informationen über Durchschnittstemperaturen
voranzutreiben. Sie bleiben nicht lange genug in den Ländern, deren Klimate man
besser kennenlernen möchte; für Jahresdurchschnitte können sie nur auf die Beobachtungen anderer zurückgreifen, häufig durchgeführt zu Zeiten und mit Hilfe
|II.86   von Geräten, die keine genauen Resultate ergeben. Wegen der Beständigkeit at-
mosphärischer Phänomene in dem am dichtesten am Äquator liegenden Gebiet
würde ein kurzer Zeitraum vermutlich ausreichen, um ungefähre Durchschnittstemperaturen für verschiedene Höhen über dem Meeresspiegel zu berechnen. Ich
habe mich stets dieser Art von Forschung gewidmet; aber das einzige genaue Ergebnis, das ich mittels zweimal täglicher Beobachtungen erzielte, betrifft Cumaná.
(Für die Verlässlichkeit dieser Durchschnittstemperaturwerte vgl. *Relation historique*,
Bd. III, S. 145, 146; IV, S. 101, 102, 190, 191, 306-7; V, S. 175, 176; VII, S. 307,
308, 309, 421, 422; XI, S. 7-2[7], 247-63). Nur gut ausgebildete Personen, die
lange Jahre in verschiedenen Teilen der Welt zugebracht haben, können die wirklichen numerischen Konstanten der Klimatologie ermitteln; in dieser Beziehung
werden die Anfänge des intellektuellen Wiederauflebens im unabhängigen äqua-
torischen Amerika, von der Küste bis hin zu den 2000 Toisen hohen Bergrücken
und Abhängen der Kordilleren sowie zwischen den Breiten der Insel von Chiloé
und San Francisco in Neukalifornien, einen sehr vorteilhaften Einfluss auf die physischen Wissenschaften [Naturwissenschaften] ausüben.

Wenn man das, was man vor 40 Jahren über die Durchschnittstemperaturen der
Äquatorialzone wusste, mit dem vergleicht, was wir darüber heute wissen, wundert
man sich, wie langsam sich die Klimatologie bisher entwickelt hat. Bis heute kenne
|II.87   ich nur eine einzige Beobachtung der Durchschnittstemperatur, die mit dem An-

schein von Genauigkeit zwischen 3° N und 3° S durchgeführt wurde: in San Luis de Maranhão (Br. 2° 29′ S) in Brasilien. Aus den Werten der Beobachtungen, die im Jahr 1821 er dreimal täglich (um 20 Uhr, 4 Uhr und 11 Uhr morgens) ausführte, errechnete Oberst Pereira [do] Lago 27,4° C (*Annaes das Ciencias, das Artes e das Letras,* 1822, Bd. XVI, Pl. 2, S. 5580), was immer noch 0,3° C unter der Durchschnittstemperatur von Cumaná liegt. Auf 10.5° Breite kennen wir die mittleren Temperaturen nur für

Batavia (Br. 6° 12′ S)	26,9°	C
Cumaná (Br. 10° 27′ N)	27,7°	

Zwischen 10.5° Br. und dem Rand der Heißen Zone für

Pondicherry (Br. 11° 55′ [N])	29,6°
Madras (Br. 13° 4′ N)	26,9°
Manilla (Br. 14° 36′ N)	25,6°
Senegal (Br. 15° 53′ N)	26,5°
Bombay (Br. 18° 56′ [N])	26,7°
Macao (Br. 22° 12′ N)	23,3°
Rio de Janeiro (Br. 22° 54′ S)	23,5°
Havanna (Br. 23° 9′ N)	25,7°

Um nochmals an die Beobachtungen von Oberst Pereira zu erinnern:

Maranhão (Br. 2° 29′ S)	27,4°

Diese Daten zeigen, dass der einzige Ort in der Äquinoktialzone, an dem die Durchschnittstemperatur 27.7° C übersteigt, auf 12° Br. liegt: Pondicherry [Südost-Indien] kann als genauso wenig repräsentativ für die gesamte Äquator-Region gelten wie die Oase von Mourzouk für das gemäßigte Klima Nordafrikas. Der unglückliche Ritchie und der Kapitän Lyon behaupteten, dass sie an dieser Oase das Réaumur-Thermometer monatelang zwischen 38° und 43° pendeln sahen (vielleicht wegen des Sands in der Luft). Das am weitesten ausgedehnte tropische Gebiet befindet sich zwischen 18° und 28° nördlicher Breite, und dank der vielen reichen Handelsstädte haben wir umfangreiche meteorologische Daten über diese Regionen. Die drei oder vier dem Äquator zunächst liegenden Grade sind für die Klimatologie eine *terra incognita.* Wir kennen die Durchschnittstemperaturen für Grand Para, Guayaquil und sogar Cayenne immer noch nicht.

   Wenn man nur die Wärme in Betracht zieht, die sich in der nördlichen Hemisphäre zu einer gewissen Jahreszeit entwickelt, findet man die heißesten Klimate

| II.88

unter den eigentlichen Tropen und ein wenig über sie hinaus. In Buschehr [heute
im Iran] (Br. 28°,5) beispielsweise beträgt die durchschnittliche Temperatur im Juli
34° C. Am Roten Meer steht das hundertteilige Thermometer mittags auf 44° C
|II.89   und nachts auf 34,5° C. In Benares [heute Varanasi, Indien] (Br. 25° 20′) erreichen
die Höchsttemperaturen im Sommer 44°; im Winter fällt die Temperatur auf 7,2° C.
Diese Messungen wurden in Indien mit dem ausgezeichneten Maximum-Thermo-
meter von Six durchgeführt. Die Durchschnittstemperatur von Benares beträgt
25,2° C.

Die extreme Hitze, die man in den südlichen Gebieten der gemäßigten Zone
zwischen Ägypten, Arabien und dem Persischen Golf beobachtet, ist das kombi-
nierte Ergebnis der Gestalt des Umlands, seiner Oberflächenbeschaffenheit, der
gleichbleibenden Durchsichtigkeit der Luft, die keinen Dunstschleier hat, und der
Dauer der Tage, die sich in den höheren Breiten zu gewissen Jahreszeiten verlängern.
In den Tropen selbst ist übermäßige Hitze selten; normalerweise geht die Temperatur in Cumaná und Bombay nicht über 32,8° C hinaus und in Veracruz nicht über
35,1° C. Es ist fast unnötig, darauf hinzuweisen, dass alle Messungen in dieser Diskussion im Schatten und fern der Rückstrahlung des Bodens ausgeführt wurden.
Am Äquator, wo die zwei Wendekreise der Sonne auf 66° 32′ liegen, fallen die
Zeiten, zu denen die Sonne dort im Zenit steht, 186 Tage auseinander; in Cumaná
liegt die Sommersonnenwende auf 76° 59′ und die Wintersonnenwende auf 56° 5′;
diese Zeiten, wenn die Sonne den Zenit durchquert (17. April und 26. August),
liegen 131 Tage auseinander. Weiter nördlich in Havanna liegt die Sommersonnenwende auf 89° 41′, die Wintersonnenwende auf 43° 23′; 19 Tage liegen dort zwi-
|II.90   schen den Durchquerungen (12. Juni und 1. Juli), die man nicht zu allen Zeiten
des Monats gleich gut erkennen kann, weil ihre Auswirkungen an einigen Orten
vom Anfang der Regenzeit oder von anderen elektrischen Erscheinungen verhüllt
werden. In Cumaná steht die Sonne 109 Tage, oder genauer gesagt 1 275 Stunden,
lang (vom 28. Oktober bis zum 14. Februar) niedriger als am Äquator; in dieser
Zeit liegt jedoch die maximale Entfernung ihres Zenits immer noch nicht über
33° 55′. Die Verlangsamung des Verlaufs der Sonne je näher man den Tropen kommt
erhöht die Wärme an Orten, die weiter vom Äquator entfernt liegen, vor allem
nahe den Grenzen zwischen heißen und gemäßigten Zonen. Unweit der Tropen,
zum Beispiel in Havanna (Br. 23° 9′), dauert es 24 Tage, bis die Sonne auf jeder
Seite des Zenits einen Grad zurückgelegt hat; am Äquator dauert es nur fünf Tage.
In Paris (Br. 48° 50′), wo die Sonne am Tag der Wintersonnenwende auf 17° 42′
untergeht, steht die Sommersonnenwende auf 64° 38′. Demzufolge steht in Paris
der wärmeerzeugende Planet zwischen dem 1. Mai und dem 12. August, eine Zeitspanne von 103 Tagen oder 1 422 Stunden, ebenso hoch wie in Cumaná zu einer
anderen Jahreszeit. Wenn man Paris und Havanna zwischen dem 26. März und dem
17. September (175 Tage oder 2 407 Stunden) miteinander vergleicht, findet man,
dass die Pariser Sonne ebenso hoch steht, wie sie es zu einer anderen Jahreszeit
unter dem Wendekreis des Krebses tut. Von 1806 bis 1820 erreichte nach den Aufzeichnungen der Königlichen Sternwarte in Paris der heißeste Monat (Juli) inner-

halb dieser 175 Tage langen Zeitspanne eine Durchschnittstemperatur von 18,6° C. |II.91
In Cumaná und Havanna, wo die Sonne bei jeweils 56° 5′ und 43° 23′ untergeht,
hat der kälteste Monat trotz der längeren Nächte immer noch eine durchschnittliche Temperatur von 26,2° C (in Cumaná) und 21,2° (in Havanna). In allen Zonen
beeinflussen die Temperaturen der vorangegangenen Jahreszeiten die der darauf-
folgenden. In den Tropen fallen die Temperaturen nur wenig, weil sich die Erde in
den vorherigen Monaten durch warme Luftmassen auf Durchschnittstemperaturen
von 27° C (in Cumaná) und 25,5° C (in Havanna) aufgewärmt hat.

Nach allem, was ich hier in Betracht gezogen habe, erschien es mir höchst unwahrscheinlich, dass die Temperatur am Äquator 29,2° C erreichen könnte, wie es
der gelehrte und angesehene Verfasser [Henry Atkinson] einer Studie über „Astronomical and other Refractions" behauptet. Schon Vater de Bèze, der erste Reisende, der dazu riet, Beobachtungen zu kältesten und heißesten Tageszeiten durchzuführen, glaubte, in den Jahren 1686 und 1699 mittels eines Vergleiches zwischen
Siam, Malakka und Batavia festgestellt zu haben, „dass es am Äquator nicht heißer
ist als auf 14° Breite". Ich denke, dass es einen Unterschied gibt, aber dass dieser |II.92
sehr gering ist und von den Auswirkungen vieler anderer Einflüsse auf die Durchschnittstemperaturen eines Ortes verschleiert wird. Die bis heute gesammelten Beobachtungen deuten nicht auf ein allmähliches Ansteigen der Temperatur vom
Äquator bis zur Breite Cumanás hin.

ANHANG

Als ich nach meiner Rückkehr nach Deutschland meinen *Essai politique sur la Nouvelle Espagne* [*Politischen Essay über das Königreich von Neuspanien*] veröffentlichte, machte ich gleichzeitig einen Teil des in meinem Besitz befindlichen Materials über den Reichtum der Länder Südamerikas publik. Ich stellte das Tableau, in dem ich Bevölkerung, Landwirtschaft und Handel in allen spanischen Kolonien verglich, zu einer Zeit zusammen, als das Fortschreiten der Zivilisation von den Mangelhaftigkeiten der sozialen Einrichtungen, dem Tarifsystem und anderen unheilvollen politischen Verirrungen gehemmt wurde. Seit ich die unermesslichen Mittel kundtat, die den Völkern in beiden Teilen Amerikas durch die umsichtige Anwendung ihrer Freiheit für ihren eigenen Nutzen und für den Handel mit Europa und Asien zur Verfügung stehen könnten, hat eine der großen, von Zeit zu Zeit die Menschheit

|II.94 aufrüttelnden Revolutionen die gesellschaftlichen Umstände in den von mir bereisten riesigen Ländern verändert. Heute teilen sich drei aus Europa stammende Völker das Festland der Neuen Welt: Das erste und mächtigste dieser Völker ist germanischer Herkunft; die beiden anderen gehören aufgrund ihrer Sprache, Literatur und Sitten zum romanischen Europa. Die westlichsten Teile der alten Welt (die Iberische Halbinsel und die Britischen Inseln) haben auch die umfangreichsten Kolonien; allerdings bezeugen allein die Küstengebiete von viertausend Quadratmeilen, die von den Nachfahren der Spanier und Portugiesen bewohnt sind, die Überlegenheit, die die auf der Halbinsel ansässigen Völker anderen Seefahrernationen gegenüber durch ihre Meeresexpeditionen im 15. und 16. Jahrhundert gewonnen hatten. Man kann sagen, dass ihre von Kalifornien bis zum Río de la Plata sowie auf den Bergrücken der Kordilleren und in den Urwäldern des Amazonas verbreiteten Sprachen Denkmale des nationalen Ruhms sind, die alle politischen Revolutionen überdauern werden.

Heute weisen die Einwohnerzahlen in den spanischen und portugiesischen Ge-

|II.95 bieten Amerikas zusammen eine Gesamtbevölkerung aus, die doppelt so groß ist wie die des englischen Volkes. Die französischen, niederländischen und dänischen Besitzungen auf dem Neuen Kontinent sind recht klein. Man sollte jedoch bei der Vervollständigung des allgemeinen Bildes der Völker, die auf das Schicksal der anderen Hemisphäre einwirken könnten, weder die slavischen Ländern entstammenden Kolonisten vergessen, die versuchen, in Gebieten von der Halbinsel Alaska bis nach Kalifornien Fuß zu fassen, noch die freien Afrikaner Haitis, die die Voraussage des mailändischen Reisenden Benzoni aus dem Jahr 1545 erfüllen. Die Tatsache, dass diese Afrikaner inmitten des Mittelmeers der Antillen auf einer Insel der zweieinhalbfachen Größe Siziliens leben, verstärkt ihre politische Bedeutung. Alle Freunde der Menschheit und der Menschlichkeit unterstützen die Entwicklung

einer Zivilisation, die nach so viel Gewalttätigkeit und Blutvergießen unerwartete Erfolge zu verzeichnen hat. Das russische Amerika gleicht bis heute weniger einer Landwirtschaftskolonie als den Handelsniederlassungen, die die Europäer an den Küsten Afrikas zum großen Leidwesen der einheimischen Bevölkerung gründeten. Sie sind nicht mehr als Militärposten und Stationen für Fischer und sibirische Jäger. Es ist sicherlich frappierend, die Riten der Griechischen Kirche in einem Teil von Amerika anzutreffen und zu sehen, wie zwei Völker aus den äußersten östlichen und westlichen Gebieten Europas, die Russen und die Spanier, auf einem Kontinent, auf dem sie auf entgegengesetzten Wegen ankamen, als Nachbarn leben. Doch bilden die fast wilden Zustände an den menschenleeren Küsten von Ochotsk und Kamtschatka, der Mangel an Hilfe von den Häfen Asiens und die Regierungsformen der slavischen Kolonien Hindernisse, die diese Kolonien noch lange Zeit in ihren frühen Entwicklungsstadien festhalten werden. Wenn man in der politischen Ökonomie daran gewöhnt ist, nur große Mengen und Gruppierungen zu untersuchen, dann wird man nicht merken, dass das amerikanische Festland nicht allein unter den drei großen Nationen der englischen, spanischen und portugiesischen Völker aufgeteilt ist. Das erste dieser drei Völker, die Anglo-Amerikaner, ist auch nach den Engländern in Europa dasjenige, dessen Flagge über dem größten Teil der Meere fliegt. Ohne Kolonien in der Ferne hat ihr Handel einen Aufschwung erfahren, der von nichts in der Alten Welt übertroffen wird, mit Ausnahme des Volks, das dem Norden Amerikas seine Sprache, den Glanz seiner Literatur, seine Liebe zur Arbeit, seinen Hang zur Freiheit und einen Teil seiner bürgerlichen Einrichtungen weitergab.

|II.96

|II.97

Die englischen und portugiesischen Kolonisten besiedelten nur die Europa gegenüberliegenden Küsten: Im Gegensatz dazu überquerten die Spanier die Gebirgskette der Anden und ließen sich seit Anfang der Eroberung in den westlichsten Gebieten nieder. Nur dort, in Mexiko, Cundinamarca, Quito und Peru, fanden sie Spuren einer alten Zivilisation, von Landwirtschaft und florierenden Imperien. Dieser Umstand, zusammen mit dem Anwachsen einer indigenen Bevölkerung von Bergbewohnern, des fast ausschließlichen Zugangs zu großen metallenen Reichtümern und zu seit Beginn des 16. Jahrhunderts etablierten Handelsbeziehungen mit dem indischen Archipel, gab den spanischen Besitzungen im äquinoktialen Amerika ihre eigentümlichen Charakterzüge. Die ursprünglichen Völker in den von englischen und portugiesischen Kolonisten geteilten östlichen Gegenden waren Nomaden und Jäger. Sie waren dort nicht Teil der arbeitenden Bevölkerung, die, wie auf dem Plateau von Anáhuac, in Guatemala und in Alto Peru, Landwirtschaft betrieb; allgemein zogen sie sich vom Vormarsch der Weißen zurück. Der Bedarf an Arbeitskräften, die Bevorzugung des Anbaus von Zuckerrohr, Indigo und Baumwolle, wie auch die Habgier, die mit der Entwicklung von Industrie einhergeht und ihr oftmals schadet, sind Faktoren, die zur Geburt des berüchtigten afrikanischen Sklavenhandels mit gleichermaßen unheilvollen Folgen in beiden Welten führten. Zum Glück sind die Zahlen der afrikanischen Sklaven auf dem spanisch-amerikanischen Festland unbedeutend; wenn man sie mit denen der versklavten Bevölkerung in Brasi-

|II.98

lien und im südlichen Teil der Vereinigten Staaten vergleicht, stehen sie in einem
Verhältnis von eins zu fünf. Insgesamt haben alle spanischen Kolonien, einschließ-
lich der Insel Kuba und Puerto Rico, weniger Sklaven als allein der Bundesstaat
Virginia auf einem Gebiet, das höchstens ein Fünftel der Größe Europas umfasst.
Mit dem Zusammenschluss von Neuspanien und Guatemala bieten die Spanisch-
Amerikaner das einzigartige Beispiel unter der Heißen Zone einer Nation von acht
Millionen Einwohnern, die nach europäischen Gesetzen und Institutionen regiert
wird, gleichzeitig Zucker, Kakao, Weizen und Wein anbaut und dafür so gut wie
keine dem afrikanischen Boden entrissene Sklaven benutzt.

|II.99   Die Bevölkerung des Neuen Kontinents ist bisher kaum größer als die Frank-
reichs oder Deutschlands. In den Vereinigten Staaten verdoppelt sie sich alle 23 bis
25 Jahre; in Mexiko hat sie sich selbst unter die Regierung des Mutterlands innerhalb von 40 bis 45 Jahren verdoppelt. Ohne sich übertriebenen Hoffnungen hin-
zugeben, kann man annehmen, dass in weniger als eineinhalb Jahrhunderten die
Bevölkerung Amerikas der von Europa gleichkommen wird. Anstatt die Alte Welt
somit zugunsten der Neuen verarmen zu lassen, wie man es oftmals gerne vorausgesagt hat, wird diese edle Rivalität der Zivilisationen in den Bereichen von Kultur,
Industrie und Handel den Verbrauch, die Menge der Produktivität und der Waren-
geschäfte erhöhen. Vermutlich wird der öffentliche Wohlstand, das gemeinsame
Erbe der Zivilisation, infolge der großen Revolutionen, die menschliche Gesellschaften erleiden, anders unter den Menschen beider Welten verteilt werden; aber
nach und nach wird das Gleichgewicht wiederhergestellt werden, und es ist ein
verhängnisvolles – ich würde fast sagen gottloses – Vorurteil, den wachsenden Wohl-
|II.100 stand eines völlig anderen Teils unseres Planeten als ein Unheil für das alte Europa
anzusehen. Anstatt zu ihrer Isolation beizutragen wird ihre Unabhängigkeit die
Kolonien eher dichter an die schon länger zivilisierten Völker anbinden. Der Handel neigt dazu, das zusammenzubringen, was der politische Neid seit langer Zeit
voneinander getrennt hatte. Darüber hinaus liegt es in der Natur der Zivilisation,
sich weiter entfalten zu können, ohne dadurch ihren Geburtsort zu zerstören. Ihr
allmähliches Fortschreiten von Ost nach West, von Asien nach Europa, widerlegt
diese Maxime nicht im Geringsten. Ein helles Licht behält seine Helligkeit, selbst
wenn es einen größeren Raum erleuchtet. Die intellektuelle Kultur, eine fruchtbare Quelle des Reichtums eines Volkes, überträgt sich von einem Nachbarn auf
den anderen; sie breitet sich aus, ohne sich fortzubewegen. Ihre Bewegung ist keinesfalls eine Völkerwanderung: Wenn es uns so erscheint, als ob das im Osten der
Fall gewesen wäre, ist das so, weil die erbarmungslosen Horden [die Ottomanen]
Ägypten, Kleinasien und das einst freie Griechenland, die verlassene Wiege der Zivilisation unserer Vorfahren, überrannten.

    Die Verrohung der Menschen ist eine Folge der Unterdrückung, die sie entwe-
der vonseiten eines einheimischen Despoten oder durch einen fremden Eroberer
erfahren: Diese Unterdrückung wird stets von einer allmählichen Verarmung be-
|II.101 gleitet, von einem Verringern des öffentlichen Wohlstands. Man kann diese Ge-
fahren durch freie und starke, die Interessen aller berücksichtigende Einrichtungen

eindämmen; und die wachsenden Zivilisationen der Welt, der Wettbewerb um Arbeit und Handel zerstören nicht die Länder, in denen der Wohlstand aus natürlichen Quellen fließt. Ein produktives, handeltreibendes Europa wird von der Neuordnung der Dinge im spanischen Amerika profitieren, ebenso wie es durch ein Anwachsen des Verbrauchs und von Ereignissen profitieren würde, die der Barbarei in Griechenland, an der Nordküste Afrikas und in anderen, von den ottomanischen Tyrannen unterdrückten Ländern ein Ende setzten. Nichts bedroht den Wohlstand des alten Kontinents so sehr wie die Verlängerung dieser internen Kämpfe, die die Produktion aufhalten und gleichzeitig die Zahl und die Bedürfnisse der Verbraucher vermindern. Im spanischen Amerika gehen die Konflikte, die sechs Jahre nach meiner Abreise anfingen, allmählich ihrem Ende zu. Bald wird es unabhängige Völker auf beiden Seiten des Atlantiks geben, die viele unterschiedliche Regierungsformen haben aber durch die Erinnerung an einen gemeinsamen Ausgangspunkt, durch sprachliche Kontinuität und durch die Bedürfnisse, aus denen die Zivilisation stets hervorgeht, verbunden bleiben. Man könnte sagen, dass enorme Fortschritte in der | II.102 Schifffahrt die Ozeane verkleinert haben. Der Atlantische Ozean erscheint uns bereits, als wäre er ein schmaler Kanal, der die handeltreibenden Länder Europas genauso wenig von der Neuen Welt trennt wie in den Kinderjahren der Seefahrt das Mittelmeer die Griechen des Peloponnes von denen in Ionien, auf Sizilien und in der Kyrenaika (Libyen) voneinander entfernte.

Ich habe es für notwendig befunden, diese generellen Überlegungen über die zukünftigen gegenseitigen Beziehungen der beiden Kontinente meinem politischen Tableau der Provinzen Venezuelas vorauszuschicken, in dem ich die verschiedenen menschlichen Völker, die geplanten und ungeplanten Bodenerträge, die Unterschiedlichkeit des Bodens und die Inlandsverbindungen anspreche. Die Provinzen, die bis 1810 von einem in Caracas ansässigen Generalkapitän regiert wurden, sind heute wieder mit dem ehemaligen Vizekönigreich von Neugranada (auch Santa Fé) verbunden, das heute den Namen Republik Colombia trägt. Ich werde in dieser Beschreibung von Neugranada gar nichts von dem vorausnehmen, was ich später aufzeige. Um meine statistischen Beobachtungen über Venezuela für diejenigen von Nutzen zu machen, die ein Urteil fällen wollen über die politische Bedeutsamkeit | II.103 dieses Landes und die Vorteile, die es dem europäischen Handel selbst in seinem unentwickelten Stadium bieten könnte, werde ich jedoch die engen Beziehungen zwischen den *Vereinigten Provinzen von Venezuela* und sowohl Cundinamarca als auch Neugranada darlegen und die Provinzen als Teil des neuen Staats Colombia behandeln. Diese Vorschau muss aus fünf Teilen bestehen: Fläche, Bevölkerung, Erzeugnisse, Handel und öffentliches Einkommen. Da man einen Teil der diesem Tableau zugrundeliegenden Daten bereits an anderer Stelle finden kann, in den vorausgehenden Kapiteln [meiner *Reise in die Äquinoktial-Gegenden des Neuen Kontinents*], kann ich an dieser Stelle die Hauptergebnisse recht kurz fassen. Herr Bonpland und ich brachten fast drei Jahre in den Gegenden zu, die heute Teil der Republik Colombia sind: Um genauer zu sein waren wir 16 Monate in Venezuela und 18 Monate in Neugranada unterwegs. Wir haben dieses Gebiet in allen seinen Ausmaßen bereist: zuerst von den Paria-Bergen nach Esmeralda am oberen Orinoco und bis nach San Carlos del Río Negro an der brasilianischen Grenze; danach vom Río Sinú und Cartagena de Indias zu den schneebedeckten Bergen von Quito und |II.104 weiter bis zum Hafen von Guayaquil an der Pazifik-Küste und zu den Ufern des Amazonas in der Provinz Jáen de Bracamoros. Ein solch langer Aufenthalt und eine Inlandsreise von 1 300 Seemeilen, davon 650 in einem Boot, hatten mir ein ausreichend detailliertes Wissen über die örtlichen Verhältnisse vermittelt. Ich würde jedoch nicht vorgeben, dass die von mir gesammelten statistischen Informationen über Venezuela und Neugranada ebenso zahlreich und verlässlich sind wie das Material, zu dem ich während meines viel kürzeren Aufenthaltes in Neuspanien Zugang hatte. Man ist weniger geneigt, Fragen der politischen Ökonomie in rein landwirtschaftlichen Ländern mit mehreren Zentren der Macht zu diskutieren als in Ländern, wo die Zivilisation sich in einer großen Hauptstadt konzentriert und wo die enormen Erträge vom Bergbau Menschen daran gewöhnt haben, den Reichtum der Natur in Zahlen auszudrücken. In Mexiko und in Peru fand ich einen Teil der Daten, nach denen ich suchte, in offiziellen Dokumenten. Es verhielt sich ganz anders in Quito, Santa Fé und Caracas, wo das Interesse an statistischer Forschung nur durch eine unabhängige Regierung vorangetrieben werden wird. Wenn man |II.105 daran gewöhnt ist, Zahlen zu studieren, bevor man sie als Wahrheit akzeptiert, weiß man, dass neugegründete Staaten gerne die Zuwächse des öffentlichen Wohlstands übertreiben, während die alten Kolonien lieber die Liste der Übel, die man auf das Tarifsystem schiebt, verlängern. Die Stagnation des Handels und die Langsamkeit des Bevölkerungszuwachses hochzuspielen ist fast ein Racheakt dem Mutterland gegenüber.

Mir ist bewusst, dass den Reisenden, die Amerika kürzlich besucht haben, diese Fortschritte viel schneller vorkommen als die meinen statistischen Forschungen zugrundeliegenden Zahlen anzudeuten scheinen. Sie verheißen, dass Mexiko, dessen Bevölkerung sich vermutlich alle 22 Jahre verdoppelt, 112 Millionen Einwohner im Jahr 1913 haben wird; im selben Jahr wären die Vereinigten Staaten bei 140 Millionen[307] angelangt. Ich gebe zu, dass diese Zahlen mich nicht aus denselben Gründen beängstigen, wie sie es für die eifrigen Anhänger des Systems von Herrn Malthus tun. Es ist durchaus möglich, dass eines Tages zwei oder drei Millionen Menschen ihr |II.106 Auskommen in den immensen Weiten des Neuen Kontinents vom Nicaraguasee bis zum Ontariosee fänden. Ich nehme an, dass die Vereinigten Staaten in hundert Jahren über 80 Millionen Einwohner zählen werden, wenn man graduelle Veränderungen innerhalb des Zeitraums für eine Verdopplung berücksichtigt (alle 25 bis 35 oder 40 Jahre). Obwohl Äquinoktial-Amerika die Grundbausteine für den Wohlstand besitzt, und trotz der Klugheit, die ich den neuen republikanischen Regierungen südlich und nördlich des Äquators sehr wohl unterstellen möchte, habe ich dennoch Zweifel, dass die Bevölkerung in Venezuela, Spanisch-Guayana, Neugranada und Mexiko im Allgemeinen ebenso rapide anwachsen könne wie in den Vereinigten

---

[307] [William Davis] Robinson, *Memoirs of the Mexican Revolution,* Bd. II, S. 315.

Staaten. Da die Vereinigten Staaten gänzlich in der gemäßigten Zone liegen und keine hohen Gebirgszüge haben, bieten sie der Landwirtschaft weite, leicht zu bearbeitende Felder. Horden von Eingeborenen fliehen sowohl vor den von ihnen gehassten Siedlern als auch vor den Methodistischen Missionaren, die ihrer Neigung zur Muße und zu einem nomadischen Leben entgegenwirken. Es ist wahrscheinlich, dass der ertragreichere Boden im spanischen Amerika auf einer gleichgroßen Fläche größere Mengen von Nahrungsmitteln erzeugt; dass der auf den Hochebenen in der äquinoktialen Region angebaute Weizen 20 bis 24 Körner pro Ähre abwirft: Allerdings werden die Kordilleren, durchzogen von fast unzugänglichen Schluchten, von kahlen, trockenen Steppen und von Wäldern, die Axt und Feuer widerstehen und in denen venenöse Insekten schwärmen, der Landwirtschaft und der Industrie noch lange gewaltige Hindernisse in den Weg legen werden. Es wird selbst den unternehmungslustigsten und robustesten Siedlern unmöglich sein, in die bergigen Gebiete von Mérida, Antioquia und Los Pastos vorzudringen, oder in die Steppen von Venezuela und Guaviare, die Wälder des Río Magdalena und des Orinoco und in die Provinz Esmeraldas westlich von Quito, ähnlich wie es ihnen möglich gewesen war bei der Ausweitung ihrer landwirtschaftlichen Eroberungen der bewaldeten Ebenen westlich der Alleghenies und von den Quellen der Flüsse Ohio, Tennessee und Alabama bis hin zu den Ufern des Missouri und des Arkansas. Wenn man sich an die Darlegung meiner Reise auf dem Orinoco erinnert, wird man die gewaltigen Hindernisse zu würdigen wissen, die die Natur den Anstrengungen der Menschen in heißen, schwülen Klimaten in den Weg legt. In Mexiko fehlt auf weiten Flächen dem Boden Wasser; Regen fällt dort nur selten, und der Mangel an schiffbaren Flüssen verlangsamt den Transport. Da die frühe indigene Bevölkerung schon lange vor der Ankunft der Spanier das Land bewirtschaftet hatte, haben diese zugänglichen und einfach zu bestellenden Gebiete bereits Besitzer. Dass weite, fruchtbare Landstriche von den ersten Besitznehmern als ihr Eigentum betrachtet werden oder dass der Staat selbst das Land aufteilt und gewinnbringend verkauft ist dort weitaus weniger der Fall als man in Europa annimmt. Aus diesem Grund kann sich die Kolonisierung in Spanisch-Amerika nicht so schnell und ungehindert entfalten, wie sie es bis heute in den westlichen Gebieten der Anglo-Amerikanischen Union getan hat. Die Bevölkerung dieser Union besteht nur aus Weißen und aus entweder ihrer Heimat entrissenen oder in der Neuen Welt geborenen Sklaven, die man zu Werkzeugen der Unternehmungen der Weißen gemacht hat. Im Gegensatz dazu gibt es heute in Mexiko, Guatemala, Quito und Peru mehr als fünfeinhalb Millionen der kupferfarbenen Eingeborenen; trotz Versuchen, sie zu *desindianisieren*, hindern sie ihre teils erzwungene, teils gewollte Abgeschnittenheit, ihre Verknüpfung mit alten Bräuchen und die misstrauende Unbeugsamkeit ihres Wesens daran, am Fortschritt des öffentlichen Wohlstands teilzuhaben.

Ich betone diese Unterschiede zwischen den freien Ländern des klimatisch gemäßigten und denen des äquinoktialen Amerikas, um zu zeigen, dass die zu überwindenden Hindernisse die physischen und moralischen Umstände der letzteren beeinträchtigt haben, und um daran zu erinnern, dass Gebiete, denen die Natur sehr vielfältige und wertvolle Schätze beschert hat, sich nicht immer auf einfache,

|II.107

|II.108

|II.109

schnelle und gleichmäßige Art kultivieren lassen. Wenn die Grenzen des Bevölkerungswachstums ausschließlich von der Menge der Nahrung abhängen, die die Erde
bieten kann, dann würde eine einfache Rechnung die Vorteile der Gesellschaften
in den schönen Gebieten der Heißen Zone beweisen; aber die politische Ökonomie,
der empirische Arm der Politikwissenschaft, misstraut Zahlen und eitlen Abstraktionen. Ein noch unbewohnter Kontinent könnte durch die Vervielfachung einer
einzigen Familie innerhalb von acht Jahrhunderten mehr als acht Milliarden Ein-

| II.110   wohner zählen: Allerdings widerspricht die Geschichte aller Völker, die sich schon
in einem fortgeschritteneren Stadium der Zivilisation befinden, den Schätzungen,
die auf der Hypothese der *constancy of doubling* [Beständigkeit der Verdopplung] alle
25 bis 30 Jahre basieren. Die Schicksale, die die freien Staaten des spanischen Amerikas erwarten, sind so schwerwiegend, dass man sie nicht durch gefällige Trug-
bilder und illusorische Überlegungen beschönigen sollte.

Fläche und Bevölkerung

Um die Aufmerksamkeit des Lesers auf die politische Bedeutsamkeit der früheren
Capitanía general Venezuela zu lenken, beginne ich mit einem Vergleich der großen
Gruppierungen, in die die unterschiedlichen Völker des Neuen Kontinents heut-
zutage eingeteilt werden. Es ist vorstellbar, dass aus allgemeiner Sicht die Einzel-
heiten der statistischen Variablen des Wohlstands und der Staatsmacht von einigem
Interesse wären. Von den 34 Millionen Einwohnern, die sich auf den riesigen Flä-
chen des *kontinentalen Amerikas* niedergelassen haben (eine Schätzung, die die freien
Ureinwohner miteinschließt) und die aus *drei vorrangingen Volksgruppen* bestehen,

| II.111   leben 16 Millionen in den *spanisch-amerikanischen Besitzungen,* 10 Millionen in den
anglo-amerikanischen und fast vier Million in den *portugiesischen Amerikas.* Die Bevölkerungen in diesen drei großen Gruppen stehen heute in einem Verhältnis von vier
zu 2,5 zu eins; vergleichsweise stehen die Flächen der von diesen Bevölkerungen
bewohnen Gebiete in einem Verhältnis von 1,5 zu 0,7 zu eins. Die Fläche der Vereinigten Staaten ist um fast ein Viertel größer als die Russlands westlich des Urals,
und Spanisch-Amerika ist um genauso viel größer als ganz Europa. Die Vereinigten

| II.112   Staaten[308] haben fünf Achtel der Bevölkerung der spanischen Besitzungen auf einer
weniger als halb so großen Fläche. Brasilien hat im Westen so viele unbewohnte

---

[308] Um langatmige Ausschweifungen zu vermeiden, werde ich in diesem Buch weiterhin den Ausdruck
Spanisch-Amerika für die von den *Spanisch-Amerikanern* bewohnten Länder benutzen, trotz der unerwartet aufgetretenen politischen Veränderungen in den Kolonien. Ich nenne das Land der *Anglo-Amerikaner*
die *Vereinigten Staaten* – ohne *von Nordamerika* hinzuzufügen – obwohl es auch noch andere *Vereinigte
Staaten* in Südamerika gibt. Es ist peinlich, wenn es für Völker, die eine so wichtige Rolle im Weltgesche-
hen spielen, keine kollektiven Namen gibt. Die Bezeichnung *Amerikaner* kann nicht länger nur für die
Bürger der Vereinigten Staaten von Nordamerika benutzt werden, und es wäre wünschenswert, mit der
Nomenklatur für die unabhängigen Staaten des Neuen Kontinents auf eine geeignete, einheitliche und
genaue Weise zu verfahren.

Gebiete, dass seine Bevölkerung auf einer nur um ein Drittel kleineren Fläche ein Viertel derjenigen von Spanisch-Amerika ausmacht. Das folgende Tableau zeigt die Ergebnisse eines Versuchs, die Größe der Flächen der verschiedenen Staaten in Amerika genau zu schätzen, den ich zusammen mit Herrn Mathieu, einem Mitglied der Akademie der Wissenschaften und des Bureau des Longitudes [dem französischen astronomischen Institut in Paris], unternahm. Wir benutzten Karten, auf denen man die Grenzen mit Hilfe der in meinen *Recueil d'observations astronomiques* veröffentlichten Daten korrigiert hatte. Wir arbeiteten generell mit einer Skala, die groß genug war, um Flächen von vier bis fünf Quadratmeilen miteinzuschließen. Wir glaubten, dass wir so genau sein mussten, um die Ungewissheit der geographischen Daten, die durch Ungenauigkeiten in der trigonometrischen Berechnung von Dreiecken, Trapezen und den Krümmungen der Küsten zustande gekommen waren, nicht noch zu verschlimmern. |II.113

HAUPTSÄCHLICHE POLITISCHE UNTER-TEILUNGEN		FLÄCHE in Quadrat-meilen (20 auf einen äquinoktialen Grad)	BEVÖL-KERUNG (1823)
I.	SPANISCH-AMERIKANISCHE BESIT-ZUNGEN	371 380	16 785 000
	Mexiko oder Neuspanien	75 830	6 800 000
	Guatemala	16 740	1 600 000
	Kuba und Puerto Rico	4 430	800 000
	Colombia { Venezuela	33 700	785 000
	Colombia { Neugranada und Quito	58 250	2 000 000
	Peru	41 420	1 400 000
	Chile	14 240	1 100 000
	Buenos Aires	126 770	2 300 000
II.	PORTUGIESISCH-AMERIKANISCHE BESITZUNGEN (BRASILIEN)	256 990	4 000 000
III.	ANGLO-AMERIKANISCHE BESIT-ZUNGEN (VEREINIGTE STAATEN)	174 300	10 220 000

Erläuterungen

Indem ich die den am weitesten östlich gelegenen Teil der Provinz Panama als Grenze nahm, konnte ich die Fläche von Südamerika auf 571 290 Quadratmeilen festlegen, von denen die spanischen Gebiete, also Colombia (ohne den Isthmus von Panama und die Provinz Veragua), Peru, Chile, Buenos Aires (ohne die Magellanischen Landstriche), 271 774 Quadratmeilen einnehmen, die portugiesischen Besitzungen 256 990 Quadratmeilen, Britisch-, Niederländisch- und Französisch-Guayana 11,320 Quadratmeilen und die Gebiete Patagoniens südlich des Río Negro 31,206 Quadratmeilen. Man kann die folgenden Zahlen, die die Größe der Flächen angeben, als Grundlagen für Vergleiche heranziehen[309]: Europa, 304 700 Quadratmeilen; das Russische Reich in Europa und Asien, 603 160 Quadratmeilen; der europäische Teil des Russischen Reichs, 138 116 Quadratmeilen; die Vereinigten Staaten von Amerika, 174 310 Quadratmeilen. Alle Berechnungen sind in Quadratmeilen, je 20 auf einen Grad am Äquator oder 2 855. Ich übernahm diese Art von Messung in meiner *Relation historique*, weil es weitaus einfacher war, Seemeilen (von je drei Meilen) als ein einheitliches geographisches Maß bei den handeltreibenden Völkern Spanisch-Amerikas anzuwenden als Spaniens *leguas legales* oder *leguas comunes*, die jeweils 26 ½ und 19 auf einen Grad haben. Im *Essai politique sur le royaume de la Nouvelle-Espagne* sind die Flächen in Quadratmeilen von je 25 auf einen Grad angegeben, wie auch in den meisten in Frankreich veröffentlichten Statistiken. Ich rufe diese Maße in Erinnerung, weil viele zeitgemäße Autoren beim Übernehmen meiner Flächenberechnungen aus *Nouvelle-Espagne* Meilen von je 25 für einen Grad mit nautischen und geographischen Meilen verwechselten, eine Verwirrung, die nicht weniger beklagenswert ist als das Durcheinanderbringen von Celsius mit der achtzigteiligen Réaumur-Skala.

Neben gleichbleibende Werten wie Fläche (die von der Genauigkeit meiner Karten abhängt) setzte ich einen sehr ungewissen Wert: den der Bevölkerung. Die folgenden Daten werden ein Thema erläutern, das seit langer Zeit (und aus gutem Grund) als ein *plenum opus alece* [Hasardspiel oder Wagnis] bekannt ist. Man findet solche Zahlen, die meteorologischen Daten und astronomischen Tabellen ähneln, in Werken über die politische Ökonomie; sie erlangen nur allmählich Genauigkeit, und man muss sich sehr häufig mit *Grenzwerten* begnügen.

A. Bevölkerung

MEXIKO. Ich glaube, an anderer Stelle durch empirische Daten bereits bewiesen zu haben, dass das Vizekönigreich Neuspanien, einschließlich der *Provincias internas* und Yucatán aber nicht der *Capitanía general* Guatemala, im Jahr 1804 wenigstens 5 840 000 Einwohner hatte: 2,5 Millionen eingeborene Menschen des kupferfarbenen Volkes, eine Million Spanisch-Mexikaner und 75 000 Europäer. Ich habe

---

[309] *Siehe* Anmerkung B am Ende von Buch 9.

selbst vorausgesagt *(Essai politique sur le royaume de la Nouvelle-Espagne* I, S. 65,
76–77), dass bis zum Jahr 1808 die Bevölkerung 6,5 Millionen erreichen würde,
und dass drei oder vier Fünftel (oder 3 250 000) von ihr eingeborene Menschen sein
würden. Die seit langer Zeit in den Regierungsbezirken Mexico, Veracruz, Valladolid und Guanajuato schwelenden internen Konflikte haben sicherlich den jährlichen Bevölkerungszuwachs von Mexiko verlangsamt, der während meines Aufenthaltes dort vermutlich höher als 150 000 lag *(Essai politique sur le royaume de la
Nouvelle-Espagne* I, S. 62–64). Die Geburtenrate scheint sich wie eins zu 17 zu verhalten, die Sterberate wie eins zu 30. Indem ich einen Bevölkerungszuwachs von
nicht mehr als einer halben Million innerhalb von 18 Jahren voraussetzte, glaubte | II.117
ich, die Auswirkung der öffentlichen Unruhen auf Bergbau, Handel und Landwirtschaft ausreichend berücksichtigt zu haben. Forschungen im Lande selbst haben vor
kurzem erwiesen, dass die Schätzungen, für die ich mich vor 12 Jahren entschieden
hatte, der Wahrheit nicht fern sind. Don Fernando Navarro y Noriega veröffentlichte die Ergebnisse einer umfangreichen Arbeit über die Zahl der *curatos y missiones* [Vikariate und Missionen] in Mexiko, in der er die Landesbevölkerung im
Jahr 1810 auf 6 128 000 schätzte (*Catálogo de los curatos y misiones que tiene la Nueva
España en cada una de sus diócesis*, 1813, S. 38; und *Rispuesta de un Mexicano al no.
200, del Universal*, S. 7). Derselbe Autor, dessen Posten als Finanzverwalter (*Conta-
dor de los ramos de arbitrios*) ihm die Möglichkeit gab, statistische Daten an Ort und
Stelle zu untersuchen, glaubt (*Memoria sobre la población del Reino de Nueva España*,
Mexico 1814; und *Semanario político y literario de la Nueva España*, Nr. 20, S. 94), dass
sich die Bevölkerung Neuspaniens, unter Ausschluss der Provinz Guatemala, im
Jahr 1810 folgendermaßen zusammensetzte:

1 097 928	Europäer und Hispano-Amerikaner
3 676 281	Eingeborene
1 338 706	Kasten oder gemischtrassige Menschen
4 229	Geistliche des Säkularklerus
3 112	Geistliche des Regularklerus
2 098	Nonnen
6 122 354	

| II.118

Ich bin zu glauben geneigt, dass Neuspanien heute fast sieben Millionen Einwohner
hat. Diese Meinung wird von einem respektierten Prälaten, dem Erzbischof von
Mexiko, Don José de Fonte, geteilt, der einen Großteil seiner Diözese bereist hat
und den ich vor kurzem die Ehre hatte, in Paris wiederzusehen.

GUATEMALA. Dieses Land, das bis jetzt als ein Königreich angesehen wurde, besteht aus den vier Bistümern Guatemala, León de Nicaragua, Chiapas (auch Ciudad
Real) und Comayagua (auch Honduras). Die von der säkularen Regierung im Jahr
1778 durchgeführte Volkszählung, die Herr [José María] del Barrio (Abgeordneter

des Spanischen Parlaments vor Mexikos Unabhängigkeitserklärung) mir liebens-
würdigerweise mitteilte, gab die Einwohnerzahl mit nur 797 214 an; aber Don
| II.119   Domingo Juarros, der gelehrte Verfasser des *Compendio de la historia de la ciudad de
Guatemala* (von 1809 bis 1818 in Fortsetzungen veröffentlicht), hat bewiesen (Bd. I,
S. 9 und 91), dass die Zahl sehr ungenau ist. Die im selben Zeitraum von den Bischöfen angeordneten Zählungen waren über ein Drittel höher. Während meines
Aufenthaltes in Mexiko schätzten offizielle Dokumente die Bevölkerung von Guatemala, wo sehr viele indigene Menschen leben, auf 1,2 Millionen; diejenigen, die
die Örtlichkeiten gut kennen, schätzen sie heute auf zwei Millionen. Da ich eher
um *niedrig veranschlagte* Zahlen bemüht bin, entschied ich mich für eine Einwohnerzahl von 1,6 Millionen.

KUBA UND PUERTO RICO. Man weiß recht wenig über die Bevölkerung der
großen Insel Puerto Rico, die seit dem Jahr 1807 reichlich zugenommen hat. Man
zählte dort damals 136 000 Einwohner, von denen 17 500 Sklaven waren. Wie ich
an anderer Stelle in diesem Buch bereits berichtet habe (Bd. I, S. 335) zählte man
im Jahr 1811 auf Kuba 600 000 Einwohner, darunter 212 000 Sklaven (*Documentos
| II.120   de que hasta ahora se compone el expediente sobre los negros de la isla de Cuba,* Madrid,
1817, S. 139). In einem neueren offiziellen Dokument (*Reclamación hecha por los
Representantes de [la isla de] Cuba contra la ley de aranceles,* Madrid, 1821, S. 6) erscheint
die Gesamtbevölkerung als 630 980.

COLOMBIA. Nach den von mir gesammelten Unterlagen hatten die sieben Provinzen, die man vormals zusammen als die *Capitanía general* Caracas bezeichnete,
ungefähr 800 000 Einwohner zu Beginn des 19. Jahrhunderts, als die Revolution
ausbrach. Man findet in diesen Unterlagen jedoch keine umfassenden, von den
weltlichen Mächten durchgeführten Zählungen; sie sind ausschnittsweise Erhebungen, die sich teils auf die Zählungen von Missionaren und Pfarrern stützten und
teils auf den Konsum und den mehr oder minder fortgeschrittenen Zustand der
Landwirtschaft. Angestellte des Regierungsbezirks Caracas, vor allem Don Manuel
[de] Navarrete vom Königlichen Schatzamt zu Cumaná, der sich im Finanzwesen
gut auskennt, gingen mir bei dieser Arbeit sehr zur Hand. Der betreffende Zeitraum
ist von großem Interesse. Er stellt einen Ausgangspunkt dar, von dem man eines
| II.121   Tages den Bevölkerungszuwachs seit der Errungenschaft der Unabhängigkeit und
der Freiheit vergleichsweise bestimmen kann. Es ist anzunehmen, dass dieser Zuwachs nur dann spürbar wird, wenn der interne Frieden in diese schönen Lande
zurückkehrt. Es ist sogar möglich, dass die Bevölkerung zum Zeitpunkt der Veröffentlichung dieses Werkes etwas kleiner ist als im Jahr 1801. Obwohl die Armeen
nicht sehr groß waren, haben sie dennoch dem Land die besten landwirtschaftlichen
Gebiete an der Küste und in den benachbarten Tälern geraubt. Das Erdbeben vom
26. März 1812 (*siehe* Bd. V, S. 14–24), die Fieber-Epidemien von 1818 (Bd. VIII,
S. 418), die unvorsichtige, von den Royalisten unterstützte Bewaffnung der schwarzen Einwohner, die Auswanderung vieler wohlhabender Familien in die Antillen
und ein langer Stillstand des Handels haben das öffentliche Elend vergrößert.

Provinzen Cumaná und Barcelona   110 000 Seelen |II.122

Ich besitze die Ergebnisse einer Zählung aus dem Jahr 1792, die wenigstens um ein Sechstel falsch liegt und 86 083 Seelen angibt, davon
42 615 Eingeborene; folglich: 27 787 *de doctrina* oder Einwohner von
Dörfern mit einem zum Säkularklerus gehörenden Pfarrer; und 14 828
missioniert oder unter der Regierung von missionarischen Mönchen. Für
das Jahr 1800 zählte ich 60 000 in der Provinz Cumaná (auch Neuandalusien); 50 000 in der Provinz Barcelona.

Provinz Caracas   370 000

Erhebung aus dem Jahr 1801: Tal von Caucagua und die Steppen von
Ocumare, 30 000; Stadt Caracas und Täler von Chacao, Petare, Mariches
und Los Teques, 60 000; Portocabello, Guayre und das gesamte Küstengebiet von Kap Codera bis Aroa, 25 000; Täler von Aragua, 52 000; Tuy,
20 000; Bezirke Canora, Barquisimeto, Tocuyo und Guanare, 54 000;
San Felipe, Nirgua, Aroa und benachbartes Flachland, 34 000; Llanos
de Calabozo, San Carlos, Araure, und San Juan Bautista del Pao, 40 000.
Diese partiellen Schätzungen für fast alle der bewohnten Gebiete kommen auf nur 315 000.

Provinz Coro   32 000

Provinz Maracaibo (mit Mérida und Trujillo)   140 000

Provinz Barinas   75 000

Provinz Guayana   40 000

Eine Erhebung aus dem Jahr 1780, deren Ergebnisse ich in den Archiven von Angostura (Santo Tome de la Nueva Guyana) fand, zählte
19 616 Einwohner: 1 479 Weiße, 16 499 Eingeborene, 620 Schwarze,
1 016 pardos und zambos (gemischtrassige farbige Menschen).

Isla Margarita   18 000

                                                        Insgesamt   785 000

Die Einwohnerzahlen für die zwei Provinzen Caracas und Maracaibo sowie für Isla |II.123
Margarita ([Charles] Brown, *Narrative,* 1819, S. 118) mögen etwas übertrieben sein
selbst für den Zeitraum, auf den ich mich hier beschränke; Herr Depons, der auch
Zugang zu den Zahlen hatte, die die Pfarrer den Bischöfen vorlegten, rechnete
allerdings 500 000 für die Provinz Caracas, einschließlich der Provinz Barinas (*Voyage
à la partie orientale de la terre-ferme,* Bd. I, S. 177). In den Provinzen von Maracaibo
sind die Dörfer sowohl an den Seeufern als auch in den Bergen von Mérida und |II.124
Trujillo dicht besiedelt. Von den 780 000 bis 800 000 Einwohnern, die man für die
Capitanía general Caracas für das Jahr 1800 annehmen kann, waren 120 000 wahrscheinlich echte Eingeborene. Offizielle Unterlagen[310] zählen 25 000 von ihnen in
der Provinz Cumaná (15 000 allein in den Missionen von Caripe); 30 000 in der

---

[310] *Siehe* Anmerkung C am Ende von Buch IX.

Provinz Barcelona (24 700 in den Missionen von Píritu); 34 000 in der Provinz
Guayana (17 000 in den Missionen von Caroni, 7 000 in den Missionen am Orinoco
und fast 10 000, die am Orinoco-Delta und in den Urwäldern frei leben). Diese
Daten reichen aus, um zu beweisen, dass in der *Capitanía general* weder 72 800 noch
280 000 kupferfarbene Eingeborene leben, wie vor kurzem irrtümlich behauptet
wurde (Depons, Bd. I, S. 178; Malte-Brun, *Geographie*, Bd. V, S. 549). Depons, der
die Gesamteinwohnerzahl bei nur 728,000 anstatt bei 800. 000 ansetzt, hat insbeson-

|II.125   dere die Anzahl der Sklaven überschätzt, deren er 218 400 zählt (Bd. I, S. 241).
Diese Zahl ist fast viermal zu hoch (siehe Bd. IV, S. 15[9]). Nach den partiellen
Schätzungen, die von drei mit den Örtlichkeiten vertrauten Personen angestellt
wurden, Don Andrés Bello, Don Luis López [Méndez] und Don Manuel Palacio
Fajardo, gab es dort im Jahr 1812 höchstens 62 000 Sklaven.

10 000   in Caracas, Chacao, Petare, Baruta, Mariches, Guarenas, Guatire, Antimano, La Vega,
          Los Teques, San Pedro und Budare.

18 000   in Ocumare (las Sabanas), Yare, Santa Lucía, Santa Teresa, Marin, Caucagua, Capaya,
          Tapipa, Tacarigua, Mamporal, Panaquire, Río Chico, Guapo, Cupira und Curiepe.

5 600   in Guayos, San Mateo, Victoria, Cagua, Escobal, Turmero, Maracay, Guacara, Guigue,
          Valencia, Puerto Cabello und San Diego.

3 000   in Guaira, Choroni, Ocumare, Chuao und Borburata.

4 000   in San Carlos, Nirgua, San Felipe, Llanos de Barquisimeto, Carora, Tocuyo, Araure,
|II.126   Ospino, Guanare, Villa de Cura, San Sebastián und Calabozo.

22 000   in Cumaná, Nueva Barcelona, Barinas, Maracaibo und in Spanisch-Guayana.

Die Zahl der Spanisch-Amerikaner beträgt vermutlich nur 200 000, die der in Europa gebürtigen Weißen nur 12 000, was heißt, dass die gesamte Bevölkerung der
einstigen *Capitanía general* Caracas sich zusammensetzt aus 51 Prozent gemischtrassigen Kasten (Mulatten, Zambos und Mestizos), 25 Prozent Spanisch-Amerikanern
(weiße Kreolen), 15 Prozent Eingeborenen, acht Prozent Sklaven und einem Prozent Europäern.

In Bezug auf das Königreich Neugranada erinnere ich an die Erhebungen aus
dem Jahr 1778, die 747 641 Einwohner für die Audiencia Santa Fé und 531 799 für
die Audiencia Quito ergaben. Wenn man annimmt, dass nur ein Siebtel ungezählt
blieb und eine jährliche Wachstumsrate von nur 1,8 Prozent hinzufügt, kommt man
selbst bei moderaten Schätzungen auf über zwei Millionen für das Jahr 1800. Herr
Caldas, der anderweitig übrigens sehr gut über die politische Lage seines Heimat-
lands informiert ist, rechnet für 1808 schon mit drei Millionen (*Semanario de Santa-*
|II.127   *Fe*, Nr. 1, S. 2–4). Ich befürchte allerdings, dass dieser Gelehrte die Zahl der un-
abhängigen Eingeborenen viel zu hoch angesetzt hat. Nach einer gründlichen Aus-
wertung des gesamten mir zugänglichen Materials komme ich zu dem Schluss, dass
die Bevölkerung der Republik Colombia 2 785 000 beträgt. Diese Zahl liegt unter
den 3,5 Millionen, die der Präsident des Kongresses am 10. Januar 1820 verkündete;
sie ist etwas höher als die offizielle Zahl, die in der *Gazeta de Colombia* am 10. Fe-

bruar 1822 veröffentlich wurde und von der ich erstmals aus Zeitungen aus Buenos
Aires erfuhr.

BEZIRKE	PROVINZEN	BEVÖLKERUNG
Orinoco	Cumaná	70 000
	Barcelona	44 000
	Guayana	45 000
	Margarita	15 000
		174 000
Venezuela	Caracas	350 000
	Barinas	80 000
Zulia	Corro	30 000
	Trujillo	33 400
	Mérida	50 000
	Maracaibo	48 700
		162 100

Diese drei Bezirke umfassen die einstige *Capitanía general* Caracas mit einer Bevöl- |II.128
kerung von 766 100.

Boyacá	Tunja	200 000
	Socorro	150 000
	Pamplona	75 000
	Casanare	19 000
		444 000
Cundinamarca	Bogotá	172 000
	Antioquia	104 000
	Mariquita	45 000
	Neiva	50 000
		371 000
Cauca	Popayán	171 000
	Chocó	22 000
		193 000

	Cartagena	170 000
Magdalena	Santa Marta	62 000
	Río Hacha	7 000
		239 000

Im selben Jahr (1822) zählte man in den zwei Provinzen von Colombia, deren Ab-
|II.129   geordnete noch nicht beim Kongress erschienen waren:

Panama	50 000
Veragua	30 000
	80 000

Gemeinsam mit Panama und Veragua bilden die vier Provinzen Boyacá, Cundinamarca, Cauca und Magdalena die frühere *Audiencia de Santa Fé* (also Neugranada)
ohne die *Presidencia de Quito*. Gesamtbevölkerung: 1 327 200.

	Quito	230 000
	Quixos und Macas	35 000
Einstige	Cuenca	78 000
Presidencia	Jaén de Bracamoros	13 000
von Quito	Maynas	56 000 (!)
	Loja	48 000
	Guayaquil	90 000
		550 000

Aus diesen Daten der offiziellen Zeitung von Colombia ergibt sich Folgendes für
die großen Gebietsaufteilungen im einstigen Vizekönigreich Santa Fé:

VENEZUELA	766 000
NEUGRANADA	1 327 000
QUITO	550 000
	2 643 000

|II.130   Diese Gesamtauswertung entspricht bis auf ein Sechsundvierzigstel derjenigen,
die ich vor 12 Jahren in meinem *Essai politique sur le royaume de la Nouvelle-Espagne*
(Bd. II, S. 851) veröffentlicht hatte. Sie beruht nicht auf einer tatsächlichen Zählung,
sondern auf „Berichten, die die Abgeordneten jeder einzelnen Provinz dem Kongress von Colombia vorlegten, um dadurch die Verfassung eines Wahlgesetzes zu
ermöglichen" (*El Argos de Buenos Aires*, Nr. 9, November 1822, S. 3 und [Alexan-
der Walker,] *Colombia, Being a Statistical Account of that Country*, 1822, Bd. I, S. 375).
Da der Kongress nicht die Abgeordneten von Quito befragen konnte, wurde die

Einwohnerzahl dieser *Presidencia* höchstwahrscheinlich unterschätzt. Offizielle Bekanntmachungen nehmen die Zahlen aus dem Jahr 1778, wohingegen die Erhebung der *Audiencia* von Santa Fé einen Zuwachs von mehr als 70 Prozent innerhalb von 43 Jahren zeigt. Man sollte doch hoffen, dass eine genaue Volkszählung bald die von mir angemerkten Zweifel über die Statistiken von Colombia ausräumen wird: Trotz der vom Krieg angerichteten Verwüstung ist es wahrscheinlich, dass die Gesamtbevölkerung bei über 2,9 Millionen liegt.

PERU. Die in meinem Tableau angegebenen Einwohnerzahlen sind nicht zu |II.131
hoch: Vor mehr als 30 Jahren in Lima veröffentlichte Arbeiten ([José Hipólito Unanue y Pavón,] *Guía política del Virreynato del Perú para el año* 1793, *publicada por la Sociedad académica de los Amantes del país*) hatten die Bevölkerung auf eine Million geschätzt: 600 020 Eingeborene, 240 000 Métis oder gemischtrassige Menschen und 40 000 Sklaven. Der bewohnte Teil des Landes umfasst nur eine Fläche von 26 220 Quadratmeilen, und ein großer und fruchtbarer Teil von Alto Perú gehörte nach 1778 zum Vizekönigreich von Buenos Aires.

CHILE. Eine Erhebung aus dem Jahr 1813 ergab 980 000 Seelen. Herr Irisarri [Alonso], der eine wichtige Rolle in der chilenischen Regierung spielt, denkt, dass die Bevölkerung bereits 1,2 Millionen erreicht haben könnte.

BUENOS AIRES. Nach offiziellen Dokumenten im Besitz von Herrn Rodney, einem der vom Präsidenten der Vereinigten Staaten im Jahr 1817 nach Río de la Plata entsandten Sonderbeauftragten, betrug die Bevölkerung zwei Millionen. Zu dieser Zeit hatte man die Einwohnerzahl auf 965 000 geschätzt, ohne die Eingeborenen zu erfassen. Die Zahl der Eingeborenen in Alto Perú, d. h. in den zum Staat von Buenos Aires gehörigen *Provincias de la Sierra*, ist recht hoch. Offizielle Erhe- |II.132
bungen schätzten die Zahl der Eingeborenen in der Provinz Buenos Aires auf 130 000; für Córdoba waren es 25 000, für den Regierungsbezirk Cochabamba 371 000, für Potosí 230 000 und für Charcas 154 000. Allein in der Provinz La Paz zählte man 400 000 Einwohner aller Kasten (Eingeborene, Mestizen und Weiße).

Diese Resultate zeigen, dass der Zensus in einigen Bezirken alle Kasten miteinschloss, während man in anderen nur Einwohner mir den Bezeichnungen Weiße, Mulatten und Mestizen zählte und die kupferfarbenen Eingeborenen ausnahm. Für die acht Provinzen der ersten Kategorie (Buenos Aires, Córdoba, Cochabamba, Potosí, Charcas, Santa Cruz, La Paz und Paraguay) rechnet man also bereits mit 1 805 000 Seelen. Die Provinzen und Bezirke Tucumán, Santiago de Estero, Valle de Catamarca, Rioja, San Juan, Mendoza, San Luis, Jujuy und Salta fehlen in dieser Berechnung. Da andere Erhebungen unter Ausschluss der Eingeborenen fast 330 000 Seelen angaben, liegt die Gesamtbevölkerung des einstigen Vizekönigreichs Buenos |II.133
Aires, oder La Plata, sicherlich bei 2,5 Millionen aller Kasten zugehörigen Einwohnern ([James Monroe], *Message from the President of the United States at the Commencement of the Session of the Fifteenth Congress*, Washington, 1818, S. 20, 41 und 44). Die sehr detaillierten Berechnungen[311], die ich von Herrn Brackenridge, dem

---

[311] *Siehe* Anmerkung D am Ende von Buch IX.

Sekretär der Gesandtschaft der Vereinigten Staaten in Buenos Aires, erhielt und die in einem mit philosophischen Einsichten gefüllten Werk veröffentlich wurden, geben 1716000 allein für Alto Perú an, also für die vier Regierungsbezirke Charcas, Potosí, La Paz und Cochabamba.

VEREINIGTE STAATEN. Bei bisherigen Zuwachsraten muss die Einwohnerzahl der Vereinigten Staaten Anfang 1823 bei 10220000 liegen, von denen 1623000 Sklaven sind. Man fand für die Jahre

1700	262 000	(fraglich)
1753	1 046 000	(*idem*, Herr Pitkin)
1774	2 141 307	(*idem*, Gouverneur Pownall)
1790	3 929 328	(erster verlässlicher Zensus)
1800	5 306 032	
1810	7 239 903	
1820	9 637 999	

|II.134   Die Erhebung aus dem Jahr 1820 kam auf 7862282 Weiße, 1537568 Sklaven und 238149 freie Farbige. Nach einer recht interessanten Studie von Herrn Harvey (*Edinburgh Philosophical Journal*, Januar 1823, S. 41) wuchs von 1790 bis 1820 die Bevölkerung der Vereinigten Staaten alle zehn Jahre um jeweils 35, 36,1 und 32,9 Prozent an. In einem Jahrzehnt liegt also der Wachstumsrückgang nur bei zwei bis drei Prozent (oder einem Elftel) des gesamten Wachstums[312].

BRASILIEN. Bis heute hatte man sich auf drei Millionen geeinigt[313]; hingegen basiert die Schätzung in meinem folgenden Tableau auf unveröffentlichten offiziellen Dokumenten, die ich Herrn Adrien Balbi aus Venedig zu verdanken habe,
|II.135   dessen langer Aufenthalt in Lissabon ihm die Gelegenheit gab, viel Zeit mit den Statistiken über Portugal und die portugiesischen Kolonien zu verbringen. Nach einem Bericht aus dem Jahr 1819 an den König von Portugal bezüglich der Bevölkerung in seinen Überseekolonien und nach den verschiedenen schriftlichen Überblicken der Generalkapitäne und der Gouverneure der Provinzen (entsprechend der Dekrete aus Rio de Janeiro vom 22. August und 30. September 1816) hatte Brasilen gegen 1818 eine Einwohnerzahl von 3617900.

---

[312] *Siehe* Anmerkung E am Ende von Buch IX.
[313] [Henry] Brackenridge, *Voyage to South-America*, Bd. I, S. 141.

1 728 000	Versklavte Schwarze (*pretos captivos*).
843 000	Weiße (*brancos*).
426 000	Freie gemischtrassige Menschen (*mestissos, mulatos, mamalucos libertos*).
259 400	Eingeborene unterschiedlicher Stämme (*Indios de todas as castas*).
202 000	Gemischtrassige Sklaven (*mulatos captivos*).
159 500	Freie schwarze Menschen (*pretos foros de todas as naçoes africanas*).

3 617 900

Nicht alle Erhebungen wurden im selben Zeitraum durchgeführt, und der Stand der Provinzen bezieht sich auf die Jahre von 1816 bis 1818. Allerdings muss der Bevölkerungszuwachs in Brasilien innerhalb der letzten vier bis fünf Jahre beträchtlich gewesen sein, sowohl aufgrund der natürlichen Vermehrung oder einem Übermaß an Geburten als auch des unseligen Imports afrikanischer Sklaven. Aus den dem Unterhaus in London im Jahr 1821 vorgelegten Dokumenten ist ersichtlich, dass vom 1. bis zum 7. Januar 1817 im Hafen von Bahia 6 070 Sklaven angelandet wurden; im Hafen von Rio de Janeiro waren es 18 032. Im Jahr 1818 erhielt Rio 19 802 Sklaven ([African Institution,] *Report made by a Committee [...] to the Directors of the African Institution, on the 8th of May*, 1821, S. 37). Ich bezweifle nicht, dass die Bevölkerung von Brasilien heute vier Millionen übersteigt. Folglich war sie für 1798 deutlich zu hoch geschätzt worden (*Essai politique sur le royaume de la Nouvelle-Espagne*, II, S. 855). Nach früheren Erhebungen, die er sorgfältig untersuchen konnte, glaubte Herr Correia da Serra, dass 1776 die Bevölkerung Brasiliens 1,9 Millionen betrug, und der Ruf dieses Staatsmanns hat erhebliches Gewicht. Eine Einwohnerstatistik von Herrn de Saint-Hilaire, ein Berichterstatter des Instituts, schätzt die Bevölkerung Brasiliens für 1820 auf 4 396 132; allerdings ist in seiner Aufstellung, wie der gelehrte Reisende sehr richtig beoachtet, die Zahl der wild lebenden und der *getauften* Eingeborenen (800 000) und der freien Männer (2 488 743) viel zu hoch angesetzt, wohingegen die Zahl der Sklaven (1 107 389) viel zu niedrig ist (*siehe* [Antônio Rodrigues] Veloso de Oliveira, *Statistique du Brésil* in *Anais Fluminenses de Ciências*, 1822, Bd. I, § 4).

Da ich in den letzten Jahren weiterhin sorgfältige Forschungen über die Bevölkerung der neuen Staaten im spanischen Amerika und auf den Antillen sowie über die Eingeborenenstämme in den zwei Amerikas angestellt habe, glaube ich, in der Lage zu sein, einen erneuten Versuch zu unternehmen, die Gesamtbevölkerung der Neuen Welt im 1823 in einem Tableau darzustellen.

|II.136

|II.137

|II.138

I.	AMERIKANISCHES FESTLAND NÖRDLICH DES ISTHMUS VON PANAMA		19 955 000
	Britisch-Kanada	550 000	
	Vereinigte Staaten	10 525 000	
	Mexiko und Guatemala	8 400 000	
	Veragua und Panama	80 000	
	Vermutlich selbstbestimmte Eingeborene	400 000	
II.	AMERIKANISCHE INSELWELTEN		2 826 000
	Haiti (Saint-Domingue)	820 000	
	Britische Antillen	777 000	
	Spanische Antillen (ohne Isla Margarita)	925 000	
	Französische Antillen	219 000	
	Niederländische, Dänische, etc. Antillen	85 000	
III.	AMERIKANISCHES FESTLAND SÜDLICH DES ISTHMUS VON PANAMA		12 161 000
	Colombia (ohne Veragua und Panama)	2 705 000	
	Peru	1 400 000	
	Chile	1 100 000	
	Buenos Aires	2 300 000	
	Britisch-, Niederländisch- und Französisch-Guayana	236 000	
	Brasilien	4 000 000	
	Vermutlich freie, unabhängige Eingeborene	420 000	
	INSGESAMT (1823)		34 942 000

|II.139 Die Gesamtbevölkerung des Antillen-Archipels liegt vermutlich nicht unter 2 850 000, obwohl neue Untersuchungen den Blick auf die Verteilung dieser Bevölkerung auf die verschiedenen Inselgruppen verändern könnten. Derartige Nachprüfungen sind vor allem für die freien Einwohner der britischen Antillen, im spanischen Teil der Republik Haiti und auf Puerto Rico notwendig.

B. Fläche

Es ist fast überflüssig, an die Vorsicht zu erinnern, mit der Herr Mathieu und ich bei der Flächenberechnung verfuhren: Wir zergliederten die unregelmäßigen Formen in Trapeze und gut *konditionierte* Dreiecke; wir vermaßen die Windungen der äußeren Grenzen mit Hilfe von kleinen, auf transparentem Papier gezeichneten Quadraten; und wir berichtigten großmaßstäbige Karten. Trotz derartiger Umsicht können solche Unterfangen sehr unterschiedliche Resultate erbringen, 1) wenn den benutzten Karten nicht gleichmäßig genaue astronomische Daten zugrundeliegen; 2) wenn man bei der Grenzberechnung die unterschiedlichen Aussagen benachbarter Staaten zu ernst nimmt; und 3) wenn man von der *Fläche* Gebiete ausnimmt, die entweder völlig unbesiedelt oder von freilebenden Völkern bewohnt sind, und das sogar, wenn man um die Legalität der Grenzen weiß und zugesteht, |II.140 dass sie auf hinreichend genauen astronomischen Untersuchungen beruhen. Man nahm an, dass es sich bei dem ersten Grund um bevorzugte Oberflächenberechnungen in Gebieten handelte, wo die Grenze von Norden nach Süden verläuft, wie zum Beispiel die Kordilleren in Peru. Es ist bekannt, dass Fehler bei der Berechnung von Längengraden größer sind und häufiger auftreten als bei Breitengraden: Solche Fehler würden bei der Fläche von Colombia einen Unterschied von 4600 Quadratmeilen ausmachen, wenn man annimmt[314], wie man es früher tat, dass die kleine Festung San Carlos del Río Negro an der Südgrenze von Spanisch-Guayana mit Brasilien unter dem Äquator liegt; durch Beobachtungen an den Felsklippen von Culimacari verortete ich dieses Fort bei 1° 53′ 41″ südlicher Breite. Der zweite Grund für Ungewissheiten hat mit politischen Grenzstreitigkeiten zu tun und ist von großer Bedeutsamkeit in allen Gebieten, wo das portugiesische Herrschafts- |II.141 gebiet an das des spanischen Amerikas angrenzt. Die in Rio de Janeiro oder Lissabon gezeichneten Karten haben mit den Karten aus Buenos Aires und Madrid kaum Ähnlichkeit. In Kapitel XXIII [315] besprach ich die endlosen Schlichtungsversuche der über einen Zeitraum von 40 Jahren berufenen Grenzkommissionen in Paraguay, an den Ufern des Caquetá und in der *Capitanía general* von Río Negro. Nach meiner Untersuchung dieser großen diplomatischen Kontroverse waren die umstrittensten Gebiete die folgenden: zwischen dem Meer[316] und dem Río Uruguay; die |II.142

---

[314] Bd. VIII, S. 45–47 und Anmerkung F am Ende von Buch IX.

[315] Bd. VII, S. 365 und *passim*.

[316] Seit der Annektierung des Gebietes von Montevideo durch die Portugiesen haben sich in der *banda oriental* (oder *cisplatina*-Provinz), das heißt, am Nordufer des Río de la Plata zwischen dessen Flussmündung und dem linken Ufer des Uruguay, die Grenzen zwischen dem Staatsgebiet von Buenos Aires und Brasilien stark verändert. Die Küste Brasiliens von 30° bis 34° südlicher Breite ähnelt der Küste Mexikos zwischen Tamiagua, Tampico und dem Río del Norte. Sie besteht aus schmalen Halbinseln, hinter denen große Seen und Salzwiesen – Laguna de los Pathos [auch Lagoa dos Patos], Laguna Merim [auch Lagoa Mirim] – liegen. Die zwei portugiesischen und spanischen *marcos* befinden sich in der Nähe des südlichen Endes der Laguna Merim, wo der kleine Río Tahym (Br. 32° 10′) fließt. Die Ebene zwischen dem Tahym und dem Chuy wurde als neutrales Gebiet angesehen. Das kleine Fort Santa Teresa (Br. 33° 58′ 32″ nach der handgezeichneten Karte von Don Joseph Varela) war der südlichste Atlantik-Posten der Spanier südlich des Äquators.

|II.143

Ufer der Flüsse Guaray und Ibicuy, sowie die des Iguaçu und des San Antonio; das Gebiet zwischen den Flüssen Paraná und Paraguay; die Ufer des Chichuy südöstlich der portugiesischen Festung von Nova Coimbra[317]; die östlichen Grenzen der spanischen Provinzen Chiquitos und Los Moxos, die Ufer des Aguapehy, des Jaurú und des Guaporé etwas östlich der Landenge, die die Oberläufe der Flüsse Paraguay und Madeira in der Nähe von Villa Bella (Br. 15° 0') voneinander trennt; das Gebiet südlich und nördlich des Amazonas, der völlig unerforschte Landstrich zwischen dem Río de la Madeira und dem Río Javari (Br. 10°, 5-11° südlich); die Ebenen zwischen dem Putumayo und dem Japurá, zwischen dem Apoporis, einem Zufluss des Japurá, und dem Uaupés, der in den Río Negro[318] einmündet; die Urwälder südlich der Mission von Esmeralda zwischen dem Mavaca, dem Pacimoni und dem Cababuri[319]; und schließlich die nördlichen Teile des Río Branco und des Uraricuera zwischen dem kleinen portugiesischen Fort von São Joaquim und den Quellwassern des Río Caroni[320] (Br. 3° 0' bis 3° 45'). Einige *piedras de marco* [Grenzsteine] markieren die Grenze zwischen dem spanischen und dem portugiesischen Amerika;

|II.144

man verzierte sie[321] mit der prunkvollen Inschrift *Pax et Justitia osculatæ sunt. Ex pactis finium regundorum Madridi Idibus Jan.* 1750 [Frieden und Gerechtigkeit haben sich umarmt. Nach dem Grenzabkommen in Madrid vom 13. Januar 1750]. Allerdings wurden diese weit voneinander entfernten Punkte niemals miteinander verbunden, so dass die Grenzen weder festgelegt noch offiziell anerkannt wurden. Alle Handlungen werden bis heute als nur vorläufig angesehen, und die zwei Nachbarländer bewahren in der Zwischenzeit den Frieden, jedoch ohne ihre territorialen Ansprüche aufzugeben.

|II.145

Wir haben weiter oben darauf hingewiesen, dass man die *Binnenschifffahrt* zwischen den Mündungen des Orinoco und dem Río de la Plata und zwischen Angostura und Montevideo eröffnen könnte, wenn man den Frachttransport in Villa Bella (15°,5) zwischen dem Río de la Madeira und dem Río Paraguay durch einen

---

[317] Nova Coimbra (Br. 19° 55') ist eine im Jahr 1775 gegründete *presidio*, wahrscheinlich die südlichste portugiesische Siedlung am Río Paraguay. Auf unterschiedlichen spanischen und portugiesischen Karten wird der Yaguary (Menici, Monici), ein großer Zufluss des Paraná, gleichbleibend genug als die östliche Grenze zwischen dem Paraná und dem Paragua ausgewiesen; gen Westen verläuft die Grenze mal am Chichuy (Xexuy) und am Ipane nahe der einstigen Mission von Belêm (Br. 23° 32'), mal am Mboymboy (Br. 20° 27') in der Nähe der Trümmer der Missionen von Itatiny und mal am Río Mondego in Mbotetey [auch Miranda] (Br. 19° 35') unweit der zerstörten Stadt Jérez; alle drei Flüsse fließen am Ostufer in den Río Paraguay. Die am dichtesten an Nova Coimbra anliegende Grenze, der Río Mboymboy, wurde generell als vorläufige Grenze zwischen Brasilien und dem einstigen Vizekönigreich von Buenos Aires betrachtet.

[318] Bd. VII, S. 411.

[319] Bd. VIII, S. 5 und 200.

[320] Bd. VIII, S. 116 und 448.

[321] Beispielsweise dort, wo der Río Jaurú in den Paraguay einmündet. *Siehe Patriota do Rio Janeiro*, 1813, Nr. 2, S. 54.

5 300 Toisen langen Kanal ersetzte[322]. Der Verlauf der großen Flüsse entlang der Längengrade könnte vielleicht eine *natürliche Grenze* zwischen den portugiesischen und den spanischen Besitzungen bilden. Diese Grenze würde dem Lauf des Orinoco, des Casiquiare, des Río Negro und 20 Meilen lang den Uferbänken des Amazonas folgen, sowie den Flüssen Madeira, Guaporé, Aguapehi, Jaurú, Paraguay und Paraná (oder Río de la Plata) und würde eine mehr als 860 Meilen lange Demarkationslinie bilden. Östlich dieser Grenze besitzen die spanischen Amerikaner Paraguay und einen Teil von Spanisch-Guayana; westlich haben die portugiesischen Amerikaner das Gebiet zwischen den Flüssen Javari und Madeira besetzt, wie auch das zwischen dem Putumayo und dem Río Negro. Die Zivilisation hat sich nicht nur von der Küste Brasiliens und Peru in die Inlandsgebiete ausgebreitet, sondern ist auch auf drei anderen Wegen vorgedrungen: mittels des Amazonas, des Orinoco und des Río de la Plata, indem sie den Zuflüssen und den sekundären Abzweigungen dieser drei Ströme folgte. Durch die Überschneidung dieser in viele verschiedene Richtungen verlaufenden Wege haben sich Gebiete und schlängelnde Grenzen gebildet, die sowohl die astronomische Verortung als auch den Inlandshandel |II.146
erschweren.

Ein dritter Grund gesellt sich zu diesen zwei Auslösern der Ungewissheit bei der oben genannten Oberflächenberechnung: Fehler in der astronomischen Geographie und Grenzstreitigkeiten. Dieser Grund ist der wichtigste von allen. Wenn man von der *Fläche* Perus oder der der einstigen *Capitanía general* Caracas spricht, ist es fragwürdig, ob diese Namen sich nur auf die von spanischen Amerikanern besiedelten Gebiete beziehen, die folglich ihren politischen und religiösen Hierarchien unterworfen sind, oder ob man den von Weißen (von Amtsmännern, Kommandeuren militärischer Posten und Missionaren) regierten Ländern auch die teils verlassenen und teils von freilebenden (das heißt, von eingeborenen und unabhängigen) Völkern bewohnten Urwälder und Savannen zuordnen muss. Wir haben oben gesehen, dass im Landesinneren einfache Irrtümer von 1° Breite oder |II.147
2° Länge[323] bei Grenzen von 300 Meilen die Oberfläche der neuen Staaten um |II.148

---

[322] Genau genommen handelt es sich um den Frachttransport (*varadoiro*) zwischen den kleinen Flüssen Aguapehy und Alegre. Der Erste mündet in den Jaurú, ein Zufluss des Paraguay. Der Río Alegre ergießt sich in den Guaporé, ein Nebenfluss des Madeira. Die Quellen des Río Topayos befinden sich außerdem in der Nähe von Villa Bella und der Quellen des Paraguay. Dieses Gebiet bildet eine *Landbrücke* zwischen den Flusseinzugsgebieten des Amazonas und des Río de la Plata und wird eines Tages große Bedeutung für den südamerikanischen Inlandshandel erlangen.

[323] Ich erwähne nur Irrtümer in Bezug auf *relative Breiten*, beispielsweise die Breitenunterschiede zwischen der Küste und dem Tal des Río Mamoré (auch oberer Javari): Ich spreche nicht von Fehlern in der *absoluten Breite*, die mitunter größer als 3° bis 4° sein können, ohne die Oberflächenmessungen zu beeinflussen. Meine neue Berechnung für die Stadt Quito (81° 5′ 30″ westlich von Paris) machte auf den neuesten Karten einen beträchtlichen Unterschied für den westlichen Teil Amerikas. Diese Berechnung unterscheidet sich um 0° 50′ 30″ von der vor meiner Rückkehr nach Europa angenommenen Länge (*Connaissance des Temps pour l'année* 1808, S. 236). Nach [Jean Baptiste Bourguignon] D'Anville ist Südamerika gemessen von Cayenne bis Quito 30 Meilen zu kurz. Die die *Flächen*berechnung beeinflussenden Irrtümer bei der *relative Länge* sind das Resultat ungleicher teilweiser Verschiebungen. [Juan de] La Cruz [Cano y] Olmedilla, dessen große Karte kopiert und dadurch nach und nach verzerrt wurde, ver-

12 000 Quadratmeilen entweder verkleinern und vergrößern kann; die wichtigsten Veränderungen ergeben sich jedoch dadurch, dass man Demarkationslinien recht wahllos zwischen in der Regel bewohnten und entweder unbewohnten oder von unzivilisierten Stämmen durchstreiften Gebieten zieht. Es ist erheblich schwieriger, die *Grenzen der Zivilisation* zu bestimmen als *politische Grenzen* festzulegen. Kleine, von Mönchen betriebene Missionen ziehen sich am Flussufer entlang; sie sind gleichsam die Vorposten der europäischen Kultur; die sich in schmalen Bändern schlängelnden Vorposten dringen mitunter weiter als hundert Meilen in die Urwälder und Steppen vor. Sollte man alle Gebiete zwischen diesen abgeschiedenen Dörfern oder zwischen den von Franziskanermönchen errichteten, von ein paar Hütten der Eingeborenen umgebenen Kreuzen als peruanisches oder colombianisches Herrschaftsgebiete ansehen? Die in den Gebieten am oberen Orinoco, am Caroni, Temi, Japurá, Mamoré (ein Zufluss des Río de la Madeira) und Apurimac (ein Zufluss des Ucayali) am Rande der Missionen umherwandernden Horden sind sich der Existenz von Weißen kaum bewusst. Sie wissen nicht, dass die Gebiete, in denen sie seit Jahrhunderten gelebt haben, gemäß der politischen Doktrin von einem *eingeschlossenen Staatsgebiet* innerhalb der Grenzen von Venezuela, Neugranada oder Peru liegen.

| II.149   Beim heutigen Stand der Dinge findet man nur sehr wenige Stellen, an denen *kultivierte Ländereien*, oder besser gesagt, *christliche Ansiedlungen, miteinander verknüpft* sind. Brasilien berührt Venezuela nur an den Streifen von Missionen am Río Negro, Casiquiare und Orinoco; es berührt Peru nur an den Missionen am Oberen Río Marañón und in der Provinz Maynas zwischen Loreto und Tabatinga. Die verschiedenen Staaten sind voneinander nur durch schmale, gerodete Landzungen entfernt. Zwischen dem Río Branco und dem Río Caroni, zwischen dem Javari und dem Huallaga, dem Mamoré und den Bergen von Cuzco trennen von Wilden bewohnte Landstriche, die nie ein Weißer je durchstreift hat, die zivilisierten Gebiete von Venezuela, Brasilien und Peru wie Arme eines Binnenmeers voneinander (vergleiche weiter oben Bd. IV, S. 146–53). Die europäische Zivilisation hat sich wie Sonnenstrahlen von der Küste und ihren benachbarten Gebirgen fächerhaft ins Inland Südamerikas ausgebreitet, und der Einfluss der Regierungen nimmt ab, je weiter man sich von der Küste entfernt. Missionen, die völlig vom Mönchtum abhängig sind und in denen ausschließlich kupferfarbene eingeborene Völker

| II.150   leben, bilden einen riesigen breiten Gürtel um einst gerodete Gebiete herum; und diese christlichen Missionen befinden sich am Rand von Savannen und Urwäldern zwischen dem agrarischen, pastoralen Leben der Siedler und dem nomadischen Leben der Jäger. Auf den in Lima angefertigten Karten reichen die am weitesten östlich gelegenen peruanischen Provinzen (Tarma und Cuzco) nicht bis an die

---

ortet Santa Fé de Bogotá 0°, 5, San Carlos del Río Negro 2°, 5 und die Mündung des Apure 0°, 25 zu weit östlich. Die Entfernung von Cumaná bis zur Esmeralda-Mission am oberen Orinoco ist bei La Cruz um 2°, 25 zu gering eingeschätzt. Vor meiner Reise wurden die Flussnetze des Orinoco und des Río Negro generell 1° bis 1°, 5 zu weit südlich und 2° zu weit östlich verortet.

Grenzen von Grand Pará und Mato Grosso heran: Was man als Peru bezeichnet sind allein die von Weißen beherrschten Gebiete (*tierras conquistadas*). Die restlichen Gebiete tragen vage Namen, wie beispielsweise *países desconocidos, comarca desierta, tierras de Indios bravos e infieles* [unbekannte Länder, verlassene Landstriche, Welten der wilden und ungläubigen Indios]. Bis zu den portugiesischen Grenzen beträgt die Gesamtfläche von Peru 41 420 Quadratseemeilen; wenn man davon die unerforschten und wilden Gebiete zwischen der brasilianischen Grenze oder der Ostufer der Flüsse Bení und Ucayali abzieht, bleiben nur 26 220 Quadratmeilen übrig. Wir werden bald sehen, dass im damaligen Vizekönigreich Buenos Aires, heute bekannt als die *Vereinigten Staaten von Río de la Plata*, die Unterschiede noch viel größer sind. Gleichermaßen kann man Brasilien entweder 257 000 oder 118 000 |II.151 Quadratmeilen zuschreiben, je nachdem, ob man die gesamte Oberfläche des Landes von der Küste bis zu den Ufern des Mamoré und des Javari berücksichtigt oder ob man an den Flüssen Paraná und Araguay aufhört und so Großteile der Provinzen Mato Grosso, Río Negro und Portugiesisch-Guayana ausnimmt, drei spärlich bevölkerte Provinzen von über einem Drittel der Größe Europas.

Aus diesen Erwägungen ergibt sich, dass man nicht überrascht sein sollte, wenn verschiedene Geographen, die die Oberflächen gleichermaßen präzise berechnen und dazu hinreichend genaue Karten benutzen, zu Ergebnissen gelangen, die zu einem Viertel, einem Drittel und mitunter sogar zu über die Hälfte voneinander abweichen. In Gebieten, die entweder unbewohnt oder von unabhängigen Eingeborenen bewohnt sind, ist es schwierig, Grenzen festzulegen; die Missionen folgen dem Verlauf von Flüssen bis in diese wilden Regionen hinein. Oberflächenberechnungen gestalten sich unterschiedlich, je nachdem ob man nur die bereits von den Missionaren eroberten Gebiete zählt oder die zwischen den besetzten Gebieten gelegenen Urwälder berücksichtigt. Daher beruht die fehlende Überein- |II.152 stimmung zwischen dem obigen Tableau und den Berechnungen von Herrn Oltmanns aus dem Jahr 1806 gänzlich auf *dem Ausschluss von nicht der Herrschaft der Weißen unterliegenden Gebieten*. Die früheren Berechnungen sind notwendigerweise kleiner als die neueren, die die Gesamtfläche angeben. Indem ich in meinem *Essai politique sur le royaume de la Nouvelle-Espagne* (Bd. II, S. 511) Landmeilen in Seemeilen umwandelte, kam ich auf nur 299 810 Quadratmeilen (20 auf einen Grad) für ganz Spanisch-Amerika: 30 628 für Venezuela, die einstige *Capitanía general* Caracas; 41 291 Quadratmeilen für Neugranada; 19 449 Quadratmeilen für die bewohnten Gebiete von Peru (nach den Grenzen auf der *Karte der Regierungsbezirke*, die Don Andrés Baleato in 1792 in Lima veröffentlichte); 14 447 Quadratmeilen für Chile und 91 528 mi^2 für die Vereinigten Provinzen von Rio de la Plata, dem einstigen Vizekönigreich von Buenos Aires. Was ich soeben über die Schwierigkeiten, die Oberfläche von Spanisch-Amerika zu berechnen, aufgezeigt habe bezieht sich gleichermaßen auf die Vereinigten Staaten, deren westliche Grenzen zu verschiedenen Zeiten der Mississippi, die Rocky Mountains und die Pazifikküste wa- |II.153 ren. Die *Gebiete von Missouri und Arkansas* hatten lange Zeit praktisch keine westlichen Grenzen; in dieser Hinsicht ähnelten sie der Provinz Chiquitos in Südame-

rika. In dem hier vorliegenden Tableau habe ich eine Berechnungsmethode ver-
wandt, die sich von meiner vorherigen unterscheidet: Ich schätzte die Umgebung
(oder die Ausdehnung des Geländes), die die wachsende Bevölkerung jedes einzelnen Staates in den nächsten Jahrhunderten ausfüllen würde. Ich übernahm dabei
die Trennlinien (*líneas divisorias*), die man auf den in meinem Besitz befindlichen
handgefertigten spanischen und portugiesischen Karten eingezeichnet hatte in
Übereinstimmung mit aus langfristiger friedlicher Eigentümerschaft hervorgegan-
genen Überlieferungen und Rechten. Wo die Karten der zwei Nationen erheblich
voneinander abwichen habe ich diese Unterschiede berücksichtigt, indem ich einen
Durchschnitt benutzte. Die Zahlen, für die ich mich im obigen Tableau entschied,
geben folglich die *maximalen* Oberflächenmaße an, die der wirtschaftlichen Ent-

|II.154   wicklung in Colombia[324], Peru und Brasilien zur Verfügung stehen; da allerdings
die politische Macht eines Staates zu einer bestimmten Zeit sich weniger aus dem
Verhältnis zwischen Oberfläche und Einwohnerzahlen ergibt als aus der Dichte
eines Großteils seiner Bevölkerung, habe ich bewohnte und unbewohnte Gebiete
separat behandelt. Es war leichter, diesem Pfad zu folgen, weil es angesehene Personen der neuen Regierungen im spanischen Amerika gab, die für Verwaltungs-
zwecke sowohl an den gesamten als auch den auszugsweisen Oberflächenberech-
nungen interessiert waren. Es ist wahrscheinlich, dass die Namensgebung der Pro-

|II.155   vinzen sich weiterhin häufig ändern wird, wie es in allen erst kürzlich geformten
Gesellschaften der Fall ist; man experimentiert mit verschiedenen Kombinationen
bevor man einen Zustand der Ausgewogenheit und Stabilität erreicht. Und wenn
diese Art von Neuerung weniger häufig in den Vereinigten Staaten vorgenommen
wurde (zumindest östlich der Alleghenies), dann ist der Grund dafür nicht allein
der nationale Charakter, sondern vielmehr die glückliche Situation der angloamerikanischen Kolonien, die wegen ihrer hervorragenden politischen Einrichtungen
bereits vor ihrer Unabhängigkeit Freiheit genossen hatten.

NEUSPANIEN. Herr Oltmanns hat die Oberfläche dieses riesigen Landes mit großer Sorgfalt unter Hinzuziehung der auf meiner großen Karte von Mexiko ein-
gezeichneten Grenzen berechnet. Es wird vermutlich noch einige Änderungen
nördlich von San Francisco und jenseits des Río Norte [auch Rio Grande] geben,
sowie zwischen den Mündungen des Río Sabina [auch Sabine River] und dem
Colorado River in Texas. Der in Philadelphia im Jahr 1810 erschienene Reisebericht von Major Pike [*Account of Expeditions to the Sources of the Mississippi and through*

---

[324] In der Deklaration des Kongresses von Venezuela vom 17. Dezember 1819, die man als das *Grundgesetz* von Colombia ansieht, wird das Staatsgebiet der Republik (in Artikel 2) auf 115 000 Quadratmeilen festgelegt, ohne dass man die Ausmaße einer Meile hinzufügt. Wenn es sich um Seemeilen handelt
(was höchst wahrscheinlich ist), ist diese Berechnung um 25 000 Meilen (eineinhalb mal soviel wie die
Fläche von Frankreich) zu hoch. Man hat vermutlich Karten benutzt, die nicht in Übereinstimmung mit
den astronomischen Beobachtungen an den südlichen und östlichen Grenzen korrigiert worden waren.
Bis zum heutigen Tag sind alle Flächenberechnungen, die in den neuen amerikanischen Staaten veröffentlich worden sind, sehr ungenau, mit Ausnahme der partiellen Daten in *Abeja argentina* (1822, Nr. 1, S. 8),
ein interessantes Blatt aus Buenos Aires.

the Western Parts of Louisiana] hat die Aussagen auf meiner mexikanischen Karte (angefertigt 1804 und veröffentlicht 1809) über die Übereinstimmung des Río Napestle und des Río Pecos mit den Flüssen Arkansas und Red River von Natchitoches vollends gerechtfertigt. | II.156

GUATEMALA. Dieses sehr wenig bekannte Land umfasst die Provinzen Chiapas, Guatemala, Verapaz (oder Tezulutlan), Honduras (Städte: Comayagua, Omoa und Trujillo), Nicaragua und Costa Rica[325]. Die Küsten Guatemalas ziehen sich entlang des Pazifiks von Barra de Tonalá (Breite 16° 7′, Länge 96° 39′) östlich von Tehuantepec bis Punta de Burica, auch Boruca (Br. 8° 5′, L. 85° 13′) und bis zum Golfo Dulce in Costa Rica hin. Von diesem Punkt aus verläuft die Grenze folgendermaßen: Nach Norden hin folgt sie der colombianischen Provinz Veragua bis nach Kap Careta (Br. 9° 35′, L. 84° 43′), das etwas westlich des schönen Hafens von Boca del Toro ins Karibische Meer hineinragt; nach NNW folgt sie die Länge der Küste zum Bluefields- (oder Nueva Segovia) Fluss [auch Río Escondido] (Br. 11° 54′, L. 85° 25′) im Gebiet des indigenen Volks der Mosquito [auch Miskito]; nach NW folgt sie | II.157 40 Meilen dem Nueva Segovia Fluss; und nach Norden verläuft sie schließlich nach Kap Camarón (Br. 16° 3′, L. 83° 31′) zwischen Kap Gracias a Díos und dem Hafen von Trujillo. Von Kap Camarón aus verläuft die Küste von Honduras gen W und N und bildet die Grenze bis zur Mündung des Sibun-Flusses (Br. 17° 12′, L. 90° 40′). Von dort aus folgt die Grenze dem Lauf des Flusses Sibun gen Osten, überquert den Río Sumasinta [auch Usumacinta], der in die Laguna de Términos mündet, und erstreckt sich bis zum Río Tabasco, auch Grixalva, und bis zu den Bergen in der indigenen Stadt von Chiapa [de Corzo], und danach richtet sie sich nach SW, um bei Barra de Tonalá wieder auf die Pazifikküste zu stoßen.

KUBA UND PUERTO RICO. Für Puerto Rico basiert die Flächenberechnung auf den Karten des Hydrographischen Instituts in Madrid; für die Insel Kuba liegt ihr die Karte zugrunde, die ich im Jahr 1820 nach meinen eigenen astronomischen Beobachtungen und den von den Herren Ferrer, Robredo, Lemaur, Galiano und Bauzá bis zu diesem Zeitpunkt veröffentlichten Daten angefertigt hatte.

COLOMBIA. Hier nun die heutigen Grenzen der Republik Colombia nach Auskünften, die ich an den Orten sammelte, insbesondere an den südlichen und west- | II.158 lichen Ausdehnungen, das heißt, am Río Negro, in Quito und in der Provinz Jaén de Bracamoros: an der Nordseite des Karibischen Meers von Punta Careta (Br. 9° 36′, L. 84° 43′) an der Ostgrenze der Provinz Costa Rica (die zum Staat

---

[325] [Juan Domingo] Juarros [y Montúfar], *Compendio de la historia de la ciudad de Guatemala*, veröffentlicht in Guatemala City, 1809, Bd. I, S. 5, 9, 31, 56; Bd. II, S. 39. José Cecilio [del] Valle, *Periódico de la Sociedad económica de Guatemala*, Bd. I, S. 38.

|II.159   von Guatemala behört) entlang bis zu den Flüssen Morocco und Pomeroon[326]
           östlich von Kap Nassau. Von dort aus an der Küste (Br. 7° 35′, L. 61° 5′?), kreuzt
|II.160   die Grenze von Colombia nach SW Savannen, die mit kleinen granitischen Fels-
           zungen übersät sind, und verläuft dann SO zum Zusammenfluss des Cuyuni mit
           dem Mazaruni, wo gegenüber von Caño Tupuro[327] einst ein niederländischer
           Stützpunkt lag. Nachdem die Grenze den Mazaruni kreuzt, folgt sie den West-
           ufern des Essequibo und des Rupununi bis zu der Stelle, wo die Pacaraimo-Kor-
           dillere (bei 4° nördlicher Breite) sich dem Rupununi, einem Nebenfluss des Es-
           sequibo, öffnet: Danach folgt die Grenze dem südlichen Abhang des Pacaraimo-
           Gebirges, der den Caroni vom Río Branco trennt, und verläuft gen Westen durch
|II.161   Santa Rosa (ungefähr Br. 3° 45′, L. 65° 20′) bis zum Quellgebiet des Orinoco
           (Br. 3° 40′, L. 66° 10′!); nach SW bis zum Quellgebiet der Flüsse Mavaca und
           Idapa (Br. 2°, L. 68°) und, nachdem sie den Río Negro überquert hat, bis zur
           Insel von San José (Br. 1° 38′, L. 69° 58′) in der Nähe von San Carlos del Río
           Negro; nach WSW verläuft sie durch völlig unerforschte Ebenen bis zum *Gran
           Salto del Japurá*, oder *Caqueta,* nahe der Mündung des Río de los Engaños (südl.

---

[326] Bd. VIII, S. 408, 409 und 410. Es verbleiben weiterhin einige Ungewissheiten über die astronomische
Position dieses am weitesten östlich gelegenen Punktes im Gebiet von Colombia. Die Längengrade
zwischen der Orinoco-Mündung und Britisch-Guayana sind sogar noch schlechter bestimmt, da man
sie nicht chronometrisch miteinander verbunden hat. Die Mündung des Pomeroon, oder Poumaron,
hängt sowohl von der Position von Punta Barima als auch von der des Essequibo (Esquivo) ab. Anders
ausgedrückt, Kap Barima erscheint auf der großen Südamerika-Karte von Herrn [Aaron] Arrowsmith
einen halben Grad zu weit östlich. Obwohl dieser Geograph Puerto España auf Trinidad mit großer
Genauigkeit verortet (63° 50′), behauptet er, dass der longitudinale Unterschied zwischen Puerto España
und Punta Barima 1° 52′ beträgt – in Wirklichkeit beträgt er nur 1° 31′, wie Churruca sehr genau bestimmt hat (Bd. VIII, S. 373 und Espinosa, *Memorias [...] de los Navegantes Españoles,* Bd. 1, Nr. 4,
S. 80–82). Das südöstliche Ufer des Orinoco-Deltas liegt bei 8° 40′ 35″ Breite und 62° 23′ Länge. Wenn
man das Essequibo-Delta mittels seines üblichen longitudinalen Unterschieds von Kap Barima (1° 22′-
1° 30′) festlegte, dann läge der Essequibo schätzungsweise bei 60° 53′. Dies ist ungefähr die Position, für
die sich Herr [Jean-Nicolas] Buache [de la Neuville] auf seiner Karte von Guayana (1797) entschied, eine
Karte die außerdem die Länge von Kap Barima (62° 28′) sehr gut ausweist. Viele Geographen, unter
ihnen Kapitän [James] Tuckey (*Maritime Geography,* Bd. IV, S. 733), glauben, dass die Mitte der Essequibo-
Mündung bei 60° 32′-60° 41′ liegt und dass diese Flussmündung wahrscheinlich von der Position von
Surinam oder von Stabroek, der blühenden Hauptstadt von Demerary, abhängig gemacht wurde. An
diesen Küsten, wo die Strömung sehr stark nach NW zieht, verringert diese Schätzung übrigens die
Längengradsunterschiede, wenn man von Cayenne nach Kap Barima und dann nach Trinidad segelt. Die
Länge der Mündung des Morocco-Flüsschens, das unweit dem Delta des Pomeroon liegt und eine Grenze
zwischen der britischen Kolonie von Guayana und dem Gebiet von Colombia bildet, hängt von der
Länge des Río Essequibo ab, von der sie laut Bolingbroke 45′ weiter westlich liegt; bei anderen, vor
kurzem veröffentlichten Karten sind es 30′ bis 35′. Auf einer sich in meinem Besitz befindlichen handgezeichneten Karte des Orinoco-Deltas sind es nur 25′. Aus diesen minutiösen Diskussionen ergibt sich,
dass die Länge der Pomeroon-Mündung zwischen 60° 55′ und 61° 20′ schwankt. Ich wiederhole hier
den Wunsch, den ich bereits zum Ausdruck gebracht habe: dass die Regierung von Colombia eine Verbindung herstelle, chronometrisch und durch eine ununterbrochene Schifffahrt, zwischen der Mündung
des Essequibo, Kap Nassau, Punta Barima (dem Alten Guayana und Angostura), den *boca chicas* des
Orinoco, Puerto España und Punta Galera, dem nordöstlichen Kap auf der Insel Trinidad.
[327] Man darf diesen Posten nicht mit dem alten spanischen *destacamento* am rechten Ufer des Cuyuni an
seinem Zusammenfluss mit dem Curumu verwechseln.

Br. 0° 35′); schließlich macht sie eine plötzliche Wendung nach SO am Zusammenfluss des Río Yaguas mit dem Putumayo, auch Ica (südl. Br. 3° 5′), wo sich die spanischen und portugiesischen Missionen des Unteren Putumayo berühren. Von diesem Punkt aus verläuft die Grenze von Colombia südlich, überquert dabei den Amazonas nahe der Mündung des Río Javari zwischen Loreto und Tabatinga, folgt dann dem Ostufer des Javari bis zu 2° entfernt von seinem Zusammenfluss mit dem Amazonas; danach erstreckt sie sich gen Westen, überquert den Ucayali und den Río Guallaga zwischen des Dörfern Yurimaguas und Lamas (in der Provinz Maynas 1° 25′ südlich des Zusammenflusses des Guallaga mit dem Amazonas) und dann in Richtung WNW, wobei sie den Río Utucubamba nahe Bagua Chica gegenüber von Tompenda passiert. Von Bagua aus zieht sich die Grenze weiter |II.162 nach SSW bis zu einer Stelle am Amazonas (Br. 6° 3′) zwischen den Dörfern Choros und Cumba, zwischen Colluc und Cujillo etwas unterhalb der Mündung des Río Yauca; dann richtet sie sich nach W und führt über den Río de Chota nahe Querocotillo zu den Kordilleren der Anden, dann nach NNW, indem sie der Kordillere erst folgt und sie dann zwischen Landaguate und Pucara, Guancabamba und Tabaconas, Ayavaca [auch Ayabaca] und Gonzanama [in Ekuador] (Br. 4° 13′, L. 81° 53′) kreuzt, um so die Mündungen des Río Tumbez (Br. 3° 23′, L. 82° 47′) zu erreichen. Die Pazifikküste begrenzt das Gebiet von Colombia bei 11° Br. am westlichen Rand der Provinz Veragua am Kap von Burica (nördl. Br. 8° 5′, L. 13° 18′). Von diesem Kap aus verläuft die Grenze nach Norden (über die kontinentale Landenge zwischen Costa Rica und Veragua) und trifft wieder auf Punta Careta an der karibischen Küste westlich der Lagune von Chiriquí, unserem Ausgangspunkt für diese Rundreise durch das riesige Gebiet der Republik Colombia.

Diese Angaben können dazu dienen, die Karten zu berichtigen, von denen selbst die Neuste, die unter der Federführung von Herrn Zea gedruckt wurde und |II.163 *behauptet*, auf von mir gesammelten Informationen zu basieren[328], die Geschichte des langen, friedlichen Zusammenlebens zwischen Nachbarländern nur flüchtig wiedergibt. Gewöhnlich betrachtet man das ganze Südufer des Japurá von Salto Grande bis zum inneren Delta des Abatiparaná als spanischen Besitz; am Nordufer des Amazonas befindet sich ein *Grenzstein*, den portugiesische Astromomen bei Breite 2° 20′ und Länge 69° 32′ entdeckten (*Carte manuscrite de l'Amazone, par don Francisco Requena*, Grenzbeauftragter Seiner Katholischen Majestät, 1783). Die spanischen Missionen am Japurá (auch Caquetá), bekannt als *Andaquí* [auch Andakí] *Missionen*, erstrecken sich bis zum Río Caguán, einem Zufluss des Japurá unterhalb der zerstörten Mission San Francisco Solano. Das gesamte Japurá-Gebiet südlich des Äquators, vom Río de los Engaños und dem Großen Wassenfall an, gehört den Eingeborenen und den Portugiesen. Die Portugiesen haben hier sogar einige unbedeutende Stützpunkte: in Tabocas, in San Joaquin de Cuerana südlich des Japurá |II.164

---

328 *Colombia from Humboldt and Other Recent Authorities*, London, 1823.

und in Curatos [?] am Río Apaporis, einem nördlichen Zufluss des Japurá[329]. Die spanischen Kommissare wollten im Jahr 1780 den Grenzstein an die Mündung des Apaporis legen, nach den portugiesischen Astronomen bei 1° 14′ südl. Br. und 71° 58′ Länge (stets westlich des Meridians von Paris), was zeigt, dass sie den *marco* am Abatiparaná nicht beibehalten wollten. Die portugiesischen Kommissare bestritten was man als die Apoporis-Grenze ansah; sie behaupteten, dass man den neuen *marco* bei *Salto Grande del Japurá* (südliche Br. 0° 33′, Länge 75° 0′) setzten müsste, um so die brasilianischen Gebiete am Río Negro miteinzuschließen. In Putumayo (auch Ica) erstrecken sich die südlichsten, von Mönchen aus Popayán und Pasto betreuten spanischen Missionen (*missiones bajas*) bis zur Einmündung des Amazonas, aber nur bis 2° 20′ südlicher Breite. Dort befinden sich die kleinen Dörfer Marive, San Ramón und Assumpción. Die Putumayo-Mündung ist in

|II.165   portugiesischer Hand, und um den *Bajo Putumayo* zu erreichen, müssen die Mönche aus Pasto den Amazonas bis unterhalb der Mündung des Napo bei Pevas herunterfahren, dann über Land nördlich von Pevas bis zur *Quebrada* [Schlucht] (oder *Caño*) von Yaguas reisen, um von dieser *Caño* auf den Río Putumayo zu stoßen. Es ist auch unklar, ob man das linke Ufer des Amazonas, von Abatiparaná (Länge 69° 32′) bis zur Pongo [Schlucht] de Manseriche am westlichsten Rande der Provinz Maynas, als die Grenze mit Neugranada ansehen sollte. Die Portugiesen waren schon immer im Besitz beider Ufer bis östlich von Loreto (Länge 71° 54′) gewesen, und die Lage von Tabatinga nördlich des Amazonas, wo der letzte portugiesische Stützpunkt liegt, ist ein ausreichender Beweis dafür, dass sie das linke Amazonas-Ufer zwischen der Mündung des Abatiparaná und der Grenze nahe Loreto niemals als spanisches Herrschaftsgebiet akzeptiert haben. Um gleichermaßen zu beweisen, dass es nicht das Südufer des Amazonas ist, das westlich der Mündung des Javari die Grenze mit Peru bildet, brauche ich nur auf das Vorhandsein zahlreicher Dörfer der Provinz Maynas hinzuweisen, die am Guallaga bis zum

|II.166   Yurimaguas und über ihn hinaus liegen, 28 Meilen südlich des Amazonas. Man kann die außerordentlichen Windungen der Grenze zwischen dem oberen Río Negro und dem Amazonas auf die Tatsache zurückführen, dass die Portugiesen den Río Japurá zuerst in nordwestlicher Richtung hinaufführen, während die Spanier den Putumayo hinunterfuhren. Vom Javari reicht die peruanische Grenze über den Amazonas hinaus, weil die Missionare von Jaén und Maynas, die aus Neugranada kamen, diese fast wilden Gebiete dadurch erreichten, dass sie auf dem Chinchipe und dem Río Guallaga reisten.

Wenn man die Oberfläche der Republik Colombia innerhalb der soeben beschriebenen Grenzen berechnet, kommt man auf 91 952 Quadratmeilen (stets 20 auf einen Grad), und zwar:

---

[329] Bd. VII, S. 412–16.

POLITISCHE GLIEDERUNG	QUADRAT-MEILEN	QUADRAT-MEILEN	
I. *Venezuela*		33 701	|II.167
Neuandalusien oder Cumaná	1 299		
Neubarcelona	1 564		
Orinoco-Delta	18 793		
Spanisch-Guayana	652		
Caracas	5 140		
Barinas	2 678		
Maracaibo	3 548		
Isla Margarita (ohne *Laguna*)	27		
II. *Neugranada* (inkl. Quito)		58 251	
Republik Colombia		91 952	

Ganz gleich, welche Veränderungen bei den territorialen Aufteilungen in Venezuela in Zukunft vorgenommen werden, entweder aufgrund sich ändernder verwaltungsinterner Prioritäten oder aufgrund des Verlangens nach Neuerungen, das stets zur Zeit einer politischen Regenerierung erwacht, ein genaues Wissen um die Fläche der früheren Provinzen wird dazu dienen, die Fläche der neuen Provinzen einzuschätzen. Eine sorgfältige Betrachtung der Gebietsaufteilungen in den vergangenen zehn Jahren erweist, dass bei den diversen Versuchen, *Gesellschaften wiederaufzubauen,* |II.168 stets dieselben Bestandteile auf der Suche nach einem stabilen Gleichgewicht miteinander verkoppelt werden.

Teilgrenzen:
A. Das Ehemalige Generalkapitanat Caracas:

a) Das GOBIERNO DE CUMANÁ, bestehend aus den zwei Provinzen Neuandalusien und Barcelona, ist etwas kleiner als der Bundesstaat Pennsylvania, der 46 000 Quadratmeilen (69,2 auf einen Grad) umfasst. Im Süden und Südwesten bildet der Flusslauf des Unteren Orinoco bis zu seinem Delta[330] (*boca de Navíos*) die Grenze; im Norden sind es die Küsten des Atlantiks und des Karibischen Meers, von

---

[330] Bd. VIII, S. 373 und 381. Ich habe dennoch das fast unbewohnte Gebiet des Orinoco-Deltas zwischen dem Hauptarm und dem Mánamo Grande, der westlichste der *bocas chicas*, separat berechnet. Dieses sumpfige Gebiet ist dreimal so groß wie ein durchschnittliches Département in Frankreich.

|II.169 Länge 62° 23′ bis hin zur Mündung des Río Unare (L. 67° 39′). Südlich dieser
Flussmündung folgt die Grenze zwischen den Provinzen Caracas und Barcelona
zunächst dem Unare bis zu seiner Quelle in dem leicht bergigen Gebiet westlich
des Dorfs Pariaguan; danach richtet sie sich am Orinoco aus zwischen den Mündungen des Río Sauta [auch Cauta] und des Río Caura 24′ östlich von Alta Gracia,
das die alten Karten Ciudad Real nennen. Ich benutzte diesen Punkt am Orinoco
für meine Längenberechnung (*Atlas*, Tafel XV) indem ich ihn dem Längengrad der
Mündung des Caura anglich, die ungefähr 68° 3′ westlich des Meridians von Paris
liegt. Andere Geographen, wie zum Beispiel [Tomás] López [de Vargas Machuca]
auf seiner Karte der Provinz Caracas, zeichneten die Grenze bei Raudal de Cami-
seta ein, acht Meilen östlich des Río Caura. Auf einer handgefertigten Karte, die
ich in den Archiven in Cumaná kopierte, liegt die Grenze in der Nähe von Muitaco
an der Mündung des Río Cabrutica drei Meilen östlich des Río Pao. Die Gouverneure von Cumaná haben lange behauptet, dass ihre Gerichtsbarkeit weit über die
Mündung des Río Unare hinausgehe und bis zum Río Tuy und sogar bis nach Kap
|II.170 Codera reiche[331]. Gemäß dieser Annahme würden sie 15 Meilen östlich von Cala-
bozo zwischen der Quelle des Río Oritucu und der des Río Manapire eine Linie
nach Süden ziehen, indem sie der letzteren Quelle bis zum Orinoco vier Meilen
östlich von Cabruta folgen[332]. Diese westlichste Grenze würde der Provinz Barcelona ein Gebiet von 400 Quadratmeilen hinzufügen, einschließlich des *Valle de la
Pascua*. La Cruz und Caulín vermerkten auf ihren Karten: „*terreño que disputan las
dos provincias de Barcelona y de Caracas*" [ein Gebiet, um dass sich die zwei Provinzen
Barcelona und Caracas streiten]. In meiner Berechnung diese Fläche folgte ich der
Grenze am Río Unare entlang, weil sie die *aktuellen Besitzungen* der benachbarten
Provinzen festlegt. Das *Gobierno de Cumaná* umfasst vier *ciudades* (Cumaná, Cariaco,
Cumanácoa, Nueva Barcelona) und vier *villas* (Aragua, La Concepción del Pao, La
|II.171 Merced, Carúpano)[333]. Neue Städte werden sich wahrscheinlich am Golf von Paria
(*Golfo triste*) bilden, sowie an den Ufern des Areo und des Guarapiche: Genau diese
Stellen bieten dem Handelsgewerbe in Neuandalusien wichtige Vorteile.

b) Vor der Revolution vom 5. Juli 1811 wurde Spanisch-Guayana von einem
in Angostura (Santo Tomé de la Nueva Guyana) ansässigen Gouverneur verwaltet.
Es umfasst mehr als 225 000 englische Quadratmeilen und hat daher eine größere
Fläche als die aller *atlantischen Sklavenstaaten* (*Atlantic Slave-States*), Maryland, Virginia, beide Carolinas und Georgia. Über neun Zehntel dieser Provinz sind noch
immer unbewirtschaftet und fast menschenleer. Die Grenzen östlich und südlich
des Hauptdeltas des Orinoco bis zur Flussinsel San José im Río Negro wurden be-

---

331 Bd. VIII, S. 137.

332 Bd. VIII, S. 33.

333 Bd. VI, S. 393; Bd. VII, S. 1–39, 156, 208–29, 345–405; Bd. VIII, S. 128. *Siehe* Bd. IX, S. 53. Die
tatsächliche Position von Villa de Merced, wie man sie auf der handgefertigten Karte in den Archiven in
Cumaná eingezeichnet hat, ist mir unbekannt. Píritu und Manapire schienen auch den Anspruch auf die
Bezeichnung *villas* erhoben zu haben (Caulín, [*Historia corográfica, natural y evangélica de la Nueva Andalu-
cía, provincias de Cumaná, Guayana y Vertientes del Río Orinoco*, 1799,] S. 190).

reits während meiner Beschreibung der allgemeinen Gestalt der Republik Colombia aufgezeigt. Nach Norden und Westen folgt die Grenze von Spanisch-Guayana
dem Orinoco von Kap Barima bis nach San Fernando de Atabapo; danach zieht sie
eine Linie von Norden südlich von San Fernando bis zur einem 15 Meilen westlich | II.172
des kleinen Forts San Carlos gelegenen Punkt. Diese Linie schneidet den Río Negro etwas oberhalb von Maroa[334]. Die nordöstliche Grenze mit Britisch-Guayana
verdient die höchste Aufmerksamkeit aufgrund der politischen Bedeutsamkeit des
Orinoco-Deltas, die ich in Kapitel 24 dieses Werkes [*Relation historique*] besprochen
habe. Die Zucker- und Baumwollplantagen reichten bereits zu Zeiten der niederländischen Regierung über den Pomeroon River hinaus; sie erstreckten sich über
den militärischen Stützpunkt an der Mündung des kleinen Río Morocó hinaus
(*siehe* die sehr interessante Karte der *Essequibo and Demerary colonies* von Major F[rie-
drich] von Buchenröder aus dem Jahr 1789 [*Carte Générale et Particulière de la Colo-
nie D'Essequebe & Demerarie située dans La Guiane en Amérique rédigée et dédiée au
Comité des Colonies & Possessions de la Republique Batave*]. Die Holländer erkannten
den Río Pomeroon (auch Morocó) nicht als ihre territoriale Grenze an; stattdessen
legten sie die Grenze am Río Barima nahe dem Orinoco-Delta fest und zeichneten
eine Abmarkungslinie von NNW nach SSO von dort bis zum Cuyuni. Bevor die
Engländer (1666) die Festungen Neuzeeland und Neumiddlebourg am rechten Ufer | II.173
des Pomeroon zerstörten hatten sie sogar das Ostufer des kleinen Río Barima mi-
litärisch besetzt. Diese Forts, wie auch das von Kyk-over-al am Zusammenfluss des
Cuyuni, Mazaruni und Essequibo, wurden niemals wiederaufgebaut. Während meines Aufenthalts in Angostura versicherten mir mit den Örtlichkeiten vertraute Personen, dass dieses Gebiet westlich des Pomeroon sumpfig aber außerordentlich
fruchtbar sei und eines Tages Streitigkeiten zwischen England und der Republik
Colombia auslösen würde. Städte in Guayana, oder besser gesagt Orte, die die
Rechte[335] von *villas* und *ciudades* genießen: Angostura, Barceloneta, Upata [in Vene-
zuela], Guirior (ein einfacher Militärposten am Zusammenfluss des Paraguamusi
[auch Paravamusi] mit dem Paragua, einem Nebenfluss des Caroni, Borbón, Real
Corona or Muitaco, La Piedra, Alta Gracia, Caycara, San Fernando del Atabapo
und Esmeralda (ein paar Hütten der Eingeborenen rund um eine Kirche).

c) Die Provinz Caracas umfasst 6000 englische Quadratmeilen und ist folglich
ungefähr ein Siebtel kleiner als der Bundesstaat Virginia. Nördliche Grenze: das
Karibische Meer von der Mündung des Río Unare (Länge 67° 39') bis zum Río | II.174
Maticores (Länge 73° 10') in Richtung des Golfs (oder *Saco*) von Maracaibo östlich
der Burg von San Carlos. Westliche Grenze: eine nach S verlaufende Linie zwischen
der Mündung des Río Motatán und der Stadt Carora durch die Quellgebiete des
Río Tocuyo und der Páramo de las Rosas[336] zwischen Boconó und Guanare; nach
OSO zwischen der Portuguesa und dem Río Guanare, wo der Caño de Ygues, ein

---

[334] Bd. VII, S. 243–77, 434, 445; Bd. VIII, S. 46 und 48.
[335] Bd. VIII, S. 331.
[336] *Siehe* meinen *Atlas géografique*, Tafel XVII.

Zufluss der Portuguesa, die Provinzen Barinas und Caracas voneinander trennt; nach SO zwischen San Jaime und Orituco bis zu einer Stelle am linken Ufer des Río Apure gegenüber von San Fernando. Südliche Grenze: zunächst der Río Apure von Breite 7° 54′, Länge 70° 20′ bis zu seinem Zusammenfluss mit dem Orinoco in der Nähe von Capuchino (Br. 7° 37′, L. 69° 6′); danach der untere Orinoco in östlicher Richtung bis zur westlichen Grenze des Gobierno de Cumaná nahe des Río Suata östlich von Alta Gracia. Städte: Caracas, La Guaira, Portocabello, Coro, Nueva Valencia, Nirgua, San Felipe, Barquisimeto, Tocuyo, Araure, Ospino, Guanare, San |II.175 Carlos, San Sebastián, Villa de Cura, Calabozo und San Juan Baptista de Pao.

d) Die Provinz Barinas umfasst eine Fläche von 32 000 englischen Quadratmeilen und ist damit etwas kleiner als der Bundesstaat Kentucky. Östliche Grenze: vom südlichen Rand des Páramo de las Rosas und des Quellgebietes des Río Guanare in südöstlicher Richtung nach Caño de Ygues; von dort aus OSO zwischen der Portuguesa und dem Río Guárico zur Mündung des Apure; dann südlich entlang des linken Ufers des Orinoco von Br. 7° 36′ bis zur Mündung des Río Meta. Südliche Grenze: vom nördlichen Ufer des Meta bis etwas weiter als Las Rochellas de Chiricoas zwischen den Mündungen des Caño Lindero und des Macachare (vielleicht Länge 70° 45′). Westliche Grenze: vom linken Ufer des Meta zuerst in Richtung NW durch die Ebenen von Casanare zwischen Guasdualito und Villa de Arauca, dann nach NNW oberhalb des Quintero und der Mündung des Río Nula, der nach dem Río Orivante [auch Uribante] in den Apure fließt, bis in die Quellgebiete des Río Canagua und an den Fuß der Páramo de Porquera. Nördliche |II.176 Grenze: die südöstliche Talsenke der Mérida-Kordillere von der Páramo de Porquera zwischen Grita und Pedraza bis zur La Vellaca Schlucht auf dem Weg von Los Callejones zwischen Barinas und Mérida; und von dort in die Quellgebiete des Río Guanare NNW von Boconó. Städte: Barinas, Obispos, Boconó, Guanarito, San Jaime, San Fernando de Apure, Mijagual, Guasdualito und Pedraza. Wenn man meine Karte der Provinz Barinas mit den Karten von Cruz, López [de Vargas Machuca] und Arrowsmith vergleicht, sieht man die immer noch bestehende Verwirrung über das Labyrinth der dem Apure und dem Orinoco zufließenden Flüsse.

e) Die Provinz Maracaibo (einschließlich Trujillo und Mérida) umfasst 42 500 englische Quadratmeilen und ist etwas kleiner als der Bundesstaat New York. Nördliche Grenze: die Karibische Meeresküste vom Caño de Oribono (westlich des Río Maticores) bis zur Mündung des Río Calancala etwas östlich vom Großen Río del Hacha. Westliche Grenze: eine Linie in Richtung Küste zuerst gen Süden zwischen Villa de Reyes (auch Valle de Upar [oder Valledupar] genannt) und dem kleinen Gebirge (Sierra de Perijá), das sich westlich vom Maracaibo-See erhebt, |II.177 bis zum Río Catatumbo; danach in östlicher Richtung von Salazar zum Río Zulia etwas oberhalb von San Faustino und dann schließlich gen Osten zur Páramo de Porquera nordöstlich von Grita. Die südlichen und östlichen Grenzen verlaufen südlich der Schneeberge von Mérida durch die La-Vellaca-Schlucht bis zum östlichen Fuß der Páramo de las Rosas in die Quellgebiete des Río Tocuyo und von dort zwischen der Mündung des Río Motatán und der Stadt Carora zum Caño

Oribono, wie ich bereits in meiner Beschreibung der Grenzen der Provinzen Barinas und Caracas erklärt habe. Man nennt den westlichsten Teil des *Gobierno* Maracaibo, wo das Kap La Vela liegt, die *Provincia de los Guajiros* (Guahiros) aufgrund der wilden Eingeborenen, die diesen Namen tragen und das Gebiet zwischen dem Río Socuyo und dem Río Calancala bewohnen. Südlich von ihnen lebt ein freier Stamm, die Cocinas. Städte: Maracaibo, Gibraltar, Trujillo, Mérida und San Faustino.

B. Das Ehemalige Vizekönigreich Neugranada

Es umfasst das eigentliche Neugranada (Cundinamarca) und Quito. Die westlichen Grenzen von Maracaibo, Barinas und Guayana fassen das Hoheitsgebiet des Vizekönigreichs gen Osten ein; im Süden und im Westen grenzt es an Peru und Guatemala. Allein, um Fehler auf den Karten zu berichtigen, weisen wir an dieser Stelle nochmals darauf hin, dass die folgenden Gebiete zu Neugranada gehören: Valle de Upar [oder Valledupar] oder Villa de Reyes, Salazar de las Palmas, El Rosario de Cucuta, berühmt für die Verfasssungsgebende Versammlung von Colombia vom August 1821, San Antonio de Cúcuta, La Grita, San Cristóbal und Villa de Arauca, sowie der Zusammenfluss des Casanare mit dem Río Meta und der des Inírida mit dem Río Guaviare. Die Provinz Casanare, die Santa Fé de Bogotá unterstellt ist, erstreckt sich gen Norden bis kurz über Uribante hinaus. Im Nordosten trennt der Río Enea die östlichste Provinz von Neugranada, *Provincia del Río Hacha* genannt, von der Provinz Santa Marta. Im Jahr 1814 trennte der Río Guaytara die Provinz Popayán von der Presidencia de Quito, zu der die Provinz Pastos gehörte. Die Landenge von Panama und die Provinz Veragua waren von jeher der Gerichtsbarkeit der Audiencia von Santa Fé unterstellt gewesen. | II.178

PERU. Um die 41 500 Quadratmeilen (20 auf einen Grad) der gegenwärtigen Fläche von Peru zu veranschlagen, hat man die östliche Grenze folgendermaßen festgelegt: 1) der Verlauf des Río Javari von 6° bis 9°, 5 südlicher Breite; 2) die 9°, 5 Breite vom Río Javari verlängert sich bis zum linken Ufer des Río Madeira, wobei die Grenze anderen Zuflüsse des Amazonas schneidet, also den Jatahi (Hyutahy), den Jurua und den Tefé (die der Tapy de Acuña, der Coary und der Purus zu sein scheinen); 3) eine Linie, die zunächst dem Río Madeira folgt und dann dem Mamoré vom Salto de Theotino zum Río Maniquí[337] zwischen dem Zufluss des Guaporé (unter den Jesuiten Itonamas genannt) und der Mission von Santa Ana (ungefähr bei 12° ½ Breite); 4) der Flusslauf des Maniquí, dem die Grenze nach Westen folgt in einer Linie, die sich bis zum Río Bení verlängert, von dem Geographen glaube, er wäre ein Zufluss mal des Río Madeira, mal des Río Puru; 5) die rechte Uferbank des Río Tequieri, der in den Bení unterhalb von Pueblo de Reyes | II.180 | II.179

---

[337] *Siehe die höchst seltene Karte* Missiones de Mojos de la Compañía de Jesús, *1713. Der Río Maniquí fließt in den Yacuma, und auf diese Weise gelangte Herr [Thaddeus Peregrinus] Haenke von* Pueblo de Reyes *zum Río Mamoré. Neuzeitliche Geographen schreiben dem Río Maniquí eine wichtige Rolle in Erzählungen über den Lago Rogaguado und die Verzweigungen des Bení zu.*

hineinfließt; von den Quellgebieten des Tequieri zog man eine Linie, die den Río
Inambari überquerte, sich südöstlich zu den hohen Kordilleren[338] von Vilcanota
und Lampa hinzog und die peruanischen Bezirke Paucartambo und Tinta vom
Bezirk Apolobamba und vom Becken des Titicacasees (Chucuito) trennten; 6) von
16° südlicher Breite grenzen die westlichen Gebirgsketten der Anden im Osten an
den Titicacasee und trennen unterhalb der 20. Parallele die Zuflüsse des Desagüadero und der kleinen Paria-Lagune von den Wildwassern des Pilcomayo, die sich
in den Pazifik ergießen. Diesen Grenzen gemäß hat Peru im Norden (zum Río
Javari hin) entlang der Parallelen eine Breite von 200 Meilen und von 260 Meilen
zum Madeira und Mamoré hin; im Süden beträgt die durchschnittliche Breite des
Landes nur 15 bis 18 Meilen. Der *partido* von Tarapacá (ein Teil des Regierungsbezirks Arequipa) berührt die Atacama-Wüste dort, wo die Mündung des Río de
|II.181 Loa, die die Malaspina-Expedition bei 21° 26′ südlicher Breite verortete, eine
Grenzlinie zwischen Peru und dem Vizekönigreich Buenos Aires bildet. Indem
man von Peru die vier Regierungsbezirke La Paz, Charcas (auch La Plata), Potosí
und Cochabamba abspaltete, ordnete man einer an den Ufern des Río de la Plata
ansässigen Regierung nicht nur Provinzen unter, in denen die Wasser sich in süd-
östlicher Richtung ergießen, und die riesigen Gebiete, in denen die Flüsse Ucayali
und Madeira (zwei Zuflüsse des Amazonas) entspringen. Man schuf damit auch
ein Binnensystem von Flüssen, die alle den alpinen Titicacasee speisen, das sowohl
auf den Bergrücken der Anden als auch in einem längslaufenden Tal an beiden
Enden an den *Knotenpunkten der Berge* von Porco und Cuzco endete. Trotz dieser
willkürlichen Aufteilungen bleibt das Andenken an die Eingeborenen, die an den
Seeufern und in den kalten Gebieten von Oruro, La Paz und Charcas lebten, am
häufigsten mit Cuzco verbunden, dem Zentrum des einstigen großartigen Impe-
riums der Inka, und nicht mit den Savannen von Buenos Aires. Man hat Peru das
Plateau von Tiahuanaco genommen, wo der Inka Maita Capac Bauten und gigan-
tische Statuen vorfand, deren Ursprünge bis vor die Gründung von Cuzco zurück-
|II.182 reichten. Ein solcher Versuch, die Geschichte eines Volks auszulöschen, kommt
der Behauptung gleich, dass die Ufer von Kopaïs nicht mehr zu Griechenland gehören. Es bleibt zu hoffen, dass die vielen politischen Konföderationen, die sich
heutzutage bilden, die Demarkationslinien nicht allein am Verlauf von Gewässern
ausrichten, sondern auch die kulturelle Verwurzelung der Völker berücksichtigen.
Die Zerstückelung von Alto Peru sollte die Reue all derer auslösen, die die Bedeutung der auf der Hochebene der Anden ansässigen eingeborenen Bevölkerung
zu schätzen wissen. Wenn man eine Linie vom südlichen Rand der Provinz May-
nas, oder von den Uferbänken des Guallaga, bis zum Zufluss des Apurimac und
des Bení (ein Zusammenfluss, aus dem der Río Ucayali entsteht) zöge und von
dort aus nach Westen zum Río Vilcabamba und der Hochebene von Paucartambo,
zu der Stelle, wo die südöstliche Grenze den Río Inambari überquert, würde man

---

[338] Die *partidos* von Paucartambo und Tinta stehen unter der Verwaltung von Cuzco. Der Bezirk Apolobamba und das Becken des Titicacasees gehören zum einstigen Vizekönigreich Buenos Aires.

Peru in zwei ungleiche Teile spalten: der eine (26 220 Quadratmeilen) der Mittelpunkt der zivilisierten Bevölkerung und der andere (15 200 Quadratmeilen) wild
und fast völlig unbewohnt.

BUENOS AIRES. Die Herausgeber der ausgezeichneten Zeitschrift *El Semanario* |II.183
(Bd. I, S. 111) gehen ganz recht in der Annahme, dass niemand an den Ufern des
Río de la Plata die wirklichen Grenzen des alten Vizekönigreichs Buenos Aires
kennt. Die Portugiesen stellen die Grenzen zwischen dem Paraná und dem Río
Paraguay und zwischen den Quellgebieten des Paraguay und des Guaporé, einem
Zufluss des Madeira, in Frage; in südlicher Richtung ist man sich unsicher, ob die
Grenze über den Río Colorado hinausreicht bis zum Río Negro, in den der Río
Diamante mündet (*Abeja Argentina* 1822, Nr. 1, S. 8 und Nr. 2, S. 55). Inmitten
dieser Zweifel, die sich durch die Zersplitterung von Paraguay und der *Provincia
Cisplatina* noch verstärken, berechnete ich die Fläche des immensen Gebietes des
Vizekönigreichs auf der Grundlage von spanischen Karten aus der Zeit vor der Re-
volution im Jahr 1810. Von der östlichen Küste aus gesehen befindet sich der erste
marco nördlich des Forts von Santa Teresa an der Mündung des Río Tahym; von
dort aus verläuft die Grenze NNW an den Quellen des Ibicuy und des Juy entlang
(sie schneidet den Uruguay bei 27° 20′) bis zum Zusammenfluss des Paraná mit dem
Iguaçu; im Norden zieht sie sich am linken Ufer des Paraná entlang bis zur südlichen
Breite 22° 40′; im NW folgt sie dem Ivinhema bis zur Presidio von Nova-Coimbra |II.184
(Br. 19° 55′), die im Jahr 1775 gegründet wurde[339]; im NNW verläuft sie nahe Villa
Bella und dem Isthmus, der die Wasser des Aguapehy (der mit dem Paraguay zu-
sammenfließt) von denen des Guaporé trennt, bis zum Zusammenfluss[340] des Guaporé mit dem Mamoré unterhalb des Kastells von Príncipe (südliche Br. 11° 54′ 46″);
im SW folgt sie dem Mamoré und dem Maniquí, wie ich es oben in meiner Beschreibung des Grenzverlaufs zwischen Peru und dem Vizekönigreich von Buenos
Aires bereits aufgezeigt habe. Zwischen 21° 26′ und 25° 54′ südlicher Breite (zwischen dem Río de Loa und Punta de Guacho) erstreckt sich das Gebiet des Vizekönigreichs über die Kordilleren der Anden hinaus und folgt über 90 Meilen lang
den Küsten des Pazifiks. Hier liegt die Atacamawüste mit dem kleinen Hafen Co-
bija, der eines Tages große Wichtigkeit für den Handel von Waren aus der Sierra
oder aus Alto Peru erlangen wird. Im Westen ziehen sich die Gebirge der Anden
bis zu 37° Breite hin; im Süden, wo der Río Colorado, manchmal Desagüadero de
Mendoza (Br. 39° 56′) genannt oder auch nach den neuesten Autoritäten Río Ne- |II.185
gro, Buenos Aires von Chile und von der Küste Patagoniens trennt.

Da die Möglichkeit besteht, dass Paraguay, die Provinz *Entre-Ríos* und das *Banda
Oriental* (oder die *Cisplatina-Provinz*[341]) von Buenos Aires getrennt bleiben, glaubte
ich, die Flächen dieser umstrittenen Gebiete separat berechnen zu müssen. Für das

---

[339] *Patriota do Rio Janeiro*, 1813.
[340] [*Patriota do Rio Janeiro*,] S. 40.
[341] Die Ausdehnung des Gebietes zwischen dem Meer, dem Rio de la Plata, Uruguay, den Missionen
und dem brasilianischen Kapitanat Río Grande (Auguste de Saint-Hilaire, *Aperçu d'un voyage dans l'intérieur
du Brésil*, 1823, S. 1).

innerhalb der Grenzen des alten Vizekönigreichs *zwischen dem Ozean und dem Río Uruguay* gelegene Gebiet berechnete ich 8 960 Quadratseemeilen; für das Gebiet *zwischen dem Uruguay und dem Paraná (Provincia Entre-Ríos)* 6 848 Quadratmeilen; für das Gebiet zwischen dem *Paraná und dem Río Paraguay* (die eigentliche Provinz Paraguay) 7 424 Quadratmeilen. Zusammengenommen machen diese drei Gebiete östlich des Río Paraguay von Nova Coimbra bis nach Corrientes und östlich des Paraná von Corrientes bis nach Buenos Aires 23 232 Quadratmeilen aus[342], fast eineinhalb Mal die Größe von Frankreich. Indem ich meinen früheren Berechnungen der drei Gebiete, die das Vizekönigreichs Buenos Aires bilden, 18 300 Quadratmeilen für *Pampas* (oder Savannen) hinzufüge komme ich auf folgende Zahlen:

|II.186

Nördliches Gebiet (oder Alto Peru) vom Tequieri und Mamoré bis Pilcomayo zwischen 13° und 21° südlicher Breite	37 020	Quadratseemeilen
Westliches Gebiet oder das Land zwischen Pilcomayo, Paraguay, dem Río de la Plata, dem Río Negro und den Kordilleren der Anden (Tarija, Jujuy, Tucumán, Cordova, Santa Fé, Buenos Aires, San Luís de la Punta und Mendoza)	66 518	
Östliches Gebiet, also alles östlich des Río Paraguay und des Paraná	23 232	
	126 770	

|II.187 Die Regierung von Buenos Aires könnte als teilweise Entschädigung für die ihr drohenden Verluste im Nordosten die 5 054 Quadratmeilen zwischen dem Río Colorado und dem Río Negro besetzen. Die patagonischen Steppen, die sich bis zur Magellanstraße erstrecken, machen weitere 31 206 Quadratmeilen aus, von denen sich fast zwei Drittel eines sehr viel gemäßigteren Klimas erfreuen als allgemein angenommen wird. Die Bucht von San Jorge könnte eine europäische Seemacht durchaus in Versuchung führen.

In dem von Brasilien besetzten Teil des Vizekönigreichs Buenos Aires östlich von Uruguay muss man zwischen den Grenzen unterscheiden[343], die vor der Besetzung der *Missions-Provinz* nördlich des Río Ibicuy im Jahr 1801 anerkannt wurden, und den Grenzen, die im Jahr 1821 durch ein Abkommen zwischen der *Cabildo* Montevideo und dem Kapitanat Río Grande vertraglich festgelegt wurden. Die *Missions-Provinz* umfasst die linke Uferbank des Uruguay, den Ibicuy, den Toropi (ein Zufluss des Ibicuy), die San Javier Sierra und den Río Juy (ein Zufluss |II.188 des Uruguay). Ihr Gebiet reicht sogar etwas über den Juy hinaus in Richtung auf die Ebenen, wo die nördlichste Mission, die von San Angel, liegt; darüber hinaus liegen von freien Eingeborenen bewohnte Wälder. Als das Bündnis zwischen Frankreich und Spanien im Februar 1801 England dazu brachte, die Portugiesen Spanien

---

[342] Ungefähr 36 300 Quadratmeilen bei je 25 auf einen Grad, und nicht 50 263 solcher Meilen, wie die Zeitungen in Buenos Aires behaupten.
[343] Diesen Erklärungen liegen die handschriftlichen Notizen zugrunde, die Herr Auguste de Saint-Hilaire am Ort sammelte. Ich verdanke sie der Freundschaft, mit der er mich ehrt.

den Krieg erklären zu lassen, war es ein Leichtes, in die spanische Missions-Provinz einzumarschieren. Der Konflikt hielt nicht lange an; und obwohl der spanische Hof die Rechtmäßigkeit der Besetzung zurückwies, blieb die Missions-Provinz in portugiesischer Hand. Das Abkommen aus dem Jahr 1777 sollte als Grundlage für die Grenzen zwischen dem Vizekönigreich Buenos Aires und dem Kapitanat Río Grande dienen. Diese Grenzen wurden mittels einer Linie bestimmt, die vom Río Guaray (Arrowsmiths Guaney) und den Quellgebieten der kleinen Flüsse Ibirapuitã, Nanday und Ibycuimerim, die in den Ibicuy einfließen (Br. 29° 40'), zunächst zum Zusammenfluss des Río de Ponche Verde mit dem Ibicuy verlief; dann weiter in südwestlicher Richtung zu den Quellen des Río Negro (ein Zufluss des Uruguay) verlaufend und den Merim-See überquerend, erstreckt sich diese Linie bis zur Mündung des Itahy, gewöhnlich als Tahym bekannt. An genau dieser Mündung befand sich an der Meeresküste der südlichste portugiesische *marco*. Das Gebiet | II.189
zwischen dem Tahym und dem Río Chuy etwas nördlich von Santa Teresa war neutral und bekannt als *Campos neutraes*; allerdings hatten sich trotz diplomatischer Abkommen im Jahr 1804 auf einem Großteil dieses Gebietes bereits portugiesischen Bauern angesiedelt. Der Einmarsch der Franzosen nach Spanien und die Revolutionen in Buenos Aires ermöglichten es den Brasilianern, ihre Eroberungen bis zur Mündung des Uruguay auszudehnen, so dass die neuen Inlandsgrenzen zwischen dem alten Brasilien und dem gerade erst besetzen Gebiet im Jahr 1821 ohne Eingriff des Kongresses von Buenos Aires von den Abgeordneten der *cabildo* Montevideo und des Kapitanats Río Grande festgelegt wurden. Man einigte sich, dass die brasilianische *Cisplatina*-Provinz (Banda *oriental* nach der spanischen geographischen Namensgebung) im Norden entlang des Zusammenflusses des Uruguay mit dem Arapay (Arrowsmiths Ygarupay) begrenzt würde, im Osten durch eine Linie, die von Angostura sechs Meilen südlich von Santa Teresa die Sümpfe von San Michel durchlief, dem Río San Luis bis zu seiner Mündung in den Mirimsee folgte, sich 800 Meilen weiter entlang des Ostufers dieses Sees erstreckte, durch die Mündung | II.190
des Río Sabuaty führte, zur der des Rio Jaguarão hochlief, dem Verlauf dieses Flusses bis zu den Cerros de Acegua folgte, den Río Negro überquerte und, weiterhin in nordwestlicher Richtung verlaufend, sich mit dem Río Arapay wiedervereinte.

Das Gebiet zwischen dem Arapay und dem Ibicuy, das die südliche Grenze der Missions-Provinz bildet, gehört zum Kapitanat Río Grande. Die portugiesischen Brasilianer haben es bisher noch nicht versucht, sich in der Provinz *Entre-Ríos* zwischen dem Paraná und dem Paraguay anzusiedeln; dieses Gebiet wurde von Artigas und [dem Argentinier Francisco] Ramírez dem Erdboden gleich gemacht.

In den Steppen (*pampas*), die sich wie ein Meeresarm von Santa Fé im Norden zwischen den Gebirgen Brasiliens und denen von Córdoba und Jujuy ausdehnen[344],

---

[344] Nach Herrn [Joseph James Thomas] Redhead (*Memoria sobre la dilatación [...] del aire atmosférico*; Buenos Aires, 1819, S. 8 und 10) liegt diese Stadt 700 Toisen über dem Meeresspiegel. Die absolute Höhe von San Miguel del Tucumán beträgt schon 260 Toisen, nach den abgelesenen barometrischen Werten desselben Autors (der in Salta lebt).

stiften die natürlichen Begrenzungen der Regierungsbezirke Potosí und Salta (also |II.191 Alto Perú und Buenos Aires) völlige Verwirrung. Chicas und Tarija werden als die südlichsten Provinzen in Alto Perú betrachtet; die Steppen von Manso zwischen dem Pilcomayo und dem Río Grande (auch Bermejo[345]), ebenso wie Jujuy, Salta und Tucuman, gehören zum eigentlichen Staat von Buenos Aires. Die östliche Grenze von Alto Perú ist nur eine imaginäre Linie, die man über unbewohnte Steppen gezogen hat. Sie schneidet die Anden im Wendekreis des Steinbocks und von dort aus überquert sie zunächst den Río Grande 26 Meilen unterhalb von Santiago de Cotagaita und dann den Pilcomayo 22 Meilen unterhalb seines Zusammenflusses mit dem Cachimayo, der vom Plata (auch Chuquisaca) kommt, und letztlich den Río Paraguay bei 20° 50′ südlicher Breite. Selbst wenn das Becken des Titicacasees und der bergige Teil von Alto Perú, wo die Sprache der Inka vorherrscht, mit Cuzco wiedervereint würden, könnten die Ebenen von Chiquitos und Chaco immer noch der Regierung der Pampas von Buenos Aires angeschlos- |II.192 sen bleiben.

CHILE. Seine Landesgrenzen bilden im Norden die Atacama-Wüste und im Osten die Anden, wo gemäß den barometrischen Messungen der Herren Espinosa und Bauzá aus dem Jahr 1794 der Postweg zwischen Mendoza und Valparaiso 1 987 Toisen über dem Meeresspiegel liegt[346]. Im Süden nahm ich als Begrenzung[347] den Eingang zum Golf von Chiloé mit der Festung Maullín (Br. 41° 43′), der südlichsten Besitzung des spanischen Amerikas auf dem Festland. An den Buchten von Ancud und Reloncaví findet man keine dauerhaften europäischen Niederlassungen: Diese Gebiete werden von den Juncos bewohnt, freilebenden, um nicht zu sagen, wilden Eingeborenen. Es folgt aus diesen Gegebenheiten, dass europäische Niederlassungen sich an der Westküste des Kontinents viel weiter hinunterziehen als an der Ostküste; die Ansiedlungen im Westen reichen bereits einen Breitengrad über |II.193 die Parallele vom Río Negro und Puerto de San Antonio hinaus. Die Hauptstadt Santiago de Chile liegt auf einem Plateau, das fast ebenso hoch ist wie die Stadt Caracas[348].

BRASILIEN. Die Grenzen von Colombia im Süden, von Peru im Osten und von Buenos Aires im Norden bestimmen die nördlichen, westlichen und südlichen Begrenzungen von Brasilien. Um das *Areal* zu berechnen, bediene ich mich einer handgezeichneten Karte, die man mir durch die Regierung in Rio de Janeiro zukommen ließ zur Zeit der diplomatischen Streitigkeiten zwischen den französischen und portugiesischen Guayanas über den sehr vagen Wortlaut von

---

[345] Der wahre Name dieses Flusses, dessen Ufer einst von den Abipones bewohnt wurden, ist Iñate (*siehe* [Martin] Dobrizhoffer, *Historia de Abiponibus*, 1784, Bd. II, S. 14).

[346] Es sind immer noch 440 Toisen weniger als der höchste Punkt der Straße von Azuay zwischen Quito und Cuenca, den ich im Jahr 1802 vermaß. *Siehe meine Observations astronomiques*, Bd. II, S. 385, Nr. 209.

[347] *Essai politique sur le royaume de la Nouvelle-Espagne*, Bd. I, S. 4; Bd. II, S. 831.

[348] Nach Herrn Bauzá sind es 409 Toisen: also 300 Toisen niedriger als die Stadt Mendoza auf der gegenüberliegenden Seite der Anden-Kordillere (handschriftliche Notizen von Don Louis Née, dem Botaniker der Expedition von Malaspina).

Artikel 8 im Abkommen von Utrecht und in Artikel 107 des Wiener Kongresses[349]. Indem man eine nord-südliche Linie von der Mündung des Tocantins-Flusses zieht und dem Flusslauf des Araguari 40 Meilen westlich von Villaboa bis zu dem Punkt folgt, wo der Río Paraná den Wendekreis des Steinbocks durchquert, spaltet man Brasilien in zwei Teile. Der westlichste Teil umfasst die Kapitanate Grand Pará, Río Negro und Mato Grosso; dieses Gebiet ist fast unbewohnt, da die Europäer sich nur entlang der Flüsse niederließen: am Río Negro, Río Branco, Amazonas und Guaporé, einem Nebenfluss des Río Madeira. Seine Größe beträgt 138 156 Quadratmeilen (20 auf einen Grad). Der östliche Teil, der aus den küstennahen Kapitanaten Minas Gerais und Goiás besteht, umfasst 118 830 Quadratmeilen. Meine Vermessungen stimmen mit denen eines ausgezeichneten Geographen überein, Herrn Adrien Balbi, der das gesamte brasilianische Imperium auf 2 250 000 italienische Quadratmeilen (250 000 Quadratseemeilen) schätzt, unter Ausschluss (wie auch ich es tat) der Cisplatina- und Missions-Provinzen östlich von Uruguay (*Essai statistique sur le Portugal*, Bd. II. S. 229).

| II.194
| II.195

| II.196

---

[349] Bd. VIII, S. 503. Die Grenzen von Brasilien wurden wie folgt geprüft: im Verwaltungsbezirk von Río Negro durch die Astronomen José Joaquim Vitório da Costa, José Simoens de Carvalho, Francisco José de Lacerda und Antonio Luiz Pontes; in Grand Pará, speziell zwischen dem Araguari und dem Calsoene (Río Carsewene? auf der *Carte des côtes de la Guyane*, die im Jahr 1817 vom Dépôt de la Marine veröffentlicht wurde) durch den Astronomen José Simoens de Carvalho und dem genialen Oberst Pedro Alexandrino de [Pinto de] Souza. Die Franzosen hatten lange ihre Ansprüche über den Calsoene bis in die Nähe vom Nordkap hinaus ausgedehnt. Gegenwärtig hat man die Grenze zur Mündung des Oyapok zurückgesetzt. Der Hauptzufluss dieses Flusses, der Canopi und sein Nebenfluss Tamouri, kommen bis auf eine Meile (bei 20° 30′ Br.?) an die Quellen des Maroni heran, oder vielmehr an einen seiner Arme, den Río Araguari in der Nähe des Eingeborenendorfs Aramichaun. Da die Portugiesen die Grenze zwischen den Bänken des Oyapok und des Araguari (Araouari) ziehen wollten, beauftragten sie Oberst [Pinto] de Souza mit der sorgfältigen Vermessung der Breite des Quellgebietes des letzteren Flusses; sie befanden, dass die Breite weiter nördlich lag als die Flussmündung, was die Grenze auf die Parallele des Calsoene verlagert hätte. Der Río de Vicente Pinçon, dessen Name durch ernste diplomatische Konflikte berühmt wurde, ist von den neueren Karten verschwunden. Laut einer sich in meinem Besitz befindlichen alten handgezeichneten portugiesischen Karte der Küsten zwischen San José de Macapa und dem Oyapok [auch Río Oiapoque] wäre der Río Pinçon mit dem Calsoene identisch. Ich nehme an, dass die unverständlichen Klauseln des Artikels 8 im Abkommen von Utrecht („die Linie des *Japoc-* oder *Vicente-Pinçon-Flusses*, die die Besitzungen des Kaps und des Nordens abdecken müsste") von der Tatsache ausgehen, dass der Name Nordkap manchmal auch für Cabo Orange benutzt wurde (*siehe* Laet, *Novus orbis*, Nov. 1633, S. 636). Herr [Charles-Marie de] la Condamine, dessen Scharfsinn nichts entgeht, hatte bereits in der *Relation abrégée d'un voyage fait dans l'interieur de l'Amérique Méridionale* (S. 199) darauf hingewiesen, dass „die Portugiesen ihre Gründe dafür haben, die Bucht (?) von Vincent Pinçon in der Nähe der westlichen Mündung des Río Arawari (Araguari), Br. 2° 2′, mit dem Oyapok-Fluss, Br. 4° 15′, zu verwechseln. Der Frieden von Utrecht hatte aus ihnen einen einzigen Fluss gemacht". Diese Breite von 2° 2′ brachte den imaginären Vincent-Pinçon-Fluss dem Majacarí und dem Calsoene zwar näher, aber rückte ihn mehr als einen Grad weiter von dem Araguari weg, der bei 1° 15′ nördlicher Breite liegt. Herr Arrowsmith, dessen Karte ausgezeichnetes Material über das Amazonas-Delta enthält, verortet den Río de Vicente Pinçon südlich von Majacarí, wo der Matario sich gegenüber der kleinen Insel Tururi, Br. 1° 50′, in einer Bucht verliert. Da der Araguari sich mit dem Matario verbindet und im Nordwesten eine Art Delta um die überfluteten Gebiete des Carapaporis bildet, ist es möglich, dass Herr La Condamine den kleinen Fluss gegenüber der Insel Tururi für den westlichen Arm des Araguari hielt.

VEREINIGTE STAATEN. Ich hatte bereits an anderer Stelle (*Essai politique [sur le royaume de la Nouvelle-Espagne]*, Bd. I, S. 153) darauf hingewiesen, dass die Fläche des Gebietes der Vereinigten Staaten seit dem Kauf von Louisiana recht schwierig zu berechnen ist, da die nördlichen und westlichen Grenzen von Louisiana so lange ungewiss waren. Die heutigen Grenzen wurden durch den Londoner Vertrag vom 20. Oktober 1818 und durch das in Washington am 22. Februar 1819

|II.197 unterzeichnete Abkommen über die Gebiete Floridas festgelegt: Ich hatte folglich geglaubt, diese Frage erneuten Nachforschungen unterziehen zu können. Ich unternahm diese Arbeit mit großer Sorgfalt, weil die Fläche der Vereinigten Staaten vom Atlantischen Ozean bis zum Pazifik von zeitgenössischen Autoren auf jeweils 125 400, 137 800, 157 500, 173 400, 205 500 und 238 400 Quadratseemeilen (20 auf einen Grad) geschätzt wird. Inmitten dieser unterschiedlichen Angaben, die um mehr als 100 000 Quadratmeilen voneinander abweichen (mehr als das Sechsfache des *Areals* Frankreichs), schien es mir unmöglich, eine von ihnen auszuwählen, um sie mit den Flächen der neuen freien Staaten Spanisch-Amerikas zu vergleichen. Mitunter gibt derselbe Verfasser die unterschiedlichsten Schätzungen für dasselbe Gebiet für verschiedene Zeiträume an, in der Annahme, dass das Gebiet innerhalb der Grenzen von zwei Ozeanen, von Cape Hatteras und dem Columbia River, dem Mississippi-Delta und dem Lac des Bois [Minnesota] liegt. Auf der Karte aus dem Jahr 1816 schätzte Herr Melish die Vereinigten Staaten auf 2 459 350 Quadratmeilen (69,2 auf einen Grad), von denen allein 1 580 000 Meilen zum Missouri-Territory gehören. In seinen *Travels through the United States*

|II.198 *of America* (1818, S. 561) entschied er sich für 1 883 806 Quadratmeilen, von denen 985 250 dem Missouri-Territory zufallen. Später, in *Geographical Description of the United States* (1822, S. 17), erhöhte er die Zahl nochmals, nun auf 2 076 410 Quadratmeilen. Solcherlei Schwankungen der Meinung über die Fläche der Vereinigten Staaten lassen sich nicht durch die unterschiedlichen Festlegungsweisen der Grenzen erklären: Die meisten Irrtümer in der Berechnung der Größe der Gebiete zwischen dem Mississippi und den Rocky Mountains und zwischen ihnen und dem Pazifik sind das Resultat einfacher Rechenfehler. Indem ich den Durchschnitt verschiedener Schätzungen der Karten von Arrowsmith, Melish, Tardieu

|II.199 und Brué nehme, kommen ich auf die folgen Zahlen:

I.   Östlich des Mississippi,   77 684 mi^2

      oder 930 000 *Quadratmeilen.*

      a.) Atlantisches Gebiet östlich der Alleghenies,   27 064

      oder 324 000 *Quadratmeilen.* Die Kette der Alleghenies streckt
      sich gen Norden nach Plattsburg und Montreal; gen Süden am
      Apalachicola entlang; auf diese Weise gehört ein Großteil von
      Florida zu dieser Atlantikküste.

      b.) Zwischen den Alleghenies und dem Mississippi,   50 620

      oder 606 000 *Quadratmeilen.*

II. Westlich des Mississippi,   96 622

      oder 1 156 800 *Quadratmeilen.*

      a.) Zwischen dem Mississippi und den Rocky Mountains,   72 531
      inklusive der Seen,

      oder 868 400 *Quadratmeilen.*

      b.) Zwischen den Rocky Mountains und der Pazifikküste, 24 091
      wenn man die Breitengrade 42° und 49° (Western Territories)
      als die südlichen und nördlichen Grenzen nimmt,

      oder 288 400 *Quadratmeilen.*

      Territorium der Vereinigten Staaten zwischen beiden Ozeanen
      2 086 800 Quadratmeilen, oder   174 306 mi^2
                                                       (20 pro Grad)

Das gesamte Gebiet der Vereinigten Staaten von der Atlantik- bis zur Pazifikküste | II.200
ist folglich etwas größer als Europa westlich von Russland. Allein der atlantische
Teil ist vergleichbar mit Spanien und Frankreich zusammengenommen; der Teil
zwischen den Alleghenies und dem Mississippi entspricht Spanien, Portugal, Frankreich und Deutschland; der Teil westlich des Mississippi entspricht Spanien, Frankreich, Deutschland, Italien und den skandinavischen Königreichen. Also teilt der
Mississippi die Vereinigten Staaten in zwei große Regionen; die erste von ihnen,
der Osten, die rapide Fortschritte in Bezug auf Kultur und Zivilisation macht, ist
ungefähr so groß wie Mexiko; der andere, westliche Teil, fast völlig wild und unbewohnt, hat etwa die Größe der Republik Colombia.

Die statistischen Studien über einige europäischer Länder haben zu wichtigen
Schlussfolgerungen über die Vergleichbarkeit der *relativen Bevölkerung* der Provinzen
an den Küsten und denen im Landesinneren geführt. In Spanien[350] ist dieses Ver-

---

[350] [Isidore de] Antillón [y Marzo], *[Elementos del la] Geografía astronómica, natural y política*, 1815, S. 145.

|II.201 hältnis wie neun zu fünf; in den *Vereinigten Provinzen von Venezuela*, vor allem in
der früheren *Capitanía general* Caracas, ist es wie 35 zu eins. Ganz gleich wie stark
der Einfluss des Handels auf den Wohlstand von Staaten und auf die intellektuelle
Entwicklung von Völkern auch sein mag, es wäre falsch, sowohl in Amerika als
auch in Europa, die soeben aufgezeigten Unterschiede auf einen einzigen Nenner
zurückzuführen. In Spanien und Italien ist das Binnenland, mit Ausnahme der
fruchtbaren Ebenen der Lombardei, wasserarm und besteht entweder aus Bergen
oder Hochebenen: Die die Fruchtbarkeit des Bodens bestimmenden meteorologischen Umstände sind nicht dieselben in den Küstengebieten und im Landesinneren.
In Amerika begann die Kolonisation generell an den Küsten und bewegte sich nur
langsam ins Inland: Man sieht dieses graduelle Fortschreiten in Brasilien und Venezuela. Nur wenn die Küsten gesundheitsschädlich sind, wie in Mexiko oder Neugranada, oder wenn sie sandigen Boden haben und keinen Regen, wie in Peru,
konzentrierte sich die Bevölkerung in den Bergen und den Hochebenen im Landes-
|II.202 inneren. Man hat solche lokalen Bedingungen zu oft in Diskussionen über die Zu-
kunft der spanischen Kolonien vernachlässigt; sie geben einigen dieser Länder spezielle Eigenarten, die Analogien zwischen dem physischen und dem moralischen
Zustand weniger verblüffend machen als man allgemein denkt. Aus der Sicht der
Bevölkerungsverteilung bieten die zwei Gebiete, die man in einem einzigen Staats-
körper vereinigt hat (Neugranada und Venezuela) den vollkommensten Widerspruch. Ihre Hauptstädte, und die Lage der Hauptstädte weist stets auf das Gebiet
mit der größten Bevölkerungsdichte hin, liegen in solch ungleichen Entfernungen
von den handeltreibenden Küsten des Karibischen Meers, dass man die Stadt Caracas nach Süden verlegen müsste, zum Zusammenfluss des Orinoco mit dem Guaviare bei der Mission von San Fernando de Atabapo, um sie auf derselben Parallele
wie Santa Fé de Bogotá anzusiedeln.

|II.203 Zusammen mit Mexiko und Guatemala ist die Republik Colombia das einzige
Land im spanischen Amerika[351], dessen Küsten sowohl Europa als auch Asien gegen-
überliegen. Die Entfernung von Kap Paria bis zum äußeren westlichen Rand der
Provinz Veragua beträgt 400 Seemeilen; von Kap Burica bis zur Mündung des Río
Tumbez sind es 260 Seemeilen. Die Küstenstriche von Colombia am Karibischen
Meer und am Pazifik haben folglich dieselbe Länge wie von Cádiz nach Danzig oder
von Ceuta nach Jaffa. Diesen unschätzbaren Ressourcen für die nationale Wirtschaft
muss man eine weitere hinzufügen, deren Bedeutsamkeit bisher noch nicht genügend
wertgeschätzt worden ist. Der Isthmus von Panama gehört zu Colombia: Wenn man
auf dieser Landzunge gute Straßen baute und Kamele dort ansiedelte, so könnte sie
als *Transportstrecke* für den Welthandel dienen, selbst wenn weder die Ebene von
Cupica noch die Bucht von Mandinga oder der Río Chagre für einen Kanal ge-

---

[351] Das ehemalige Vizekönigreich Buenos Aires umfasste auch tatsächlich einen kleinen Teil der Pazifikküste; wir haben weiter oben jedoch gesehen (Bd. XI, S. 229 und 230 [Bd. II, S. 186 und 187]), wie
menschenleer dieses Gebiet ist.

eignet wären, in dem Schiffe aus Europe nach China segeln könnten oder von den Vereinigten Staaten aus an die nordwestlichen Küsten Amerikas.

In meinen obigen Untersuchungen der Einwirkung, die die Gestalt eines Landes (das heißt, seine Oberflächengestalt und die Form seiner Küsten) überall auf den zivilisatorischen Fortschritt und das Schicksal eines Volkes ausübt, habe ich oftmals auf die Nachteile von massiven dreiecksförmigen Kontinenten hingewiesen, die, wie Afrika und ein Großteil Südamerikas, weder Buchten noch Binnenseen haben. Zweifelsohne war die Entstehung des Mittelmeers eng verbunden mit dem ersten Schimmer menschlicher Kultur unter den westlichen Völkern, und die *ineinandergefügte Form* der Landschaft, die Häufigkeit von Verengungen und Halbinseln, begünstigte die Kulturen Griechenlands, Italiens und möglicherweise ganz Europas westlich der Breite des Marmarameers. In der Neuen Welt sind die ununterbrochenen Küstenlinien und ihre gradlinige Gleichförmigkeit ganz besonders bemerkenswert in Chile und Peru. Die Küste von Colombia bietet etwas mehr Abwechslung, wie geräumige Buchten, die, wie die von Paria, Cariaco, Maracaibo und Darien, schon zur Zeit der ersten Entdeckung viel dichter besiedelt waren als der Rest des Landes und dadurch den Warenhandel belebten. Dieselbe Küste (und dies ist dort ein unschätzbarer Vorteil) wird vom Karibischen Meer bespült, einer Art von Binnenmeer mit zahlreichen Ausgängen, das einzige auf dem Neuen Kontinent. Dieses Becken, dessen gegenüberliegende Ufer von den Vereinigten Staaten, der Republik Colombia, Mexiko und einigen europäischen Seemächten beherrscht werden, hat zu einem einzigartigen, ganz und gar amerikanischen Handelssystem geführt. Südostasien mit seinem benachbarten Archipel, der Golf von Arabien und auch der Mittelmeerstaat zur Zeit der phönizischen und griechischen Kolonien, haben erwiesen, welch einen glücklichen Einfluss diese Nähe von gegenüberliegenden Küsten mit ihren unterschiedlichen Produkten und ihren Völkern unterschiedlicher Herkunft auf Handel und Kultur ausüben kann. Die Bedeutung des Binnenmeeres der Karibik, an das Venezuela im Süden angrenzt, wird mit dem stetigen Anwachsen der Bevölkerung an den Ufern des Mississippi weiter zunehmen, denn dieser Strom, der Río del Norte und der Río Magdalena sind die einzigen in das Karibische Meer mündenden schiffbaren Flüsse. Die Tiefe der Flüsse Amerikas ihre wunderbaren Verästelungen und die durch die Nähe von Wäldern ermöglichte Nutzung von Dampfschiffen werden zu einem gewissen Teil die Hindernisse ausgleichen, die die Gleichförmigkeit der Küsten und die generelle Gestalt des Kontinents dem Fortschreiten der Zivilisation entgegenstellen.

Durch einen auf den obigen Tableaus basierenden Vergleich der Ausdehnung des Landes mit der absoluten Einwohnerzahl würden wir das Verhältnis zwischen diesen beiden Elementen des öffentlichen Wohlstandes erhalten, ein Verhältnis, das die *relative Bevölkerung* jedes einzelnen Staats in der Neuen Welt ausdrückt. Pro Quadratseemeile würden wir demnach Folgendes finden: 90 Einwohner für Mexiko; 58 für die Vereinigten Staaten; 30 für die Republik Colombia und 15 für Brasilien. Im Vergleich dazu hat das asiatische Russland 11 Einwohner pro Quadratseemeile; das ganze russische Reich 87; Schweden und Norwegen 90; das europäische Russ-

|II.204

|II.205

|II.206

|II.207 land[352] 320; Spanien 763 und Frankreich 1778. Wenn man jedoch diese Schät-
zungen der relativen Bevölkerung auf die riesigen Ausmaße der Länder umlegt, von
denen ein Großteil gänzlich menschenleer ist, stellen sie nur wenig aussagekräftige
mathematische Abstraktionen dar. In Ländern, die, wie beispielsweise Frankreich[353],

|II.208 gleichmäßig bewirtschaftet sind, liegt die Zahl der Einwohner pro Quadratmeile
für jedes Département gewöhnlich nicht um mehr als ein Drittel höher oder niedriger als die relative Bevölkerung aller Départements zusammen. Sogar in Spanien
schwanken die Zahlen, von wenigen Ausnahmen abgesehen, selten um mehr als
die Hälfte oder das Doppelte des Durchschnitts[354]. In Amerika hingegen beginnt
sich die Bevölkerung nur in den Atlantikstaaten (von South Carolina bis New

|II.209 Hampshire) mit einer gewissen Gleichmäßigkeit zu verbreiten. In diesem am meis-
ten entwickelten Teil der Neuen Welt zählt man 130 bis 900 Einwohner pro Quadratmeile, während die relative Bevölkerung für alle Atlantikstaaten 240 beträgt.
Das Verhältnis zwischen den äußersten Randgebieten (North Carolina und Massa-

---

[352] Nach den statistischen Tabellen von Herrn Hassel (*Statistischer Umriss der sämtlichen Europäischen Staaten*, Bd. I, S. 10) betrug im Jahr 1805 das *Areal* des europäischen Russlands, ohne Finnland und das
Großherzogtum Warschau, 138 000 Quadratmeilen (je 20 pro Grad) bei einer Bevölkerung von 36,4
Millionen Seelen; dieselben Aufstellungen wiesen bei einer Bevölkerung von 40 Millionen das *Areal* der
gesamten russischen Monarchie für das Jahr 1805 mit 603 160 Quadratmeilen aus. Diese Zahlen würden
jeweils nur 264 und 66 Einwohner pro Quadratmeile ergeben. Wenn man nach Herrn Balbi annimmt
(*siehe* seine interessanten Studien über die Bevölkerung Russlands im *Compendio di Geografia universale*,
S. 143 und 163, und seinen *Essai statistique sur le royaume de Portugal*, Bd. II, S. 253), dass die Fläche des
europäischen Russlands, einschließlich Finnlands und des Königreichs Polen, 169 400 Quadratmeilen
beträgt; dass das *Areal* der ganzen russischen Monarchie in Europa und Asien 686 000 Quadratmeilen
umfasst; und dass im Jahr 1822 die absoluten Bevölkerungszahlen jeweils 48 und 54 Millionen betrugen,
dann würde man auf 283 und 78 Einwohner pro Quadratmeile kommen. In meinen jüngsten Arbeiten
über das *Areal* von Russland entschied ich mich für 616 000 Quadratmeilen für das gesamte Reich, inklusive Finnland und Polen; für den europäischen Teil, einschließlich der alten Königreiche von Kazan
und Astrachan aber unter Ausschluss des Regierungsbezirks Perm, kam ich auf 150 400 Quadratmeilen,
was die im Text ausgewiesene *relative Bevölkerung* von jeweils 320 und 87 ergibt. *Siehe* auch [Adam
Christian] Gaspari, *Vollständiges Handbuch der Erdbeschreibung*, Bd. XII, S. 210.

[353] Im Jahr 1817 schätzte das Katasteramt das *Areal* Frankreichs (unter Ausschluss von Korsika) auf
51 910 062 Hektar (oder 5 190 Quadratmyriameter, oder 26 278 gewöhnliche Quadratmeilen mit 25 auf
einen Grad). Für Korsika berechnet Herr [Charles-Étienne] Coquebert de Montbret 442 gewöhnliche
Quadratmeilen, so dass Frankreich mit Korsika 26 720 gewöhnliche Quadratmeilen (oder 17 101 Quadratseemeilen mit 20 auf einen Grad) umfasst. Bei einer Bevölkerung von 30 407 907 im Jahr 1820 ergibt
diese Rechnung 1778 Einwohner pro Quadratseemeile. Die Durchschnittsgröße eines französischen
Départements beträgt 198 Quadratseemeilen bei einer Durchschnittsbevölkerung von 353 600. Für die
meisten Départements beträgt die durchschnittliche Einwohnerzahl pro Quadratmeile 1 000, 1 200, 2 400
und 2 600. Wenn man den Durchschnittswert der fünf am dünnsten und am dichtesten bevölkerten Départements und Regierungsbezirke in Frankreich und Russland ermittelt, kommt man auf eins zu 3,7
und eins zu 11,2 für die jeweiligen *minima* und *maxima* [d. h., die Unter- und Obergrenzen] der relativen
Bevölkerung für diese beiden Länder.

[354] Antillón, *[Elementos del la] Geografía*, S. 141.

chusetts) ist nur wie eins zu sieben, fast wie in den Randgebieten Frankreichs[355] (den Départements Hautes-Alpes und Nord), wo es eins zu 6,7 beträgt. In den ent- | II.210 wickelten Ländern Europas[356] bewegen sich die durchschnittlichen Schwankungen der Einwohnerzahlen nur innerhalb von sehr knappen Grenzwerten; in Brasilien, | II.211 den spanischen Kolonien und selbst in der Konföderation der Vereinigten Staaten (wenn man die letzteren in ihrem ganzen Ausmaß berücksichtigt), übersteigen die Fluktuationen sozusagen jegliche Maßstäbe. In Mexiko gibt es einige Regierungs-bezirke (Sonora und Durango) mit neun bis 15 Einwohnern pro Quadratmeile, während andere, auf dem Zentralplateau gelegene mehr als 500 aufweisen. Die relative Bevölkerungsdichte der zwischen dem Ostufer des Mississippi und den Atlantikstaaten gelegenen Gebiete beträgt kaum 47, wobei sie in Connecticut, | II.212 Rhode Island und Massachusetts 800 übersteigt. Westlich des Mississippi wie auch im Inneren von Spanisch-Guayana findet man weniger als zwei Einwohner pro Quadratmeile in Gebieten, die größer als die Schweiz oder Belgien sind. In dieser Beziehung ähneln diese Gebiete dem Russischen Reich, wo die relative Bevölke-

---

[355] Auf dem Festland Frankreichs (also ohne Korsika), da das einstige Département Liamone immer noch dünner besiedelt ist als Hautes-Alpes. Im Jahr 1804 wies das Département Nord auf 178 Quadratmeilen (20 auf einen Grad) eine Bevölkerung von 774500 aus; im Jahr 1820 waren es 904500. Im Jahr 1804 hatte das Département Hautes-Alpes 118322 Einwohner auf 160 Quadratmeilen; im Jahr 1820 waren es 121400. Folglich rechnet man für diese beiden Départements jeweils 5082 und 758 Einwohner pro Quadratseemeile.

[356] *Europa*, begrenzt vom Jaik [auch Ural-Fluss], dem Uralgebirge und der Kara, umfasst 304700 Qua-dratseemeilen. Wenn man von 195 Millionen Einwohnern ausgeht, beträgt die relative Bevölkerung 639 pro Quadratmeile, etwas weniger als die des Départements Hautes-Alpes und ein wenig mehr als die Inlandsprovinzen Spaniens. Indem man den *Gesamtdurchschnitt* von 639 mit dem partiellen Durchschnit-ten der mehr als 600 Quadratmeilen umfassenden europäischen Länder – mit Ausnahme von Lappland und vier russischen Regierungsbezirken (Archangelsk, Olonez, Wologda und Astrachan) – vergleicht, erhält man für die am dünnsten besiedelten Gebiete Europas 160 Seelen pro Quadratmeile und für die am dichtesten besiedelten 2400 Seelen pro Quadratmeile. Die Zahlen ergeben ein Verhältnis von eins zu 15. Nach meinen neuesten Berechnungen umfasst *Amerika* 1184800 Quadratmeilen von Kap Hoorn bis 68° Breite (einschließlich der Antillen). Wenn man seine Bevölkerung auf 34284000 schätzt, wie wir es oben getan haben, kommt man auf kaum 29 Einwohner pro Quadratmeile. Anders ausgedrückt, um in Amerika eine am dichtesten und am längsten besiedelte Fläche von 600 Quadratmeilen zu finden, muss man sich entweder der mexikanischen Hochebene oder den Neuenglandstaaten zuwenden, von denen drei (Massachusetts, Rhode Island und Connecticut) im Jahr 1820 eine Gesamtbevölkerung von 881594 auf 12504 englischen Quadratmeilen aufwiesen, also ungefähr 840 Seelen pro Quadratseemeile. Unter den Antilleninseln mit einer hochkonzentrierten Bevölkerung könnte man sich an den Großen Antillen orientieren, da die Kleinen Antillen (die östlichen karibischen Inseln) von Culebra und St. Thomas bis nach Trinidad, zusammen nicht mehr als 387 Quadratmeilen ausmachen. Jamaika hat fast dieselbe relative Bevölkerung wie die drei eben genannten Neuenglandstaaten, aber das *Areal* dieser Insel umfasst weniger als 500 Quadratmeilen. Saint-Domingue (Haiti), fünfmal größer als Jamaika, hat nur 266 Einwohner pro Quadratmeile. Seine relative Bevölkerung reicht kaum an die von New Hampshire heran. Ich werde nicht darüber spekulieren, welche Bruchzahl die Untergrenze der relative Bevölkerung in der Neuen Welten ausdrücken möge, zum Beispiel auf den Steppen zwischen dem Meta und dem Guaviare oder in Spanisch-Guayana zwischen der Esmeralda, der Erevato und dem Caura, oder schließlich in Nordamerika zwischen den Quellen des Missouri [in Montana] und dem [Großen] Sklavensee [in Ka-nada]. In der Neuen Welt liegt das Verhältnis zwischen Extremen, das in Europa eins zu 15 beträgt, wahrscheinlich bei eins zu 8000, selbst wenn man dabei die Llanos und die Pampas ausnimmt.

rung einiger asiatischer Regierungsbezirke (Irkutsk und Tobolsk) sich zu den am dichtesten bevölkerten Regionen Europas wie eins zu 300 verhält.

Die enormen Unterschiede im Verhältnis zwischen der Größe des Territoriums und der Einwohnerzahl in den neu-bewirtschafteten Ländern verlangen nach partiellen Berechnungen und Schätzungen. Allein die Kenntnis, dass Neuspanien und die Vereinigten Staaten jeweils 90 und 58 Einwohner pro Quadratseemeile haben (angenommen, dass ihre Territorien insgesamt jeweils 75 000 und 174 000 Quadratmeilen umfassen), vermittelt keine genaue Aussage über die Bevölkerungsverteilung, auf der sich die politische Machtpositionen von Völkern begründet, ebenso wenig wie man keine klaren Aussagen über das Klima eines Landes, das heißt, über

|II.213
|II.214 die Wärmeverteilung zwischen den Jahreszeiten, treffen kann, wenn man nur die Durchschnittstemperaturen eines ganzen Jahres kennt[357]. Wenn man die Vereinigten Staaten aller Besitzungen westliches des Mississippi beraubte, würde ihre Bevölkerung pro Quadratmeile von 58 auf 121 anwachsen; sie wäre folglich viel höher als die Neuspaniens: Wenn man Neuspanien seiner *Provincias internas* (nördlich und nordöstlich von Nueva Galicia) entzöge, käme man auf 190 anstelle von 90 Seelen pro Quadratmeile.

Hier nun die partiellen Daten für Venezuela und Neugranada, basierend auf den in unserem Ermessen genauesten Zahlen:

REPUBLIK COLOMBIA	30 Einwohner pro Quadratmeile

Sechsmal größer als Spanien, fast so groß wie die Vereinigten Staaten westlich des Mississippi. *Areal*: 91 950 mi². Gesamtbevölkerung: 2 785 000.

A. *Neugranada* (mit der Provinz Quito)	34

Nicht ganz viermal so groß wie Spanien. *Areal*: 58 250 mi². Gesamtbevölkerung: zwei Millionen.

---

[357] Ich würde mich zu weit von meinem Thema entfernen, wenn ich diesen Vergleich weiter ausdehnte und besprüche, inwieweit *Gesamtdurchschnitte* uns darüber aufklären könnten, wie sich z. B. die Temperatur oder die Bevölkerung eines Landes verteilt. Ich habe an anderer Stelle (*Des lignes isothermes*, S. 62 und 71) zu beweisen versucht, dass im europäischen Klimasystem die Durchschnittstemperaturen im Winter nur unter den Nullpunkt fallen, wenn die Durchschnittstemperatur während eines ganzen Jahres mindestens um 10° C abnimmt. Je niedriger die jährliche Durchschnittstemperatur, desto größer der Unterschied zwischen den Winter- und Sommertemperaturen. Gleichermaßen deutet die sehr geringe relative Bevölkerung eines recht großen Landes generell auf die Anfänge einer sich entwickelnden Landwirtschaft hin, die weitreichende Ungleichheiten in der Bevölkerungsverteilung nach sich zieht. Die von Buffon mit der seinem Stil eigentümlichen Ausdrucksweise als *exzessiv* bezeichneten Klimate (die binnenländischen Klimate eines Kontinents, in denen sehr heißen Sommer sehr raue Winter folgen) entsprechen gewissermaßen den ungleichmäßig verteilten Bevölkerungen. Zwei völlig in ihrem Wesen unterschiedliche Phänomene bieten daher höchst bemerkenswerte Analogien, wenn man sie als einfache quantitative Werte betrachtet.

B.   *Venezuela* oder die ehemalige *Capitanía general* Caracas   23
     Mehr als doppelt so groß wie Spanien, fast dasselbe Ausmaß
     wie das der *Atlantikstaaten* Nordamerikas. *Areal*: 33 700 mi².
     Gesamtbevölkerung: 785 000.

     a.   *Cumaná und Barcelona*   37
             Areal: 3 515 mi². Gesamtbevölkerung: 128 000.

     b.   *Caracas* (inkl. Coro)   81
             Areal: 5 140 mi². Gesamtbevölkerung: 420 000.

     c.   *Maracaibo* (inkl. Mérida und Trujillo)   40
             Areal: 3 548 mi². Gesamtbevölkerung: 140 000.

     d.   *Varinas*   28
             Areal: 2 678 mi². Gesamtbevölkerung: 75 000.

     e.   *Guayana* (Spanisch-Guayana)   2
             Areal: 18 793 mi². Gesamtbevölkerung: 40 000.

Aus dieser Übersicht ergibt sich, dass die nördlich gelegenen maritimen Provinzen | II.215
Caracas, Maracaibo, Cumaná und Barcelona die am dichtesten besiedelten Gebiete | II.216
der alten *Capitanía general* darstellen; wenn man jedoch ihre relative Bevölkerung
mit der Neuspaniens vergleicht, wo allein die beiden Regierungsbezirke Mexico
und Puebla auf einem kaum der Fläche der Provinz Caracas entsprechenden Gebiet
eine die ganzen Republik von Colombia übersteigende Gesamtbevölkerung aufweisen, sieht man, dass die mexikanischen Regierungsbezirke, die im Verhältnis zur
Entwicklungsdichte nur auf dem siebten oder achten Platz liegen (Zacatecas und
Guadalajara), mehr Einwohner pro Quadratmeile zählen als die Provinz Caracas.
Der Mittelwert der relativen Bevölkerung von Cumaná, Barcelona, Caracas und
Maracaibo beträgt 56; anders ausgedrückt: Die Hälfte des Gebietes dieser vier Pro-

vinzen zusammen (6 200 Quadratmeilen) besteht aus fast menschenleeren Steppen[358] (*Llanos*). Wenn man die Fläche und die geringe Bevölkerung der Steppen abrechnet, kommt man auf 102 Einwohner pro Quadratmeile. Eine entsprechende Modifizierung ergibt eine relative Bevölkerungszahl von 208 allein für die Provinz Caracas, das heißt, ein Siebtel weniger als die der *Atlantikstaaten* Nordamerikas.

Da numerische Daten nur dann aufschlussreich sind, wenn man sie mit entsprechenden Tatsachen vergleicht, wie es bei allen volkswirtschaftlichen Angelegenheiten der Fall ist, habe ich sorgfältig das untersucht, was man bei der gegenwärtigen Situation der zwei Kontinente in Europa als eine kleine oder sehr mittelmäßige relative Bevölkerung und als eine sehr große relative Bevölkerung in Amerika betrachten könnte. Ich habe dabei als Beispiele nur die Provinzen genommen, die mehr als 600 Quadratmeilen durchgehender Oberfläche umfassen, um somit *zufällige Bevölkerungsanhäufungen* in der Umgebung großer Städte auszuklam-

---

[358] Das *Areal* der Steppen in diesen vier Provinzen umfasst 6 219 Quadratmeilen von je 20 auf einen Grad. Hier nun die Daten, die man benötigt, um die Lage der Landwirtschaft in diesen Gebieten, in denen die Steppen dem schnellen Bevölkerungswachstum große Hindernisse in den Weg legen, beurteilen zu können (Kap. XXV, S. 72–80).

Provinz *Cumaná*:		
Bergiger Teil von Caripe und den Küstenkordilleren	393	mi²
Llanos oder Savannen,	1 558	
von denen das sumpfige Orinoco-Delta 652 mi² einnimmt		
	1 951	
Provinz *Barcelona*:		
Der ein wenig bergige und bewaldete Teil nach Norden hin	223	
Llanos.	1 341	
	1 564	
Provinz *Caracas*:		
Bergiger Teil	1 820	
Llanos, einschließlich Carora und Monai	3 320	
	5 140	

Bei diesen Berechnungen kam ich auf eine Fläche von 6 219 Quadratmeilen für Steppen und Savannen, von denen 130 westlich des Río Portuguesa liegen. Mit anderen Worten, die *Llanos* von Varinas [auch Barinas] zwischen der Portuguesa, dem Apure und den Gebirgen von Pamplona, Mérida und Páramo de las Rosas nehmen 1 664 Quadratmeter ein, woraus folgt, dass die immense Talsenke der *Llanos* (zwischen der Sierra Nevada de Mérida, dem von den Guaraon [Warao] Eingeborenen bewohnten Delta der *bocas chicas* und den nördlichen Ufergebieten des Apure und des Orinoco) ein *Areal* von 7 753 Quadratmeilen umfasst, also halb so groß ist wie Spanien. Die heutige Bevölkerung der Savannen von Caracas, Barcelona und Cumaná schien durch einige verstreute Städte mit hohen Einwohnerzahlen auf 70 000 anzuwachsen.

mern, wie sie beispielsweise an den Küsten Brasiliens, im Mexiko-Becken, auf den |II.219
Hochebenen von Santa Fé de Bogota und Cuzco oder schließlich im Archipel der
Kleinen Antillen (Barbados, Martinique, und St. Thomas) vorkommen, wo die
relativen Bevölkerungen 3 000 bis 4 700 Einwohner pro Quadratmeile betragen und
von daher denen der fruchtbarsten Gebiete Hollands, Frankreichs und der Lombardei gleichkommen.

EUROPAS MINIMUM		AMERIKAS MAXIMUM	
Die vier am dünnsten besie-delten Regierungsbezirke im *europäischen Russland*:		Der zentral gelegene Teil der Regierungsbezirke *Mexico* und *Puebla*[359], über	1 300 pro mi^2
Olonez	42	In den *Vereinigten Staaten*: Mas-sachusetts, obwohl es nur eine Fläche von 522 mi^2 hat.	900
Wologda und Astrachan	52		
Finnland	106		
Die am dünnsten bevölkerte Provinz *Spaniens* (Cuenca)	311	*Massachusetts*, *Rhode Island* und *Connecticut* zusammen.	840
Das Herzogtum *Lüneburg* (wegen seiner Heidegebiete)	550	Der ganze Regierungsbezirk *La Puebla*	540
Das am dünnsten bevölkerte Département des Festlands *Frankreichs* (Hautes-Alpes)	758	Der ganze Regierungsbezirk *Mexico*	460

---

[359] Gibt es in den Vereinigten Staaten ein Gebiet von 600 bis 1 000 Quadratmeilen, dessen relative Bevölkerung das Maximum Neuspaniens von 1 300 Einwohnern pro Quadratseemeile (oder 109 pro Quadratmeile von 69,2 auf einen Grad) übersteigt? Die relative Bevölkerung von Massachusetts, die 75,5
Einwohner pro Quadratmeile beträgt und als sehr hoch erachtet wird, hat es mich bisher bezweifeln
lassen. Um diese Frage zu beantworten, müsste man in der Lage sein, das Areal einer gewissen Anzahl
von angrenzenden Staaten in den vom Kongress in Washington veröffentlichten Erhebungen miteinander
zu vergleichen. Die relative Bevölkerung der Staaten New York, Pennsylvania und Virginia erschien nur
so klein (240, 204 und 168 pro Quadratseemeile), weil man bei einer gleichmäßigen Verteilung der
Bevölkerung auf die Gesamtfläche teilweise unbevölkerte Gebiete in jedem einzelnen Staat westlich der
Alleghenies berücksichtigen muss. Diese Gebiete beinflussen den Gesamtdurchschnitt fast genauso wie
die Llanos von Caracas und Cumaná. Nach Herrn [Edme François] Jomard sind nur 1 408 der 11 000
Quadratmeilen Ägyptens besiedelt.

Die *französischen* Départements			Zusammengenommen machen
mit mittelgroßen Bevölkerun-			die beiden mexikanischen Re-
gen (Creuse, Var und Aude)	1 300		gierungsbezirke fast ein Drittel
			der Größe Frankreichs aus,
			und die Einwohnerzahlen (im
			Jahr 1823 fast 2 800 000 Seelen)
			von Mexico-Stadt und Puebla
			haben keinen besonderen
			Einfluss auf die relativen Bevöl-
			kerungszahlen. Der nördliche
			Teil der Provinz *Caracas* (ohne
			die Llanos) 208

Dieses Tableau zeigt, dass die zurzeit am dichtesten besiedelten Gebiete Amerikas die relative Bevölkerung der Königreiche Navarra, Galizien und Asturien[360] übersteigt, die, mit Ausnahme von Guipúzcoa und dem Königreich Valencia, die meisten

|II.222   Einwohner pro Quadratmeile in ganz Spanien aufweisen: Allerdings liegt dieses amerkanische *Maximum* unter der relativen Bevölkerung ganz Frankreichs (1 778 pro Quadratmeile) und würde dort als recht durchschnittlich gelten. Wenn man von allen Gebieten Amerikas über die *Capitanía general* Venezuela berichtet, die uns in diesem Kapitel ganz besonders beschäftigt, findet man, dass ihre am dichtesten bevölkerten Gebiete (die ganze Provinz Caracas inklusive der *Llanos*) bis heute nur der relativen Bevölkerung von Tennessee gleichkommen und dass der nördliche Teil derselben Provinz ohne die *Llanos* bei mehr als 1 800 Quadratmeilen die relative Bevölkerung von Süd-Carolina aufweist. Auf diesen 1 800 Quadratmeilen befindet sich ein landwirtschaftliches Kerngebiet, das doppelt so dicht wie Finnland bevölkert ist; aber dieses Gebiet ist immer noch ein Drittel weniger bevölkert als die Provinz Cuenca, der am dünnsten besiedelte Teil ganz Spaniens. Man kann sich bei diesem Ergebnis beunruhigender Gefühle nicht erwehren. Das ist der Zustand, den 300 Jahre Kolonialpolitik und unvernünftige öffentliche Verwaltung in einem Land ange-

|II.223   richtet haben, dessen fabelhafte natürliche Reichtümer auf Erden unübertroffen sind; vergleichbar menschenleere Gebiete trifft man nur in den Frostregionen des Nordens oder westlich der Allegheny-Berge bis zu den Wäldern Tennessees an, wo die Rodungen erst vor einem halben Jahrhundert anfingen!

Im Jahr 1810 hatte die meistbewirtschaftete Gegend der Provinz Caracas, das Becken des Valenciasees, allgemein bekannt als *Los Valles de Aragua*[361], über 2 000 Einwohner pro Quadratmeile. Wenn man also eine viermal kleinere relative Bevölkerung voraussetzt und von der Oberfläche der *Capitanía general* 24 000 Quadrat-

---

[360] Pro Quadratseemeile sind es 1 860 für das Königreich Valencia und 2 009 für Guipúzcoa. Das letztere umfasst jedoch nur 52 Quadratmeilen und sollte daher gemäß der von mir für diese Art von Forschung gelegten Grundsätzen ausgeschlossen werden. Galizien hat eine Gesamtbevölkerung von 1,4 Millionen; das Königreich Valencia, das nur halb so groß ist wie Galizien, hat 1,2 Millionen Einwohner.
[361] Diese Täler umfassen nur ungefähr 30 Quadratmeilen. *Siehe* Bd. V, S. 142, 143.

meilen für die *Llanos* und die guayanesischen Urwälder abzieht, die der Landwirtschaft beträchtliche Hindernisse in den Weg legen, dann würde für die restlichen
9700 Quadratmeilen immer noch eine Bevölkerung von sechs Millionen verbleiben. Menschen, die wie ich lange Zeit unter dem wunderschönen tropischen Himmel zugebracht haben, werden diese Berechnungen keinesfalls übertrieben finden:
Für die zur Landwirtschaft geeignetsten Gebiete nehme ich nur eine relative Be-
völkerungsdichte an, die der der Regierungsbezirke Puebla und Mexico ent- |II.224
spricht[362], in denen es viele wasserarme Gebirge gibt, die sich zum Pazifik über fast
völlig menschenleere Gegenden hinwegstrecken. Sollten eines Tages die Territorien
von Cumaná, Barcelona, Caracas, Maracaibo, Barinas und Guayana das Glück haben, als föderalisierte Staaten gute provinziale und kommunale Einrichten zu genießen, dann würden sie eine Bevölkerung von sechs Millionen in weniger als eineinhalb Jahrhunderten erreichen. Selbst mit seinen neun Millionen hätte Venezuela,
der östliche Teil der *Republik Colombia*, immer noch keine höhere Bevölkerung als
das alte Spanien; und wie kann man daran zweifeln, dass der ertragreichste und am
leichtesten zu bewirtschaftende Teil dieses Landes, also die 10000 Quadratmeilen,
die verbleiben, wenn man die Steppen (*Llanos*) und die fast undurchdringlichen
Urwälder zwischen dem Orinoco und dem Casiquiare abzieht, nicht auch ebenso
viele Menschen unter dem strahlenden tropischen Himmel ernähren kann wie die |II.225
10000 Quadratmeilen von Extremadura, Castile und anderen Provinzen auf der
spanischen Hochebene! Solcherlei Voraussagen sind keinesfalls gewagt, da sie auf
physischen Analogien und der Produktivität des Bodens beruhen; aber um solche
Hoffnungen zu verwirklichen, muss man einen weiteren weniger berechenbaren
Faktor hinzuziehen: die Weisheit der Menschen, die hasserfüllte Leidenschaften
beruhigt, staatsbürgerliche Zerwürfnisse im Keim erstickt und freie, kräftige Institutionen langfristig untermauert.

Erzeugnisse

Wenn man einen Blick auf das Erdreich in Venezuela und Neugranada wirft, versteht man, dass kein anderes Land im spanischen Amerika dem Handel solch man-
nigfaltige und üppige landwirtschaftliche Erträge zuführt. Wenn man die Ernten
von Caracas denen Guayaquils hinzufügt, sieht man, dass die Republik Colombia
allein fast den gesamten jährlichen Kakaobedarf Europas abdeckt. Der Verbund von
Venezuela mit Neugranada gibt einem einzigen Volk den größten Anteil der von |II.226
der Neuen Welt ausgeführten Chinarinde. Die gemäßigten Klimate der Gebirge
von Mérida, Santa Fé, Popayán, Quito und Loja erzeugen diese fiebersenkende
Rinde in der besten Qualität, die man bis heute kennt. Ich könnte diesem Inventar
von wertvollen Produkten den Kaffee und Indigo aus Caracas hinzufügen, die beide

---

[362] Zusammen umfassen diese beiden Regierungsbezirke dennoch 5520 Quadratmeilen und haben eine
relative Bevölkerungsdichte von 508 Einwohnern pro Quadratseemeile.

schon lange gepriesen worden sind, sowie Zucker, Baumwolle, Mehl aus Bogotá,
Ipecacuanha von den Ufern des Río Magdalena, Tabak aus Barinas, *Cortex Angos-turae* aus Caroni, Heilsalbe aus den Steppen von Tolú, Leder und Trockenfleisch aus
den *Llanos*, Perlen aus Panama, Río Hacha und Margarita, Gold aus Popayán und
das nur in Chocó und Barbacoas in großen Mengen vorkommende Platin. Meinem
Plan zufolge muss ich mich jedoch auf die einstige *Capitanía general* Caracas beschränken. In den obigen Kapiteln habe ich jedes dieser Erzeugnisse im Einzelnen
besprochen; was mir nun noch übrig bleibt ist eine knappe Zusammenfassung der
statistischen Daten für die den politischen Unruhen in diesem Land unmittelbar
vorausgehende friedliche Epoche.

| II.227   *Kakao.* Gesamtproduktion 193 000 *fanegas* (110 spanische Pfund pro fanega), von
denen Venezuela 145 000 *fanegas* (inklusive Schleichhandel) exportiert. Gesamtwert:
über fünf Millionen piastras fuertes. Anzahl der Bäume im Jahr 1814: fast 16 Millionen. Es ist der Kakao, der einst diesen Teil der Terra Firma berühmt machte; als
der Anbau von Kaffee, Baumwolle und Zucker anstieg, nahm der Kakaoanbau ver-
hältnismäßig ab; er breitete sich allmählich von West nach Ost aus. Kakao ist nicht
nur für den Auslandshandel wichtig, sondern auch als Nahrungsmittel für die Einwohner. Der einheimische Verbrauch wird sich daher mit der wachsenden Einwohnerzahl erhöhen, und es bleibt zu hoffen, dass der nationale Wohlstand die
Eigentümer von Kakaobäumen bald wieder fördern wird (*siehe* Bd. III, S. 240–44;
Bd. V, S. 281–302). Die Qualität des Kakaos aus den Provinzen Caracas, Barcelona
und Cumaná – die erlesensten Sorten kommen aus Oritucu (nahe San Sebastián),
Capiriqual und San Bonifacio – ist viel höher als die des Kakaos aus Guayaquil. Nur
der Kakao aus Soconusco ist noch besser, ebenso wie der aus Gualán in der Nähe
| II.228   von Omoa (Juarros [y Montúfar], *Compendio de la historia de la ciudad de Guatemala*,
1818, Bd. II, S. 77), den man allerdings selten im Handel mit Europa sieht.

      Kaffee. Die in den Provinzen Caracas und Cumaná (in den Küstenkordilleren
und in Caripe) häufigen niedrigen Hochebenen (zwischen 250 und 400 Toisen
hoch) bieten milde, für diese Ernte äußerst günstige Umstände. Nach nur 28 Jahren
erreichte die Produktion im Jahr 1812 bereits fast 60 000 quintals. (Für den europäischen Kaffeeverbrauch *siehe* Bd. V, S. 79 *passim*).

      Baumwolle. Obwohl Baumwolle aus den Tälern von Aragua und Maracaibo und
dem Golf von Cariaco von sehr hoher Qualität ist, erreichten die Exporte im Jahr
1809 nur durchschnittlich 2,5 Millionen Pfund (Bd. III, S. 86, 127, 128, 240; Bd. V,
S. 149–52, und Urquinaona, *Relación documentada del origen y progresos del trastorno
de las provincias de Venezuela*, 1820, S. 31).

      Zucker. Zu Anfang dieses Jahrhunderts gab es malerische Zuckerplantagen in
| II.229   den Tälern von Aragua und Tuy in der Nähe von Guatire und Caurimare [in Vene-
zuela]; aber Exporte waren fast gleich null (Bd. V, S. 100–4 und 215–21). In dieser
Arbeit habe ich den Leser wiederholt auf die Vormachtstellung aufmerksam gemacht, die Kolonialprodukte des spanisch-amerikanischen Festlands nach und nach
gegenüber den Erzeugnissen aus den vergleichsweise kleineren Antillen einnehmen
werden.

Indigo. Von 1787 bis 1798 verringerte sich der Anbau dieses höchst wichtigen Erzeugnisses weitaus mehr als der Kakaoanbau. Indigo kann nur in der Provinz Varinas (beispielsweise zwischen Mijagual und Vega de Flores) und an den Ufern des Táchira gewinnbringend kultiviert werden. Der Wert von Indigo aus Caracas stieg zu Blütezeiten auf 1,2 Millionen Piaster an. Im Jahr 1794 erreichten Exporte in Guaíra 900 000 Pfund; im Jahr 1809 betrugen sie 7 000 *zurrones* (Bd. III, S. 78–82; Bd. V, S. 144, 145, 228).

Tabak. Tabak aus Venezuela ist weitaus besser als der aus Virginia; er ist nur im Vergleich mit dem Tabak aus Kuba und Río Negro zweitrangig. Die Einrichtung des *königlichen Monopols* im Jahr 1777 beeinträchtigte die Entwicklung dieses Wirt- |II.230 schaftszweigs, der von großer Wichtigkeit für den Handel von Varinas und der Täler von Aragua und Cumanácoa hätte gewesen sein können. Zu Beginn des 19. Jahrhunderts betrugen die Einkünfte aus dem Tabakverkauf insgesamt 600 000 Piaster (Bd. III, S. 71–77; Bd. V, S. 201; Bd. VII, S. 450). Als während der Regie- rungszeit von Don Diego Gardoqui der König von Spanien in einer *cédula* vom 31. September 1792 seine Bereitschaft verkündete, das Tabakmonopol (*estanco*) auf- zuheben, wurde vorgeschlagen, es durch eine allgemeine Kopfsteuer, ein Monopol für die Herstellung von Zuckerrohrschnaps (*aguardiente de caña*) oder andere weni- ger schikanösen Steuern, zu ersetzen. Diese Vorhaben scheiterten, und das Tabak- monopol bestand weiterhin.

Getreide. Aufgrund von sehr vagen und unvollkommenen Kenntnissen der ört- lichen Zustände neigt man oft dazu, den östlichen Teil von Colombia dem west- lichen Teil gegenüberzustellen; so behauptet man, dass Neugranada ein *Land des Bergbaus und des Weizenanbaus* sei, wohingegen Venezuela als *Land der Kolonialpro- dukte* dargestellt wird. Bei diesen etwas willkürlichen Unterscheidungen wird in Neugranada nur die *tierra fría y templada* in Betracht gezogen, das heißt, die Gebiete, in denen die durchschnittlichen Jahrestemperaturen[363] zwischen 13° und 18,5° C |II.231 liegen (die großen bergigen Hochebenen von Quito, Los Pastos, Bogotá, Tunja, Vélez und Leyva), und man vergisst dabei, dass der ganze nördliche und westliche Teil von Neugranada aus tiefliegendem, schwülem Terrain mit Durchschnittstem- peraturen von 26° bis 28° C besteht und folglich für den Anbau von Erzeugnissen |II.232 geeignet ist, die man in Europa ausschließlich als Kolonialprodukte kennt. Also hat

---

[363] Zwischen 800 und 1 600 Toisen über dem Meeresspiegel. Überraschenderweise sind Gegenden im äquinoktialen Amerika, in denen die durchschnittlichen Jahrestemperaturen noch höher liegen als in Mai- land oder Montpellier, als *kalte Regionen* bekannt; man sollte allerdings nicht vergessen, dass die durch- schnittlichen Sommertemperaturen in Mailand und Montpellier jeweils 22,8° und 24,3° C betragen, wohingegen beispielsweise in Quito die Tagestemperaturen während des ganzen Jahres normalerweise bei 15,6° bis 19,3° C liegen und die Nachttemperaturen zwischen 9° bis 11° C. Dort gehen die Temperatu- ren nie über 22° C hinaus und fallen nie unter 6° C. Die *tierras frías* auf der Höhe von Santa Fé (1 365 Toisen) und von Quito (1 492 Toisen) sind im ganzen Jahr so wie in Paris im Mai. Da die Temperatur- schwankungen zu verschiedenen Jahreszeiten so stark voneinander abweichen und zu große Unterschiede zwischen den heißen und den gemäßigten Klimazonen bestehen, kann man eine genauere Vorstellung des Klimas eines Ortes nahe dem Äquator nur dann mit großer Sicherheit vermitteln, wenn man dieses Klima mit der Durchschnittstemperatur eines einzigen Monats in der gemäßigten Zone Europa vergleicht.

|II.233 Venezuela (und ich meine damit immer[364] die frühere *Capitanía general* Caracas) sowohl ein kaltes als auch ein gemäßigtes Klima; es ist ein *Land der Bananen und des Weizens.* An den Gebirgshängen von Mérida und Trujillo (in Puerta und in der Nähe von Santa Ana südlich von Carchi), in den Tälern von Aragua unweit von Victoria und San Mateo und in der leicht bergigen ländlichen Gegend zwischen Tocuyo, Quíbor und Barquisimeto, die eine *Wasserscheide* bildet zwischen den Zuflüssen des Apure (auch Orinoco) und denen, die in das Karibische Meer münden, wird schon europäisches Getreide angebaut. An mehreren dieser Orte (und diese Tatsache verdient Aufmerksamkeit) baut man Weizen inmitten von Kaffee und Zuckerrohr in Gebieten an, die nur bis zu 270 und 300 Toisen über dem Meeresspiegel liegen und eine durchschnittliche Jahrestemperatur von mindestens 25° C haben. In den äquinoktialen Regionen von Mexiko und Neugranada werden unsere
|II.234 Getreidearten nur erfolgreich bei Höhen angebaut, bei denen sie in Europa bei 42° und 46° Breite[365] nicht mehr gedeihen: Im Gegensatz dazu zieht sich in Venezuela und auf der Insel Kuba die *untere Grenze des Weizenanbaus* überraschenderweise bis in die glühend heißen Küstenebenen hinunter. Bis heute bleibt die Getreideproduktion in Venezuela unbedeutend: In Barquisimeto und Victoria beträgt sie höchstens 12 000 Quintals pro Jahr, und da dieselben niedrig liegenden Gebiete auch für den Anbau von Zuckerrohr, Kaffee und Baumwolle geeignet sind, konnte sich der Getreideanbau dort nie durchsetzen.

Caracas ist im Übrigen nicht die einzige Provinz in Venezuela mit Gegenden, in denen ein *gemäßigtes Klima* vorherrscht, das heißt, Gebiete in denen das Celsius-Thermometer nachts bis unter 16°, 14° oder sogar 12,5° C fällt. Die Provinz Cu-
|II.235 maná hat auch ihre bis heute wenig besuchten bergigen Gegenden, die durch neue Zweige der äquinoktialen Landwirtschaft an Bedeutung gewinnen könnten. Da ich

---

[364] In diesem Sinn wurde der Name *Venezuela* auch bei der Amtseinführung des Kongresses in Angostura am 15. Februar 1819 angewandt, der Abgeordnete aus Caracas, Barcelona, Cumaná, Barinas und Guayana zusammenbrachte. Auf den Karten von La Cruz und López [de Vargas Machuca] werden die Bezeichnungen „Provinz Caracas" und „Provinz Venezuela" bedeutungsgleich verwendet. Der in Caracas ansässige Generalkapitän, dem das Gebiet vom Orinoco-Delta bis zum Río Táchira untersteht, wurde *Capitán general de la Provincia de Venezuela y Ciudad de Caracas* genannt. In seiner Statistik [*Historisch-geographisch-statistische Nachrichten von der General-Hauptmannschaft Caracas*, 1807] unterscheidet Herr Depons zwischen dem *Generalkapitanat Caracas* und dem *Staat Venezuela*, der seiner Ansicht nach nur aus der Provinz Caracas besteht. Die *Republik Venezuela*, gegründet am 5. Juli 1811 und wiederhergestellt am 16. August 1813, wurde mit der Republik Cundinamarca unter dem Namen *Colombia* zusammengelegt (17. Dezember 1819), und seit dieser Zusammenlegung wurde die Bezeichnung Venezuela erneut offiziell (Februar 1822) auf ein aus den Provinzen Caracas und Barinas bestehendes *Gebiet* begrenzt. Bei solchen Fluktuationen kann man leicht ein Land, das doppelt so groß ist wie Spanien, mit einem Land verwechseln, das noch nicht einmal so groß wie der Bundesstaat Virginia ist, wenn man nicht den genauen Sinn des Wortes *Venezuela* erläutert. Durch die Gleichsetzung dieses Wortes mit *Capitanía general de Caracas* erhält man einen gemeinschaftlichen Namen für den gesamten östlichen Teil von Colombia, und *Venezuela* wird dann dieselbe Bedeutung annehmen wie Mexiko, Chile oder Peru.
[365] Bei einer Höhe von 900 und 1 100 Toisen verschwinden in den Seealpen und in der Provence die Weizen- und Roggenfelder. *Siehe* meine Forschungsarbeit über die notwendigen Temperaturen für Kulturpflanzen in *Distributione geographica plantarum*, 1817, S. 161.

einen Großteil von Venezuela mit dem Thermometer in der Hand erforscht habe, glaube ich, an dieser Stelle mit wenigen Worten die die Bezeichnung *tierras templadas*[366] verdienenden Gegenden genau bestimmen zu können; einige von ihnen, obwohl sie sich sehr gut zum Getreideanbau eignen, sind sogar für Kaffeepflanzungen zu kalt. Da die Ausrichtung meiner Aufzählung rein landwirtschaftlich ist, beschränke ich mich auf die Hochebenen oder hinlänglich große Plateaus. Die Páramo de Mucuchíes, die zur *Sierra Nevada* de Mérida gehört, der Silla de Caracas in den Küstenkordilleren und der Cerro Duida im Missionsgebiet des Obern Orinoco liegen jeweils 2 100, 1 340 und 1 280 Toisen über dem Meeresspiegel; aber die Hänge dieser Gebirgslandschaften können fast gar nicht bewirtschaftet werden. Das ist auch der Fall bei allen Hochgebirgen aus sekundärem Kalkstein, Glimmerschiefer und Granit-Gneis, die an der ganzen Küste Venezuelas von Cap Paria bis zum Maracaibo-See entlanglaufen. Die Bergrücken der Küstenkette sind nicht breit genug für derart weitläufige Hochebenen, die in Quito und Mexiko jegliche Arten der europäischen Landwirtschaft ermöglichen. In der ehemaligen *Capitanía general* Caracas gibt es die folgenden *Gebiete mit gemäßigtem Klima* (also höher als 300 Toisen): 1) der bergige Teil der Chaymas-Missionen[367] in Neuandalusien, das heißt, der Cerro El Imposible (297 Toisen), die Steppen von Cocollar und Turimiquire (400–700 Toisen), das Caripe-Tal (412 Toisen) und die Guardia de San Agustín (533 Toisen); 2) die Bergabhänge (*faldas*) von Bergantín[368] zwischen Cumaná und Barcelona, deren nicht genau bekannte Höhe 800 Toisen zu übersteigen scheint; 3) die kleine Hochebene von Venta Grande zwischen La Guaíra und Caracas (755 Toisen); 4) das Caracas-Tal[369] (460 Toisen); 5) die bis auf fast 850 Toisen ansteigende unbewirtschaftete, bergige Gegend zwischen Antímano und der Hacienda del Tuy (oder Higuerote) und Las Cocuizas[370]; 6) die granitischen Hochebenen[371] von Yusma (320 Toisen), Guácimo, Guiripa, Ocumare und Panaquire zwischen den *Llanos* und der südlichen Küstengebirgskette Venezuelas; 7) die Wasserscheide zwischen den ins Karibische Meer einmündenden Strömen und den Zuflüssen des Apure oder die Gruppe von Plateaus und Hügeln in einer Höhe von 350 und 550 Toisen, die die Küstenkette mit der Sierra de Mérida und der Sierra de Trujillo verbindet[372]: das heißt, Montana de Santa María westlich von El Torito, El Picacho de Nirgua, El Altar und die Umgebung von Quíbor, Barquisimeto und Tocuyo; 8) das Trujillo-Plateau (über 420 Toisen hoch gelegen) und die *tierras frías* der Páramos de

|II.236

|II.237

---

[366] Ich muss hier daran erinnern, dass sich meine etwas ungenauen Bezeichnungen *tierras calientes, templadas* und *frías* auf Gebiete beziehen, die zum ersten zwischen den Küsten und 300 Toisen Höhe liegen, zum zweiten zwischen 300 und 1 100 Toisen und zum dritten zwischen 1 100 und 2 460 Toisen. Der dritte Ausdruck, die Grenze des ewigen Schnees in den Tropenregionen, beschreibt die Wachstumsgrenzen allen pflanzlichen Lebens.
[367] Bd. III, S. 108–22, 85, 118–34, 139–52, 199 und 200.
[368] Bd. II, S. 258–381; Bd. III, S. 1–18, 120 und 121.
[369] Bd. IV, S. 135, 192, 193.
[370] Bd. V, S. 94–98.
[371] Bd. VI, S. 8.
[372] Bd. V, S. 304 und 305.

las Rosas, Boconó und Niquitao zwischen den Oberläufen des Río Motatán, der
Portuguesa und des Guanare; 9) alles bergige Terrain, das die *Sierra Nevada* de Mérida zwischen Pedraza, La Vellaca, Santo Domingo, Mucuchíes, der Páramo de los
Conejos, Bailadores und La Grita (700 bis 1 600 Toisen) umgibt; 10) vielleicht einige
Stellen der Parime-Kordillere, die die Talsenke des Unteren Orinoco von der des
Amazonas trennt, zum Beispiel die Gruppe von Granitbergen im Cerro Sipapo und
im Cerro Marahuaca[373]. Herr Bonpland und ich hatten die kalte Region der Provinz Varinas nie besucht; jedoch müssten entsprechend der Analogie zu den von
mir in den Anden von Pasto und Quito angestellten Beobachtungen die Gebirgs-
hänge der *Sierra Nevada* de Mérida oder die *Páramos* nördlich von Trujillo zwischen
1 700 und 2 100 Toisen hoch liegen. Ich kann allerdings nicht beurteilen, welche
Täler und Plateaus im westlichen Venezuela eines Tages für den Anbau von euro-
päischem Getreide genutzt werden könnten. Wie wir bereits bemerkt haben ist das
Wissen um die absoluten Höhen von Gipfeln für das Klären von landwirtschaftlichen Fragen nicht hilfreich. Wenn Gebiete in Lagen, die mit einem entweder kalten oder gemäßigten Klima gesegnet sind, Hänge haben, die für mühelose landwirtschaftliche Arbeiten zu steil sind, steigt der Preis von einheimischem Mehl zu
sehr an, um mit Mehl aus den Vereinigten Staaten, Mexiko oder Cundinamarca
konkurrieren zu können. Ebenso wie Italien und Griechenland über lange Zeit ihr
Getreide aus Ägypten und Mauretanien von den gegenüberliegenden Mittelmeerküsten bekamen, führen Venezuela und die Küstengebiete von Neugranada heute
ihr Getreide aus den Vereinigten Staaten auf der anderen Seite des karibischen
Mittelmeers ein. In einem offiziellen Brief an den Außenminister der Vereinigten
Staaten in Washington schätzt Don Manuel Torres die Getreideexporte von Nordamerika nach Colombia auf 20 000 Fass pro Jahr ([Monroe], *Message from the President of the United States*, 1822, S. 48; *siehe* auch oben Bd. V, S. 127–29, 134 und
135). Zusammen mit den immensen Fortschritten in der Navigationskunst setzt der
freie Handel die einheimische Landwirtschaft einem gefahrvollen Wettbewerb mit
den entferntesten Ländern aus. Die Felder der Krim versorgen die Märkte von Livorno und Marseille mit Getreide: Die Vereinigten Staaten versorgen Europa damit;
das mexikanische Hochland wird es zu Zeiten der Knappheit nach Spanien, Portugal und England liefern. Regionen, von denen einige kaum sechs- oder sieben-
körniges Getreide produzieren und andere zwanzig- oder fünfundzwanzigkörniges,
konkurrieren miteinander, und das Problem des Nutzens einer Ernte wird durch
die variablen Faktoren von Bodenfruchtbarkeit und Arbeitskosten zusätzlich er-
schwert. Aufgrund der Masse seiner Berge und der Ausmaße seiner Plateaus wird
der Getreideanbau in der westlichen Region von Colombia (Neugranada) immer
große Vorteile gegenüber dem im Osten von Colombia (Venezuela) haben; die
nördlich des Orinoco gelegenen Gebiete werden den Wettbewerb mit dem auf dem
Río Meta transportierten Getreide aus Socorro und Bogotá fürchten. Dort wo gemäßigte Regionen in Höhenlagen von 300 bis 500 Toisen an heiße Gebiete an-

| II.238

| II.239

| II.240

---

[373] Bd. VIII, S. 197, 198 und 25[4].

grenzen, kann man sowohl Zuckerrohr als auch Kaffee und Getreide anbauen, wie
es der Fall in den gemäßigten Gebieten der Provinzen Cumaná und Caracas ist, und
die Erfahrung beweist generell die Bevorzugung des lukrativeren Zuckerrohr- und
Kaffeeanbaus.

Chinarinde. Die irrtümlich als Orinoco-Chinarinde bezeichnete Cuspare oder
Cortex Angosturæ aus Caroni verdankt ihren Ruhm dem Fleiß der katalanischen |II.241
Kapuzinermönche. Sie ist keine Rubiaceae wie die Cinchona, sondern eine Pflanze
der Familie Diosmeae oder Rutaceae. Bis heute wurde diese wertvolle Pflanze nur
aus Spanisch-Guayana ausgeführt, obwohl man sie auch in Cayenne antrifft. Wir
wissen immer noch nicht, welcher Gattung die Cuspa oder *Cumaná-Cinchona* angehört, aber durch ihre außerordentlich wirksamen fiebersenkenden Eigenschaften
könnte sie große Bedeutung als Handelsobjekt erlangen (Bd. III, S. 33). Man hat
vortreffliche Arten der in Neugranada häufigen echten Cinchona (*Cinchonae, corol-
las hirsutis*) auch im westlichen Teil von Venezuela entdeckt. Man sammelt die fiebersenkende Rinde der Cinchona (*buenas quinas* oder *cascarillas*) an beiden Hängen
der *Sierra Nevada* von Mérida auf dem Weg von Varinas Viejas zum Páramo de Mucuchíes, genannt Pfad von Los Callejones, etwas oberhalb der Schlucht von La
Vellaca und auch zwischen Biscucuy und Mérida-Stadt[374]. Bis heute sind sie von
allen Arten der echten Cinchona (Cinchonae) diejenigen, die man in Südamerika
am weitesten östlich angetroffen hat. Man hat keine der Cinchona-Arten, noch |II.242
nicht einmal der verwandten Familie Exostema, auf den Bergen des Silla de Caracas gefunden, wo Befaria, Aralia, Thibaudia und andere alpine Sträucher aus den
Neugranada-Kordilleren gedeihen; auch wächst sie nicht auf den Bergen von Turimiquire, Caripe oder Französisch-Guayana[375]. Diese völlige Abwesenheit von
Cinchona und Exostema genera auf dem mexikanischen Plateau und in den östlichen Regionen Südamerikas nördlich des Äquators (sollte diese Abwesenheit sich
wirklich als so lückenlos erweisen, wie sie bis zum heutigen Tage erscheint) ist umso
überraschender in Anbetracht der Tatsache, dass es den Antilleninseln durchaus nicht
an Cinchona mit glatten Blütenkronen und vorspringenden Staubblättern mangelt.
Bis heute haben reisende Botaniker in der südlichen Hemisphäre in den gemäßigten Gebieten Brasiliens nur ganz wenige Exemplare der echten Cinchona angetroffen, eine Art, bei der sich die Frucht ganz deutlich von der des Macrocnemum
unterscheidet. Laut der bewundernswerten Entdeckung von Herrn Auguste de |II.243
Saint-Hilaire wächst die Cinchona ferruginea in den gemäßigten Regionen des
Kapitanats Minas Gerais, wo man sie unter der Bezeichnung *quina da serra* verwendet.

Zum Abschluss dieser Notizen über die pflanzlichen Produkte aus Venezuela,
die eines Tages Handelsobjekte werden mögen, möchte ich noch kurz die Quassia

---

374 *Travel journals* von Herrn Palacio-Fajardo.
375 *Siehe oben*, Bd. III, S. 35–42; Bd. V, S. 301–4; Bd. VIII, S. 425–27. [Aylmer Bourke] Lambert,
A Description of the Genus Cinchona, 1821, S. 57. Die sogenannte Cinchona brasiliensis aus dem Herbarium
von Willdenow, die Blütenkelche der Länge der Korolla hat und in den warmen Regionen von Grand
Pará wächst, ist vielleicht nichts anderes als eine Machaonia.

Simaruba aus dem Río Caura-Tal erwähnen; die Unona febrifuga aus Maypures, bekannt als *Fruta de Burro*; die Zarza oder Sarsaparilla vom Río Negro; das Öl der Kokospalme, einen Baum, den man als die Olivenpflanze der Provinz Cumaná betrachten darf; die ölhaltigen Mandeln aus Juvia (Bertholletia); die Harze und wertvollen Gummis vom Oberen Orinoco (*Mani* und *Caraña*); unterirdischer Kautschuk ähnlich dem aus Cayenne[376] (*dapiche*); die Aromastoffe aus Guayana, wie beispielsweise die Tonkabohne oder Coumarouna-Frucht; *Pucheri* (Laurus Pichurim); *Varinacu* oder falscher Zimt (*L. cinnamamoides*); die Vanille aus Turiamo und von den |II.244 großen Wasserfällen des Orinoco; die prächtigen Farbstoffe, die die Eingeborenen vom Casiquiare zu einer Paste verarbeiten (*Chica* oder *Puruma*); Brasilholz; Drachenblut; *aceyte de Maria*; die Opuntia, aus der das Cochenille aus Carora gewonnen wird; wertvolle Hölzer für die Schreinerei: wie Mahagoni (*cahoba*), Zedernholz (*cedro*), die Sickingia Erxthroxylon (*Aguatire roxo*), etc.; hochwertiges Bauholz der Familien Laurineae und Amyris; und die ungewöhnlich leichten aus der *Chiquichiqui*-Palme hergestellten Seile (*siehe* Bd. III, S. 93, 251, 344–46; Bd. V, S 9[4], 302, 312; Bd. VI, S. 317, 370, 371; Bd. VII, S. 201, 316, 348–51; Bd. VIII, S. 178–87).

Wir haben weiter oben[377] erklärt, wie aufgrund der ganz speziellen Verteilung des Terrains in Venezuela die drei Zonen, in denen man von der Landwirtschaft, vom Weiden und vom Jagen lebt, von Norden nach Süden aufeinanderfolgen, von der Küste bis zum Äquator. Wenn man sich in diese Richtung bewegt, so durchquert man räumlich die verschiedenen Stadien, die die Menschheit seit Jahrhunderten auf dem Weg zur Kultiviertheit und zu den Grundlagen der Zivilgesellschaft |II.245 durchlaufen hat. Die Küstenstreifen bilden den Mittelpunkt der Landwirtschaft; die *Llanos* dienen nur als Weideland für die dort halb wild lebenden Tiere, die Europa Amerika vermacht hat. Jede dieser Regionen umfasst sieben- bis achttausend Quadratmeilen; weiter südlich, zwischen dem Orinoco-Delta, dem Casiquiare und dem Río Negro, liegt ein riesiges, von Jägervölkern bewohntes Gebiet so groß wie Frankreich, das aus *horrida sylvis*, *paludibus fœda* [schauerlichen Wäldern und grässlichen Sümpfen, wie Tacitus einst Germania beschrieb] besteht. Die oben aufgeführten Produkte aus dem Pflanzenreich kommen aus den Randgebieten des Landes; die in der Mitte gelegenen Steppen, in die man schon im Jahr 1548 Rinder, Pferde und Maultiere eingeführt hatte, ernähren mehrere Millionen dieser Tiere. Seit meiner Reise sind die jährlichen Exporte Venezuelas allein in die Antilleninseln auf 30 000 Maultiere, 174 000 Rinderhäute und 140 000 Arrobas (zu 25 Pfund pro |II.246 Arroba) *tasajo*[378], leicht gesalzenes Dörrfleisch, angestiegen. Die Zahl der *Rinderhöfe* hat in den letzten 20 Jahren stark abgenommen, aber nicht aufgrund des Vordringens

---

[376] *Siehe* Verweis G am Ende des neunten Buchs.

[377] Bd. IV, S. 147–50.

[378] Das von Hand in schmale, dünne Streifen geschnittene Rückenfleisch. Ein 25-Arroba schwerer Ochse oder eine ausgewachsene Kuh ergibt nur vier bis fünf Arrobas *tasajo*, auch *tasso*. Im Jahr 1792 exportierte allein der Hafen von Barcelona 98 017 Arrobas zur Insel Kuba. Der Durchschnittspreis beträgt 14 *reales de plata* und schwankt zwischen 10 und 18. (Der starke Piaster ist gleich acht dieser reales.) Herr [Pedro de] Urquinaona [y Pardo] schätzt, dass Venezuelas Exporte im Jahr 1809 bei insgesamt 200 000 Arrobas lagen.

der Landwirtschaft oder der zunehmenden Raubüberfälle auf dem Weideland, sondern wegen der allgemein verworrenen Zustände und der fehlenden Sicherheit auf den Ländereien. Das ungestrafte Stehlen von Leder und das vermehrte Auftreten von Landstreichern in den Steppen ging dem uneingeschränkten Abschlachten der Tiere durch die Armeen voraus, deren Elend zusammen mit den während eines Bürgerkrieges unvermeidbaren Verwüstungen fürchterliche Ausmaße annahm. Die Zahl von Ziegen, deren Häute von den Inseln Margarita, Araya und Coro ausgeführten werden, ist beträchtlich; Schafe gibt es in großen Mengen nur zwischen Carora und Tocuyo (Bd. I, S. 375, 376; Bd. IV, S. 71–77; Bd. V, S. 255–59; Bd. VI, S. 96, 97, 160 und 161; Bd. VII, S. 94; Bd. VIII, S. 326–28, 417–20). Da der Fleischkonsum in Venezuela ungeheuer ist, hat die Abnahme der Zahl der Tiere viel schwerwiegendere Auswirkungen auf das Wohlergehen der Einwohner als anderswo. Die Stadt Caracas, deren Bevölkerung zur Zeit meines Besuchs ein Dreizehntel der von Paris ausmachte, verbrauchte mehr als die Hälfte des in der Hauptstadt Frankreichs verzehrten Rindfleisches[379]. | II.247

Ich könnte den venezolanischen Produkten des Tier- und Pflanzenreiches eine | II.248
Aufzählung von Bodenschätzen hinzufügen, deren Nutzung die Aufmerksamkeit der Regierung verdient; aber da ich mich in meiner Jugend der praktischen Arbeit in den mir anvertrauten Bergwerken gewidmet hatte, weiß ich, wie vage und unsicher Beurteilungen des Reichtums an Metallerzen in einem bestimmten Land sein können, wenn man sich auf das einfache Aussehen der Gesteine und der Erzgänge in ihren Aufschlüssen verlässt. Nur nachdem man Proben in den Gruben und Stollen untersucht hat, kann man die Zweckmäßigkeit der Arbeit einschätzen: Jegliche vom Mutterland angestrengte Forschungsarbeit in dieser Richtung lässt die Frage völlig unbeantwortet, und man hat mit höchst verwerflicher Leichtfertigkeit kürzlich sehr übertriebene Vorstellungen über den Reichtum der Bergwerke in Caracas

---

[379] Das folgende Tableau zeigt die Höhe des Fleischkonsums in den an die *Llanos* grenzenden Städten Südamerikas:

Städte	Jahr	Bevölkerung	Rinder
Caracas	1799	45 000	40 000
Nueva Barcelona	1800	16 000	11 000
Portocabello	1800	9 000	7 500
(Paris	1819	714 000	70 800)

In Mexiko-Stadt, dessen Bevölkerung vier- bis fünfmal kleiner ist als die von Paris, geht der Konsum nicht über 16 300 Rinder hinaus: In dieser Hinsicht scheint er nicht viel höher zu liegen als in Paris. Aber man sollte nicht vergessen, 1) dass Mexiko-Stadt auf einem Plateau liegt, wo man Getreide anbaut und von Weideland weit entfernt ist; 2) dass ein Viertel der Einwohner dieser Stadt Eingeborene sind, die sehr wenig Fleisch verzehren; und 3) dass in Mexiko-Stadt der Verbrauch von Lamm- und Schweinefleisch 273 000 und 30 000 [Pfund] beträgt, während er in Paris, trotz des beträchtlichen Bevölkerungsunterschieds, im Jahr 1819 nicht mehr als jeweils 329 000 und 65 000 ausmachte. *Siehe* oben Bd. IV, S. 196–98; Bd. IX, S. 93 und 94; und meinen *Essai politique sur le royaume de la Nouvelle-Espagne*, Bd. I, S. 199. Chabrol [de Volvic], *Recherches statistiques sur la ville de Paris*, 1823, Tableau 72.

in Europa verbreitet. Dass Venezuela und Neugranada unter dem Namen Colombia vereint sind hat solcherlei Illusionen zweifellos begünstigt. Man sollte nicht daran zweifeln, dass in den letzten Jahren der öffentlichen Ruhe die *Goldwäschen* in Neugranada mehr als 8000 Goldmark ergeben haben; dass es in Chocó und Barbacoas übermäßig viel Platin gibt; dass im Tal von Santa Rosa, in der Provinz

|II.249 Antioquia, in den Anden von Quindiu und Guazum in der Nähe von Cuenca Quecksilbersulfid vorkommt; dass es auf dem Hochplateau von Bogotá (nahe Zipaquirá und Canoas) große Mengen von Steinsalz (oder Halit) und Kohle gibt. Jedoch ist in Neugranada selbst die tatsächliche unterirdische Bearbeitung von Gold- und Silberadern bisher recht selten[380]. Ich bin weit davon entfernt, die Bergarbeiter in diesen Ländern entmutigen zu wollen: Ich glaube lediglich, dass um der alten Welt die politische Bedeutung Venezuelas zu beweisen, ein Land, dessen außergewöhnlicher territorialer Reichtum auf Land- und Weidewirtschaft basiert, man das, was bisher nur auf Hoffnungen und mehr oder weniger ungewissen Möglichkeiten beruht, nicht als Tatsachen oder unternehmerische Errungenschaften ausgeben darf. Die Republik Colombia besitzt zudem die früher berühmten Perlenfischereien entlang ihrer Küsten auf Isla Margarita, in Río Hacha und im Golf von Panama: Heute

|II.250 sind diese Perlen jedoch ebenso unwichtig für Venezuelas Exporthandel wie Erze.

Man sollte nicht daran zweifeln, dass Metallerze an vielen Stellen entlang der Küstengebirgsketten vorkommen. Zu Beginn der Eroberung betrieb man Gold- und Silberbergwerke in Buria in der Nähe der Stadt Barquisimeto in der Provinz Los Mariches, in Baruta südlich von Caracas und in Real de Santa Bárbara unweit Villa de Cura. Goldkörner gab es im ganzen bergigen Gelände zwischen dem Río Yaracuy, der Villa de San Felipe und Nirgua sowie zwischen Güigüe und San Juan de los Moros. Während unserer langen Reise durch das Granitgneis-Gebiet, das der Orinoco [in Spanisch-Guayana] durchzieht, sahen Herr Bonpland und ich nichts, was den früheren Glauben an die mineralischen Schätze dieser Region bestärkt hätte. Allerdings legen mehrere geschichtliche Hinweise das Vorkommen von Goldablagerungen in zwei Gebieten recht nahe: das eine zwischen den Quellen des Río Negro, desUaupés und des Iquiare, das andere zwischen den Oberläufen der Flüsse Essequibo, Caroni und Rupununi. Ich wage es, mir vorzustellen, dass, sollte die Regierung Venezuelas den Wunsch haben, eine gründliche Studie der wichtigsten

|II.251 Fundorte von Metallerzen in ihrem Boden anzustrengen, die für derartige Arbeit verantwortlichen Personen von den auf detailliertem Wissen dieser Örtlichkeiten beruhenden geognostischen Kenntnissen in den Kapiteln XIII, XVI, XVII, XXIV und XXVII dieses Werkes [*Relation historique*] profitieren würden[381]. Bis heute ist Aroa der einzige Bergbaubetrieb in Venezuela; im Jahr 1800 förderte er fast 1500 quintals erstklassigen Kupfererzes. Die Grünsteinfelsen aus der Tucutunemo-Formation (zwischen Villa de Cura und Parapara) durchziehen Gänge von Malachit

---

[380] *Essai politique sur le royaume de la Nouvelle-Espagne*, Bd. II, S. 586, 587 und 625.
[381] Bd. IV, S. 269, 270, 281, 282; Bd. V, S. 305–8; Bd. VI, S. 8, 9, 15–17; Bd. VII, S. 264, 265, 383, 418–21; Bd. VIII, S. 32, 33, 144, 145, 201, 469, 487, 514 und 524.

und Kupferpyrit [Narrengold?]. Die mal ockerfarbenen, mal magnetischen Spuren von Eisenerzen in der Küstengebirgskette, die dort heimischen Alaune in Chupa-ripari, das Salz in Araya, das Kaolin in Silia, die Jade am Oberen Orinoco, das Erdöl in Buen Pastor und der Schwefel im östlichen Teil von Neuandalusien verdienen gleichermaßen die Aufmerksamkeit der Regierung[382].

Es ist einfach, Behauptungen über das Vorkommen von Mineralien anzustellen, die eine gewinnbringende Ausbeutung versprechen; es bedarf jedoch großer Umsicht, bevor man entscheiden kann, ob sowohl die Häufigkeit als auch die Mühelosigkeit des Zugangs die Kosten des Abbaus rechtfertigen[383]. Zum Erstaunen der europäische Geognosten finden sich selbst im östlichen Teil Südamerikas Gold- und Silbererze weit verbreitet; aber diese Verbreitung, diese Gänge, die sich teilen und sich einengen, diese Metalle, die nur als Nester auftreten, machen ihre Gewinnung sehr kostspielig. Übrigens beweist das Beispiel Mexikos, dass ein Interesse am Bergbau der Landwirtschaft nicht schadet und dass diese beiden Wirtschaftszweige sich gegenseitig anspornen können. Man sollte die vergeblichen Versuche der Verwaltung unter Don José Avalo allein dem Unwissen den von der spanischen Regierung angestellten Personen zuschreiben, die den gravierenden Fehler machten, Glimmer und Amphibol für metallene Stoffe zu halten. Sollte die Regierung sich darauf festlegen, die frühere *Capitanía general* Caracas über lange Jahre hinaus zu untersuchen, und sollte sie das Glück haben, dafür so ausgezeichnete Männer wie die Herren Boussingault und Rivero auszuwählen, die zur Zeit dabei sind, in Bogotá eine Bergbauschule zu gründen und die beide eine tiefgehende Kenntnis der Geognosie und der Chemie mit praktischen Erfahrungen im Bergbau verbinden, dann dürfte man höchst befriedigende Ergebnisse erwarten.

|II.252

|II.253

---

[382] Bd. II, S. 323–29, 337–46; Bd. III, S. 129–31, 230, 256 und 257; Bd. V, S. 62; Bd. IX, S. 126–32.
[383] Im Jahr 1800 betrugen in der Provinz Caracas die Arbeitskosten, inklusive Verköstigung, für einen einfachen den Boden bearbeiteten Tagelöhner (*peón*) 15 Soles (Bd. V, S. 154). In Cumaná verdiente ein Holzfäller in den Küstenwäldern von Paria zwischen 45 und 50 Soles pro Tag, exklusive Verköstigung. Ein Schreiner in Neuandalusien erhielt einen Tageslohn von fünf bis sechs Francs. In Caracas kosteten drei Manioklaibe (das Äquivalent zu Brot in diesem Land) von ungefähr 21 Zoll Durchmesser, eineinhalb Linien Dicke und 2,25 Pfund Gewicht einen halben *real de plata*, oder 6,5 Soles. Ein erwachsener Mann verbraucht täglich nur Maniok im Wert von zwei Soles, da dieses Brot immer zusammen mit Bananen, Dörrfleisch (*tasajo*) und *papelón* [einer erhärteten Rohrzuckermasse] oder Rohzucker verzehrt wird. Für Nahrungsmittelpreise vgl. Bd. V, S. 296; Bd. VI, S. 161; Bd. VII, S. 187.

Handel und Staatseinkünfte

|II.254 Die obige Beschreibung[384] der Produkte Venezuelas und der Entwicklung seiner Küstengebiete sollte ausreichen, um einen Eindruck der Bedeutsamkeit des Handels dieses reichen Landes zu vermitteln. Selbst mit den Einschränkungen des Kolonialsystems erreichte der Wert der Ausfuhr von landwirtschaftlichen Erzeugnissen und Gold in den zur Zeit unter dem Namen Republik Colombia zusammengeschlossenen Ländern 11 bis 12 Millionen Piaster. Zu Beginn des 19. Jahrhunderts betrugen allein die Exporte der *Capitanía general* Caracas, ausschließlich der regelmäßig gewonnenen Edelmetalle, fünf bis sechs Millionen Piaster (inklusive der Profite des Schleichhandels). Cumaná, Barcelona, Guaíra, Portocabello und Maracaibo sind die wichtigsten Häfen an der Küste; die weiter östlichen haben den Vorteil, in kurzer Reichweite der Virgin Islands, Guadeloupe, Martinique und St. Vincent zu liegen. Man kann Angostura, dessen wirklicher Name
|II.255 Santo Tomé de la Nueva Guaíana ist, als den vermögensten Hafen der Provinz Varinas betrachten. Die Lage des majestätischen Stroms, an dessen Ufern die Stadt errichtet wurde, ist aufgrund der Verbindungen zum Río Apure, Río Meta und Río Negro für den Handel mit Europa sehr vorteilhaft[385].

Um einen genauen Eindruck der Bedeutung Venezuelas im Zusammenhang mit Exporten und dem Verbrauch von Gütern aus der Alten Welt zu gewinnen, muss man in die Zeit des auswärtigen Friedens zurückgehen, die der Revolution Spanisch-Amerikas um 12 bis 15 Jahre vorausging. Zu dieser Zeit stand der Handel in La Guaíra in voller Blüte. Hier nun die offiziellen Zahlen aus den Zollämtern, die das Geschäftsleben dieser Regionen beleuchten und die die Herren Depons und Dauxion-Lavaysse nicht in ihrer *Voyage à la partie orientale de la terre-ferme* und *Voyage aux îles de Trinidad* veröffentlicht hatten:

I. Der Handel von La Guayrá im Jahr 1789

Importe, Wert 1 525 905 p., davon   160 504 p. Zölle
Exporte. Wert 2 232 013 p.   167 458

A.   Importe:

Spanische Güter	777 555	Piaster
Ausländische	748 350	

B.   Exporte:

Gold- und Silbermünzen	103 177	Piaster
Produkte	2 128 836	

|II.256

---

[384] Bd. IX, S. 244–47, 268 und 269.
[385] Bd. VI, S. 384–89; Bd. VIII, S. 151–53, 252, 254, 336–38, 370–72.

Unter diesen:

Baumwolle	170 427	Pfund
Indigo	718 393	
Tabak	202 152	
Kakao	103 855	Fanegas
Kaffee	23 371	Pfund
Häute	12 347	Stück
Rauleder	2 905	
Maroquin-Leder	1 388	

II. Der Handel von La Guayrá im Jahr 1792

Importe	3 582 311 Piaster
Exporte, Wert	2 315 692

A.   Importe:

Aus amerikanischen Häfen	60 348	Piaster
Aus Spanien	1 855 278	
Aus anderen Teilen Europas	1 666 685	

B.   Exporte:

	Indigo Pfund	Baumwolle Pfund	Kakao Fanega	**Kaffee** Pfund	**Leder** Stück
Für Spanien	669 827	225 503	100 592	138 968	15 332
Für ausländische Kolonien	10 402	33 000		9 932	70 896
	680 229	258 503	100 592	148 900	86 228

III. Der Handel von La Guayrá im Jahr 1794

A.   Exporte:

	Indigo Pfund	Baumwolle Pfund	Kakao Fanega	Kaffee Pfund	Leder Stück
Nach Spanien	875 907	431 658	111 133	307 032	5 305
In ausländische Kolonien	22 446			57 606	49 308
	898 353	431 658	111 133	364 638	54 613

B.   Importe:

   a. Waren und Lebensmittel:

Spanische	1 111 709	Piaster
Aus nicht-europäischen Ländern	868 812	
Vereinigte Staaten	75 993	
Antillen	13 415	
	2 069 929	

   b. Silbermünzen   60 000

   Gesamtimporte   2 129 929

IV. Der Handel von La Guayrá im Jahr 1796

A.   Exporte, Wert: 2 403 254 Piaster

	Indigo Pfund	Baumwolle Pfund	Kakao Fanega	Kaffee Pfund	Tabak Pfund	Leder Stück	Kupfer Pfund
Nach Spanien	709 135	483 250	70 280	482 000	454 723	1 531	31 142
In die Vereinigten Staaten	132		5 258	162			
In ausländische Kolonien in den Antillen	28 699	53 928		2 500		79 777	
	737 966	537 178	75 538	484 662	454 723	81 308	31 142

B.   Importe: |II.259

    a. aus Spanien,

        Einheimische Produkte   1 871 571   Piaster

        Ausländische   1 429 487

    b. aus fremden Kolonien in Amerika   179 002

        Gesamtimporte   3 480 060

    Einfuhr- und Ausfuhrzölle   587 317   Piaster

V. Der Handel von La Guayra im Jahr 1797 |II.260

A.   Exporte, Wert: 1 113 695 Piaster

	Indigo Pfund	Baumwolle Pfund	Kakao Fanega	Kaffee Pfund	Tabak Pfund	Zucker Kiste	Leder Stücke	Kupfer Pfund
Nach Spanien	61 785	50 285	46 075	153 699			671	2 000
In die Vereinigten Staaten	2 256		4 024			738		
In die ausländischen Kolonien der Antillen	56 894	57 711	20 733	155 813	175 719	638	286	400
	120 935	107 996	70 832	309 512	175 719	1 376	957	2 400

II.261	A.	Importe, Wert		
		a. aus Spanien	98 388	Piaster
		b. aus dem Ausland		
		Vereinigte Staaten	76 560	
		Antillen	389 844	
	Gesamtimporte		564 792	Piaster
	Einfuhr- und Ausfuhrzölle		242 160	Piaster

Ein Vergleich dieser Angaben vom Zollamt in Guaíra mit denjenigen, die ich über spanische Häfen besitze (Bd. V, S. 294), zeigt, dass nach den Frachtbriefen der Schiffe stets weniger Kakao Spanien erreichte als in Guaíra geladen worden war. Die Ver-

|II.262 ringerung der Im- und Exporte im Jahr 1797 deutet nicht auf einen Produktionsrückgang vor der Revolution hin[386]; sie ist eher der Wiederaufnahme des Seekrieges zuzuschreiben, da Spanien sich bis zu diesem Zeitpunkt einer glücklichen Neutralität erfreut hatte. Die soeben erwähnten Zollregister für die Jahre 1789, 1792, 1794 und 1796 geben 2 678 000 piastras fuertes für die durchschnittlichen Importe von La Guaíra, Venezuelas hauptsächlichem Hafen, an; durchschnittliche Exporte kamen auf 2 317 000 Piaster. Wenn man allein die Jahre von 1793 bis 1796 berück-

|II.263 sichtigt, findet man Exporte im Wert von 3 060,000 Piaster, wohingegen die Kriegsjahre (1796 bis 1800) einen Durchschnitt von nur 1 610 000 Piastern ausweisen (Depons, Bd. II, S. 439). Im Jahr 1809, also kurz vor der Revolution von Caracas, glich die Handelsbilanz in Guaíra wieder mehr der von Jahr 1796. In einer Zeitschrift aus Santa Fé de Bogotá ([Caldas,] *Semanario [del Nuevo Reino de Granada]*, Bd. II, S. 324) fand ich einen offiziellen Auszug aus den Zollverzeichnissen der ersten sechs Monate des Jahres 1809; in diesem halben Jahr betrugen Importe aus Spanien 274 205 Piaster, und ausländische Importe erreichten 768 705 Piaster, was insgesamt 1 042 910 Piaster ausmacht. Exporte nach Spanien kamen auf 778 802 Piaster und Exporte ins Ausland auf 623 805: insgesamt betrugen die Exporte

---

[386] Hier die wesentlichen Phasen dieser Revolution: Die *oberste Junta* von Venezuela, die sich am 19. April 1810 versammelte, erklärte sich zugunsten der Rechte von König Ferdinand VII. und deportierte den Generalkapitän und die Mitglieder der *Audiencia*. Der *Kongress*, der der obersten Junta am 2. März 1811 folgte, erklärte am 5. Juli 1811 Venezuelas Unabhängigkeit. Der Kongress tagte in Valencia in den Aragua-Ebenen im März 1812. Durch das Erdbeben, das am 26. März 1812 einen Großteil von Caracas zerstörte (Bd. V, S. 13), erlangte Spanien im August 1812 wieder die Kontrolle über das Land. General Simón Bolívar eroberte Caracas zurück und hielt am 16. August 1813 seinen siegreichen Einzug in die Stadt. Die Royalisten wurden im Juli 1814 zu den Herren Venezuelas und im Juni 1816 auch Bogotás. Im selben Jahr landete General Bolívar auf der Isla Margarita, in Carúpano und in Ocumare. Der zweite venezolanische Kongress wurder am 15. Februar 1819 in Angostura ins Leben gerufen. Das Grundgesetz, das Venezuela mit Neugranada unter dem Namen Republik Colombia vereinte, wurde am 17. Dezember 1819 verkündet. Der Waffenstillstand zwischen den Generälen Bolívar und [Pablo] Morillo geht auf den 25. November 1820 zurück. Die Verfassung der Republik Colombia stammt vom 30. August 1821. Die Vereinigten Staaten erkannten diese Republik am 8. März 1822 an.

1 402 607 Piaster. Zu Beginn des 19. Jahrhunderts, als sich Venezuela in einem Jahr des Friedens sowohl im Land selbst als auch im Ausland erfreute[387], kann man folglich 2,7 Millionen Piaster als Durchschnittswert der Exporte aus dem Hafen von Guaíra ansehen.

Zur Zeit der Revolution exportierten die beiden Häfen Cumaná und Nueva Barcelona jährlich Waren im Wert von 1 200 000 Piaster (einschließlich des Schleichhandels), davon 22 000 Quintal Kakao, eine Millionen Pfund Baumwolle und 24 000 Quintal Dörrfleisch. Wenn man den Ausfuhren aus Guaíra, Cumaná und Nueva Barcelona eine Million Piaster für die Handelseinkommen von Angostura und Maracaibo hinzufügt, sowie 800 000 Piaster für die in Portocabello, Carúpano und anderen kleinen Häfen entlang des Karibischen Meers verladenen Maultiere und Rinder, so kommt man auf fast sechs Millionen Piaster als Gesamtwert der von der ehemaligen *Capitanía general* Caracas exportierten Güter. Mit großer Wahrscheinlichkeit war der Verbrauch von Waren aus Europa und anderen Gebieten Amerikas zu Zeiten des Friedens unmittelbar vor der Revolution der gleiche. Da es nichts Ungenaueres gibt als die vorgeblichen, auf Zollverzeichnissen basierenden Handelsbilanzen, und da man nicht weiß, ob durch den Schleichhandel mit den Antillen der Wert der angegebenen Güter um ein Viertel, ein Drittel oder die Hälfte ansteigt, ist es von Interesse, die soeben erwähnten Ergebnisse durch eine auszugsweise Schätzung des Bedarfs der Bevölkerung zu überprüfen. Sorgfältige, an Ort und Stelle vorgenommene Berechnungen für das Jahr 1800 zeigten, dass der Konsum ausländischer Güter[388] nur 102 Piaster pro Jahr für je einen Erwachsenen der wohlhabendsten Klasse der Stadtbewohner im *Gobierno* Cumaná ausmachte; für einen erwachsenen Sklaven waren es acht Piaster, für nicht-eingeborene Kinder unter zwölf Jahren fünf Viertel eines Piaster, für jeden erwachsenen, in den zivilisiertesten Gemeinden (*de doctrina*) lebenden Eingeborenen zehn Piaster und für eine eingeborene Familie von vier völlig nackten Personen, wie man sie in den Missionen der Chaymas antrifft, sieben Piaster. Mit diesen Daten als Grundlage, und indem er nur 86 000 Einwohner für die Provinzen Cumaná und Barcelona annimmt, von denen 42 000 Eingeborene sind, und jährlich anfallende Ausgaben für Kirchenschmuck und Gottesdienste sowohl für den Unterhalt der religiösen Gemeinden und der Besatzung der Schoner hinzufügt, schätzte Herr [Manuel de] Navarrete den Wert der ausländischen Güter auf 853 000 Piaster, also 10 Piaster pro Person, ungeachtet des Alters und der Klasse. Zweifelsohne hat zur Zeit einheimischer Unruhen die Opu-

|II.264

|II.265

|II.266

---

[387] Im Jahr 1795 schickte ich Herrn Dauxion-Lavaysse genaue und detaillierte Angaben über die vom spanischen Zoll in Häfen auf dem Festland abgefertigten Waren, die er in seine *Voyage aux îles de Trinidad*, Bd. II, S. 464, aufnahm. Ich hatte diese Angaben einem sehr informativen Bericht des Grafen de Casa Valencia [Francisco Valencia y Sáenz del Pontón] darüber, wie man den Handel in Caracas beleben könnte, entnommen. Herr Urquinaona [y Pardo] (*Relación documentada*, S. 31) schätzt Venezuelas Exporte für das Jahr 1809 auf acht Millionen Piaster.

[388] *Informe de Don Manuel Navarrete, Tesorero de la Real Hacienda en Cumaná, sobre el estanco de tabaco y los medios de su abolición total* (Handschrift). In diesen Überlegungen zum Konsum verweist der Ausdruck *foreign effects* auf alle nicht aus Venezuela stammenden Güter.

lenz in einigen dichtbevölkerten Städten Venezuelas aufgrund des häufigeren Kontakts mit europäischen Ländern stark zugenommen: Allerdings macht in Spanisch-Amerika die Stadtbevölkerung einen nur unbeachtlichen Teil der allgemeinen Einwohnerschaft aus; ausgehend von den enthaltsamen Gewohnheiten eines Großteils der in ländlichen Gebieten weitab von der Küste lebenden Menschen denke ich, | II.267 dass die 785 000 Einwohner, die man heute für Venezuela schätzt, einen Bedarf an ausländischen Gütern im Wert von mehr als sieben Millionen Piastern haben werden, wenn der Frieden wieder ins Land zurückkehrt.

Um uns zu allgemeineren Betrachtungen zu erheben, ist es von Nutzen, ein wenig bei diesen Rechenergebnissen zu verweilen. Das mit Manufakturen überhäufte Europa sucht Absatzmärkte für seine Waren. Der Mangel an Fertigungsbetrieben und die Zustände in den sich entwickelnden Gesellschaften Südamerikas wirkt sich derart aus, dass Venezuelas Bevölkerung, die allerhöchstens der von zwei mittelgroßen französischen Départements[389] gleichkommt, im Ausland hergestellte Waren und Lebensmittel im Wert von 35 Millionen Francs pro Jahr für den einheimischen Bedarf braucht. Mehr als vier Fünftel dieser Waren kommen auf verschiedenen Wegen aus europäischen Märkten. Die Einwohner Venezuelas sind jedoch arm, genügsam und leben in einer nur wenig fortschrittlichen Gesellschaft und Kultur: Wenn die Importverzeichnisse Venezuela als ein sehr konsumorientiertes Land darstellen und wenn sein Bedarf die Wirtschaft der handeltreibenden Nationen | II.268 unterstützt, dann ist der Grund dafür, dass es in Venezuela fast keine Fabriken gibt und man kaum damit angefangen hat, die einfachsten mechanischen und maschinellen Gewerbe auszuüben. Die Marokkoleder und gegerbten Häute aus Carora, die Hängematten aus Isla Margarita und die Wolldecken aus Tocuyo haben selbst für den Inlandsmarkt wenig Bedeutung. Alle in Venezuela gebrauchten feinen Stoffe und eingefärbtes Leinentuch kommen aus dem Ausland. Vor 1789, als der Handel zwischen Frankreich und den amerikanischen Kolonien am stärksten florierte, exportierte Frankreich landwirtschaftliche Produkte und im Lande gefertigte Güter im Wert von 80 Millionen Francs in seine Kolonien. Dieser Betrag ist kaum höher als der Wert des Verbrauchs ausländischer Güter in ganz Colombia. Ich bestehe auf der Wichtigkeit dieser Betrachtungen, um das starke Interesse der Menschen der alten Welt am Wohlstand in den freien Ländern des tropischen Amerikas unter Beweis zu stellen. Wenn diese von außen bedrängten Länder weiterhin unter inneren Unruhen leiden, dann werden diese anhaltenden Spannungen eine nur flach verwurzelte Gesellschaft schrittweise untergraben; und Europa, ohne die Vorteile | II.269 einer Kolonialregierung, die in der Lage wäre, ihre Kolonien entweder zu befrieden oder gewaltsam wiederzuerobern, wird lange Zeit keinen Handel und keinen seine Industrie belebenden Absatzplatz mehr genießen.

Ich füge diesen Ausführungen wenig bekannte statistische Daten aus einem neuen Bericht des *Consulado de la Veracruz* hinzu. Aus diesem Bericht kann man ersehen, dass Venezuela, da es keinerlei Fertigungsanlagen und nur eine kleine An-

---

[389] *Siehe* oben [Bd. IX] S. 251, Anmerkung 1.

zahl von dort lebenden Eingeborenen besitzt, im Verhältnis zu seiner Bevölkerungs-
größe viel mehr ausländische Güter verbraucht als Neuspanien. Nach den Zollverzeichnissen zu urteilen stiegen in den 25 Jahren von 1796 bis 1820 die Einfuhren[390]
des Hafens Veracruz auf einen Wert von 259 105 940 Piastern an, von denen |II.270
186 125 113 aus dem Mutterland stammten. Im selben Zeitraum kam der Konsum
europäischer Waren in Neuspanien auf 224 447 132 Piaster oder 8 977 885 Piaster
pro Jahr; es ist frappierend, wie klein diese Summe ist, wenn man sie am Bedarf von
sechs Millionen Einwohnern misst: Daraus konnte Herr Quirós, der Schriftführer
des *Consulado de la Veracruz*, folgern, dass Exporte auf dem Weg des Schleichhandels
pro Jahr durchschnittlich auf 12 bis 15 Millionen Piaster anstiegen. Diesen von mit
den Örtlichkeiten sehr vertrauten Personen angestellten Berechnungen zufolge
würde Mexiko heute ausländische Produkte im Wert von 21 bis 24 Millionen Piaster verbrauchen, das heißt, bei achtmal so viel Einwohnern würde das Land kaum
das Vierfache der ehemaligen *Capitanía general* Caracas verbrauchen. Ein solcher |II.271
Unterschied zwischen zwei an den Küsten von Mexiko und Venezuela gelegenen
Märkten, die beide dem europäischen Handel offenstehen, wird meiner Ansicht
nach weniger außergewöhnlich erscheinen, wenn man sich ins Gedächtnis ruft, dass
Neuspanien unter seinen 6,8 Millionen Einwohnern über 3,7 Millionen vollblütige
Eingeborene zählt[391] und dass das verarbeitende Gewerbe in diesem schönen Land
bereits im Jahr 1821 so weit entwickelt war, dass der Wert von einheimischen Woll-
und Baumwollstoffen auf 10 Millionen Piaster pro Jahr anwuchs[392]. Indem man die
Eingeborenen, deren Bedürfnisse sich fast ausschließlich auf die Erzeugnisse des von
ihnen bewohnten Landes beschränken, von der venezolanischen und mexikanischen
Gesamtbevölkerung abzieht, erhält man für Venezuela, unabhängig von Alter und
Geschlecht, zehn Piaster pro Kopf für den Konsum der im Ausland hergestellten
Güter und acht Piaster für Mexiko. Diese dicht beieinanderliegenden Ergebnisse |II.272
zeigen, dass, trotz der unterschiedlichen Einflüsse physischer und moralischer Faktoren, der gesellschaftliche Zustand in den entlegensten Gebieten Spanisch-Amerikas fast gleich erscheint, wenn man nur große Mengen in Betracht zieht.

---

[390] Die in Veracruz gedruckten Handelsregister enthalten keine *der Regierung in Rechnung gestellten* Importe
und Exporte. Beispielsweise wird für das Jahr 1802 die Handelstätigkeit (die Summe von Ex- und Importen) als 26 445 955 starke Piaster angegeben. Wenn man die auf Rechnung des Königs verschifften
Waren im Wert von 19,5 Millionen Piaster und den Wert des für die *Real Hacienda* eingeführten Queck-
silbers und Papier für Zigarren dazugezählt hätte, dann käme der Handel für 1802 insgesamt auf
82 047 000 Piaster und für 1803 auf 43 897 000, anstatt von 34 349 634 Piastern (*siehe* meinen *Essai politique sur le royaume de la Nouvelle-Espagne*, Bd. II, S. 702 und 708). In den 25 Jahren vor 1820 münzte
Mexiko Gold und Silber im Wert von 429 110 008 Piastern aus.
[391] *Siehe oben [Bd. IX], S. 162.*
[392] *Balanza de Comercio recíproco hecho por el puerto de Vera-Cruz con los de España y de América en los últimos
25 años (De orden del Consulado de Vera-Cruz, el 18 de abril 1821).*

Wegen der Schönheit der Häfen[393], der Stille des Meeres und der ausgezeich-
|II.273 neten Nutzholzwälder hat die Küste Venezuelas große Vorteile gegenüber der Küste
der Vereinigten Staaten. Nirgendwo anders auf der Welt liegen die Ankerplätze so
nahe und sind die Lagen so geeignet für den Bau von militärischen Hafenanlagen.
An diesem Küstenstreifen ist die See stets so ruhig wie zwischen Lima und Guayaquil. Die Stürme und Hurrikane der Antillen spürt man an der *Costa firme* [Fest-
landsküste] nie; und wenn, nachdem die Sonne ihrem Höchststand erreicht hat,
dicke, elektrisch aufgeladene Wolken in den Küstengebirgen aufziehen, verkündet
dieses oftmals bedrohliche Erscheinungsbild dem an diese Seegebiete gewöhnten
Lotsen nichts weiter als eine Windböe, die ihn kaum dazu veranlasst, die Segel zu
setzen oder zu bergen. Die unberührten, nahe dem Meer gelegenen Wälder im
östlichen Teil Neuandalusiens bieten wertvolle Ressourcen für den Bau von Werften. Die Wälder in den Bergen von Paria können mit denen auf der Insel Kuba, in
|II.274 Coatzacoalcos, Guayaquil, und San Blas konkurrieren. Am Ende des letzten Jahr-
hunderts hatte die spanische Regierung ihre volle Aufmerksamkeit auf dieses wichtige Objekt gerichtet. Schiffbauingenieure wurden beauftragt, die schönsten Exemplare von Brasilettholz, Acajou [eine Mahagoniesorte], Cedrela und Larina auszusu-
chen und zu markierten, sowohl in dem Gebiet zwischen Angostura und dem
Orinoco-Delta als auch entlang des Golfs von Paria, gewöhnlich als *Golfo triste*
bekannt. Man wollte dort selbst keine Werften und calles bauen, sondern aus dem
Rohholz wie bei einem Bausatz die für den Schiffsbau benötigten Einzelteile fertigen und auf den Schiffen der königlichen Flotte nach Caraque nahe Cádiz ver-
frachten. Obwohl es in dieser Gegend keine zur Bemastung geeigneten Bäume gab,
erhoffte sich die spanische Regierung trotzdem, dass die Ausführung dieses Projekts
die Bauholzimporte aus Schweden und Norwegen beträchtlich vermindern würde.
Man versuchte, das Projekt in einer äußerst ungesunden Örtlichkeit[394] im Tal von
Quebranta nahe Guirie durchzuführen. Ich habe an anderer Stelle die Gründe für
|II.275 diesen Fehlschlag kommentiert. Die Gesundheitsschädlichkeit dieser Gegend hätte
zweifellos mit zunehmender Ferne der unberührten Wälder (*el monte virgen*) von
den Behausungen abgenommen. Um die Wälder abzuholzen, hätte man nicht
weiße, sondern farbige Arbeitskräfte benötigt, und man hätte sich daran erinnern
müssen, dass die Kosten durch die Räumung von Pfaden für den Transport von

---

[393] Hier nun eine Aufstellung der wichtigsten, mir bekannten Ankerplätze, Reeden und Häfen von Kap
Paria bis Río Hacha: Ensenada de Mejillones, die Mündung des Río Caribe, *Carúpano*, Cumaná (siehe
oben Bd. II, S. 267 und 268), Laguna Chica südlich von Chuparipari (Bd. IX, S. 119–24), *Laguna Grande
del Obispo* (Bd. III, S. 26; Bd. IX, S. 132 und 133), Cariaco (Bd. III, S. 248), Enseñada de Santa Fé, Puerto
Escondido, *Mochima Port* (Bd. IV, S. 66 und 67; Bd. IX, S. 133), *Nueva Barcelona* (Bd. IV, S. 71 und 72;
Bd. IX, S. 96), das Río-Unare-Delta, Higuerote (Bd. IV, S. 81 und 82), Chuspa, Guatire, *Guaíra* (Bd. IV,
S. 95), Catia, Los Arrecifes, Puerto-la-Cruz, Choroní, Ciénaga de Ocumare, Turiamo, *Borburata*, Pata-
nemo (Bd. IV, S. 121), *Puerto-Cabello* (Bd. V, S. 245), Chichiriviche (Bd. V, S. 249–51), Puerto del
Manzanillo, *Coro*, *Maracaibo*, Bahía Honda, El Portete und Puerto Viejo. Isla Margarita hat drei gute
Häfen: Pampatar, Pueblo de la Mar und Bahía de Juan Griego. (Kursivschrift markiert hier die meist
besuchten dieser Häfen.)
[394] Bd. III, S. 108.

Stämmen (*arrastraderos*) abgenommen und sich durch den Bevölkerungszuwachs der Tagespreis allmählich verringert hätte. Nur die mit den Örtlichkeiten vertrauten Schiffbauer können entscheiden, ob es unter den gegebenen Umständen nicht doch zu teuer wäre, große Mengen von halbfertigen Holzteilen auf Schiffen nach Europa zu transportieren. Es besteht allerdings kein Zweifel daran, dass Venezuela sowohl in seinen Küstengebieten als auch entlang des Orinoco über immense Ressourcen für den Schiffbau verfügt. Die erstklassigen, von den Werften in Havanna, Guayaquil und San Blas zu Wasser gelassene Schiffe sind wahrscheinlich hochpreisiger als die der europäischen Werften; dank der Eigenschaften des tropischen Holzes haben sie jedoch den Vorteil, langlebiger zu sein.

Wir haben soeben die in Venezuela getätigten Handelsgeschäfte und ihren nu- | II.276 merischen Wert untersucht; es verbleibt noch, einen Blick auf die *Transportwege* zu werfen, die in einem Land ohne große Straßen und Frachtverkehr auf die Binnen- und Seeschifffahrt beschränkt sind. Da in der in den meisten Provinzen gleich- bleibenden Temperatur dieselben Grundnahrungsmittel gedeihen, ist hier die Not- wendigkeit eines Warenaustausches weniger gegeben als in Peru, Quito und Neu- granada, wo man sehr unterschiedliche Klimate auf einem kleinen Gebiet antrifft. Getreidemehl ist für einen Großteil der Bevölkerung fast ein Luxus; alle Provinzen nutzen die *Llanos*, also Weideland, und ernähren sich von den örtlich angebauten Erzeugnissen. Die Ungleichmäßigkeit der Maisernten, die von der Häufigkeit des Niederschlags abhängen, der Transport von Salz und der erstaunliche Verzehr von Fleisch in den am dichtesten besiedelten Gebieten verstärken zweifelsohne den Handel zwischen den *Llanos* und der Küste. Aber der wichtigste Aspekt des Binnen- | II.277 landtransports in Venezuela ist die Beförderung der für die Antillen und Europa bestimmten Ausfuhrprodukte wie Kakao, Baumwolle, Kaffee, Indigo, Dörrfleisch und Tierhäute. Es überrascht, dass trotz der vielen auf den *Llanos* herumstreifenden Pferde- und Maultierherden sich niemand der großen Wagen bedient, die seit Jahr- hunderten auf den Pampas zwischen Córdoba und Buenos Aires verkehren. Von ihnen habe ich auf dem Festland keinen einzigen gesehen; jeglicher Versand ge- schieht entweder auf dem Rücken der Maultiere oder auf dem Wasserweg, obwohl es recht einfach wäre, richtige Wege für den Frachtverkehr von Caracas nach Va- lencia durch die Ebenen von Aragua und von dort über Villa de Cura in die Cala- bozo *Llanos* anzulegen, wie auch von Valencia nach Portocabello und von Caracas nach Guaíra. Die *Consulados* von Mexiko und Veracruz haben beim Bau der fabel- haften Straßen von Perote zur Küste und von der Hauptstadt nach Toluca noch weitaus größere Schwierigkeiten überwunden.

Was die Binnenschifffahrt in Venezuela anbetrifft wäre es unnütz, das zu wieder- holen, was ich bereits weiter oben über die Verzweigungen und Verbindungen der großen Ströme ausgeführt habe; wir wollen uns hier darauf beschränken, die Auf- | II.278 merksamkeit der Leser auf die zwei großen *schiffbaren Verbindungen* zu lenken, die (mittels des Apure, der Meta und des unteren Orinoco) von Westen nach Osten und (mittels des Río Negro, des Casiquiare und des oberen und unteren Orinoco) von Süden nach Norden verlaufen. Auf der ersten dieser Verbindungslinien werden sowohl die Erzeugnisse der Provinz Barinas[395] auf der Portuguesa, dem Masparro, dem Río Santo Domingo und dem Uribante nach Angostura transportiert als auch die der Provinz *Los Llanos* und des Bogotá-Plateaus auf dem Río Casanare, dem Guaurabo und dem Pachaquiaro[396]. Die zweite Schifffahrtsverbindung beginnt an der Orinoco-Gabelung und führt zum südlichsten Rand von Colombia nach San Carlos am Río Negro und zum Amazonas. Gegenwärtig gibt es in Guayana so gut wie keine Schiffsverbindungen südlich der großen Wasserfälle des Orinoco[397], und die Nutzung der binnenländischen Verbindungen sowohl mit dem Pará oder dem Amazonas-Delta als auch mit den spanischen Provinzen Jaén und Maynas besteht

|II.279 bestenfalls als vage Hoffnung. Für Venezuela haben diese Verbindungen denselben Stellenwert wie die von Boston und New York über die Rocky Mountains zur Pazifikküste für die Einwohner der Vereinigten Staaten. Wenn man den Transportweg von Guaporé[398] durch einen 6 000 Toisen langen Kanal ersetzte, würde man einen Binnenschifffahrtsweg zwischen Buenos Aires und Angostura schaffen. Zwei andere, noch leichter zu bauende Kanäle würden zuerst den Atabapo mit dem Río Negro[399] über Pimichín verbinden, wodurch für Schiffe der Umweg über den Casiquiare wegfiele; durch einen zweiten Kanal könnte man die Gefahren der Stromschnellen von Maipures[400] vermeiden. Aber, und ich wiederhole es, jeglicher Handel südlich der großen Katarakte würde ein gesellschaftliches und wirtschaftliches Entwicklungsstadium voraussetzen, von dem man noch weit entfernt ist und in dem die vier großen Zuflüsse des Orinoco (der Caroni, der Caura, der Padamo

|II.280 und der Ventuari[401]) ebenso berühmt würden wie der Ohio River und der Missouri es westlich der Alleghenies sind. Die längere Verbindungslinie für die Schifffahrt von West nach Ost ist heute die einzige, die das Interesse die Bewohner erweckt, und selbst dem Río Meta wird noch nicht dieselbe Bedeutsamkeit zugeschrieben wie dem Apure und dem Río Santo Domingo. Auf dieser 300 Meilen langen Ver-

|II.281 bindungsstrecke[402] werden Dampfschiffe den größten Nutzen zwischen Angostura

---

[395] Bd. VI, S. 165, 243–45.

[396] Bd. VI, S. 383–89.

[397] Atures und Maypures.

[398] Bd. VI, S. 55.

[399] Bd. VII, S. 207–9.

[400] Bd. VII, S. 318–20.

[401] Bd. VIII, S. 151–53, 252–54. Zur Bedeutung des Guaviare *siehe* auch Bd. VII, S. 264–66; für den Rupununi-Isthmus und die Transportwege zwischen dem Río Branco, dem Essequibo und dem Caroni *siehe* Bd. VIII, S. 114–18; für den Landweg, der den oberen mit dem unteren Orinoco verbindet und von Esmeralda nach Erevato führt, *siehe* Bd. VIII, S. 215–17.

[402] Der Titel eines kürzlich veröffentlichten Buchs (*Journal of an Expedition 1400 miles up the Orinoco, and 300 up the Arauca,* von [James] H. Robinson, 1822) übertreibt die Länge des unteren Orinoco und seiner westlichen Zuflüsse außerordentlich. Eine Reise von siebzehnhunderttausend englischen Meilen hätte den Verfasser weit über den Pazifik hinausgebracht. Man findet einen noch außergewöhnlicheren geographischen Fehlgriff in einem Werk, das fast gänzlich aus zusammengesetzten Teilen meiner *Relation historique* besteht und auch eine Karte mit meinem Namen enthält, auf der ich jedoch vergeblich nach der Stadt Popayán suche. Es heißt in [Alexander Walkers] *Geographical, Statistical, Agricultural, Commercial and Political Account of Columbia* (1822, Bd. II, S. 28), „dass der Cassiquiare, von dem man lange glaubte,

und [Los] Torunos, dem Hafen der Provinz Varinas, erlangen. Man kann sich
schwerlich die Muskelkraft vorstellen, die die Flussschiffer aufbringen müssen, um
zur Regenzeit auf dem Apure, der Portuguese und dem Río Santo Domingo bei
Hochwasser die Boote zu verholen oder sich mit dem Ruder (*palanca*) von der Ufer-
bank abzustützen[403]. Da die *Llanos* eine nur wenig höhere Wasserscheide bilden,
könnte man den Río Pao mit dem Valencia-See, wie auch den Río Mamo mit dem
Guarapiche, durch Kanäle verbinden und den Inlandshandel dadurch verbessern,
dass man die Senke des unteren Orinoco mit der Küste der Karibischen See und |II.282
dem Golf von Paria vereint[404].

Zu der rein lokalen Relevanz der Binnenschifffahrt in Venezuela gesellt sich ein
weiterer, eng mit dem Erfolg aller handeltreibenden Völker in beiden Hemisphären
verflochtenes Interesse. Von den fünf Stellen, an denen man möglicherweise eine
direkte Schiffsverbindung zwischen dem Atlantik und dem Pazifik herstellen könnte,
liegen drei in Colombia. Ich werde hier nicht das wiederholen, was ich bereits über
dieses wichtige Thema im ersten Band meines *Essai politique sur le royaume de la
Nouvelle-Espagne*[405] ausgeführt habe, wo ich dazu riet, dass man diese Stellen alle
untersuchen müsse bevor man an einer von ihnen mit Bauarbeiten anfinge. Nur
wenn man die Herausforderungen des Flussbaus auf einer sehr großen Skala betrachtet, kann man sich ihnen auf zufriedenstellende Weise stellen. Seit meiner
Rückkehr vom Neuen Kontinent hat man keine einzige barometrische Messung |II.283
oder geodätische Nivellierung durchgeführt, um die *höchsten Punkte* zu ermitteln,
die die projektierten Kanäle überwinden müssten. Verschiedenen, während des Un-
abhängigkeitskriegs der spanischen Kolonien erschienenen Studien lagen die von
mir bereits im Jahr 1808 veröffentlichten Daten[406] zugrunde. Allein die von mir |II.284

---

er sei ein Arm des Orinoco, vor kurzem von Herrn Humboldt als ein Zweig des Río Negro identifiziert
wurde". Diese Behauptung wird von Herrn Hassel, einer verdienten Persönlichkeit, im *Vollständigen
Handbuch der neueren Erdbeschreibung*, Bd. XVI, S. 58, wiederholt. Es ist allerdings schon fast 25 Jahre her,
dass ich den Cassiquiare von Süden nach Norden heraufgefahren bin.

[403] Auf dem Río Portuguesa und dem Apure gibt es Windungen (*vueltas*) und Gegenströmungen (*bar-
ancas y laderas*), die die Boote zeitweise einen ganzen Tage lang aufhalten können. Der Tuy und der Yaracuy sind zum Teil schiffbar.

[404] Bd. V, S. 180–84; Bd. IX, S. 62–64.

[405] Bd. I [Q], S. LX und 11; Bd. VII, S. 462–64. *Siehe* auch meinen *Atlas géografique et physique sur la
Nouvelle-Espagne*, Abbildung IV.

[406] Ich schließe davon die nützlichen Auskünfte von [William] Davis Robinson über die Ankerstellen
im Coatzacoalcos, im Río San Juan und in Panama aus. *Memoirs of the Mexican Revolution*, 1821, S. 263.
Siehe auch [William] Walton, [„Present State of the Spanish Colonies, Including a Particular Report of
Hispaniola, or the Spanish Part of St Domingo." *Edinburgh Review*, 1811, Februar]; Walton [„The Isthmus
of Panama" im *Colonial Journal*] 1817 (März und Juni); [„Comunicación entre el océano Atlántico y el
océano Pacífico"] *Bibliothèque Universelle de Genève*, 1823, Januar, S. 47 und *Biblioteca Americana*, Bd. I,
S. 115–29. „Im Delta des Río Coatzacoalcos können Schiffe einen Tiefgang von 23 Fuß haben. Es gibt
einen guten Liegeplatz, und der Hafen kann auch die größten Schiffe anlanden. Der Tiefgang auf dem
Río San Juan an der Ostküste von Nicaragua beträgt 12 Fuß Wasser; an einer Stelle gibt es einen 25 Fuß
tiefen Engpass. Der Río San Juan hat eine Tiefe von vier bis fünf Klaftern, und der Nicaraguasee drei bis
acht (englisches Maß). Der San Juan ist für Brigantinen und Schoner schiffbar". Herr Davis Robinson
fügt hinzu, dass die Westküsten Nicaraguas nicht so stürmisch sind, wie man mir während meiner Reise

gepflegten Beziehungen zu den Einwohnern von wenig erforschten Gebieten hatten es mir ermöglicht, neue Hinweise und Auskünfte zu erhalten: Ich werde mich an dieser Stelle auf die für Völker wichtigsten politischen und geschäftlichen Belange beschränken.

Die fünf Punkte, die eine Verbindung von Meer zu Meer ermöglichen würden, liegen zwischen fünf und 18 Grad nördlicher Breite. Alle gehören demnach zu Ländern, die am Karibischen Meer liegen, das heißt, zu Territorien der beiden Konföderationen von Mexiko und von Colombia, oder, um die alten geographischen Namen zu benutzten, zu den Regierungsbezirken Oaxaca und Veracruz und den Provinzen Nicaragua, Panama und Chocó. Diese sind:

DER ISTHMUS VON TEHUANTEPEC (Br. 16°-18°) zwischen den Quellen des Río Chimalapa und des Río del Pasco, der in den Huasacualco, auch Coatzacoalcos, hineinfließt.

| II.285   DER ISTHMUS VON NICARAGUA (Br. 10°-12°) zwischen dem Hafen San Juan in Nicaragua an der Mündung des Río San Juan, dem Nicaragua-See und dem Golf von Papagayo unweit der Vulkane von Granada und des Mombacho.

DER ISTHMUS VON PANAMA (Br. 8° 15'-9° 36').

DER ISTHMUS VON DARIEN oder Cupica (Br. 6° 40'-7° 12').

DER RASPADURA-KANAL zwischen dem Río Atrato und dem Río San Juan in Chocó (Br. 4° 58'-5° 20').

Die glückliche Lage dieser fünf Punkte, deren letzterer vermutlich immer Teil eines *Systems der Binnenschifffahrt* bleiben wird (mit Inlandsverbindungen durch Schiffe mit weniger Tragfähigkeit) ist derart, dass sie alle im Mittelpunkt des Neuen Kontinents liegen, gleich weit entfernt sowohl von Kap Hoorn als auch von der für ihren Pelzhandel berühmten Nordwestküste. Alle liegen (auf denselben Parallelen) den Chinesischen und Indischen Meeren gegenüber, ein wichtiger Umstand in Seegebieten mit vorherrschenden Passatwinden: Alle sind Schiffen aus Europa und

| II.286   den Vereinigten Staaten leicht zugänglich, da man die genauen Positionen von Bajo Nuevo [später Pétrel-Insel], Roncador Bank und Serrana Bank kennt.

Der nördlichste Isthmus, der von Tehuantepec, den Hernando Cortés in einem Brief an den Kaiser Karl V. (30. Oktober 1520) bereits als das *Geheimnis der Landenge* bezeichnet, hat in den letzten Jahren die Aufmerksamkeit vieler Seefahrer auf sich gezogen, so dass zur Zeit der politischen Unruhen in Neuspanien der Handel von Veracruz auf die kleinen Häfen Tampico, Tuxpan und Coatzacoalcos[407] verlagert wurde. Man hat berechnet, dass die Seereise von Philadelphia nach Nootka und zur Mündung des Columbia River, die, wenn man die gewöhnliche Route um Kap Hoorn nimmt, ungefähr 5 000 Seemeilen lang ist, sich um wenigstens 3 000 Meilen verkürzen würde, wäre die Fahrt von Coatzacoalcos nach Tehuantepec

auf dem Pazifik erzählt hatte, und dass ein nach Panama führender Kanal den großen Nachteil hätte, noch zwei weitere Meilen *ins Meer* hinausreichen zu müssen, weil die Wassertiefe bis zu den kleinen Inseln Flamenco und Perico nur wenige Fuß beträgt.

[407] *Balanza del comercio marítimo de la Veracruz correspondiente al año de* 1811, S. 19, Nr. 10.

durch einen Kanal möglich. Mein Zugang zu den Berichten zweier für die Erkundung der Landenge verantwortlichen Ingenieure[408] in den Archiven des Vizekönigreichs von Mexiko ermöglichte es, mir eine recht genaue Vorstellung der örtlichen Umstände zu bilden. Es scheint mir keine Zweifel zu geben, dass der eine Wasserscheide zwischen den beiden Ozeanen bildende *Scheitelpunkt* von einem querverlaufenden Tal durchtrennt wird, in dem man einen Kanal ausschachten könnte. Vor kurzen wurde behauptet, dass sich dieses Tal in der Regenzeit, wenn der Wasserstand bis zur Überflutung steigt, mit genügend Wasser füllt, um einen natürlichen Kanal für die Boote der Eingeborenen zu bilden; ich habe jedoch keinen Verweis auf diesen interessanten Umstand in den offiziellen Berichten an den Vizekönig Don Antonio Bucarely gefunden. Zu Zeiten starker Überflutung entstehen ähnliche Verbindungen zwischen den Senken des Sankt-Lorenz-Stroms und dem Mississippi, das heißt, zwischen dem Erie- und dem Wabashsee sowie zwischen dem Michigansee und dem Illinois River[409]. Der während der besonnenen Verwaltung des Grafen Revillagigedo [Juan Vicente Güemes Pacheco de Padilla] geplante Huasacualco-Kanal würde den Río Chimalapa mit dem Río del Pasco, einem Zufluss des Coatzacoalcos, verbinden. Dieser Kanal wäre nur 16 000 Toisen lang; nach der Beschreibung des Ingenieurs Cramer, der einen ausgezeichneten Ruf genießt, kann man sich vorstellen, dass der Kanal weder Schleusen noch unterirdische Stützen oder Schrägaufzüge bräuchte. Man sollte jedoch nicht vergessen, dass bisher niemand eine barometrische oder geodätische Nivellierung des Gebietes zwischen den Häfen Tehuantepec und San Francisco de Chimalapa, zwischen den Quellen des Río del Pasco und den Cerros de los Mixes [in Oaxaca], vorgenommen hat. Ein kurzer Blick auf die von mir gezeichnete Karte dieser Gebiete zeigt, dass die Schwierigkeit, die die mexikanische Regierung in Kürze beschäftigen wird, weniger im Verlauf des Kanal als in den Arbeiten besteht, die nötig sind, um den Río Chimalapa und die sieben Stromschnellen des Río del Pasco für große Schiffe befahrbar zu machen, also von der alten *Anlegestelle* nördlich der Wälder von Tarifa bis zur Mündung des Río Saravia nahe der neuen *Anlegestelle* von La Cruz. Aufgrund der Gesamtbreite der Landenge (über 38 Meilen) mag man befürchten, dass die Flusswindungen und der Zustand des Flussbetts dem Bau eines Kanals für die im Handel mit China und der Nordwestküste Amerika eingesetzten hochseetauglichen Schiffe keine Schwierigkeiten bereiten: dennoch wird es von höchster Wichtigkeit sein, sowohl einen Binnenschifffahrtsweg für kleinere Schiffe zu bauen und den Landweg von Chihuitán nach Petapa zu verbessern. Dieser Landweg wurde von 1798 bis 1801 angelegt, und Indigo aus Guatemala, Koschenille und Dörrfleisch wurden auf ihm nach Veracruz und weiter zur Insel Kuba befördert.

Der Landengen von Nicaragua und Cupica erschienen mir stets als die günstigsten Stellen für *großdimensionale Kanäle* ähnlich dem Kaledonischen Kanal, der auf dem Meeresspiegel 103 Fuß (pieds, französisches Maß) breit ist (ohne die zur Ein-

| II.287

| II.288

| II.289

---

[408] Don Agustín Cramer [y Mañeras] und Don Miguel del Corral.
[409] Bd. V, S. 182 und 183; Bd. VIII, S. 108–10.

dämmung von Erdrutschen erstellten Bänke miteinzubeziehen); sein Boden ist 47 Fuß breit, und er hat eine Tiefe von 18 ½ Fuß. Im Falle einer in der Welt des Handels möglicherweise revolutionären ozeanischen Verbindung stellt sich die Frage, wie man ein System der Binnenschifffahrt mit 16 bis 20 Fuß breiten Schleusen baut, ähnlich wie bei den Kanälen im Languedoc [Canal du Midi], in Briare, |II.290   in Grand Junction oder am Forth und Clyde. Einige dieser Kanäle hat man schon seit langer Zeit als gigantische Unterfangen angesehen, gewiss im Vergleich mit kleineren Kanälen, deren durchschnittliche Tiefe[410] nicht über sechs bis 7,5 französische Fuß hinausgeht, so dass sie, ungleich dem Kaledonische Kanal, keinen schweren Handelsschiffen oder 32-Kanonen-Fregatten die Durchfahrt ermöglichen. Solche Durchfahrten sind jedoch genau die, die bei Diskussionen über einen die Landenge zerteilenden Kanal in Amerika im Vordergrund stehen. Dass der Kanal in Languedoc angeblich *zwei Meere miteinander verband* beseitigte nicht den 600 Meilen Umweg, den Schiffe um die spanische Halbinsel herum machen mussten. Wie beeindruckend dieses wasserbauliche Werk auch sein mag, das pro Jahr 1 900 Kähne von 100 bis 120 Tonnen durchschleust, man darf diesen Kanal nur als ein Mittel für |II.291   den *Inlandstransport* ansehen, da er die Zahl der durch die Meerenge von Gibraltar passierenden Schiffe kaum vermindert. An irgendeiner Stelle im äquinoktialen Amerika durch einen *kleinen Kanal* (zwischen vier und sieben Fuß tief) eine Verbindung zwischen zwei benachbarten Häfen herzustellen, sei es durch die Landenge von Cupica oder die von Panama, Nicaragua oder Coatzacoalcos (Tehuantepec), würde den Handel zweifellos sehr anregen. Ein solcher Kanal würde wie eine *Eisenbahn* funktionieren: Obwohl klein, würde er die Wege zwischen den westlichen Küsten Amerikas und den Küstengebieten der Vereinigten Staaten und Europas verkürzen und den Handel dadurch stimulieren. Wenn man generell und selbst zu Kriegszeiten die lange, gefahrvolle Reise um Kap Hoorn vorzog, um Kupfer aus Chile, Chinarinde und Vikunjawolle aus Peru und Kakao aus Guayaquil zu den Warenhäusern in Panama und Portobelo zu transportieren, dann ist das nur auf das Fehlen von Transportmöglichkeiten und auf die extreme Armut in der Umgebung zweier zu Beginn der Eroberung florierender Städte zurückzuführen. Die bereits erwähnten Schwierigkeiten vermehren sich noch, wenn man den Warentransport |II.292   von Cartagena de Indias oder den Antillen nach Lima in Betracht zieht: In nord-südlicher Richtung muss man nämlich den Río Chagre herauffahren und dabei sowohl gegen seine Strömung als auch gegen die Winde und den Sog des Pazifischen Ozeans ankämpften.

Man wird zum Wohlstand der amerikanischen Wirtschaft beitragen, indem man den Chagre *kanalisiert*, Dampfschiffe benutzt und *Eisenbahnen* (*rail-ways*) baut, Kamele aus den Kanarischen Inseln einführt – man hatte zur Zeit meiner Reise in

---

410 [Antoine François] Andréossy, *Histoire du Canal du Midi, ou Canal de Languedoc*, S. 364. [Michel Louis François] Huerne de Pommeuse, *Des canaux navigables*, 1822, S. 64, 264, 309. [François Pierre Charles] Dupin, *Mémoires sur la Marine et les Ponts et Chaussées de France et d'Angleterre*, S. 65 und 72. [Joseph] Dutens, *Mémoires sur les travaux publics de l'Angleterre*, S. 295.

Venezuela[411] bereits damit begonnen, sie zu züchten – und kleine Kanäle auf dem Isthmus von Cupica oder auf dem den Nicaraguasee vom Pazifik trennenden Landstrich auszuschachten; jedoch wird all dies die allgemeinen Interessen der zivilisierten Völker auf nur sehr indirekte Weise beeinflussen. Die Richtung des Handels Europas und der Vereinigten Staaten mit der *Pelzküste* (zwischen der Mündung des Columbia River und des Cook River), mit den an Sandelholz reichen Sandwichinseln und mit Indien und China wird sich nicht ändern. Ferne Verbindungen erfordern Handelsschiffe mit großer Tonnage, die große Mengen von Gütern auf einmal befördern können, natürliche oder künstliche Durchfahrtswege von einer durchschnittlichen Tiefe von 15 bis 17 Fuß und lückenlosem Transport, das heißt, ohne Schiffe ein- und ausladen zu müssen. Alle diese Bedingungen sind unumgänglich, und man würde der Frage ausweichen, wenn man Kanäle, die aufgrund ihrer Größe nur der Binnen- und Küstenschifffahrt dienen, Kanäle wie den in Languedoc zwischen dem Mittelmeer und dem Atlantik und den Forth-and-Clyde-Kanal zwischen der Irischen See und der Nordsee, mit Schleusenkammern verwechselte, die die für den Handel mit Kanton benutzten Frachtschiffe aufnehmen können. In einer Angelegenheit, die die Interessen aller auf der Laufbahn der Zivilisation fortgeschrittenen Völker betrifft, muss man sich über die Tatsache im Klaren sein, dass eine glückliche Lösung dieses Problems nicht davon abhängt, welchen Ort man wählt. Ich wiederhole: Es wäre unvorsichtig, an einer Stelle zu beginnen, ohne die anderen untersucht und nivelliert zu haben; es wäre besonders unglücklich, wenn man ein solches Projekt in einem zu kleinen Maßstab in Angriff nähme, da die Kosten für diese Art von Unterfangen nicht im Verhältnis zur Länge des Kanals oder zur Größe der Schleusenkammern stehen.

Die irrtümliche Behauptung, die Geographen, oder besser gesagt Kartenzeichner, seit Jahrhunderten über die einheitliche Höhe der amerikanischen Kordilleren verbreitet haben, über ihre durchgehenden Berggräte und letztlich über die Abwesenheit[412] von transversalen, die sogenannte Mittlere Gebirgskette durchschneidenden Tälern, hat den allgemeinen Eindruck erweckt, dass es sehr viel schwieriger wäre, die zwei Meere miteinander zu verbinden als man heute aus guten Gründen glauben kann. Anscheinend gibt es keine Gebirgskette, noch nicht einmal eine sichtbare[413] Wasserscheide oder einen Scheitelpunkt zwischen der Bucht von Cupica

| II.293

| II.294

---

[411] *Siehe* Bd. I, S. 165, 221–23; Bd. V, S. 221–25 und *Essai politique [sur le royaume de la Nouvelle-Espagne]*, Bd. II, S. 689.

[412] Ich bespreche die Ursache dieser Irrtümer weiter oben, Bd. VI, S. 49–52; Bd. VII, S. 47–51; Bd. VIII, S. 92–95, 108–10, 166–98.

[413] Diese Aussagen beziehen sich nur auf die Leichtigkeit, einen Kanal zu planen. Ich weiß sehr wohl, dass eine leichte Anhöhe von 40 bis 50 Toisen eben aufgrund ihres sanften Anstiegs nicht merklich sein kann. Ich fand, dass der Große Platz in Lima 88 Toisen über dem Meeresspiegel des Pazifiks liegt; wenn man jedoch von Callao nach Lima reist, nimmt man diesen Höhenunterschied über eine Entfernung, die halb so groß ist wie die zwischen Cupica und dem Anleger am Río Naipi, nicht wahr. Die geographische Position von Cupica ist ebenso ungewiss wie die des Zusammenflusses des Naipi mit dem Atrato; und diese Ungewissheit erscheint weniger seltsam, wenn man sich ins Gedächtnis ruft, dass die Bucht von Cupica sich an der ganzen Südküste des Isthmus von Panama entlangzieht und dass die Küstenlinie

an der Pazifikküste und dem Río Naipi, der ungefähr 15 Meilen oberhalb seiner Mündung in den Atrato hineinfließt. Herr Gogueneche [auch Goyeneche], ein baskischer Seefahrer aus Bizkaia, hat seit 1799 die Regierung auf diesen Punkt aufmerksam gemacht. Sehr glaubwürdige Personen, die ihn auf seiner Reise von der Pazifikküste zum Naipi-Anleger begleiteten, haben mir versichert, dass sie im Schwemmland dieser Meerenge keinen einzigen Hügel angetroffen hatten; sie brauchten zehn Stunden, um dieses Gebiet zu durchqueren. Don Ignacio Pombo[414], ein Kaufmann aus Cartagena de Indias mit einem lebendigen Interesse an allen Statistiken über Neugranada, schrieb mir im Februar 1803: „Seit Sie den Río Magdalena auf dem Weg nach Santa Fé und Quito hinauffuhren, habe ich stetig Informationen über den Isthmus von Cupica gesammelt; von diesem Hafen aus sind es

nur fünf bis sechs Meilen bis zum Río-Naipi-Anleger: Dieses ganze Gebiet ist flach (*terreño enteramente llano*)“. Nach diesen von mir erwähnten Tatsachen gibt es keinerlei Zweifel, dass dieser Teil des nördlichen Chocó-Gebietes von größter Wichtigkeit für die Lösung des uns beschäftigenden Problems ist: Um sich jedoch eine präzise Vorstellung von dieser Abwesenheit von Bergen am südlichen Rand des Isthmus von Panama zu machen, muss man die Gesamtgestalt der Kordilleren in Betracht ziehen. Die Gebirgskette der Anden teilt sich bei 2° und 5° Breite[415] in drei kleinere Ketten. Die beiden längslaufenden Täler, die diese kleineren Ketten voneinander trennen, bilden die Talsenken des Río Magdalena und des Río Cauca.

Der östliche Ausläufer der Kordillere richtet sich nach Nordosten und vereint sich

---

zwischen Kap Charambira und Kap San Francisco Solano noch nie von Seefahreren mit genauen Instrumenten und in Landsicht vermessen worden ist. Cupica ist ein Hafen in der wenig bekannten Provinz Biruquete, die auf Karten im *Depósito hidrográfico* von Madrid zwischen Darien und Chocó del Norte verortet ist. Ihr Name geht auf einen Birú oder Biruquete genannten Kaziken zurück, der über die an den Golf von San Miguel angrenzenden Gebiete herrschte und im Jahr 1515 als Verbündeter der Spanier kämpfte (Herrera, [*Historia de las Indias occidentales,*] Dek. II, S. 8). Ich habe den Hafen Cupica auf keiner spanischen Karte gefunden, wohl aber *Puerto Quemado ó Túpica* bei 7° 15′ Br. (*Carta del Mar de las Antillas*, 1815. *Carta de la costa occidental de la América*, 1810). Eine unveröffentlichte Skizze der Provinz Chocó, die sich in meinem Besitz befindet, verwechselt Cupica mit Río Sabaleta, Br. 6° 30′; nach Karten des *Depósito* befindet sich der Río Sabaleta jedoch südlich und nicht nördlich von Kap San Francisco Solano, folglich 45′ südlich von Puerto Quemado. Gemäß der Karte der Provinz Cartagena von Don Vicente Talledo [y Rivera] (London, 1816) liegt der Zufluss des Río Napipi (Naipi?) bei 6° 40′ Br. Man darf hoffen, dass am Ort angestellte Forschungen bald diese Ungewissheiten bezüglich der Positionen ausräumen wird.

[414] Ein Freund des berühmten Mutis und der Verfasser einer wenig bekannten Arbeit über den Handel mit Chinarinde ([Pombo,] *Noticias varias sobre las quinas oficinales*, Carth[agena] de Indias, 1814), die ich mehrfach Gelegenheit hatte, zu zitieren.

[415] Die östliche Gebirgskette, die von Suma Paz, Chingasa und Guachaneque zwischen Neiva und der Guaviare-Senke und zwischen Santa Fé de Bogotá und der Meta-Senke; die mittlere Kette, die von Guanacas, Quindío und Erve (Herveo), zwischen dem Río Magdalena und dem Río Cauca, zwischen La Plata und Popayán und zwischen Ibague und Carthago; die westliche Kette zwischen dem Río Cauca und dem Río San Juan, zwischen Cali und Novita und zwischen Carthago und dem Tadó (*siehe* meinen *Atlas géographique*, Abb. XXIV). Die letztere dieser Gebirgsketten, die die Provinzen Popayán und Chocó voneinander trennt, ist generell recht niedrig; man sagt jedoch, dass sie sich am Torá-Berg westlich von Calima stark erhöht (Pombo, *Noticias varias sobre las quinas oficinales,* S. 67).

durch die Gebirge von Pampluna und Grita mit der *Sierra Nevada de Mérida* und dem venezolanischen Küstengebirge. Die mittleren und westlichen Arme (Quindío und Chocó) laufen in der Provinz Antioquia zwischen 5° und 7° Breite zusammen und bilden dort eine ziemlich breite Gruppe von Bergen, die sich durch das *Valle de Osos* und die *Alto del Viento* in Richtung Caceres und der hohen Steppen von Tolú hinziehen. Weiter westlich, in *Chocó del Norte* am linken Atrato-Ufer, verlieren die Berge so viel an Höhe, dass man sie zwischen dem Golf von Cupica und dem Río Naipi völlig aus den Augen verliert. Es sind also die astronomische Position des Isthmus und die Entfernung zwischen der Mündung des Atrato und seinem Zu- |II.299 sammenfluss mit dem Río Naipi[416], die man genau bestimmen muss. Wir wissen nicht, ob Schoner bis dorthin segeln können.

Nach dem Nicaraguasee, nach Cupica und nach Huasacualco ist es der Isthmus von Panama, der die ernsthafteste Aufmerksamkeit verdient. Die Möglichkeit, auf dieser Landenge einen Kanal für hochseetüchtige Schiffe zu bauen, hängt sowohl von der Höhe des Scheitelpunkts als auch von der Beschaffenheit der Küste ab, das heißt, vom *Maximum* ihrer Nähe zueinander. Eine derart schmale Landzunge mag durch ihre Ausrichtung der zerstörerischen Einwirkung des Sogs der Strömung entkommen sein, und die Annahme, dass die größte Höhe der Berge der *minimalen* Entfernung zwischen den Küsten entsprechen muss, wird heute nicht mehr gerecht- |II.300 fertigt sein, selbst wenn man den Prinzipien einer rein systematischen Geologie Folge leistet. Seit der Veröffentlichung meiner ersten Arbeit über die Verbindung zwischen den Meeren ist unser Wissen um die Höhe des Scheitelpunkts, den der Kanal überwinden muss, leider auf demselben Stand verblieben. Zwei gelehrte Forschungsreisende, die Herren Boussingault und Rivero, haben die Kordilleren von Caracas nach Pamplona und von dort nach Santa Fé de Bogotá mit einer Präzision nivelliert, die alles übersteigt, was ich je auf diesem Gebiet habe leisten können; allerdings hat seit meiner Rückkehr nach Europa niemand auch nur eine einzige Höhenbestimmung nordwestlich von Bogotá von den von Herrn Restrepo und mir nivellierten Quindío- und Antioquia-Anden bis zum mexikanischen Plateau auf 12° Br. in *Mittelamerika* vorgenommen. Man sollte es lebhaft bedauern, dass gegen Mitte des letzten Jahrhunderts die französischen Akademiker den Isthmus von Panama überquerten, ohne jemals daran zu denken, auf dem Scheitelpunkt ihre Barometer herauszunehmen. Einige von Ulloa fast zufällig berichteten barometri-

---

[416] Die Geographie in diesem Teil von Amerika, zwischen den Mündungen des Atrato, Cabo Corrientes, Cerro del Torá und Vega de Supía, befindet sich in einem sehr beklagenswerten Zustand. Nur für die Provinz Antioquia weiter östlich bietet die Arbeit von Don José Manuel Restrepo einige astronomisch bestimmte Punkte. Auf dem Landweg beträgt die Entfernung zwischen Cupica und Kap Corrientes von 12 bis 14 (?) Seemeilen. Von Quibdó (Zitara), dem Sitz des *Teniente Gobernador* (da der Magistrat in Novita ansässig ist), braucht man auf dem Seeweg sieben Tage bis zur Mündung des Atrato. Dass man Zitara entweder 1° zu weit nördlich, mal an der Atrato-Mündung selbst, mal an seinem Zusammenfluss mit dem Naipi verortet, ist ein üblicher Irrtum auf den meisten neuzeitlichen Karten (mit Ausnahme der von Herrn Talledo [y Rivera]). Es ist nur eine Tagesreise von San Pablo, einige Meilen unterhalb von Tadó auf dem rechten Flussufer des Río San Juan, nach Quibdó oder Zitara.

schen Beobachtungen veranlassten den Schluss, dass zwischen der Mündung des Río Chagre und der Pier von Cruces ein Unterschied von 210 bis 240 Fuß besteht.

|II.301 Von Venta de Cruces nach Panama geht es zuerst in die Höhe und dann in Richtung Pazifik abwärts in die Schluchten. Der Kanal müsste also die zwischen diesem Hafen und Cruces gelegene Schwelle des Scheitelpunkts überwinden, wenn man darauf bestünde, den Kanal hier anzulegen. Ich erinnere daran, dass zum Genießen einer gleichzeitigen Aussicht auf beide Ozeane die Berge am Scheitelpunkt der Landenge nur 580 Fuß hoch sein müssten, also nur um ein Drittel mehr als die Höhe des Naurouze-Passes in den Bergen von Corbières, dem höchsten Punkt des Kanals von Languedoc. In einigen Gebieten der Landengen betrachtet man diesen gleichzeitigen Ausblick auf beide Meere als etwas ganz Besonderes; ich denke, man kann daraus schließen, dass die Berge hier im Allgemeinen 100 Toisen nicht übersteigen. Auf der Grundlage einiger flüchtiger Notizen über die Temperaturen an dieser Stelle und über die Geographie der einheimischen Pflanzen wäre ich zu glauben geneigt, dass die Wasserscheide auf dem Weg von Cruces nach Panama

|II.302 keine 500 Fuß beträgt[417]; Herr Robinson glaubt, es sind über 400 Fuß[418]. Nach den Behauptungen eines anderen Reisenden[419], dessen Beschreibungen eine naive Unbedarftheit anhaftet, sind die Hügel der mittleren Gebirgskette der Landenge voneinander durch Täler getrennt, die „dem Wasser freien Durchgang gewähren". Die Anstrengungen der Ingenieure sollten sich nun vor allem darauf konzentrieren, diese transversalen Täler zu finden und zu erforschen. In jedem Land gibt es Beispiele von natürlich vorkommenden Lücken in Wasserscheiden. Die Berge zwischen den Talsenken der Saône und der Loire, die der Canal du Centre überwinden musste, waren 800 bis 900 Fuß hoch; jedoch bot eine Felsschlucht oder Lücke in der Gebirgskette in der Nähe des Weihers von Longpendu eine Schwelle, die noch 350 Fuß niedriger liegt.

Obwohl unser Wissen über die Höhen des Isthmus von Panama sich überhaupt
|II.303 nicht weiterentwickelt hat, bieten uns doch die letzten Arbeiten von Herrn Fidalgo und einiger anderer spanischer Seefahrer wenigstens genauere Angaben über seine
|II.304 Gestalt und Mindestbreite. Das *Minimum* beträgt nicht 15 Meilen, wie die frühesten Karten des *Depósito hidrográfico*[420] angegeben hatten, sondern 25 ¾ Meilen (je 60

---

[417] Zum Beispiel nahe Chepo und dem Dorf Penomene (*Mss. du curé Don Juan Pablo Robles*). Die Berge werden anscheinend in Richtung der Provinz Veragua höher, dort, wo man in der Gegend von Chiriquí del Guami in der Nähe des Dorfs Palma, einer dem Kolleg für die Verbreitung des Glaubens in Panama unterstehenden Franziskanermission, Weizen anbaut.

[418] *Memoirs on the Mexican Revolution*, S. 269.

[419] Lionel Wafer, *A New Voyage and Description of the Isthmus of America*, 1729, S. 297.

[420] *Siehe* meinen *Essai politique sur le royaume de la Nouvelle-Espagne*, Bd. II, S. 862. Wenn man in dem *Depósito hidrográfico de Madrid* die zwei Karten mit den Titeln *Carta esférica del Mar de las Antillas y de las Costas de Tierra Firme desde la isla de la Trinidad hasta el golfo de Honduras*, 1806, und *Quarta Hoja que comprehende la provincia de Cartagena*, 1819, miteinander vergleicht, kann man sehen, wie sich die Zweifel begründen, die ich vor 15 Jahren über die relative Position der wichtigsten Punkte auf der nördlichen und südlichen Seite des Isthmus anmeldete. Früher (Don Jorge Juan [Santacilia], *Voyage dans l'Amérique Meridionale*, Bd. I, S. 99) glaubte man, dass Panama 31′ im Bogen westlich von Portobelo läge. La Cruz

auf einen Grad), das heißt, 8 2/3 Seemeilen, oder 24 500 Toisen, da die Ausmaße des Golfs von San Blas (auch bekannt als Ensenada de Mandinga) wegen des so benannten, dort einmündenden kleinen Flusses ernsthafte Irrtümer nach sich zogen. Dieser Golf dringt 17 Meilen weniger ins Festland vor als man im Jahr 1805 bei der Vermessung des Archipels der *Islas Mulatas* angenommen hatte. Ganz gleich wie verlässlich die astronomischen Beobachtungen, auf denen die Karte des Isthmus im Königlichen Marinedepot in Madrid aus dem Jahr 1817 beruht, man darf nicht vergessen, dass diese Vermessungen sich nur auf die Nordküsten beziehen und anscheinend nie mit den Südküsten verbunden wurden, sei es durch Dreiecksketten [Triangulation] oder chronometrisch (durch Zeitunterschiede). Mit anderen Worten, das Problem der Breite der Landenge hängt nicht allein von der Festlegung von Breitengraden ab.

Der Erwerb von einigen vorzüglichen Fortin-Barometern mag die Regierung von Colombia in die Lage versetzen, barometrische Nivellierungen durchzuführen, ein höchst präzises Unterfangen in der Tropenzone, bevor immer langsame und kostspielige geodätische Nivellierungen unternommen werden. Ich bin mir sicher, dass man in diesen Ländern aufgrund der wunderbaren Regelmäßigkeit der stündlichen Veränderungen entsprechende Beobachtungen durchführen kann, ohne Fehler von vier bis fünf Toisen zu befürchten. Die folgenden Gebiete verdienen eine sorgfältige Untersuchung: der *Isthmus des Huasacualco* zwischen den Oberläufen des

|II.305

|II.306

(1775) und López [de Vargas Machuca] (1785) folgten dieser Annahme, die auf nichts weiter beruhte als auf einer Aufstellung von mit dem Kompass erstellten Richtungen. Schon im Jahr 1802 hatte López (*Mapa del Reino de Tierra Firme y sus provincias de Veragua y Darién*) Panama 17′ östlich von Portobelo verortet. Auf der Karte des Depósito von 1805 wurde dieser meridiane Unterschied auf 7′ reduziert; letztlich wird Panama auf der Karte des Depósito aus dem Jahr 1817 bei 25′ *östlich* von Portobelo verortet. Hier nun einige weitere, von der Größe der Landenge abhängige Breitenunterschiede:

	1819 Karte	1817 Karte
Südliche Küste zwischen den Mündungen des Río Juan Diaz und des Río Jucume östlich von Panamá im Meridian von Punta San Blas	8° 54′	9° 2′ ½
Nördliche Küste, die südlich der *Islas Mulatas* den Grund des Golfs von Mandinga, oder San Blas, bildet	9° 9′	9° 27′ ¾
Nach der Karte von 1805 beträgt dieser Breitenunterschied für die *minimale* Weite der Landenge fast 14 250 Toisen; nach der 1817 Karte sind es fast 24 463 Toisen. Punta San Blas, NW Teil des Golfs von Mandinga	9° 33′	9° 34′ ½

Aus der Tatsache, dass dieses Kap im Norden nicht dieselbe Landmasse hat wie der Meeresgrund des Golfs an der Mündung des Río Mandinga, ergibt sich, dass der Golf auf der ersten Karte bei 24′ liegt und auf der zweiten bei 7′. Man muss wahrscheinlich die von Herrn Fidalgos letzter Expedition resultierenden Breitenunterschiede dem Fehlen künstlicher Horizonte zuschreiben sowie der Schwierigkeit, die Sonne mit Spiegelinstrumenten inmitten einer Inselgruppe und über einem bedeckten Meereshorizont zu beobachten. Weiter westlich, zwischen Castillo de Chagre, Panama und Portobelo, beträgt die durchschnittliche Breite des Isthmus ungefähr 14 Seemeilen; das *Minimum* der Breite (acht Meilen) ist zwei- bis dreimal kleiner als die des Isthmus von Sues, die Herr Le Père auf 59 000 Toisen ansetzt.

|II.307

Río Chimalapa und des Río del Pasco; der *Isthmus von Nicaragua*[421] zwischen der gleichnamigen See und den einzelnstehenden Vulkanen von Granada und dem Mombacho; der *Isthmus von Panama* zwischen Venta de Cruces, oder vielmehr dem Eingeborenendorf in La Gorgona drei Meilen unterhalb von Cruces, und dem Hafen von Panama zwischen dem Río Trinidad und dem Río Caymito, zwischen Mandinga Bay und dem Río Juan Díaz, zwischen der Ensenada de Anachacuna (westlich von Kap Tiburón) und dem Golf von San Miguel, in den sich der Río Chuchunque (auch Tuyra) ergießt; der *Isthmus* von *Cupica* zwischen der Pazifik-küste und dem Zusammenfluss des Río Naipi mit dem Río Atrato; und letztlich der *Isthmus von Chocó* zwischen dem Río Quibdó, einem oberen Zufluss des Atrato, und dem Río San Juan de Charambira. Personen, die dazu ausgebildet sind, genaue

|II.308

Beobachtungen durchzuführen und nur mit Barometern, Spiegelinstrumenten und Zeitmessern ausgerüstet sind, könnten innerhalb von wenigen Monaten Probleme lösen, die alle handeltreibenden Nationen der zwei Welten seit Jahrhunderten be-schäftigt haben. Ich habe bei der Aufzählung der für die Verbindung der zwei Meere vorteilhaften Gebiete nicht den Isthmus von Chocó erwähnt, ein Gebiet mit *plant-inhaltigen Anschwemmungen*, das sich vom Río San Juan de Charambira bis zum Río Quibdó erstreckt, weil er die einzige Stelle ist, wo seit 1788 ein Verbindungspunkt zwischen dem Atlantik und dem Pazifik bestanden hat. Der kleine Kanal von Ras-padura, den ein Mönch, ein Pfarrer aus Novita, von den Eingeborenen seiner Kir-chengemeinde in einer sich regelmäßig mit natürlich vorkommendem Flutwasser füllenden Schlucht hat ausgraben lassen, ermöglicht auf einer Strecke von 75 Mei-len die Binnenschifffahrt zwischen der Mündung des Río San Juan unterhalb von Noanama und der Mündung des Atrato, auch unter den Namen Río Grande del

|II.309

Darién, Río Dabeiba und Río Chocó bekannt[422]. Auf diesem Weg gelangten wäh-

---

[421] Würde es hier nur um *primäre und sekundäre* Kanäle zur Belebung des Binnenhandels gehen, so hätte ich zusätzlich die Küsten von Verapaz und Honduras erwähnt. Der *Golfo Dulce* reicht unter dem Meridian von Sonsonate mehr als 20 Meilen landeinwärts, so dass die Entfernung zwischen dem Dorf von Zacapa (in der Provinz Chiquimula nahe dem südlichen Rand des *Golfo Dulce*) und der Pazifikküste nur 21 Mei-len beträgt. Die nördlichen Flüsse kommen in die Nähe der Wasser, die von den Izalco- und Sacatepé-quez-Kordilleren in Richtung Pazifik fließen. Östlich vom *Golfo Dulce* gibt es in der *partido* von Comaya-gua den Río Grande de Motagua (auch *Río de las bodegas de Gualán*), den Río le Camalecón, den Ulúa und den León, auf denen große Pirogen bis zu 30 oder 40 Meilen Inland fahren können. Höchstwahr-scheinlich wird hier die Kordillere, die eine Wasserscheide zwischen den beiden Meeren bildet, von transversalen Tälern durchtrennt. Die interesssante, von Herrn Juarros in Guatemala veröffentlichte Arbeit lehrt uns, dass die Wasser des schönen Tals von Chimaltenango gleichzeitig in Richtung der südlichen und der nördlichen Küsten fließen. Dampfschiffe werden eines Tages den Handel auf dem Río Motagua und dem Río Polochic erneut anregen.

[422] Ich könnte das Synonym San Juan (del Norte) hinzufügen, wenn ich nicht befürchtete, dadurch Anlass zu geben, den Atrato mit dem Río San Juan (de Nicaragua) und dem Río San Juan (de Charam-bira) zu verwechseln. Der Name des Río Dabeiba rührt von einer Kriegerin her, die, nach den Be-schreibungen der frühen Chronisten der Eroberung, über die bergige Gegend zwischen dem Atrato und dem Oberlauf des Río Sinú (Zenu) nördlich der Stadt Antioquia herrschte. Laut der Werke von Petrus Martyr von Anghiera (*Oceanica*, S. 52) wurde in einem lokalen Mythos die Frau mit einer Blitze herun-terschleudernden Gottheit der Hochgebirge verwechselt. Heute erkennt man den Namen Dabeiba im Namen des Bergs Abibe (oder Avidi), wieder ein Name, den man den *Altos del Viento* bei 7°15′ Breite

rend der der Revolution in Spanisch-Amerika vorangehenden Kriege beachtenswerte Mengen von Kakao aus Guayaquil nach Cartagena de Indias. Der Kanal von Raspadura – ich glaube, der Erste gewesen zu sein, der in Europa auf ihn aufmerksam gemacht hat – ist nur für kleine Schiffe geeignet, aber er könnte leicht vergrößert werden[423], wenn man die als Caño de las Animas, de Caliche und de Aguas Claras bekannten Bäche zusammenlegte. In einer Gegend wie Chocó, wo es das ganze Jahr hindurch regnet und man jeden Tag Donner vernimmt, ist es einfach, Reservoirs und Zuflussgräben zu bauen. Da die barometrischen Messungen von Herrn Caldas bisher noch nicht veröffentlicht worden sind, bleibt uns die Höhe des Scheitelpunkts zwischen San Pablo und dem Río Quibdó unbekannt. Wir wissen nur, dass es in diesen Gegenden bis auf eine Höhe von 360 bis 400 Toisen über dem

| II.310–312

westlich von Boca del Espíritu Santo (oder der Cauca-Ufer) gab. Was ist der Ebojito-Vulkan, den La Cruz und López [de Vargas Machuca] in der fast menschenleeren Gegend zwischen dem Río San Jorge, einem Zufluss des Cauca, und dem Oberlauf des Río Murri, einem Zufluss des Atrato, platzieren? Es scheint mir sehr zweifelhaft, das dieser Vulkan überhaupt existiert.

[423] *Relación del estado del Nuevo Reyno de Granada que hace et Arzobispo Obispo de Cordova* [Antonio Caballero y Góngora] *a su sucessor el Exc. Sr. Fray Don Francisco Gil y Lemos* [Taboada Lemos y Vallamarín] 1789, Fol. 68 (Handschrift verfasst vom Sekretär des Erzbischofs und Vizekönigs, Don Ignacio Cavero [y Cárdenas, Marquis de Arcos]). *Representación que dirigió Don José Ignacio Pombo al consulado de Cartagena en 14 de Mayo 1807 sobre el reconocimiento del Atrato, Zenú y San Juan*, Fol. 38 (Handschrift). Das Wasser in der Raspadura- (auch Bocachica-) Schlucht kommt heute ausschließlich aus den Talengen von Quiadocito, Platinita und Quibdó. Nach den Informationen, die ich (in Honda und Vilela nahe Cali) von Personen erhielt, die in Chocó zur Gewinnung von Goldstaub (*rescate*) angestellt waren, vereint sich der Río Quibdó, der mit dem Mina-de-Raspadura-Kanal verbunden ist, mit dem Río Zitara und dem Andagueda in der Nähe des Dorfes Quibdó (gewöhnlich Zitara genannt); nach einer von mir soeben erhaltenen handgezeichneten Karte aus Chocó, auf der der Raspadura-Kanal (Br. 5° 20′ ?) etwas oberhalb der Mina de las Animas gleichermaßen mit dem Río San Juan und dem Río Quibdó zusammentrifft, liegt das Dorf Quibdó am Zusammenfluss des gleichnamigen kleinen Flusses mit dem Río Atrato, in den drei Meilen flussaufwärts in der Nähe von Lloro der Río Andagueda hineinfließt. Von seiner Mündung (Br. 4° 6′) südlich von Punta de Charambira aus ergießen sich in den in Richtung NNO fließenden großen Río San Juan nacheinander der Río Calima, der Río Nó (oberhalb des Dorfes von Noanama), der Río Tamana, der nahe Novita vorbeifließt, der Río Iro, die Quebrada de San Pablo und letztlich, in der Nähe des Dorfes Tadó, der Río de la Platina. In der Provinz Chocó sind nur die Flusstäler bewohnt; die Provinz hat drei Handelsverbindungen: nach Norden mit Cartagena über den Río Atrato, dessen Ufer von 6° 45′ Breite völlig menschenleer sind; nach Süden mit Guayaquil und vor dem Jahr 1786 mit Valparaíso über den Río San Juan; und nach Osten mit der Provinz Popayán über den Tambo de Calima und mit Cali. Man braucht einen Tag, um flussabwärts auf dem Río San Juan von Tadó nach Noanama zu gelangen; von Noanama sind es vier Tage nach Tambo de Calima (Br. 4° 12′) und von dort aus nach Cali (Br. 3° 25′); Im Cauca-Tal braucht man fünf Tage von Popayán aus, indem man den Río Dagua, auch San Buenaventura, und die westliche Kordillere der Anden von Popayán überquert. Ich gebe diese örtlichen Einzelheiten an, weil man auf den Karten die Raspadura-Schlucht, die als Kanal dient, mit den Tragetransportwegen von Calima und San Pablo verwechselt. Der *Arastradero* von San Pablo führt auch zum Río Quibdó, aber mehrere Meilen überhalb der Mündung des Raspadura-Kanals. Warensendungen (*géneros*) von Popayán nach Cali, von Tambo de Calima und Novita nach *Chocó del Norte*, also nach Quibdó, nehmen gewöhnlich den San-Pablo-*Arastradero* ([José Manuel] Restrepo, *Estado de Colombia* in 1823, S. 24). Der Geograph La Cruz bezeichnet den ganzen Isthmus zwischen den Oberläufen des Río Atrato und des Río San Juan als *Arastradero del Toró* (für die Höhenlage der *Zone des Golds siehe* [Francisco José de Caldas,] *Semanario de S.-Fé*, Bd. I, S. 19).

Meeresspiegel (aber niemals unter 50 Toisen) einige *Goldwäschen* gibt. Die Lage des Kanals im Landesinneren des Kontinents, seine erhebliche Entfernung von beiden Küsten und die häufigen Wasserfälle (*raudalitos y choreras*) in den Flüssen von Charambira bis zum Golf von Darien, die man hinauf- und hinabfahren muss, um beide Meere zu erreichen, sind Hindernisse, die beim Bau einer *ozeanischen Verbindungsstrecke* durch Chocó viel zu schwierig zu überwinden wären. Obwohl diese Strecke keine Durchfahrtsmöglichkeit für schwere Schoner bietet, verdient sie dennoch nicht weniger Aufmerksamkeit von einer klugen Verwaltung: Sie würde den Binnenhandel sowohl zwischen Cartagena und der Provinz Quito als auch zwischen dem Hafen Santa Marta und Peru neu beleben. Um diese Diskussion abzuschließen, wollen wir darauf hinweisen, dass das Ministerium in Madrid nie den Vizekönig von Neugranada weder dazu angehalten hat, die Raspadura-Schlucht zu schließen, noch dazu, denjenigen, die einen Kanal in Chocó wiederherstellen wollten, die Todesstrafe aufzuerlegen, wie es in einem vor kurzem erschienen Bericht behauptet wird[424]. Diese empfindliche Politik erinnert wahrlich an den während meines Aufenthalts in Amerika dem Vizekönig von Neuspanien erteilten Befehl, die Weinreben in den *provincias internas* herauszureißen; man kann den Hass auf den Weinbau in den Kolonien allerdings auf den Einfluss einiger Kaufleute aus Cádiz zurückführen, die um jeden Preis das zu schützen suchten, was sie als ihr alteingestandenes Monopol bezeichneten, wohingegen eine kleine Talenge in den Wäldern von Chocó der Wachsamkeit des Ministeriums und dem Neid des Mutterlandes viel leichter entging.

Nach meiner Untersuchung der Lage verschiedener Scheitelpunkte gemäß den von mir bisher zusammengestellten, unvollständigen Informationen verbleibt es mir, durch einen Vergleich mit dem, was Menschen bereits gebaut haben, nachzuweisen, dass beim heutigen Stand unserer Zivilisation die Möglichkeit einer ozeanischen Verbindung in der Neuen Welt verwirklicht werden kann. Je komplizierter Probleme werden und je mehr sie gleichzeitig von ortsgebundenen Variablen abhängen, desto schwieriger ist es, den *maximalen* Aufwand an Intelligenz und physischer Kraft zu bestimmen, den Völker in der Lage sind, aufzuwenden. Seit tausenden von Jahren, von der unbekannten Epoche, in der die Pyramiden von Gizeh errichtet wurden bis zum Bau der gotischen Spitztürme und der Kuppel des Petersdoms, hat die Menschheit keine Bauwerke geschaffen, die 450 Fuß überragen; aber sollte man es wagen, aus dieser Tatsache zu schließen, dass die moderne Architektur nicht über eine Höhe hinauskommen kann, die kaum vierzigmal die von Termitenhügeln ist? Wäre es allein eine Frage von Kanälen mittlerer Größe für Zwecke der Binnenschifffahrt von nicht mehr als drei bis sechs Fuß Tiefe, könnte ich vor langer Zeit gebaute Kanäle nennen, die Scheitelpunkte von Bergen in Höhen von 300 bis 580

|II.313

|II.314

---

[424] Robinson, [*Memoirs of the Mexican Revolution,*] Bd. II, S. 266.

Fuß überwinden[425]. Allein England, dessen Kanäle eine Länge von 584 Seemeilen
haben, hat 19, die die Wasserscheiden zwischen den Flüssen der westlichen und
östlichen Küsten bewältigen. Die Ingenieure haben seit langem nicht mehr 582
Fuß, das heißt, die Höhe der den Naurouze-Pass mit dem Canal du Midi verbindenden Schleusenkammer, als die *maximale* Höhe angesehen, die man vernünfti-
gerweise von einem solchen hydraulischen Bauprojekt erwarten könnte, so dass ein
berühmter Mann, Herr Perronet, den Bourgogne-Kanal für ein durchaus ausführ-
bares Unterfangen gehalten hatte; dieser Kanal verläuft zwischen den Flüssen Yonne
und Saône und muss (in der Nähe von Pouilly) eine Höhe von 621 Fuß über dem
tiefen Wasserstand der Yonne überwinden. Indem man Schrägaufzüge und Eisenbahnen (*railways*) mit Schifffahrtsrouten verknüpfte, konnte man Schiffe bei einer
Höhe von tausend Fuß durch den Monmouthshire-Kanal schleusen. Dennoch sind

|II.315
|II.316

|II.317

[425] Hier nun teilweise Daten für zehn Kanäle geordnet nach der Höhe ihrer Scheitelpunkte:

NAMEN DER KANÄLE	Höhe der Scheitelpunkte in Königsfuß (Pieds de Roi)
Languedoc-Kanal oder *Canal du Midi.* (Länge, 122 480 Toisen; durchschnittliche Tiefe, 6 Pieds 2 Pouces; Anzahl der Schleusen, 62; Baukosten zur Zeit Louis XIV. fast 16 280 000 Francs; heute 33 Millionen Francs). G.S.	582
Leominster-Kanal. (Länge, 37 745 Toisen; Kosten, 14 Millionen Francs). K.S.	465
Huddersfield-Kanal. (Länge, 15 900 Toisen; Kosten, 6,5 Millionen Francs). K.S.	409
Leeds-und-Liverpool-Kanal. (Länge, 106 700 Toisen; Anzahl der Schleusen, 91; Kosten, 14 400 000 Francs). G.S.	404
Canal du Centre zwischen der Saône und der Loire. (Länger, 58 300 Toisen; Tiefe, 5 Fuß; Anzahl derr Schleusen, 80; Kosten, 11 Millionen Francs). G.S.	403
Grand Trunk Canal, auch *Trent and Mersey.* (Länge, 272 000 Toisen; Tiefe, 4–5 Fuß; Anzahl der Schleusen, 75; Kosten, 9 ½ Millionen Francs). G.S.	382
Grand-Junction Canal. (Länge 74 400 Toisen; Tiefe, 4 Fuß 3 Zoll; Anzahl der Schleusen, 101; Kosten, 48 Millionen Francs). G.S.	370
Canal de Briare, erbaut 1642, der älteste Wasserscheidenkanal. (Länge, 14 500 Toisen; Tiefe, 4 Pieds; Anzahl der Schleusen, 40; Kosten, 10 Millionen Francs). G.S.	243
Forth and Clyde Canal. (Länge, 34 000 Toisen; Tiefe 7 ½ Fuß; Anzahl der Schleusen, 39; Kosten, 10 Millionen Francs). G.S.	155
Kaledonischer Kanal. (Länge, 18 500 Toisen; Anzahl der Schleusen, 23; Tiefe, 18 Pieds 9 Pouces; Kosten, 19 Millionen Francs). G.S.	88

Ich habe Abkürzungen für die Bezeichnungen *Große Schifffahrt* [G.S.] und *Kleine Schifffahrt* [K.S.] hinzugefügt, um Kanäle nach britischem Brauch zu unterscheiden. Die Schleusen der ersten Kategorie sind
mindestens 64 Fuß lang und 14 Fuß breit; die der zweiten Kategorie sind auch 64 Fuß lang aber nur
sieben Fuß breit. Die Wasserscheide des *Canal de Monsieur* [der Rhein-Rhône-Kanal] liegt 590 Fuß über
dem Wasserspiegel des Rheins.

ähnliche Bauwerke, wie wichtig sie auch immer für einen erfolgreichen Binnenhandel eines Landes sein mögen, kaum das, was man als *Seeschifffahrtskanäle* bezeichnen könnte.

In der Diskussion, die uns hier beschäftigt, handelt es sich um Verbindungen
zwischen zwei Meeren mittels Schiffen, deren Typen und Tonnage sie für den
Handel mit Indien und China geeignet machen. Der Fleiß der Völker Europas hat
uns bereits zwei Beispiele solcher transozeanischen Verbindungen in sehr großem
Maßstab beschert: den Eider- oder Holstein-Kanal [später Nord-Ostsee-Kanal]
und den Kaledonischen Kanal. Der erste dieser Kanäle, gebaut zwischen 1777 und
1784, verbindet die Ostsee mit der Nordsee zwischen Kiel und Tönningen mit nur
|II.318   sechs Schleusenkammern und einem Höhenunterschied von 28 Fuß. Er trennt den
Festlandteil Dänemarks von Deutschland und erspart Schiffen mittlerer Größe die
oft gefährliche Fahrt durch das Kattegat und den Sund. Dieser Kanal nimmt Schiffe
von 140 bis 160 Tonnen auf[426], die von Häfen in Russland und Preußen kommen
und nach England, dem Mittelmeer, Philadelphia, Havanna und sogar zur Westküste Afrikas unterwegs sind. Diese Schiffe haben einen *Tiefgang* von nicht mehr
als acht bis zehn Fuß[427]. Sie werden typischerweise in Holland oder im Baltikum
gebaut und haben sehr flache Wrangen und daher bei geringer Wasserverdrängung
|II.319   ein großes Fassungsvermögen. Der Kaledonische Kanal, nicht unbedingt das nütz-
lichste aber sicherlich das bis heute prachtvollste hydraulische Unternehmen, ist ein
ozeanischer Kanal im wahrsten Sinne des Wortes. Er verbindet zwischen Inverness
und Fort Williams die Ostküste mit der Westküste Schottlands durch eine Fels-
schlucht, die die Natur selbst für diesen Zweck bereitgestellt zu haben scheint. Der
schiffbare Teil ist 17 Meilen lang (deren 20 auf einen Grad), von denen nur sechseinhalb Meilen von Menschenhand gebaut sind; der Rest ist auf natürliche Weise
schiffbar durch Loch Oich und Loch Lochy, die einst durch eine felsige Schwelle
voneinander getrennt waren. Dieser Kanal wurde innerhalb von 16 Jahren fertiggestellt; er kann 32-Kanonen-Fregatten und schweren Frachtschiffen für den Über-
seehandel die Durchfahrt gewähren. Seine durchschnittliche Tiefe beträgt 18 Fuß
und acht Zoll (6,09 m) und seine größte Breite an der Grundlinie 47 Fuß (15,2 m).
Jede der 23 Schleusenkammern ist 60 Fuß lang und 37 Fuß breit.

Wie auch bei meiner Diskussion der praktischen Gesichtspunkte am Ende dieses Kapitels richte ich mich hier nur an Vergleichen mit bereits vervollständigter
menschlicher Arbeit aus. Zuerst möchte ich darauf hinweisen, dass die Breite der
|II.320   Landengen von Cupica und Nicaragua, deren Scheitelpunkte von unbedeutender

---

[426] Von 75 bis 90 *Last* [eine frühhansische Maßeinheit: ursprünglich die Menge an Getreide, die auf
einem Wagen mit vier Pferden tranportierten werden konnte.] Das Aufnahmevermögen der auf den
großen Schifffahrtskanälen Englands fahrenden Frachtkähne liegt generell nur bei 40 bis 60 Tonnen: die
größten Schiffe auf dem Languedoc-Kanal haben 120 Tonnen. Den Großteil der innerhalb von England
transportieren Güter, wie Kohle, Eisen und Backsteine, kann man in kleinere Mengen und verschiedene
Größenformate verwandeln; das ist mit Holzfässern für Wein und Öl in Frankreich nicht der Fall.
[427] Mit Pieds ist stets die alte französische Maßeinheit pieds *de roi* [Königsfuß oder Pariser Fuß] gemeint
[= 32,48 cm]; sechs Pieds, wenn nicht anders angegeben, entsprechen 1,949 m.

Höhe sind, fast die gleiche ist wie die Breite des Gebietes, das der künstliche Teil des Kaledonischen Kanals durchquert. In der Lage seines Binnensees und der Verbindung dieses Sees mit dem Karibischen Meer durch den Río San Juan gleicht der Isthmus von Nicaragua in vieler Hinsicht dieser Schlucht im schottischen Hochland, wo der River Ness eine natürliche Verbindung zwischen den Bergseen und dem Golf von Murray herstellt. In Nicaragua, wie auch im schottischen Hochland, gibt es nur eine einzige Erhöhung zu überwinden; wenn der Río San Juan[428] für den Großteil seines Laufes 30 bis 40 Fuß tief ist, wie man behauptet, dann müsste man nur einen Teil von ihm durch Wehre und seitliche Schneisen *kanalisieren*.

|II.321

Was die Tiefe des ozeanischen Kanals in Mittelamerika angeht, glaube ich, dass er sogar flacher als der Kaledonische Kanal sein könnte. Innerhalb der letzten 15 Jahre haben neue Methoden im Handel und in der Schifffahrt bedeutende Veränderungen im Fassungsvermögen oder Cargo der Schiffe hervorgebracht, die gewöhnlich im Handel mit Kalkutta und Kanton eingesetzt werden. Eine sorgfältige Prüfung der offiziellen Verzeichnisse der Schiffe, die innerhalb von zwei Jahren (Juli 1821 bis Juni 1823) von London und Liverpool aus Handel mit Indien und China trieben, zeigt, dass von 216 Schiffen *zwei Drittel* unter 600 Tonnen lagen, ein Viertel zwischen 900 und 1 400 Tonnen und ein Siebtel unter 400 Tonnen[429]. In Frankreich liegt die *durchschnittliche Tonnage* von Schiffen, die von den Häfen Bordeaux, Nantes und Le Havre im Handel mit Indien verkehren, bei 350 Tonnen. Von der Art der Geschäfte in fernen Gewässern hängt auch das Fassungsvermögen der dazu eingesetzten Schiffe ab. Wenn man Indigo aus Bengalen verschiffen will, kann es ausreichend und mitunter sogar günstiger erscheinen, Schiffe von 150 bis 200 Tonnen dazu zu benutzen. Man trifft vor allem in den Vereinigten Staaten das System kleiner Frachtsendungen an, wo man alle Vorteile des zügigen Be- und Entladens

|II.322

---

[428] Dieser Punkt in der Nähe der Nutzwaldländer von Campeche (*cortes de Madera*) hatte die Aufmerksamkeit der Handelswelt schon lange vor der Veröffentlichung von Hern Bryan Edwards ausgezeichneter Arbeit über Jamaika ([*The History, Civil and Commercial, of the British Colonies in the West Indies*], Bd. V, S. 213) erregt. *Siehe* La Bastide, *Mémoir sur un nouveau passage de la Mer du Sud à la Mer du Nord* [1791], S. 7. Es gibt drei Möglichkeiten für einen Kanal in Nicaragua (wie ich in meinem *Essai politique [sur le royaume de la Nouvelle Espagne]* erklärt habe): entweder vom Nicaraguasee zum Golf von Papagayo, von diesem See zum Golf von Nicoya oder vom León- (oder Managua-)See zur Mündung des Río Tosta, und nicht vom León-See zum Golf von Nicoya, wie es der anderweitig verständliche Herausgeber der *Biblioteca Americana* besprach (Bd. III, August, S. 120). Gibt es einen Fluss, der vom León-See zum Pazifik führt? Ich bezweifele es, obwohl auf alten Karten eine Verbindung zwischen den Seen und dem Meer eingezeichnet ist (*Essai politique sur le royaume de la Nouvelle-Espagne*, Bd. I, S. 15). Die Entfernung vom südöstlichen Rand des Nicaraguasees bis zum Golf von Nicoya schwankt sehr stark (zwischen 25 und 48 Meilen) auf der Südamerikakarte von Herrn Arrowsmith und der schönen Karte des Hydrographischen Depots in Madrid, die den Titel *Mar de las Antillas, 1809*, trägt. Die Breite der Landenge zwischen dem Ostufer des Nicaraguasees und dem Golf von Papagayo beträgt vier bis fünf Seemeilen. Der Río San Juan hat drei Mündungen, von denen die zwei kleinsten *Taure* und *Caño Colorado* genannt werden. Auf einer der Inseln im Nicaraguasee, Ometepe, gibt es einem Vulkan [Concepción], der immer noch aktiv sein soll.

[429] [John] Phipps, *East India Shipping, a Return to the Order of the House of Commons*, London 1823. Ich habe britische zu französischen Tonnen vereinfacht; die letzteren sind um 10 Prozent leichter.

| II.323 von Schiffen und eines raschen Umlaufs von Kapital zu schätzen weiß. Amerikanische Schiffe, die das Kap der Guten Hoffnung auf dem Weg nach Indien umsegeln oder Kap Hoorn auf dem Weg nach Peru, laden eine durchschnittliche Fracht von 400 Tonnen. Walfänger im Pazifik können Fracht von zwei- bis dreihundert Tonnen aufnehmen. Aus alter Gewohnheit benutzt man im spanischen Amerika auch zu Friedenszeiten größere Transportschiffe. Beispielsweise liefen in Veracruz während meines Aufenthaltes in Mexiko 120 bis 130 aus Spanien kommende Schiffe mit einem Fassungsvermögen von generell 500 Tonnen ein. Nur zu Kriegszeiten segelten 300-Tonnen-Schiffe von dort aus nach Cádiz.

Diese Daten bieten ausreichende Beweise dafür, dass beim heutigen Stand des Welthandels ein Verbindungskanal wie der, den man zwischen dem Atlantik und dem Pazifik plant, groß genug wäre, wenn der Flächeninhalt seiner *Abschnitte* und die Kapazität seiner Schleusen Schiffen von 300 bis 400 Tonnen die Durchfahrt gewähren könnte. Dies sind die unteren Grenzwerte der Ausmaße, die beim Bau des Kanals eingehalten werden müssen. Nach dem was ich oben bereits aufgezeigt | II.324 habe beruht dieser Grenzwert auf der Annahme einer Aufnahmefähigkeit, die fast das Doppelte des Holstein-Kanals beträgt aber unter der des Kaledonischen Kanals liegt; der erste kann Schiffe zwischen 150 und 180 Tonnen aufnehmen, der zweite 32-Kanonen-Fregatten und Handelsschiffe vor mehr als 500 Tonnen. Es trifft zu, dass die Tonnage nur annähernd dem *Tiefgang* eines Schiffs entspricht, da eine mehr oder weniger symmetrische Konstruktion beeinflusst, wie sich ein Schiff handhaben | II.325 lässt und wie viel Fracht es befördern kann. Es ist jedoch anzunehmen[430], dass eine durchschnittliche Wassertiefe von 15 ½ bis 17 ½ Fuß in einem für Schiffe zwischen 300 bis 400 Tonnen konzipierten Verbindungskanal ausreicht, einer Tiefe, die 15 Zoll (pouces) unter der liegt, die die großen Baumeister, die Herren Rennie,

---

[430] Ich nehme an, dass eineinhalb Fuß Wasser unter dem Kiel ausreichen können, um ein Schiff in völlig ruhigen Wassern durch einen sorgfältig ausgeschachteten Kanal zu schleusen. Trotz der vielen Faktoren, die den Tiefgang von Schiffen mit dem gleichen Frachtvermögen beeinflussen können, kann man die folgenden Schätzungen provisorisch annehmen:

Frachtgewicht				Tiefgang		
1200	bis	1300	Tonnen	19	bis	20 Fuß
750		800		17		18
500		600		15 ½		17
300		400		14		16
200		250		11		12

Bei einer Sache, die von Interesse für alle Menschen ist, die die Fähigkeit haben, sich über die Zukunft der Völker und das allgemeine Fortschreiten der Zivilisation Gedanken zu machen, ist es meine Pflicht, an die wichtigsten Gegebenheiten zu erinnern, von denen die praktische Lösung dieses Problems abhängt. Der Crinan Canal in Schottland hat auch eine Tiefe von 11 bis 14 Fuß über eine drei Meilen lange Strecke.

Jessop und Telford, dem Kaledonischen Kanal gaben: Sie beträgt das Doppelte der Tiefe des Forth-und-Clyde-Kanals.

Die hier als Beispiele angeführten gigantischen Kanalbauwerke Europas kosteten nicht mehr als vier Millionen Piaster und mussten nur geringe Höhen von weniger als 90 bis 100 Fuß überwinden. Die Kanäle, die Scheitelpunkte von 400 bis 600 Fuß übersteigen, sind bisher nur vier bis sechs Fuß tief. Die Schwierigkeiten vermehren sich offensichtlich mit zunehmender Höhe der Wasserscheide, durch die Tiefe der Ausschachtungen und durch die Breite, nicht die Anzahl, der Schleusen. Es handelt sich nicht allein darum, einen Kanal zu graben; man muss sichergehen, dass die Wassermenge, die man aus den höher gelegenen Gebieten | II.326 der Wasserscheide herleitet, stets ausreicht, um den Kanal zu speisen und das durch Schleusen, Verdunstung und Filtrierung verlorene Wasser zu ersetzen. Wie wir weiter oben gesehen haben bietet bei den örtlichen Umständen der Landengen von Cupica und Huasacualco (auch Coatzacoalcos) die zu überwindende Schwellenhöhe ein weitaus kleineres Hindernis für einen transozeanischen Kanal als die Beschaffenheit der Flussbetten (des Río Naipi und des Río del Pasco), die entweder mit Hilfe von durch Dampfpumpen betriebene Schöpfwerke, Wehre oder seitliche Abflussrinnen *kanalisiert* werden müssen. Im Regierungsbezirk Nicaragua würde die große Tiefe des Río San Juan und vor allem des Nicaraguasees (*Laguna de Granada*), nach Herrn Robinson 17 bis 14 Fuß, nach Herrn Juarros 20 bis 55 Fuß, ähnliche Kanalisierungsarbeiten einfacher gestalten, wenn auch nicht völlig überflüssig machen. Die Höhe der Berge Panamas kommt wahrscheinlich der Höhe der Talwasserscheiden des Canal du Centre (zwischen Châlon-sur-Saône und Digoin) und des Grand-Junction-Kanals (zwischen Brentford und Braunston) gleich: Es ist sogar möglich, dass die Berge der Landenge höher sind und dass kein | II.327 von Süden nach Norden durchgehendes Tal sie völlig voneinander trennt. Man sollte solch ungünstige Lagen eher nicht in Betracht ziehen; allerdings muss man darauf hinweisen, dass ein hoher Bergrücken nicht unbedingt die Verbindung beider Ozeane vereiteln würde, es sei denn, es gäbe auf dem Scheitelpunkt für eine Durchfahrt unzureichende Wassermengen. Trotz der geringen Ausmaße der Schleusenkammern und einer fünf bis sechs Fuß nicht übersteigenden Kanaltiefe hat man die sieben und acht aufeinanderfolgenden Schleusen, die in den Kanälen von Briare und Languedoc[431] 64 bis 70 Fuß hohe Wasserfälle überbrücken, schon lange als außergewöhnliche Bauwerke angesehen. *Neptune's Staircase*, Neptuns Treppe, im Kaledonischen Kanal ist eine ähnliche Sequenz von aufeinanderfolgenden Schleusen aber von viel größerem Umfang: Dort können Fregatten in sehr kurzer Zeit bis auf eine Höhe von 60 Fuß angehoben werden. Dieses Kanalbauwerk kostete insgesamt nur 257 000 Piaster, das heißt, fünfmal weniger als drei Schächte in einem Bergwerk in Valenciana. Zehn *Neptune's Staircases* würden es Schiffen von 500 Tonnen ermöglichen, eine Wasserscheide von 600 Fuß zu passieren, eine größere Höhe als die der sich vom Mittelmeer zum Atlantik hinzie- | II.328

---

[431] In der Nähe von Rogny und Fonseranne.

henden Gebirgskette der Corbières. Ich spreche hier nur von möglichen Kanälen, die man nicht unbedingt bauen muss.

Das Wasservolumen, das man für einen Kanal benötigt, erhöht sich durch die Filtrierung, die Häufigkeit der Durchfahrten (die einen Wasserverlust in den *Schleusen* erzeugen[432]) und die Größe der Schleusenkammern, jedoch nicht durch ihre Anzahl. In den Tropen übersteigt die Leichtigkeit, mit der man riesige Mengen von Regenwasser speichern kann, bei weitem die Vorstellung europäischer Ingenieure. Als Ludwig XIV. die Gärten von Versailles verschönern wollte, gab sich Colbert der Hoffnung hin, dass Regen die 12 700 Hektar durch Teiche und Rückhaltebecken verbundenen Rasenflächen mit neun Millionen Kubik-Toisen Wasser versorgen

| II.329 könnte[433]. Jedoch kamen die Regenfälle in der Umgebung von Paris nur auf 19 bis 20 Zoll pro Jahr, wohingegen Regenfälle in der Heißen Zone der Neuen Welt, vor

| II.330 allem in den Urwaldgebieten, wenigsten 100 bis 112 Zoll betragen[434]. Dieser ungeheure Unterschied zeigt, wie ein fähiger Ingenieur allein die klimatischen Umstände in Mittelamerika ausnutzen kann, indem er Quellen mit speisenden Rinnen und bereits bestehenden Speichern verbindet. Trotz der hohen Lufttemperatur werden die Vorteile des in tiefen Auffangbecken gespeicherten tropischen Regens die Wasserverluste durch Verdunstung mehr als wettmachen. Die großartigen Experi-

| II.331 mente, die Herr de Prony in den Sumpfgebieten von Pontine ausgeführt hat und auch die der Herren Pin und Clauzade [auch Clausade][435] am Languedoc-Kanal,

---

[432] Unter *Schleusenwasser* versteht man die Wassermenge, die eine Schleusenkammer braucht, um ein Schiff entweder nach unten oder nach oben zu befördern.

[433] Man konnte leider nur ein Hundertfünfzigstel auffangen; der Rest ging bei der Filtrierung verloren, und man war dadurch gezwungen, eine Marly-Pumpmaschine zu bauen. Huerne de Pommeuse, *Sur les canaux navigables.* Anhang, S. 45.

[434] *Siehe* Bd. VII, S. 305; Bd. VIII, S. 423–27, 399–403. Selbst in Kendal im westlichen Teil Englands beträgt der durchschnittliche jährliche Regenfall 57 Zoll; in Bombay 72 bis zu 106 Zoll; in Saint-Domingue 113 Zoll. Herr Antonio Bernardino Pereira Lago, ein Infanterieoberst im Ingenieurkorps, versichert, dass er allein im Jahr 1821 in San Luis de Maranhão (südliche Br. 2° 29′) einen Regenfall von 23 Fuß 4 Zoll und 9,7 Linien (englische Maßeinheiten) gemessen hatte, das heißt, ungefähr 260 französische Zoll. Ich bin geneigt, eine so außergewöhnlich große Wassermenge zu bezweifeln; allerdings habe ich in meinem Besitz die Barometer-, Thermometer- und Ombrometer-Messungen, die Herr Pereira angibt, *jeden Tag zu drei verschiedenen Zeiten* vorgenommen zu haben. Diese brasilianischen Untersuchungen wurden im sechzehnten Band der *Annaes das Ciências, das Artes e das Letras* veröffentlicht (S. 54–79), und der Beobachter, in seiner Beschreibung der von ihm benutzten Instrumente, weist im *Resumo das observações meteorologicas* ausdrücklich darauf hin, dass die Schale, in der er das Regenwasser sammelte, genau denselben Durchmesser hatte wie das zylinderförmige Messgerät. Dieser Durchmesser betrug nur sechs (englische) Zoll. Ich hoffe, dass diese wichtige Beobachtung in Maranhão und anderen, mit sehr reichhaltigem Regenfall gesegneten Tropengebieten, wie beispielsweise die am Río Negro, in Chocó und auf dem Panama-Isthmus, bestätigt werden kann. Die von Herrn Pereira Lago angeführte Menge ist zweieinhalb Mal größer als was man im Durchschnitt auf Saint-Domingue beobachtet hat. Jedoch ist die Regenmenge, die an der Westküste Englands fällt, dreimal so groß wie die jährlich in Paris gemessenen Niederschläge. Zwischen sehr dicht beieinanderliegenden Breiten gibt es enorme Unterschiede. Kapitän Roussin berichtete von 151 Pouces Regen in Cayenne allein im Monat Februar! (Arago in *Annales du Bureau des Longitudes*, 1824, S. 165; [Riche de] Prony, *Description hydrographique et historique des marais Pontins*, S. 33, 110, 116.)

[435] [J.-A.] Ducros, *Mémoires sur les quantités d'eau*, 1800, Nr. 2, S. 41.

ergaben auf 41° und 43°,5 Breite eine Verdunstung von 348 Linien pro Jahr. Meine eigenen Untersuchungen in den Tropen reichten für zu verallgemeinernde Ergebnisse nicht aus; wenn man jedoch annimmt, dass die Lufthülle sowohl in Südfrankreich als auch in der Heißen Zone gleichermaßen ruhig ist, dass die jährlichen Höchsttemperaturen durchschnittlich zwischen 15° und 27° C liegen und dass die durchschnittliche relative Luftfeuchtigkeit zwischen 82° und 86° liegt (gemessen mit einem Haarhygrometer), schließe ich, zusammen mit Herrn Gay-Lussac, daraus, dass die Verdunstung in den zwei Zonen sich wie eins zu 1,6 verhält, wohingegen ihre jeweilige Regenmenge in einem Verhältnis von eins zu vier steht. Darüber hinaus sollte man nicht vergessen, dass Kanäle nicht nur wegen ihrer eigenen Oberflächen Wasser durch Verdunstung verlieren, sondern auch durch die Niederschläge aus ihren sehr weitläufigen Umfeldern gespeist werden. Bei dem für hydraulische Bauwerke erforderlichem Wasservolumen muss man zwischen der Wassermenge für den gesamten Kanal, das heißt, seine Länge und Breite, und dem Wasser in den | II.332 Schleusen selbst, das heißt, die *Ausfüllmenge*[436] jeder einzelnen Schleusenkammer (oder die Wassermenge, die bei jeder Durchschleusung eines Schiffes von einer höheren Kammer in eine untere fließt) unterscheiden. In beiden Fällen vermindert sich das Wasservolumen durch Verdunstung und Filtrierung, wobei Wasserverluste durch Filtrierung (die sehr schwer zu schätzen sind) im Laufe der Zeit abnehmen. Die für einen *Seekanal* in der Neuen Welt erforderliche Länge und Breite bestimmt daher das Wasservolumen für seine Füllung nach der Ausschachtung oder nach einer Außerbetriebnahme wegen anfallender Reparaturen: Aber von Wasserverlusten durch Filtern und Verdunstung abgesehen hängt die jährliche Wassermenge | II.333 zur Füllung eines Kanals allein von der Größe und Anzahl der *Schleusenkammern* ab, das heißt, von der *Ausfüllmenge* und vom Schiffsverkehr. Ich bestehe auf diesen technischen Einzelheiten, um die Befürchtung auszuräumen, dass es nicht ausreichend Wasser gäbe, um einen recht langen Seekanal zu speisen. Wenn ein solcher Kanal auch kleine Schiffe für die Binnenschifffahrt aufnehmen müsste, könnte man den großen Schleusenkammern kleinere hinzufügen, um dadurch Wasser zu sparen, wie

---

[436] Bei aneinandergefügten Schleusenkammern muss man die *Wasserlinie*, oder das Wasservolumen [d. h. Ober- und Unterwasser], berücksichtigen, mit dem ein Schiff auf dem Weg von einer Kammer in die andere entweder angehoben oder abgesenkt wird. Man braucht viel mehr Wasser für eine Anhebung als für eine Absenkung, und die Verteilung der Gefälle und die Höhe der aufeinanderfolgenden Kammern haben einen starken Einfluss darauf, wieviel Wasser ein Kanal braucht (Ducros, *Mémoires sur les quantités d'eau*, S. 39. [Riche de] Prony in der Arbeit des Herrn de Pommeuses, [*Des Canaux navigables*], S. 23; [Pierre Simon] Girard in *Annales de Physique et de Chimie*, 1823, Bd. XXIV, S. 137).

man es beim Grand Junction Canal getan hat und wie man es auch schon seit einiger Zeit für den Kaledonischen Kanal geplant hat[437].

Es ist wahrscheinlich, dass man die Provinz Nicaragua für eine Verbindung der zwei Ozeane auswählt, und es wird ein Leichtes sein, dort eine lückenlose schiffbare Route zu schaffen. Die zu durchquerende Landenge ist nur fünf bis sechs Seemeilen breit: Das einzige Hindernis sind einige Anhöhen dort, wo sie am schmalsten ist, zwischen dem Westufer des Nicaraguasees und dem Golf von Papagayo; anderweitig besteht sie aus durchgehenden Steppen und Ebenen, die Fuhrwerken[438] hervorragende Durchgangswege (*camino carretero*) zwischen der Stadt León und der Küste von Realejo bieten. Der Nicaraguasee liegt das ganze 30 Meilen lange Tal des Río San Juan entlang über dem Meeresspiegel des Pazifiks: Die Höhe dieses Beckens ist im Land so gut bekannt, dass man sie einst als unüberwindbares Hemmnis für den Bau eines Kanals angesehen hatte. Man befürchtete entweder ein unbändiges Überfluten des Wassers in westlicher Richtung oder eine Abnahme des Wassers im Río San Juan, wo sich in der Trockenzeit sehr gefährliche Stromschnellen oberhalb des ehemaligen Castillo de San Carlos bilden[439]. Heute haben sich die

---

[437] Die Kapazität des Languedoc-Kanals, oder das zur Ausfüllung des ganzen Kanals notwendige Wasservolumen, beträgt nach den Berechnungen von Herrn Clauzade sieben Millionen Kubikmeter. Für das Durchschleusen von 960 Schiffen in beide Richtungen benötigt man 14 Millionen Kubikmeter pro Jahr. Dieser Wasserverbrauch, verursacht durch die etwas übermäßige Größe der Schleusenkammern und das große Verkehrsaufkommen durch kleine Schiffe, verhält sich zur Kapazität des Kanals wie zwei zu eins. Man braucht pro Jahr 3,5 Millionen Kubikmeter, um das Wasser nach der Sperrung des Kanals bis zum Fresquel-Fluss wieder aufzufüllen, und dieses Wasser fließt über neun Tage hinweg vom oberen Becken oder der künstlichen Quelle (Andréossy, S. 256; Pommeuse, S. 258 und 265). Für das Durchschleusen innerhalb von 320 Tagen wird der gesamte Wasserverlust des Kanals, der Auffangbecken und der Rigolen durch Verdunstung auf 1,9 Millionen Kubikmeter geschätzt (Ducros, *Mémoires sur les quantités d'eau*, S. 41). Ein Vergleich des Kaledonischen Kanals mit dem Languedoc-Kanal ergibt ein Verhältnis des Flächeninhalts ihrer Teilabschnitte wie fünf zu eins; die Längen jedes einzelnen ausgeschachteten Abschnitts (wenn man von den schiffbaren Teilen der schottischen Seen absieht) verhalten sich wie von eins zu 6,5. Aus diesem Vergleich geht hervor, dass die Kapazitäten der beiden Kanäle, von denen der eine Flachboote zwischen 100 und 120 Tonnen schleusen kann, fast gleich sind; der Unterschied des pro Schleusenkammer erforderlichen Wassers hängt von der *aufzufüllenden Wassermenge oder der Wasserlinie* ab. Die Schleusenkammern des Kaledonischen Kanals haben zwischen den Kammerwänden eine Breite von 37 Fuß und eine Länge von 160 Fuß; die des Kaledonischen Kanals betragen 31 Fuß in der Mitte, 20 Fuß zwischen den Kammerwänden und sind 127 Fuß lang. Wie wir bereits oben gesehen haben, dürften die Ausmaße eines Verbindungskanals in Amerika kleiner sein als die des großangelegten Kanals in Schottland.

[438] Dies ist der hauptsächliche Weg, auf dem man Güter von Guatemala nach León befördert, indem man die Fracht im Hafen von Conchagua im Golf von Fonseca (auch Amapala) anlandet.

[439] Diese kleine Festung, die von den Briten im Jahr 1665 erobert wurde, ist allgemein als El Castillo del Río San Juan bekannt. Nach Herrn Juarros lag sie zehn Meilen von östlichen Rand des Nicaraguasees entfernt. Im Jahr 1671 baute man auf einem Felsen an der Flussmündung eine weitere Festung: die *Presidio del Río de San Juan*. Schon im 16. Jahrhundert hatte der *Desagüadero de las Lagunas* die Aufmerksamkeit der spanischen Regierung erregt, die Diego López Salcedo befahl, in der Nähe des linken Ufers des *Desagüadero* (auch Río San Juan) die Stadt Nueva San Jaén zu gründen; in Bälde wurde die Siedlung verlassen, ebenso wie die Stadt *Bruselas* unweit des Golfs von Nicoya. Die Ufergebiete des Río San Juan sind in ihrem heutigen unbebauten Zustand überaus ungesund.

Fähigkeiten der Ingenieure und Architekten so weit verbessert, dass sie solche Gefahren nicht mehr fürchten. Der Nicaraguasee könnte als oberes Becken benutzt werden, wie man es im Kaledonischen Kanal mit Loch Oich getan hat, und die regulierenden Schleusen würden nur so viel Wasser einlassen, wie es für das Füllen der Kammern nötig ist. Wie ich an anderer Stelle aufgezeigt habe, ist der kleine Unterschied des Meeresniveaus zwischen dem Karibischen Meer und dem Pazifik allein auf Ungleichheiten zwischen Ebbe und Flut zurückzuführen. Ein ähnlicher Unterschied besteht zwischen den beiden Meeren, die der eindrucksvolle Kanal Schottlands verbindet; selbst wenn der Tidenhub stetig sechs Toisen betrüge, wie zwischen dem Mittelmeer und dem Roten Meer[440], wären die Bedingungen für einen Kanalbau dadurch nicht weniger günstig. Da die Winde auf dem Nicaraguasee stark genug sind, braucht man keine Dampfschiffe, um Seeschiffe vom einen Ozean in den anderen zu schleppen; jedoch wäre die Antriebskraft von Dampfmaschinen von großem Nutzen auf dem Weg von Realejo und Panama nach Guayaquil, wo sich im August, September und Oktober Flauten und Gegenwinde abwechseln. | II.337

In meinen Ausführungen über eine Verbindung der beiden Meere habe ich nur die einfachsten Mittel für ein derart gewaltiges Projekt angenommen. Für die Binnenschifffahrt sind die Benutzung von Dampfpumpen zum Füllen der Schleusenkammern in der Scheitelhaltung und unterirdische Tunnel (*tonnels*) vorzuziehen, wie man es für den bergigen Teil der Panama-Landenge in Betracht zieht und wie man es beim Canal de Saint Quentin über eine Strecke von 2 900 Toisen schon gemacht hat[441]. Ich bespreche hier nur die Möglichkeit eines transozeanischen Kanals in Mittelamerika; Kostenvoranschläge für die Erdarbeiten (Aushub und Ablagerung), die Schleusen, die Auffangbecken und die Rigolen sind von der Wahl der Örtlichkeiten abhängig. Der Kaledonische Kanal, die bis heute eindrucksvollste Anlage, kostete fast 3,9 Millionen Piaster; selbst wenn man den Wert der Silbermark dem heutigen Wechselkurs anpasste, wären es immer noch 2,7 Millionen Piaster weniger als die Kosten für den Languedoc-Kanal[442]. Zur Zeit von Bonapartes Ägyptischem Feldzug setzte Herr LePère die Kosten für den Suez-Kanal auf fünf bis sechs Millionen Piaster an, ein Drittel davon für die Nebenkanäle von Kairo und Alexandria. | II.338

| II.339

---

[440] Selbst in der Antike fürchtete man den Unterschied des Meeresniveaus zwischen dem Roten Meer und dem pelusischen Nilarm nicht, obwohl man ein Schleusensystem nicht kannte und nur genug wusste, um *euripes* [Wasserwege] mit hölzernen Stützpfeilern zu befestigen.

[441] Dieser *Tunnel* ist 15 Fuß breit. Herr Laurent [de Jussieu] hat für den unterirdischen Kanal eine durchgehende Länge von 7 000 Toises (fast drei Meilen), eine Breite von 21 Fuß und eine Höhe von 24 Fuß geplant. Er würde ein Sechstel länger sein als der berühmte Bergwerksstollen in Clausthal (der Georg-Stollen) im Harz. Um daran zu erinnern, was Menschen an unterirdischen Anlagen zu bauen in der Lage sind, erwähne ich noch die zwei eindrucksvollen Ausflussstollen im Bergwerksgebiet von Freiberg in Sachsen: Der eine ist 29 504 Toisen lang, der andere 32 433. Wenn man den Letzteren gradlinig angelegt hätte, wäre er fast doppelt so lang wie die Straße von Calais.

[442] [Huerne de] Pommeuse, [*Des Canaux navigables*,] S. 308. Darüber hinaus betrugen von 1686 bis 1791 die Kanalwartungskosten 25,67 Millionen Francs (*siehe* General Andréossys gelehrte Arbeit, *Histoire du Canal du Midi*, S. 345).

Die Landenge von Suez, wenn man den nie vom Meer bedrohten Teil miteinschließt, hat eine Breite von 59 000 Toisen (über 20 Seemeilen), und der entworfene Kanal mit vier Schleusenkammern[443] könnte viele Monate lang (solange die Regenzeit am

| II.340 Nil andauert) Schiffe mit einem Tiefgang von 12 bis 15 Fuß aufnehmen. Selbst wenn man annimmt, dass die Einrichtung eines transozeanischen Verbindungskanals in der Neuen Welt gleich teuer wäre wie die Kanäle in Languedoc, im schottischen Hochland und in Suez, glaube ich nicht, dass dieser Kostenfaktor den Bau einer solchen gewaltigen Anlage verzögern würde. In der Neuen Welt gibt es bereits mehrere Beispiele von ebenso eindrucksvollen Bauwerken. Im Bundesstaat New York baute man innerhalb von nur sechs Jahren einen mehr als 100 Meilen langen Kanal zwischen dem Eriesee und dem Hudson River. In einem Bericht an die staatlichen Gesetzgeber hatte man die Kosten auf ungefähr fünf Millionen Piaster geschätzt[444]. Wenn

| II.341 man alle gigantischen, aber wenig lobenswerten Anlagen in Betracht zieht, die seit zwei Jahrhunderten gebaut worden sind, um das Wasser der im Mexiko-Becken gelegenen Seen zu senken, so wird einem klar, dass man mit demselben Arbeitsaufwand die Landengen von Nicaragua und Huasacualco hätte durchstechen können, vielleicht sogar den Isthmus von Panama zwischen Gorgona (am Río Chagre) und der Pazifikküste. Im Jahr 1607 schachtete man im Norden Mexikos auf der Kehrseite der Anhöhe von Nochistongo einen 3 400 Toisen langen und 12 Fuß hohen unterirdischen Kanal aus. Der Vizekönig, der Marquis de Salinas [Luis de Velasco y Castilla], ritt auf einem Pferd durch die Länge des halben Kanals. Der zum Him-

---

[443] *Description de l'Égypte* (*État moderne*), 1808, Bd. I, S. 50, 60, 81 und 111. Die ehemalige Kanalverbindung zwischen dem Roten Meer und dem Nil (*Kanal der Pharaone*, Bubastis-Kanal), der zwar zur Zeit der Ptolemäer nicht schiffbar war aber zumindest zur Zeit der Kalifen, war nichts weiter als eine 25 Meilen lange Abzweigung des pelusischen Nilarms unweit von Bubastis, dessen Tiefe, vermutlich 12 bis 15 Fuß, für schwer beladene, seetüchtige Schiffe ausreichte.

[444] [David Bailie] Warden, *Description statistique, historique et politique des États-Unis de l'Amérique septentrionale*, Bd. II, S. 197; Morse, *New System of Modern Geography*, 1823, S. 122. Dieser 294 590 Toisen lange Kanal hat eine Tiefe von nur vier Fuß (zwei Drittel der Tiefe des halb so langen Languedoc-Kanals). Der Eriesee liegt 88 Toisen über dem mittleren Wasserstand des Hudson River. Die Schiffe werden zunächst durch 25 Schleusen von Buffalo am Eriesee nach Montezuma am Seneca River (an Palmyra und Lyon vorbei) über eine Länge von 166 englischen Meilen und 30 Toisen gleichmäßig abgeschleust; danach werden sie von Montezuma nach Rome am Mohawk über eine Strecke von 77 Meilen acht Toisen hinaufgeschleust; schließlich werden sie nochmals ohne Unterbrechung durch 46 Schleusenkammern über eine Strecke von 113 Meilen von Rome nach Albany am Hudson River und an Utica vorbei auf eine Höhe von 66 Toisen abgesenkt. Das Gesamtgefälle beträgt also neun Toisen weniger als der Höhenverlust eines Schiffes vom Scheitelstand des Languedoc-Kanals zum Mittelmeer. Bei dieser Gelegenheit weise ich darauf hin, dass dies das *maximale* Gefälle ist, das ich auf einer *natürlich schiffbaren Strecke* ohne Wasserfälle und Stromschnellen in einem der größten Flüsse Südamerikas vorgefunden habe. Um von Cartagena de Indias nach Honda zu gelangen, muss man den Río Magdalena flussabwärts rudern und dabei ein Gefälle von 135 Toisen überwinden: Dieses Gefälle ist um fünfzig Prozent größer als das vom Eriesee zum Hudson River, aber die schiffbare Strecke auf dem Río Magdalena ist um ein Drittel länger. Wenn man die sanfte Senkung des Flusses zwischen Morales und seiner Mündung berücksichtigt, wird es klar, dass man mit einem Schiff 80 Meilen auf einer schiffbaren Strecke ohne Schleusen bis auf ein 100 Toisen hohes Plateau gelangen würde, was ein Gefälle von 0,43 Toisen über einen Wasserweg von 1 000 Toisen ergäbe.

mel offene Graben (*tajo de Huehuetoca*), der heute das Tal entwässert, hat eine Länge
von 10 600 Toisen: Ein beachtlicher Teil davon durchquert ein Gebiet von Trans-
portwegen. Der Graben hat eine senkrechte Tiefe von 140 bis 180 Fuß und ist an
seiner Öffnung 250 bis 330 Fuß breit. Von 1607 bis zur Zeit meines Aufenthalts im
Januar 1804 sind die Kosten der gesamten hydraulischen Arbeiten[445] am *Desagüe de
Mexico* auf 6,2 Millionen Piaster angestiegen. Wie könnte man also befürchten, nicht
das nötige Geld für einen transozeanischen Kanal aufzubringen, angesichts der Tat- | II.343
sache, dass allein die Familie des Grafen von Valenciana [auch Antonio Obregón
y Alcocer] den Mut dazu besaß, vier Bergwerksschächte[446] in Guanajuato abteufen
zu lassen, deren Kosten insgesamt 2,2 Millionen Piaster betrugen? Selbst angenommen, dass die jährlichen Kosten des Durchstichs der Landenge sich für eine gewisse
Anzahl von Jahren auf sieben- oder achthunderttausend Piaster beliefe, ließe sich
diese Summe doch leicht aufbringen, entweder durch Aktionäre oder durch die verschiedenen amerikanischen Länder, denen neue Schiffsrouten zum Norden von Peru,
den Westküsten von Quito, Guatemala und Mexiko, nach Nootka, den Philippinen
und China unschätzbare Handelsvorteile böten.

Nach meiner kürzlichen Befragung aufgeklärter Mitglieder der neuen Regierungen in Äquinoktialamerika glaube ich, dass man keinen Aktienverband gründen
müsste, bis nicht die Möglichkeit erwiesen ist, zwischen 7° und 18° nördlicher | II.344
Breite einen Kanal für Schiffe von drei- bis vierhundert Tonnen zu bauen und bis
man das Baugebiet erschlossen und festgelegt hat. Ich werde darauf verzichten, mich
darüber zu äußern, ob dieses Gebiet „eine separate Republik unter dem Namen
Junctiana unter der Jurisdiktion der Vereinigten Staaten" sein sollte, wie es vor kurzem in England ein Mann vorschlug, dessen Absichten stets lobenswert und unvor-
eingenommen sind. Ganz gleich, welche Regierung das Land für den Bau des
großen transozeanischen Verbindungskanals für sich beansprucht, müssen die Vorteile dieser hydraulischen Anlage all denjenigen Nationen in beiden Welten zufallen,
die durch Aktienerwerb ihren Bau mitfinanziert haben. Die einheimischen Regierungen im spanischen Amerika können die Erschließung von Gebieten, die
Nivellierung der Wasserscheiden, die Vermessung von Entfernungen, die Sondie-
rung der zu durchquerenden Seen und Flüsse beauftragen sowie die Schätzung des
Quell- und Regenwassers für die Füllung des oberen Beckens. Diese Vorbereitungs-
arbeiten sind nicht besonders kostspielig, aber sie müssen gleicherweise systematisch | II.345
auf den Landengen von Tehuantepec (auch Goazacoalcos), Nicaragua, Panama,
Cupica (auch Darién) und Raspadura (auch Chocó) durchgeführt werden. Wenn
man die Karten und Profilansichten der fünf Gebiete vor der Öffentlichkeit ausbreiten kann, wären mehr Menschen auf beiden Kontinenten von der Möglichkeit
einer Verbindung der beiden Ozeane überzeugt, was die Gründung einer Aktien-

---

[445] Mein *Essai politique sur le royaume de la Nouvelle-Espagne*, Bd. I, S. 204–35, erhält eine detaillierte
Geschichte dieser Arbeiten, basierend auf offiziellen handschriftlichen Dokumenten.
[446] *Tiro Viejo, Santo Cristo de Burgos, Tiro de Guadalupe und Tiro general*, deren Tiefen jeweils 697, 460,
1 061 und 1 582 Pieds (alte französische Maßeinheit) betragen.

gesellschaft anspornen würde. Eine freie Diskussion wird dann die Vor- und Nachteile der jeweiligen Stellen erörtern, und man würde sich bald auf zwei oder eine
von ihnen einigen. Die *Kanalgesellschaft* wird eine weitere, rigorosere Untersuchung
der lokalen Umstände vorlegen; man wird Kostenvoranschläge erstellen, und man
wird Ingenieuren, die an ähnlichen Arbeiten in Europa praktisch beteiligt waren,
die Ausführung dieser wichtigen Arbeit anvertrauen.

Sollte ein *transozeanischer Kanal* sich als unausführbar erweisen, so könnte man
kleinere Kanalabschnitte an einigen der eben erwähnten fünf Stellen ausschachten, um
den Binnenhandel dadurch zu unterstützen. Da für Aktionäre derartige Projekte
| II.346   sehr gewinnbringend wären, sollte man vielleicht die erste Phase der Erschließung
einer Gesellschaft in Rechnung stellen. Ein Schiff würde in mehreren Stufen Ingenieure und Instrumente an die Mündungen des Río Atrato, des Río Chagre und
nach Mandinga Bay befördern, sowie zum Río San Juan und zum Nicaraguasee
und zur Landenge von Huasacualco (auch Tehuantepec). Sehr einheitlich systema-
tische Nivellierungen und eine vergleichende Beurteilung der jeweiligen Vorteile
der verschiedenen Standorte würde dieses Unterfangen beschleunigen. Nachdem
die *für die erste Erschließung verantwortliche Gesellschaft* den geeigneten Ort und die
Ausmaße der Anlage in Verbindung mit der Tonnage der durchzuschleusenden
Schiffe und Boote festgelegt hat, könnte sie an die Öffentlichkeit appellieren, um
ihre verfügbaren Geldmittel zu vergrößern und eine *Ausführungsgesellschaft* zu bilden,
entweder (man darf es hoffen) für einen *transozeanischen Kanal* oder für *Binnenschiff-
fahrtskanäle*. Indem man die von mir soeben beschriebene Methode der Ausführung
nutzte, könnten alle Bedingungen erfüllt werden, die die Umsicht in einer den
Handel zwischen den beiden Welten betreffenden Angelegenheit gebietet. Die Kanalgesellschaft wird Aktionäre unter den Regierungen und Bürgern finden, die,
unempfänglich für die Verlockung von Profit, ihren edleren Instinkten Folge leisten
| II.347   und dem Gedanken, zu einem der modernen Zivilisation würdigen Projekt beige-
tragen zu haben. Es ist natürlich ratsam, an dieser Stelle daran zu erinnern, dass das
Gewinnstreben an sich – die Grundlage aller finanziellen Spekulationen – bei einem
Unterfangen, das ich leidenschaftlich unterstütze, unvermeidlich ist. Die Dividenden von Gesellschaften, die in England die Lizenzen dazu erhielten, Kanäle zu eröffnen, beweisen die Zweckmäßigkeit dieser Unternehmungen für Anteilseigner.
Im Falle eines transozeanischen Kanals können die Frachtzölle entsprechend höher
sein für Schiffe, die den neuen Durchfahrtsweg nach Guayaquil und Lima, zum
Pottwalfang, zur Nordwestküste Amerikas oder nach Kanton dazu nutzen wollen,
um ihre Wege zu verkürzen und die in der Schlechtwetterzeit oft gefährlichen hohen südlichen Breiten zu vermeiden. Der Verkehr auf dem Kanal würde mit der
wachsenden Vertrautheit des Handels mit der neuen Strecke von einem Ozean zum
anderen zunehmen. Selbst wenn die Dividenden nicht so hoch ausfallen und das in
dieses Unternehmen investierte Kapital weniger Zinsen abwirft als die zahlreichen
| II.348   Staatsanleihen, läge es dennoch im Interesse der großen Länder im spanischen
Amerika, von der Moskitoküste bis zu den entlegensten Grenzen Europas, dieses
Projekt zu unterstützen. Man würde jahrhundertealte Erfahrungen und Einsichten

der Wirtschaftspolitik vergessen, wenn man die Nutzung von Kanälen und wichtigen Handelswegen durch Warenzölle verringerte, ohne die Gesamteinwirkung von Kanälen auf die produzierenden Gewerbe und den Wohlstand von Nationen zu berücksichtigen[447].

Eine sorgfältige Studie der Geschichte des Handels zwischen den Völkern zeigt, dass die Richtung des Handels mit Indien sich nicht allein aufgrund des zunehmenden geographischen Wissens oder der Vervollkommnung der Schifffahrtskunde geändert hat, sondern auch zu einem großen Teil aufgrund des mächtigen Einflusses der Bewegung der globalen Kulturen. Von der Ära der Phönizier bis zur Herrschaft des britischen Weltreichs hat sich der Handel zunehmend von Ost nach West verlagert, von den östlichen Mittelmeerküsten zum westlichen Rand Europas. Wenn sich diese Verlagerung weiter nach Westen ausrichtet, worauf alles hindeutet, wird die Frage, ob man die Umsegelung der Südspitze Afrikas vorziehen sollte, um nach Indien zu gelangen, ihre heutige Bedeutung verlieren. Für die vom Mississippi-Delta kommenden Seeschiffe hat der Nicaraguakanal noch andere Vorteile als für Schiffe, die ihre Fracht an den Ufern der Themse entgegennehmen. Bei einem Vergleich der verschiedenen Schiffsrouten über das Kap der Guten Hoffnung, über Kap Hoorn oder quer durch eine mittelamerikanische Landenge muss man mit Sorgfalt die Waren der verschiedenen handeltreibenden Nationen unterscheiden. Die Problematik der Schiffsrouten stellt sich für einen englischen Händler sehr viel anders dar als für einen angloamerikanischen Geschäftsmann; ebenso wird dieses wichtige Problem auf unterschiedliche Weise von denen gelöst, die im Direkthandel mit Chile, Indien und China stehen, als von anderen, deren Geschäfte entweder nach Nord-Peru und an die Westküsten von Guatemala und Mexiko führen oder aber nach China, über den Nordwesten Amerikas, oder gar in die Fanggebiete für Pottwale im Pazifik. Die drei letzteren Situationen der Schifffahrt der Völker Europas und der Vereinigten Staaten würden ohne Frage am meisten vom Durchstich einer amerikanischen Landenge begünstigt. Von Boston nach Nutka, der einstigen Hochburg des Otterpelzhandels im amerikanischen Nordwesten, sind es durch den möglichen Nicaraguakanal[448] 2 100 Seemeilen; über Kap Hoorn (die heutige Handelsroute) verlängert sich diese Schiffsreise auf 5 200 Meilen. Für ein Schiff aus London betragen diese Entfernungen jeweils 3 000 und 5 000 Meilen. Daraus ergibt sich eine Verkürzung der Route um 3 100 Meilen für Schiffe aus den Vereinigten Staaten und um 2 000 Meilen für Schiffe aus England, ganz zu schweigen von möglichen Seitenwinden und den ganz unterschiedlichen Gefahren, die die beiden, hier

|II.349

|II.350

|II.351

---

[447] Man muss den vielleicht zu kostspieligen Bau des Languedoc-Kanals unter dem Gesichtspunkt dieser vorteilhaften Wirkung verstehen: Er kostete 33 Millionen Francs und bringt jährlich bei einem Bruttoertrag von eineinhalb Millionen nur 800 000 Francs ein, kaum ein Investitionsgewinn von zweieinhalb Prozent. Dies ist auch der Nettoertrag des Canal du Centre.
[448] Ich habe diese Entfernungsberechnungen in Zusammenarbeit mit Herrn Beautemps-Beaupré (Oberingenieur-Geograph der Königlichen Marine) auf der Basis von mehr oder weniger direkten Wegen vorgenommen, was ausreichend für Vergleichswerte war. Für tatsächliche Reisestrecken müsste man aufgrund von Seitenwinden und Strömungen die Reisezeit um ein Viertel oder ein Fünftel erhöhen.

verglichenen Schifffahrtsrouten bergen. Für den Direkthandel mit Indien und China fällt der Vergleich mit der Strecke durch Mittelamerika in Bezug auf Reisezeit und Entfernung weitaus ungünstiger aus. Schiffe, die normalerweise auf dem Weg von London nach Kanton das Kap der Guten Hoffnung umsegeln und dabei den Äquator zweimal kreuzen, brauchen 4 400 Meilen; von Boston nach Kanton sind es 4 500 Meilen. Wenn man den Nicaraguakanal baute, wären diese Handelsrouten jeweils 4 800 und 4 200 Seemeilen[449]. Anders ausgedrückt, bei den heutigen Fortschritten der Schifffahrtskunde dauert eine Reise von den Vereinigten Staaten oder von England nach China um die Spitze Afrikas herum 120 bis 130 Tage[450]. Wenn man diese

| II.352   Rechnungen auf Reisen von Boston und Liverpool zur Miskito-Küste und von Acapulco nach Manila bezieht[451], kommt man auf eine Reisezeit von 105 bis 115 Tagen, um von den Vereinigten Staaten oder England nach Kanton zu gelangen und dabei gänzlich in der nördlichen Hemisphäre zu bleiben, ohne je den Äquator zu überqueren, das heißt, unter Ausnutzung des Nicaraguakanals und der beständigen Passatwinde im ruhigsten Teil des Großen Ozeans[452]. Der Unterschied in der

| II.353   Reisezeit betrüge daher kaum ein Sechstel; man kann zwar auf der Rückfahrt nicht dieselbe Strecke nehmen, aber die Reise wäre zu jeder Jahreszeit sicherer. Ich denke, dass eine Nation mit beachtlichen Ansiedlungen an der Südspitze Afrikas und auf Île-de-France [später Mauritius] generell die Reiseroute von West nach Ost vorziehen würde. Die wichtigsten und realen Ziele des Durchstichs der Landenge sind

---

[449] Von London nach Kanton sind es mit dem Umsegeln von Kap Hoorn 5 800 Meilen, 1 400 Meilen mehr als über das Kap der Guten Hoffnung; von Boston nach Kanton über Kap Hoorn sind es 5 900 Meilen.

[450] In Boston hat es seltene Beispiele von 98 Tagen gegeben. Warden, *Description statistique, historique et politique des États-Unis de l'Amérique septentrionale*, Bd. V, S. 596.

[451] Für Galeonen muss man 40 bis 60 Tage hinzurechnen. *Siehe* meinen *Essai politique sur le royaume de la Nouvelle-Espagne*, Bd. II, S. 720, und Tuckey, *Maritime Geography*, Bd. III, S. 497.

[452] Dampfantrieb ist bei diesen Zeitrechnungen nicht berücksichtigt worden. In ihrem Kostenvoranschlag für den Suez-Kanal nahmen die französischen Ingenieure an, dass der Weg zu den französischen Besitzungen in Indien durch den projektierten Kanal die Entfernung im Vergleich mit der Route über das Kap der Guten Hoffung halbieren und die Reisezeit auf der Hinfahrt um ein Drittel oder ein Viertel verringern würde. *Description de l'Égypte (État moderne)*, Bd. I, S. 111. Genaue Berechnungen der *durchschnittlichen Dauer* einer Reise von London nach Kalkutta und Kanton, und von Liverpool nach Buenos Aires und Lima (und *umgekehrt*), wären sehr wünschenswert. Man sollte diese Daten über einen Zeitraum von Jahren hinweg und anhand einer ausreichend großen Anzahl von Schiffen sammeln, um dadurch Veränderungen aufgrund von verschiedenen Jahreszeiten, Winden, Strömungen, Schiffsbauweisen und Navigationsfehlern bei den Gesamtdurchschnitten minimieren zu können. Reisedauer ist eine der wichtigsten Variablen bei den globalen Bewegungen der handeltreibenden Völker, ein entscheidender Faktor, der von einem Jahrhundert zum anderen durch die Verbesserung der Schifffahrtskunde an Bedeutung gewinnt.

eine schnelle Verbindung zu den Westküsten Amerikas[453], die zügige Seereise von | II.354
Havanna und von den Vereinigten Staaten nach Manila und schnellere Expeditionen
von England und Massachusetts zu den Pelzküsten (an der nordwestlichen Küste)
oder zu den Inseln im Pazifik, von wo man später die Märkte von Kanton und
Macau erreichen kann.

Ich füge diesen kommerziellen Betrachtungen einige politische Perspektiven
über die möglichen Auswirkungen eines transozeanischen Kanals hinzu. In der | II.355
modernen Zivilisation können großen Veränderungen im Welthandel nicht ohne
Veränderungen in der Organisation der Gesellschaften stattfinden. Wenn ein Durchstich der die zwei Amerikas verbindenden Landenge gelänge, würde das bisher
abgesonderte und unangreifbare Ostasien unweigerlich in dichte Berührung mit
den an den Atlantikküsten lebenden Völkern europäischer Herkunft kommen. Man
könnte sagen, dass die den äquinoktialen Strom blockierende Landzunge jahrhundertelang die Unabhängigkeit von China und Japan garantiert hat. Es ist durchaus
vorstellbar, dass in ferner Zukunft zwischen den mächtigen Völkern ein Konflikt
über den exklusiven Zugriff auf den neugeöffneten Handelsweg zwischen zwei
Welten ausbrechen könnte. Ich muss gestehen, dass weder mein Vertrauen in die
Mäßigung der monarchischen und republikanischen Regierungen noch mein zuweilen etwas erschütterter Glaube an das Fortschreiten der Aufklärung und an ge-
rechte Zinsgewinne meine Befürchtungen mildern. Ich nehme davon Abstand,
mich über derartige zukünftige politische Entwicklungen zu äußern, um den Leser
nicht in den ungehinderten Genuss einer Idee zu bringen, die nur in den Köpfen | II.356
einiger, am Gemeinwohl interessierten Menschen lebt.

Im Gegensatz zu Behauptungen in einigen kürzlich veröffentlichten Arbeiten
gehören der Nicaraguasee und der Río San Juan nicht zu Neugranada; die Provinz
Costa Rica, die südlichste Provinz im ehemaligen Königreich Guatemala, trennt
den See vom colombianischen Veragua. Wenn man die großen Anlagen zur Ver-

---

[453] Ausnahmen sind die Küsten von Peru südlich von Lima und die von Chile, deren Länge die Seereise
von Nord nach Süd äußerst schwierig gestaltet. Man könnte schneller von Europa nach Valparaiso und
Arica [in Chile] über Kap Hoorn segeln als durch einen Kanal in Nicaragua. Südlich von Lima würde
der Kanal auf den Handel der Westküsten keine vorteilhaften Auswirkungen haben, es sei denn, dass die
Kabotage von Dampfschiffen übernommen wird. Heute wird der nordamerikanische Handel mit China
auf dreifache Art betrieben: 1) Mit Piaster-Handelsmünzen beladenen Schiffe aus den Vereinigten Staaten segeln über das Kap der Guten Hoffnung von New York oder Boston direkt nach Kanton, um dort
Tee, Baumwolltuch aus Nanking, Seide, Porzellan, etc. einzukaufen und fahren auf demselben Weg
zurück. 2) Schiffe umsegeln Kap Hoorn entweder zum Fang von Robben- oder Pottwalen im Pazifik
oder um die Nordwestküste Amerikas zu erreichen; wenn sie nicht genügend Pelze eingekauft haben,
laden sie in Polynesien Sandelholz und Ebenholz auf; sie bringen dann diese Güter nach Kanton und
kehren über das Kap der Guten Hoffnung zurück. 3) Andere Schiffe treiben über Jahre hinweg Schleichhandel zwischen Madeira, dem Kap der Guten Hoffnung und Île-de-France [später Mauritius] oder
zwischen New South Wales, einigen Häfen in Südamerika und den Pazifikinseln: sie umfahren dabei
entweder das Kap der Guten Hoffnung oder Kap Hoorn; da sie jedoch am Ende ihrer langen Reise stets
Kanton anlaufen, kehren sie in die Vereinigten Staaten über die Südspitze Afrikas zurück. Der Durchstich
einer Landenge würde also einen beachtlichen Einfluss auf die letzteren zwei der hier aufgezeigten Schiffsrouten haben.

bindung der zwei Ozeane in einem besonders an der Ostküste sehr dünnbesiedelten Gebiet in der Nähe der Grenze zweier unabhängiger mittel- und südamerikanischer Staaten ansiedelte, könnte man sie nur von Portobelo und Cartagena, zwei leewärts vom Castillo de San Juan in Nicaragua liegende Befestigungen, aus verteidigen. Es gibt wahrscheinlich auch einen Landweg von Guatemala nach León, aber die Entfernung beträgt über 135 Meilen. Beim heutigen Stand der Dinge wären es weniger die Festungen als die Armut des Landes, der Mangel an Landwirtschaft und die dichte Vegetation zwischen Darién und 10° oder 11° nördlicher Breite, die jeglicher Invasion eines unerwartet an der Ostküste an Land gehenden Feindes entgegen-

|II.357 wirken. Bei der Behandlung dieser wichtigen Frage könnte ich mich auf keine respektable Aussage mehr verlassen als auf die des Generals Don José Ezpeleta, der bis 1796 als Vizekönig von Neugranada gedient hatte. In einem in meinem Besitz befindlichen handgeschriebenen Bericht an seinen Nachfolger, Vizekönig Don Pedro de Mendinueta[454], legte dieser erfahrene Offizier seine Gedanken über die Verteidigung des Isthmus von Panama dar: „Eure Exzellenz wissen, dass der König, unser Herr, den Brigadier Cramer mit der Erschließung und Vermessung dieser weitläufigen amerikanischen Besitzungen beauftragt hat. In Abwägung der uns noch drohenden Gefahren wies dieser berühmte Ingenieur auf die bei feindlichen Angriffen erforderlichen Befestigungen hin. Der Isthmus von Panama ist von größter militärischer Bedeutsamkeit, was Eure Exzellenz keinen einzigen Moment aus den Augen verlieren darf. Diese Wichtigkeit begründet sich auf seiner geographischen Gestalt und auf seiner Nähe zum Pazifik. Er bietet drei Stellen zur Verteidigung: nach Norden Portobelo und die Festung San Lorenzo de Chagre und nach Süden

|II.358 Panama-Stadt. Die Klippen von Portobelo machen eine wirksame Befestigung dieser armen und fast menschenleeren Stadt unmöglich. Die Geschütze in San Fernando, Santiago und San Gerónimo scheinen mir für die Verteidigung des Hafens unzureichend. Das Fort Chagre an der Mündung des namensgebenden Flusses ist meiner Meinung nach der wichtigste Punkt auf der Landenge, stets davon ausgehend, dass ein Angriff von Norden käme: Jedoch entscheidet weder die Eroberung von Portobelo noch die der Festung San Lorenzo de Chagre die Kontrolle über den Isthmus von Panama. Die wirkliche Verteidigung dieses Landes besteht aus den Hindernissen, die das Landesinnere jedem nennenswerten Feldzug in den Weg legt. An den völlig unbewohnten Südküsten bestünde diese Schwierigkeit selbst für zwei oder drei Reisende".

Nach der Besprechung der Oberflächenausmaße, der Bevölkerung, der Erzeugnisse und des Handels der Vereinigten Provinzen von Venezuela, sowohl auf dem heutigen Stand als auch ihr Wachstum in naher und ferner Zukunft, verbleibt es mir, ihr Finanzwesen oder Staatseinkommen anzusprechen. Dieses Thema ist von

|II.359 so großer politischer Bedeutung, dass es eins der Fundamente des Bestehens einer Regierung darstellt. Bei den anhaltenden öffentlichen Unruhen nach einem dreizehnjährigen Krieg, der die Landwirtschaft zerstörte, die Handelsbeziehungen er-

---

454 *Relación del Gobierno*, Teil 4, Kap. III, Folio 118, 122, 123 (Handschrift).

schwerte und die hauptsächlichen staatlichen Einkommensquellen versiegen ließ, könnte man nur vermerken, dass ein Übergangsstadium wenig mit dem natürlichen Reichtum eines Landes zu tun hat. Um einen solideren Ausgangspunkt zu finden, um den Stand der Dinge zu einer Zeit der wiederhergestellten Zuversicht und des Friedens zu beurteilen, muss man zu der Zeit vor der Revolution zurückgehen. Von 1793 bis 1796 betrug der Durchschnitt aller jährlichen baren Einnahmen 1 426 700 Piaster, ausschließlich der des Tabakmonopols. Wenn man dieser Zahl 586 300 Piaster für den Nettoerlös des Monopols hinzufügt (der Durchschnitt für denselben Zeitraum), kommen die Einnahmen der *Capitanía general de Caracas* auf 2 013 000 Piaster, unter Ausschluss der Einzugskosten. Ende des 18. und anfangs des 19. Jahrhunderts verringerten sich diese Einnahmen aufgrund der Störungen und Unterbrechungen des Seehandels. Aber von 1807 bis 1810 steigerten sie sich auf über 2,5 Millionen Piaster (1,2 Millionen Piaster vom Zoll, 700 000 Piaster vom $\quad$|II.360 Tabakmonopol und 400 000 Piaster von der *Alcabala*-Besteuerung von Land- und Seetransporten). Alle diese Einnahmen wurden von Verwaltungskosten aufgezehrt. Von Zeit zu Zeit gab es einen Überschuss (*sobrante líquido*) von 200 000 Piastern, der an die Finanzverwaltung in Madrid zurückfloss, aber derartige Zahlungen kamen sehr selten vor. Nachdem Caracas keine weiteren *situados*, Zuschüsse, mehr aus Neuspanien erhielt, war man gezwungen, von Zeit zu Zeit Gelder aus den ebenso spärlichen Schatzkammern von Santa Fé abzuziehen. Nach meinen Forschungen steigerten sich die Bruttoeinnahmen aller in der heutigen Republik Colombia zusammengefassten Provinzen zur Zeit der Revolution auf ein *Maximum* von 6,5 Millionen Piaster[455], von denen die Regierung des Mutterlands nie mehr als ein Zwölftel einzog. In meinem *Essai politique sur le royaume de la Nouvelle Espagne* habe ich aufgezeigt, dass die spanischen Kolonien in Amerika zur Zeit des Hochbetriebs in den Bergwerken und im Handel *Bruttoeinnahmen von 36 Million Piastern* $\quad$|II.361 *verzeichneten, von denen die einheimische Kolonialverwaltung fast 29 Millionen Piaster erforderte und nur sieben bis acht in die Staatskasse in Madrid flossen.* Angesichts dieser auf offiziellen Dokumenten beruhenden Zahlen, deren Genauigkeit man seit 15 Jahren nicht bezweifelt hat, überrascht es, dass man in ernsten volkswirtschaftlichen Diskussionen oft immer noch die Geldverlegenheiten des Mutterlands auf die Unabhängigkeit der Kolonien schiebt. In ganz Amerika sind die den Ein- und Ausfuhren auferlegten Zölle die hauptsächlichen staatlichen Einkommensquellen: Diese Einnahmen wuchsen nach und nach an nachdem der Gerichtshof der Guipúzcoa-Gesellschaft das Handelsmonopol mit Venezuela entzogen hatte – eine Gesellschaft, wie man es seltsamerweise im *königlichen Erlass* ausdrückte, „der jedermann beitreten kann, ohne sich zu erniedrigen und *ohne weder seine Ehre noch seinen Ruf zu verlieren*". Wenn man in Betracht zöge, dass allein in den letzten Jahren die Zölle in Havanna über drei Millionen Piaster einbrachten, und wenn man gleichzeitig die Weite des Gebietes und den landwirtschaftlichen Reichtum Venezuelas berück-

---

[455] In seinem Bericht an den Kongress in Bogotá (5. Mai 1823) schätzt Don José María del Castillo *las rentas ordinarias* auf nur fünf Millionen Piaster.

|II.362 sichtigte, dann gäbe es keinen Zweifel am fortwährenden Wachstum der Staatsein-
nahmen in diesem wunderschönen Teil der Welt; jedoch hängt die Erfüllung dieser
Hoffnung, zusammen mit der aller anderen soeben ausgesprochenen Hoffnungen,
von der Wiederkehr des Friedens, der Vernunft und der gesellschaftlichen Stabilität
ab.

Ich habe in diesem Kapitel die statistischen Einzelheiten dargelegt, die ich während meiner Reise und auch seither dank meiner fortwährenden Beziehungen mit
Menschen aus dem spanischen Amerika zu sammeln in der Lage war. Als Geschichtsschreiber der Kolonien habe ich die Situation in ihrer ganzen Schlichtheit
dargestellt, denn nur durch sorgsame und genaue Beschäftigung mit diesen Fakten[456]
kann man diffuse Vermutungen und unnütze Behauptungen ausräumen. Eine derart umsichtige Vorgehensweise ist besonders unerlässlich, wenn man befürchten
muss, dass dem Reiz der Hoffnung und alter Verbundenheit zu leicht nachgegeben
würde. In der Entstehung begriffene Gesellschaften haben so etwas wie einen ju-
gendlichen Charme; wie die Jugend haben sie eine Gefühlsfrische, eine naive Zu-
|II.363 versicht und selbst eine Gutgläubigkeit; sie bieten der Fantasie ein anziehenderes
Schauspiel als die verdrießliche Gemütsstimmung und die misstrauische Genügsam-
keit der alten Völker, bei denen Glück, Hoffnung und der Glaube an die menschliche Vervollkommnung völlig erschöpft zu sein scheinen.

Venezuelas epochaler Kampf um seine Unabhängigkeit dauerte zwölf Jahre. Wie
bei den meisten gesellschaftlichen Aufruhren erregten die in solchen Zeiten ent-
fachten Leidenschaften Heldenmut, Großmütigkeit und verwerfliche Verirrungen.
Das Empfinden von gemeinsamen Gefahren verstärkte die Verbundenheit von Menschen unterschiedlicher Abstammung, die körperlich und moralisch ebenso vielfäl-
tig sind wie die Klimate, in denen diese Menschen leben, ganz gleich ob sie sich
über die Steppen in Cumaná verteilen oder in Abgeschiedenheit auf der Hochebene
von Cundinamarca leben. Zuweilen erlangte das Mutterland wieder Kontrolle über
gewisse Gebiete, aber diese Wiedereroberungen waren nur kurzlebig, da Revolutionen immer wieder und mit größerer Gewalt ausbrechen, wenn die sie auslösen-
den miserablen Umstände unverändert bleiben. Um die Verteidigung zu erleichtern
und sie effektiver zu machen, zentralisierte man die Kräfte und bildete einen riesi-
|II.364 gen, vom Orinoco-Delta über die Riobamba-Anden und die Amazonasufer hinaus-
reichenden Staat. Die *Capitanía general* Caracas wurde wieder mit dem Vizekönigreich Neugranada zusammengeschlossen, von der man sie erst im Jahr 1777 abge-
spalten hatte. Diese für die Sicherung des Landes unerlässliche Wiedervereinigung,
d. h., die Zentralisierung der Regierungsgewalt in einem das Sechsfache von Spanien umfassenden Gebiet, wurde von politischen Bündnissen motiviert. Der rei-
bungslose Betrieb der neuen Regierung hat die Klugheit dieser Vorgehensweise
gerechtfertigt, und der Kongress wird für die Einrichtung seiner der nationalen
Wirtschaft und des Fortgangs der Zivilisation zuträglichen Unternehmungen weniger Hindernisse vorfinden, wenn er den Provinzen größere Freiheiten gewährte

---

[456] [Chabrol de Volvic,] *Recherches statistiques sur la ville de Paris*, 1823, Einführung, S. I und V.

und ihnen die Vorteile von Einrichtungen vor Augen führte, die sie ja mit ihrem eigenen Blut ins Leben gerufen hatten. Bei den bis heute bestehenden Regierungs-formen, sowohl in Republiken als auch in moderaten Monarchien, müssen Verbes-serungen, um nützlich zu sein, allmählich vorgenommen werden. Neuandalusien, Caracas, Cundinamarca, Popayán und Quito sind keine vereinigten Staaten gewor-den, wie beispielsweise Pennsylvania, Virginia und Maryland. Es gibt in den Pro-vinzen keine lokalen *Regierungsausschüsse* oder *Gesetzgeber*, und alle Parteien unter-stehen dem Kongress und der Regierung von Colombia. Laut Verfassung (Art. 152) werden die Regierungsbeauftragten der Bezirke und die Gouverneure der Provin-zen vom Präsidenten der Republik ernannt. Eine solche Abhängigkeit entspricht nicht immer den Vorstellungen derer, die lokale Angelegenheiten lieber offen un-ter sich besprechen, was manchmal Diskussionen geographischer Natur ausgelöst hat. Das ehemalige Königreich Quito ist zum Beispiel durch seine Bräuche und die Sprache seiner Bergbewohner sowohl mit Peru als auch mit Neugranada eng ver-wachsen. Wenn es in Quito eine Provinzregierung gäbe und man an den Kongress nur die Steuern für die Verteidigung und die allgemeine Wohlfahrt Colombias ent-richtete, hätten die Bewohner aufgrund ihres Gefühls eines autonomen politischen Daseins weniger Interesse daran, welchen Sitz man für die zentralen Regierung auswählte. Dieselbe Logik lässt sich auf Neuandalusien und Guayana ausweiten, die beide von Beauftragten des Präsidenten regiert werden. Man kann sagen, dass die Provinzen sich bisher in einer Situation befunden haben, die sich kaum von derje-nigen der *Territories* der Vereinigten Staaten mit immer noch weniger als 60 000 Einwohnern unterscheidet. Spezifische Umstände, die aus weiter Entfernung schwer nachzuempfinden sind, haben es höchstwahrscheinlich notwendig gemacht, einen Verwaltungsapparat derart zu zentralisieren; solange es Feinde von außen gab, wäre jegliche Veränderung gefährlich gewesen: Allerdings fördern die für eine Verteidi-gung notwendigen Maßnahmen nach dem Ende der Streitigkeiten individuelle Freiheiten und die Entwicklung des öffentlichen Wohlstands nicht immer genügend. Die Geschichte stellt sogar unter Beweis, dass diese Schwierigkeiten, wenn sie nicht mit Umsicht und Sorgfalt gelöst wurden, mehr als einmal zu Felsklippen wurden, an denen die Gunst und die Begeisterung von Völkern zerschellten. Ohne die Bande der unterschiedlichen Gebiete von Colombia (Venezuela, Neugranada und Quito) zu lockern, könnte sich das Leben aller Teile allmählich in diesem großen politischen Körper ausbreiten, nicht um ihn zu zerstückeln, sondern um seine Lebenskraft zu stärken.

Die mächtige Union Nordamerikas ist lange Zeit abgesondert geblieben und hat die Berührung mit Ländern mit ähnlichen politischen Strukturen vermieden. Obwohl, wie wir oben bereits gesehen haben, ihre Ausdehnung von Ost nach West sich rechts des Mississippi deutlich verlangsamt hat, wird sie sich dennoch weiter in Richtung der *inneren Provinzen* Mexikos ausbreiten, wo sie ein europäisches Volk anderer Abkunft, mit anderen Sitten und einer anderen Religion antreffen wird. Kann die geringe Einwohnerschaft dieser, einer anderen im Entstehen begriffenen Vereinigung zugehörigen Provinzen Widerstand leisten, oder wird sie von demsel-

| II.365

| II.366

| II.367

ben Schwall nach Westen mitgerissen werden, der die Bewohner des unteren Teils von Louisiana, *Basse Louisiane*, zu Bürgern eines angloamerikanischen Landes gemacht hat? Dieses Problem wird sich in naher Zukunft lösen. Andererseits ist Mexiko von Colombia nur durch Guatemala getrennt, ein ungewöhnlich fruchtbares Land, das kürzlich zu einer zentralamerikanischen Republik ernannt wurde. Die politischen Unstimmigkeiten zwischen Oaxaca, Chiapas, Costa Rica und Veragua sind weder auf natürliche Grenzen noch auf die unterschiedlichen indigenen Sitten und Sprachen zurückzuführen; sie bestehen allein aufgrund der gewohnten Abhängigkeit von den entweder in Mexiko-Stadt, Guatemala oder Santa Fé de Bogotá

| II.368 ansässigen spanischen Behörden. Es wäre völlig verständlich, wenn Guatemala eines Tages die Landengen von Veragua und Panama dem Isthmus von Costa Rica anschlösse. Quito verbindet Neugranada mit Peru, wie auch La Paz, Charcas und Potosí Peru mit Buenos Aires verbinden[457]. Die soeben genannten dazwischenliegenden Abschnitte bilden eine Art Brücke von Chia bis zu den Kordilleren von Alto Peru, von einem politischen Verband zum anderen, ähnlich den Übergangsstadien, durch die sich im Reich der Natur unterschiedliche Gruppen von Lebewesen miteinander verketten. In den benachbarten Monarchien haben die anliegenden Provinzen von Anfang an eine Art von deutlichen Abgrenzungen aufgewiesen, die von einer großen Zentralisierung der Regierungsmacht herrühren; in konföderierten Republiken schwanken die Staaten in den Randgebieten eines jeden Regierungssystems einige Zeit lang, bevor sie ein stabiles Gleichgewicht erlangen. Es macht kaum einen Unterschied für die zwischen dem Arkansas und dem Río del Norte [auch Rio Grande] liegenden Provinzen, ob sie ihre Delegierten nach Mexiko-Stadt oder nach Washington entsenden. Sollte das spanische Amerika eines Tages eine mehr einheitliche Vorliebe für dieselbe Art von Föderalismus entwickeln,

| II.369 die die Vereinigten Staaten bereits auf verschiedene Weise ins Leben gerufen haben, dann würde aus dem gegenseitigen Kontakt so vieler Regierungsformen oder Gruppierungen von Ländern eine ganze Reihe verschiedenartig graduierter Bündnisse hervorgehen. Ich verweise hier nur auf die Beziehungen innerhalb dieses einzigartigen, sich über eine ungebrochene Linie von 1 600 Meilen erstreckenden Verbunds von Kolonien. Im Fall der Vereinigten Staaten haben wir es mit einem zweigeteilten, alten atlantischen Staat zu tun, in dem jeder einzelne Teil eine andere Vertretung hat. Die Abtrennung von Maine und Massachusetts im Jahr 1820 ging auf eine sehr friedliche Weise vor sich. Derartige Trennungen werden in den spanischen Kolonien aller Wahrscheinlichkeit nach recht häufig auftreten; jedoch ist es aufgrund der lokalen Gepflogenheiten zu befürchten, dass sie auf unruhigere Weise vor sich gehen werden. Wenn ein Volk europäischer Herkunft eine natürliche Neigung zur Unabhängigkeit von Provinzen und Kommunen hat, und wenn die kupferfarbenen Eingeborenen eine gleichermaßen ausgeprägte Vorliebe für politische Dezentralisierung und für die Freiheit kleiner Gemeinden zeigen, dann ist die beste Regierungsform diejenige, die einen Hang zum Nationaldenken als weniger

---

[457] Bd. XI, S. 226.

schädlich für das Allgemeinwohl und den Zusammenhalt des gesamten Staatskörpers gestalten kann, ohne solches Denken direkt anzugreifen. Darüber hinaus hat diese Bedeutsamkeit geographischer Unterteilungen im spanischen Amerika, die sich sowohl auf lokale Verhältnisse als auch auf die seit mehreren Jahrhunderten bestehenden Gepflogenheiten gründet, das Mutterland davon abgehalten, die Trennung der Kolonien durch die Einsetzung spanischer Infanten in der Neuen Welt entweder zu verhindern oder zu verlangsamen. Um derart riesige Besitzungen zu beherrschen, hätte man sechs oder sieben Regierungszentren errichten müssen, und diese Vielzahl von Zentren (Vizekönigreiche oder Generalkapitanate) hätte der Gründung neuer Dynastien entgegengewirkt zu einer Zeit, als sie für das Mutterland vor Vorteil gewesen sein muss. |II.370

In einem seiner politischen Aphorismen schrieb Bacon[458], „dass es ein Glück wäre, wenn Menschen mit ihren Neuerungen stets dem Beispiel der Zeit selbst folgten, dem größten Erneuerer von allen, der aber in Ruhe vorgeht und auf kaum wahrnehmbare Weise". Dieses Glück ist jedoch Kolonien zur kritischen Zeit ihrer Unabhängigkeitserlangung versagt: Es war noch weniger der Fall im spanischen Amerika, wo die Kolonien zunächst nicht um ihre vollständige Unabhängigkeit kämpften, sondern um sich der Fremdherrschaft zu entziehen. Möge ein dauerhafter Frieden anstelle der parteiischen Zwietracht treten! Mögen die Samen der gesellschaftlichen Zwietracht, die in drei Jahrhunderten gesät wurden, um die Vorherrschaft des Mutterlandes zu sichern, nach und nach im Keim erstickt werden, und möge das produzierende und handeltreibende Europa sich weiter davon überzeugen, dass eine Ausweitung der politischen Konflikte in der Neuen Welt seinen eigenen Wirtschaftsinteressen dadurch schadet, dass sich die Nachfrage für seine Erzeugnisse verringert, und dass es sich selbst eines Markts beraubt, der schon einen Wert von über 70 Millionen Piaster pro Jahr erreicht hat! Die folgen Zahlen stellen die gegenwärtigen Ausfuhren aus dem spanischen Amerika, den Vereinigten Staaten, Frankreich und Großbritannien dar: 100, 103, 140 und 375[459]. Es werden vermutlich viele Jahre vergehen bis 17 Millionen Einwohner, die verstreut sind über |II.371 |II.372

---

[458] *Siehe* den Paragraphen über Erneuerung in Bacon, *Essays Civil and Moral*, Nr. 25 (*Opera omnia*, 1730, Bd. III, S. 335).

[459] Ich habe an anderer Stelle aufgezeigt (*Essai politique sur le royaume de la Nouvelle-Espagne*, Bd. II, S. 748–49), dass nach vorsichtigen Berechnungen das spanische Amerika bereits 1805 ausländische Importe im Wert von 59 Millionen Piaster benötigte, fast dreimal soviel wie der Wert der Einfuhren der Vereinigten Staaten acht Jahre nachdem Großbritannien ihre Unabahängigkeit anerkannt hatte. Als Vergleich dienen mir hier die Im- und Exporte der zwei größten Handelsnationen der Welt: die der Engländer in Europa und in Amerika. Von 1821 und 1823 stieg der Wert der jährlichen Importe Großbritanniens auf 30 203 000 Pfund Sterling an und der der Exporte auf 50 636 800. Im Jahr 1820 beliefen sich die Exporte der Vereinigten Staaten auf 64 974 000 Dollar und die Importe auf 62 586 000. Zu einem früheren Zeitpunkt (1802 bis 1804) betrug der Jahresdurchschnitt für Exporte 68 461 000 Dollar und für Importe 75 306 000: Daraus ergibt sich, dass die Einfuhren der Vereinigten Staaten und die des spanischen Amerikas im Jahr vor den politischen Unruhen in den letzteren Ländern gleichermaßen beträchtlich waren. Man darf nicht vergessen, dass alle in spanisch-amerikanische Länder eingeführten Waren auch dort verbraucht und nicht erneut exportiert werden. 1821 betrugen die jeweiligen Ex- und Importe Frankreichs 404 764 000 und 394 442 000 Francs.

eine Fläche, die um ein Fünftel größer ist als das ganze Europa, durch eine selbst-
bestimmte Regierung ein dauerhaftes Gleichgewicht erreicht. Der heikelste Punkt
wird dann erreicht, wenn ein lange Zeit unterdrücktes Volk sich plötzlich in die
|II.373   Lage versetzt sieht, sein Leben seinem eigenen Wohl zu widmen. Es ist immer
wieder darauf hingewiesen worden, dass die Spanisch-Amerikaner noch nicht weit
genug in ihrer Kultur entwickelt wären, um sich freier Gesellschaftsformen zu erfreuen. Ich erinnere mich, dass dieses Denken vor gar nicht so langer Zeit auch auf
andere Völker angewandt wurde, denen man vorwarf, übermäßig zivilisiert zu sein.
Die Erfahrung beweist sicherlich, dass bei Nationen, wie bei Individuen, Begabung
und Wissen oftmals für ein glückliches Leben recht belanglos sind. Aber ohne die
Notwendigkeit eines gewissen Maßes an Aufgeklärtheit und an allgemeiner Bildung
für die Dauerhaftigkeit von Republiken und konstitutionellen Monarchien zu leug-
nen, denken wir, dass diese Stabilität viel weniger von der Stufe der geistigen Kultur abhängt als von der Stärke des nationalen Charakters – eine Mischung aus Tat-
kraft und Besonnenheit, Leidenschaft und Geduld, die die Gesellschaft untermauert und ihre Einrichtungen aufrechterhält – wie auch von den lokalen Umständen
eines Volks und letztendlich von den politischen Beziehung eines Landes mit seinen
Nachbarn.

Wenn alle neuzeitlichen Kolonien zur Zeit ihrer Unabhängigkeit eine mehr oder
weniger deutliche Neigung zu republikanischen Regierungsformen ausweisen, darf
|II.374   man diese Erscheinung nicht einzig auf das Nachahmungsprinzip zurückführen, das
sich bei Menschenmengen viel stärker auswirkt als bei Individuen; diese Neigung
begründet sich vor allem in der Lage, in der sich eine Gesellschaft befindet, wenn
sie sich plötzlich von einer Welt mit einer viel längeren Zivilisationsgeschichte abgeschnitten fühlt, frei von allen äußeren Bindung ist und aus Personen besteht, die
keiner Kaste ein natürliches Machtmonopol zugestehen. Die vom Mutterland sehr
wenigen amerikanischen Familien verliehenen Titel haben dort nicht zur Bildung
dessen geführt, was man in Europa einen vornehmen Adel nennt. Die Freiheit kann
durch die kurzlebige Machtübernahme eines verwegenen Führers in die Anarchie
führen, aber wirkliche Elemente einer Monarchie gibt es in keiner der neuzeitlichen
Kolonien. In Brasilien wurden solche Elemente von außen eingeführt zu einer Zeit,
in der dieses riesige Land sich eines tiefen Friedens erfreute, während das Mutterland sich unter einem Joch der Fremdherrschaft beugte.

Wenn man über die Verknüpfung menschlicher Angelegenheiten reflektiert,
sieht man, wie die Umstände der neuzeitlichen Kolonien, oder besser gesagt die
Entdeckung eines halb bewohnten Kontinents, auf dem allein ein koloniales System
|II.375   sich auf derart außergewöhnliche Weise entwickeln konnte, zum weitverbreiteten
Wiederaufleben republikanischer Regierungsformen auf derart großem Maßstab
führen musste. Berühmte Autoren haben die heutigen Veränderungen der sozialen
Struktur in einem Großteil Europas als verspätete Auswirkung der religiösen Re-
formation des frühen 16. Jahrhunderts angesehen. Man darf nicht vergessen, dass
in jener denkwürdigen Zeitperiode, in der inbrünstige Leidenschaften und die Vorliebe für absolute Dogmen die Sandbänke waren, auf die die europäische Politik

auflief, auch die Eroberung Mexikos, Perus und Cundinamarcas stattfand. In den edelmütigen Worten des Verfassers von *Vom Geist der Gesetze* legte diese Eroberung dem Mutterland eine unermessliche, vor der Menschheit zu begleichende Schuld auf. Grenzenlose, den Kolonisten durch die Kühnheit der Kastilier eröffnete Gebiete wurden durch die gemeinschaftlichen Bindungen der Sprache, der Sitten und der Religion vereint. Auf diese Weise stellt die Regentschaft des mächtigsten Allein-herrschers in Europa, Kaiser Karls V., durch ein merkwürdiges Zusammentreffen von Ereignissen eine Vorbereitung auf die Kriege des 19. Jahrhunderts dar und legte das Fundament der politischen Zusammenschlüsse, die selbst im Entwurf im Aus- | II.376
maß und in der einheitlichen Ausrichtung ihrer Grundlagen erstaunlich sind. Wenn sich die Befreiung des spanischen Amerikas verfestigt, worauf alles hindeutet, wird es an den zwei Küsten des Atlantiks entgegengesetzte, aber nicht unbedingt ver-feindete Regierungsformen geben. Diese Regierungssysteme selbst können nicht allen Menschen in beiden Welten dienlich sein; der wachsende Wohlstand einer Republik ist keine Herabsetzung der Monarchien, wenn jene mit Umsicht und Respekt für Gesetzte und allgemeine Freiheiten regiert werden.

BEVÖLKERUNGS-TABLEAU
Geordnet nach Herkunft, Sprache und Religion

Die Oberfläche des Antillen-Archipels beträgt ingesamt fast 8 300 Quadratmeilen (je 20 auf einen Grad), von denen die vier größten Inseln (Kuba, Haiti, Jamaika und Puerto Rico) 7 200 oder fast neun Zehntel umfassen. Folglich kommt das *Areal* der Inseln im äquinoktialen Amerika fast dem des Königreichs Preußen gleich und hat die zweifache Größe des Bundesstaats Pennsylvania. Die *Bevölkerungsdichte* unterscheidet sich nicht viel von der Pennsylvanias und ist ein Drittel der von Schott-land[460]. Ich habe seit mehreren Jahren mit großer Sorgfalt daran gearbeitet, die Einwohnerzahlen der verschiedenen, durch die unheilvolle Entwicklung der Kolonialwirtschaft in den Antillen zusammengewürfelten Kasten und Hautfarben in Erfahrung zu bringen. Das Problem des seltsamen Zusammenlebens so vielfältiger Elemente steht in einem so engen Verhältnis zu den verhängnisvollen Schicksalen der Menschen afrikanischer Herkunft und den Gefahren, denen die menschliche Zivilisation ausgesetzt ist, dass ich mich nicht mit den wenigen, in anderen Arbeiten und Berichten veröffentlichten Informationen begnügen wollte. Mittels eines lebhaften Briefwechsels habe ich respektierte und aufgeklärte Männer konsultiert, die ein Interesse an meiner Forschung zeigten und sie durch die Berichtigung meiner ersten, vorläufigen Ergebnisse zu fördern suchten. Es ist mir ein Vergnügen, an dieser Stelle meine tiefe Dankbarkeit zum Ausdruck zu bringen für die Hilfsbereitschaft von [Henry Richard Vassall Fox] Lord Holland, Herrn Charles Ellis, Herrn Wilmot, Unterstaatssekretär der Kolonialabteilung, General Macauley, Sir Charles M'Carthy, früherer Gouverneur von Sierra Leone, Ritter Mackintosh, Herrn Clark-son, Herrn David Hodgson und Herrn James Cropper aus Liverpool.

---

[460] *Siehe* Bd. XI, S. 57 und 58.

Bevölkerung der Antillen (Ende 1823)

NAME DER INSELN	GESAMTBEVÖLKERUNG	SKLAVEN	BEOBACHTUNGEN UND VARIANTEN
I. BRITISCHE ANTILLEN	776 500	626 800	1788 schätzte man die Gesamtbevölkerung der Britischen Antillen auf 528 302; davon 454 161 Sklaven. Bryan Edwards im Jahr 1791: 455 684 Slaven; 65 305 Weiße; 20 000 freie Farbige. Colquhoun im Jahr 1812: insgesamt 732 176, davon 634 096 Sklaven; 33 081 freie Farbige; 64 994 Weiße. Melish: insgesamt 673 070, davon 70 430 Weiße und 607 640 Sklaven. Angehörige der *Methodisten*-Kirche im Jahr 1823 auf den Britischen Antillen: 23 127 Schwarze und Farbige und 8 476 Weiße. (*[Substance of the] Debate of 15 May 1823*, S. 180.)
a) JAMAIKA	402 000	342 000	1734: 86 146 Sklaven, 7 644 Weiße. 1746: 112 428 Sklaven, 10 000 Weiße. 1768: 176 914 Sklaven, 17 947 Weiße. 1775: 190 914 Sklaven, 18 500 Weiße. 1787: 250 000 Sklaven, 28 000 Weiße. 1791: 30 000 Weiße, 10 000 freie Farbige, 250 000 Sklaven. 1800: 300 939 Sklaven. 1810: 320 000 Sklaven. 1812: 319 912 Sklaven. 1815: 313 814 Sklaven. 1816: 314 038 Sklaven, 45 000 Freie. 1817: 345 252 Sklaven. (Für das Jahr 1658 weisen frühere Berichte 1 400 Sklaven und 4 500 Weiße aus; für 1670 sind es 8 000 Sklaven und 7 500 Weiße; für 1673, 9 504 Sklaven.) Zwischen 1770 und 1786 importierte Jamaika 610 000 schwarze Sklaven, von denen ein Fünftel auf andere Inseln weiterverkauft wurden; 488 000 blieben auf der Insel (Bryan Edwards, Bd. II, S. 64). Zwischen 1787 und 1808 wurden über 188 785 Sklaven importiert; folglich wurden insgesamt 676 785 schwarze Sklaven innerhalb von 108 Jahren eingeführt. Dennoch befinden sich nur die Hälfte von ihnen, weniger als 350 000, auf Jamaika ([John] Hatchard, *Review of Registry Laws*, S. 74. Cropper, *Letters to M. Wilberforce*, 1822, S. 19, 29, 40). Andere Berechnungen setzen Jamaikas Importe von Afrikanern seit der *Eroberung* auf 850 000 an (*East and West India Sugar,*

NAME DER INSELN	GESAMT-BEVÖLKERUNG	SKLAVEN	BEOBACHTUNGEN UND VARIANTEN
			1823, S. 34. James Cropper, *Relief for West Indian Distress*, 1823, S. 13. Wilberforce, *Appeal to Religion, Justice and Humanity*, 1823, S. 49). Im Allgemeinen unterschätzt man die Einwohnerzahl für freie Farbige. Herr Stewart, der zwanzig Jahre auf dieser Insel zubrachte (bis 1820), schätzte sie auf 35 000 und Weiße auf 25 000. Nach den offiziellen Verzeichnissen, die mir Herr Wilmot [Horton] freundlicherweise übermittelte, waren es 343 145 Sklaven im Jahr 1817 und 34 812 im Jahr 1820. In den letzten 14 Jahren gab es bei einer Sklavenbevölkerung von 342 000 kaum 600 legale Ehebündnisse (257 pro Jahr). (*Substance of the Debate of the House of Commons*, 1823, S. 164.)
b) BAR-BADOS	100 000	79 000	Bereits im Jahr 1786 schätze Herr Morse die Gesamtbevölkerung auf 79 220; 1805: 60 000 Sklaven und 17 130 Freie; 1811, nach einer allgemein als recht genau angesehenen Erhebung: 79 132 Sklaven, 2 613 freie Farbige und 15 794 Weiße. 1823 waren es wahrscheinlich 16 000 Weiße und 5 000 freie Farbige, deren Zahl erheblich anstieg: Gesamtbevölkerung wohl 100 000. Nach *offiziellen Verzeichnissen* aus dem Jahr 1817 gab es dort 77 493 Sklaven; 1820 waren es 78 345.
c) ANTIGUA	40 000	31 000	1815: 36 000 Sklaven und 4 000 Freie; 1823: wahrscheinlich 4 000 freie Farbige und 5 000 Weiße. Nach *offiziellen Verzeichnissen* aus dem Jahr 1817 waren es 32 269 Sklaven und 31 053 im Jahr 1820.
d) ST. CHRIS-TOPHER [oder ST. KITTS]	23 000	19 500	1791: 20 435 Sklaven und 1 900 Weiße; 1805: 26 000 Sklaven, 1 800 Weiße und möglicherweise 2 500 freie Farbige. Nach *offiziellen Verzeichnissen* waren 20 137 Sklaven; 19 817 Sklaven im Jahr 1820.

NAME DER INSELN	GESAMT-BEVÖLKERUNG	SKLAVEN	BEOBACHTUNGEN UND VARIANTEN
e) NEVIS	11 000	9 000	1809: insgesamt 9 300, von denen 8 000 Sklaven ([George] Chalmers). 1812: insgesamt 10 430, davon 9 326 Sklaven. *Offizielle Verzeichnisse* aus dem Jahr 1817: 9 603 Sklaven; aus dem Jahr 1820: 9 261 Sklaven, ungefähr 1 000 freie Farbige und 450 Weiße.
f) GRENADA	29 000	25 000	Im Jahr 1791 gab es dort laut Bryan Edwards 23 926 Sklaven und 1 000 Weiße; 1815 waren es 29 381 Sklaven und 1 891 Freie. *Offizielle Verzeichnisse* aus dem Jahr 1817 zählen 28 024 Sklaven; 1820: 25 677 Sklaven, heute ungefähr 2 800 freie Farbige und 900 Weiße.
g) ST. VINCENT UND DIE GRENA-DINEN	28 000	24 000	1791: 11 853 Sklaven und 1 450 Weiße; 1812: insgesamt 27 455, davon 22 920 Sklaven; 1815: insgesamt 23 493, einschließlich 2 130 Freie. *Offizielle Verzeichnisse* aus dem Jahr 1817: 25 255 Slaven; aus dem Jahr 1820: 24 252 Sklaven.
h) DOMI-NICA	20 000	16 000	1791: 14 967 Sklaven und 1 236 Weiße; 1805: 22 083 Sklaven und 4 416 Freie; 1811: insgesamt: 25 031, davon 1 325 Weiße, 2 988 freie Farbige und 21 728 Sklaven. Das Verhältnis von freien Schwarzen oder Mulatten zu Weißen ist hier, wie überall, unklar; heute ist die ersten Gruppe möglicherweise doppelt so groß wie die zweite. *Offizielle Verzeichnisse* aus den Jahr 1817: 17 959 Sklaven; aus dem Jahr 1820: 16 554 Sklaven. Häufig werden Sklaven aus Dominica und den Bahamas nach Demerary verkauft, wo das Klima besorglich hohe Sterberaten verursacht, selbst unter nicht-akklimatisierten Farbigen.
i) MONT-SERRAT	8 000	6 500	1805: 9 500 Sklaven und 1 250 Freie; 1812: 6 534 Sklaven und 442 Freie. (1825 nach verlässlicheren Schätzungen: 1 500 Freie, davon kaum ein Fünftel Weiße.) *Offizielle Verzeichnisse* aus dem Jahr 1817: 6 610 Sklaven; aus dem Jahr 1820: 6 505 Sklaven. Die Schätzung von Herrn Morse setzt die Gesamtbevölkerung für das Jahr 1822 auf 10 750; aber sie ist zu hoch.

NAME DER INSELN	GESAMT-BEVÖLKERUNG	SKLAVEN	BEOBACHTUNGEN UND VARIANTEN
k) DIE BRITISCHEN JUNGFERN-INSELN: ANEGADA, VIRGIN GORDA UND TORTOLA	8500	6000	Vieles ist unklar. Anscheinend gab es dort im Jahr 1820 6000 Sklaven, 1200 bis 1500 freie Farbige, und 400 Weiße. Jedoch hatte man im Jahr 1788 geglaubt, dass die Sklavenbevölkerung 9000 erreicht hatte. (Melish schätzt Tortolas Gesamtbevölkerung im Jahr 1822 auf 10500 und die von Virgin Gorda auf 8000!)
l) TOBAGO	16000	14000	1805: 14883 Sklaven und 1000 Freie; 1811: 16897 Sklaven und 935 Freie; 1815: insgesamt 18000. *Offizielle Verzeichnisse* aus dem Jahr 1817: 15470 Sklaven; aus dem Jahr 1820: 14581 Sklaven (heute sind es wahrscheinlich 2000 Freie, davon 1200 Farbige). Für das Jahr 1822 schätzt Herr Morse (*Modern Geography*, S. 236) insgesamt 16483, davon 15583 Sklaven und freie Farbige und 900 Weiße.
m) ANGUILLA UND BARBUDA	2500	1800	Weniger gewiss.
n) TRINIDAD	41500	25000	1805: 19709 Sklaven und 5536 Freie (MacCallum). Nach der Erhebung aus dem Jahr 1811, die als recht genau angesehen wird: insgesamt 32989, davon 2617 Weiße, 7493 freie Farbige, 1736 freie Eingeborene und 21143 Sklaven. *Offizielle Verzeichnisse* aus dem Jahr 1817: 25941 Sklaven; dem Jahr 1820: 23537 Sklaven. Schätzungen der immer weiter ansteigenden Bevölkerung dieser Insel tendieren dahin, zu gering zu sein. Im Jahr 1822 rechnete Herr Morse mit einer Gesamtbevölkerung von 28477; es wäre jedoch nicht verwunderlich, wenn es heute dort wenigstens 14000 freie Farbige, 4006 Weiße und fast 24000 Sklaven gäbe.

NAME DER INSELN	GESAMT-BEVÖLKERUNG	SKLAVEN	BEOBACHTUNGEN UND VARIANTEN
o) ST. LUCIA	17 000	13 000	Im Jahr 1788 wurde die Gesamtbevölkerung auf 20 968 geschätzt, davon 17 221 Sklaven. Im Jahr 1810 waren es insgesamt 17 485, davon 14 397 Sklaven, 1 878 freie Farbige und 1 210 Weiße. *Offizielle Verzeichnisse* aus dem Jahr 1817: 15 893 Sklaven; aus dem Jahr 1820: 13 050 Sklaven.
p) BAHAMAS	15 500	11 000	Teilweise schon außerhalb der Heißen Zone gelegen. 1810: insgesamt 16 718, davon 11 146 Sklaven. (Heute leben es dort vermutlich 11 000 Sklaven, 2 500 bis 3 000 freie Farbige und 1 500 Weiße.)
q) BERMUDA	14 500	5 000	Ein kleiner Archipel in der gemäßigten Zone und weit entfernt vom Rest der amerikanischen Inselwelten. 1791: insgesamt 10 780, davon 4 919 Sklaven; 1812: insgesamt 9 900, davon 4 794 Sklaven.

NAME DER INSELN	GESAMT-BEVÖLKERUNG	SKLAVEN	BEOBACHTUNGEN UND VARIANTEN
II. HAITI, FRANZÖSISCH UND SPANISCH	820 000		Für den *französischen Teil* nahm Herr Necker für das Jahr 1779 eine Gesamtbevölkerung von 288 803 an und 520 000 für das Jahr 1788, davon 40 000 Weiße, 28 000 Freigelassene und 452 000 Sklaven. Im Jahr 1802 schätzte Herr Page die Gesamtbevölkerung auf nur 375 000, davon 290 000 Feldarbeiter. Nach den Beobachtungen von General Pamphile de Lacroix gab es im Jahr 1819 im *französischen Teil* 501 000 Einwohner: 480 000 noirs, 20 000 mulâtres und 1,000 blancs. Im *spanischen Teil* lebten vermutlich insgesamt 135 000 Menschen, davon 110 000 negros und 25 000 blancos. General Macaulay, dessen Arbeiten stets von seiner Liebe für die Menschen und die Wahrheit gekennzeichnet sind, glaubt, dass die Gesamtbevölkerung Haitis 750 000 übersteigt, davon 600 000 nègres und mulâtres sowie 4 000 blancs im *französischen Teil* und 120 000 negros und mulatos sowie 26 000 Weiße criollos im *spanischen Teil*. Im *französischen Teil* beträgt die Zahl der sang-mêlés, oder Mischlinge, 24 000. Die letzte *offizielle Volkszählung* ergab 935 335, davon allein in den folgenden Bezirken: Jacmel 99 408, Port-au-Prince 89 164, Cayes 63 536, Aguni 58 587, Léogane 55 662, Mirabalais 53 649, Nepper 44 478, Cap Haïti 38 566, Tiburón 37 927, Jérémie 37 652, Saint Marc 37 628, Grande Rivière 35 372, Gonaïves 33 542, Lembé 33 475, Marmélade 32 852 und Santo Domingo 20 076 (*New Monthly Magazine*, 1825, Feb., S. 69). Die von der haitianischen Regierung zum Erzielen genauer Ergebnisse angewandten Methoden sind unbekannt. Da ich in allen meinen wirtschaftspolitischen Arbeiten stets übervorsichtig bin und die *kleinstmöglichen* Zahlen anwende, habe ich das Ergebnis der offiziellen Erhebung um ein Neuntel verringert. Heute liegen die oberen und unteren Grenzwerte bei 800 000 und 940 000. Weit übertriebene Behauptungen, die man auf politische Interessen zurückführen kann, haben die Bevölkerung Haitis auf über eine Million erhöht: Es ist sicher, dass die Landesbevölkerung sehr schnell anwächst und dass kluge Handlungsweisen diese Entwicklung unterstützen.

NAME DER INSELN	GESAMT-BEVÖLKERUNG	SKLAVEN	BEOBACHTUNGEN UND VARIANTEN
III. SPANISCHE ANTILLEN	943 000	281 000	
a) KUBA	700 000	256 000	Nach einen offiziellen, den Cortes in Madrid im Jahr 1821 vorgelegten Dokument beträgt die Gesamtbevölkerung 630 980, zusammengesetzt aus 290 021 Weißen, 115 691 freien Farbigen und 225 268 Sklaven. *Reclamación hecha por los representantes de la Isla de Cuba, contra los aranceles*, S. 7. Von 1817 bis 1819 lag die Zahl der eingeführten Sklaven zwischen 15 000 und 26 000. *Letters from the Havana to John Wilson Croker, Esq.*, 1821, S. 18–36. Diese Importzahlen sind angsterregend, da nicht einmal Rio de Janeiro zu jener Zeit derart viele Sklaven einführte: 20 852 Sklaven im Jahr 1821, 17 008 Sklaven im Jahr 1822, 20 610 Sklaven im Jahr 1823. *Official Correspondence with the British Commissioner*, 1823, B., S. 109, 121. Alexander Caldcleugh, *Travels in South America*, 1825, Bd. II, S. 296. (In seiner Geographie Amerikas [*A Geographical Description of the United States, with the contiguous British and Spanish Possessions*] schrieb Herr Melish Kuba eine Einwohnerzahl von nur 435 000 für 1823 zu.)
b) PUERTO RICO	225 000	25 000	Im Jahr 1778 schätze man die Gesamtbevölkerung auf 80 650; im Jahr 1794 auf 136 000, davon 15 000 blancos, 103 500 freie Farbige und 17 500 Sklaven; die verlässlichere offizielle Erhebung aus dem Jahr 1822 gibt als die Gesamtbevölkerung 225 000 an, davon 25 000 Sklaven (Poinsett, *Notes on Mexico*, Philadelphia, 1824, S. 5). Angenommen, dass die Zahl der Weißen nicht auf über 22 000 angewachsen war, würde diese Zählung auf 178 000 freie Farbige kommen, eine Rechnung, die mir übertrieben scheint im Vergleich mit der Zahl der freien Farbigen auf der ganzen Insel Kuba.
c) ISLA MARGARITA	18 000	12 400	Herr [de Vargas] Ponce: 14 000, davon 2 000 Eingeborene.

NAME DER INSELN	GESAMT-BEVÖLKERUNG	SKLAVEN	BEOBACHTUNGEN UND VARIANTEN
IV. FRANZÖ-SISCHE ANTILLEN	219 000	178 000	Vermutlich über 25 000 Freigelassene (affranchis).
a) GUA-DELOUPE UND IHRE NEBEN-INSELN: LES SAINTES, MARIE-GA-LANE, DESI-RADE UND EIN TEIL VON SAINT-MARTEN	120 000	100 000	Gesamtbevölkerung im Jahr 1788: 101 971, darunter 13 466 blancs, 3 044 libres de couleur und 85,461 Sklaven. Nach den offiziellen Auskünften, die mir Herr Moreau de Jonnès freundlicherweise übermittelte, betrug die Gesamtbevölkerung im Jahr 1822 120 000, davon 13 000 Weiße, 7 000 freie Farbige und 100 000 Sklaven. Andere offizielle Zahlen geben für Guadeloupe im Jahr 1821 eine Gesamtbevölkerung von 109 404 an, davon 12 802 Weiße, 8 604 freie Farbige und 87 998 Sklaven.
b) MARTI-NIQUE˙	99 000	78 000	Im Jahr 1815 schätzte man die Gesamtbevölkerung auf 94 413, davon 9 206 blancs, 8 630 gens de couleur und 76 577 noirs. Nach der offiziellen Erhebung aus dem Jahr 1822 betrug die Gesamtbevölkerung 98 125, davon 9 660 Weiße, 10 173 freie Farbige und 76 914 Sklaven.
V. DIE HOLLÄN-DISCHEN, DÄNISCHEN UND SCHWE-DISCHEN ANTILLEN	84 500	61 300	

NAME DER INSELN	GESAMT-BEVÖLKERUNG	SKLAVEN	BEOBACHTUNGEN UND VARIANTEN
a) SAINT EUSTACIA [Sint Eustatius] UND SABA	18 000	12 000	Keine andere Insel wirft so viele Fragen auf. Herr Malte-Brun (*Géographie*, Bd. V, S. 748) schätzt die Gesamtbevölkerung für das Jahr 1805 auf 6 400, zusammengesetzt aus 5 000 Weißen, 600 freien Farbigen und 800 Sklaven, aber die Zahl der Weißen ist recht unwahrscheinlich. Herr J[ohannes] van den Bosch (*Nederlandsche Overzeesche Bezittingen* 1818, Bd. II, S. 232) setzt sie auf 2 400; im Gegensatz dazu enthält Herrn Morses generell sorgfältig verfasste neue Geographie (*New System of Modern Geography*, 1822, S. 249) 20 000.
b) SAINT MARTIN	6 000	4 000	Morse, *ibid.*, S. 248. Ein Teil der Insel ist französisch, der andere niederländisch.
c) CURAÇAO	11 000	6 500	Melish: 8 500. Hassel: 14 000. Van den Bosch (Bd. II, S. 227): 12 840 als Gesamtbevölkerung für das Jahr 1805. Niederländische Antillen insgesamt: 35 000, davon 22 500 Sklaven.
d) SAINT CROIX	32 000	27 000	1805: 2 223 Weiße, 1 664 Freigelassene und 25 452 Sklaven. Insgesamt 29 339.
e) SAINT THOMAS	7 000	5 500	1815: 726 Weiße, 239 Freigelassene und 4 769 Sklaven. Insgesamt 5 734.
f) SAINT JOHN	2 500	2 300	1815: insgesamt 2 120: 102 Weiße und 1 992 Sklaven. Herr Hassel schätzt die Gesamtbevölkerung der dänischen Inseln im Jahr 1805 auf 38 695; Herr Colquhoun schätzt sie für das Jahr 1812 auf 42 787, davon 37 030 Sklaven.
g) SAINT BARTHOLOMEW [St. Barts]	8 000	4 000	Morse, S. 249.

Zusammen mit den zur Zeit wahrscheinlichsten Befunden vermitteln die Beobachtungen einen ungefähren geschichtlichen Eindruck des sich steigernden Bevölkerungswachstums. Diese sehr unterschiedlich präzisen Vorstellungen sind jedoch nur
variantes lectionum: Sie bestehen allein aus Meinungen über Bevölkerungszahlen aus
verschiedenen Zeitabschnitten. In den häufigsten Fällen begründen sich meine Berechnungen nicht auf diesen Schätzungen, sondern auf *offiziellen Verzeichnissen* der
letzten Jahre. Wenn *Aufzeichnungen* fehlen, können nur allgemeine Betrachtungen
als Wegweiser für die Beurteilung statistischer Ergebnisse dienen. Bei Anschauungen, die heftig debattiert werden und die die maßgeblichsten Interessen der Menschheit betreffen, muss man voreingenommene Übertreibungen vermeiden und einen
Mittelweg finden zwischen den Einstellungen der Landbesitzer und denen der
Gruppen, deren Ziel es ist, das Elend der Sklaven zu vermindern. Vergleiche von
Verzeichnissen aus verschiedenen Zeiträumen vermitteln nicht immer einen genauen Eindruck der Sterberaten der Sklavenbevölkerung in den Kolonien unter
| II.390   schiedlicher Nationen. In einigen Ländern hat man heimlich eingeführten Sklaven
die Namen verstorbener Sklaven gegeben. Wenn keine genauen Zahlen erhältlich
sind, ist die Bestimmung von *unteren Grenzwerten* überaus hilfreich, damit man zu
sagen in der Lage ist, dass es mindestens 342 000 Sklaven in Jamaika, 79 000 in Barbados und 100 000 in Guadeloupe gibt. Die Zahlen aus den Volkszählungen oder
den Sklaven-Registern (*slave registry returns*) geben nur *untere Werte*, *Minima*, für
einen gewissen Zeitraum an. Es ist im Interesse der Sklavenhalter, die in den Registern geführten Zahlen ihrer Sklaven zu untertreiben. In den Registern werden
die Auswirkungen der Freilassung[461] mit denen der Sterbezahlen durcheinandergebracht; andererseits werden Geburten absichtlich verschwiegen. Bis heute (1817
bis 1824) tendieren die Aufstellungen generell dahin, zu beweisen, dass die schwarze
Bevölkerung auf den kleineren Inseln der Britischen Antillen schneller abnimmt als
| II.391   auf Jamaika und überall dort, wo die Siedler beträchtliche Summen in Ländereien
investieren, die ausgiebig Lebensmittel produzieren. In offiziellen Verzeichnissen
aus dem Jahr 1817 findet man 617 799 Sklaven für die zwölf, den Britischen Antillen zugehörigen Inseln und 604 444 Sklaven im Jahr 1820, also ein Verlust von
einem Sechzehntel innerhalb von drei Jahren. Auf Jamaika allein waren es nur ein
Zweihundertsiebenundfünfzigstel; auf den kleineren Inseln schwankten Einbußen
zwischen einem Zehntel und einen Sechzigstel. Ich behaupte nicht, dass diese
Zahlen die Wirklichkeit darstellen, sondern nur, dass sie aus den *Registern* kommen.
Der Unterschied zwischen Weißen und freien Farbigen (*free colored population*) stellt
sich so schwierig dar, dass am Ende des Jahres 1823 noch nicht einmal das *Colonial
Office* genaue Informationen über diesen wichtigen Sachverhalt hatte: Jedoch hat
die britische Regierung mit lobenswertesten Absichten vor kurzem geeignete Maßnahmen ergriffen, um ein Problem zu lösen, das mehr mit öffentlicher Sicherheit
zu tun hat als mit irgendeiner anderen Angelegenheit. In Havanna beträgt der Be

---

[461] Adam Hodgson, *A Letter to Jean-Baptiste Say*, 1823, S. 37. [*Substance of the*] *Debate of the 15 May 1823*,
S. 184. [George] Bridges on the Effects of Manumission, 1823, S. 51 und 85.

völkerungsanteil der freien Schwarzen fünf Dreizehntel oder 38 Prozent; generell
kann man jedoch diese Zahl auf nur zwei Fünftel ansetzen. In einigen Kolonien ist
die Schätzung der freien Einwohner ebenso ungenau wie die der Sklavenbevölke-
rung. Es gibt Individuen, die ein Leben in voller Freiheit genießen, ohne dass ihre | II.392
Freiheit rechtlich anerkannt würde.

In den die Einwohnerzahl der Inseln angebenden Registern werden die Wörter
Schwarze und *Sklaven* als Synonyme benutzt. Allerdings gibt es unter der Sklavenbevölkerung eine kleine Anzahl von Mulatten und anderen Mischungen: Ich denke,
dass ihre Zahlen höchstens bei einem Zwanzigstel liegen; auf dieser Annahme basierend habe ich die Zahl von schwarzen Sklaven in meinem Tableau der schwarzen
Bevölkerung Amerikas berechnet. Der Zensus auf der Insel Kuba zeigt ein beacht-
licheres Verhältnis: ein Zehntel zu einem Zwölftel in der Stadt Havanna. Im Jahr
1810 zählte man dort 2 300 *pardos esclavos* und 26 400 *morenos esclavos* als Teile der
versklavten Bevölkerung von 28 700 mit. Eine solche Anhäufung von Mulatten und
anderen Mischlings-Sklaven sind ein Merkmal der großen Städte in den spanischen
Antillen.

Ich glaube, die Bevölkerung der Insel Saint-Domingue (Haiti) recht niedrig geschätzt zu haben. Es gibt partielle Daten für die einzelnen Bezirke aus der offiziellen Volkszählung, und aufgrund einfacher, auf soliden Berechnungen basierender
Betrachtungen kann man sich vorstellen, dass die Bevölkerung Haitis bei 820 000 | II.393
läge. Herr Page nahm im Jahr 1802, infolge der unglücklichen Umstände in der
Kolonie, für den spanischen und den französischen Teil immer noch eine Bevölkerung von insgesamt 500 000 an. Indem ich eine jährliche Wachstumsrate (r) von nur
0,016 zugrundelege (was eine Verdopplung der Bevölkerung in 44 Jahren bedeutet),
komme ich für das Jahr 1822 auf eine Einwohnerzahl von 686 800. Wenn man ein
schnelleres Wachstum voraussetzte, ähnlich dem der Sklavenbevölkerung im südlichen Teil der Vereinigten Staaten ($r = 0,026$, also eine Verdoppelung der Bevölkerung in 27 Jahren), dann ergäbe sich für das Jahr 1822 eine Einwohnerzahl von
835 500: Es besteht jedenfalls kein Zweifel daran, dass die Zahlen von Herrn Page
für 1802 zu niedrig sind. Für das Jahr 1788 schätzte Necker 520 000 im französischen
Teil und 620 000 für Saint-Domingue insgesamt. Seither hat es dort viele Jahre Ruhe
und Frieden gegeben, unterbrochen von einigen Jahren Unruhe und Gemetzel.
Selbst die Bevölkerung der in Jamaika in den Wäldern lebenden Maroons [nègres
marrons] ist angestiegen, und nicht aufgrund der entflohenen Sklaven, die sich
manchmal zu diesen Gruppen gesellen. Es ist sinnvoller, anzunehmen, dass sich die | II.394
Bevölkerung trotz Bürgerkriegen und Auswanderungen innerhalb von 14 Jahren
(1788 bis 1802) bei 600 000 gehalten hat, und wenn man, ausgehend von dieser
Zahl, die zwei Hypothesen ($r = 0,016$ oder $r = 0,026$) anwendet, kommt man auf
entweder 824 200 oder 1 002 500. Die letzte, von der Regierung Haitis publik ge-
machte offizielle Volkszählung gab 935 300 an; da ich es vorziehe, bei solchen Berechnungen zurückhaltender zu sein, komme ich auf 820 000.

Schwarze Bevölkerung auf dem amerikanischen Festland und den Inseln

1°	*Schwarze Sklaven:*	
	Antillen, insulares Amerika	1 090 000
	Vereinigte Staaten	1 650 000
	Brasilien	1 800 000
	Spanische Festlandskolonien	307 000
	Britisch-, Holländisch- und Französisch-Guayana	200 000
		5 047 000

2°	*Freie Schwarze:*	
	Haiti und die übrigen Antillen	870 000
	Vereinigte Staaten	270 000
	Brasilien, vielleicht	160 000
	Spanische Festlandskolonien	80 000
	Britisch-, Holländisch- und Französisch-Guayana	6 000
		1 386 000

Zusammenfassung:

Reine Schwarze (noirs sans mélange), ohne Mulatten:

5 047 000	Sklaven	79 Prozent
1 386 000	Freie	21
6 433 000		

|II.395 Das Leben in Ländern, wo Weiße ebenso zahlreich sind wie in den Vereinigten Staaten, hat auf recht eigenartige Weise die Ideen beeinflußt, die man sich von der Vormachtstellung der Rassen in verschiedenen Teilen des Neuen Kontinents gebildet hat. Man hat willkürlich die Anzahl von schwarzen und gemischten Menschen untertrieben; nach meinen Tableaus ist diese Bevölkerung insgesamt auf über 12 861 000 (oder 37 Prozent) angewachsen, wohingegen die weiße Bevölkerung 13,5 Millionen (oder 38 Prozent) nicht übersteigt. Im Jahr 1822 nahm Herr Morse noch an, dass sich die Gesamtbevölkerung Amerikas aus 50 Prozent Weißen, 33 Prozent Eingeborenen, 11 Prozent schwarzen und sechs Prozent gemischtrassigen Menschen zusammensetzte. Für den Antillen-Archipel gaben die Herren Carey und Lea eine Bevölkerung von 2,050 Millionen an, davon 450 000 weiße und 1,6 Millionen schwarze und gemischtrassige Menschen, was die Zahl der Weißen auf 22 Prozent brächte. Wir haben soeben gesehen, dass das Verhältnis immer noch etwas ungünstiger ausfällt und dass sich eine Gesamtbevölkerung der Antillen von 2 843 000 aus |II.396 17 Prozent weißen und 83 Prozent farbigen, sowohl versklavten und freien Menschen zusammensetzt; die Zahl der Weißen verhält sich also zu der der Farbigen wie eins zu fünf.

UNTERTEILUN- GEN	Gesamt- bevölkerung	SCHWARZE SKLAVEN und auch einige Mulatten	FREE FARBIGE, MULATTEN UND SCHWARZE	WEISSE	|II.397
Spanische Antillen	943 000	281 400	319 500	342 100	
Haiti	820 000		790 000	30 000	
Britische Antillen	776 500	626 800	78 350	71 350	
Französische Antillen	219 000	178 000	18 000	23 000	
Holländische, Dänische, und Schwe- dische Antillen	84 500	61 300	7 050	16 150	
Antillen insgesamt	2 843 000	1 147 500	1 212 900	482 600	
		(40 %)	(43 %)	(17 %)	

Verteilung der verschiedenen Völker im spanischen Amerika

1° *Eingeborene* (Indianer, Menschen mit roter Haut; kupferfarbene amerikanische oder frühzeitliche Völker ohne Mischungen weder mit weißen noch mit schwarzen Menschen)

Mexiko	3 700 000
Guatemala	880 000
Colombia	720 000
Peru und Chile	1 030 000
Buenos Aires mit den Sierra-Provinzen	1 200 000
	7 530 000

2° *Weiße* (Europäer und Nachfahren von Europäern ohne Vermischung mit Schwarzen und Eingeborenen, das sogenannte kaukasische Volk)

Mexiko	1 230 000
Guatemala	280 000
Kuba und Puerto Rico	339 000
Colombia	642 000
Peru und Chile	465 000
Buenos Aires	320 000
	3 276 000

3°   *Schwarze* (afrikanischer Abstammung ohne Ver-
     mischungen mit weißen oder eingeborenen Menschen,
     freie und versklavte Schwarze)

Kuba und Puerto Rico	389 000
Festland	387 000
	776 000

4°   *Aus Mischungen von Schwarzen, Weißen und Eingeborenen
     bestehende Gruppen* (Mulatten, Mestizos, Zambos und
     Mischungen von Mischungen)

Mexiko	1 860 000
Guatemala	420 000
Colombia	1 256 000
Peru und Chile	853 000
Buenos Aires	742 000
Kuba und Puerto Rico	197 000
	5 328 000

| II.398   ## Zusammenfassung

Nach der Mehrheit der Volksgruppen

Eingeborene	7 530 000	oder	45	Prozent
Mischungen	5 328 000		32	
Weiße	3 276 000		19	
Schwarze afrikanischer Herkunft	776 000		4	
	16 910 000			

Verteilung der Völker auf dem amerikanischen Festland und den Inseln

1.   *Weiße*:

Spanisch-Amerika	3 276 000
Antillen ohne Kuba, Puerto Rico und Isla Margarita	140 000
Brasilien	920 000
Vereinigte Staaten	8 575 000
Kanada	550 000
Britisch-, Holländisch- und Französisch-Guayana	10 000
	13 471 000

2. *Eingeborene*:

Spanisch-Amerika	7 530 000
Brasilien (Enklaven der Eingeborenen am Río Negro, Río Blanco und Amazonas)	260 000
Unabhängige Eingeborene östlich und westlich der Rocky Mountains in den Grenzgebieten von Neu Mexico, Miskito, etc.	400 000
Unabhängige Eingeborene im Süden	420 000
	8 610 000

3 *Schwarze*: | II.399

Antillen mit Kuba und Puerto Rico.	1 960 000
Spanisch-amerikanisches Festland.	387 000
Brasilien	1 960 000
Britisch-, Holländisch- und Französisch-Guayana	206 000
Vereinigte Staaten	1 920 000
	6 433 000

4 *Gemischtrassige Volksgruppen:*

Spanisch-Amerika	5 328 000
Antillen ohne Kuba, Puerto Rico und Isla Margarita	190 000
Brasilien und die Vereinigten Staaten	890 000
Britisch-, Holländisch- und Französisch-Guayana	20 000
	6 428 000

Zusammenfassung:

Weiße	13 471 000	38	Prozent
Eingeborene.	8 610 000	25	
Schwarze	6 433 000	19	
Mischungen	6 428 000	18	
	34 942 000		

Auf den Erhebungen von 1810 und 1820 basierende Berechnungen zeigen (bei einer Wachstumsrate von 0,002611) Ende 1822 mindestens 1,623 Millionen Sklaven in den Vereinigten Staaten (Bd. IX, S. 177 und 178, sowie *Sixteenth Report of the African Institute*, S. 324) und Ende 1824 mindestens 1 708 300. Im Jahr 1820 gab es über 238 000 freie Farbige. Im Jahr 1811 lebten bereits 71 180 Sklaven, 2 980 freie Farbige und 2 871 Weiße in den zwei Kolonien Demerary und Essequibo, insgesamt | II.400

77 031. Die Gesamtbevölkerung von Berbice betrug 25 959, davon 550 Weiße, 240 freie Farbige und 25 169 Sklaven. Zusammen ergaben die Gesamtbevölkerungszahlen von Demerary, Essequibo und Berbice im Jahr 1811 über 103 000, davon über 96 000 Slaven. Nach J. van den Bosch (Bd. II, S. 114) gab es 1814 in Demerary 47 032 Sklaven, in Essequibo 16 187 und in Berbice 22 223, insgesamt 85 442. General Macauley glaubte, dass die Bevölkerung von Demerary im Jahr 1823 auf 83 900 kam, davon 77 400 Sklaven, 3 000 freie Farbige und 3 500 Weiße. Für Berbice vermutete er 25 430 Einwohner, davon 23 180 Sklaven, 1 500 freie Farbige und 750 Weiße. Die *offiziellen Verzeichnisse*, die mir Herr Wilmot zukommen ließ, geben die Sklavenbevölkerung von Demerary im Jahr 1817 als 77 867 an und im Jahr 1820 als 77 376; für die Kolonie Berbice sind es 23 725 im Jahr 1817 und 23 180 im Jahr 1820. Es ist wahrscheinlich, dass heute 236 000 Sklaven in den drei Guayanas (holländisch, britisch und französisch) leben. Im Jahr 1821 betrug die Gesamtbevölkerung von Französisch-Guayana 16 000, ohne Eingeborene: das heißt, 12 000 Sklaven, 1 000 Weiße und 3 000 freie Farbige. Nach offiziellen Dokumenten gab es dort (am 1. Januar 1824) 1 035 Weiße, 1 923 freie Farbige, 701 Eingeborene und 13 656 Sklaven, insgesamt 17 315. Über das weitläufige spanisch-amerikanische Festland verteilt ist die Zahl der schwarzen Menschen so gering (unter 390 000), dass sie glücklicherweise nur 2,5 Prozent der Bevölkerung ausmacht. Verbesserungen der Situation der Sklaven stehen dort bevor. Durch die Gesetze in den jüngst unabhängigen Staaten wird die Sklaverei allmählich dahinschwinden: Die Republik Colombia hat den Weg für eine schrittweise Freilassung gebahnt. Diese gleichzeitig menschliche und bedachtsame Maßnahme ist der Selbstlosigkeit des Generals Bolívar zu verdanken, dessen Name nicht nur aufgrund seiner staatsbürgerlichen Tugenden und seiner Zurückhaltung als siegreicher Kriegsherr denkwürdig ist.

| II.401

Verteilung der Gesamtbevölkerung Amerikas nach unterschiedlichen Religionen

I.	*Katholiken (römisch-katholisch)*		22 486 000
	a. Spanisch-amerikanisches Festland	15 985 000	
	Weiße	2 937 000	
	Eingeborene	7 530 000	
	Mischungen und Schwarze	5 518 000	
		15 985 000	
	b. Portugiesisches Amerika	4 000 000	
	c. Vereinigte Staaten, Niederkanada und Französisch-Guayana	537 000	
	d. Haiti, Kuba, Puerto Rico und Französische Antillen	1 964 000	
		22 486 000	

II. *Protestanten*		11 636 000
a. Vereinigte Staaten	10 295 000	
b. Britisch-Kanada, Nova Scotia, Labrador	260 000	
c. Britisch- und Holländisch-Guayana	220 000	
d. Britische Antillen	777 000	
e. Holländische, dänische, etc. Antillen	84 000	
	11 636 000	
III. *Unabhängige nicht-christliche Eingeborene*		820 000
		34 942 000

Dieses Tableau deckt nur die wichtigsten christlichen Konfessionen ab. Obwohl ich glaube, ausreichend genaue Daten[462] über das Zahlenverhältnis von Katholiken zu Protestanten zu besitzen, werde ich nicht auf die Einzelheiten der Unterteilungen innerhalb der protestantischen oder evangelischen Kirchen eingehen. Einige partielle Schätzungen, zum Beispiel der Zahl der Katholiken in Louisiana, Maryland und im britischen Niederkanada, sind vielleicht etwas zu ungenau; aber diese Ungenauigkeiten haben einen nur unerheblichen Einfluss auf die endgültigen Zahlen. Ich glaube, dass die Zahl der Protestanten auf dem gesamten amerikanischen Festland und auf den Inseln, vom südlichen Rand Chiles bis nach Grönland, mit der Zahl der Katholiken in einem Verhältnis von eins zu zwei steht. An der nordamerikanischen Westküste gibt es einige tausend Anhänger des griechischen [oder byzantinischen] Ritus. Ich weiß nicht, wie viele Juden sich auf das Gebiet der Vereinigten Staaten und auf viele der Antilleninseln verteilen. Ihre Zahl ist klein. Unabhängige, keiner christlichen Gemeinde angehörige Eingeborene stehen mit der christlichen Einwohnerschaft in einem Verhältnis von eins zu 42. Heute wächst die protestantische Bevölkerung in der Neuen Welt viel schneller als die katholische, und es ist wahrscheinlich, dass sich die das Verhältnis von eins zu zwei innerhalb von weniger als einem halben Jahrhundert beachtlich zugunsten der Protestanten verändern wird, trotz des Wohlstandes, den das spanische Amerika, Brasilien und die Insel Haiti aufgrund der Unabhängigkeit, der Fortentwicklung der Vernunft und der freien Regierungsformen erfahren wird. In Europa zählt man bei einer vermutlichen Gesamtbevölkerung von 198 Millionen ungefähr 103 Millionen Katholiken, 38 Millionen Anhänger der griechisch-orthodoxen Kirche, 52 Millionen Protestanten und fünf Millionen Muslime. Das Zahlenverhältnis zwischen Protestanten und Mitgliedern der katholischen und der griechisch-orthodoxen Kirchen

| II.402
| II.403
| II.404

462 Ein früherer Einblick in dieses Material erschien [in meinem "Evaluation numérique de la population du Nouveau Continent"] in *Revue protestante*, Nr. 3, S. 97 (*siehe* meinen Brief an Monsieur Charles Coquerel). Genauere Angaben über die Bevölkerungen von Kuba, Haiti und Puerto Rico haben zu manchen Korrekturen der partiellen Werte geführt.

is daher eins zu 2,7. Das Verhältnis zwischen Protestanten und Katholiken in Amerika ist dasselbe wie in Europa. Die Tableaus am Ende dieses Kapitels sind eng miteinander verbunden, weil Unterschiede in Bezug auf Herkunft und Abstammung, Ursprungssprache und Freiheitsstand die Neigungen der Menschen zu einer bestimmten Religion stark beeinflussen.

|II.405

Überwiegende Sprachen des neuen Kontinents

1°	*Englisch*:	
	Vereinigte Staaten	10 525 000
	Oberkanada, Nova Scotia, New Brunswick	260 000
	Britische Antillen und Britisch-Guayana	862 000
		11 647 000
2°	*Spanisch*:	
	Spanisch-Amerika,	
	und zwar: Weiße	3 276 000
	Eingeborene	1 000 000
	Mischungen und Schwarze	6 104 000
	Spanischer Teil von Haiti	124 000
		10 504 000
3°	*Eingeborenensprachen*	
	Spanisches und portugiesisches Amerika, einschließlich unabhängiger Stämme	7 593 000
4°	*Portugiesisch*:	
	Brasilien	3 740 000
5°	*Französisch*:	
	Haiti	696 000
	Französische Kolonien in den Antillen, Louisiana und Französisch-Guayana	256 000
	Niederkanada und unabhängige Eingeborenenstämme	290 000
		1 242 000
6°	*Holländisch, Dänisch, Schwedisch und Russisch*:	
	Antillen	84 000
	Guayanas	117 000
	Russen an der Nordwestküste	15 000
		216 000

Zusammenfassung

Sprache		
	Englisch	11 647 000
	Spanisch	10 504 000
	Eingeborenensprachen	7 593 000
	Portugiesisch	3 740 000
	Französisch	1 242 000
	Holländisch, Dänisch und Schwedisch	216 000
		34 942 000

Romanische Sprachen	15 486 000	}	Europäische Sprachen	27 349 000
Germanische Sprachen	11 863 000			
		Eingeborenensprachen		7 593 000

Ich habe Deutsch, Gaelisch (Irisch) und Baskisch nicht separat erwähnt, da eine im ⎮II.406
Übrigen sehr große Zahl von Menschen, die diese Sprachen als Muttersprachen
beibehalten, auch entweder des Englischen oder des Kastilischen mächtig sind. Die
Zahl der Personen, die heute üblicherweise die Eingeborenensprachen sprechen,
steht in einem Verhältnis von eins zu 3,4 mit denen, die sich europäischer Sprachen
bedienen. Durch das rapide Wachstum der Bevölkerung in den Vereinigten Staaten
werden die Sprachen des germanischen Zweigs im numerischen Gesamtverhältnis ⎮II.407
mit den romanischen Sprachen merkbar zunehmen; allerdings werden sich gleichzeitig die romanischen Sprachen weiter ausbreiten wegen des zunehmenden Ein-
dringens der spanischen und portugiesischen Zivilisation in die Eingeborenen-
dörfern, wo kaum ein Zwanzigstel der Einwohner auch nur wenige Wörter Kastilisch
oder Portugiesisch sprechen. Ich glaube, dass es in Amerika über siebeneinhalb
Millionen Eingeborene gibt, die ihre eigenen Sprachen weiterhin sprechen und so
gut wie keine europäischen Wendungen verstehen. Der Erzbischof von Mexiko und
mehrere gleichermaßen angesehene Geistliche, die lange Zeit in Alto Peru gelebt
haben und mit denen ich mich austauschen konnte, teilen diesbezüglich meine Ansicht. Die kleine Anzahl von Eingeborenen (eine Million vielleicht), die ihre Muttersprachen völlig vergessen haben, leben in den großen Städten und in den dichtbevöl-
kerten, diese Städte umgebenden Dörfern. Zu den französischsprachigen Menschen
des Neuen Kontinents gehören über 700 000 schwarze Menschen afrikanischer Herkunft, ein Umstand, der trotz der äußerst lobenswerten Anstrengungen der haitianischen Regierung auf dem Gebiet der öffentlichen Bildung nicht die Reinheit der
Sprache fördert. Man kann generell annehmen, dass auf dem amerikanischen Festland und auf den Inseln über 45 Prozent der insgesamt 6 433 000 schwarzen Men- ⎮II.408
schen Englisch sprechen, über 50 Prozent Portugiesisch, über 14 Prozent Französisch
und über 12 Prozent Spanisch.

Unter Beachtung des Verhältnisses der unterschiedlichen Volksgruppen, Sprachen und Glaubensbekenntnissen setzen sich diese Bevölkerungs-Tableaus aus
höchst variablen Elementen zusammen, die die heutige Beschaffenheit der amerikanischen Gesellschaften annähernd darstellen. Eine solche Arbeit beschäftigt sich nur
mit großen Mengen und Maßen; partielle Berechnungen mögen im Laufe der Zeit
zu einer rigoroseren Präzision führen. Die Sprache der Zahlen, die einzigen Hie-
roglyphen, die unter den Zeichen des Denkens fortbestehen, benötigt keine Deutung. Diese Bestandsverzeichnisse der Menschheit haben etwas Gravierendes und
Prophetisches an sich: sie scheinen die ganze Zukunft der Neuen Welt in sich zu
bergen.

Anmerkungen der Übersetzer

Die wichtigsten von Alexander von Humboldt verwendeten Maße:
1 Linie (ligne) = 0,225 cm
1 Zoll (pouce) = 2,7 cm
1 Kubikzoll = 20 cm³
1 Kubikfuß = 34 328,125 cm³
1 Pariser oder Königsfuß (pied) = 32,5 cm
1 Toise = 1,949 m
1 Seemeile = 1,852 km
1 geographische Meile = 7,420 km
1 Quadratmeile (mi²) = 55–57 km²

S. 50 Fuß: Wie er selbst in einer späteren Fußnote erklärt, benutzt Humboldt durchgehend die französische Maßeinheit *pieds*. *Siehe* Fußnote 427.

S. 100 Gemischtrassig: In seinen Briefen und den in Deutsch gedruckten Werken, wie auch in seinem *Essai politique sur l'île de Cuba*, benutzt Humboldt das französischen Wort „race", wobei das folgende Zitat eine kritische Auseinandersetzung mit „Rassen"-Theorien seiner Zeit belegt:

„Die Gliederung der Menschheit ist nur eine Gliederung in Abarten, die man mit dem, freilich etwas unbestimmten Worte *Racen* bezeichnet. Wie in dem Gewächsreiche, in der Naturgeschichte der Vögel und Fische die Gruppierung in viele kleine Familien sicherer als die in wenige, große Massen umfassende Abtheilungen ist, so scheint mir auch, bei der Bestimmung der Racen, die Aufstellung kleinerer Völkerfamilien vorzuziehen. Man mag die alte Classification meines Lehrers [Johann Friedrich] Blumenbach nach fünf Racen (der kaukasischen, mongolischen, amerikanischen, äthiopischen und malayischen) befolgen oder mit [James Cowles] Prichard sieben Racen (die iranische, turanische, amerikanische, der Hottentotten und Buschmänner, der Neger, der Papuas und der Alfourous) annehmen; immer ist keine typische Schärfe, kein durchgeführtes natürliches Princip der Eintheilung in solchen Gruppierungen zu erkennen" (Alexander von Humboldt, *Kosmos*, Bd. 1, Stuttgart und Tübingen 1845, S. 382–83).

S. 108 *Negros bozales*: noch nicht „gezähmte", d. h. noch nicht eingewöhnte afrikanische Sklaven.

S. 110   *Offizielles Weißmachen*: *blanqueamiento* oder *comprar blancura* geht auf die *Real Cédula de Gracias al Sacar* aus dem Jahr 1795 zurück, ein königlicher Erlass, der wohlhabenden, aber nicht als „weiß" erachteten freien Menschen in den Kolonien die Möglichkeit gab, sich den Titel „Don", normalerweise weißen Spaniern vorbehalten, zu kaufen und dadurch ihren rechtlichen und soziales Status zu verbessern.

S. 137   Magma, pl. Magmen, ist ein deutscher Fachbegriff aus der Zuckerherstellung: eine Mischung aus Kristallzucker und Dicksaft. Spanisch: *vezú*; französisch: *vézou*.

S. 138   Magistral: Gerösteter Kupferkies; chemisch ein Kupfer-Eisen-Sulfid.

S. 173   Almojarifazgo: Eine Steuer, die bis 1783 auf alle ein- und ausgeführten Waren im spanischen Imperium erhoben wurde.
          Alcabala: eine zwei- bis sechsprozentige Verbrauchssteuer, die Spanien seinen amerikanischen Kolonien Ende des 16. Jahrhunderts auferlegte.

S. 194   Leeseitige Inseln: Trinidad zählt zu den luvseitigen Inseln oder den Kleinen Antillen.

S. 205   *repartimiento de Indios*: Eine Zuteilung der eingeborenen Bevölkerung als Arbeitskräfte.

S. 247   Republik Colombia: Nicht das heutige Kolumbien, sondern der Verbund von Venezuela und Neugranada, den Simón Bolívar im Jahr 1819 aushandelte und dem sich 1822 auch Ekuador (Quito) anschloss. Siehe auch Humboldts eigene Erklärungen in den Fußnoten 364 und 386.

S. 256   Weiße Kreolen: Im 19. Jahrhundert wurden die in Amerika gebürtigen Nachfahren „weißer" Spanier als „weiße Kreolen" (Spanisch: *criollos*) bezeichnet. Allerdings hatte man die Bezeichnung „criollo" für schwarze Sklaven in den Amerikas schon seit den 17. Jahrhundert benutzt. Siehe auch Humboldts Fußnote 240.

S. 363 Jamaikas ursprüngliche Bevölkerung von Maroons (kolonialsprachlich
eingedeutscht als „Maronneger") bestand aus afrikanischen Sklaven, die die
spanischen Kolonisten zurückgelassen hatten, als die Engländer im Jahr 1655
die Insel eroberten. Diese Sklaven flohen in die Wälder und die Berge, wo
sie mit den Tainos zusammenlebten und dadurch überlebten, dass sie eine
Subsistenzwirtschaft betrieben und Plantagen plünderten. Zu ihnen gesell-
ten sich die von den Engländern entlaufenen Sklaven aus verschiedenen
Teilen Afrikas, vor allem Ghana. Als die einen Großteil des jamaikanischen
Inlands beherrschenden Maroons 1795 gegen die Kolonialverwaltung
rebellierten, wurden viele von ihnen nach Nova Scotia und Sierra Leone
deportiert.

Nachwort: Editorische Notiz
Französische Textvorlagen

Alexander von Humboldts *Essai politique sur l'île de Cuba* erschien in den Jahren 1825 und 1826 in drei unterschiedlichen französischen Ausgaben. Die ersten beiden Fassungen waren Teile von Humboldts Reisebericht, der *Relation historique*, ein relativ kurzer Teil der 30-bändigen *Voyage aux régions équinoxiales du nouveau continent, fait en 1799, 1800, 1801, 1802, 1803, et 1804 par Al. de Humboldt et A. Bonpland,* die von 1814 bis 1831 von drei verschiedenen Verlagshäusern in Paris veröffentlicht wurden: als eine ziemlich kostspielige dreibändige Auflage im Quart-Format (25 x 34 cm) und als eine erschwinglichere 13-bändige Oktav-Ausgabe (12.5 x 20 cm). Die dritte Fassung, auf der die vorliegende Neuübersetzung beruht, war eine zwei-bändige Separatausgabe, die am 28. Oktober 1826 in Paris unter dem Titel *Essai politique sur l'île de Cuba par Alexandre de Humboldt. Avec une carte et un supplément que renferme des considérations sur la population, la richesse territoriale et le commerce de l'archipel des Antilles et de Colombia* im Verlag Gide fils erschien. Der eigentliche *Essai politique sur l'île de Cuba* in dieser Ausgabe entspricht zum größten Teil den Bänden 9, 11 und 12 der Oktav-Ausgabe der *Relation historique* und den Kapiteln XXVI (Livre oder Lieferung IX) und XXVII–XXVIII (Livre X) der vom 27. Juni 1825 bis zum 4. Oktober 1826. sukzessive gelieferten Quart-Ausgabe.

Die drei Bände der Quart-Ausgabe der *Relation historique,* auf die sich einige von Humboldts Querverweise beziehen, können auf der Webseite der Bibliothèque Nationale de France eingesehen werden (gallica.bnf.fr/ark:/12148/bpt6k613008/f349. item). Die *Relation historique* wurde vom Verlag Brockhaus im Jahr 1970 in einer Ausgabe von Hanno Beck neu herausgegeben (biodiversitylibrary.org/item/ 95419#page/13/mode/1up).

Zusätzlich zu Humboldts „Analyse raisonnée de la carte de l'île de Cuba", die im Jahr 1826 sowohl separat veröffentlicht wurde als auch in den Quart- und Ok-tav-Ausgaben sowie am Anfang der selbstständigen Ausgabe, enthält die zweibändige Version des *Essai politique* einen recht voluminösen Anhang mit zusätzlichen Aus-führungen u. a. über den Zuckerkonsum in Europa, die Temperaturen an verschie-denen Orten der Heißen Zone sowie Bevölkerungsaspekte verschiedener Länder (wie Herkunft, Sprache und Religion), denen Humboldt die Insel Kuba zum Ver-gleich gegenüberstellt. Der Anhang, der einen Großteil des zweiten Bandes ein-nimmt, stammt aus anderen Teilen der *Relation historique.* Die folgende Aufstellung, die auf Horst Fiedlers und Ulrike Leitners *Bibliographie der selbständig erschienenen Werke* (Berlin 2000) basiert, zeigt die Übereinstimmungen zwischen den drei Ver-sionen des *Essai politique sur l'île de Cuba.*

Essai politique	2-bänd. Ausg.	RH	Quart	Oktav
Analyse raisonnée	I.VII–XXXVI	Zusätze		Bd. 12:1^2–382*
			Bd. 3: 580–588	Bd. 13:2–45
Essai	I.1–364	Kap. XXVIII	Bd. 3: 345–469	Bd. 11:176–
	II.5–40			Bd. 12:25
Sucre	II.40–79	Kap. XXVIII	Bd. 3: 484–497	Bd. 12:160–96
Température	II.79–92	Kap. XXVIII	Bd. 3: 498–501	Bd. 12:199–212
Suppl.: Venezuela	II.93–376	Kap. XXVI	Bd. 3: 56–154	Bd. 9:136–419
Suppl.: Population	II.377–408	Kap. XXVII	Bd. 3: 322–344	Bd. 11:122–175

* Diese hochgestellten Zahlen verweisen auf eine zweite, zusätzliche Paginierung am Ende von Band 12, die wieder mit Seite 1 beginnt.

Diese Übereinstimmungen sind allerdings nur relativ, denn die drei Fassungen sind keinesfalls identisch. Der Vergleich der Texte der drei Versionen (unter Ausschluss des Anhangs in Band II der Separatausgabe) ist verfügbar bei http//www.press. uchicago.edu/hie in der Form eines annotierten digitalen Faksimiles, in der man die Textgenese der zweibändigen Ausgabe verfolgen kann. Es besteht kein Zweifel, dass Alexander von Humboldt den Text der Separatausgabe weiter überarbeitete und korrigierte, ohne jedoch seine häufigen Querverweise zur *Relation historique* anzupassen. Wenn nötig, haben wir die Seitenangaben in diesen Verweisen in eckigen Klammern berichtigt, wie auch die häufigen Verweise auf Humboldts eigenen *Essai politique sur le royaume de la Nouvelle-Espagne* (*Politischer Versuch über das Königreich Neuspanien*; 1808–1810) und unzählige andere Quellen.

Humboldts *Tableau statistique de l'île de Cuba* (Statistischer Überblick über die Insel Kuba) wurde 1831 selbständig veröffentlicht und war nicht Teil der Separatausgabe des *Politischen Versuchs über die Insel Kuba*. Eine deutsche Version erschien unter dem Titel „Statistische Tabellen der Insel Cuba für die Jahre 1825 und 1829" in Hanno Becks *Cuba-Werk* (Wissenschaftliche Buchgesellschaft Darmstadt, 1992).

Andere Übersetzungen des Kuba-Essays

Als Teil seiner *Voyage* wurde Alexander von Humboldts *Essai politique sur l'île de Cuba* seit dem frühen 19. Jahrhundert in mehrere Sprachen übersetzt, u. a. Deutsch, Englisch, Spanisch, Italienisch, Holländisch, Polnisch, Russisch, Ungarisch und Tschechisch, aber nur selten vollständig. Mit Ausnahme der siebenbändigen englischen Fassung von Helen Maria Williams – *Personal Narrative of the Travels to the Equinoctial Regions of the New Continent during the Years 1799–1804 by Alexander von Humboldt and Aimé Bonpland* (1815–1829) – sind die meisten Übersetzungen der

Relation Historique gekürzt. Obwohl die von Ottmar Ette 1991 beim Insel-Verlag herausgegebene Überarbeitung und Ergänzung von Hermann Hauffs *Alexander von Humboldts Reise in die Aquinoctial-Gegenden des Neuen Kontinents* (Cotta, 1859 und 1860) den Kuba-Essay – Ette nennt ihn ein „wirkliches *Buch im Buch*" (1561) – nur auszugweise wiedergibt, bietet diese Ausgabe wohlüberlegte Kürzungen sowie Zusammenfassungen des Inhalts der elidierten Textpassagen in den Anmerkungen.

Bisher gibt es nur eine einzige vollständige Übersetzung der Separatausgabe, und zwar auf Englisch: *Political Essay on the Island of Cuba*, herausgegeben von Vera Kutzinski und Ottmar Ette (University of Chicago Press, 2010). Weder die als „Cuba-Werk" bezeichnete deutschsprachige Studienausgabe von Hanno Beck (1992) noch Irene Prüfer Leskes *Politischer Essay über die Insel Cuba* (ECU, 2001) und das in Zusammenarbeit von Prüfer Leske und María Rosario Martí Marco verfasste *Ensayo Político sobre la Isla de Cuba (1826)* (Universidad de Alicante, 2004) orientieren sich an Humboldts zweibändiger Ausgabe und erkennen sie als einen eigenständigen, nochmals von Humboldt revidierten Text an.

Humboldts Karten von Kuba

Die Separatausgabe des *Essai politique* enthielt nur Humboldts Karte der Insel Kuba aus dem Jahr 1826. Aufgrund sehr interessanter Unterschiede haben wir beide Karten – sowohl die erste Fassung von 1820 (Abb. 1, S. 21), als auch die korrigierte Version von 1826 (Abb. 2, S. 44) – in dieser Ausgabe abgebildet, zusammen mit einigen vergrößerten Teilausschnitten. Da Humboldts nur für den südlichen (oder besser gesagt südwestlichen) Teil der Insel Korrekturen vornahm, blieben sein Eckeinsatz, auf dem er Havanna in Nahaufnahme abbildete (Plan du Port et de la Ville de la Havana, Karte des Hafens und der Stadt von Havanna; Abb. 3, S. 48) wie auch unser zweiter Teilausschnitt, der die ost-westlich verlaufenden Gebirgszüge der Sierra Maestra und die Südostküste der Insel zwischen Cabo Cruz und Punta de Maysi zeigt (Abb. 5, S. 79), unverändert. Der dritte und der vierte Ausschnitt weist jedoch beachtliche Veränderungen auf: Beispielsweise ist auf der berichtigten Karte die vorher noch recht ungenaue und leere Stelle rechts (oder östlich) der Isla de Pinos nun mit Einzelheiten der Jardines y Jardinillos ausgefüllt (Abb. 4 und 6, S. 63 und 89).

Mit der Ausnahme des Datums und eines Zusatzes auf der Karte von 1826 sind die Textteile beider Karten identisch.

Rechts oben:

> Carte de l'Île de Cuba, rédigée sur les observations astronomiques de Naviga-
> teurs Espagnols et sur celles de M. de Humboldt. Par P. Lapie, Chef d'Escadron
> au Corps royal des Ingénieurs géographes militaires de France. 1820.
> [Karte der Insel Kuba, erstellt auf der Basis der astronomischen Beobachtun-
> gen spanischer Seefahrer und denen von Herrn Humboldt selbst. Erstellt von
> Herrn [Pierre] Lapie, Major im königlichen Korps der Ingenieurgeographen
> Frankreichs 1820.]

Links oben:

> Dans la construction de cette carte M. de Humboldt s'est servi de ses propres
> observations, faites à l'ouest du méridien de Puerto de Trinidad et publiées par
> M. Oltmanns (Rec. d'obs. ast. T. II, p. 13–147); de celles de Mrs Josef Joaquin
> de Ferrer, D. Antonio Roberedo, D. Ciriao de Cevallos, D. Franci[sc]o Lemaur
> et D. Dionisio Alcala Galiano ; des cartes du Deposito hidrografico de Madrid
> dressés sous la direction de M. Espinosa et Bauza de deux cartes manuscrites
> rédigées à la Havana en 1803 et 1805.
> [Bei der Anfertigung dieser Karte hat Herr Humboldt seine eigenen Beobach-
> tungen benutzt, die er östlich des Meridians des Hafens von Trinidad gemacht
> hatte und die Herr Oltmanns veröffentlichte (*Recueil d'observations astronomiques.*
> Bd. II, S. 13–147); er bediente sich auch der Beobachungen von Herrn Josef
> Joaquín de Ferrer, Don Antonio Robredo, Don Ciriaco Cevallos und Don
> Dionisio Alcala Galiano, sowie den Karten des Depósito Hidrográfico in
> Madrid, die unter der Leitung der Herren Espinoza und Bauzá auf der Basis
> zweier handgezeichneter Karten in den Jahren 1803 und 1805 verfasst wurden.]

Zusatz zur Karte von 1826:

> Cette Carte a été corrigée dans la partie Sud en 1826, d'après les observations
> de Dn Ventura de Barcaiztegui et Dn José del Río et d'après un croquis que le
> célèbre Géographe Dn Felipe Bauza a bien voulu communiqué à l'auteur.
> [Der südliche Teil dieser Karte wurde 1826 berichtigt gemäß den Beobachtun-
> gen von Don Ventura de Barcaiztegui und Don José del Río und einer Skizze,
> die der berühmte Geograph Don Felipe Bauzá dem Verfasser freundlicherweise
> zukommen ließ.]

Personenregister

C

K

Karl III. (1716-88) 50
Karl V. (1500-58) 351
Karl V. von Hapsburg (1500-58) 198, 318
Kelly, Patrick (1756–1842) 130
King, Rufus (1755–1827) 181
Kirwan, Richard (1733–1812) 238
Kolumbus, Christoph (1451–1506) 24, 50, 78, 112, 113, 114, 195, 197, 198, 201, 202, 206
Kolumbus, Diego (ca. 1479–1526) 94, 115
Kolumbus, Fernando (1488–1539) 198
Kotzebue, Otto von (1787–1846) 203
Kunth, Karl Sigismund (1788–1850) 50

L

Lacépède, Bernard Germain Étienne Médard de la Ville-sur-Illon, Graf von (1756–1825) 198
Lacerda e Almeida, Francisco José de (ca. 1753-98) 283
Lachenaie, Thomas Luc Augustin Hapel (de) (1760–1808) 74, 75
La Cruz Cano y Olmedilla, Juan de la (1734-90) 265, 274, 298, 324, 327
Laet, Joannes de (1581–1649) 78, 283
Lago, Antonio Bernardino Pereira do (1777–1847) 241, 334
Lalande, Joseph-Jérôme Lefrançais de (1732–1807) 39
Lambert, Aylmer Bourke (1761–1842) 301
Lapie, Pierre (ca. 1777–1850) 34
Larpent, George Gerard de Hochepied (1786–1855) 222, 226
Lartigue, Joseph (1791–1876) 40, 41
Latreille, Pierre André (1762–1833) 155
Laurenti, Josephus Nicolaus (1735–1805) 192

Lavoisier, Antoine Laurent (1743-94) 233
Lea, Isaac (1792–1886) 364
Leclerc, Charles (1772–1802) 141
Le Dru, André Pierre (1761–1825) 75
Lemaur y de la Muraire, Félix (1767–1841) 168
Lemaur y de la Muraire, Francisco (1770–1841) 35, 36, 63, 65, 169, 191, 203, 205, 269
León Pinelo, Antonio de (1590–1660) 202
León y Gama, Antonio (1735–1802) 25, 336
Leo X., Papst (1475–1521) 93
LePère, Jean-Baptiste (1761–1844) 337
Lerclerc, Georges Louis, Graf von Buffon (1707-88) 192, 290
Lindenau, Bernhard August, Baron von (ca. 1780–1854) 62, 64, 131
Livingston, Andrew 31
López de Salcedo y Rodríguez, Diego (†1547) 336
López de Vargas Machuca, Tomás (1730–1802) 274, 276, 298, 325, 327
López Gómez, Antonio 66, 129, 195
López Méndez, Luis (1758–1831) 256
Ludwig XIV (1638–1715) 334
Ludwig XVI., Ludwig-August von Frankreich (1754-93) 180
Luyando, José de (1773–1835) 30, 37
Lyell, Charles, Sir (1797–1875) 71
Lyon, George Francis (ca. 1795–ca. 1832) 241

M

Macauley, Zachary (1768–1838) 122, 352, 368
MacCallum, Pierre Franc 356
MacCulloch, John (1773–1835) 71
Macfarlane, Alexander (†1755) 40

N

GPSR Compliance

The European Union's (EU) General Product Safety Regulation (GPSR) is a set of rules that requires consumer products to be safe and our obligations to ensure this.

If you have any concerns about our products, you can contact us on ProductSafety@springernature.com

In case Publisher is established outside the EU, the EU authorized representative is:

Springer Nature Customer Service Center GmbH
Europaplatz 3
69115 Heidelberg, Germany

Zeitfracht Medien GmbH
Ferdinand-Jühlke-Straße 7
99095 Erfurt, Deutschland
produktsicherheit@kolibri360.de